W0259668

ALLE · ZEIT · WACH
1842

Heinrich Rothert · Volker Gensichen

Nichtlineare Stabstatik

Baustatische Methoden
Grundlagen und Anwendungen

Mit 206 Abbildungen und 38 Tabellen

Springer-Verlag Berlin Heidelberg New York
London Paris Tokyo 1987

Prof. Dr.-Ing. Heinrich Rothert
Institut für Statik der Universität Hannover
Appelstraße 9 A
3000 Hannover 1

Prof. Dr.-Ing. Volker Gensichen
Fachhochschule Münster
Correnstraße 25
4400 Münster

Die Autoren der einzelnen Kapitel sind:
Kapitel 1 bis 6: V. Gensichen, H. Rothert;
Kapitel 7 und 8: V. Gensichen.

ISBN-13: 978-3-642-82898-0 e-ISBN-13: 978-3-642-82897-3
DOI: 10.1007/978-3-642-82897-3

CIP-Kurztitelaufnahme der Deutschen Bibliothek
Rothert, Heinrich: Nichtlineare Stabstatik : baustat. Methoden, Grundlagen u. Anwendungen / Heinrich Rothert ; Volker Gensichen. – Berlin ; Heidelberg ; New York ; London ; Paris ; Tokyo : Springer, 1987.

NE: Gensichen, Volker

Softcover reprint of the hardcover 1st edition 1987

Texterfassung: Mit einem System der Springer Produktions-Gesellschaft, Berlin;
Datenkonvertierung: Hagedorn, Berlin;

2068/3020-543210

Meinem Lehrer
Prof. Dr.-Ing. Dr.-Ing. E.h. Alf Pflüger
zum 75. Geburtstag

Volker Gensichen

Für meine Frau Barbara

Heinrich Rothert

Vorwort

Das vorliegende Buch „Nichtlineare Stabstatik“ ist zum Teil aus den Statikvorlesungen an der Universität Hannover hervorgegangen. Die Kapitel 1 bis 7 beinhalten den Stoff der letzten beiden Studiensemester im Fach Statik für Vertiefer im Konstruktiven Ingenieurbau bzw. das entsprechende Lehrangebot im Rahmen des Weiterbildenden Studiums Bauingenieurwesen, das in Kooperation mit dem Verband Beratender Ingenieure (VBI) und der Bundesvereinigung der Prüfingenieure für Baustatik durchgeführt wird. Im achten Kapitel werden die Ergebnisse der vorangegangenen Kapitel ergänzt und insbesondere Näherungsverfahren unter dem Aspekt der Genauigkeit und der praktischen Brauchbarkeit diskutiert. Das Buch ist daher gleichermaßen als Lehrbuch für Studenten an Universitäten und Fachhochschulen, für Doktoranden sowie für praktisch tätige Ingenieure gedacht.

Tragwerksplanung und statische Berechnung waren seit je den konkurrierenden Forderungen nach Sicherheit und Wirtschaftlichkeit unterworfen. Das hieraus resultierende Streben nach einer optimalen Konstruktion erhielt in jüngster Vergangenheit starke Impulse durch die stürmische Entwicklung der elektronischen Datenverarbeitung. Sie eröffnete die Möglichkeit, die klassische, lineare Statik zu verlassen und nichtlineare Einflüsse, z.B. aus Geometrie und Werkstoff, sowie moderne Sicherheitskonzepte zu berücksichtigen. Mit den hieraus abgeleiteten Nachweisverfahren werden das Tragverhalten und die Sicherheit von Bauwerken wirklichkeitsnäher als bisher erfaßt. Um aber die Standsicherheit und die dafür unerläßlichen Abschätzungskriterien ingenieurmäßig beurteilen zu können, muß man die Möglichkeiten und vor allem die Grenzen nichtlinearer Berechnungsmethoden kennen.

Eine Hauptzielsetzung des vorliegenden Lehrbuchs liegt deshalb in der Beschränkung auf Methoden und Lösungswege, die es erlauben, Probleme der nichtlinearen Stabstatik alternativ zu den rechnerorientierten Verfahren anschaulich und grundsätzlich einzuordnen und zu erläutern. Es wird nicht angestrebt, sämtliche Möglichkeiten aufzuführen, die es heute bereits im Rahmen der nichtlinearen Statik gibt. Es soll vielmehr versucht werden, problemorientierte, ingenieurgerechte Lösungswege aufzuzeigen, um am Ende festzustellen, mit welch geringem Mehraufwand sich in vielen Fällen das Tragverhalten wirklichkeitsnäher erfassen läßt als auf der Basis einer linearen Theorie. Insbesondere soll erlernt werden, wann es sich überhaupt lohnt, nichtlinear zu rechnen, und wann es unverzichtbar ist, die lineare Theorie zu verlassen.

Im Bestreben, den Stoff möglichst übersichtlich und allgemeingültig zu halten, wird die Problematik aus dem Blickwinkel der Baustatik ohne Vertiefung der speziellen Erfordernisse der Bereiche Stahlbau, Holzbau, Grundbau, Stahlbeton- und Spannbetonbau behandelt. Es wird dabei insbesondere vermieden, auf die im ständigen Wandel begriffenen Einzelheiten aus Normenwerken einzugehen, soweit dies über das Grundsätzliche hinausgeht. Desgleichen bleibt der gesamte Komplex elektronischer Berechnungsverfahren unberücksichtigt.

Zu jedem Schwerpunktthema werden Beispiele mit ausführlichen Musterlösungen angegeben, die den Rechengang im einzelnen zahlenmäßig beschreiben und das Selbststudium erleichtern.

Die Verfasser danken den Wissenschaftlichen Mitarbeitern des Instituts für Statik, den Herren Dr.-Ing. W. Dehmel, Dr.-Ing. J. Stern, Dipl.-Math. J. Mensching und den Herren Diplomingenieuren A. Domscheit, D. Mierau, J. Remke, D. Rotert, L. Tschapke, Th. Winkelmann sowie insbesondere den Herren Diplomingenieuren N. Gebbeken und Th. Hinkelmann für viele wertvolle Anregungen und Hinweise sowie für ihr kritisches Engagement bei der Durchsicht und Überarbeitung des Manuskripts. Besonderer Dank gilt Frau Helga Gazmati, die mit großer Sorgfalt und Geduld alle Manuskriptfassungen bis zur Reinschrift erstellte, und Herrn Dietrich Hümpel, der das Zeichnen der Bilder und Tabellen umsichtig und fachgerecht besorgte. Dem Verlag danken die Verfasser für die hervorragende Ausstattung des Buches.

Hannover/Münster, im Juli 1987 H. Rothert, V. Gensichen

Inhaltsverzeichnis

Zulässigkeit problemorientiert zu überprüfen ist. Die wichtigsten Idealisierungen bei ebenen Stabtragwerken lauten im Hinblick auf

- das *mechanische Modell*: Linienträger mit der Stabachse als Referenzlinie und senkrecht zu ihr liegenden Stabquerschnitten; deutlich kleinere Querschnittsabmessungen gegenüber der Stablänge ($b/\ell \lesssim 0{,}2$; $d/\ell \lesssim 0{,}2$),
- das *Tragelement*: imperfektions- und eigenspannungsfreie Fertigung, exakte Montage,
- den *Werkstoff*: homogen, isotrop, linear elastisch,
- die *Beanspruchung*: quasistatisch, richtungstreu,
- den *Gleichgewichtszustand*: Betrachtungen am unverformten System,
- den *Formänderungszustand*: infinitesimal kleine Verschiebungen, Verdrehungen und Verzerrungen.

Die entscheidende Vereinfachung ergibt sich aus der Reduzierung des Kontinuums auf die Stabachse. Die Zulässigkeit dieser rigorosen Idealisierung fußt auf dem Prinzip von de St. Venant, das besagt, daß ein statisch äquivalentes Kräftesystem in hinreichender Entfernung von seinem Angriffspunkt auch spannungsmäßig äquivalent ist.

Zur Berechnung der unbekannten statischen Größen (Auflagerkräfte, Schnittgrößen, Spannungen, Formänderungsgrößen usw.) einer Konstruktion infolge von vorgegebenen Einwirkungen (Eigenlast, Verkehrslast, Temperatur, Stützensenkung usw.) werden folgende Beziehungen herangezogen:

- Gleichgewichtsbedingungen,
- geometrische Verknüpfungen von Verschiebungsgrößen,
- Verzerrungs-Verschiebungs-Beziehungen (Zusammenhang zwischen Dehnungen bzw. Gleitungen und Verschiebungen bzw. Verdrehungen),
- Spannungs-Verzerrungs-Beziehungen (Werkstoffgesetz),
- Äquivalenzbeziehungen zwischen Schnittgrößen und Spannungen.

Aus der Zusammenfassung der drei letztgenannten Verknüpfungen ergeben sich die konstitutiven Beziehungen (Elastizitätsgesetze für die Schnittgrößen).

Das Gleichgewicht der Kraftgrößen (Kräfte und Momente) muß bei einer exakten Theorie am verformten Tragwerk erfüllt werden. Das Werkstoffgesetz wird experimentell bestimmt. Es stellt die Spannungs-Verzerrungs-Beziehungen dar und ergibt sich aus der gegenseitigen Abhängigkeit der Kraft- und Verschiebungsgrößen. Dieser Zusammenhang wird nicht nur vom Werkstoff bestimmt, sondern zusätzlich von anderen Faktoren wie Temperatur und Belastungsgeschwindigkeit. Für viele metallische Werkstoffe liegt unterhalb einer bestimmten Beanspruchungsgrenze näherungsweise lineares Verhalten vor (Hookescher Bereich). Die Verzerrungs-Verschiebungs-Beziehungen sind rein geometrisch und immer nichtlinear. Dies bedeutet, daß damit auch der Zusammenhang zwischen Belastung und Verschiebung trotz Hookeschen Materials strenggenommen nichtlinear ist.

Zur linearen Theorie gelangt man, wenn zusätzlich zu den aufgezählten Idealisierungen die nichtlinearen Terme in allen verwendeten Beziehungen vernachlässigt werden. Als wichtigste Folgerung für die praktische Berechnung ergeben sich das Superpositionsgesetz, die Sätze von Betti und Maxwell sowie der Arbeitssatz.

1 Einführung

1.1 Aufgabe der baustatischen Berechnung

Die baustatische Berechnung dient dem Zweck, die Standsicherheit und Gebrauchsfähigkeit eines Bauwerks für dessen veranschlagte Nutzungsdauer unter dem Gesichtspunkt der Verhältnismäßigkeit der Mittel hinreichend genau nachzuweisen. Die Kunst der Tragwerksplanung und Bemessung besteht darin, durch die Wahl eines möglichst aussagekräftigen, aber zugleich nicht zu komplizierten Berechnungsmodells den konkurrierenden Forderungen nach Sicherheit und Wirtschaftlichkeit gerecht zu werden.

Die stürmische Entwicklung der elektronischen Datenverarbeitung (EDV) hat die Möglichkeit eröffnet, die klassische, lineare Statik zu verlassen und durch Einbeziehen verschiedener nichtlinearer Einflüsse das Tragverhalten von Bauwerken wirklichkeitsnäher zu erfassen. Erst hierdurch ist es sinnvoll geworden, genauere Sicherheitskonzepte auch im Bauwesen zu berücksichtigen, um zu einer weitgehenden Minimierung des stets verbleibenden Restrisikos eines Schadenfalls zu gelangen.

Die Anwendung verbesserter Berechnungsmethoden in Verbindung mit elektronischen Rechenanlagen hat die Aufgaben des Ingenieurs bei der baustatischen Berechnung verändert. Während die Ausführung der zahlreichen, sich stets wiederholenden Rechenoperationen von der Rechenmaschine übernommen wird, muß der Ingenieur die grundsätzlichen Probleme erkennen und einordnen, um dann ein problemangepaßtes Berechnungsmodell wählen zu können. Für diesen Vorgang ist Ingenieurverstand erforderlich, der nicht durch die Benutzung von EDV-Programmen ersetzt werden kann.

Für die Auswahl des optimalen Rechenprogramms müssen die Möglichkeiten und Grenzen der Berechnungsverfahren bekannt sein, auf denen das Programm aufbaut. Insbesondere muß untersucht werden, ob sämtliche Versagensmöglichkeiten des Bauwerks erfaßt werden. Eine abschließende überschlägliche Kontrolle der Ergebnisse der elektronischen Berechnung durch den Ingenieur ist unbedingt anzuraten. Das Umsetzen der Berechnungsergebnisse in eine handwerksgerechte und ästhetische Konstruktion bildet den Abschluß der Ingenieuraufgabe.

1.2 Grundsätzliches zum Lösungsweg

1.2.1 Die wichtigsten Idealisierungen der linearen Stabstatik

Die Berechnung eines Stabes als dreidimensionales Kontinuum ist schwierig und für die Praxis zu aufwendig. Es werden daher idealisierende Annahmen getroffen, deren

1.2.2 Zur linearen Theorie gerader Stäbe

Die Erläuterung des Lösungswegs soll für den geraden, nur in einer Ebene beanspruchten Stab durchgeführt werden. Hierzu müssen weitere Annahmen getroffen werden:

- Die Stabachse ist im unbelasteten Zustand gerade oder höchstens schwach gekrümmt.
- Das System wird nur in einer Ebene (der x-z-Ebene) beansprucht ($Q_y=0,\ M_T=M_z=0$).
- Der Querschnitt ist zur Lastebene symmetrisch (y- und z-Achse sind Querschnittshauptachsen).

Gleichgewicht am Element des unverformten Systems

Aus den drei Gleichgewichtsbedingungen am unverformten Element des geraden Stabes (Bild 1.1a) folgen die Differentialbeziehungen

$$\frac{\mathrm{d}N}{\mathrm{d}x}=-n(x),\quad \frac{\mathrm{d}Q}{\mathrm{d}x}=-q(x),\quad \frac{\mathrm{d}M}{\mathrm{d}x}=Q. \tag{1.2.1a–c}$$

Aus (1.2.1b,c) ergibt sich

$$\frac{\mathrm{d}^2M}{\mathrm{d}x^2}=-q(x). \tag{1.2.2}$$

Definition des Ingenieurdehnungsmaßes

Die im einachsigen Zugversuch unter quasistatischer Belastung F gemessene Längenänderung $\Delta\ell$ wird, auf die Ausgangslänge ℓ_0 des Versuchsstabs bezogen, als Ingenieurdehnungsmaß definiert:

$$\varepsilon=\frac{\ell-\ell_0}{\ell_0}=\frac{\Delta\ell}{\ell_0}. \tag{1.2.3a}$$

Bei in Richtung der Stabachse veränderlicher Dehnung (Bild 1.2) gelangt man bei gleicher Definition für das Dehnungsmaß durch Verringerung der Bezugslänge auf Δx zum Differenzenquotienten und von diesem durch Grenzübergang zum Differentialquotienten

$$\varepsilon(x)=\lim_{\Delta x\to 0}\frac{u(x+\Delta x)-u(x)}{\Delta x}=\lim_{\Delta x\to 0}\frac{\Delta u}{\Delta x}=\frac{\mathrm{d}u}{\mathrm{d}x}=u'(x). \tag{1.2.3b}$$

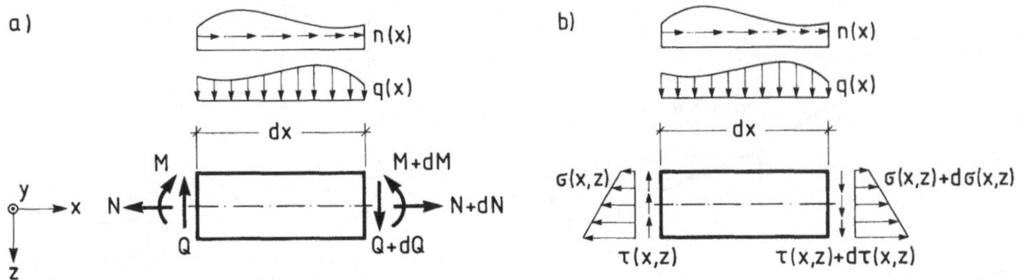

Bild 1.1 a, b. Längs- und querbelastetes Element des geraden Stabes. **a** Schnittgrößen, **b** Spannungen

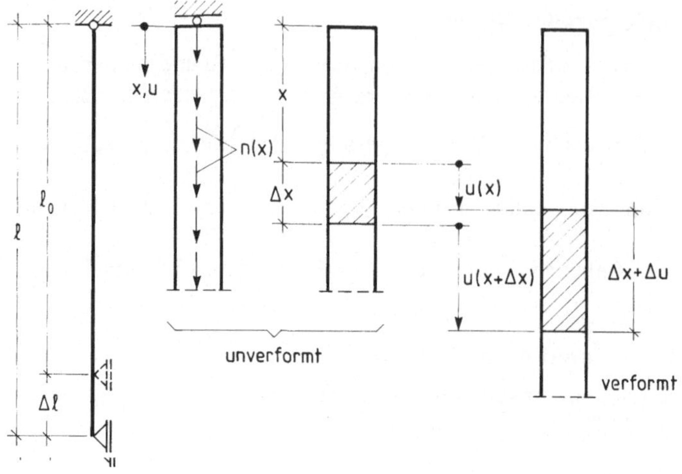

Bild 1.2. Zum Ingenieurdehnungsmaß

Rückführung der Verschiebungen der Querschnitte auf die der Stabachse

Bei ebenen Problemen hat jeder Punkt des Stabkontinuums zwei Freiheitsgrade, und zwar die Verschiebungen $u(x,z)$ und $w(x,z)$. Es ist in der Stabtheorie üblich, das Stabkontinuum durch eine mit Querschnitten belegte Stabachse zu ersetzen. Die Stabquerschnitte sind eben und stehen senkrecht zur unverformten Stabachse. Zunächst sollen die Verschiebungen der Punkte eines Querschnitts durch die Verschiebungsgrößen des zugehörigen Punktes der Stabachse ausgedrückt werden (Bild 1.3, Index s; der Index wird im folgenden weggelassen). Hierzu wird die 1. Bernoulli-Hypothese verwendet, die besagt, daß die Querschnitte auch nach der Verformung des Stabes eben sind (Hypothese vom Ebenbleiben der Querschnitte, Bild 1.4). Damit ergibt sich für die Verdrehung des Stabquerschnitts zunächst

$$\beta(x,z) = \beta(x). \tag{1.2.4}$$

Wegen der Annahme kleiner Verschiebungen erfahren alle Punkte eines Querschnitts dieselbe Durchbiegung

$$w(x,z) = w(x). \tag{1.2.5}$$

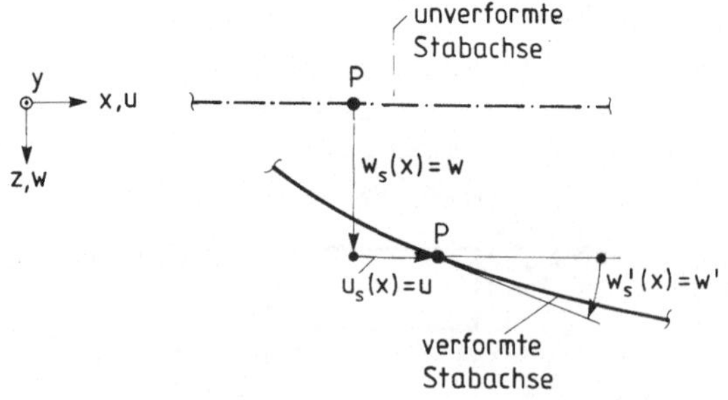

Bild 1.3. Verschiebungsgrößen der Stabachse

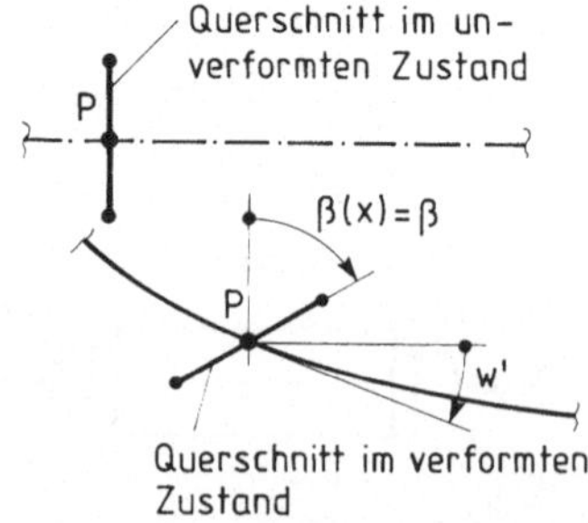

Bild 1.4. Verschiebung und Verdrehung des Querschnitts

Für die Verschiebung eines Punktes mit den Koordinaten x und z in x-Richtung gilt

$$u(x,z) = u(x) - \beta(x)\,z. \tag{1.2.6}$$

Die 2. Bernoulli-Hypothese besagt, daß die Querschnitte auch nach der Verformung senkrecht zur verformten Stabachse liegen (Normalenhypothese). Diese Hypothese beruht auf der Vernachlässigung der Schubverzerrungen, deren Einfluß auf die Durchbiegung schlanker Balken erfahrungsgemäß gering ist. Hieraus ergibt sich die wichtige kinematische Aussage

$$\beta(x) = w'(x). \tag{1.2.7}$$

Es wird ausdrücklich darauf hingewiesen, daß (1.2.7) keine Identität ist, sondern aus der Vernachlässigung der Schubverzerrungen resultiert. Mit (1.2.7) wird aus (1.2.6)

$$u(x,z) = u(x) - w'(x)\,z. \tag{1.2.8}$$

Verzerrungs-Verschiebungs-Beziehungen

Die Anwendung des Ingenieurdehnungsmaßes (1.2.3b) ergibt für die Dehnungen in x-Richtung an einer beliebigen Stelle x, z des Balkens

$$\varepsilon(x,z) = \frac{\partial u(x,z)}{\partial x} = \frac{\mathrm{d}u(x)}{\mathrm{d}x} - \frac{\mathrm{d}[w'(x)]}{\mathrm{d}x}\,z = u'(x) - w''(x)\,z. \tag{1.2.9}$$

Die Dehnungen senkrecht zur Stabachse bleiben unberücksichtigt.

Die Gleitungen γ_{xz} in der x-z-Ebene sind wegen der 2. Bernoulli-Hypothese identisch Null. Mit (1.2.5, 1.2.8 und 1.2.9) sind alle Verschiebungsgrößen des Querschnitts auf die der Stabachse zurückgeführt.

Werkstoffgesetz

Materialeigenschaften können nur durch Versuche bestimmt werden. Hierzu legt man für die verschiedenen Werkstoffe jeweils geeignete Versuchsbedingungen fest. Neben der Bestimmung der statischen und dynamischen Elastizitätsmoduli lassen sich für den Werkstoff Beton die wichtigsten zeitunabhängigen Festigkeitskennwerte nach DIN 1048, Teil 1 im Druckfestigkeits-, Biegezug- und Spaltzugversuch gewinnen. Bei Metallen gibt bereits der einachsige Zugversuch nach DIN 50145 Aufschluß über viele Eigenschaften. Gemessen werden die Kraft F und die Längenänderung $\Delta\ell$ der Werkstoffprobe (Bild 1.5). Für Stahl und viele andere Werkstoffe ergibt sich, solange die Kraft einen bestimmten Wert nicht überschreitet, mit hinreichender Genauigkeit ein linearer Zusammenhang zwischen Kraft und Längenänderung

$$F = c_0\,\Delta\ell, \tag{1.2.10}$$

wobei c_0 ein Proportionalitätsfaktor ist.

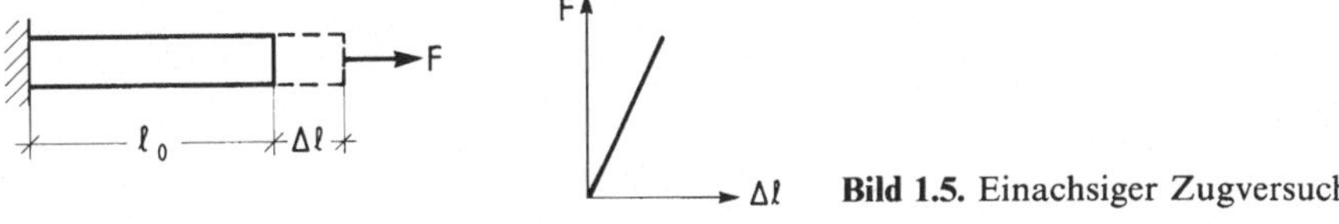

Bild 1.5. Einachsiger Zugversuch

Um von den experimentell ermittelten Werten für F und $\Delta\ell$ auf hieraus abgeleitete Größen wie Dehnungen und Spannungen überzugehen, bedarf es bestimmter Definitionen. Solche Festlegungen sind zunächst willkürlich und erfolgen nach Gesichtspunkten der Zweckmäßigkeit. In der Kontinuumsmechanik geht man bei der Festlegung einer geeigneten Spannungs-Verzerrungs-Beziehung häufig von energetischen Betrachtungen aus, während bei den hier behandelten baupraktischen Problemen die einfache Realisierbarkeit im Vordergrund steht. Für zugeordnete Dehnungen ε und Spannungen σ können u.a. folgende Definitionen vorteilhaft sein:

– Ingenieurdehnungsmaß

$$\varepsilon = \frac{(\ell_0 + \Delta\ell) - \ell_0}{\ell_0} = \frac{\Delta\ell}{\ell_0}, \tag{1.2.11a}$$

– Greensches Dehnungsmaß

$$\varepsilon = \frac{1}{2}\,\frac{(\ell_0 + \Delta\ell)^2 - \ell_0^2}{\ell_0^2} = \frac{\Delta\ell}{\ell_0} + \frac{1}{2}\left(\frac{\Delta\ell}{\ell_0}\right)^2, \tag{1.2.11b}$$

– logarithmisches Dehnungsmaß

$$\varepsilon = \ln \frac{\ell_0 + \Delta\ell}{\ell_0}, \tag{1.2.11c}$$

– Spannung, auf den Querschnitt A_0 im unbelasteten Zustand bezogen,

$$\sigma = F/A_0\,, \tag{1.2.12a}$$

– Spannung, auf den Querschnitt A im belasteten Zustand bezogen,

$$\sigma = F/A. \tag{1.2.12b}$$

Für baupraktische Probleme liefern die verschiedenen Definitionen gleiche Ergebnisse. Setzt man nach (1.2.10) lineares Verhalten im Zugversuch voraus, so ergibt sich bei Verwendung der Definitionen (1.2.11a und 1.2.12a) eine ebenfalls lineare Spannungs-Dehnungs-Beziehung:

(1.2.10): $\quad F = c_0 \Delta\ell,$

(1.2.12a): $\quad \sigma = \dfrac{F}{A_0} = \dfrac{c_0}{A_0}\,\Delta\ell = \dfrac{c_0 \ell_0}{A_0}\,\dfrac{\Delta\ell}{\ell_0},$

(1.2.11a): $\quad \sigma = \dfrac{c_0 \ell_0}{A_0}\,\varepsilon.$

Die Größe $c_0\ell_0/A_0$ wird als Elastizitätsmodul E bezeichnet, so daß für das Werkstoffgesetz folgt:

$$\sigma = E\varepsilon. \tag{1.2.13}$$

Allein die Verwendung des Ingenieurdehnungsmaßes und der auf den Ausgangsquerschnitt bezogenen Spannungen führt bei einem linearen Zusammenhang zwischen Kräften und Verschiebungen im Zugversuch zu dem linearen Spannungs-Dehnungs-Gesetz (1.2.13). Alle anderen Definitionen liefern nichtlineare Beziehungen, die jedoch bei Linearisierung in (1.2.13) übergehen.

Äquivalenzbeziehungen von Spannungen und Schnittgrößen

Bisher sind die Begriffe „Spannungen" und „Schnittgrößen" nebeneinander verwendet worden. Ihre gegenseitige Zuordnung ergibt sich aus der Zusammenfassung der über den gesamten Querschnitt wirkenden Spannungen $\sigma(x,z)$ zu in bezug auf die Stabachse äquivalenten Schnittgrößen N und M (Bild 1.1a, b). Aus der Summe der Kräfte in x-Richtung und aus der Summe der Momente um die y-Achse folgt:

$$N = \int_{(A_0)} \sigma(x,z)\,\mathrm{d}A_0\,, \quad M = \int_{(A_0)} \sigma(x,z)\,z\,\mathrm{d}A_0\,. \tag{1.2.14a,b}$$

Dieses Vorgehen wird in den meisten praktischen Fällen durch das Prinzip von de St. Venant gerechtfertigt.

Konstitutive Beziehungen

Den Zusammenhang zwischen den Schnittgrößen und den Verschiebungsgrößen, der auch als Elastizitätsgesetz für die Schnittgrößen bezeichnet wird, erhält man durch Verknüpfung der bisher gewonnenen Ergebnisse:

$$\begin{aligned} N &= \int_{(A_0)} \sigma(x,z)\,\mathrm{d}A_0 = \int_{(A_0)} E\varepsilon(x,z)\,\mathrm{d}A_0 = \int_{(A_0)} Eu'(x)\,\mathrm{d}A_0 = EA_0u'(x)\,,\\ M &= \int_{(A_0)} \sigma(x,z)\,z\,\mathrm{d}A_0 = \int_{(A_0)} E\varepsilon(x,z)\,z\,\mathrm{d}A_0 = -\int_{(A_0)} Ew''(x)\,z^2\,\mathrm{d}A_0 = -EIw''(x)\,. \end{aligned} \tag{1.2.15a,b}$$

Im Rahmen der Technischen Biegetheorie des Balkens werden die Gln. (1.2.15a,b) als die konstitutiven Beziehungen für die Schnittgrößen bezeichnet. Die Querkraft wird aus den Gleichgewichtsbedingungen ermittelt, da es für sie bei vernachlässigter Schubverzerrung keine konstitutive Beziehung gibt.

2 Beispiele für lineares und nichtlineares Verhalten

2.1 Vorbemerkungen

Die im ersten Kapitel beschriebene Linearisierung ist in einigen wichtigen Fällen nicht statthaft, weil sie zu falschen Ergebnissen führen kann und sich damit entweder unsichere oder unwirtschaftliche Konstruktionen ergeben.

Um charakteristische Merkmale eines nichtlinearen Verhaltens anschaulich zu machen, wird im folgenden an einfachen Beispielen phänomenologisch aufgezeigt, wo die Unterschiede in der Berechnung und in den Ergebnissen nach der linearen und nach einer nichtlinearen Theorie liegen. Diese Untersuchungen liefern einen Anhalt dafür, wie genau im praktischen Einzelfall gerechnet werden muß. Trotz moderner Großrechner und einer Vielzahl nichtlinearer Berechnungsprogramme wird es in absehbarer Zeit nicht möglich sein, übliche Ingenieurbauwerke unter gleichzeitiger Aufgabe aller genannten Idealisierungen zu berechnen.

2.2 Genaue Verschiebungsgeometrie und Gleichgewicht am verformten System

In Tabelle 2.1 ist ein besonders einfaches Beispiel dargestellt, an dem der Unterschied von nichtlinearer und linearer Verschiebungsgeometrie sowie der Einfluß des Gleichgewichts am verformten System untersucht werden sollen. Es handelt sich um einen starren Stab, der im Knoten 1 durch eine Drehfeder mit linearem Federgesetz ($M_E = c_M \varphi$, c_M ist die Drehfederkonstante) elastisch eingespannt ist. Gesucht ist z.B. die Verschiebung w_2 des Stabendes 2 infolge der Last F. Die Lösungen dieses Problems im Rahmen einer geometrisch linearen und nichtlinearen Theorie sind in Tabelle 2.1, Gln. (2.2.1 – 2.2.5) zusammengestellt.

Es fällt zunächst auf, daß eine explizite Auflösung von (2.2.3b) nach φ trotz der Voraussetzung des linearen Federgesetzes (2.2.2) nicht möglich ist; entsprechend ist der Unterschied der Gln. (2.2.5a,b). Nur in der linearen Theorie läßt sich die gesuchte Verschiebung w_2 explizit durch die Belastung F darstellen, während eine entsprechende Vorgehensweise in der nichtlinearen Theorie zu einer Beziehung führt, die für die praktische Berechnung unbrauchbar ist.

Den Übergang von nichtlinearer zu linearer Theorie kann man durch eine Reihenentwicklung der trigonometrischen Funktionen in den Ausdrücken (2.2.1b und 2.2.4b) verdeutlichen:

$$M_E = F\ell \cos\varphi = \underline{F\ell(1} - \frac{\varphi^2}{2!} + \frac{\varphi^4}{4!} - \ldots), \tag{2.2.6}$$

Tabelle 2.1. Gleichgewicht am verformten und unverformten System sowie genaue und linearisierte Verschiebungsgeometrie

	lineare Theorie	nichtlineare Theorie	Gleichung
System ($EI \to \infty$)			
Gleichgewicht	am unverformten System $M_E = F\ell$	am verformten System $M_E = F\ell\cos\varphi$	(2.2.1a,b)
Werkstoffgesetz	lineares Federgesetz: $M_E = c_M\varphi$		(2.2.2)
(2.2.2) mit (2.2.1)	$\varphi = F\ell/c_M$	$\varphi = F\ell\cos\varphi/c_M$	(2.2.3a,b)
Geometrie des verformten Systems	$w_2 = \ell\varphi$	$w_2 = \ell\sin\varphi$	(2.2.4a,b)
gesuchte Verschiebung aus (2.2.3) mit (2.2.4)	$w_2 = F\ell^2/c_M$	$w_2 = \ell\sin(F\ell\cos\varphi/c_M)$	(2.2.5a,b)

$$w_2 = \ell\sin\varphi = \underline{\ell(\varphi} - \frac{\varphi^3}{3!} + \frac{\varphi^5}{5!} - \dots). \tag{2.2.7}$$

Die lineare Theorie entspricht den linearen (unterstrichenen) Gliedern der in eine Potenzreihe entwickelten Funktionen. Daraus folgt, daß in der linearen Statik die genaue Kraft-Verschiebungs-Kurve durch ihre Tangente im Nullpunkt ersetzt wird (Bild 2.1). Für das in Tabelle 2.1 dargestellte Beispiel ergibt sich bei gleicher Last F aus der nichtlinearen Berechnung eine kleinere Verschiebung w_2 als aus der linearen Berechnung.

Bezüglich der vereinfachten Beziehungen (2.2.1a und 2.2.4a) wird die lineare Theorie auch als Theorie kleiner Verschiebungen bezeichnet, während man bei Anwendung der Gln. (2.2.1b und 2.2.4b) von einer Theorie großer Verschiebungen spricht, wobei über die Größenordnung der Verzerrungen noch nichts ausgesagt ist.

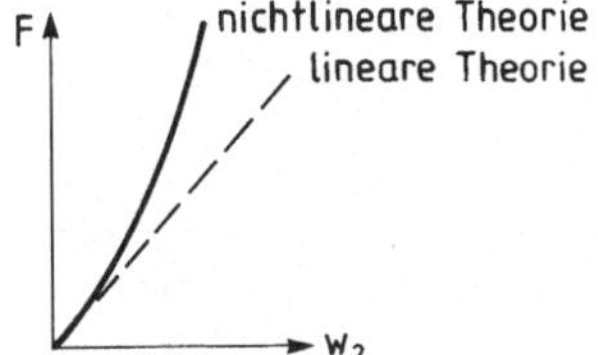

Bild 2.1. Kraft-Verschiebungs-Kurven bei linearer und nichtlinearer Theorie

2.3 Genaue konstitutive Beziehungen

2.3.1 Dehnungs-Verschiebungs-Beziehungen

Analog zur Vorgehensweise bei der linearen Theorie (Abschn. 1.2.2) sollen durch die Berücksichtigung der nichtlinearen Verschiebungsgeometrie genaue konstitutive Beziehungen für die Längskraft und das Biegemoment hergeleitet werden. Alle anderen bisher getroffenen Annahmen wie lineares Materialgesetz und die Vernachlässigung der Schubverzerrungen werden beibehalten.

Bezeichnungen, Koordinatensysteme

Die Bezeichnungen sind aus Bild 2.2 ersichtlich. Wegen der Berücksichtigung großer Verschiebungen stimmt die Neigung φ der Biegelinie nicht mehr mit der Ableitung w' der Verschiebung in z-Richtung überein. Die Koordinaten x und z sind auf die unverformte, $\tilde{x}$ und $\tilde{z}$ auf die verformte Stabachse bezogen. Eine ausführliche Erläuterung zu den verschiedenen Koordinatensystemen findet sich in [2.1].

Dehnung der Stabachse $\tilde{\varepsilon}(\tilde{z}=0)=\varepsilon$

Ein Element $\mathrm{d}x$ der Stabachse hat nach der Verformung die Länge $\mathrm{d}\tilde{x}$. Wendet man das Ingenieurdehnungsmaß (1.2.11a) an, so gilt

$$\varepsilon = \frac{\mathrm{d}\tilde{x}-\mathrm{d}x}{\mathrm{d}x} = \frac{\mathrm{d}\tilde{x}}{\mathrm{d}x} - 1. \tag{2.3.1}$$

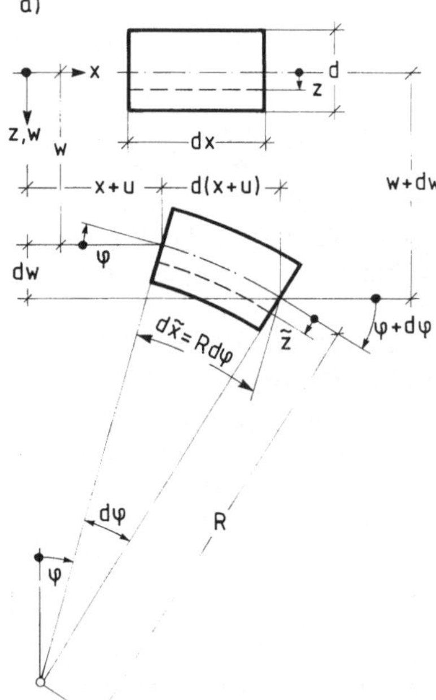

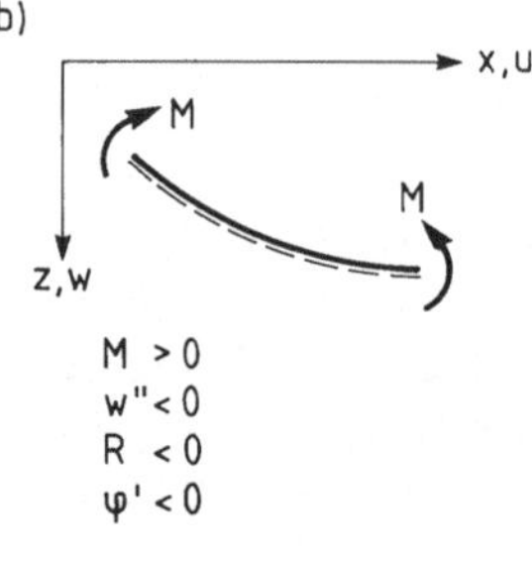

Bild 2.2 a, b. Definitionen am unverformten und verformten Element des im Ausgangszustand geraden Stabes. **a** Verschiebungsgeometrie, **b** Vorzeichenfestlegungen

Aus Bild 2.2a entnimmt man die geometrische Beziehung

$$(\mathrm{d}\tilde{x})^2 = [\mathrm{d}(x+u)]^2 + (\mathrm{d}w)^2,$$

die, mit $(\mathrm{d}x)^{-2}$ multipliziert

$$\left(\frac{\mathrm{d}\tilde{x}}{\mathrm{d}x}\right)^2 = \left(1+\frac{\mathrm{d}u}{\mathrm{d}x}\right)^2 + \left(\frac{\mathrm{d}w}{\mathrm{d}x}\right)^2 = (1+u')^2 + w'^2 \tag{2.3.2}$$

und in (2.3.1) eingesetzt, die gesuchte Dehnungs-Verschiebungs-Beziehung der Stabachse ergibt:

$$\varepsilon = \sqrt{(1+u')^2 + w'^2} - 1. \tag{2.3.3}$$

In der linearen Theorie wird $\mathrm{d}\tilde{x} = \mathrm{d}(x+u)$ gesetzt und damit der Einfluß von $\mathrm{d}w$ auf die Längenänderung des Elements vernachlässigt. Mit dieser Vereinfachung ergibt sich aus (2.3.1) wieder die Beziehung $\varepsilon = u'$ und aus (2.3.2) die Identität $(1+u')^2 \equiv (1+u')^2$. Der Übergang zur linearen Theorie gelingt auch mit einer Reihenentwicklung der Wurzel in (2.3.3)

$$\varepsilon = \left(1 + u' + \frac{1}{2}w'^2 - \frac{1}{2}u'w'^2 - \frac{1}{8}w'^4 + \frac{1}{2}u'^2w'^2 + \ldots\right) - 1$$
$$= u' + \frac{1}{2}w'^2 - \ldots,$$

deren linearer Anteil zu (1.2.3b) führt.

Neigung φ der Biegelinie

Aus Bild 2.2a ergibt sich für die Neigung der Biegelinie

$$\tan\varphi = \frac{\mathrm{d}w}{\mathrm{d}(x+u)} = \frac{\mathrm{d}w/\mathrm{d}x}{\mathrm{d}(x+u)/\mathrm{d}x} = \frac{w'}{1+u'},$$

$$\varphi = \arctan\frac{w'}{1+u'} = \frac{w'}{1+u'} - \frac{1}{3}\left(\frac{w'}{1+u'}\right)^3 + \ldots \tag{2.3.4}$$

Krümmung φ' der verformten Stabachse

Aus (2.3.4) folgt

$$\frac{\mathrm{d}\varphi}{\mathrm{d}x} = \frac{\mathrm{d}\left(\arctan\dfrac{w'}{1+u'}\right)}{\mathrm{d}x} = \frac{1}{1+\dfrac{w'^2}{(1+u')^2}}\;\frac{w''(1+u') - w'u''}{(1+u')^2},$$

$$\varphi' = \frac{w''(1+u') - u''w'}{(1+u')^2 + w'^2}. \tag{2.3.5}$$

In (2.3.4 und 2.3.5) erkennt man die Übergänge zur linearen Theorie:

$$\varphi \approx \frac{w'}{1+u'} \approx w' \quad \text{bzw.} \quad \varphi' \approx \frac{w''}{1+2u'} \approx w''. \tag{2.3.6a,b}$$

Dehnung $\tilde{\varepsilon}$ einer beliebigen Stabfaser

Eine beliebige Stabfaser der Länge dx im Abstand z von der Stabachse hat nach der Verformung die Länge $(R-\tilde{z})\mathrm{d}\varphi$. Das Ingenieurdehnungsmaß lautet für diese Faser

$$\tilde{\varepsilon}=\frac{(R-\tilde{z})\mathrm{d}\varphi-\mathrm{d}x}{\mathrm{d}x}=(R-\tilde{z})\varphi'-1. \tag{2.3.7}$$

Dies bedeutet für die Dehnung der Stabachse

$$\varepsilon=\tilde{\varepsilon}(\tilde{z}=0)=R\varphi'-1 \tag{2.3.8}$$

und damit für die Dehnung einer beliebigen Faser

$$\tilde{\varepsilon}=\varepsilon-\tilde{z}\varphi'. \tag{2.3.9}$$

2.3.2 Die Elastizitätsgesetze für die Schnittgrößen

Analog zur Vorgehensweise in Abschn. 1.2.2 erhält man

$$\begin{aligned} N&=\int_{(A)}\sigma\,\mathrm{d}A=E\int_{(A)}\tilde{\varepsilon}\,\mathrm{d}A=E\varepsilon A-E\varphi'\int_{(A)}\tilde{z}\,\mathrm{d}A\,,\\ M&=\int_{(A)}\sigma\tilde{z}\,\mathrm{d}A=E\varepsilon\int_{(A)}\tilde{z}\,\mathrm{d}A-E\varphi'\int_{(A)}\tilde{z}^2\,\mathrm{d}A\,. \end{aligned} \tag{2.3.10a,b}$$

Hier und im folgenden werden die Indizes x, z, 0 weggelassen, wenn eindeutig ist, um welche Größen es sich handelt. In (2.3.10a,b) entfällt der Ausdruck $\int_{(A)}\tilde{z}\,\mathrm{d}A$ als Flächenmoment 1. Grades (statisches Moment) des Querschnitts in bezug auf die Querschnittshauptachse $\tilde{z}=0$, während das Integral im letzten Term von (2.3.10b) das Flächenmoment 2. Grades (Flächenträgheitsmoment) I darstellt. Damit lauten die Elastizitätsgesetze

$$\begin{aligned} N&=EA\varepsilon=EA\left[\sqrt{(1+u')^2+w'^2}-1\right],\\ M&=-EI\varphi'=-EI\,\frac{w''(1+u')-u''w'}{(1+u')^2+w'^2}\,. \end{aligned} \tag{2.3.11a,b}$$

Eine konstitutive Beziehung für die Querkraft existiert wegen der getroffenen Annahmen nicht.

2.3.3 Gegenüberstellung von geometrisch linearer und nichtlinearer Theorie

In Tabelle 2.2 werden die wichtigsten Ergebnisse dieses Abschnitts zusammengestellt. Insbesondere ist festzuhalten, daß die hier behandelte Nichtlinearität auf der Berücksichtigung der genauen Dehnungs-Verschiebungs-Beziehungen beruht.

Im allgemeinen Fall $M/(EI)\neq\mathrm{const}$ bzw. bei Berücksichtigung der Längskraftverformungen sind die nichtlinearen Differentialgleichungen (2.3.11a,b) nicht mehr elementar integrierbar (vgl. [2.1–2.5]). Für den einfachen Sonderfall $M/(EI)=\mathrm{const}$ und $EA\to\infty$ erhält man für die Biegelinie bei Anwendung der linearen Theorie eine Parabel und bei Verwendung der nichtlinearen Theorie einen Kreisbogen.

Tabelle 2.2. Gegenüberstellung der Ergebnisse

	lineare Theorie	nichtlineare Theorie
konstitutive Beziehungen (Elastizitätsgesetze) für die Schnittgrößen M, N	$w'' = -\frac{M}{EI}$ $u' = \frac{N}{EA}$	$\varphi' = -\frac{M}{EI} = \frac{w''(1+u') - u''w'}{(1+u')^2 + w'^2}$ $\varepsilon = \frac{N}{EA} = \sqrt{(1+u')^2 + w'^2} - 1$
Integration für $EA \longrightarrow \infty$ und $\frac{M}{EI} = \frac{M_0}{EI} = \text{const}$	$w = -\frac{M_0}{EI}\frac{x^2}{2} + C_1 x + C_2$ $u = \text{const}$	$w = R[\cos(\frac{x}{R} + C_1) + C_2]$ $u = R[\sin(\frac{x}{R} + C_1) + C_3 - \frac{x}{R}]$ (mit $R = \frac{EI}{M_0} = \text{const}$)
Biegelinie	Parabel	Kreisbogen

2.4 Nichtlineares Materialverhalten

2.4.1 Allgemeines

Von den zahlreichen Materialeigenschaften sollen hier nur die für die Baustatik wichtigsten kurz besprochen werden.

Beim *elastischen* Werkstoff stimmt im Spannungs-Dehnungs-Diagramm die Belastungskurve mit der Entlastungskurve überein, d.h. es besteht im Zugversuch ein eindeutiger Zusammenhang zwischen aufgebrachter Kraft und Längenänderung des Probekörpers. Man unterscheidet hierbei Werkstoffe mit linearem und nichtlinearem Materialverhalten (Bild 2.3a).

Beim *nichtelastischen* Werkstoff existiert diese eindeutige Zuordnung von Kraft und Verschiebung nicht. Die gesamte Dehnung besteht aus einem elastischen und einem plastischen Anteil. Bei Entlastung geht nur die elastische Dehnung zurück; die Be- und Entlastungskurven stimmen nicht überein (Bild 2.3b – d).

Neben dem nicht explizit zeitabhängigen elastischen und plastischen Verhalten gibt es Materialien mit Zeiteffekt. Die für die baupraktische Berechnung wichtigsten Formen dieses rheologischen Verhaltens sind die Kriech- bzw. Relaxationserscheinungen viskoelastischer und viskoplastischer Werkstoffe.

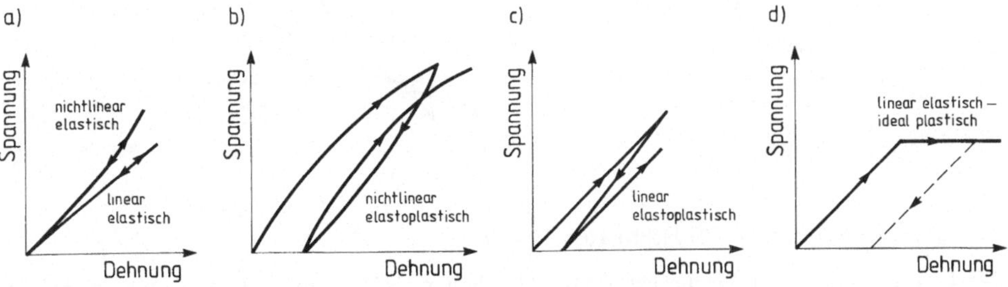

Bild 2.3 a–d. Werkstoffverhalten. **a** Elastisch, **b–d** elastoplastisch

Eine weitere wesentliche Einflußgröße bei der Materialbeschreibung ist die Temperatur. In der Realität überlagern sich die genannten Effekte mehr oder minder stark. Im baupraktischen Anwendungsfall muß man stets idealisieren, um mit vertretbarem Aufwand zu Ergebnissen zu gelangen.

2.4.2 Nichtlinear elastisches Materialverhalten

Die Betrachtungen werden am Beispiel eines Zugstabs durchgeführt (Bild 2.4a). Im einachsigen Zugversuch kann sich beispielsweise das nichtlinear elastische Werkstoffverhalten, ausgedrückt durch die Kraft-Verschiebungs-Beziehung

$$F = c_0 \Delta\ell + c_1 (\Delta\ell)^2 = c_0 u(\ell_0) + c_1 u^2(\ell_0), \tag{2.4.1}$$

ergeben (Bild 2.4b). Verwendet man für die weiteren Überlegungen die geometrisch lineare Theorie, so darf das Ingenieurdehnungsmaß $\varepsilon = \Delta\ell/\ell_0 = u'$ benutzt werden.

Analog zur Vorgehensweise in Abschn. 1.2.2 werden die aus dem Versuch ermittelten Werkstoffkennwerte c_0 und c_1 durch die Elastizitätskonstanten E_0 und E_1 ersetzt. Aus (2.4.1) erhält man nach Division durch A_0

$$\begin{aligned} \frac{F}{A_0} = \sigma &= \frac{c_0 \ell_0}{A_0} \frac{\Delta\ell}{\ell_0} + \frac{c_1 \ell_0^2}{A_0} \left(\frac{\Delta\ell}{\ell_0}\right)^2 = \frac{c_0 \ell_0}{A_0} \varepsilon + \frac{c_1 \ell_0^2}{A_0} \varepsilon^2, \\ &= E_0 \varepsilon + E_1 \varepsilon^2 = E_0 u' + E_1 u'^2 \end{aligned} \tag{2.4.2}$$

mit

$$E_0 = c_0 \ell_0 / A_0 \quad \text{und} \quad E_1 = c_1 \ell_0^2 / A_0 . \tag{2.4.3a,b}$$

Da F über die Stablänge konstant ist, besteht zwischen u und x wie in der linearen Theorie ein linearer Zusammenhang, d.h. $u'(x) = \text{const}$. Eine Beziehung zwischen u und F erhält man durch Auflösen von (2.4.2) nach u'

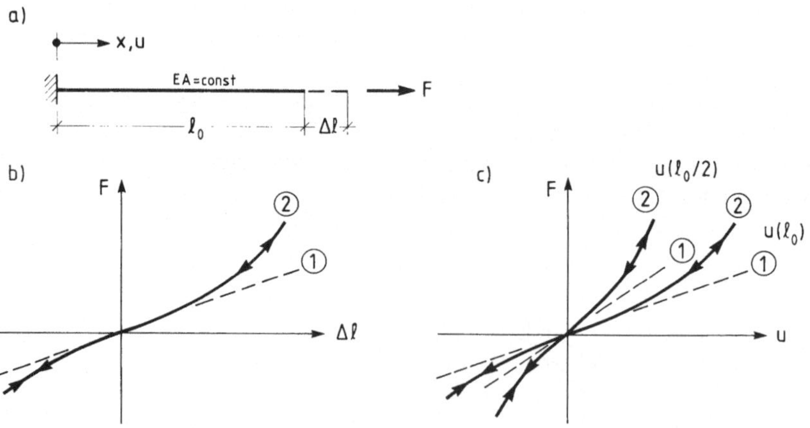

Bild 2.4a–c. Nichtlinear elastisches Materialverhalten. **a** System und Belastung, **b** F-$\Delta\ell$-Diagramm, **c** F-u-Diagramm

$$u'^2 + \frac{E_0}{E_1} u' - \frac{\sigma A_0}{E_1 A_0} = u'^2 + \frac{E_0}{E_1} u' - \frac{F}{E_1 A_0} = 0$$

oder

$$u' = -\frac{1}{2}\frac{E_0}{E_1} + \sqrt{\frac{1}{4}\frac{E_0^2}{E_1^2} + \frac{F}{E_1 A_0}} = \frac{1}{2}\frac{E_0}{E_1}\left(-1 + \sqrt{1 + 4\frac{F E_1}{E_0^2 A_0}}\right), \tag{2.4.4}$$

bzw. nach Integration von (2.4.4)

$$u = \frac{1}{2}\frac{E_0}{E_1}\left(-1 + \sqrt{1 + 4\frac{F E_1}{E_0^2 A_0}}\right)x + u_0 . \tag{2.4.5}$$

Die Integrationskonstante u_0 wird Null wegen $u(x=0)=0$.

Um den Übergang zur linearen Elastizitätstheorie zu erkennen, wird die Potenzreihenentwicklung der Wurzel in (2.4.5) vorgenommen

$$u = \frac{1}{2}\frac{E_0}{E_1}\left[-1 + 1 + \frac{1}{2} 4\frac{F E_1}{E_0^2 A_0} - \frac{1}{8}\left(4\frac{F E_1}{E_0^2 A_0}\right)^2 + \ldots\right]x$$

und nach dem linearen Glied abgebrochen:

$$u \approx \frac{F}{E_0 A_0} x. \tag{2.4.6}$$

Die Auswertung von (2.4.5 und 2.4.6) ist für $u(x=\ell_0/2)$ und $u(x=\ell_0)$ in Bild 2.4c dargestellt.

2.4.3 Idealisierende Ansätze bei Werkstoff-Nichtlinearität

In den meisten Fällen ist die rechnerische Behandlung eines Problems mit nichtlinearem Materialverhalten erheblich schwieriger als in dem in Abschn. 2.4.2 behandelten Beispiel. Die Identifizierung der Werkstoffkennwerte (hier: c_0, c_1 bzw. E_0, E_1) aus dem Versuch bereitet in der Regel erhebliche Schwierigkeiten, so daß man im Anwendungsfall stets idealisieren wird. Für die beiden im Hinblick auf das Bauwesen wichtigsten Werkstoffe Baustahl und Stahlbeton sind idealisierte σ-ε-Diagramme in den Bildern 2.3d, 2.5a und 2.6 dargestellt.[1]

Am besonders einfachen Beispiel des Baustahls wird gezeigt, daß sich trotz des abschnittsweise geradlinigen Spannungs-Dehnungs-Verlaufs und trotz linearer kinematischer Beziehungen ein nichtlinearer Zusammenhang zwischen Kraft und Verschiebung einstellt. Ausgehend vom σ-ε-Diagramm in Bild 2.5a, soll die Verschiebung $u=u(F)$ ermittelt werden. Im Bereich I ($\varepsilon < \varepsilon_F$) lautet die Lösung nach der linearen Theorie

$$u' = \varepsilon = \frac{\sigma}{E} = \frac{F}{E A_0}$$

[1] Hier und im folgenden werden bei linear elastisch – ideal plastischem Werkstoffgesetz nebeneinander die Bezeichnungen Spannung an der Fließgrenze σ_F bzw. Streckgrenze β_S, Dehnung an der Fließgrenze ε_F bzw. Streckgrenze ε_{sS} verwendet, wobei große Indizes den Spannungs- bzw. Dehnungszustand (F für Fließgrenze, S für Streckgrenze, B für Bruchgrenze) und kleine Indizes den Werkstoff (s für Stahl, b für Beton) kennzeichnen.

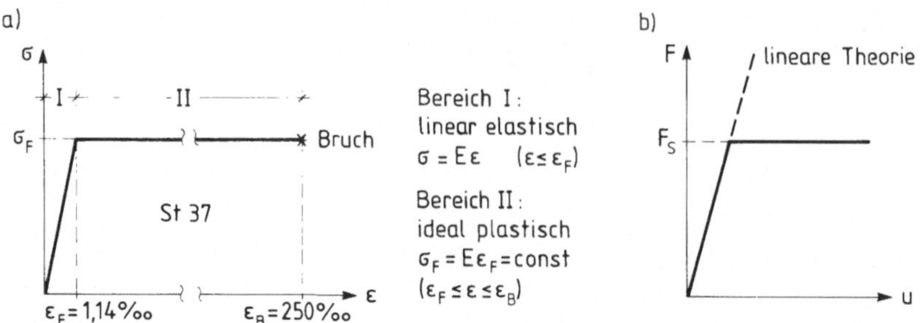

Bild 2.5 a, b. Linear elastisch – ideal plastisches Werkstoffgesetz. **a** σ-ε-Diagramm für Stahl St 37, **b** F-u-Diagramm

bzw. nach Integration

$$u = \frac{F}{EA_0} x + u_0 .$$

Im Bereich II ($\varepsilon_F \le \varepsilon < \varepsilon_B$) erhält man mit $F = A_0 \sigma_F = A_0 E \varepsilon_F$ und $u' = \varepsilon$ das Ergebnis $u = \varepsilon x$. Da ε einen beliebigen Wert zwischen ε_F und ε_B annehmen kann, lassen sich ε und damit auch u nicht durch F darstellen. Das Kraft-Verschiebungs-Diagramm ist wie das Spannungs-Dehnungs-Diagramm bilinear[2] (Bild 2.5b). Es ergibt sich trotz linearer kinematischer Beziehungen ein nichtlinearer Zusammenhang zwischen Kraft und Verschiebung. Man bezeichnet dies als physikalische Nichtlinearität.

Für den Werkstoff Stahlbeton (vgl. Bild 2.6) sind die Untersuchungen erheblich umfangreicher; sie werden in Abschn. 3.5 erörtert.

Im vorangegangenen Beispiel wurde der Fall einer Entlastung des Systems nicht betrachtet. Dies wird an dem in Bild 2.7a dargestellten Fachwerk-Durchlaufträger nachgeholt, wobei das linear elastisch – ideal plastische Werkstoffgesetz (Bild 2.3d)

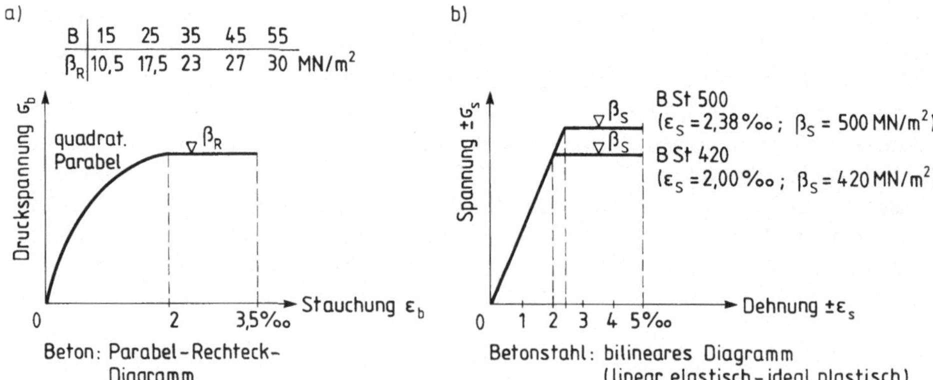

B	15	25	35	45	55	
β_R	10,5	17,5	23	27	30	MN/m²

Bild 2.6 a, b. Idealisierte Spannungs-Dehnungs-Linien. **a** Für Beton, **b** für verschiedene Betonstähle

[2] Die Begriffe bilinear, trilinear usw. kennzeichnen hier und im folgenden Diagramme, die sich aus zwei, drei oder mehr linearen Teilstücken zusammensetzen.

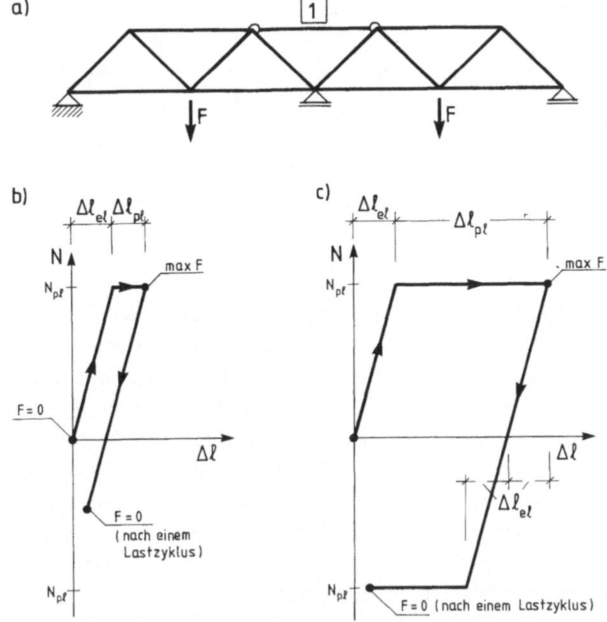

Bild 2.7 a–c. Fachwerk-Durchlaufträger mit Koppelstab. **a** System und Belastung, **b** Längskraft-Verschiebungs-Diagramm bei kleinen und **c** bei großen plastischen Verformungen

zugrunde liegt. Bewirken die beiden Einzellasten F in den Feldmitten Zugspannungen im Koppelstab 1, die die Streckgrenze σ_F überschreiten, so ergibt sich neben dem elastischen Anteil $\Delta\ell_{el}$ auch ein plastischer Anteil $\Delta\ell_{pl}$ der gesamten Längenänderung $\Delta\ell$ des Stabes 1 (Bild 2.7b,c). Nach Überschreiten von $\Delta\ell_{el}$ bleibt die Längskraft $N_{pl} = A\sigma_F$ konstant. Bei Entlastung gehen zunächst nur die elastischen Verschiebungen zurück, bis die Längskraft $N = 0$ erreicht ist. Da der Stab in diesem Zustand aber noch plastisch verformt ist, erhält er bei weiterer Entlastung Druckkräfte (Bild 2.7b), die bei größeren anfänglichen plastischen Dehnungen auch zu plastischen Stauchungen führen können (Bild 2.7c). Nach vollständiger Entlastung ($F = 0$) verbleiben wegen der restlichen Längskräfte im Stab Eigenspannungen im gesamten System. Der ursprünglich auf Zug beanspruchte Stab stellt nach einem Lastzyklus bei unbelastetem System ein knickgefährdetes Druckglied dar. Bei häufiger Be- und Entlastung kann der Stab wegen der damit verbundenen wiederholten Überschreitung der Fließgrenze vorzeitig versagen.

2.5 Systeme veränderlicher Gliederung

2.5.1 Begriffsbestimmung

Weitere Beispiele, an denen sich Nichtlinearitäten aufzeigen lassen, stellen die Systeme veränderlicher Gliederung dar. Solche Systeme sind dadurch gekennzeichnet, daß das statische System vom Betrag und von der Richtung der aufgebrachten Belastung abhängig ist.

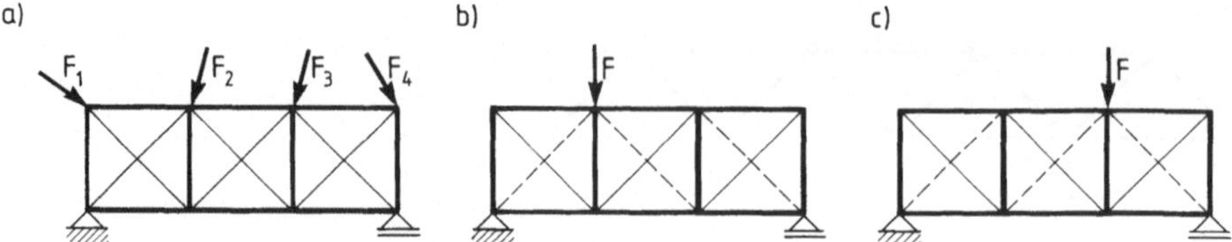

Bild 2.8a–c. Seilverspanntes Fachwerk. **a** Beliebige Belastung der Knoten im Obergurt, **b** und **c** lotrechte Belastung in einem Knoten

Der grundsätzliche Gedanke wird am Fachwerk aus zug- und druckfesten Gurten mit feldweise gekreuzten Seilen erläutert. Für eine nicht proportionale Änderung der in Bild 2.8a eingezeichneten Kräfte kann man nicht allgemein angeben, welche Seile (auf Zug) beansprucht werden und welche sich der Tragwirkung entziehen. Dagegen ist für die Lastfälle in Bild 2.8b,c eindeutig klar, daß je Feld ein Seil unbeansprucht bleibt (gestrichelt dargestellt). Bei Änderung der Laststellung können sich aber die Verhältnisse ändern. Um dies zu verhindern, spannt man die Seile so vor, daß bei Laständerung kein System veränderlicher Gliederung durch Entlastung der Seile entsteht.

In der Baupraxis treten solche Systeme bei der Untersuchung von Bau-, Montage- und Demontagezuständen auf. Sie ergeben sich auch aus der Berücksichtigung des Schlupfes von Verbindungsmitteln (z.B. SL-Schraubenverbindungen im Stahlbau und Kupplungen im Gerüstbau). In der Theorie erhält man Systeme veränderlicher Gliederung im Verlauf von Berechnungen nach der Fließgelenktheorie (Kap. 6 und 7).

2.5.2 Anwendungsbeispiele

Im folgenden wird geometrische und physikalische Linearität vorausgesetzt.

Der eingespannte Stab

Der am linken Ende eingespannte Träger (Bild 2.9a) wird in Feldmitte durch die Einzellast F beansprucht. Bei einem Wert $F = F_1$ liegt der Stab rechts auf (gestrichelte Linie). Aus dem Maß w_r lassen sich die aufgebrachte Kraft F_1 und das Einspannmoment M_1 berechnen:

$$w_r = \frac{5}{48}\frac{F_1 \ell^3}{EI}, \quad F_1 = \frac{48}{5}\frac{EI}{\ell^3} w_r, \quad M_1 = -\frac{1}{2}\ell F_1 .$$

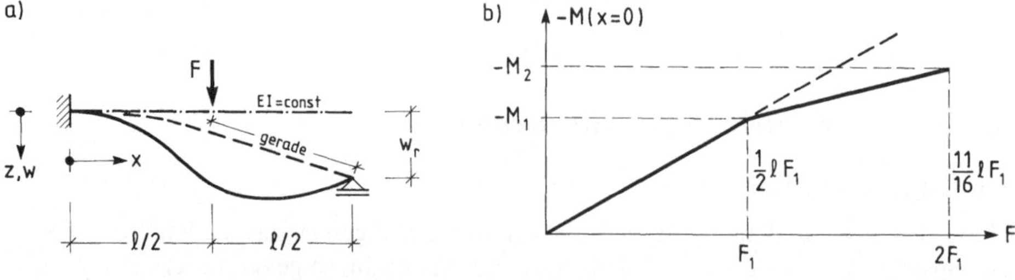

Bild 2.9a, b. System veränderlicher Gliederung durch Änderung der Lastintensität. **a** System und Belastung, **b** nichtlineare Beziehung zwischen Belastung und Einspannmoment

Bei jeder weiteren Laststeigerung muß das neue statische System (hier ist es einfach statisch unbestimmt) der Berechnung zugrunde gelegt werden. Bei einer Erhöhung der Beanspruchung z.B. auf den Wert $F_2 = 2F_1$ verdoppelt sich das Einspannmoment M_2 nicht, sondern es wird

$$|M_2| = \frac{1}{2}\ell F_1 + \frac{3}{16}\ell(F_2 - F_1) = \frac{11}{16}\ell F_1 < 2|M_1|\,.$$

Aus der Darstellung des Ergebnisses (Bild 2.9b) erkennt man deutlich die Nichtlinearität trotz der vorausgesetzten geometrischen und physikalischen Linearität.

Der durch eine wechselnde Last beanspruchte Rahmen mit Seil

Für den in Bild 2.10a dargestellten Rahmen sind das Kraft-Verschiebungs-Diagramm $f_1(W)$ für die Rahmenecke 1 infolge äußerer Beanspruchung W und die Abhängigkeit der Seilbeanspruchung S von W zu ermitteln.

Aus Bild 2.10a erkennt man, daß das Seil für die eingezeichnete Richtung der Last W mitträgt, während es bei umgekehrter Richtung ausfällt. Man kann das in Bild 2.10b,c dargestellte Ergebnis wie folgt deuten:

W positiv bedeutet $f_1 > 0$, $S > 0$, $f_1 \sim S \sim W$,
W negativ bedeutet $f_1 < 0$, $f_1 \sim W$, $S = 0$,

d.h. nur im erstgenannten Fall wird das Seil zur Lastabtragung herangezogen.

Für beliebige, senkrecht zur Stabachse wirkende Lasten (Bild 2.11a) folgt aus der Einflußlinie (Bild 2.11b) eine entsprechende Aussage. Ergibt sich bei der Auswertung der Einflußlinie ein positiver Wert, so trägt das Seil mit, bei negativem Wert dagegen nicht.

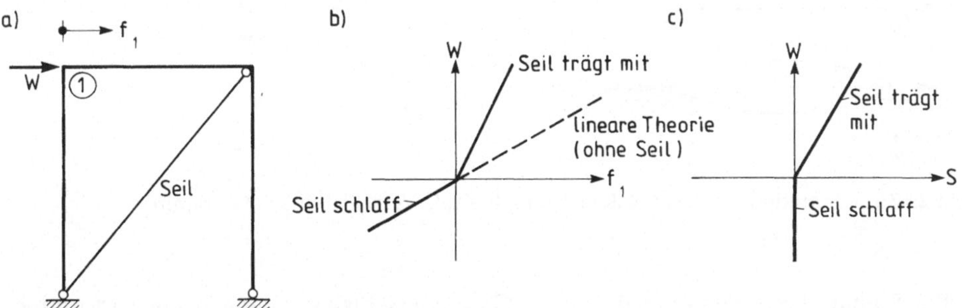

Bild 2.10 a–c. Rahmen mit Seil. **a** System und Belastung, **b** Kraft-Verschiebungs-Diagramm, **c** Belastungs-Schnittgrößen-Diagramm

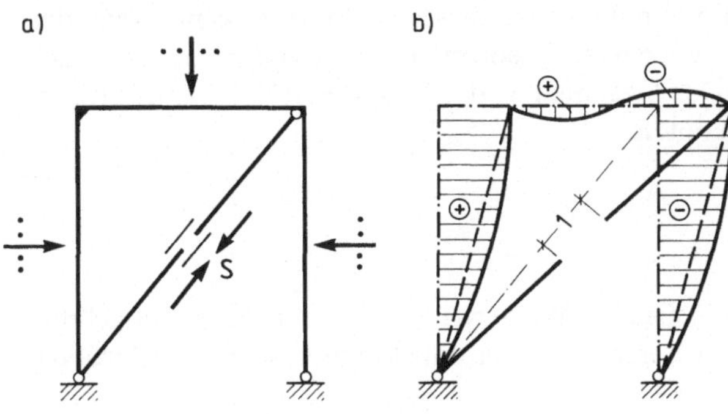

Bild 2.11 a, b. Der senkrecht zur Stabachse beanspruchte Rahmen mit Seil. **a** (n−1)-fach statisch unbestimmtes System, **b** Einflußlinie für die Seilkraft S

Als Ergebnis bleibt festzuhalten, daß sich Systeme veränderlicher Gliederung wegen der Änderung des statischen Systems trotz vorausgesetzter geometrischer und physikalischer Linearität nichtlinear verhalten. Deshalb darf das Superpositionsgesetz für das Gesamttragwerk nicht angewendet werden.

2.6 Stabilitätsprobleme

Als letzter wichtiger Problemkreis mit nichtlinearer Kraft-Verschiebungs-Charakteristik werden die Stabilitätsprobleme kurz angesprochen. Als Beispiel wird das Verzweigungsproblem eines Druckstabs betrachtet (Bild 2.12a). Für Belastungen F, die kleiner als die kritische Last F_K sind, ergibt sich ein linearer Zusammenhang von Kraft und Verschiebung. Bei weiterer Laststeigerung zweigt eine Kurve von der Geraden ab, die den ausgeknickten Zustand des Stabes kennzeichnet (Bild 2.12b). Wegen des Knicks im Verzweigungspunkt ist der Kraft-Verschiebungs-Zusammenhang insgesamt nichtlinear. Allgemein besteht die Ursache für die Nichtlinearität bei Stabilitätsproblemen in einer Mehrdeutigkeit der Kraft-Verschiebungs-Kurve (vgl. Kap. 5).

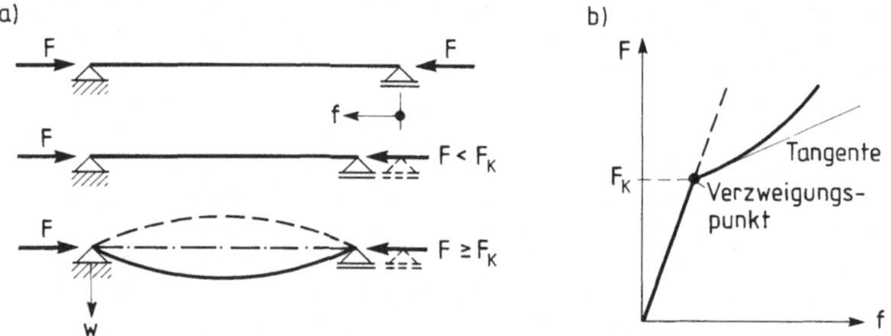

Bild 2.12 a, b. Stabilitätsproblem. **a** Knickstab, **b** Kraft-Verschiebungs-Diagramm

Bei Stabilitätsproblemen müssen die Gleichgewichtsbedingungen am verformten System erfüllt sein; jedoch darf in vielen Fällen eine Theorie kleiner Verschiebungen verwendet werden. Zur Berechnung der genauen Kurvenverläufe sind zusätzlich zum Gleichgewicht am verformten System die nichtlinearen Dehnungs-Verschiebungs-Beziehungen zu berücksichtigen.

Aus der besonders knappen Beschreibung an dieser Stelle darf keineswegs der Schluß gezogen werden, daß es sich um ein untergeordnetes Phänomen im Rahmen der nichtlinearen Stabstatik handelt. Das Gegenteil ist der Fall: Bei Stabilitätsproblemen ist stets äußerste Wachsamkeit geboten.

2.7 Zusammenfassung

Ordnet man die Nichtlinearitäten in gleicher Weise wie die in Abschn. 1.2.1 aufgeführten grundlegenden Beziehungen zur Berechnung der unbekannten statischen Größen, so ergibt sich folgende Gliederung:

- Gleichgewicht am verformten System,
- genaue Verschiebungsgeometrie,
- genaue Dehnungs-Verschiebungs-Beziehungen,
- nichtlineares Materialverhalten.

Die ersten drei Punkte werden unter dem Begriff der geometrischen Nichtlinearität zusammengefaßt, der letzte Punkt bedeutet physikalische Nichtlinearität. Wird das Gleichgewicht am verformten System formuliert, alle anderen Beziehungen jedoch linearisiert, so gelangt man zur Elastizitätstheorie II. Ordnung (Kap. 4). Bei zusätzlicher Beachtung des Sonderfalls des nichtlinearen Materialverhaltens in Form des linear elastisch – ideal plastischen Werkstoffgesetzes erhält man die Fließgelenktheorie II. Ordnung (Kap. 7). Daneben ist im Bauwesen eine Theorie großer Verschiebungen, aber kleiner Verzerrungen von Bedeutung, während eine Theorie großer Verzerrungen die Ausnahme bildet. Bei einer genaueren Berücksichtigung des nichtlinearen Werkstoffverhaltens muß man in der Regel die geometrischen Beziehungen weitgehend vereinfachen.

Betrachtet man den Zusammenhang zwischen Belastung und statischen Größen am Gesamtsystem, so ergeben sich die in Bild 2.13a dargestellten grundsätzlichen Möglichkeiten:

- In der linearen Theorie wird der Zusammenhang zwischen der Belastung und den statischen Größen durch eine Gerade dargestellt. Diese Gerade entspricht der Tangente im Ursprung an die Kurve, die sich aus einer nichtlinearen Theorie ergibt.
- Die Nichtlinearität kann in bezug auf die Tangente im Ursprung sowohl über- als auch unterproportional sein. Deshalb können die Ergebnisse nach der linearen Theorie sowohl auf der sicheren als auch auf der unsicheren Seite liegen.
- Ein anfangs überproportionaler Verlauf der Kurve kann sich bei weiterer Laststeigerung zu einem unterproportionalen Verlauf verändern und umgekehrt. Eine Extrapolation führt in solchen Fällen zu einer grundsätzlich falschen Abschätzung des Systemverhaltens.

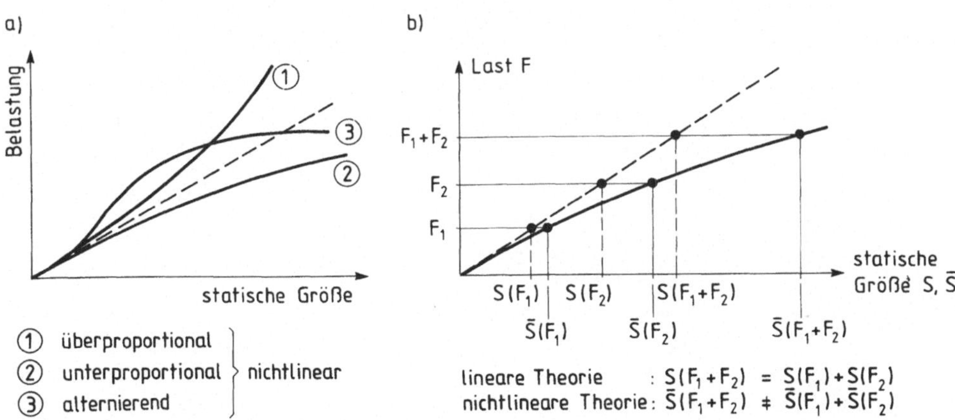

Bild 2.13a, b. Zusammenhang von Belastung und statischer Größe. **a** Qualitativ, **b** zur Zulässigkeit der Superposition

In Bild 2.13b wird der Unterschied von linearer und nichtlinearer (überstrichene Größen) Theorie am Beispiel der Superposition von Lasten dargestellt. Man erkennt, daß das Superpositionsgesetz bei einer nichtlinearen Theorie nicht angewendet werden darf.

Abschließend sind in Tabelle 2.3 die wesentlichen Unterschiede bei der Berechnung zusammengestellt.

Aus dieser kurzen Einführung in die Problematik der nichtlinearen Theorie wird bereits deutlich, daß eine gleichzeitige Berücksichtigung von geometrischer und physikalischer Nichtlinearität zu Beziehungen führt, die nur in besonders einfachen Fällen exakt lösbar sind (vgl. Abschn. 7.2). In der Regel müssen problemorientiert Vereinfachungen vorgenommen und Verfahren entwickelt werden, die es ermöglichen, die jeweils gestellte Aufgabe mit vertretbarem Aufwand sicher und wirtschaftlich zu lösen.

Tabelle 2.3. Wesentliche Unterschiede bei der Berechnung nach der linearen bzw. nichtlinearen Theorie

	lineare Theorie	nichtlineare Theorie
Gleichungssystem	linear	nichtlinear
Lösung	eindeutig	mehrdeutig möglich
geschlossene Lösung	existiert	nur für Sonderfälle
Superposition	zulässig	nicht zulässig
Berechnungsaufwand	klein	groß

3 Sicherheitsbetrachtungen

3.1 Allgemeine Anforderungen an Sicherheitskonzepte

Die am Ende des vorangegangenen Kapitels angesprochene Entwicklung problemorientierter Berechnungsverfahren kann nicht ohne einen auf das jeweilige Verfahren abgestimmten Sicherheitsnachweis erfolgen, da sich Berechnungsmethode und Sicherheitskonzept gegenseitig beeinflussen.

Unabhängig von der Art der Berechnung muß ein Bemessungskonzept grundsätzliche Anforderungen erfüllen. Es soll sicherstellen, daß die Funktionsfähigkeit eines Tragwerks für dessen veranschlagte Nutzungsdauer erhalten bleibt. Dabei muß stets ein ausgewogenes Verhältnis zwischen Sicherheitsbedürfnis und wirtschaftlichen Gesichtspunkten angestrebt werden. Dieser Kompromiß ist entsprechend der Fortentwicklung von Wissenschaft und Technik einem steten Wandel unterworfen. Es ist deshalb verständlich, daß die Einführung der EDV im Bauwesen eine lebhafte Weiterentwicklung der Sicherheitstheorie bewirkt hat. Zur Einarbeitung in die komplexe Problematik wird auf [3.1] verwiesen.

Grundsätzlich wird bei jedem Tragsicherheitsnachweis zwischen den Einwirkungen auf ein Tragwerk und dessen inneren Widerständen unterschieden. Zu den Einwirkungen zählt man die äußeren Lasten, die Stützensenkungen und die Temperaturänderungen, während die Widerstände von den Werkstoffeigenschaften, der Geometrie der Querschnitte und vom Aufbau des Gesamtsystems bestimmt werden.

Zur wirklichkeitsnahen Beschreibung der Einwirkungen muß deren räumliche und zeitliche Abfolge analysiert werden. Bei der praktischen Anwendung werden diese Lastkollektive häufig zu quasistatischen Belastungen vereinfacht und ihr Zusammenwirken durch schematisierte Kombinationsregeln erfaßt (im Stahlbau z.B. zu den Lastfällen H, HZ, HS; im Kranbau zu Betriebsgruppen, vgl. DIN 15018). Zur Berechnung der Widerstände ist vor allem die Festlegung von Grenzfestigkeitswerten wie Fließ- und Bruchgrenze erforderlich.

Da die charakteristischen Parameter zur Beschreibung der Einwirkungen und Widerstände keine genau bekannten (determinierten) Zahlenwerte, sondern (wie z.B. die Gewichtskraft von Fahrzeugen und die Streckgrenze von Stahl) mit Streubereichen behaftete (probabilistische) Werte sind, bietet es sich an, sie mit statistischen Methoden zu erfassen. Folgerichtig wäre es, das komplexe Zusammenwirken aller Größen an einem Tragwerk mit Hilfe der Wahrscheinlichkeitstheorie zu beschreiben. Dies scheitert jedoch daran, daß ein solches Sicherheitskonzept der praktischen Berechnung kaum zugänglich ist.

In den Abschn. 3.2 und 3.3 werden die wichtigsten, heute bereits angewandten Verfahren erörtert. Danach erfolgen in Abschn. 3.4 die Erläuterung eines wahrscheinlichkeitstheoretisch begründeten Konzepts und die Diskussion möglicher Kompromisse. In Abschn. 3.5 wird abschließend in einem Anwendungsbeispiel der quantitative Einfluß verschiedener Sicherheitskonzepte dargestellt.

3.2 Bemessung unter Zugrundelegung von zulässigen Spannungen

Das auf der Zugrundelegung von zulässigen Spannungen beruhende Nachweisverfahren wird als zul σ-Konzept bezeichnet. Diese Vorgehensweise war lange Zeit das Standardverfahren für die Bemessung von Tragwerken. Es zeichnet sich durch seine besondere Einfachheit aus, ist aber in vielen Fällen nicht genau genug.

Als zulässige Spannung zul σ wird der durch einen globalen Sicherheitsfaktor γ_σ geteilte Werkstoff-Grenzfestigkeitswert (z.B. die Spannung an der Fließ- bzw. Bruchgrenze) festgelegt.

Die maximal auftretende Spannung infolge der in den Baubestimmungen definierten und nach vorgegebenen Kombinationsregeln zu einem Lastfall zusammengesetzten Gebrauchslasten darf die zulässige Spannung zul σ nicht überschreiten. Durch eine Staffelung sowohl der Kombinationsbeiwerte als auch der zul σ-Werte trägt man bestimmten Erscheinungen und Erkenntnissen Rechnung, wie dem Versagen ohne oder mit Vorankündigung, der geringen Wahrscheinlichkeit des Zusammentreffens von extremen Beanspruchungen (kleinerer Sicherheitsfaktor γ_σ für Lastfall HZ gegenüber Lastfall H) usw.

Da der Nachweis für den Gebrauchszustand durchgeführt wird, erfolgen die Berechnungen in der Regel auf der Grundlage der linearen Theorie. Eine Ausnahme bildet z.B. der Spannungsnachweis für Tragwerke aus Stahlbeton nach DIN 1045 (1959). Hierbei werden die Schnittgrößen mit Hilfe der linearen Elastizitätstheorie ermittelt. Bei der Berechnung der Spannungen aus den Schnittgrößen muß jedoch das Versagen des Betons in der Zugzone berücksichtigt und somit eine physikalisch nichtlineare Theorie angewendet werden.

Die Werkstoffeigenschaften des Baustahls lassen einen in sich geschlossenen Nachweis nach der linearen Theorie zu. Als Bruchspannung können die Streckgrenze β_S bzw. die Fließspannung σ_F angesetzt werden (Bild 2.5). Die zugehörige Belastung bezeichnet man als elastische Grenzlast[1] $F_{el,Gr}$ (Bild 3.1). Für die zulässige Spannung gilt

$$\text{zul}\,\sigma = \sigma_F/\gamma_\sigma\,. \tag{3.2.1}$$

Bild 3.1. Elastische Grenzlast

[1] In der Literatur ist anstelle der nach den Sprachregeln korrekten Bezeichnungsweise für Grenzlast im elastischen Bereich der Ausdruck elastische Grenzlast gebräuchlich. Hier und im folgenden werden beide Begriffe nebeneinander verwendet.

Der Nachweis lautet in diesem Fall

$$\text{vorh}\ \sigma \leq \text{zul}\ \sigma = \sigma_F/\gamma_\sigma\,. \tag{3.2.2}$$

Wegen der linearen Zusammenhänge gelten (3.2.1 und 3.2.2) sinngemäß für die entsprechenden Lasten

$$\text{vorh}\ F \leq \text{zul}\ F = F_{\text{el,Gr}}/\gamma_\sigma\,. \tag{3.2.3}$$

Der Nachteil des einfach zu handhabenden zul σ-Konzepts liegt in der Unklarheit über die tatsächlich vorhandenen Tragreserven des Bauwerks, da die Sicherheit gegen Erreichen der Streckgrenze bzw. Bruchspannung in einer Faser ungleich der Tragsicherheit des Systems ist. Die Bemessung unter Zugrundelegung von zulässigen Spannungen kann zu Bauten mit einem verminderten Sicherheitsniveau oder zu unwirtschaftlichen Konstruktionen führen.

Aus diesen und anderen Gründen wurde bereits 1926 von M. Mayer [3.2] eine Bemessung unter Verwendung von Grenzkräften gefordert. Mit ähnlicher Zielrichtung wird seit einiger Zeit an der Novellierung zahlreicher Baubestimmungen gearbeitet.

3.3 Bemessung unter Zugrundelegung von Traglasten

3.3.1 Erläuterung verschiedener Nachweiskonzepte

Bemessungsverfahren, die auf der Abgrenzung der Tragfähigkeit eines Systems gegenüber Grenzzuständen basieren, lassen sich in solche unterscheiden, die von der aufnehmbaren Traglast oder von der Gebrauchsfähigkeit eines Tragwerks ausgehen. Der Tragfähigkeits- bzw. Bruchgrenzzustand ist gekennzeichnet durch das Versagen entweder des gesamten Bauwerks oder von Bauwerksteilen. Die zugehörige Einwirkung wird als Traglast bzw. Bruchlast bezeichnet. Die Gebrauchslasten müssen einen hinreichend großen Sicherheitsabstand von dieser Grenzlast aufweisen.

Da der Bruchsicherheitsnachweis keine Beurteilung des Systemverhaltens im Gebrauchszustand erlaubt, muß zusätzlich untersucht werden, ob die Gebrauchsfähigkeit des Bauwerks infolge zu großer Formänderungen, übermäßiger Rißbildung usw. beeinträchtigt wird, ob also bestimmte Gebrauchs-Grenzzustände überschritten werden. Im folgenden werden zwei mögliche Vorgehensweisen zum Nachweis der Tragsicherheit kurz erläutert.

Bei der Stahlbeton-Regelbemessung nach DIN 1045 (1978) berechnet man die Schnittgrößen i.allg. nach der linearen Elastizitätstheorie und multipliziert sie mit dem vom Dehnungszustand im untersuchten Querschnitt abhängigen globalen Sicherheitsfaktor γ_Q (Index Q für Querschnitt). Anschließend vergleicht man diese Werte mit den rechnerischen Bruchschnittgrößen, die unter Berücksichtigung nichtlinearer Werkstoffgesetze ermittelt werden (Bild 3.2; im Stahlbetonbau wird der Index u für

Bild 3.2. Grundgedanke der Bemessung nach DIN 1045 (1978)

„ultimate" zur Bezeichnung von Lasten und Schnittgrößen im Bruchzustand verwendet). Der Nachweis lautet

$$\gamma_Q \text{ vorh } M \leq M_u \quad \text{bzw.} \quad \gamma_Q \text{ vorh } F \leq F_u \,. \tag{3.3.1a,b}$$

Die Tragreserven infolge statischer Unbestimmtheit (Systemreserven) nutzt man bei diesem Vorgehen nicht aus (Ausnahme s. DIN 1045, Abschn. 15.1.2).

Im Gegensatz zur Vorgehensweise bei der Stahlbeton-Regelbemessung wird beim Traglastverfahren die Traglast nicht für den Einzelquerschnitt, sondern für das gesamte System ermittelt. Die Gebrauchslasten werden nach Multiplikation mit einem Sicherheitsfaktor γ_T als Bemessungslasten der Berechnung zugrunde gelegt, um zu einer gegenüber den vorher geschilderten Konzepten realistischeren Bemessung zu gelangen. Der Nachweis lautet dann

$$\gamma_T F \leq F_T \,. \tag{3.3.2}$$

Unter F_T wird hier die vom Tragwerk rechnerisch maximal aufnehmbare Last (Traglast) verstanden (Bild 3.3).

Wird für alle Belastungsarten ein einziger (globaler) Sicherheitsfaktor verwendet, so kann man (3.3.1 und 3.3.2) durch γ_T dividieren und die Bemessung mit Gebrauchslasten durchführen, wie es z.B. häufig im Stahlbetonbau gehandhabt wird. Der Sicherheitsfaktor muß dann auf der Traglastseite berücksichtigt bzw. in die für Gebrauchslasten aufzustellenden Bemessungshilfen eingearbeitet werden.

Für die Beziehung zwischen der in Abschn. 3.2 definierten elastischen Grenzlast$F_{el,Gr}$ und den Traglasten F_u bzw. F_T gilt

$$F_{el,Gr} < F_u < F_T \,. \tag{3.3.3a}$$

Der Sonderfall

$$F_{el,Gr} = F_u = F_T \tag{3.3.3b}$$

kann ausschließlich bei statisch bestimmten Konstruktionen mit Doppelpunktquerschnitt (Bild 6.8) oder bei reiner Zugbeanspruchung eintreten.

Der Sicherheitsnachweis auf der Grundlage von Bruchgrenzzuständen ist nur in Verbindung mit nichtlinearen Berechnungsmethoden sinnvoll. Die Begründung wird aus dem Last-Spannungs-Diagramm in Bild 3.4 deutlich. Da in der Realität die maximale Spannung des Systems nicht proportional mit der Belastung zunimmt, ergibt sich für die gleiche Grenzspannung σ_{Gr} bei Anwendung einer nichtlinearen Theorie eine gegenüber der linearen Theorie unterschiedliche Grenzlast F^N_{Gr}. Um zu zulässigen Gebrauchslasten zul F zu gelangen, wird die berechnete Grenzlast durch einen globalen Sicherheitsbeiwert γ dividiert. Dieser kann wegen der genaueren Erfassung des Systemverhaltens bei der Berechnung nach einer nichtlinearen Theorie grundsätz-

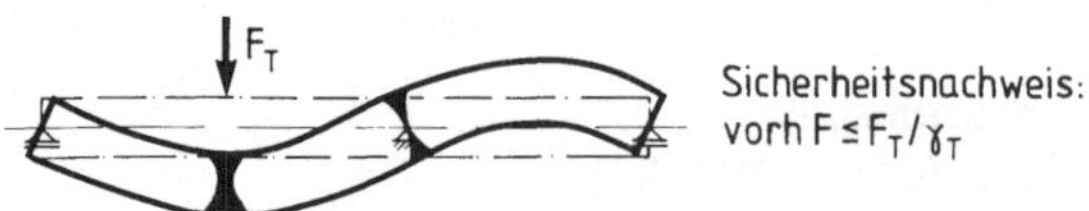

Bild 3.3. Bruchzustand (kinematische Kette) und Traglast

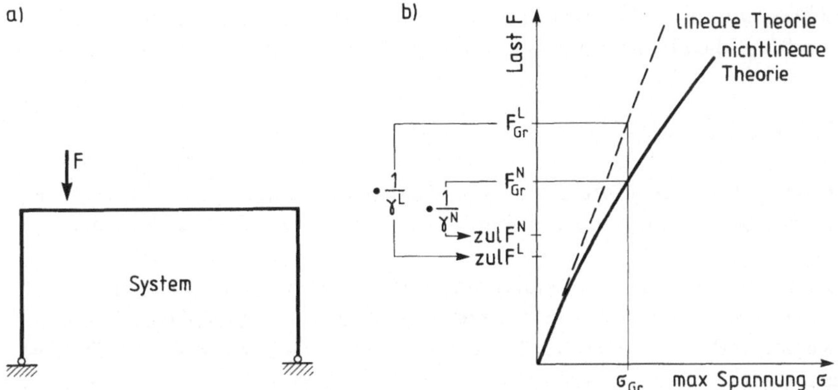

Bild 3.4 a, b. Zur Festlegung von Sicherheitsbeiwerten γ bei Berechnungen nach der linearen oder einer nichtlinearen Theorie. **a** System und Belastung, **b** Diagramm

lich kleiner festgelegt werden als bei Anwendung der linearen Theorie ($\gamma^N < \gamma^L$). Ob zul F^N größer oder kleiner als zul F^L ist, hängt vom Einzelfall ab.

Der Vorteil der genaueren Berücksichtigung des Tragverhaltens wird in der Regel mit dem Nachteil einer sehr umfangreichen Berechnung erkauft.

3.3.2 Globale Sicherheitsfaktoren und Teilsicherheitsfaktoren

Die Problematik, die damit verbunden ist, die Traglast unter Zugrundelegung eines globalen Sicherheitsfaktors zu berechnen, wird am Beispiel eines turmartigen Bauwerks aus Stahlbeton veranschaulicht. Die Windlast w und die Eigenlast g im Gebrauchszustand (vgl. Bild 3.5a) werden hier als bekannt vorausgesetzt, so daß sich bei γ-fachen Gebrauchslasten, den sogenannten Bemessungslasten, die Schnittgrößen M, Q, N ergeben. Vernachlässigt man den Einfluß der Querkraft auf die Traglast des Querschnitts (vgl. Abschn. 6.3), so lautet der Sicherheitsnachweis

$$M \leq M_u \quad \text{und} \quad N \leq N_u .$$

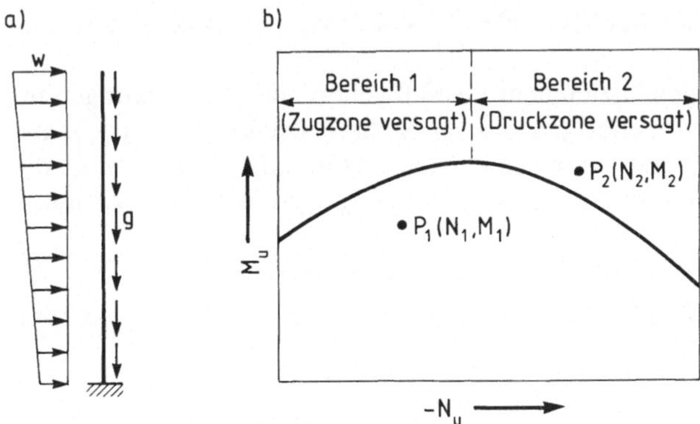

Bild 3.5 a, b. Berechnung turmartiger Stahlbetonbauwerke. **a** System und Belastung, **b** M_u-N_u-Interaktionsdiagramm

Aus der Bruchbedingung des Querschnitts ergibt sich eine Kopplung der Bruchschnittgrößen M_u und N_u, die als Interaktion bezeichnet wird. Der nichtlineare Zusammenhang

$$M_u = M_u(N_u) = M_{u,N} \quad \text{bzw.} \quad N_u = N_u(M_u) = N_{u,M}$$

ist in Form eines Interaktionsdiagramms in Bild 3.5b wiedergegeben. Punkte P_1 unterhalb der Kurve liegen im sicheren, Punkte P_2 oberhalb der Kurve im unsicheren Bereich.

Bei der Beurteilung des Interaktionsdiagramms ist es wesentlich, daß sich im Bereich 1 (Versagen des Bewehrungsstahls in der Zugzone) zusätzliche Eigenlast günstig, im Bereich 2 (Versagen des Betons in der Druckzone) jedoch ungünstig auf die Traglast des Systems auswirkt.

Man erkennt hieraus deutlich, welches Dilemma mit der Definition eines globalen Sicherheitsbeiwerts verbunden ist: Multipliziert man die Lasten g und w im Gebrauchszustand mit einem einheitlichen Sicherheitsbeiwert, der wegen der relativ ungenau erfaßbaren Windlast 1,5 bis 2 betragen sollte, so ergeben sich

- im Bereich 1 aufgrund der die Traglast erhöhenden Eigenlast eine unsichere Bemessung,
- im Bereich 2 eine unwirtschaftliche Bemessung, da die Eigenlast wegen ihrer verhältnismäßig genauen Abschätzbarkeit ungerechtfertigt überhöht angesetzt wird.

Als Schlußfolgerung bietet sich zur Erzielung eines ausgeglichenen Sicherheitsniveaus die Festlegung von Teilsicherheitsfaktoren an. Sie werden für jede Belastungsart und unter Berücksichtigung ihrer günstigen oder ungünstigen Auswirkung getrennt festgelegt. Im betrachteten Beispiel könnten die Teilsicherheitsfaktoren für die Windlast mit 1,5 und für die Eigenlast mit 1,0 (bei günstiger Wirkung) sowie mit 1,35 (bei ungünstiger Wirkung) angesetzt werden.

Zur Berechnung der Bruchschnittgrößen (hier: M_u, N_u) ist die Festlegung der rechnerischen Grenzfestigkeitswerte β_R von Beton und β_S von Betonstahl erforderlich. Sie erfolgt mittels genormter Auswertung von Versuchen. Mögliche Unterschreitungen werden entweder pauschal durch den globalen Sicherheitszuschlag abgedeckt (DIN 1045) oder durch materialabhängige Teilsicherheitsfaktoren berücksichtigt ([3.11, 3.13–3.15]).

Bezeichnet man die verschiedenen zu einem Lastfall gehörenden Einwirkungen im Gebrauchszustand mit F_i, die zugehörigen Last-Teilsicherheitsfaktoren mit $\gamma_{f,i}$, die rechnerischen Grenzfestigkeiten der unterschiedlichen Materialien mit β_j und die entsprechenden Widerstands-Teilsicherheitsfaktoren mit $\gamma_{m,j}$, so lautet der Nachweis für die Schnittgrößen

$$N\left(\sum_{(i)} \gamma_{f,i} F_i\right) \leq N_Z = N_{u,M}(\beta_j, \gamma_{m,j}) \tag{3.3.4a}$$

bzw.

$$M\left(\sum_{(i)} \gamma_{f,i} F_i\right) \leq M_Z = M_{u,N}(\beta_j, \gamma_{m,j}). \tag{3.3.4b}$$

Die Klammer $(\beta_j, \gamma_{m,j})$ soll ausdrücken, daß die Interaktions-Bruchschnittgrößen $N_{u,M}$ und $M_{u,N}$ unter Berücksichtigung der mit $\gamma_{m,j}$ abgeminderten Grenzfestigkeiten β_j ermittelt werden. Es handelt sich deshalb nicht um den Traglastzustand, der den Nachweisen (3.3.1 und 3.3.2) zugrunde liegt, sondern um einen Zwischenzustand. Er wird hier mit dem Index Z gekennzeichnet, während man in der Literatur häufig den Index u findet. Wegen der unterschiedlichen Werte der Teilsicherheitsfaktoren ist eine Umformung der Nachweise (3.3.4a,b) auf Gebrauchslasten in der Regel nicht mehr möglich. Weitere Besonderheiten des Verfahrens der Teilsicherheitsbeiwerte werden in Abschn. 3.5 erläutert.

Soll anstelle des Vergleichs von Schnittgrößen (3.3.4) eine Gegenüberstellung der Belastungen und der zugehörigen Traglast entsprechend (3.3.2) erfolgen, so sind bei den Einwirkungen F_i die Teilsicherheitsfaktoren $\gamma_{f,i}$ und bei der Ermittlung der Traglast F_T die Faktoren $\gamma_{m,j}$ zu berücksichtigen.

3.3.3 Schlußfolgerungen

Bei einem mit der Traglastermittlung gekoppelten Sicherheitsnachweis sollte das Konzept des globalen Sicherheitsbeiwerts durch ein solches der Teilsicherheitsfaktoren ersetzt werden für

- Einwirkungen, d.h. ständige, veränderliche oder außergewöhnliche Beanspruchungen, die die Trag- bzw. Gebrauchsfähigkeit günstig oder ungünstig beeinflussen,
- Widerstände, die Festigkeitsschwankungen, Prüfkörper-, System- und Querschnittseinflüsse beinhalten.

In den Teilsicherheitsbeiwerten sind zusätzlich Ungenauigkeiten des mechanischen Modells sowie Systemempfindlichkeiten bezüglich der Tragfähigkeit und der Gebrauchsfähigkeit zu berücksichtigen. Eine sinnvolle Festlegung dieser Sicherheitsfaktoren und der bereits erwähnten Kombinationsregeln für verschiedene Einwirkungen ist mit Hilfe statistischer Methoden und der Wahrscheinlichkeitsrechnung möglich.

Der nächste konsequente Schritt auf dem Weg zu einem wissenschaftlich begründeten Sicherheitskonzept besteht darin, nicht nur einzelne Teilsicherheitsbeiwerte probabilistisch zu bestimmen, sondern die Versagenswahrscheinlichkeit für das gesamte Bauwerk zu ermitteln.

3.4 Wahrscheinlichkeitstheoretisch begründete Methoden

Will man die Tragsicherheit eines Bauwerks für alle vorhersehbaren Beanspruchungen wirklichkeitsnäher erfassen, so bieten sich aufgrund der vorangegangenen Überlegungen Methoden auf der Grundlage der Wahrscheinlichkeitstheorie an. Leider fehlt jedoch bis heute ein praktikables Verfahren zur Berechnung der Versagenswahrscheinlichkeit eines komplexen Bauwerks. Bereits die Festlegung ihres zulässigen Wertes kann nicht ohne Ermessensspielräume erfolgen, da sie sich an den Forderungen nach Sicherheit und Wirtschaftlichkeit orientieren muß. Diese Problematik kann auch durch mathematisch-statistische Methoden nicht befriedigend gelöst werden, weil gerade im Bereich selten auftretender Ereignisse, d.h. bei ungewöhnlich hohen Beanspruchungen und besonders niedrigen Materialfestigkeiten, keine oder nicht aussagekräftige Probenergebnisse vorliegen. Für solche Extremfälle führt das jeweils verwendete mathematische Modell (Gaußsche Normalverteilung oder andere Verteilungen wie z.B. nach Tschebyschew, Camp-Meidell oder Student) nur zu einer unsicheren Extrapolation mit stark voneinander abweichenden Ergebnissen. Gerade dieser Bereich selten auftretender Ereignisse ist aber für die Festlegung der Versagenswahrscheinlichkeit ausschlaggebend.

Einen Vorschlag zur Einbeziehung wahrscheinlichkeitstheoretisch begründeter Methoden in ein übersichtliches und widerspruchsfreies Normenwerk stellen die „Grundlagen zur Festlegung von Sicherheitsanforderungen für bauliche Anlagen (GruSiBau)" [3.3] dar. Obwohl diese Empfehlungen nicht zur schematischen Anwendung gedacht sind und sich erst im Stadium der Erprobung befinden, ist doch unstrittig, daß ein hierauf aufbauendes Sicherheitskonzept zu objektivierten Tragwerkssicherheiten führt. Wegen des vorläufigen Charakters von [3.3], insbesondere wegen der mangelnden Erfahrungen und Kenntnisse über Systemzuverlässigkeiten, wird auf eine Wiedergabe von Einzelheiten verzichtet und auf [3.3 – 3.10] verwiesen.

Als praxisgerechter Kompromiß kann nach den vorangegangenen Ausführungen das Verfahren der Teilsicherheitsbeiwerte angesehen werden. Wie eine darauf basierende Baubestimmung gestaltet ist, läßt sich an [3.11 und 3.12] sehr gut nachvollziehen.

3.5 Vergleich verschiedener Sicherheitskonzepte an einem Beispiel

Vorbemerkungen

Die Einflüsse verschiedener Sicherheitskonzepte werden am Beispiel der einachsigen Biegung eines Stahlbeton-Rechteckquerschnitts mit einfacher Bewehrung erörtert, wobei die Schnittgrößen als bekannt vorausgesetzt werden. Das Hauptziel dieser Untersuchung liegt im Vergleich der *M-N*-Interaktionsbeziehungen für drei Sicherheitsnachweise, und zwar für die Konzepte

- der zulässigen Spannungen nach DIN 1045 (1959),
- des globalen, in Abhängigkeit vom Dehnungszustand veränderlichen Sicherheitsbeiwerts nach DIN 1045 (1978),
- der Teilsicherheitsbeiwerte für Einwirkungen (Lasten) und Widerstände (Material) nach DIN 1056 (1984).

Die Interaktionsdiagramme werden nur für Beton B 25 und Betonstahl BSt 420 dargestellt. Eine Umrechnung auf andere Betonfestigkeitsklassen ist ohne weiteres möglich. Zugkräfte, Zugspannungen und zugehörige Dehnungen werden mit positiven Vorzeichen eingeführt. Die Materialkennwerte β_R, β_S, ε_{bo}, ε_{bu}, ε_{sS} und ε_{su} (Tabelle 3.1) sind stets betragsmäßig einzusetzen. Bei den nachfolgenden Berechnungen werden die in Abschn. 3.3 erläuterten, die Schnittgrößeninteraktion kennzeichnenden Indizes N bzw. M weggelassen.

Materialkennwerte und Sicherheiten

In Tabelle 3.1 sind zum besseren Vergleich die zu den drei betrachteten Bemessungskonzepten zugehörigen Spannungs-Dehnungs-Linien für jedes Material dargestellt. Ferner werden die Sicherheitsbeiwerte und die daraus abgeleiteten Grenzspannungen bzw. -dehnungen angegeben.

Tabelle 3.1. Materialkennwerte (Beton B25, Betonstahl BSt420)

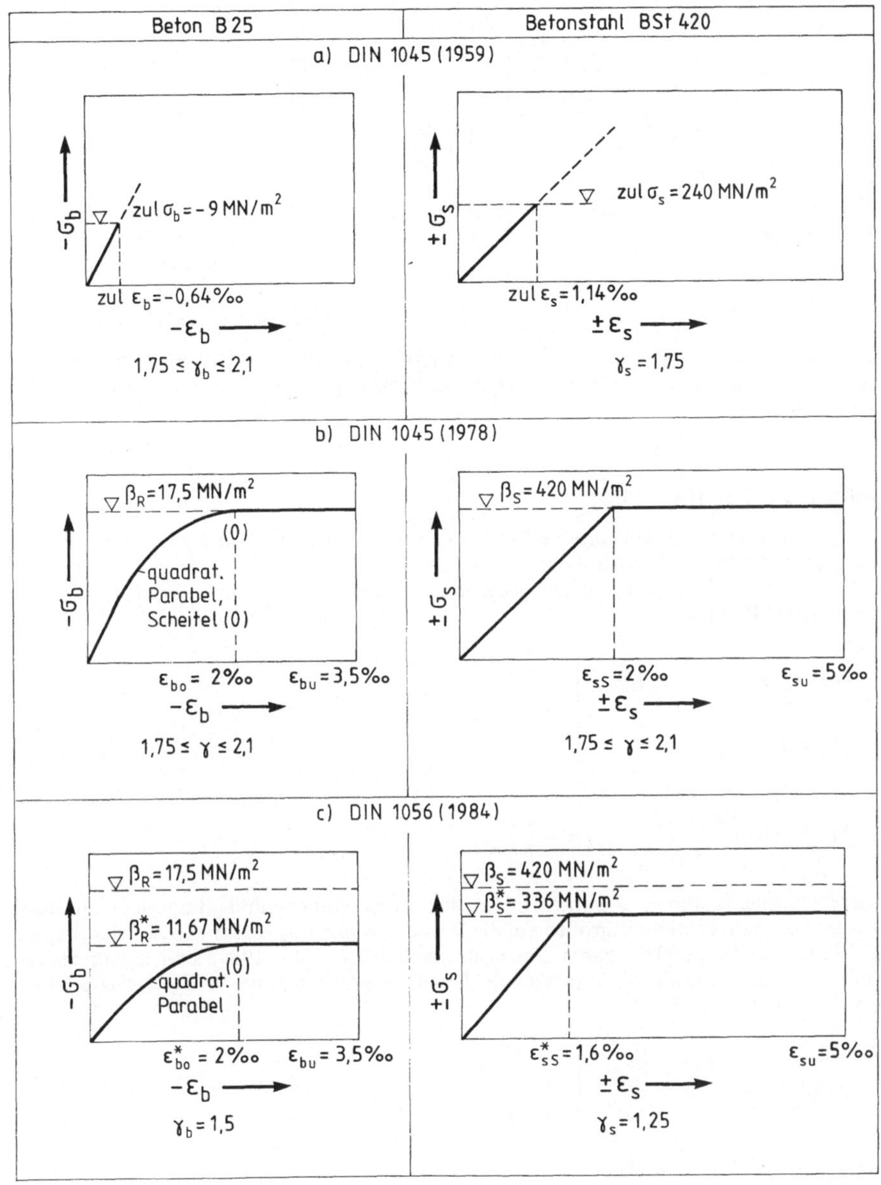

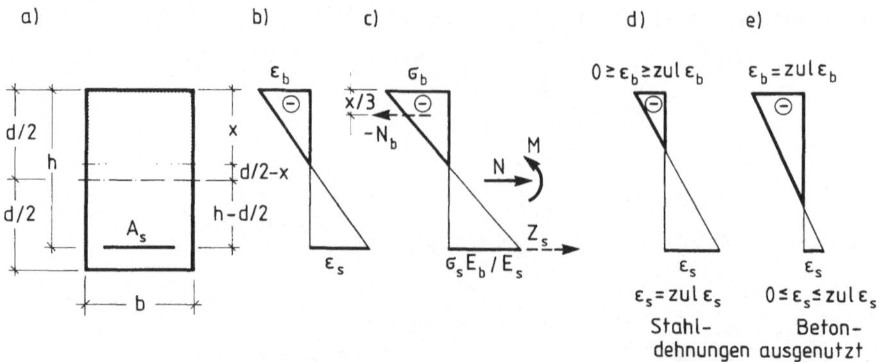

Bild 3.6a–e. Zur Ermittlung des Interaktionsdiagramms nach DIN 1045 (1959). **a** Querschnitt, **b** Dehnungsverteilung, **c** Spannungsverteilung, **d** Stahldehnungen sind ausgenutzt, **e** Betondehnungen sind ausgenutzt

Schnittgrößen nach DIN 1045 (1959)

Die Schnittgrößen werden für den Gebrauchszustand ermittelt. Der Verlauf der Dehnungen und Spannungen über die Querschnittshöhe ist linear (Bild 3.6).

Mit $E_s/E_b = 15$, $x = h/(1 - \varepsilon_s/\varepsilon_b)$ und dem geometrischen Bewehrungsgrad μ folgen aus Bild 3.6 die Äquivalenzbeziehungen

$$\left.\begin{aligned} N_b &= \frac{1}{2} b x \sigma_b = \frac{1}{2} b x E_b \varepsilon_b \\ Z_s &= A_s \sigma_s = \mu b d E_s \varepsilon_s \end{aligned}\right\} \quad N = N_b + Z_s, \tag{3.5.1a–c}$$

$$M = -N_b\left(\frac{d}{2} - \frac{x}{3}\right) + Z_s\left(h - \frac{d}{2}\right).$$

Zum besseren Vergleich werden die Interaktionsdiagramme einheitenfrei[2] dargestellt. In allen drei Fällen sind deshalb die Schnittgrößen auf die Rechenfestigkeit $\beta_R = 17{,}5\ \mathrm{MN/m^2}$ des Betons B25 (die Werte für die vergleichbaren Baustoffe nach DIN 1045 (1959) sind entsprechend umgerechnet worden) sowie auf die Abmessungen b und d des Querschnitts bezogen. Aus (3.5.1a–c) ergeben sich die Ausdrücke

$$\left.\begin{aligned} \frac{N_b}{\beta_R b d} &= n_b = \frac{1}{2} \frac{h}{d} \frac{x}{h} \frac{E_b}{\beta_R} \varepsilon_b \\ \frac{Z_s}{\beta_R b d} &= z_s = \mu \frac{E_s}{E_b} \frac{E_b}{\beta_R} \varepsilon_s \end{aligned}\right\} \quad n = n_b + z_s, \tag{3.5.2a–c}$$

$$\frac{M}{\beta_R b d^2} = m = \frac{h}{d}\left[-n_b\left(\frac{1}{2}\frac{d}{h} - \frac{1}{3}\frac{x}{h}\right) + z_s\left(1 - \frac{1}{2}\frac{d}{h}\right)\right].$$

[2] Nach DIN 1313 (Physikalische Größen und Gleichungen) nennt man physikalische Größen, in deren Dimensionsprodukt alle Dimensionsexponenten Null sind, Größen der Dimension 1. Diese fälschlich als „dimensionslos" bezeichneten Größen werden hier „einheitenfrei" genannt.

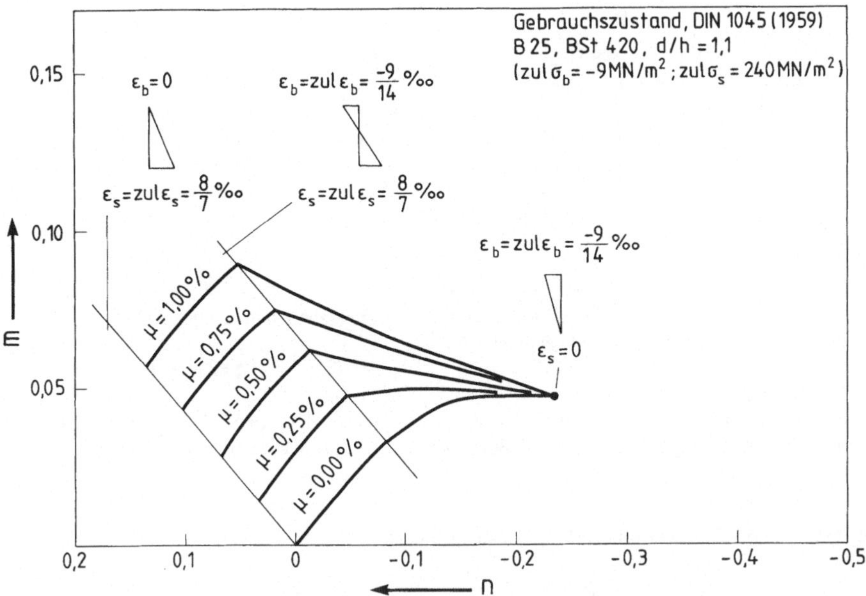

Bild 3.7. *m*-*n*-Interaktion für Schnittgrößen im Gebrauchszustand nach DIN 1045 (1959)

Diese Beziehungen werden unter Vorgabe von ε_b und ε_s ausgewertet, wobei man in einem Fall (Bild 3.6d) die zulässigen Stahldehnungen ausnutzt und die Betondehnungen variiert, während man im anderen Fall (Bild 3.6e) die zulässigen Betondehnungen konstant und die Stahldehnungen variabel hält. Mit

$$\text{zul}\,\varepsilon_b = \text{zul}\,\sigma_b / E_b = \frac{-9}{14\,000}\,1\,000\,‰ = -\frac{9}{14}\,‰\,,$$

$$\text{zul}\,\varepsilon_s = \text{zul}\,\sigma_s \,/\, E_s = \frac{240}{210\,000}\,1\,000\,‰ = \frac{8}{7}\,‰$$

ergibt sich das für den Gebrauchszustand gültige Interaktionsdiagramm, das in Bild 3.7 für $d/h = 1{,}1$ und verschiedene Bewehrungsgrade dargestellt ist.

Schnittgrößen nach DIN 1045 (1978)

Wie bei der vorangegangenen Berechnung werden wieder die beiden Fälle des Stahlversagens (Bild 3.8b) bzw. des Betonversagens unterschieden. Wegen der Abhängigkeit des globalen Sicherheitsfaktors von den Randdehnungen muß jedoch der Fall des Betonversagens hier nochmals unterteilt werden (Bild 3.8c,d).

Bezeichnet man den Abstand der Faser, in der die Dehnung $\varepsilon = \varepsilon_{bo}$ wirkt, vom oberen Rand mit a und das Randdehnungsverhältnis $\varepsilon_s/\varepsilon_b$ mit ψ, so lautet die Betondruckkraft (vgl. Bild 3.9) für den rechnerischen Bruchzustand

$$N_{bu} = \int\limits_{(A_b)} \sigma_b \, dA_b = -\int\limits_0^a \beta_R b \, dy + \int\limits_a^x \beta_R b \varepsilon_b \left[1 - \frac{y}{h}(1-\psi)\right] dy$$

$$+ \int\limits_a^x \beta_R b \frac{\varepsilon_b^2}{4}\left[1 - 2\frac{y}{h}(1-\psi) + \frac{y^2}{h^2}(1-\psi)^2\right] dy \tag{3.5.3a}$$

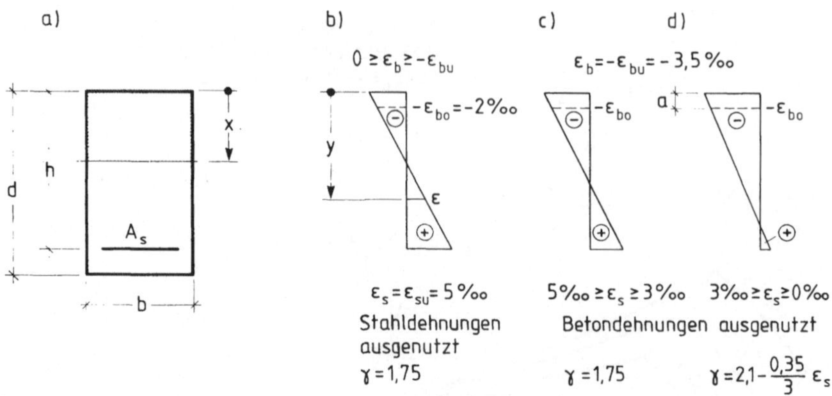

Bild 3.8a–d. Zur Ermittlung des Interaktionsdiagramms nach DIN 1045 (1978). **a** Querschnitt, **b** Stahldehnungen sind ausgenutzt, **c** und **d** Betondehnungen sind ausgenutzt

bzw. nach Integration und in einheitenfreier Schreibweise

$$\frac{N_{bu}}{\beta_R b d} = n_{bu} = \frac{h}{d}\left\{-\frac{a}{h} + \varepsilon_b\left[\frac{x}{h} - \frac{a}{h} - \frac{1-\psi}{2}\left(\frac{x^2}{h^2} - \frac{a^2}{h^2}\right)\right]\right.$$

$$\left. + \frac{\varepsilon_b^2}{4}\left[\frac{x}{h} - \frac{a}{h} - (1-\psi)\left(\frac{x^2}{h^2} - \frac{a^2}{h^2}\right) + \frac{(1-\psi)^2}{3}\left(\frac{x^3}{h^3} - \frac{a^3}{h^3}\right)\right]\right\}. \tag{3.5.3b}$$

Die Stahlzugkraft ergibt sich zu

$$N_{su} = \begin{cases} \mu b d \dfrac{\beta_S}{\varepsilon_{sS}} \varepsilon_s \\ \mu b d \beta_S \end{cases} \quad \text{bzw.} \quad \frac{N_{su}}{\beta_R b d} = n_{su} = \begin{cases} \mu \dfrac{\beta_S}{\beta_R} \dfrac{\varepsilon_s}{\varepsilon_{sS}} & (\text{für } \varepsilon_s \leq \varepsilon_{sS}), \\ \mu \dfrac{\beta_S}{\beta_R} & (\text{für } \varepsilon_s \geq \varepsilon_{sS}). \end{cases} \tag{3.5.4a–d}$$

Für den rechnerischen Bruchzustand erhält man mit den Bezeichnungen nach Bild 3.9 das auf die Stabachse bezogene Biegemoment

$$M_u = M_{su} + N_u\left(h - \frac{d}{2}\right) \quad \text{bzw.} \quad m_u = m_{su} + (n_{bu} + n_{su})\frac{h}{d}\left(1 - \frac{1}{2}\frac{d}{h}\right). \tag{3.5.5a,b}$$

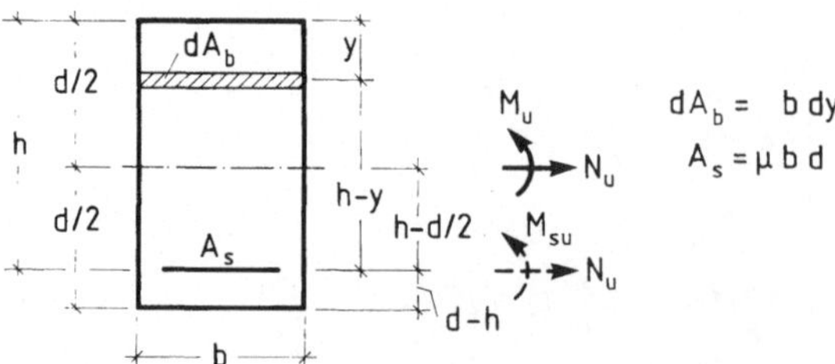

Bild 3.9. Zur Integration des Biegemoments

Hierin bedeutet

$$M_{su} = -\int_{(A_b)} \sigma_b (h-y)\,dA_b = -\int_0^x \sigma_b b(h-y)\,dy$$

$$= \int_0^a \beta_R b(h-y)\,dy - \int_a^x \beta_R b \varepsilon_b \left[1 - \frac{y}{h}(1-\psi)\right](h-y)\,dy$$

$$- \int_a^x \beta_R b \frac{\varepsilon_b^2}{4}\left[1 - 2\frac{y}{h}(1-\psi) + \frac{y^2}{h^2}(1-\psi)^2\right](h-y)\,dy \tag{3.5.5c}$$

das auf die Faser der Bewehrung bezogene Biegemoment, das nach Integration und in einheitenfreier Darstellung die Form

$$\frac{M_{su}}{\beta_R b d^2} = m_{su} = \frac{h^2}{d^2}\left\{\frac{a}{h}\left(1 - \frac{1}{2}\frac{a}{h}\right) - \varepsilon_b \left\{\left(\frac{x}{h} - \frac{a}{h}\right) - \frac{1}{2}\left(\frac{x^2}{h^2} - \frac{a^2}{h^2}\right)\right.\right.$$

$$\left. - (1-\psi)\left[\frac{1}{2}\left(\frac{x^2}{h^2} - \frac{a^2}{h^2}\right) - \frac{1}{3}\left(\frac{x^3}{h^3} - \frac{a^3}{h^3}\right)\right]\right\}$$

$$- \frac{\varepsilon_b^2}{4}\left\{\left(\frac{x}{h} - \frac{a}{h}\right) - \frac{1}{2}\left(\frac{x^2}{h^2} - \frac{a^2}{h^2}\right)\right.$$

$$- 2(1-\psi)\left[\frac{1}{2}\left(\frac{x^2}{h^2} - \frac{a^2}{h^2}\right) - \frac{1}{3}\left(\frac{x^3}{h^3} - \frac{a^3}{h^3}\right)\right]$$

$$\left.\left. + (1-\psi)^2\left[\frac{1}{3}\left(\frac{x^3}{h^3} - \frac{a^3}{h^3}\right) - \frac{1}{4}\left(\frac{x^4}{h^4} - \frac{a^4}{h^4}\right)\right]\right\}\right\} \tag{3.5.5d}$$

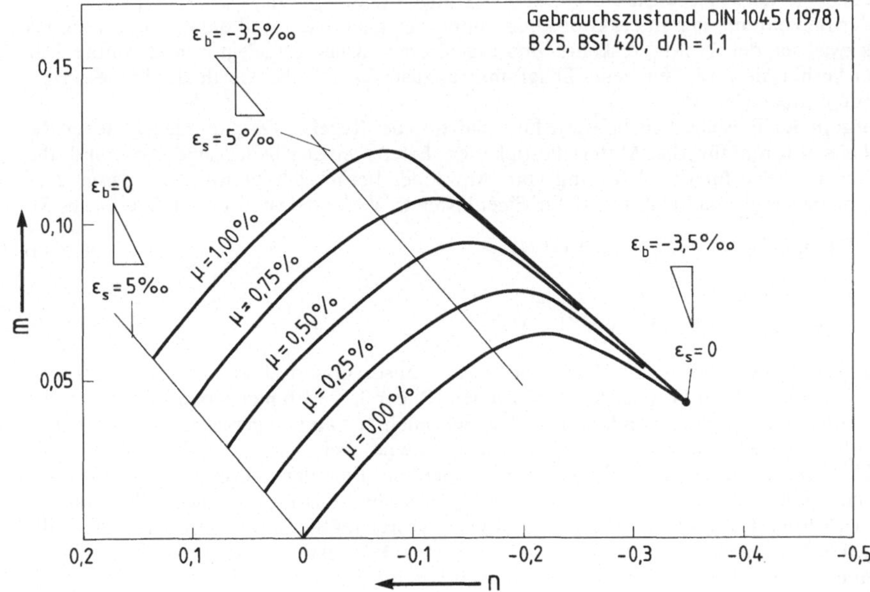

Bild 3.10. *m*-*n*-Interaktion im Gebrauchszustand nach DIN 1045 (1978)

annimmt.

Zur Berechnung der Schnittgrößen im Gebrauchszustand sind die für den Bruchzustand ermittelten Schnittgrößen durch γ zu dividieren, d.h.

$$n=\frac{n_u}{\gamma}=\frac{n_{bu}+n_{su}}{\gamma}, \quad m=m_u/\gamma.$$

Das Interaktionsdiagramm für die Schnittgrößen im Gebrauchszustand ist für $d/h=1{,}1$ in Bild 3.10 dargestellt. Es soll ausdrücklich darauf hingewiesen werden, daß die in Bild 3.10 angegebenen Dehnungen nicht im Gebrauchszustand auftreten, obwohl die Schnittgrößen für den Gebrauchszustand berechnet sind. Die Dehnungen gehören vielmehr zu den γ-fachen Schnittgrößen des Bruchzustands. Sie müßten deshalb mit dem Index u gekennzeichnet werden; dies ist aber nicht üblich.

Schnittgrößen nach DIN 1056 (1984)

Es können die Beziehungen (3.5.3–3.5.5) übernommen werden, wenn β_R durch $\mathring{\beta}_R=\beta_R/\gamma_b$, β_S durch $\mathring{\beta}_S=\beta_S/\gamma_s$, ε_{bo} durch $\mathring{\varepsilon}_{bo}=\varepsilon_{bo}/1$ und ε_{sS} durch $\mathring{\varepsilon}_{sS}=\varepsilon_{sS}/\gamma_s$ ersetzt werden (vgl. Tabelle 3.1). Somit läßt sich das in Bild 3.11a dargestellte Interaktionsdiagramm ermitteln. In der Regel gilt das Diagramm weder für den rechnerischen Bruchzustand noch für den Gebrauchszustand, sondern für den bereits in Abschn. 3.3.2 beschriebenen Zwischenzustand. Diese für das Verfahren der Teilsicherheitsbeiwerte typische Eigenart soll im folgenden näher erläutert werden.

Die Berücksichtigung der unterschiedlichen Werkstoff-Teilsicherheitsbeiwerte $\gamma_b=1{,}5$ und $\gamma_s=1{,}25$ erweist sich bei der Aufstellung des Interaktionsdiagramms als zweckmäßig, da sonst nicht die Schnittgrößen N_u und M_u, sondern nur die Teilschnittgrößen N_{bu}, N_{su}, M_{bu} und M_{su} berechnet werden könnten. Letzteres wäre für die Darstellung und für die praktische Anwendung umständlich, weil bei jedem Nachweis zur Ermittlung der aufnehmbaren Schnittgrößen erneut die Summen

$$N=\frac{N_{bu}}{\gamma_b}+\frac{N_{su}}{\gamma_s}, \quad M=\frac{M_{bu}}{\gamma_b}+\frac{M_{su}}{\gamma_s} \tag{3.5.6a,b}$$

gebildet werden müßten. Dagegen ist die Umrechnung auf Gebrauchsschnittgrößen wegen der unterschiedlichen Teilsicherheitsfaktoren für Belastungen (z.B. $\gamma_W=1{,}5$, $\gamma_V=1{,}5$, $\gamma_G=1{,}0$ bzw. 1,35) bei der Berechnung des Interaktionsdiagramms wenig sinnvoll, weil dafür ein bestimmtes Verhältnis zwischen den Wind-, Verkehrs- und Eigenlasten vorher festgelegt werden müßte. Für jedes dieser Verhältnisse wäre ein neues Diagramm aufzustellen; d.h. die Anzahl der Bemessungshilfen würde unüberschaubar.

Das Konzept der Teilsicherheitsbeiwerte führt daher in der Regel zu Diagrammen, in denen die Teilsicherheitsfaktoren für die Materialfestigkeiten bereits eingearbeitet sind, während die Teilsicherheitsbeiwerte für die Belastung vom Anwender berücksichtigt werden müssen. Der Sicherheitsnachweis (3.3.4a,b) lautet z.B. für Eigenlasten G, Verkehrslasten V und Windlasten W

$$N\,(\text{infolge } \gamma_G G+\gamma_V V+\gamma_W W)\leq N_Z, \tag{3.5.7a}$$

bzw.

$$M\,(\text{infolge } \gamma_G G+\gamma_V V+\gamma_W W)\leq M_Z. \tag{3.5.7b}$$

Da sich das auf den Zwischenzustand bezogene Interaktionsdiagramm (Bild 3.11a) mit den beiden auf den Gebrauchszustand bezogenen Diagrammen (Bilder 3.7, 3.10) nicht unmittelbar vergleichen läßt, wird es hier für einen Sonderfall auf den Gebrauchszustand umgerechnet. Die Vorgaben der DIN 1056 (1984) gelten für Stahlbetonschornsteine, bei denen die Längskräfte fast ausschließlich durch Eigenlasten hervorgerufen werden. Für den Vergleich wird deshalb angenommen, daß die Längskraft allein aus der Eigenlast und das Biegemoment allein aus der Windlast herrühren. Dann können die Teilsicherheitsfaktoren für die Einwirkungen direkt auf die zugehörigen Schnittgrößen übertragen werden, was sonst keinesfalls möglich ist. Damit gilt für das Biegemoment der gleiche Teilsicherheitsbeiwert wie für die Windlast

$$\gamma_M=\gamma_W=1{,}5$$

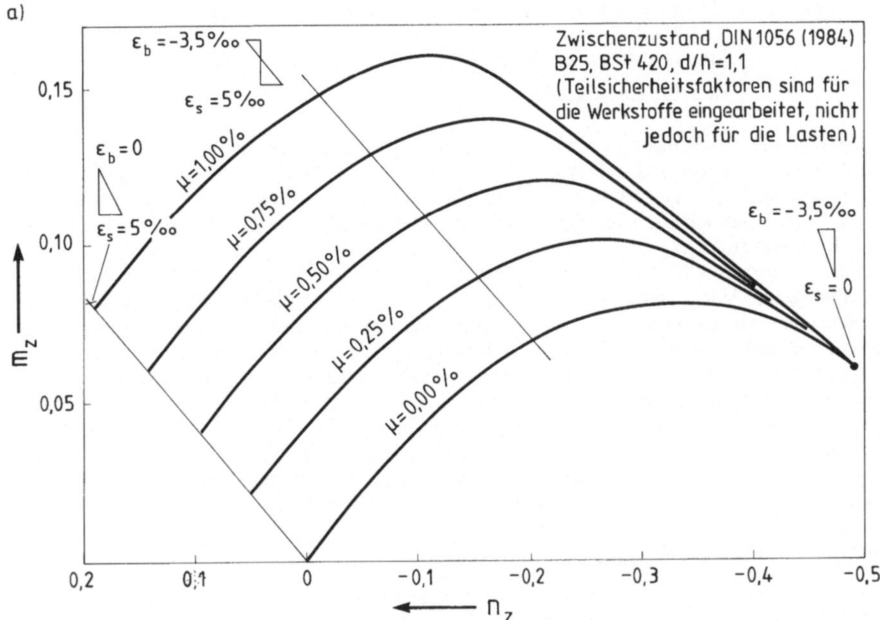

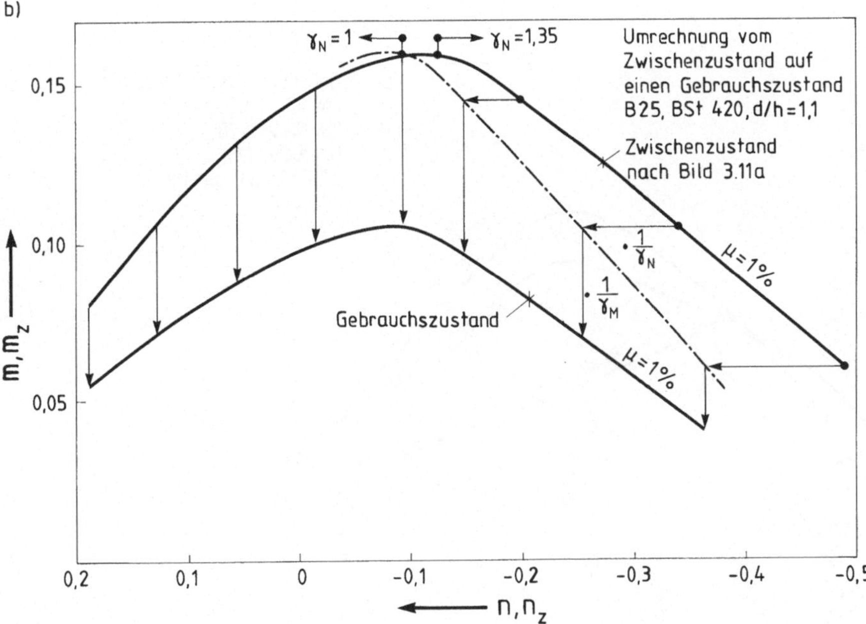

Bild 3.11 a, b. *m*-*n*-Interaktion. **a** Zwischenzustand nach DIN 1056 (1984), **b** Zwischen- und spezieller Gebrauchszustand nach DIN 1056 (1984)

und für die Längskraft der gleiche Faktor wie für die Eigenlast

$$\gamma_N = \gamma_G = \begin{cases} 1{,}0 & \text{(günstig wirkend)}, \\ 1{,}35 & \text{(ungünstig wirkend)}. \end{cases}$$

In Bild 3.11b wird die Umrechnung vom Zwischenzustand auf den Gebrauchszustand dargestellt. Sämtliche Ordinaten werden durch $\gamma_M = 1{,}5$ dividiert. Die auf der Abszisse aufgetragenen einheitenfreien Längskräfte n_Z sind im Bereich rechts von den Maxima der Kurven durch 1,35 zu teilen, da in diesem Bereich die Eigenlast ungünstig wirkt. Links von den Maxima bleiben sie wegen $\gamma_N = 1{,}0$ unverändert.

Die hier durchgeführte Übertragung der Teilsicherheitsfaktoren der Lasten auf die Schnittgrößen ist an eine weitere Voraussetzung gebunden, auf die an dieser Stelle hingewiesen werden soll, um die weitreichenden Auswirkungen des Konzepts der Teilsicherheitsbeiwerte in Verbindung mit nichtlinearen Berechnungsverfahren deutlich zu machen. Selbstverständlich ist die Übertragung nur möglich, wenn ein linearer Zusammenhang zwischen den Einwirkungen und den daraus resultierenden Schnittgrößen vorausgesetzt wird. Muß zur Ermittlung der Schnittgrößen eine nichtlineare Theorie verwendet werden, wie dies z. B. in DIN 1056 (1984) gefordert wird, so kann der Zwischenzustand auch bei Vorgabe der verschiedenen Lastanteile nicht auf den Gebrauchszustand umgerechnet werden. Es sind dann stets die Schnittgrößen infolge γ-facher Lasten mit den aufnehmbaren Schnittgrößen des Zwischenzustands zu vergleichen.

Vergleich der Interaktionsdiagramme

In Bild 3.12 sind die Interaktionskurven für einen Bewehrungsgrad von $\mu = 1\%$ dargestellt, wie sie sich aus den drei hier verwendeten Sicherheitskonzepten ergeben. Besonders signifikant ist die Abweichung der Ergebnisse beim zul σ-Konzept im Bereich der Biegung mit Druckkraft. Hier betragen die relativen Abweichungen von den Werten nach DIN 1045 (1978) 30% bis 45%. Dies ist vor allem auf die wesentlich schlechtere Ausnutzung der Betondruckspannungen nach der alten DIN 1045 zurückzuführen. Außerdem hat die Kurve eine völlig andere Charakteristik. An der Stelle, an der die zulässige Betondruckspannung erreicht wird, hat die Kurve einen scharfen

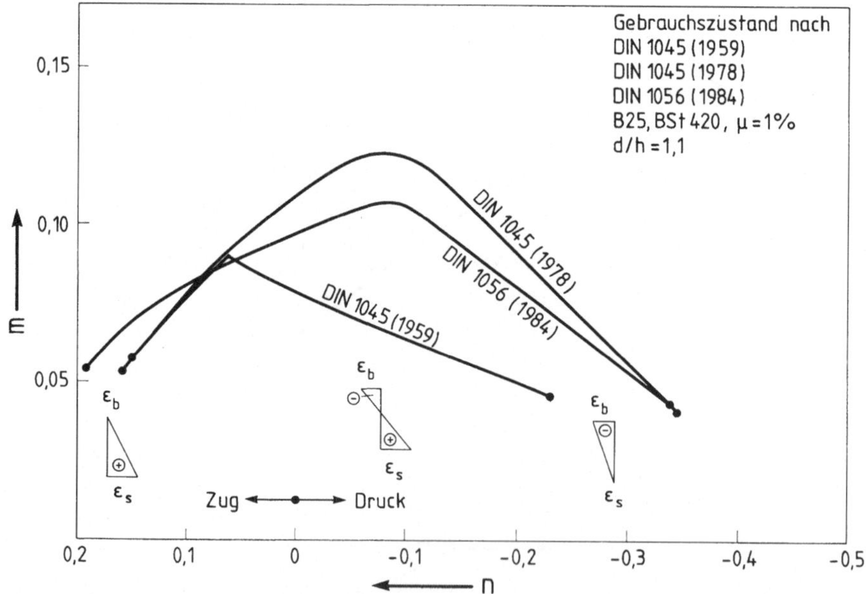

Bild 3.12. Vergleich der Interaktionskurven für verschiedene Sicherheitskonzepte

Knick. Bei den beiden anderen Kurven ergibt sich wegen der Ausnutzung des plastischen Bereichs des σ-ε-Diagramms ein ausgerundeter Übergang. Dafür weist die Kurve nach DIN 1056 an der Stelle einen Knick auf, an der sich der Teilsicherheitsbeiwert der Eigenlasten sprunghaft von 1,0 auf 1,35 ändert. Die zugehörigen Ergebnisse liegen im Bereich der Biegung mit Druckkraft bis zu 15% unter denen, die nach DIN 1045 (1978) ermittelt worden sind. Die Abweichungen werden noch größer, wenn die Längskräfte nicht nur, wie hier angenommen, aus Eigenlasten resultieren, sondern auch aus Verkehrslasten, da diese mit einem größeren Teilsicherheitsbeiwert eingehen.

Am hier untersuchten Beispiel ist deutlich zu erkennen, daß das jeweils gewählte Sicherheitskonzept einen entscheidenden Einfluß sowohl auf die rechnerischen Tragreserven als auch auf die Wirtschaftlichkeit der Konstruktionen hat. Wegen dieses großen Einflusses ist eine möglichst weitgehende Objektivierung der Kriterien zur Festlegung der Eigenschaften von Einwirkungen und Widerständen unabdingbar.

Abschließend wird nochmals darauf hingewiesen, daß im durchgerechneten Beispiel nur der Einzelquerschnitt betrachtet worden ist. Die jeweils verwendete Theorie zur Ermittlung der statischen Größen aus der Belastung beeinflußt den Wert dieser Schnittgrößen jedoch zusätzlich. Hierdurch können sich die Unterschiede in den Ergebnissen erheblich vergrößern.

4 Geometrische Nichtlinearität

4.1 Abschätzungskriterien, Klassifizierung

4.1.1 Die wesentlichen Problemgruppen

Die Beispiele des zweiten Kapitels haben gezeigt, daß eine gegenüber der Th.I.O. genauere Vorgehensweise erforderlich sein kann. Eine Berücksichtigung sämtlicher nichtlinearer Einflüsse führt jedoch zu einer Theorie, die für die praktische Anwendung in der Regel ungeeignet ist. Es soll deshalb in diesem Abschnitt untersucht werden, inwieweit die exakte Erfassung der geometrischen Größen von baupraktischer Bedeutung ist. Dies läßt sich durch folgende Fragen klären:

– Muß die genaue Verschiebungsgeometrie berücksichtigt werden?
– Sind die genauen Verschiebungs-Dehnungs-Beziehungen erforderlich?
– Muß das Gleichgewicht am verformten System formuliert werden?

Zur Beantwortung müssen zunächst Abschätzungskriterien entwickelt werden. Am Beispiel des eingespannten Stabes (Bild 4.1) folgen mit $\xi = x/\ell$ die Beziehungen

$$M \;= -F\ell(1-\xi), \quad \max|M| = M_0 = F\ell, \tag{4.1.1a,b}$$

$$EIw'' = F\ell(1-\xi), \tag{4.1.2}$$

$$EIw' = F\ell^2\left(\xi - \frac{\xi^2}{2}\right) + c_1, \tag{4.1.3}$$

$$EIw = F\ell^3\left(\frac{\xi^2}{2} - \frac{\xi^3}{6}\right) + \ell c_1\xi + c_2, \tag{4.1.4}$$

wobei die Integrationskonstanten c_1, c_2 aufgrund der Randbedingungen Null sind.

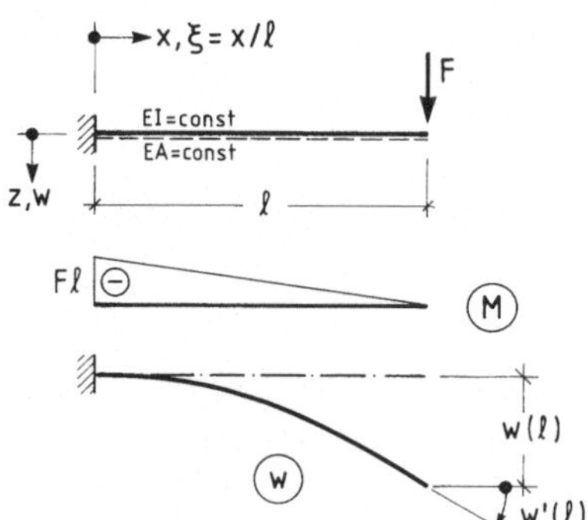

Bild 4.1. Biegeproblem bei linearer Theorie

Da in dieser einheitenbehafteten Form eine vergleichende Abschätzung des Einflusses von Belastung, Verschiebung und Dehnung nicht möglich ist, erfolgt eine Umformung auf einheitenfreie Größen:

$$\frac{M\ell}{EI} = -\frac{F\ell^2}{EI}(1-\xi), \qquad \text{für } \xi = 0: \quad \frac{M_0\ell}{EI} = \frac{F\ell^2}{EI} = \alpha, \tag{4.1.5}$$

$$\ell w'' = \frac{F\ell^2}{EI}(1-\xi), \qquad \text{für } \xi = 0: \quad \max(\ell w'') = \alpha, \tag{4.1.6}$$

$$w' = \frac{F\ell^2}{EI}\left(\xi - \frac{\xi^2}{2}\right), \qquad \text{für } \xi = 1: \quad \max w' = \frac{1}{2}\alpha, \tag{4.1.7}$$

$$\frac{w}{\ell} = \frac{F\ell^2}{EI}\frac{\xi^2}{2}\left(1 - \frac{\xi}{3}\right), \qquad \text{für } \xi = 1: \quad \max\left(\frac{w}{\ell}\right) = \frac{1}{3}\alpha. \tag{4.1.8}$$

Die weiteren Untersuchungen beschränken sich auf die Einflüsse aus Biegemoment und Längskraft; Formänderungen infolge Querkraft werden wie in Abschn. 1.2.2 vernachlässigt.

4.1.2 Das Biegeproblem

Besteht die äußere Belastung aus Einzelkräften F, so wird das Biegeproblem durch die einheitenfreie Größe α gemäß (4.1.5 – 4.1.8) beschrieben; bei Streckenlasten ist F durch den Ausdruck $q\ell$ zu ersetzen:

$$\alpha = \frac{F\ell^2}{EI} \quad \text{bzw.} \quad \alpha = \frac{q\ell^3}{EI}. \tag{4.1.9}$$

Im folgenden wird eine Abschätzung möglicher Größenordnungen bei baupraktischen Problemen vorgenommen.

Beschränkung der Durchbiegung

Es ist sinnvoll, die Durchbiegung w von Bauteilen zur Gewährleistung der Funktionsfähigkeit des Bauwerks zu begrenzen. Bei einer Größenordnung der auf die Stablänge bezogenen Durchbiegung von $w/\ell \lesssim 10^{-2}$ folgt aus (4.1.8)

$$\alpha \lesssim 3 \cdot 10^{-2}. \tag{4.1.10}$$

Spannungsnachweis $\sigma \leq \sigma_F$ bzw. Dehnungsnachweis $\varepsilon \leq \varepsilon_F$

Aus der Forderung, daß die Biegespannungen σ im symmetrischen Querschnitt der Höhe d nicht größer sein dürfen als die Fließspannung σ_F,

$$\sigma = \frac{M}{W} = \frac{M}{I}\frac{d}{2} \leq \sigma_F,$$

erhält man

$$M \leq \sigma_F \frac{2I}{d} = E\varepsilon_F \frac{2I}{d} \quad \text{bzw.} \quad \frac{M\ell}{EI} \leq 2\frac{\ell}{d}\varepsilon_F. \tag{4.1.11a,b}$$

Für baupraktische Fälle gelten $\varepsilon_F \lesssim 10^{-3}$ und $\ell/d \lesssim 15$. Damit folgt aus (4.1.11b)

$$\frac{M\ell}{EI} \lesssim 2 \cdot 15 \cdot 10^{-3} = 3 \cdot 10^{-2}.$$

Setzt man dieses Ergebnis in (4.1.5) ein, so ergibt sich

$$\frac{M_0\ell}{EI} = \frac{F\ell^2}{EI} = \alpha \lesssim 3 \cdot 10^{-2}. \tag{4.1.12}$$

Aus (4.1.12) kann man ablesen, daß es sich gerade um dieselbe Größenordnung handelt, wie sie gemäß (4.1.10) für die Beschränkung der Durchbiegung gefunden wurde.

Ergebnis: Wegen derselben Größenordnung von (4.1.10) und (4.1.12) läßt sich für baupraktische Biegeprobleme folgende wichtige Größenordnungsabschätzung angeben:

$$\left\{\frac{M_0\ell}{EI},\ \frac{F\ell^2}{EI},\ \ell w'',\ w',\ \frac{w}{\ell}\right\} \lesssim 10^{-2}. \tag{4.1.13}$$

Mit (4.1.13) wird im folgenden geklärt werden, ob die Einbeziehung der genauen Verschiebungsgeometrie bzw. die der exakten Dehnungs-Verschiebungs-Beziehungen sinnvoll ist.

Muß die genaue Verschiebungsgeometrie berücksichtigt werden?

Diese Frage wird am Beispiel des biegestarren, elastisch eingespannten Kragträgers untersucht (vgl. Tabelle 2.1). Im vorliegenden Fall reduziert sich die Fragestellung darauf, ob der Kreisbogen durch die Tangente ersetzt werden darf. Aus Bild 4.2 liest man ab:

$$\tan\frac{\varphi}{2} = \frac{u}{w}, \quad \sin\varphi = \frac{w}{\ell}, \qquad \sin\frac{\varphi}{2} = \frac{w_{res}}{2\ell}. \tag{4.1.14a – c}$$

Wegen der in (4.1.13) vereinbarten Beschränkung auf Werte der Größenordnung 10^{-2} kann $\sin\varphi \approx \tan\varphi \approx \varphi$ gesetzt werden, und es ergibt sich

$$w_{res} \approx w, \qquad \frac{u}{w} \approx \frac{1}{2}\frac{w}{\ell} \lesssim \frac{1}{2}10^{-2}, \quad \frac{u}{\ell} \approx \frac{1}{2}\frac{w^2}{\ell^2} \lesssim \frac{1}{2}10^{-4}. \tag{4.1.14d–f}$$

Eine Verschiebung u in Richtung der Stabachse kann unterschiedliche Auswirkungen haben, zu deren Beurteilung der bisher betrachtete Einzelstab jeweils in ein statisch unbestimmtes System eingebunden wird. Am beidseitig eingespannten Rahmen

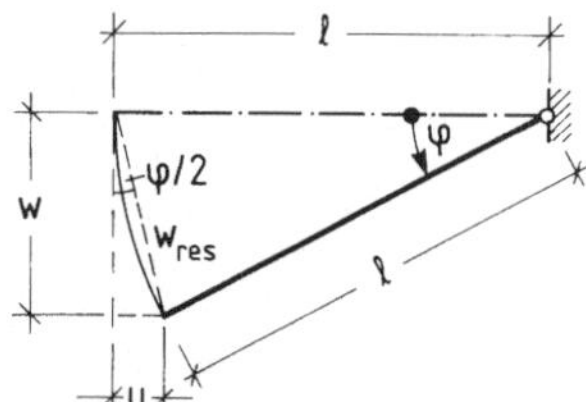

Bild 4.2. Verschiebungsgeometrie

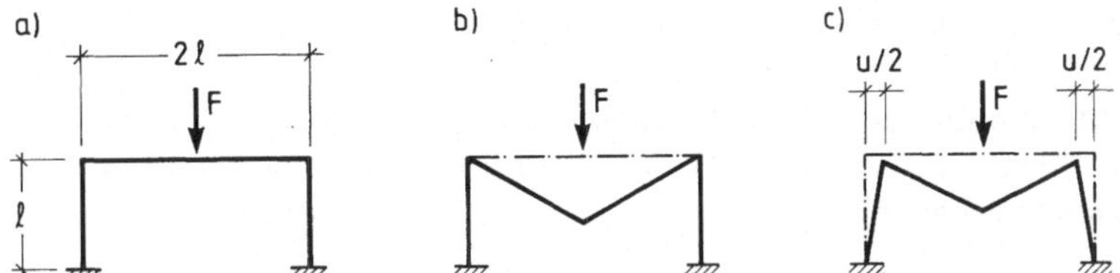

Bild 4.3a–c. Statisch unbestimmtes System mit dehnstarrem Riegel. **a** Unverformtes System, **b** Netzfigur nach linearer Theorie, **c** genaue Netzfigur

(Bild 4.3a) wirkt sich die Berücksichtigung der genauen Geometrie so aus, daß an den oberen Endpunkten der Stiele eine horizontale Verschiebung auftritt (Bild 4.3c). Bei einer Riegellänge 2ℓ ist mit $w_{\text{Stiel}} = u/2$ nach (4.1.14f)

$$\frac{w_{\text{Stiel}}}{\ell} = \frac{1}{2}\frac{u}{\ell} \lesssim \frac{1}{4} 10^{-4},$$

also um zwei Zehnerpotenzen kleiner als die maximale Verschiebung nach (4.1.13), und kann somit vernachlässigt werden. Anders sind die Verhältnisse, wenn die Auswirkungen auf die Längskräfte des Systems nach Bild 4.4a untersucht werden. Da die Verschiebung durch die festen Lager verhindert wird, muß sich der Stab um $\varepsilon \approx u/\ell$ dehnen. Nach (4.1.14f) und mit $\varepsilon_F \lesssim 10^{-3}$ gilt

$$\varepsilon \approx \frac{u}{\ell} \lesssim \frac{1}{2} 10^{-4} \approx \frac{1}{2} 10^{-1} \varepsilon_F ,$$

d.h. diese erzwungene Dehnung beträgt maximal etwa 5% des entsprechenden Wertes an der Fließgrenze. Die hieraus resultierenden Spannungen ergeben sich demnach zu ca. 5% der Spannung σ_F. Ihr Einfluß auf das Systemverhalten ist i.allg. gering, da sie für das Gleichgewicht nicht erforderlich sind. In besonderen Fällen führen diese Zwängungen zu Bauwerksschäden. Bei dem in Bild 4.4b dargestellten Balken können die in horizontaler Richtung fixierten Lager beschädigt werden. Weist das Tragwerk einen Stich nach oben auf, so entstehen zusätzliche Druckkräfte, die möglicherweise zum Durchschlagen des Systems führen. Bei Stahlbetonbauten kann es durch nicht berücksichtigte Zwängungen zu unerwünscht großen Rissen kommen. Das Auftreten von Zwängungsspannungen bzw. deren Nebenwirkungen sollte durch eine gute Konstruktion minimiert werden. Im betrachteten Fall ist es sinnvoll, eines der beiden Lager horizontal verschieblich auszuführen.

Sind die genauen Dehnungs-Verschiebungs-Beziehungen erforderlich?

Bevor die einzelnen Summanden der in Abschn. 2.3.1 hergeleiteten Beziehungen (2.3.3 und 2.3.5) einer Größenordnungsabschätzung unterzogen werden, sind einige ergän-

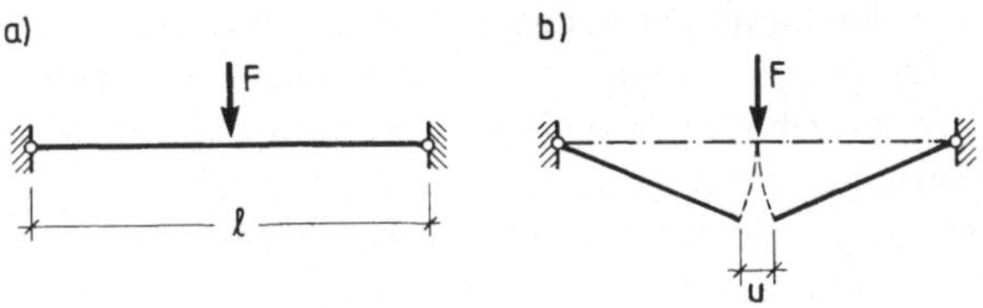

Bild 4.4a, b. Einfluß der Stabdehnung. **a** System und Belastung, **b** zum Einfluß der Verformungen auf die Längskräfte

zende Bemerkungen zum Dehnungsmaß angebracht. Wie bereits erwähnt, haben die Beziehungen (1.2.11a–c) für die verschiedenen Dehnungsmaße Definitionscharakter und weisen je nach Anwendungsgebiet verschiedene Vor- und Nachteile auf. Mit der in Abschn. 2.3.1 eingeführten Bezeichnung $\mathrm{d}\tilde{x}$ für die Elementlänge der verformten Stabachse sind neben dem hier verwendeten Ingenieurdehnungsmaß (Index I)

$$\varepsilon_{\mathrm{I}} = \frac{\mathrm{d}\tilde{x} - \mathrm{d}x}{\mathrm{d}x} \tag{4.1.15a}$$

beispielsweise in der Plastizitätstheorie wegen seiner additiven Eigenschaft bei großen Dehnungen das logarithmische Dehnungsmaß (Index L)

$$\varepsilon_{\mathrm{L}} = \ln \frac{\mathrm{d}\tilde{x}}{\mathrm{d}x} \tag{4.1.15b}$$

und in der nichtlinearen Elastizitätstheorie wegen seiner tensoriellen Transformationseigenschaften das Greensche Dehnungsmaß (Index G)

$$\varepsilon_{\mathrm{G}} = \frac{1}{2} \frac{\mathrm{d}\tilde{x}^2 - \mathrm{d}x^2}{\mathrm{d}x^2} \tag{4.1.15c}$$

gebräuchlich. Mit (2.3.2)

$$\left(\frac{\mathrm{d}\tilde{x}}{\mathrm{d}x}\right)^2 = (1+u')^2 + w'^2 \quad \text{bzw.} \quad \frac{\mathrm{d}\tilde{x}}{\mathrm{d}x} = \sqrt{(1+u')^2 + w'^2}$$

wird aus (4.1.15a–c)

$$\begin{aligned} &\varepsilon_{\mathrm{I}} = \sqrt{(1+u')^2 + w'^2} - 1, \quad \varepsilon_{\mathrm{L}} = \ln \sqrt{(1+u')^2 + w'^2}, \\ &\varepsilon_{\mathrm{G}} = u' + \frac{u'^2}{2} + \frac{w'^2}{2}. \end{aligned} \tag{4.1.16a–c}$$

Zum besseren Vergleich der Dehnungsmaße untereinander bietet sich für (4.1.16a,b) die in Abschn. 2.3.1 durchgeführte Reihenentwicklung an. Diese lautet einschließlich der quadratischen Glieder

$$\varepsilon_{\mathrm{I}} \approx u' + \frac{w'^2}{2} \quad \text{bzw.} \quad \varepsilon_{\mathrm{L}} \approx u' - \frac{u'^2}{2} + \frac{w'^2}{2}. \tag{4.1.17a,b}$$

Man erkennt aus (4.1.16 und 4.1.17), daß in der linearen Theorie alle drei Dehnungsmaße übereinstimmen und daß sie sich bei Vernachlässigung der Glieder ab 3. Ordnung um das Glied $\pm u'^2/2$ unterscheiden. Am Verlauf der in Bild 4.5 dargestellten Funktionen der Dehnungsmaße kann man ablesen, daß das Ingenieurdehnungsmaß als Tangente sowohl für das Greensche als auch für das logarithmische Dehnungsmaß im Koordinatennullpunkt gedeutet werden kann. Die Frage, welche Definition jeweils zu wählen ist, kann i.allg. nur theoretisch und problemorientiert, nicht aber experimentell beantwortet werden. Für sehr große Dehnungen treffen die hier durchgeführten Untersuchungen nicht mehr zu (gestrichelt dargestellte Kurven in Bild 4.5), und es müssen weitergehende Überlegungen angestellt werden. Dieser Bereich ist für baupraktische Probleme in der Regel nicht relevant.

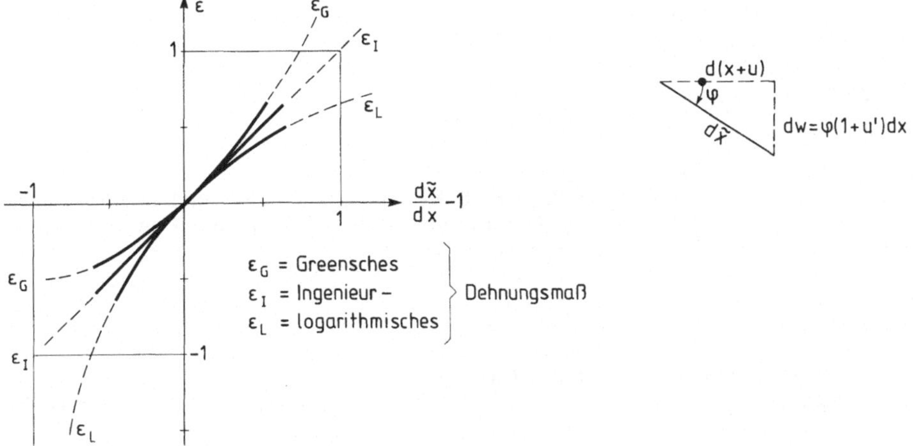

Bild 4.5. Vergleich dreier gebräuchlicher Dehnungsmaße

Abschließend wird eine Größenordnungsbetrachtung mit Hilfe der eingeführten Abschätzungskriterien vorgenommen. Da ε von der Größenordnung 10^{-3} ist, w'^2 nach (4.1.13) jedoch maximal den Wert 10^{-4} erreicht, folgt aus der Reihenentwicklung (4.1.17a) für das Ingenieurdehnungsmaß

$$\varepsilon \approx u'. \tag{4.1.18}$$

Eine Ausnahme bilden sehr schlanke Stäbe mit $\ell/d \gg 15$ bzw. Werkstoffe mit einer Fließgrenze $\varepsilon_F \gg 10^{-3}$. Wegen der Übereinstimmung der linearen Glieder aller hier betrachteter Dehnungsmaße gilt dieses Ergebnis auch für das Greensche und das logarithmische Dehnungsmaß.

Wendet man eine entsprechende Größenordnungsbetrachtung auf (2.3.5) an, so ergibt sich für die Krümmung der verformten Stabachse

$$\varphi' = \frac{w''(1+u') - u''w'}{(1+u')^2 + w'^2} \approx \frac{w''}{1+2u'} \approx w''. \tag{4.1.19}$$

Ergebnis: In der Regel können sowohl Verschiebungsgrößen gegen 1 als auch höhere Potenzen dieser Größen gegen deren niedrigere Potenzen vernachlässigt werden.

Muß das Gleichgewicht am verformten System formuliert werden?

Diese Frage, die am Beispiel des in Bild 4.6a dargestellten Systems beantwortet werden soll, läßt sich auf die Untersuchung des Einflusses der Belastung V auf das Einspannmoment bei Berücksichtigung des Hebelarms $w(\ell)$ reduzieren (Bild 4.6b). Hierbei werden zwei charakteristische Fälle unterschieden, je nachdem, ob die Vertikallast V ungefähr gleich groß wie die Horizontallast H oder sehr viel größer als diese ist.

Annahme: $V \approx H$

Das Zusatzmoment $\Delta M = Vw(\ell)$ beträgt aufgrund der Annahme, daß V und H ungefähr gleich groß sind, $\Delta M = Hw(\ell)$. Multipliziert man beide Seiten mit ℓ/EI, so lautet die einheitenfreie Beziehung mit (4.1.5)

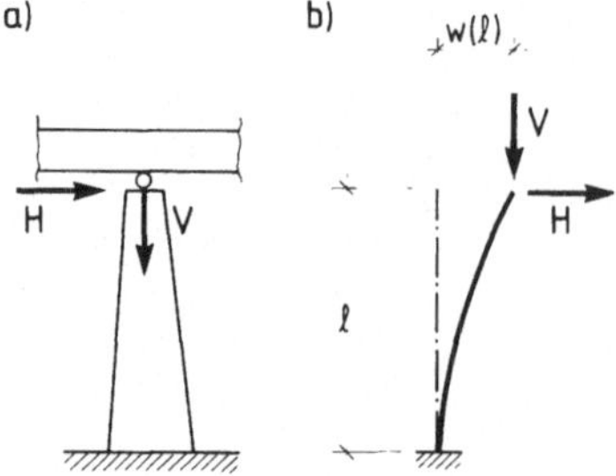

Bild 4.6a, b. Kragträger mit Längs- und Querbelastung. **a** Unverformtes System, **b** Kraftangriff am verformten System

$$\frac{\Delta M \ell}{EI} = \frac{H\ell^2}{EI}\,\frac{w(\ell)}{\ell} \approx \frac{M_0 \ell}{EI}\,\frac{w(\ell)}{\ell}. \tag{4.1.20}$$

Eine Anwendung der Abschätzungsformel (4.1.13) auf (4.1.20) führt schließlich zu

$$\Delta M = M_0 \cdot 10^{-2}. \tag{4.1.21}$$

Bei derselben Größenordnung von V und H ergibt sich aus der Begrenzung der Durchbiegung, daß das Zusatzmoment ΔM nur ca. 1% des Moments M_0 nach der linearen Theorie beträgt. Der Biegespannungsnachweis führt zu einer gleichwertigen Aussage.

Ergebnis: Sind V und H von derselben Größenordnung, so kann das Gleichgewicht am unverformten System formuliert werden.

Annahme: $V \gg H$
Diese Annahme ist z.B. für einen Brückenpfeiler zutreffend, da die Belastung V in Achsrichtung des Pfeilers infolge Eigen- und Verkehrslast sehr viel größer als die mögliche horizontale Belastung H aus Wind- und Bremskraft ist. Da in diesem Fall das Längskraftproblem bedeutsamer sein kann als das Biegeproblem, darf (4.1.13) nicht zur Abschätzung herangezogen werden. Im folgenden Abschnitt wird deshalb ebenfalls eine einheitenfreie Größe ermittelt, die das Längskraftproblem charakterisiert.

4.1.3 Das Längskraftproblem

Unter der Voraussetzung, daß die Belastung V in Richtung der Stabachse sehr viel größer als die Querbelastung H ist, wird das in Bild 4.6a dargestellte System bei Berechnung nach der linearen Theorie überwiegend auf Druck beansprucht. Es erscheint deshalb sinnvoll, zunächst den Spannungsnachweis nur für die Längskraft N zu führen und danach den zusätzlichen Einfluß der Biegebeanspruchung infolge H abzuschätzen.

Spannungsnachweis für Längskraftbeanspruchung

Dieser Nachweis lautet:

$$\sigma = \frac{N}{A} \leq \sigma_F \quad \text{bzw.} \quad \frac{\sigma}{E} = \frac{N}{EA} = \varepsilon \leq \varepsilon_F.$$

Mit der Einführung des geometrischen Schlankheitsgrads

$$\lambda = \sqrt{\frac{A\ell^2}{I}} \tag{4.1.22}$$

gelingt es, einen Zusammenhang des untersuchten Längskraftproblems mit dem Biegeproblem herzustellen. Im baupraktischen Bereich gilt

$$30 \lesssim \lambda \lesssim 100 \quad \text{bzw.} \quad 10^3 \lesssim \lambda^2 \lesssim 10^4 . \tag{4.1.23a,b}$$

Zu einer gleichwertigen Abschätzung gelangt man auf einem etwas umständlicheren Weg auch mit Hilfe der in Abschn. 4.1.2 eingeführten Begrenzung von $\ell/d \lesssim 15$ und der Untersuchung verschiedener Querschnittsformen. Mit $\varepsilon_F \lesssim 10^{-3}$ ergibt sich aus dem Spannungsnachweis

$$\frac{N}{EA} \lesssim 10^{-3}$$

und hieraus mit $N = V$, nach Multiplikation mit $A\ell^2/I$ sowie mit $A\ell^2/I = \lambda^2 \lesssim 10^4$ das gesuchte Kriterium zur Abschätzung von Längskraftproblemen

$$\frac{N\ell^2}{EI} = \frac{V\ell^2}{EI} \lesssim 10^{-3} \cdot 10^4 = 10 . \tag{4.1.24}$$

Biegebeanspruchung infolge Querlast *H*

Aus einer getrennten Untersuchung des Biegeproblems folgt mit (4.1.13), daß für die zusätzliche Querbelastung H bei Ausnutzung der Biegespannungen die Abschätzung

$$\frac{H\ell^2}{EI} \lesssim 10^{-2}$$

gilt. Ein Vergleich mit (4.1.24) liefert, unabhängig von der anfangs gemachten Voraussetzung $V \gg H$,

$$\frac{V\ell^2}{EI} \approx 10^3 \frac{H\ell^2}{EI} , \tag{4.1.25}$$

d.h. die Belastung in Achsrichtung des Stabes kann bei Ausnutzung der zulässigen Spannungen bzw. Dehnungen erheblich größer sein als die Belastung quer zur Stabachse. Die Bedeutung dieser Aussage ergibt sich aus dem Vergleich des Zusatzbiegemoments ΔM infolge V (bei Berücksichtigung der Geometrie des verformten Systems) mit dem Biegemoment M_0 infolge H, das wegen der Begrenzung der Durchbiegungen auf die Größenordnung 10^{-2} nach Th.I.O. berechnet werden darf. Aus (4.1.20 und 4.1.25) erhält man

$$\frac{\Delta M\ell}{EI} = \frac{V\ell^2}{EI}\,\frac{w(\ell)}{\ell} = 10^3 \frac{H\ell^2}{EI} 10^{-2} = 10 \frac{H\ell^2}{EI} , \qquad \frac{M_0\ell}{EI} = \frac{H\ell^2}{EI}$$

und damit allgemein

$$\Delta M \approx 10 M_0 . \tag{4.1.26}$$

Hierbei ist nicht erfaßt, daß sich die Durchbiegung w und damit der Hebelarm der Druckkraft V noch durch ΔM vergrößern.

Ergebnis: Die Größe des zusätzlichen Biegemoments aus der Berücksichtigung des Lastangriffs am verformten System kann um eine Zehnerpotenz über der des nach der linearen Theorie ermittelten Biegemoments liegen. Da sich bei Druckbeanspruchung das Zusatzbiegemoment und die Durchbiegung aber auch noch gegenseitig vergrößern, ist es zumindest bei Problemen dieser Art erforderlich, das Gleichgewicht am verformten System zu formulieren.

Für die praktische Berechnung gibt es zwei grundsätzlich verschiedene Methoden:

- Berechnung nach einer geometrisch nichtlinearen Theorie, wobei als Mindestforderung die Systemverformungen in den Gleichgewichtsbedingungen zu berücksichtigen sind. Damit werden i.allg. auch Knickprobleme erfaßt (vgl. Kap. 5).
- Berechnung nach der linearen Theorie mit zusätzlichem Knicknachweis.

Bei beiden Vorgehensweisen müssen Nachweise für Stabilitätsfälle wie Kippen, Biegedrillknicken, örtliches Beulen usw. gesondert durchgeführt werden.

4.1.4 Zusammenfassung und Klassifizierung

Für baupraktische Probleme gilt i.allg.:

- Die genaue Verschiebungsgeometrie und die genauen Dehnungs-Verschiebungs-Beziehungen brauchen nicht berücksichtigt zu werden; die lineare Theorie (Th.I.O.) reicht aus.
- Die einzige baupraktisch sinnvolle Erweiterung der geometrisch linearen Theorie kann darin bestehen, das Gleichgewicht am verformten System zu formulieren (Th.II.O.). Ob und in welchem Umfang eine Erweiterung der physikalisch linearen Theorie sinnvoll ist, wird in Kap. 6 untersucht.
- Aussagen über die jeweilige Größenordnung der zu berücksichtigenden Terme lassen sich aus einer einheitenfreien Formulierung des untersuchten Problems gewinnen, so wie es hier mit Hilfe der Abschätzungskriterien (4.1.13 und 4.1.24) gezeigt wurde.

Die Bezeichnung bzw. Klassifizierung von Theorien ist uneinheitlich. Man könnte folgende Einteilung vornehmen, und zwar

- *unter mathematischem Blickwinkel:*
  „Theorie n-ter Ordnung" bedeutet, daß die genauen Beziehungen in Reihen entwickelt werden, die nach dem Glied n-ter Ordnung abgebrochen werden.
  Vorteil: Die Definition ist formal klar.
  Nachteil: Unter baupraktischen Gesichtspunkten können unter Umständen Glieder n-ter Ordnung wichtiger sein als solche von (n – 1)-ter Ordnung (z. B. w'^2, u' in (4.1.17a) bei einer Theorie großer Verschiebungen).
- *unter mechanisch-physikalischem Blickwinkel:*
  Es werden Theorien entwickelt, die bestimmte Grundprinzipe der Mechanik und Thermodynamik nicht verletzen (z. B. Arbeits- und Energieausdrücke) und damit konsistent, d. h. widerspruchsfrei sind.

Vorteil: Die Theorie ist in sich geschlossen.
Nachteil: Die Berechnungen sind für die Baupraxis zu aufwendig.

- *unter baupraktischem Blickwinkel:*
  In der Literatur werden sehr unterschiedliche Festlegungen getroffen, so daß man sich über die jeweils verwendete Definition und die zugehörigen Voraussetzungen genau informieren sollte. In diesem Buch entspricht die Theorie I. Ordnung (Th.I.O.) der klassischen, linearen Theorie, und die Theorie II. Ordnung (Th.II.O.) weicht von der Theorie I. Ordnung einzig und allein darin ab, daß das Gleichgewicht am verformten System formuliert wird.
  Vorteil: Die Theorie ist für die Praxis ausreichend.
  Nachteil: Es fehlt die Systematik.

4.2 Elastizitätstheorie II. Ordnung

4.2.1 Bezeichnungen, Voraussetzungen

Die hier verwendete Elastizitätstheorie II. Ordnung (E.Th.II.O.) wird auch als Spannungstheorie II. Ordnung, baustatische Theorie II. Ordnung oder kurz Th.II.O. bezeichnet ([4.2–4.6]). Gemäß den Ausführungen von Kap. 2 und Abschn. 4.1 gelten dieselben Voraussetzungen und Linearisierungen wie bei Th.I.O. mit der einzigen Abweichung, daß die Gleichgewichtsbedingungen am verformten System zu erfüllen sind.

Eine Berechnung nach Th.II.O. ist nur dann sinnvoll, wenn die Zusatzmomente, die sich aus Gleichgewichtsbetrachtungen am verformten System als Produkt aus Längskraft und zugehöriger Verschiebung ergeben, gegenüber den Biegemomenten nach Th.I.O. hinreichend groß sind. Man kann grundsätzlich zwei Fälle unterscheiden:

- Bei Systemen ohne Knotenverschiebungen müssen die Längskräfte „groß" sein, damit merkliche Zusatzmomente entstehen, da bei diesen Systemen die Verformungen gering sind.
- Bei Systemen mit elastisch verschieblichen Knotenpunkten können größere Verschiebungen auftreten, so daß bereits „kleine" Längskräfte zu erheblichen Zusatzmomenten führen.

In allen anderen Fällen ist die Berechnung nach Th.I.O. völlig ausreichend. Eine Quantifizierung der Begriffe „große" bzw. „kleine" Längskräfte erfolgt weiter unten mit Hilfe der sogenannten Längskraftkennzahl.

4.2.2 Definition der Schnittgrößen

Aus praktischen Gründen kommen von den am verformten System beliebig definierbaren (linear unabhängigen) Wirkungsrichtungen der Schnittgrößen nur die in Bild 4.7a, b dargestellten in Betracht. Hier erfolgt die Festlegung der Schnittgrößen gemäß Bild 4.7b, da dann die Differentialgleichungen sowie die Rand- und Übergangsbedingungen einfacher zu formulieren sind. Die positive Schnittkraft S wird als Zugkraft eingeführt.

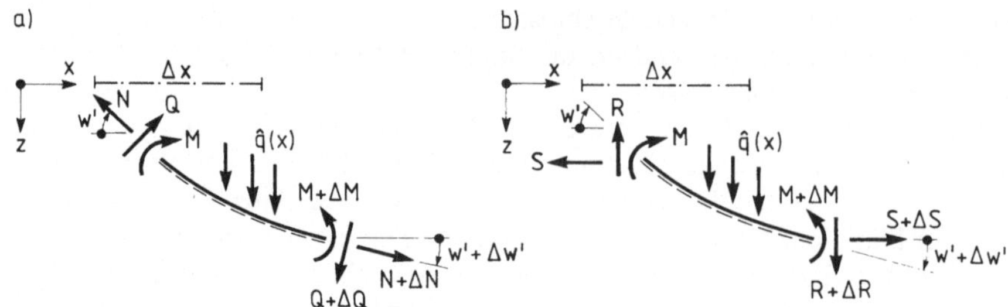

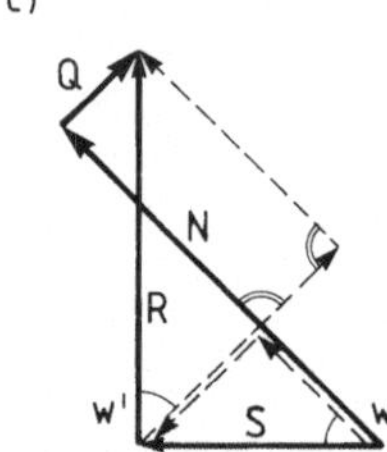

Bild 4.7a–c. Definitionsmöglichkeiten für die Schnittgrößen. **a** Festlegung in bezug auf die Richtung der verformten, **b** der unverformten Stabachse, **c** Zusammenhang zwischen N bzw. Q und S sowie R

4.2.3 Differentialbeziehung zwischen Verschiebung und Belastung

Aus dem Gleichgewicht am verformten Element (Bild 4.8) ergibt sich

$$\begin{aligned} \Sigma K_x &= 0: \quad dS + \hat{n}\,dx = 0, \quad && S' = -\hat{n}, \\ \Sigma K_z &= 0: \quad dR + \hat{q}\,dx = 0, \quad && R' = -\hat{q}, \\ \Sigma M &= 0: \quad dM + \underline{S\,dw} - R\,dx = 0, \quad && M' + \underline{Sw'} = R. \end{aligned} \tag{4.2.1a–c}$$

In (4.2.1c) wurde ein Streckenmoment nicht berücksichtigt. Glieder, die eine Abweichung gegenüber Th.I.O. darstellen, sind unterstrichen.

Die Beziehung (4.2.1c) soll im Hinblick auf Untersuchungen in Abschn. 4.3.7 umgeformt werden. Aus einer Zerlegung der Kräfte R und S in Richtung von Q und N (Bild 4.7c) erhält man mit den für kleine Verschiebungen gültigen Aussagen

$$\sin w' \approx w' \quad \text{und} \quad \cos w' \approx 1 \tag{4.2.2}$$

den Zusammenhang

$$\begin{aligned} N &= S\cos w' + R\sin w' \approx S + \underline{Rw'}, \\ Q &= R\cos w' - S\sin w' \approx R - \underline{Sw'}. \end{aligned} \tag{4.2.3a,b}$$

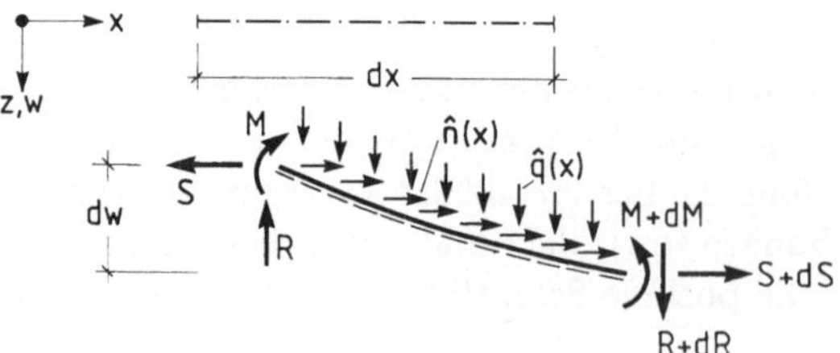

Bild 4.8. Gleichgewicht am verformten Stabelement

Ausgehend von (4.2.1c), folgt

$$M' = R - \underline{Sw'} = Q\,, \tag{4.2.3c}$$

ein Ergebnis, das formal der Momenten-Querkraft-Beziehung der Th.I.O. gleicht.
Zur Herleitung der Differentialgleichung wird (4.2.1c) nach x differenziert

$$M'' + \underline{Sw''} + \underline{S'w'} = R'. \tag{4.2.4}$$

Setzt man hierin (4.2.1a) und (4.2.1b) ein, so folgt

$$M'' + \underline{Sw''} - \underline{\hat{n}w'} = -\hat{q}\,. \tag{4.2.5}$$

Wegen der Voraussetzung kleiner Verschiebungen und Verzerrungen gilt das Elastizitätsgesetz der Th.I.O. für das Biegemoment

$$M(x) = -EIw'' \tag{4.2.6}$$

bzw.

$$M''(x) = -(EIw'')'' \tag{4.2.7}$$

unverändert, und die Differentialbeziehung (4.2.5) geht in die Form

$$(EIw'')'' - \underline{Sw''} + \underline{\hat{n}w'} = \hat{q} \tag{4.2.8}$$

über. Diese Differentialgleichung, die eine geometrisch nichtlineare Theorie im Sinne der definierten Th.II.O. beschreibt, ist selbst linear, da die Ableitungen von w linear auftreten. Im allgemeinen Fall ($\hat{n} \neq 0$ und $EI \neq \text{const}$) sind die Koeffizienten Funktionen von x, so daß für jeden Einzelfall eine neue Lösung der Differentialgleichung gesucht werden muß.

4.2.4 Baustatischer Regelfall

Da die exakte Lösung der Dgl. (4.2.8) häufig zu aufwendig ist, werden i.allg. folgende zusätzliche Annahmen getroffen:

- Die Biegesteifigkeit E_sI_s ist in jedem Stab s konstant (im folgenden wird der Index s bei E weggelassen, d.h. $E_sI_s = EI_s = \text{const}$).
- Die Längskraft S ist in jedem Stab s konstant, d.h.

$$S = S_s = \text{const} \quad \text{und} \quad \hat{n} = 0\,.$$

Hiermit folgt aus (4.2.8)

$$w_s'''' - \underline{\frac{S_s}{EI_s} w_s''} = \frac{\hat{q}_s}{EI_s}\,. \tag{4.2.9}$$

Auch (4.2.9) ist linear, hat aber gegenüber (4.2.8) konstante Koeffizienten. Diese zusätzlichen Annahmen schränken den Anwendungsbereich nicht gravierend ein, da bei veränderlichem EI_s und S_s durch weitere Unterteilung des ursprünglichen Stabes s mit der Länge ℓ_s in kürzere Bereiche und durch Ansatz geeigneter Mittelwerte von Biegesteifigkeit und Längskraft stets eine hinreichend genaue Lösung gefunden werden kann. Außerdem ergeben sich mit den zusätzlichen Annahmen so große rechentechnische Vorteile, daß man i.allg. bei der Anwendung der Th.II.O. von der vereinfachten Dgl. (4.2.9) ausgeht. Für alle denkbaren Belastungen $\hat{q}_s$ ist daher der Lösungsanteil der homogenen Gleichung (Kopfzeiger H) unverändert; die partikulären Lösungen (Kopfzeiger P) für die wenigen praktisch vorkommenden Belastungsarten (Einzellasten, konstante oder linear veränderliche Streckenlasten usw.) lassen sich der Literatur entnehmen. Schließlich kann das Superpositionsgesetz angewendet werden, wenn für sämtliche Teillastfälle $\hat{q}_s$ der Koeffizient $S_s/(EI_s)$ den gleichen Wert hat (vgl. Abschn. 4.2.6).

Aus Zweckmäßigkeitsgründen wird im folgenden zu einer einheitenfreien Schreibweise übergegangen. Multipliziert man (4.2.9) mit ℓ_s^3, so folgt

$$\ell_s^3 w_s'''' - \frac{S_s \ell_s^2}{EI_s} \ell_s w_s'' = \frac{\hat{q}_s \ell_s^3}{EI_s}. \tag{4.2.10}$$

Mit den einheitenfreien Ausdrücken

$$\frac{S_s \ell_s^2}{EI_s} = \overset{*}{s}_s \quad \text{und} \quad \overset{*}{q}_s = \frac{\hat{q}_s \ell_s^3}{EI_s} \tag{4.2.11a,b}$$

ergibt sich die endgültige Differentialgleichung

$$\ell_s^3 w_s'''' - \overset{*}{s}_s \ell_s w_s'' = \overset{*}{q}_s, \tag{4.2.12}$$

in der die Größe $\overset{*}{s}$ mit Vorzeichen einzusetzen ist (Zug: $\overset{*}{s} > 0$, Druck: $\overset{*}{s} < 0$). Für die weiteren Untersuchungen wird die einheitenfreie Koordinate $\xi_s = x_s/\ell_s$ verwendet; die Kennzeichnung der Differentiation nach x_s erfolgt wie bisher durch $d(\ldots)/dx_s = (\ldots)'$.

4.2.5 Lösung der Differentialgleichung

Die allgemeine Lösung der Dgl. (4.2.12) ist abhängig vom Vorzeichen des zweiten Summanden, d.h. davon, ob im Stab Druck oder Zug herrscht. Die Lösungen werden nachfolgend nebeneinander dargestellt für

Druck ($S_s < 0$, $\overset{*}{s}_s < 0$) bzw. **Zug ($S_s > 0$, $\overset{*}{s}_s > 0$):**

Im homogenen Anteil der Dgl. (4.2.12)

$$\ell_s^3 w_s'''' + |\overset{*}{s}_s| \ell_s w_s'' = 0 \qquad \text{bzw.} \qquad \ell_s^3 w_s'''' - |\overset{*}{s}_s| \ell_s w_s'' = 0$$

wird $|\overset{*}{s}_s|$ durch ε_s^2 ersetzt, so daß die Betragszeichen weggelassen werden können:

$$\varepsilon_s^2 = |\overset{*}{s}_s|. \tag{4.2.13a}$$

Die Größe ε_s wird als Stabkennzahl oder Längskraftkennzahl bezeichnet. Mit

$$\varepsilon_s = |\sqrt{\varepsilon_s^2}| = |\sqrt{|\overset{*}{s}_s|}\,| = \left|\sqrt{\frac{|S_s| \ell_s^2}{EI}}\right| \tag{4.2.13b–d}$$

folgt die homogene Gleichung

$$\ell_s^3 w_s'''' + \varepsilon_s^2 \ell_s w_s'' = 0 \qquad \text{bzw.} \qquad \ell_s^3 w_s'''' - \varepsilon_s^2 \ell_s w_s'' = 0. \tag{4.2.14a,b}$$

Bei Verwendung des Lösungsansatzes $w_s^H = \ell_s e^{\lambda\xi_s}$ ergeben sich mit

$$(\lambda^2 + \varepsilon_s^2)\lambda^2 e^{\lambda\xi_s} = 0 \quad \text{bzw.} \quad (\lambda^2 - \varepsilon_s^2)\lambda^2 e^{\lambda\xi_s} = 0 \tag{4.2.15a,b}$$

die vier Wurzeln

$$\begin{aligned} \lambda_{1,2} &= 0, \\ \lambda_{3,4} &= \pm i\varepsilon_s, \end{aligned} \quad \text{bzw.} \quad \begin{aligned} \lambda_{1,2} &= 0, \\ \lambda_{3,4} &= \pm\, \varepsilon_s. \end{aligned} \tag{4.2.16a–d}$$

Damit lautet die Lösung der homogenen Gleichung

$$\begin{aligned} \frac{w_s^H}{\ell_s} &= c_1 + c_2\xi_s \\ &+ c_3 \sin\varepsilon_s\xi_s \\ &+ c_4 \cos\varepsilon_s\xi_s \end{aligned} \quad \text{bzw.} \quad \begin{aligned} \frac{w_s^H}{\ell_s} &= c_1 + c_2\xi_s \\ &+ c_3\, \mathrm{sh}\,\varepsilon_s\xi_s \\ &+ c_4\, \mathrm{ch}\,\varepsilon_s\xi_s\,. \end{aligned} \tag{4.2.17a,b}$$

Die Konstanten c_1 bis c_4 lassen sich aus den für den Bereich s gültigen Rand- und Übergangsbedingungen berechnen (vgl. Abschn. 4.2.7).

Als partikuläre Lösung w_s^P ergibt sich für den Druck- und Zugstab z.B. für $\mathring{q}_s = \text{const}$

$$\frac{w_s^P}{\ell_s} = -\frac{1}{2}\frac{\mathring{q}_s}{\mathring{s}_s}\xi_s^2 = \mp\frac{1}{2}\frac{\mathring{q}_s}{\varepsilon_s^2}\xi_s^2\,. \tag{4.2.18}$$

Zu den Vorzeichen ist folgendes anzumerken: Ersetzt man die vorzeichenbehaftete einheitenfreie Stabkraft $\mathring{s}_s$ durch das Quadrat ε_s^2 der Stabkennzahl, so müssen wegen $\varepsilon_s^2 > 0$ stets doppelte Vorzeichen angegeben werden, wobei in (4.2.18) das obere für Zug- und das untere für Druckbereiche gilt. In den weiteren Ausführungen werden unter dem Gesichtspunkt der Zweckmäßigkeit $\mathring{s}_s$ und ε_s^2 nebeneinander verwendet.

Die Gesamtlösung von (4.2.12) ergibt sich für beliebige rechte Seiten zu

$$w_s = w_s^H + w_s^P. \tag{4.2.19}$$

Bei einer Berechnung nach Th.I.O. bzw. für Stäbe mit $S_s = 0$ lauten die Lösung der homogenen Gleichung (vgl. [4.6])

$$\frac{w_s^H}{\ell_s} = c_1 + c_2\xi_s + c_3\xi_s^2 + c_4\xi_s^3 \tag{4.2.20}$$

und die partikuläre Lösung für $\mathring{q}_s = \text{const}$

$$\frac{w_s^P}{\ell_s} = \frac{1}{24}\mathring{q}_s\,\xi_s^4\,. \tag{4.2.21}$$

Für Bereiche mit Zugkräften wird häufig zur Vereinfachung das Ergebnis nach Th.I.O. verwendet; es liegt auf der sicheren Seite.

4.2.6 Anmerkungen zur Superposition

Die Querbelastung $\mathring{q}$ geht direkt in die partikuläre Lösung und die Konstanten der Lösung der homogenen Gleichung ein; die Lösungsfunktionen der homogenen Gleichung sind hingegen querlastunabhängig und ändern sich nicht. Nur bei unveränderlich eingeprägtem Längskraftzustand S (vgl. Bild 4.9a), wobei die Längs-

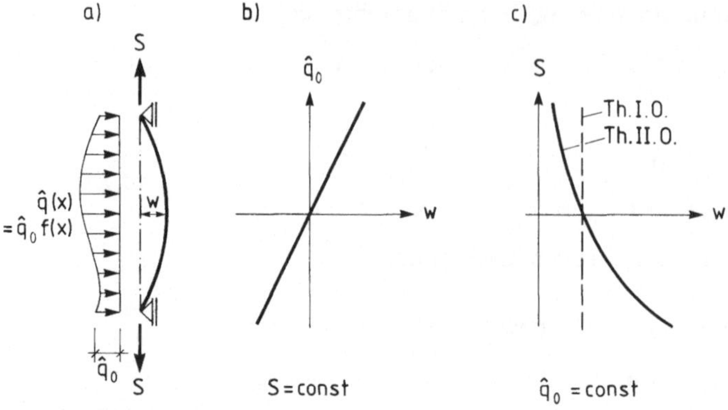

Bild 4.9a–c. Anwendungsbereich des Superpositionsgesetzes. **a** System und Belastung, **b** $\hat{q}_0$-w-Diagramm, **c** S-w-Diagramm

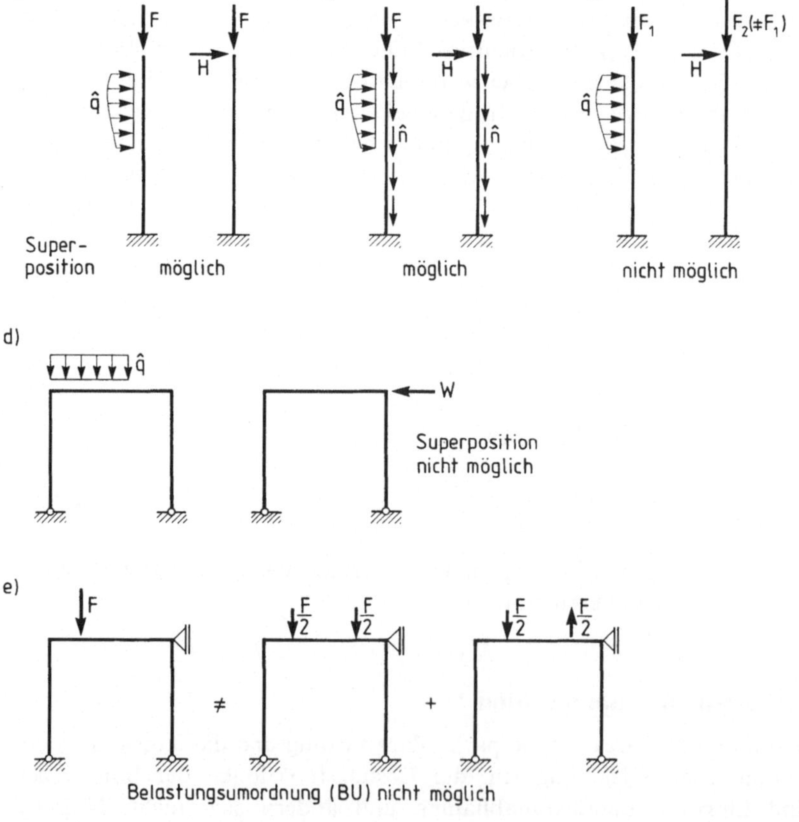

Bild 4.10a–e. Zur Superposition von Lastfällen

kräfte durchaus Funktionen $S = S(x) \neq$ const sein dürfen (vgl. Bild 4.10b), besteht Proportionalität zwischen Querbelastung $\hat{q}_0$ und Verschiebung w, d.h. das Superpositionsgesetz kann angewendet werden (vgl. Bild 4.9b).

Bei variablem Längskraftzustand ändert sich die Lösung der homogenen Gleichung nichtlinear mit S, d.h. eine Superposition ist nicht statthaft (vgl. Bild 4.9c). Dieser Sachverhalt wird in Bild 4.10 an fünf Beispielen erläutert, wobei für die dargestellten Teillastfälle die Frage beantwortet wird, ob superponiert werden darf.

Für baupraktische Berechnungen kann die Anwendung des Superpositionsgesetzes jedoch auch in solchen Fällen zu hinreichend genauen Ergebnissen führen, in denen es, streng genommen, nicht benutzt werden darf. Dies gilt generell für Lastfälle mit kleinen Stabkennzahlen ε_s. Ergeben sich infolge der Last größere Stabkennzahlen, so muß man die endgültigen Längskräfte unter der Wirkung aller Teillastfälle überschläglich ermitteln. Jeder Lastfall kann dann für sich unter der Wirkung dieser endgültigen („eingeprägten") Längskräfte berechnet werden (Bild 4.11). Wegen der bei jedem Teillastfall unveränderten Längskräfte dürfen die Einzellösungen superponiert werden. Diese Methode ist für die Beurteilung und Berechnung von Einflußlinien und des Lastfalls Vorverformungen besonders vorteilhaft (vgl. Abschn. 4.5.8).

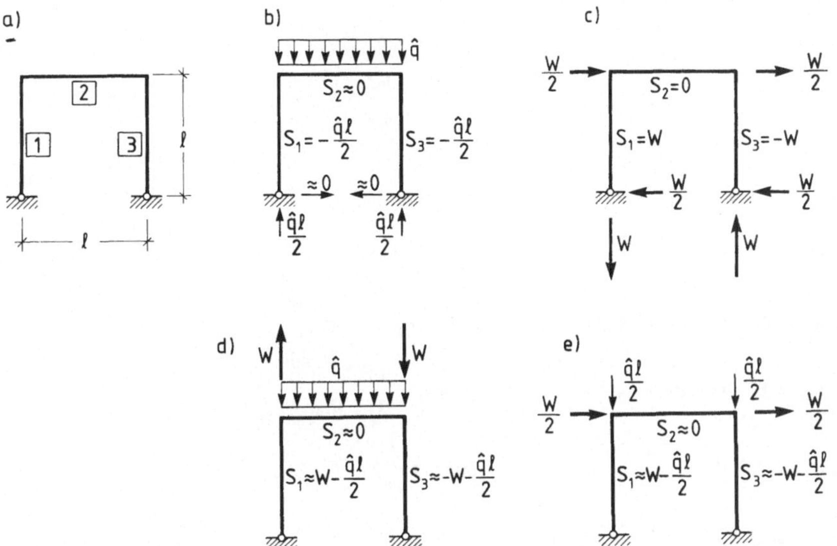

Bild 4.11a–e. Superposition mit eingeprägten Längskräften. **a** Gegebenes System, **b** Lastfall I (Th. I. O.), **c** Lastfall II (Th. I. O.), **d** Lastfall I (Th. II. O.), **e** Lastfall II (Th. II. O.)

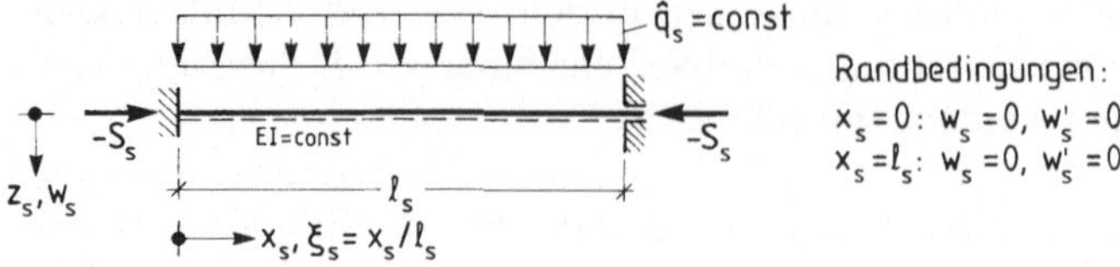

Bild 4.12. System, Belastung und Randbedingungen

4.2.7 Anwendungsbeispiel: Druckstab mit Querbelastung

Für das in Bild 4.12 dargestellte System ist der Biegemomentenverlauf nach Theorie II. Ordnung zu ermitteln.

Lösung der Dgl. (4.2.12) für $S_s < 0$ und $\hat{q}_s = \text{const}$

Aus (4.2.17a und 4.2.18) folgt gemäß (4.2.19)

$$\frac{w_s}{\ell_s} = c_1 + c_2\xi_s + c_3 \sin \varepsilon_s\xi_s + c_4 \cos \varepsilon_s\xi_s + \frac{1}{2}\frac{\overset{*}{q}_s}{\varepsilon_s^2}\xi_s^2 \tag{4.2.22a}$$

mit den Ableitungen

$$\begin{aligned} w_s' &= c_2 + c_3\varepsilon_s \cos \varepsilon_s\xi_s - c_4\varepsilon_s \sin \varepsilon_s\xi_s + \frac{\overset{*}{q}_s}{\varepsilon_s^2}\xi_s, \\ \ell_s w_s'' &= -c_3\varepsilon_s^2 \sin \varepsilon_s\xi_s - c_4\varepsilon_s^2 \cos \varepsilon_s\xi_s + \frac{\overset{*}{q}_s}{\varepsilon_s^2}. \end{aligned} \tag{4.2.22b, c}$$

Die Konstanten c_1 bis c_4 ergeben sich aus den Randbedingungen:

$$\frac{w_s}{\ell_s}(\xi_s = 0) = 0 = c_1 + c_4 \qquad \text{oder} \qquad c_1 = -c_4,$$

$$w_s'(\xi_s = 0) = 0 = c_2 + c_3\varepsilon_s \qquad \text{oder} \qquad c_2 = -c_3\varepsilon_s,$$

$$\frac{w_s}{\ell_s}(\xi_s = 1) = 0 = c_1 + c_2 + c_3 \sin \varepsilon_s + c_4 \cos \varepsilon_s + \frac{1}{2}\frac{\overset{*}{q}_s}{\varepsilon_s^2},$$

$$w_s'(\xi_s = 1) = 0 = c_2 + c_3\varepsilon_s \cos \varepsilon_s - c_4\varepsilon_s \sin \varepsilon_s + \frac{\overset{*}{q}_s}{\varepsilon_s^2},$$

$$c_1 = -c_4 = -\frac{1}{2}\frac{\overset{*}{q}_s}{\varepsilon_s^2}\frac{1 + \cos \varepsilon_s}{\varepsilon_s \sin \varepsilon_s},$$

$$c_2 = -c_3\varepsilon_s = -\frac{1}{2}\frac{\overset{*}{q}_s}{\varepsilon_s^2}.$$

Das Elastizitätsgesetz $M_s = -EI_s w_s''$ lautet in einheitenfreier Form

$$\overset{*}{m}_s = \frac{M_s\ell_s}{EI_s} = -\ell_s w_s''. \tag{4.2.23a}$$

Mit (4.2.22c) erhält man

$$\overset{*}{m}_s = c_3\varepsilon_s^2 \sin \varepsilon_s\xi_s + c_4\varepsilon_s^2 \cos \varepsilon_s\xi_s - \frac{\overset{*}{q}_s}{\varepsilon_s^2}$$

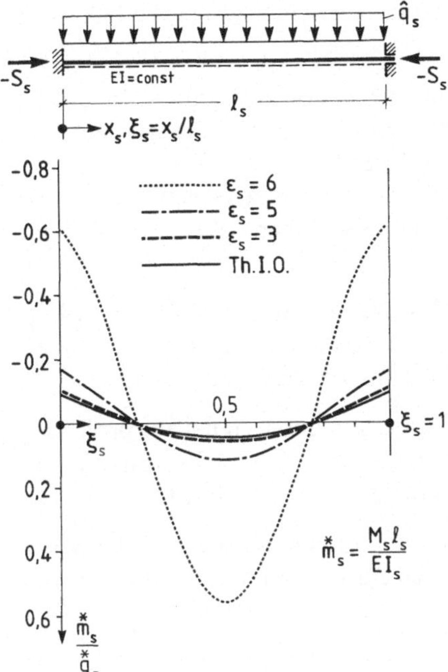

Bild 4.13. Einfluß des Wertes der Stabkennzahl ε_s auf den Biegemomentenverlauf

und nach Einsetzen der Konstanten c_3 und c_4

$$\overset{*}{m}_s = \frac{\overset{*}{q}_s}{\varepsilon_s^2}\left(\frac{\varepsilon_s}{2}\sin\varepsilon_s\xi_s + \frac{\varepsilon_s}{2}\,\frac{1+\cos\varepsilon_s}{\sin\varepsilon_s}\cos\varepsilon_s\xi_s - 1\right). \tag{4.2.23b}$$

Nach Th.I.O. gilt die entsprechende Beziehung (vgl. [4.6])

$$\overset{*}{m}_s = \frac{\overset{*}{q}_s}{2}\left(-\frac{1}{6} + \xi_s - \xi_s^2\right). \tag{4.2.24}$$

Biegemomentenverlauf $\overset{*}{m}_s/\overset{*}{q}_s$ als Funktion der Stabkennzahl ε_s in Druckbereichen

Die Auswertung von (4.2.23b) wird für verschiedene Stabkennzahlen ε_s (vgl. (4.2.13)) durchgeführt und in Bild 4.13 dargestellt. Das Moment $\overset{*}{m}_s$ ist gemäß (4.2.23a) einheitenfrei und wird in Bild 4.13 zusätzlich auf die Belastung $\overset{*}{q}_s$ bezogen. Dieser Quotient wird über der Stabkoordinate ξ_s aufgetragen. Aus den Kurvenverläufen erkennt man, daß bei kleinen Stabkennzahlen die Abweichungen gegenüber Th.I.O. (ausgezogene Linie) gering sind.

4.2.8 Baustatische Verfahren der Th.II.O.

Grundsätzlich können alle von der linearen Theorie her bekannten Verfahren auch bei Th.II.O. benutzt werden, solange das Superpositionsgesetz in seiner besonderen Form angewendet werden darf, d.h. alle Teil- und Zwischenzustände müssen bereichsweise dieselbe Stabkennzahl ε_s aufweisen. Nachfolgend werden kurz die Vor- und Nachteile der einzelnen Verfahren zusammengestellt:

Differentialgleichungsmethode: Sie ist wie bei Th.I.O. vor allem zur Ableitung grundsätzlicher Beziehungen geeignet.

Kraftgrößenverfahren: Es besitzt hier gegenüber der Verwendung bei Th.I.O. zwei generelle Nachteile:

- Da das Gleichgewicht am verformten System formuliert wird, müssen auch die Verformungen der Last- und Einheitsspannungszustände berechnet werden. Das Verfahren ist deshalb hier aufwendiger als bei Th.I.O.
- Da das statisch bestimmte Hauptsystem „weicher" als das wirkliche System ist, kann es unter den angreifenden Längskräften ausknicken; d.h. es gibt dann numerische Probleme.

Formänderungsgrößenverfahren: Insbesondere das Verfahren nach Mann ([4.1], Drehwinkelverfahren) ist für die Handrechnung gut geeignet. Es vermittelt einen einfachen Einstieg in die Th.II.O. und wird deshalb im weiteren verwendet.

Methode der finiten Elemente (FEM): FE-Programme sind gut geeignet zur professionellen Anwendung auf Rechenanlagen, aber weniger zum Sammeln von eigenen Erfahrungen und damit zum Entwickeln eines „Gefühls" für die Th.II.O.

Energiemethode: Zur Ableitung von grundlegenden Beziehungen (z.B. für die FEM) ist diese Vorgehensweise gut geeignet, weniger dagegen für die praktische Anwendung.

4.3 Das Verfahren von Mann (Drehwinkelverfahren) für Th.II.O.

4.3.1 Vorbemerkungen

Jede Anwendung von Formänderungsgrößenverfahren bedeutet, daß das Gesamtsystem durch den gedachten Einbau von Bindungen (Lager, Einspannungen) in den Knotenpunkten unverschieblich und unverdrehbar gemacht wird. Dadurch entsteht das geometrisch bestimmte Hauptsystem. Da wegen der eingebauten Bindungen das Gleichgewicht am gegebenen System verletzt wird, lassen sich die mit ihnen korrespondierenden unbekannten Verschiebungsgrößen (die geometrisch Unbestimmten) aus der Bedingung berechnen, daß alle Lagerkräfte an den zusätzlich eingeführten Bindungen tatsächlich nicht vorhanden sind, also im endgültigen Zustand Null sein müssen. In anderen Worten, die Gleichgewichtsbedingungen bilden die Bestimmungsgleichungen für die als Unbekannte eingeführten Formänderungsgrößen. Sind diese ermittelt, so lassen sich daraus die eigentlich interessierenden Schnittgrößen bestimmen. Man sieht, daß der Lösungsweg gegenüber dem des Kraftgrößenverfahrens dual aufgebaut ist. Da in fast allen baupraktischen Fällen die Kenntnis der Schnittgrößen von größerer Bedeutung ist als die der Verformungen, erscheint die Anwendung jedes Formänderungsgrößenverfahrens auf den ersten Blick als ein Umweg.

Bei der praktischen Berechnung wird das Gesamtsystem in geometrisch bestimmte Teilsysteme (Elemente mit gerader Stabachse) aufgeteilt. Für jeden dieser Bereiche werden Rand- bzw. Knotenverschiebungsgrößen (Verschiebungen und Verdrehungen) als geometrisch Unbestimmte eingeführt, in deren Wirkungsrichtungen zugeordnete Rand- bzw. Knotenschnittgrößen definiert sind.

Der Spannungs- und Verschiebungszustand des Teilsystems infolge vorgegebener Randverschiebungen (Einheitsverschiebungszustand, EVZ) und äußerer Belastungen (Lastspannungszustand, LSZ) kann mit Hilfe der Differentialgleichungsmethode oder auch des Kraftgrößenverfahrens ermittelt werden, da geometrisch bestimmte Stäbe grundsätzlich statisch unbestimmt sind. Die Teilsysteme werden unter Beachtung der Gleichgewichtsbedingungen an den Knoten zum ursprünglich gegebenen Gesamtsystem zusammengefügt.

Für den hier behandelten Fall der ebenen Biegung dehnstarrer Stäbe ($EA \to \infty$) kann der Spannungs- und Verschiebungszustand des geometrisch bestimmten Bereichs eindeutig durch die Angabe der Knotendrehungen und der Differenz der Verschiebungen der Elementenden beschrieben werden. Ersetzt man diese Verschiebungsgrößen durch zwei Knotendrehwinkel und einen Stabdrehwinkel, so gelangt man zum wichtigen Sonderfall der Formänderungsverfahren, dem Verfahren von Mann, das auch unter der Bezeichnung Drehwinkelverfahren (DWV) bekannt ist.

4.3.2 Voraussetzungen und Definitionen

Für das Drehwinkelverfahren der Th.II.O. muß vorausgesetzt werden, daß das spezielle Superpositionsgesetz in der in Abschn. 4.2.6 erläuterten Form angewendet werden darf. Die weitere Vorgehensweise bei der Herleitung eines Berechnungsverfahrens für diese geometrisch nichtlineare Theorie kann dann ganz analog zu Th.I.O. erfolgen.

In Bild 4.14 ist ein Bereich s der Länge ℓ_s mit den Knoten i und j dargestellt, der sich infolge der gegebenen Belastung verformt. Alle Drehwinkel werden rechtsdrehend positiv definiert, und zwar

- Knotendrehwinkel φ_i, φ_j: Winkel zwischen unverformter Stabachse und Tangente an die Biegelinie,
- Stabdrehwinkel ψ_s: Winkel zwischen unverformter Stabachse und Sehne i...j im verformten Zustand,
- Sehnentangentenwinkel τ_{ij}, τ_{ji}: Winkel zwischen Sehne und Tangente im verformten Zustand ($\varphi = \psi + \tau$).

Für die Knotenverschiebungen gilt wegen der Annahme kleiner Verschiebungen (Tangente statt Kreisbogen) und wegen der vorausgesetzten Dehnstarrheit ($EA \to \infty$):

$$u_i = u_j \quad \text{und} \quad w_j - w_i = \Delta w_s = \psi_s \ell_s .$$

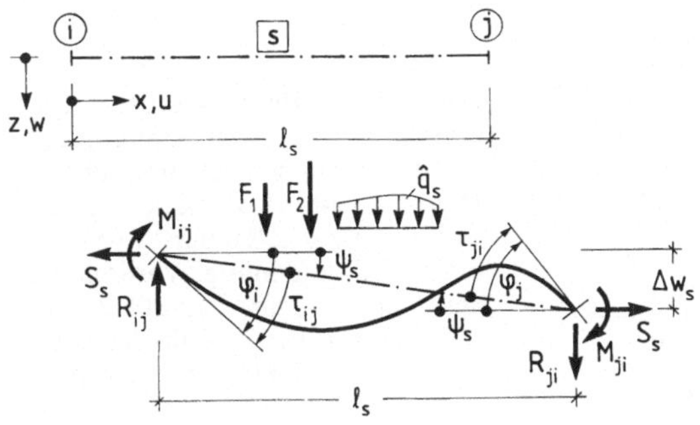

Bild 4.14. Verformter Bereich s

4.3.3 Beziehungen zwischen Stabendmomenten und Drehwinkeln

Die in Bild 4.14 dargestellte Verformung eines Elements läßt sich aus der Überlagerung eines Lastspannungszustands mit drei Einheitsverdrehungszuständen am geometrisch bestimmten Hauptsystem zusammensetzen. Hierbei muß jeder dieser vier Zustände unter der Wirkung des gleichen eingeprägten Längskraftzustands berechnet werden, damit die Superposition zur endgültigen Lösung erlaubt ist.

Lösung der homogenen Gleichung

Für die Einheitsverdrehungszustände am geometrisch bestimmten Hauptsystem lassen sich die Momenten-Verdrehungs-Beziehungen aus den Lösungen (4.2.17a, b) der homogenen Differentialgleichung (4.2.14a, b) ermitteln. Es ergeben sich für den

– *Einheitsverdrehungszustand* $\varphi_i = 1$ (Bild 4.15a) mit den Randbedingungen für

$$\xi_s = 0: \quad w_s = 0, \; w_s' = \varphi_i ,$$
$$\xi_s = 1: \quad w_s = 0, \; w_s' = 0$$

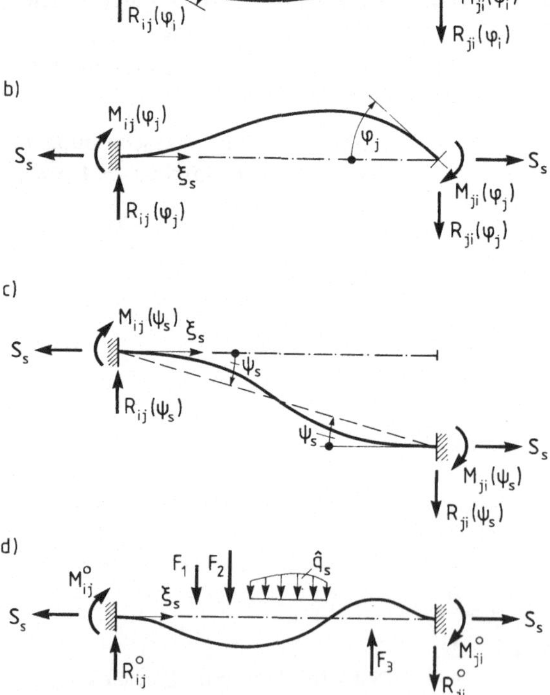

Bild 4.15 a–d. Einheitsverdrehungszustände und Lastspannungszustand am geometrisch bestimmten Hauptsystem. **a** Zustand infolge Verdrehung des Knotens i ($\varphi_j = \psi_s = 0$), **b** Zustand infolge Verdrehung des Knotens j ($\varphi_i = \psi_s = 0$), **c** Zustand infolge Verdrehung der Stabsehne ($\varphi_i = \varphi_j = 0$), **d** Lastspannungszustand

als Lösung der homogenen Gleichung

$$M_{ij}(\varphi_i) = \frac{EI_s}{\ell_s} \varkappa_s \varphi_i, \tag{4.3.1}$$

– *Einheitsverdrehungszustand* $\varphi_j = 1$ (Bild 4.15b)
mit den Randbedingungen für

$$\xi_s = 0: \qquad w_s = 0, \ w_s' = 0,$$
$$\xi_s = 1: \qquad w_s = 0, \ w_s' = \varphi_j$$

als Lösung der homogenen Gleichung

$$M_{ij}(\varphi_j) = \frac{EI_s}{\ell_s} \varkappa_s \gamma_s \varphi_j, \tag{4.3.2}$$

– *Einheitsverdrehungszustand* $\psi_s = 1$ (Bild 4.15c)
mit den Randbedingungen

$$w_s(\xi_s = 1) - w_s(\xi_s = 0) = \psi_s \ell_s,$$
$$w_s'(\xi_s = 0) = w_s'(\xi_s = 1) = 0$$

als Lösung der homogenen Gleichung

$$M_{ij}(\psi_s) = -\frac{EI_s}{\ell_s} \varkappa_s (1 + \gamma_s) \psi_s. \tag{4.3.3}$$

Die Beiwerte $\varkappa_s$ (Steifigkeitszahl) und γ_s (Fortleitungszahl) sind Funktionen der Stabkennzahl ε_s. Sie sind in Bild 4.16a in Abhängigkeit von $\overset{*}{s}_s$ aufgetragen. Ihre formelmäßige Darstellung ist Tabelle 4.1 zu entnehmen. Für Druck- und Zugbereiche gelten unterschiedliche Ausdrücke. Die in der Mittelspalte für Th.I.O. aufgeführten $\varkappa$- und γ-Werte ergeben sich aus den entsprechenden Ausdrücken der Th.II.O. für $\varepsilon_s = 0$ zunächst in der unbestimmten Form 0/0. Die Berechnung der Grenzwerte für $\varepsilon_s \to 0$ führt zu den bekannten Formeln des Drehwinkelverfahrens der Th.I.O.; so gilt z. B. für den beidseitig eingespannten Stab nach Th.I.O.

$$M_{ij} = \frac{4EI_s}{\ell_s}(\varphi_i + 0{,}5\varphi_j - 1{,}5\psi_s), \quad M_{ji} = \frac{4EI_s}{\ell_s}(\varphi_j + 0{,}5\varphi_i - 1{,}5\psi_s).$$

Auf die Berechnung der Grenzwerte sowie der $\varkappa$- und γ-Werte für sehr kleine Stabkennzahlen wird im Anhang zu Abschn. 4.3.6 eingegangen.

Partikuläre Lösung

Für den jeweiligen Lastspannungszustand am geometrisch bestimmten Hauptsystem (Bild 4.15d) muß die inhomogene Differentialgleichung (4.2.12) mit den zugehörigen Randbedingungen gelöst werden. Für $S_s < 0$ (Druck) und für $\overset{*}{q}_s = \text{const}$ gilt für das Biegemoment gemäß (4.2.23b)

$$\overset{*}{m}_s = \frac{\overset{*}{q}_s}{\varepsilon_s^2} \left(\frac{\varepsilon_s}{2} \sin \varepsilon_s \xi_s + \frac{\varepsilon_s}{2} \frac{1 + \cos \varepsilon_s}{\sin \varepsilon_s} \cos \varepsilon_s \xi_s - 1 \right). \tag{4.3.4}$$

Tabelle 4.1. Stabendmomente, Steifigkeits- und Fortleitungszahlen nach Th. II. O.

<table>
<tr><td></td><td>Druckbereich
$S_s < 0,\ \overset{*}{s}_s = \frac{S_s \ell_s^2}{EI_s} < 0$</td><td>Th. I. O.
bzw. $S_s = 0$</td><td>Zugbereich
$S_s > 0,\ \overset{*}{s}_s = \frac{S_s \ell_s^2}{EI_s} > 0$</td></tr>
<tr><td>Randbedingungen</td><td>$\varepsilon_s^2 = \frac{|S_s|\ell_s^2}{EI_s} = |\overset{*}{s}_s|,\quad \varepsilon_s = |\sqrt{\varepsilon_s^2}|$</td><td>Stabkennzahl ε_s
$\varepsilon_s = 0$</td><td>$\varepsilon_s^2 = \frac{S_s \ell_s^2}{EI_s} = \overset{*}{s}_s,\quad \varepsilon_s = |\sqrt{\varepsilon_s^2}|$</td></tr>
<tr><td>ⓘ [s] ⓙ (e)
(g)
(k)</td><td colspan="3">Stabendmomente M_{ij}
$M_{ij}\frac{\ell_s}{EI_s} = \overset{*}{m}_{ij} = \kappa_s^e[\varphi_i + \gamma_s \varphi_j - (1+\gamma_s)\psi_s] + \overset{*}{m}{}_{ij}^{\circ}$
$M_{ij}\frac{\ell_s}{EI_s} = \overset{*}{m}_{ij} = \kappa_s^g(\varphi_i - \psi_s) + \overset{*}{m}{}_{ij}^{\circ}\quad,\quad \overset{*}{m}_{ji} = 0$
$M_{ij}\frac{\ell_s}{EI_s} = \overset{*}{m}_{ij} = \kappa_s^k \varphi_i + \overset{*}{m}{}_{ij}^{\circ}\quad,\quad \overset{*}{m}_{ji} = 0$</td></tr>
<tr><td colspan="4">Steifigkeitszahlen κ_s</td></tr>
<tr><td>ⓘ [s] ⓙ (e)
(g)
(k)</td><td>$\kappa_s^e = \frac{\varepsilon_s(\sin\varepsilon_s - \varepsilon_s\cos\varepsilon_s)}{2(1-\cos\varepsilon_s) - \varepsilon_s\sin\varepsilon_s}$
$\kappa_s^g = \frac{\varepsilon_s^2\sin\varepsilon_s}{\sin\varepsilon_s - \varepsilon_s\cos\varepsilon_s}$
$\kappa_s^k = \frac{-\varepsilon_s\sin\varepsilon_s}{\cos\varepsilon_s}$</td><td>$\kappa_s^e = 4$
$\kappa_s^g = 3$
$\kappa_s^k = 0$</td><td>$\kappa_s^e = \frac{\varepsilon_s(-\mathrm{sh}\,\varepsilon_s + \varepsilon_s\mathrm{ch}\,\varepsilon_s)}{2(1-\mathrm{ch}\,\varepsilon_s) + \varepsilon_s\mathrm{sh}\,\varepsilon_s}$
$\kappa_s^g = \frac{\varepsilon_s^2\mathrm{sh}\,\varepsilon_s}{-\mathrm{sh}\,\varepsilon_s + \varepsilon_s\mathrm{ch}\,\varepsilon_s}$
$\kappa_s^k = \frac{\varepsilon_s\mathrm{sh}\,\varepsilon_s}{\mathrm{ch}\,\varepsilon_s}$</td></tr>
<tr><td colspan="4">Fortleitungszahlen γ_s</td></tr>
<tr><td>ⓘ [s] ⓙ (e)
(g) (k)</td><td>$\gamma_s^e = \gamma_s = \frac{\varepsilon_s - \sin\varepsilon_s}{\sin\varepsilon_s - \varepsilon_s\cos\varepsilon_s}$
$\gamma_s^g = \gamma_s^k = 0$</td><td>$\gamma_s^e = \gamma_s = \frac{1}{2}$
$\gamma_s^g = \gamma_s^k = 0$</td><td>$\gamma_s^e = \gamma_s = \frac{-\varepsilon_s + \mathrm{sh}\,\varepsilon_s}{-\mathrm{sh}\,\varepsilon_s + \varepsilon_s\mathrm{ch}\,\varepsilon_s}$
$\gamma_s^g = \gamma_s^k = 0$</td></tr>
</table>

Die gesuchten Stabendmomente des Lastspannungszustands, die man gewöhnlich Starr- bzw. Festeinspannmomente nennt, lauten mit der gewählten Vorzeichendefinition (Bild 4.14) für

$$\xi_s = 0: \quad \overset{*}{m}{}_{ij}^{0} = \overset{*}{m}{}_{s}^{0}(\xi_s = 0) = \frac{\overset{*}{q}_s}{\varepsilon_s^2}\left(\frac{\varepsilon_s}{2}\,\frac{1+\cos\varepsilon_s}{\sin\varepsilon_s} - 1\right), \tag{4.3.5}$$

$$\begin{aligned} \xi_s = 1: \quad -\overset{*}{m}{}_{ji}^{0} = \overset{*}{m}{}_{s}^{0}(\xi_s = 1) &= \frac{\overset{*}{q}_s}{\varepsilon_s^2}\left(\frac{\varepsilon_s}{2}\sin\varepsilon_s + \frac{\varepsilon_s}{2}\,\frac{1+\cos\varepsilon_s}{\sin\varepsilon_s}\cos\varepsilon_s - 1\right) \\ &= \frac{\overset{*}{q}_s}{\varepsilon_s^2}\left(\frac{\varepsilon_s}{2}\,\frac{1+\cos\varepsilon_s}{\sin\varepsilon_s} - 1\right). \end{aligned} \tag{4.3.6}$$

Weitere Lösungen für Stäbe mit gelenkiger Lagerung, einseitiger bzw. beidseitiger Einspannung finden sich bei Chwalla [4.3]; die wichtigsten Fälle sind in Tabelle 4.2 zusammengestellt.

Summation der Stabendmomente

Unter Anwendung des Superpositionsgesetzes auf die Festeinspannmomente und die Stabendmomente der Einheitsverdrehungszustände gelten für den

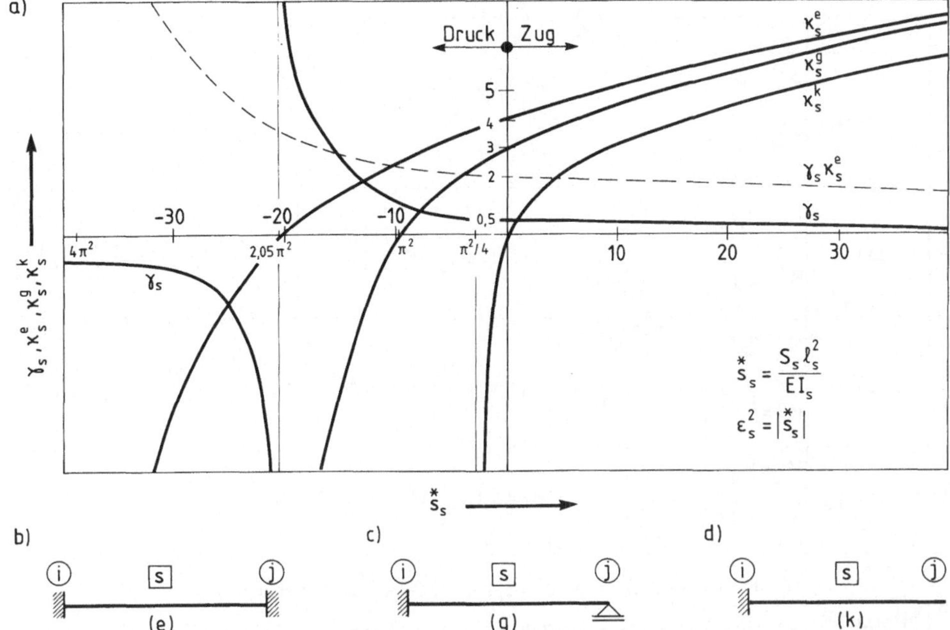

Bild 4.16a–d. Steifigkeitszahlen $\varkappa$ und Fortleitungszahlen γ in Abhängigkeit von den Lagerungsbedingungen. **a** Verlauf von $\varkappa$ und γ in Abhängigkeit von $\overset{*}{s}$, **b**, **c** und **d** Kennzeichnung der Lagerungsbedingungen

– beidseitig eingespannten Bereich (Kopfzeiger e, Bild 4.16b):

$$\overset{*}{m}_{ij} = \varkappa_s^e \left[\varphi_i + \gamma_s \varphi_j - (1+\gamma_s)\psi_s\right] + \overset{*}{m}{}_{ij}^0,$$
$$\overset{*}{m}_{ji} = \varkappa_s^e \left[\varphi_j + \gamma_s \varphi_i - (1+\gamma_s)\psi_s\right] + \overset{*}{m}{}_{ji}^0, \qquad (4.3.7a, b)$$

– einseitig eingespannten und einseitig gelenkig gelagerten Bereich (Kopfzeiger g, Bild 4.16c):

$$\overset{*}{m}_{ij} = \varkappa_s^g (\varphi_i - \psi_s) + \overset{*}{m}{}_{ij}^0, \qquad \overset{*}{m}_{ji} = 0, \qquad (4.3.8a,b)$$

– Kragträger (Kopfzeiger k, Bild 4.16d):

$$\overset{*}{m}_{ij} = \varkappa_s^k \varphi_i + \overset{*}{m}{}_{ij}^0, \qquad \overset{*}{m}_{ji} = 0. \qquad (4.3.9a,b)$$

Die Steifigkeitszahlen $\varkappa_s$ und die Fortleitungszahlen γ_s sind Tabelle 4.1 zu entnehmen. Die Werte der Mittelspalte gelten für Th.I.O., so daß die den Gln.(4.3.7a, 4.3.8a und 4.3.9a) entsprechenden Momenten-Verdrehungs-Beziehungen der linearen Theorie die bekannte Form haben:

$$\overset{*}{m}_{ij} = 4(\varphi_i + 0{,}5\varphi_j - 1{,}5\psi_s) + \overset{*}{m}{}_{ij}^0,$$
$$\overset{*}{m}_{ij} = 3(\varphi_i - \psi_s) + \overset{*}{m}{}_{ij}^0, \qquad (4.3.10a–c)$$
$$\overset{*}{m}_{ij} = \overset{*}{m}{}_{ij}^0.$$

Tabelle 4.2. Festeinspannmomente nach Th. II. O.

	i s j; S_s — ℓ_s — S_s	M°_{ij}, M°_{ji} (beidseitig eingespannt)	M°_{ij} (eingespannt – gelenkig)	M°_{ij} (eingespannt – frei)
1	$\hat{q}_s$	$M^\circ_{ij} = -M^\circ_{ji} =$ $= \hat{q}_s \ell_s^2 \frac{1}{\overset{*}{S}_s}(1 - \frac{1-\gamma_s}{2}\kappa_s^e)$	2) $M^\circ_{ij} = \hat{q}_s \ell_s \frac{1}{\overset{*}{S}_s}(1+\gamma_s - \frac{1}{2}\kappa_s^g)$ $(= \hat{q}_s \ell_s \frac{-1}{2\kappa_s^g})$	1) $M^\circ_{ij} = \hat{q}_s \ell_s^2 \frac{1}{\overset{*}{S}_s}(1 - \kappa_s^k - \frac{1}{\cos\varepsilon_s})$
2	$\hat{q}_s$	$M^\circ_{ij} = \hat{q}_s \ell_s^2 \frac{1}{\overset{*}{S}_s}(1 - \frac{2-\gamma_s}{6}\kappa_s^e)$ $M^\circ_{ji} = \hat{q}_s \ell_s^2 \frac{1}{\overset{*}{S}_s}(\frac{1-2\gamma_s}{6}\kappa_s^e)$	$M^\circ_{ij} = \hat{q}_s \ell_s^2 \frac{1}{\overset{*}{S}_s}(1 - \frac{1}{3}\kappa_s^g)$	$M^\circ_{ij} = \hat{q}_s \ell_s^2 \frac{1}{\overset{*}{S}_s}[1 - \kappa_s^k(\frac{1}{\overset{*}{S}_s} + \frac{1}{2})]$
3	$\hat{q}_s$	$M^\circ_{ij} = \hat{q}_s \ell_s^2 \frac{1}{\overset{*}{S}_s}(\frac{-1+2\gamma_s}{6}\kappa_s^e)$ $M^\circ_{ji} = \hat{q}_s \ell_s^2 \frac{1}{\overset{*}{S}_s}(-1 + \frac{2-\gamma_s}{6}\kappa_s^e)$	2) $M^\circ_{ij} = \hat{q}_s \ell_s^2 \frac{1}{\overset{*}{S}_s}(\gamma_s - \frac{1}{6}\kappa_s^g)$	1) $M^\circ_{ij} = \hat{q}_s \ell_s^2 \frac{1}{\overset{*}{S}_s}[\kappa_s^k(\frac{1}{\overset{*}{S}_s} - \frac{1}{2}) - \frac{1}{\cos\varepsilon_s}]$
4	$\hat{q}_s$, $\hat{q}_s$	$M^\circ_{ij} = M^\circ_{ji} =$ $= \hat{q}_s \ell_s^2 \frac{1}{\overset{*}{S}_s}(1 - \frac{1+\gamma_s}{6}\kappa_s^e)$	2) $M^\circ_{ij} = \hat{q}_s \ell_s^2 \frac{1}{\overset{*}{S}_s}(1 - \gamma_s - \frac{1}{6}\kappa_s^g)$	1) $M^\circ_{ij} = \hat{q}_s \ell_s \frac{1}{\overset{*}{S}_s}(1 - \frac{2}{\overset{*}{S}_s}\kappa_s^k + \frac{1}{\cos\varepsilon_s})$
5	$\hat{q}_\ell$, $\hat{q}_r$	$M^\circ_{ij} = M^\circ_{ij}$ (Zeile 2 oben, mit $\hat{q}_s = \hat{q}_\ell$) + M°_{ij} (Zeile 3 oben, mit $\hat{q}_s = \hat{q}_r$), M°_{ji} entsprechend aus den Zeilen 2 und 3 unten.		
6	F; $\alpha_\ell \ell_s$, $\alpha_r \ell_s$	1) $M^\circ_{ij} = \frac{F\ell_s}{\overset{*}{S}_s}[(\frac{\sin\alpha_r\varepsilon_s}{\sin\varepsilon_s} - \alpha_r)\kappa_s^e - (\frac{\sin\alpha_\ell\varepsilon_s}{\sin\varepsilon_s} - \alpha_\ell)\gamma_s\kappa_s^e]$ $M^\circ_{ji} = -\frac{F\ell_s}{\overset{*}{S}_s}[(\frac{\sin\alpha_\ell\varepsilon_s}{\sin\varepsilon_s} - (\frac{\sin\alpha_r\varepsilon_s}{\sin\varepsilon_s} - \alpha_r)\gamma_s\kappa_s^e]$	1) $M^\circ_{ij} = \frac{F\ell_s}{\overset{*}{S}_s}(\frac{\sin\alpha_r\varepsilon_s}{\sin\varepsilon_s} - \alpha_r)\kappa_s^g$	1) $M^\circ_{ij} = \frac{F\ell_s}{\overset{*}{S}_s}(\frac{\sin\alpha_r\varepsilon_s}{\sin\varepsilon_s} - 1)\kappa_s^k$
7	F	$M^\circ_{ij} = M^\circ_{ji} = 0$	$M^\circ_{ij} = M^\circ_{ji} = 0$	$M^\circ_{ij} = -\frac{F\ell_s}{\overset{*}{S}_s}\kappa_s^k$
8	Temperaturdifferenz $\Delta T = T_u - T_o$	$M^\circ_{ij} = -M^\circ_{ji} = -EI_s\alpha_T\frac{\Delta T}{d}$	2) $M^\circ_{ij} = -EI_s\alpha_T\frac{\Delta T}{d}(1+\gamma_s)$	1) $M^\circ_{ij} = \frac{1-\cos\varepsilon_s}{\cos\varepsilon_s}$
9	Stützenverdrehung φ_i°	$M^\circ_{ij} = \frac{EI_s}{\ell_s}\kappa_s^e\varphi_i^\circ$ $M^\circ_{ji} = \frac{EI_s}{\ell_s}\gamma_s\kappa_s^e\varphi_i^\circ$	$M^\circ_{ij} = \frac{EI_s}{\ell_s}\kappa_s^g\varphi_i^\circ$	$M^\circ_{ij} = \frac{EI_s}{\ell_s}\kappa_s^k\varphi_i^\circ$
10	Stützensenkung ψ_s°	$M^\circ_{ij} = M^\circ_{ji} = -\frac{EI_s}{\ell_s}(1+\gamma_s)\kappa_s^e\psi_s^\circ$	$M^\circ_{ij} = -\frac{EI_s}{\ell_s}\kappa_s^g\psi_s^\circ$	—

Allgemein gilt: Zug: $S_s > 0$, $\overset{*}{S}_s > 0$; Druck: $S_s < 0$, $\overset{*}{S}_s < 0$ } $\overset{*}{S}_s = \frac{S_s\ell_s^2}{EI_s}$, mit Vorzeichen einsetzen! $\varepsilon_s = \left|\sqrt{|\overset{*}{S}_s|}\right|$.

1) Lösung ist für Druck dargestellt ($\overset{*}{S}_s < 0$); für Zug ist zu setzen { sin → sh, cos → ch.

2) Trotz einseitig gelenkiger Lagerung ist $\gamma_s = \gamma_s^e$ zu setzen.

4.3.4 Allgemeine Knotengleichung der Th.II.O.

Geometrisch Unbestimmte

Die p geometrisch unbekannten Größen eines Systems setzen sich wie bei Th.I.O. aus der Anzahl m der unbekannten Knotendrehwinkel und der Anzahl M der voneinander linear unabhängigen Stabdrehwinkel zusammen:

$$p = m + M. \tag{4.3.11}$$

Um die geometrisch Unbestimmten zu ermitteln, benötigt man entsprechend der Anzahl m der Knotendrehwinkel dieselbe Anzahl von m Momentengleichgewichtsbedingungen (Knotengleichungen) und analog gemäß der Anzahl M der voneinander linear unabhängigen Stabdrehwinkel M Kräftegleichgewichtsbedingungen (Netzgleichungen). Im folgenden werden diese Bestimmungsgleichungen zur Berechnung der Unbekannten für Th.II.O. hergeleitet. Es wird bereits hier darauf hingewiesen, daß die Knotengleichung mit derjenigen der linearen Theorie formal übereinstimmt, während sich bei der Netzgleichung Zusatzterme ergeben.

Knotengleichung

Als Bestimmungsgleichungen für die m Knotendrehwinkel $\varphi_i (i = 1, 2, \ldots, m)$ eines Systems mit m elastisch verdrehbaren Knoten dienen die m Momentengleichgewichtsbedingungen

$$\sum_{(j)} M_{ij} + M_i = 0\,. \tag{4.3.12}$$

Hierin bedeuten gemäß Bild 4.17:

M_{ij} Stabendmomente (als Doppelwirkung ist die positive Drehrichtung bezüglich des Knotens i entgegengesetzt dem Uhrzeigersinn, aber bezogen auf das zugehörige Stabende positiv im Uhrzeigersinn),

M_i äußeres Moment, das am Knoten i angreift (positive Drehrichtung entgegengesetzt dem Uhrzeigersinn),

$\sum\limits_{(j)}$ Summe über alle am Knoten i angeschlossenen j Stäbe.

Überführt man die Gleichgewichtsbeziehung (4.3.12) in die einheitenfreie Form, so darf dies nicht durch Multiplikation der einzelnen Summanden mit dem zugehörigen Bereichsfaktor $\ell_s/(EI_s)$ erfolgen, sondern es muß die gesamte Gl. (4.3.12) mit einem einzigen Faktor, z.B. mit $\ell_c/(EI_c)$, multipliziert werden, um die Gleichgewichtsaussage nicht zu verändern:

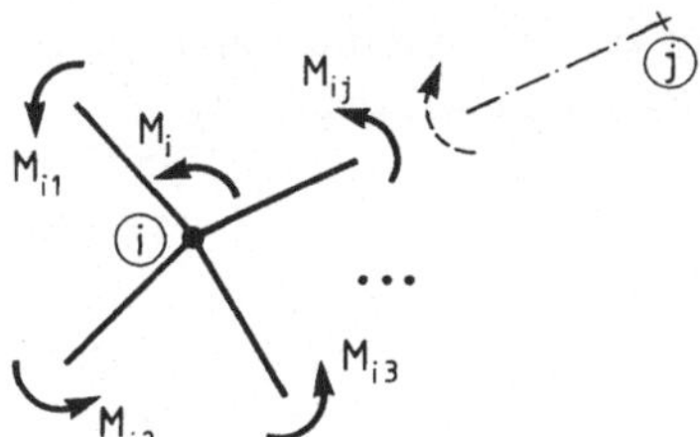

Bild 4.17. Momentengleichgewicht am Knoten i

$$\sum_{(j)} M_{ij} \frac{\ell_c}{EI_c} + M_i \frac{\ell_c}{EI_c} = \sum_{(j)} m_{ij} + m_i = 0 \,. \tag{4.3.13}$$

In (4.3.13) bedeutet

$$m_i = M_i \frac{\ell_c}{EI_c} \tag{4.3.14}$$

das einheitenfreie äußere Knotenmoment. Als weitere Abkürzungen werden eingeführt:

$$\alpha_s = \frac{\ell_s}{\ell_c}, \quad \beta_s = \frac{EI_c}{EI_s}, \quad \eta_s = \frac{1}{\alpha_s \beta_s} = \frac{EI_s}{EI_c} \frac{\ell_c}{\ell_s}, \tag{4.3.15a–c}$$

$$m = M \frac{\ell_c}{EI_c} = \overset{*}{m} \frac{EI_s}{EI_c} \frac{\ell_c}{\ell_s} = \eta_s \overset{*}{m} \,. \tag{4.3.16}$$

Damit wird aus (4.3.7 – 4.3.9) für den

– beidseitig elastisch eingespannten Bereich (Bild 4.16b):

$$\begin{aligned} m_{ij} &= \eta_s \varkappa_s^e [\varphi_i + \gamma_s \varphi_j - (1 + \gamma_s) \psi_s] + m_{ij}^0 \,, \\ m_{ji} &= \eta_s \varkappa_s^e [\varphi_j + \gamma_s \varphi_i - (1 + \gamma_s) \psi_s] + m_{ji}^0 \,, \end{aligned} \tag{4.3.17a,b}$$

– einseitig gelenkig gelagerten Bereich (Bild 4.16c):

$$\begin{aligned} m_{ij} &= \eta_s \varkappa_s^g (\varphi_i - \psi_s) + m_{ij}^0 \,, \\ m_{ji} &= 0 \,, \end{aligned} \tag{4.3.17c,d}$$

– Kragträger (Bild 4.16d):

$$\begin{aligned} m_{ij} &= \eta_s \varkappa_s^k \varphi_i + m_{ij}^0 \,, \\ m_{ji} &= 0 \,. \end{aligned} \tag{4.3.17e,f}$$

Werden die Biegemomente in (4.3.13) durch die Drehwinkel entsprechend (4.3.17) ausgedrückt, so ergibt sich die Knotengleichung für den Knoten i zu

$$\varphi_i \sum_{(j)} \eta_s \varkappa_s + \sum_{(j)} \eta_s \gamma_s \varkappa_s \varphi_j - \sum_{(j)} \eta_s (1 + \gamma_s) \varkappa_s \psi_s + \sum_{(j)} m_{ij}^0 + m_i = 0 \,. \tag{4.3.18}$$

Für $\varkappa_s$ und γ_s sind je nach den Lagerungsbedingungen des Bereichs s die Ausdrücke $\varkappa_s^e$, $\varkappa_s^g$, $\varkappa_s^k$ bzw. $\gamma_s = \gamma_s^e$, $\gamma_s^g = 0$, $\gamma_s^k = 0$ einzusetzen. Beim Kragträger wird der Stabdrehwinkel ψ_s vorab durch eine Gleichgewichtsbetrachtung eliminiert; er tritt deshalb wie der Knotendrehwinkel an einem gelenkig gelagerten Stabende im Gleichungssystem der geometrisch Unbekannten nicht auf. Die Stabdrehwinkel ψ_s in der Knotengleichung (4.3.18) können wie bei Th.I.O. voneinander linear abhängig sein und müssen deshalb durch M voneinander linear unabhängige Stabdrehwinkel ψ_N ausgedrückt werden:

$$\psi_s = \sum_{N=I}^{M} \psi_s^N \psi_N \quad \text{mit} \quad N = I, II, \ldots, M \,. \tag{4.3.19}$$

Hierin bedeuten M die Anzahl der unabhängigen Verschiebungszustände und ψ_s^N den Stabdrehwinkel des Bereichs s infolge $\psi_N = 1$. Setzt man (4.3.19) in (4.3.18) ein, wobei

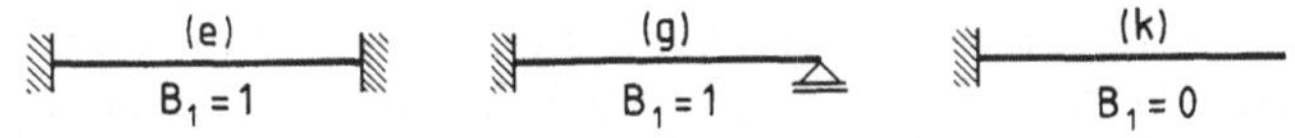

(e) $B_1=1$ (g) $B_1=1$ (k) $B_1=0$

Bild 4.18. Werte für B_1 in Abhängigkeit von den Randbedingungen

dort der dritte Term nach den unbekannten, voneinander linear unabhängigen Stabdrehwinkeln ψ_N umgeordnet wird, so lautet die endgültige Knotengleichung für den Knoten i

$$\left(\sum_{(j)}\eta_s\varkappa_s\right)\varphi_i+\sum_{(j)}B_1\eta_s\gamma_s\varkappa_s\varphi_j-\sum_{N=I}^{M}\left[\sum_{(j)}B_1\eta_s(1+\gamma_s)\varkappa_s\psi_s^N\right]\psi_N=-\left(\sum_{(j)}m_{ij}^0+m_i\right). \tag{4.3.20}$$

In (4.3.20) ist der Faktor B_1 von den Randbedingungen (vgl. Bild 4.18) abhängig. Man ist jetzt in der Lage, Systeme mit unverschieblichen Knoten ($\psi_N=0$) zu berechnen. Während dies bei Th.I.O. wegen der bekannten Werte $\gamma_s=0{,}5$ und $\varkappa_s=\{4,\ 3,\ 0\}$ (je nach den Lagerungsbedingungen des Bereichs s) ohne Probleme möglich ist, tritt bei Th.II.O. folgende Schwierigkeit auf: Da die γ_s- und $\varkappa_s$-Werte von der Stabkennzahl ε_s (vgl. Tabelle 4.1) und damit von der Längskraft S_s abhängen, die Längskräfte ihrerseits aber erst aus den noch unbekannten Stabendmomenten bzw. den Querkräften berechnet werden können und außerdem der Zusammenhang von $\varkappa_s$, γ_s und ε_s durch transzendente Funktionen dargestellt wird, ist die explizite Lösung des Systems der Knotengleichungen (4.3.20) wie bei Th.I.O. nicht möglich.

Als Ausweg bietet sich folgende Vorgehensweise an: Die Längskräfte werden zu Beginn einer Berechnung überschläglich ermittelt; durch Iteration kann dann, ausgehend von diesen Schätzwerten, eine Lösung des Problems mit dem gewünschten Genauigkeitsgrad erfolgen.

4.3.5 Allgemeiner Lösungsweg bei Systemen mit unverschieblichen Knoten

Längskraftiteration

Zu Beginn der Berechnung nach Th.II.O. werden die Längskräfte überschläglich ermittelt. Im Anschluß können die m Knotengleichungen (4.3.20) des Systems aufgestellt, gelöst und die Stabendmomente berechnet werden. Aus der Erfüllung der Momentengleichgewichtsbedingungen an den einzelnen Stäben werden die Querkräfte gewonnen. Die Kräftegleichgewichtsbedingungen an den Knoten liefern dann neue, verbesserte Werte für die tatsächlich vorhandenen Längskräfte. Für diese werden die Knotengleichungen erneut gelöst. Man bezeichnet diese Vorgehensweise als Längskraftiteration und wiederholt den Vorgang so lange, bis die Abweichung zwischen den beiden zuletzt berechneten Längskraftzuständen hinreichend klein ist.

Praktisch geht man so vor, daß bei der ersten Schätzung die Längskräfte entweder überschläglich aus Gleichgewichtsbetrachtungen ermittelt oder aus einer Berechnung nach Th.I.O. gewonnen werden. Die letztgenannte Methode hat zwei Vorteile: Einmal kann das Ergebnis bereits ausreichend genau sein und eine weitere Iteration überflüssig machen; zum anderen stellt es nach Größenordnung und Tendenz eine gute Kontrollmöglichkeit der häufig nicht leicht zu beurteilenden Ergebnisse der

Th.II.O. dar. Die Berechnung der Längskräfte aus den Kräftegleichgewichtsbedingungen an einzelnen Systemknoten ist beim Drehwinkelverfahren nicht allgemein, sondern nur systemabhängig möglich.

Ermittlung der Querkräfte R_{ij} bzw. r_{ij}

Die Querkräfte werden aus der Momentengleichgewichtsbedingung am verformten Einzelstab berechnet; sie lassen sich somit im Gegensatz zu den Längskräften systemunabhängig darstellen. Dies gilt auch für Tragwerke mit elastisch verschieblichen Knoten. In den folgenden Ableitungen wird deshalb der Einfluß der Stabdrehwinkel ψ_s bereits berücksichtigt.

Ausgehend vom verformten System (Bild 4.19a), können die beiden in Bild 4.19b,c dargestellten Teillastzustände definiert werden. Hierbei sind die Querkräfte R_{ij}^{P} infolge des gegebenen Lastzustands (Bild 4.19b, partikulärer Lösungsanteil, Kopfzeiger P) identisch mit denen des statisch bestimmten Einfeldbalkens nach Th.I.O. Der in Bild 4.19c dargestellte Zustand (Lösungsanteil des homogenen Problems, Kopfzeiger H) unterscheidet sich von Th.I.O., da hier beim Momentengleichgewicht der Hebelarm $\psi_s \ell_s$ der Längskräfte S_s berücksichtigt werden muß.

Aus den Gleichgewichtsbedingungen

$$\Sigma V = 0: \quad R_{ij}^{H} = R_{ji}^{H}, \tag{4.3.21}$$

$$\Sigma M = 0: \quad R_{ij}^{H} \ell_s + M_{ij} + M_{ji} - S_s \psi_s \ell_s = 0 \tag{4.3.22}$$

folgt

$$R_{ij}^{H} = -\frac{(M_{ij} + M_{ji})}{\ell_s} + S_s \psi_s \tag{4.3.23}$$

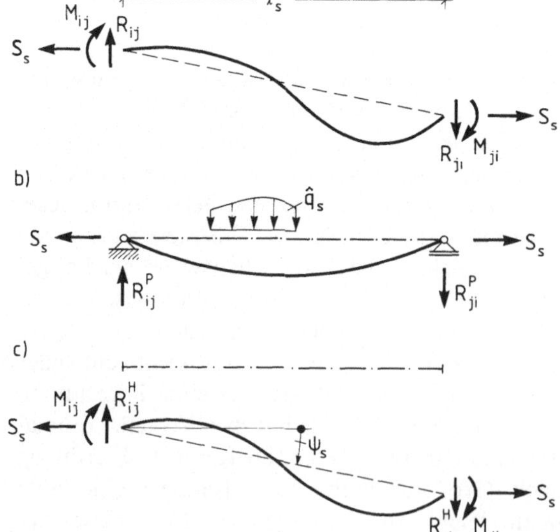

Bild 4.19 a–c. Ermittlung der Querkräfte. **a** Verformter Bereich s mit Belastung, **b** statisch bestimmt gelagerter Bereich mit Belastung, **c** unbelasteter Bereich s mit den Randschnittgrößen

bzw. in einheitenfreier Schreibweise nach Multiplikation mit $\ell_c^2/(EI_c)$ und Einsetzen der Abkürzungen (4.3.15 und 4.3.16)

$$R_{ij}^H \frac{\ell_c^2}{EI_c} = r_{ij}^H \tag{4.3.24}$$

$$= -\frac{\ell_c}{\ell_s}\left(M_{ij}\frac{\ell_c}{EI_c} + M_{ji}\frac{\ell_c}{EI_c}\right) + \frac{S_s \ell_s^2}{EI_s}\frac{EI_s}{EI_c}\frac{\ell_c^2}{\ell_s^2}\psi_s$$

$$= -\frac{1}{\alpha_s}(m_{ij} + m_{ji}) + \overset{*}{s}_s \frac{\eta_s}{\alpha_s}\psi_s , \tag{4.3.25}$$

$$r_{ij}^H = -\frac{m_{ij} + m_{ji}}{\alpha_s} + \frac{\eta_s}{\alpha_s}\overset{*}{s}_s \psi_s . \tag{4.3.26}$$

Die endgültige Beziehung für die Querkraft lautet mit $r_{ij}^P = R_{ij}^P \ell_c^2/(EI_c)$

$$r_{ij} = r_{ij}^H + r_{ij}^P = -\frac{1}{\alpha_s}(m_{ij} + m_{ji} - \eta_s \overset{*}{s}_s \psi_s) + r_{ij}^P . \tag{4.3.27}$$

Das Drehwinkelverfahren für Th.II.O. kann bei Systemen mit unverschieblichen Knoten nach dem in Tabelle 4.3 dargestellten Schema durchgeführt werden.

4.3.6 Anwendungsbeispiel: Rahmen mit unverschieblichen Knoten

Allgemeine Vorgehensweise, Abkürzungen

Am Beispiel eines Rahmens mit unverschieblichen Knoten wird der in Tabelle 4.3 skizzierte Lösungsweg zahlenmäßig nachvollzogen. Vor Beginn der Berechnung werden die Schnittgrößen und Lasten sowohl in der physikalischen als auch in der einheitenfreien Form zusammengestellt (Tabelle 4.4). Das hier angewandte Verfahren von Mann in einheitenfreier Schreibweise hat den Vorteil, daß zunächst nur die Verhältnisse der Trägheitsmomente in den einzelnen Bereichen des Systems vorgegeben werden müssen. Zur Nachrechnung eines bereits bemessenen Stabtragwerks kann die einheitenbehaftete Methode als gleichwertig angesehen werden. Die praktische Durchführung der einheitenfreien Methode ist an eine proportionale Steigerung aller Lasten vom Gebrauchs- bis zum Bemessungszustand gebunden. Diese Vorgehensweise ist deshalb im Rahmen eines Sicherheitskonzepts mit Teilsicherheitsfaktoren nicht zweckmäßig.

System und Belastung

Die Systemgeometrie und Belastung sind aus Bild 4.20 ersichtlich. Alle Stäbe besitzen dieselbe Biegesteifigkeit. Die gegebenen Gebrauchslasten $F_G = 160$ kN und $\hat{q}_G = 13{,}3$ kN/m werden mit

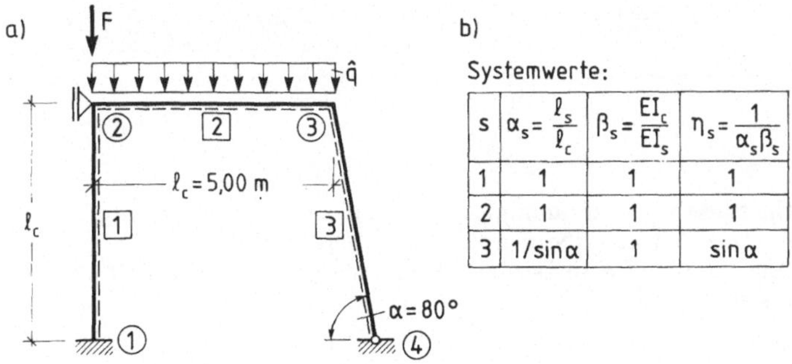

s	$\alpha_s = \frac{\ell_s}{\ell_c}$	$\beta_s = \frac{EI_c}{EI_s}$	$\eta_s = \frac{1}{\alpha_s \beta_s}$
1	1	1	1
2	1	1	1
3	$1/\sin\alpha$	1	$\sin\alpha$

Bild 4.20 a, b. Anwendungsbeispiel. **a** System und Belastung, **b** Systemwerte

Tabelle 4.3. Ablauf der Berechnung bei Systemen mit elastisch unverschieblichen Knoten

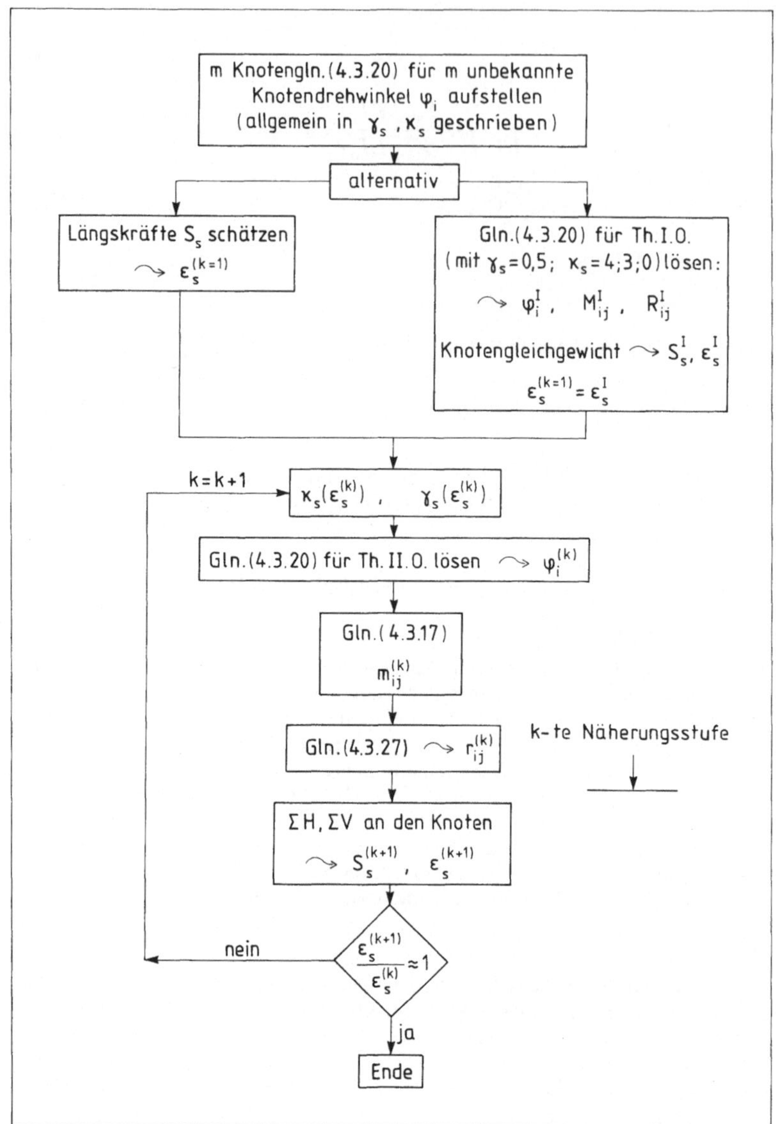

dem (hier gewählten) Sicherheitsfaktor $\gamma=1{,}5$ multipliziert, so daß man die Bemessungslasten $F=1{,}5\cdot 160=240$ kN und $\hat{q}=1{,}5\cdot 13{,}3=20$ kN/m erhält. Diese werden mit $F\ell_c^2/(EI_c)=f$ bzw. $\hat{q}\ell_c^3/(EI_c)=q$ einheitenfrei gemacht, wobei q als Bezugslast vereinbart wird. Das Verhältnis der einheitenfreien Lasten ergibt sich zu

$$\frac{f}{q}=\frac{F\ell_c^2}{EI_c}\,\frac{EI_c}{\hat{q}\ell_c^3}=\frac{F}{\hat{q}\ell_c}=\frac{240}{20\cdot 5}=2{,}4.$$

Tabelle 4.4. Umrechnung der verwendeten physikalischen Größen

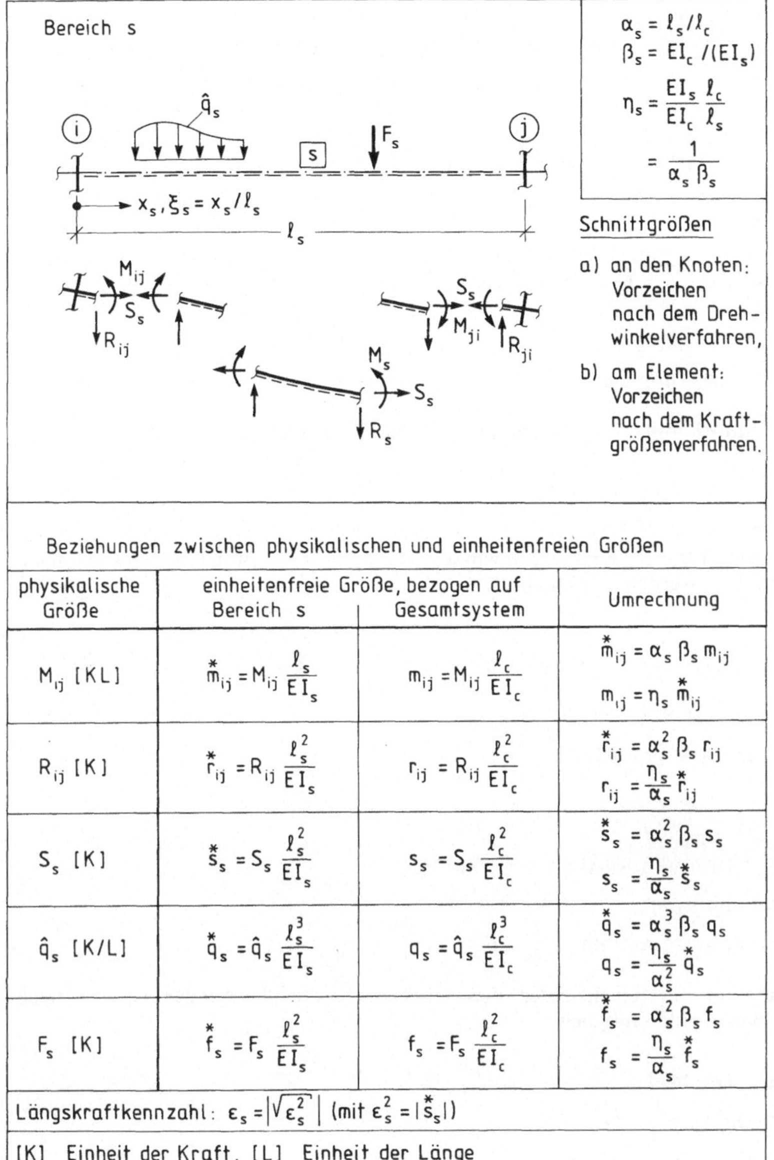

$\alpha_s = \ell_s/\ell_c$

$\beta_s = EI_c/(EI_s)$

$\eta_s = \frac{EI_s}{EI_c}\frac{\ell_c}{\ell_s} = \frac{1}{\alpha_s \beta_s}$

Schnittgrößen

a) an den Knoten: Vorzeichen nach dem Drehwinkelverfahren,

b) am Element: Vorzeichen nach dem Kraftgrößenverfahren.

Beziehungen zwischen physikalischen und einheitenfreien Größen

physikalische Größe	einheitenfreie Größe, bezogen auf Bereich s	Gesamtsystem	Umrechnung
M_{ij} [KL]	$\overset{*}{m}_{ij} = M_{ij}\frac{\ell_s}{EI_s}$	$m_{ij} = M_{ij}\frac{\ell_c}{EI_c}$	$\overset{*}{m}_{ij} = \alpha_s \beta_s m_{ij}$ $m_{ij} = \eta_s \overset{*}{m}_{ij}$
R_{ij} [K]	$\overset{*}{r}_{ij} = R_{ij}\frac{\ell_s^2}{EI_s}$	$r_{ij} = R_{ij}\frac{\ell_c^2}{EI_c}$	$\overset{*}{r}_{ij} = \alpha_s^2 \beta_s r_{ij}$ $r_{ij} = \frac{\eta_s}{\alpha_s}\overset{*}{r}_{ij}$
S_s [K]	$\overset{*}{s}_s = S_s\frac{\ell_s^2}{EI_s}$	$s_s = S_s\frac{\ell_c^2}{EI_c}$	$\overset{*}{s}_s = \alpha_s^2 \beta_s s_s$ $s_s = \frac{\eta_s}{\alpha_s}\overset{*}{s}_s$
$\hat{q}_s$ [K/L]	$\overset{*}{q}_s = \hat{q}_s\frac{\ell_s^3}{EI_s}$	$q_s = \hat{q}_s\frac{\ell_c^3}{EI_c}$	$\overset{*}{q}_s = \alpha_s^3 \beta_s q_s$ $q_s = \frac{\eta_s}{\alpha_s^2}\overset{*}{q}_s$
F_s [K]	$\overset{*}{f}_s = F_s\frac{\ell_s^2}{EI_s}$	$f_s = F_s\frac{\ell_c^2}{EI_c}$	$\overset{*}{f}_s = \alpha_s^2 \beta_s f_s$ $f_s = \frac{\eta_s}{\alpha_s}\overset{*}{f}_s$

Längskraftkennzahl: $\varepsilon_s = \left|\sqrt{\varepsilon_s^2}\right|$ (mit $\varepsilon_s^2 = |\overset{*}{s}_s|$)

[K] Einheit der Kraft, [L] Einheit der Länge

Festeinspannmomente

Die Festeinspannmomente werden Tabelle 4.2 entnommen oder nach (4.3.5, 4.3.6) berechnet. Für den Riegel folgt

$$m_{ij}^0 = \eta_s \overset{*}{m}_{ij}^0 = -\eta_s \frac{\overset{*}{q}_s}{\varepsilon_s^2}\left[1 - \frac{\varepsilon_s}{2}\,\frac{1+\cos\varepsilon_s}{\sin\varepsilon_s}\right] = -\eta_s \frac{\overset{*}{q}_s}{\varepsilon_s^2}\left[1 - \frac{1}{2}(1-\gamma_s)\,\varkappa_s^e\right] = -m_{ji}^0.$$

Mit den in Tabelle 4.4 angegebenen Umrechnungsfaktoren gilt

$$\overset{*}{q}_s = \hat{q}_s \frac{\ell_s^3}{EI_s} = q_s \frac{EI_c}{EI_s} \frac{\ell_s^3}{\ell_c^3} = \alpha_s^3 \beta_s q_s$$

und damit

$$m_{ij}^0 = -\alpha_s^2 q_s \frac{1}{\varepsilon_s^2} \left[1 - \frac{1}{2} (1-\gamma_s) \varkappa_s^e \right] = -m_{ji}^0 .$$

Für den Riegel ergibt sich

$$m_{23}^0 = -m_{32}^0 = -\frac{q}{\varepsilon_2^2} \left[1 - \frac{1}{2} (1-\gamma_2) \varkappa_2^e \right]$$

und für die Stiele

$$m_{12}^0 = m_{21}^0 = m_{34}^0 = m_{43}^0 = 0 .$$

Da S_2 und damit ε_2 unbekannt sind, kann $m_{23}^0 = -m_{32}^0$ zunächst nicht zahlenmäßig angegeben werden.

Knotengleichungen

Wegen der beiden unbekannten Knotendrehwinkel φ_2, φ_3 müssen zwei Knotengleichungen gemäß (4.3.20) formuliert werden. Sie lauten für

– Knoten 2

$$\varphi_2(\eta_1 \varkappa_1^e + \eta_2 \varkappa_2^e) + \varphi_3 \eta_2 \gamma_2 \varkappa_2^e + m_{21}^0 + m_{23}^0 = 0$$

oder mit $\eta_1 = \eta_2 = 1$ (vgl. Bild 4.20b)

$$\varphi_2(\varkappa_1^e + \varkappa_2^e) + \varphi_3 \gamma_2 \varkappa_2^e + m_{23}^0 = 0 ,$$

– Knoten 3

$$\varphi_2 \eta_2 \gamma_2 \varkappa_2^e + \varphi_3(\eta_2 \varkappa_2^e + \eta_3 \varkappa_3^g) + m_{32}^0 + m_{34}^0 = 0$$

oder nach Einsetzen von η_2, η_3

$$\varphi_2 \gamma_2 \varkappa_2^e + \varphi_3(\varkappa_2^e + \sin\alpha \cdot \varkappa_3^g) + m_{32}^0 = 0 .$$

Eine Wertzuweisung an die Koeffizienten dieser beiden Knotengleichungen ist erst nach Schätzung der Stabkennzahlen möglich.

Ermittlung der Stabkennzahlen

1. Weg: Vorberechnung nach Th.I.O.

Mit $\varkappa^e = 4$, $\varkappa^g = 3$, $\gamma = 0{,}5$ und $m^0 = \pm q/12$ folgen das Gleichungssystem für Th.I.O.

$$8\,\varphi_2 + 2\,\varphi_3 - \frac{q}{12} = 0, \qquad 2\,\varphi_2 + 6{,}954\,\varphi_3 + \frac{q}{12} = 0$$

und die Lösung

$$\varphi_2 = 1{,}445 \cdot 10^{-2} q , \qquad \varphi_3 = -1{,}614 \cdot 10^{-2} q .$$

Daraus ergeben sich die Stabendmomente nach Th.I.O. zu

$$10^2\, m_{12} = 2{,}89\, q, \qquad 10^2\, m_{21} = -10^2\, m_{23} = 5{,}78\, q , \qquad 10^2\, m_{32} = -10^2\, m_{34} = 4{,}77\, q .$$

Mit diesen Werten lassen sich die einheitenfreien Querkräfte r_{ij} berechnen (der dritte Summand in (4.3.27) entfällt bei Th.I.O.):

$$r_{12} = r_{21} = -\frac{1}{\alpha_1}(m_{12} + m_{21}) + r_{12}^{\mathrm{P}},$$

$$10^2\, r_{12} = -(2{,}89 + 5{,}78)q = -8{,}67\, q = 10^2\, r_{21},$$

$$10^2\, r_{23} = -(-5{,}78 + 4{,}77)q + 10^2\frac{1}{2}q = 51{,}01\, q,$$

$$10^2\, r_{32} = -(-5{,}78 + 4{,}77)q - 10^2\frac{1}{2}q = -48{,}99\, q,$$

$$10^2\, r_{34} = -\sin 80°(-4{,}77)q = 4{,}70\, q = 10^2\, r_{43}.$$

Die Längskräfte $s_s = S_s\ell_c^2/(EI_c)$ werden aus dem Kräftegleichgewicht an den Knoten 2 und 3 ermittelt (Bild 4.21a,b):

$\Sigma V(\text{Knoten } 2) = 0$: $\quad S_1 + R_{23} + F = 0 \quad$ bzw.

$$s_1 = -(r_{23} + f) = -(0{,}510 + 2{,}400)q = -2{,}910\, q,$$

$\Sigma V(\text{Knoten } 3) = 0$: $\quad S_3 \sin\alpha - R_{32} + R_{34}\cos\alpha = 0 \quad$ bzw.

$$s_3 = \frac{r_{32} - r_{34}\cos\alpha}{\sin\alpha} = \frac{-0{,}490 - 0{,}047\cos 80°}{\sin 80°}q = -0{,}507\, q,$$

$\Sigma H(\text{Knoten } 3) = 0$: $\quad S_2 - S_3\cos\alpha + R_{34}\sin\alpha = 0 \quad$ bzw.

$$s_2 = s_3\cos\alpha - r_{34}\sin\alpha = (-0{,}507\cos 80° - 0{,}047\sin 80°)q = -0{,}135\, q.$$

Mit der Umrechnung nach Tabelle 4.4 und den Abkürzungen (4.3.15) ergeben sich die Stabkennzahlen nach Th.I.O., die i.allg. gute Schätzwerte für die Th.II.O. darstellen:

$$\overset{*}{s}_s = \frac{S_s\ell_s^2}{EI_s} = \frac{S_s\ell_c^2}{EI_c}\frac{EI_c}{EI_s}\frac{\ell_s^2}{\ell_c^2} = s_s\alpha_s^2\beta_s, \qquad \varepsilon_s^2 = |\overset{*}{s}_s|,$$

$$\overset{*}{s}_1 = -2{,}910q \qquad = -2{,}910q, \qquad \varepsilon_1^2 = 2{,}910q,$$

$$\overset{*}{s}_2 = -0{,}135q \qquad = -0{,}135q, \qquad \varepsilon_2^2 = 0{,}135q,$$

$$\overset{*}{s}_3 = -0{,}507\frac{1}{\sin^2 80°}q = -0{,}522q, \qquad \varepsilon_3^2 = 0{,}522q.$$

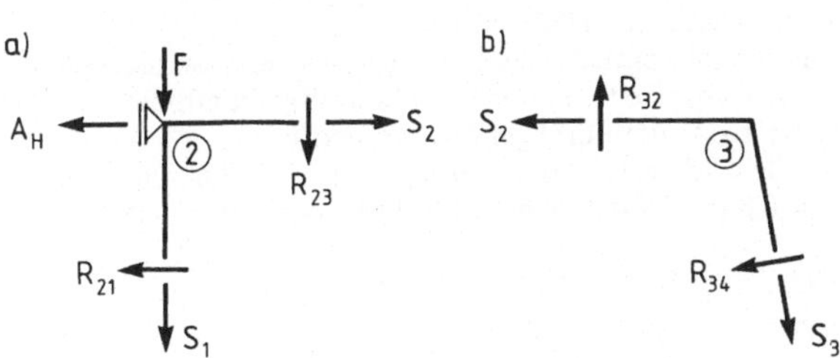

Bild 4.21a, b. Kräftegleichgewicht an den Knoten des unverformten Systems. **a** Knoten 2, **b** Knoten 3

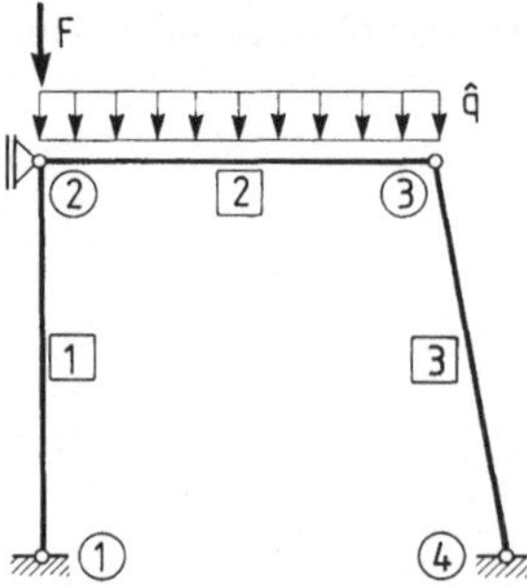

Bild 4.22. Gelenkkette des unverformten Systems

2. *Weg: Schätzung der Längskräfte*

Hier lassen sich die Längskräfte S_s besonders einfach über das Kräftegleichgewicht an der statisch bestimmten Gelenkkette (Bild 4.22) überschläglich ermitteln zu

$$S_1 \approx -\left(F + \hat{q}\frac{\ell_2}{2}\right), \quad S_2 \approx -\hat{q}\frac{\ell_2}{2}\cot\alpha, \quad S_3 \approx -\hat{q}\frac{\ell_2}{2}\frac{1}{\sin\alpha}.$$

Mit (4.2.13) ergibt sich als Schätzung der Stabkennzahlen:

$$\overset{*}{s}_1 \approx -\left(F + \hat{q}\frac{\ell_2}{2}\right)\frac{\ell_1^2}{EI_1} = -\left(F + \hat{q}\frac{\ell_c}{2}\right)\frac{\ell_c^2}{EI_c} = -\left(f + \frac{1}{2}q\right) = -\left(\frac{f}{q} + \frac{1}{2}\right)q$$

$$\approx -(2{,}4 + 0{,}5)q \quad = -2{,}90q, \qquad \varepsilon_1^2 \approx 2{,}90q,$$

$$\overset{*}{s}_2 \approx -\frac{\cot 80^\circ}{2}q \quad = -0{,}09q, \qquad \varepsilon_2^2 \approx 0{,}09q,$$

$$\overset{*}{s}_3 \approx -\frac{1}{2\sin^3 80^\circ}q \quad = -0{,}52q, \qquad \varepsilon_3^2 \approx 0{,}52q.$$

Im folgenden wird mit diesen Schätzwerten weitergerechnet.

Zur Ermittlung der Steifigkeits- und Fortleitungszahlen nach Tabelle 4.1 ist es erforderlich, zwischen Zug- und Druckbereichen zu unterscheiden. Deshalb sollten neben den Stabkennzahlen stets auch die vorzeichenbehafteten einheitenfreien Längskräfte $\overset{*}{s}_s$ berechnet werden. Dies ist insbesondere bei der Programmierung zu beachten, um Vorzeichenfehler zu vermeiden.

Wahl der „Laststufe"

Obwohl die Belastung $\hat{q} = 20$ kN/m gegeben ist, muß der wegen der unbekannten Steifigkeit EI_c ebenfalls unbekannte Bezugswert der Lasten $q = \hat{q}\ell_c^3/(EI_c)$ abgeschätzt werden. Einen guten Anhalt liefert eine Vorbemessung nach Th.I.O.; über die geeignete Form dieser Vorbemessung wird in Abschn. 4.5.9 Näheres ausgeführt.

Werden für die Berechnung nach Th.II.O. eine zu kleine Steifigkeit und damit eine zu hohe Laststufe zugrunde gelegt, so ergibt sich eine zu große Beanspruchung des Systems. Die anschließende Bemessung für die ermittelten Schnittgrößen liegt auf der sicheren Seite, wenn eine größere Steifigkeit gewählt wird. Umgekehrt führt eine Überschätzung der Steifigkeit zu einer Unterschätzung der tatsächlichen Beanspruchung des Tragwerks.

Ist der Unterschied zwischen der anfangs angenommenen und der sich aus der abschließenden Bemessung ergebenden Steifigkeit erheblich, so muß ein zweiter Berechnungsgang mit der zuletzt ermittelten Steifigkeit und der zugehörigen Laststufe durchgeführt werden.

Damit die Auswirkungen der Th.II.O. deutlich erkennbar werden, wird hier für die weitere Berechnung der (reichlich große) Wert $q = 0{,}8$ der Laststufe gewählt. Die Stabkennzahlen lauten dann

$$\overset{*}{s}_1 = -2{,}32, \qquad \overset{*}{s}_2 = -0{,}07, \qquad \overset{*}{s}_3 = -0{,}42,$$

$$\varepsilon_1^2 = 2{,}32, \qquad \varepsilon_2^2 = 0{,}07, \qquad \varepsilon_3^2 = 0{,}42.$$

Steifigkeits- und Fortleitungszahlen

Nach Tabelle 4.1 gilt für die Druckbereiche

$$\varkappa_1^e(\overset{*}{s}_1 = -2{,}32) = 3{,}68, \qquad \gamma_1(\overset{*}{s}_1 = -2{,}32) = 0{,}565,$$
$$\varkappa_2^e(\overset{*}{s}_2 = -0{,}07) \approx 4,^{1)} \qquad \gamma_2(\overset{*}{s}_2 = -0{,}07) \approx 0{,}5,^{1)}$$
$$\varkappa_3^g(\overset{*}{s}_3 = -0{,}42) = 2{,}92.$$

Nennenswerte Abweichungen von den Werten der Th.I.O. ergeben sich nur im linken Stiel. Im Riegel sind die Unterschiede so gering, daß dieser Bereich nach Th.I.O. berechnet werden darf.

Gleichungssystem zur Ermittlung von φ_2 und φ_3

Mit dem Festeinspannmoment

$$m_{23}^0 = -m_{32}^0(s^*_2 = -0{,}07) \approx -q/12^{1)}$$

folgen die Bestimmungsgleichungen für die unbekannten Knotendrehwinkel

$$(3{,}68+4)\varphi_2 + \qquad 0{,}5 \cdot 4\varphi_3 = \quad q/12,$$
$$0{,}5 \cdot 4\varphi_2 + (4+2{,}92\sin 80°)\varphi_3 = -q/12$$

bzw.

$$7{,}68\varphi_2 + \qquad 2\varphi_3 = \quad q/12,$$
$$2\varphi_2 + \qquad 6{,}88\varphi_3 = -q/12$$

mit der Lösung

$$\varphi_2 = 1{,}53 \cdot 10^{-2} q, \qquad \varphi_3 = -1{,}67 \cdot 10^{-2} q.$$

Stabendmomente

Aus (4.3.17) erhält man die Stabendmomente, z.B.

$$m_{12} = \eta_1 \varkappa_1^e [\varphi_1 + \gamma_1 \varphi_2 - (1+\gamma_1)\psi_1] + m_{12}^0$$
$$= 1 \cdot 3{,}68[0 + 0{,}565 \cdot 1{,}53 - 1{,}565 \cdot 0] 10^{-2} q + 0,$$
$$10^2 m_{12} = 3{,}18q = 3{,}18 \cdot 0{,}8 = 2{,}54.$$

Analog ergeben sich die restlichen Stabendmomente, die denjenigen aus Th.I.O. in Tabelle 4.5 gegenübergestellt werden. Es ist ersichtlich, daß die nach Th.II.O. berechneten Werte im Vergleich mit den nach Th.I.O. ermittelten gleich (m_{32}), größer (m_{12}) oder auch kleiner (m_{21}) sein können.

Tabelle 4.5. Gegenüberstellung der Stabendmomente nach Th.I.O. und Th.II.O.

Faktor 10^2	Th.I.O.	Th.II.O. (q = 0,8)	$\frac{m^{II}-m^{I}}{m^{I}}$ 100%
m_{12}	2,89 q	3,18 q (2,54)	+10%
$m_{21}=-m_{23}$	5,78 q	5,62q (4,50)	- 3%!
$m_{32}=-m_{34}$	4,77 q	4,78q (3,82)	0%

1) Auf die numerischen Schwierigkeiten bei sehr kleinen Längskraftkennzahlen wird im Anhang zu diesem Beispiel eingegangen.

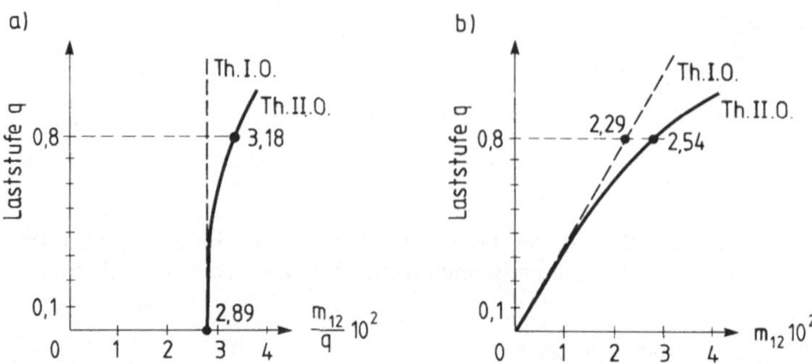

Bild 4.23 a, b. Stabendmoment m_{12} in Abhängigkeit von der Laststufe q. **a** m_{12} auf q bezogen, **b** m_{12} absolut

Abhängigkeit der Stabendmomente von der Laststufe

Um den nichtlinearen Zusammenhang zwischen den Einwirkungen und den statischen Größen bei Th.II.O. zu verdeutlichen, wird die Berechnung für verschiedene Laststufen wiederholt. Die Ergebnisse sind für das Stabendmoment m_{12} in Bild 4.23 aufgetragen, sowohl bezogen auf q als auch absolut. Nach Th.I.O. erhält man als Ergebnis für $q=0$ die Tangente an die Kurve nach Th.II.O.

Gültigkeitsgrenzen

Die statische Größe (hier: m) kann bei zunehmender Laststufe das Vorzeichen wechseln (Bild 4.24). Nähert sich die Laststufe q der kritischen Laststufe q_K (q_K entspricht der Knicklast), so wachsen die statischen Größen über alle Grenzen. Wegen der linearisierten geometrischen Beziehungen ist die Gültigkeit von Th.II.O. etwa auf den Bereich 1 in Bild 4.24 beschränkt. Das Konvergenzverhalten während der Längskraftiteration wird im Bereich 2 mit Annäherung von q an q_K zunehmend schlechter.

Berechnung der Querkräfte

Die Berechnung erfolgt gemäß (4.3.27):

$$r_{12}=r_{21}=r_{12}^{H}+r_{12}^{P}=-\frac{1}{\alpha_1}(m_{12}+m_{21}-\eta_1\overset{*}{s}_1\psi_1)+r_{12}^{P},$$

$$10^2 r_{12}=-(3{,}18+5{,}62)q=-8{,}80\,q=-7{,}04=10^2 r_{21}\,,$$

$$10^2 r_{23}=-(-5{,}62+4{,}78)q+10^2\frac{1}{2}q=0{,}84\,q+50\,q=50{,}84\,q=40{,}7\,,$$

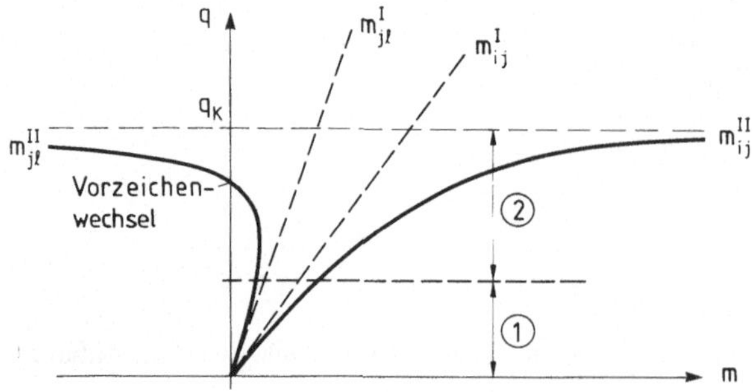

Bild 4.24. q-m-Diagramm

$$10^2 r_{32} = -(-5{,}62+4{,}78)q - 10^2 \frac{1}{2} q = 0{,}84\, q - 50\, q = -49{,}16\, q = -39{,}3\,,$$

$$10^2 r'_{34} = 10^2 r_{43} = -\sin 80°(-4{,}79)q = 4{,}71\, q = 3{,}77\,.$$

Probe: $\Sigma V_{\text{Riegel}} = 0$: $\quad q = r_{23} - r_{32}, \quad 0{,}8 = (40{,}7+39{,}3)10^{-2} = 80 \cdot 10^{-2}$.

Berechnung der Längskräfte

Die Längskräfte werden am verformten System aus dem Knotengleichgewicht ermittelt. Da die Richtung der Längskräfte S und der Querkräfte R bezüglich der unverformten Stabachse definiert ist, gibt es zwischen den Gleichgewichtsbeziehungen an den Knoten des unverformten Systems (Bild 4.21) und an den Knoten des verformten Systems (Bild 4.25) keinen Unterschied, wie es auch den folgenden Gleichungen zu entnehmen ist:

$\Sigma V(\text{Knoten } 2) = 0$: $\quad S_1 + R_{23} + F = 0 \quad$ bzw.

$$s_1 = -(r_{23}+f) = -(0{,}508+2{,}400)q = -2{,}908\, q\,,$$

$\Sigma V(\text{Knoten } 3) = 0$: $\quad S_3 \sin\alpha - R_{32} + R_{34}\cos\alpha = 0 \quad$ bzw.

$$s_3 = \frac{r_{32} - r_{34}\cos\alpha}{\sin\alpha} = \frac{-0{,}492 - 0{,}047\cos 80°}{\sin 80°} q = -0{,}508\, q\,,$$

$\Sigma H(\text{Knoten } 3) = 0$: $\quad S_2 - S_3\cos\alpha + R_{34}\sin\alpha = 0 \quad$ bzw.

$$s_2 = s_3\cos\alpha - r_{34}\sin\alpha = (-0{,}508\cos 80° - 0{,}047\sin 80°)q = -0{,}135\, q\,.$$

Sind weitere Iterationen erforderlich?

Man berechnet die neuen Längskräfte $\overset{*}{s}_s$ aus der Beziehung

$$\overset{*}{s}_s = \frac{S_s \ell_s^2}{EI_s} = \frac{S_s \ell_c^2}{EI_c} \frac{EI_c}{EI_s} \frac{\ell_s^2}{\ell_c^2} = s_s\, \alpha_s^2 \beta_s$$

und erhält im Vergleich mit den geschätzten Ausgangswerten (Weg 2)

$$\overset{*}{s}_1 = -2{,}908\, q \qquad = -2{,}33 \approx -2{,}32\,,$$

$$\overset{*}{s}_2 = -0{,}135\, q \qquad = -0{,}11 \neq -0{,}07\,,$$

$$\overset{*}{s}_3 = -0{,}508 \frac{q}{\sin^2 80°} \qquad = -0{,}42 = -0{,}42\,.$$

In den Stäben 1 und 3 stimmen die berechneten neuen Längskräfte hinreichend genau mit den geschätzten überein. In Stab 2 ist die relative Abweichung zwar sehr groß; da der Betrag der Stabkennzahl selbst jedoch sehr gering ist, wirkt sich diese Abweichung praktisch nicht auf die

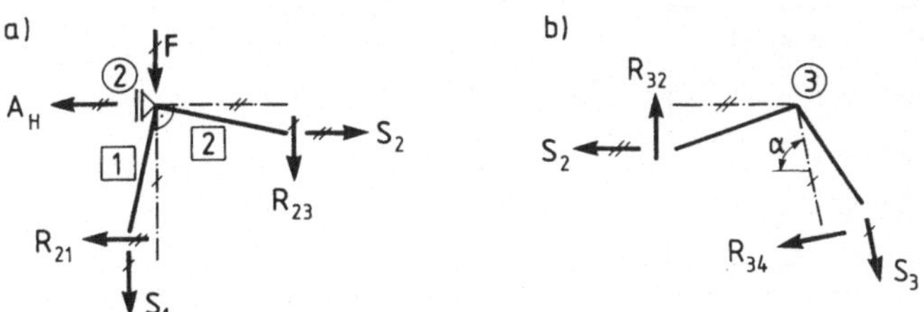

Bild 4.25 a, b. Kräftegleichgewicht an den Knoten des verformten Systems. **a** Knoten 2, **b** Knoten 3

anderen Schnittgrößen aus. Der Riegel könnte hier auch wie bei Th.I.O. behandelt werden. Gegenüber den nach Th.I.O. berechneten Stabkennzahlen (Weg 1) ergeben sich noch geringere Abweichungen.

Anhang

Berechnung der Größen $\varkappa$ und γ für $\varepsilon \to 0$

Bei einer Grenzwertbetrachtung für $\varepsilon \to 0$ erweist es sich als zweckmäßig, zunächst $\sin\varepsilon$ und $\cos\varepsilon$ in eine Potenzreihe zu entwickeln, um so zu den bekannten Formeln des Drehwinkelverfahrens der Th.I.O. zu gelangen. Beispielhaft wird diese Vorgehensweise für $\varkappa^g$ aufgezeigt. Mit

$$\sin\varepsilon = \varepsilon - \frac{\varepsilon^3}{3!} + \frac{\varepsilon^5}{5!} - \ldots \qquad \text{und} \qquad \cos\varepsilon = 1 - \frac{\varepsilon^2}{2!} + \frac{\varepsilon^4}{4!} - \ldots$$

ergibt sich

$$\varkappa^g = \frac{\varepsilon^2 \sin\varepsilon}{\sin\varepsilon - \varepsilon\cos\varepsilon}$$

$$= \frac{\varepsilon^3 - \frac{\varepsilon^5}{3!} + \frac{\varepsilon^7}{5!} - \ldots}{\varepsilon - \frac{\varepsilon^3}{3!} + \frac{\varepsilon^5}{5!} - \ldots - \varepsilon + \frac{\varepsilon^3}{2!} - \frac{\varepsilon^5}{4!} + \ldots} = \frac{\varepsilon^3 - \frac{\varepsilon^5}{6} + \frac{\varepsilon^7}{120} - \ldots}{\frac{\varepsilon^3}{3} - \frac{\varepsilon^5}{30} + \ldots}$$

und damit

$$\lim_{\varepsilon\to 0} \varkappa^g = \lim_{\varepsilon\to 0} \frac{1 - \frac{\varepsilon^2}{6} + \frac{\varepsilon^4}{120} - \ldots}{\frac{1}{3} - \frac{\varepsilon^2}{30} + \ldots} = 3\,.$$

Hinweis zur Berechnung bzw. Programmierung der Größen $\varkappa$ und γ

Numerische Schwierigkeiten treten bereits bei sehr kleinen Stabkennzahlen ε auf. Die Steifigkeitszahlen $\varkappa$ und die Fortleitungszahlen γ können dann durch die in Tabelle 4.6

Tabelle 4.6. Näherungslösungen für γ und $\varkappa$

Größe	Näherungsgleichung	Gültigkeitsbereich *)
$\varkappa^e$	$\approx 4 + 0{,}1333\,\overset{*}{s}$	$-0{,}1 < \overset{*}{s} < 0{,}1$
$\gamma\varkappa^e$	$\approx 2 - 0{,}0333\,\overset{*}{s}$	$-0{,}1 < \overset{*}{s} < 0{,}1$
$(1+\gamma)\varkappa^e$	$\approx 6 + 0{,}1\,\overset{*}{s}$	$-0{,}1 < \overset{*}{s} < 0{,}1$
$\varkappa^g$	$\approx 3 + 0{,}2\,\overset{*}{s}$	$-0{,}1 < \overset{*}{s} < 0{,}1$
$\varkappa^k$	$\approx \overset{*}{s}$	$-0{,}02 < \overset{*}{s} < 0{,}02$

*) In diesem Bereich liefert die Näherung vier zuverlässige Nachkommastellen.

angegebenen Gleichungen dargestellt werden. Da aber die aus $\varkappa$ und γ zu ermittelnden Größen (z.B. die Festeinspannmomente) trotzdem relativ große Fehler aufweisen können, ist es zweckmäßiger, für $-0{,}1 \lesssim \overset{*}{s} \lesssim 0{,}1$ die entsprechenden Werte nach Th.I.O. zu verwenden. In diesem Fall kann der gesamte Bereich nach Th.I.O. berechnet werden. Die möglichen Vorgehensweisen können wie folgt zusammengefaßt werden:

Bereich $|\overset{*}{s}| \lesssim 0{,}1$

- $\varkappa$, γ nach Tabelle 4.6 oder nach Th.I.O.,
- aus $\varkappa$ und γ zu berechnende Größen (z.B. Festeinspannmomente) nach Th.I.O.

Bereich $0{,}1 \lesssim |\overset{*}{s}| \lesssim 1$

- $\varkappa$, γ nach genauen Formeln (Tabelle 4.1),
- aus $\varkappa$ und γ zu berechnende Größen
  - nach genauen Formeln, wenn $\varkappa$ und γ nicht gerundet sind,
  - sonst nach Th.I.O.

4.3.7 Extremale Schnittgrößen

Beziehungen zwischen *M* und *R* bzw. *Q*

Wie bereits in Abschn. 4.2.3 hergeleitet, gilt bei Th.I.O. und Th.II.O. zwischen M und Q die formal gleiche Differentialbeziehung (4.2.3c) $M' = Q$. Zur Ermittlung des extremalen Biegemoments $\operatorname{extr} M$ müssen in beiden Fällen der Nulldurchgang der Querkraft Q und das zugehörige Biegemoment bestimmt werden:

$$\operatorname{extr} M = M(Q=0).$$

Im folgenden soll die Aufgabe für den bei baupraktischen Berechnungen i.allg. ausreichenden Sonderfall linear veränderlicher Streckenlast sowie für $EI_s = \text{const}$ und $S_s = \text{const}$ gelöst werden. Hierzu müssen zunächst die Funktionen der Biegelinie w und deren Ableitungen aus der Differentialgleichung ermittelt werden.

Lösung der Differentialgleichung für eine linear veränderliche Streckenlast

Wegen $EI_s = \text{const}$ und $S_s = \text{const}$ gilt die Differentialgleichung (4.2.12)

$$\ell_s^3 w_s'''' - \overset{*}{s}_s \ell_s w_s'' = \overset{*}{q}_s .$$

Diese Differentialgleichung wird analog zur ausführlich dargestellten Vorgehensweise in Abschn. 4.2.7 für den Druckstab mit einer linear veränderlichen Streckenlast und den Randbedingungen

$$M(\xi_s = 0) = M_l, \qquad M(\xi_s' = 0) = M_r,$$

$$w(\xi_s = 0) = 0, \qquad w(\xi_s' = 0) = 0$$

gelöst. Hierbei erweist es sich als zweckmäßig, die Gesamtlösung in Teillösungen für dreieckförmige Belastungen und eine Beanspruchung durch Stabendmomente aufzuteilen (Tabelle 4.7).

Tabelle 4.7. Durchbiegung, Neigung der Biegelinie, Biegemoment und Querkraft für linear veränderliche Streckenlast bei Th. II. O.

physikalische Größen:

$\hat{q}$ [K/L]

M [KL]

S_s [K]

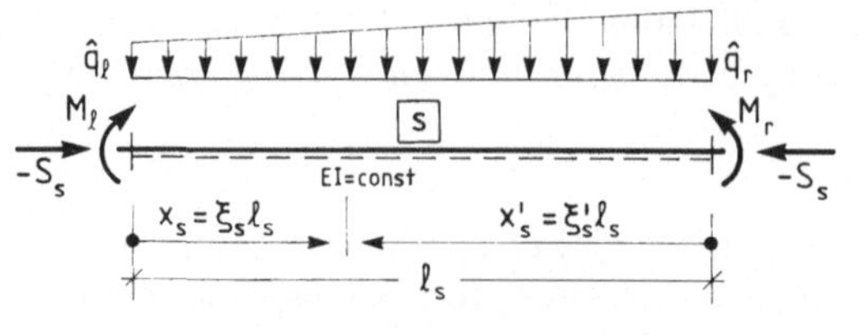

$\hat{q}_\ell$, $\hat{q}_r$, M_ℓ, M_r, $-S_s$, s, EI=const, $x_s = \xi_s \ell_s$, $x'_s = \xi'_s \ell_s$, ℓ_s

einheitenfreie Größen:

$\overset{*}{q} = \hat{q}\,\frac{\ell_s^3}{EI_s}$, $\overset{*}{m} = M\,\frac{\ell_s}{EI_s}$

$\overset{*}{s} = S_s\,\frac{\ell_s^2}{EI_s}$, $\varepsilon_s^2 = |S_s|\,\frac{\ell_s^2}{EI_s}$

(Die Indizes s sind in der Tabelle weggelassen)

		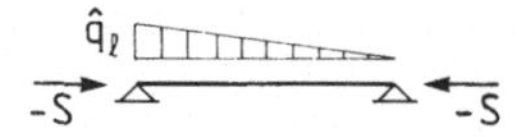 $\hat{q}_\ell$, $-S$	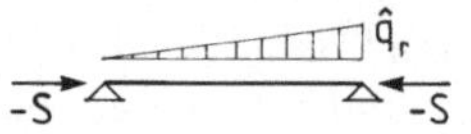 $\hat{q}_r$, $-S$
1	$\frac{w}{\ell}$	$[\frac{1}{\varepsilon^2}(\frac{\sin\varepsilon\xi'}{\sin\varepsilon}-\xi')-\frac{\xi'-\xi'^3}{6}]\frac{\overset{*}{q}_\ell}{\varepsilon^2}$	$[\frac{1}{\varepsilon^2}(\frac{\sin\varepsilon\xi}{\sin\varepsilon}-\xi)-\frac{\xi-\xi^3}{6}]\frac{\overset{*}{q}_r}{\varepsilon^2}$
2	w'	$[\frac{1}{\varepsilon^2}(-\frac{\varepsilon\cos\varepsilon\xi'}{\sin\varepsilon}+1)+\frac{1-3\xi'^2}{6}]\frac{\overset{*}{q}_\ell}{\varepsilon^2}$	$[\frac{1}{\varepsilon^2}(\frac{\varepsilon\cos\varepsilon\xi}{\sin\varepsilon}-1)-\frac{1-3\xi^2}{6}]\frac{\overset{*}{q}_r}{\varepsilon^2}$
3	$\overset{*}{m}=-\ell w''$	$(\frac{\sin\varepsilon\xi'}{\sin\varepsilon}-\xi')\frac{\overset{*}{q}_\ell}{\varepsilon^2}$	$(\frac{\sin\varepsilon\xi}{\sin\varepsilon}-\xi)\frac{\overset{*}{q}_r}{\varepsilon^2}$
4	$\frac{Q\ell^2}{EI}=\ell\overset{*}{m}'$	$-(\frac{\varepsilon\cos\varepsilon\xi'}{\sin\varepsilon}-1)\frac{\overset{*}{q}_\ell}{\varepsilon^2}$	$(\frac{\varepsilon\cos\varepsilon\xi}{\sin\varepsilon}-1)\frac{\overset{*}{q}_r}{\varepsilon^2}$
5	$\frac{Q'\ell^3}{EI}= -\overset{*}{q}+\overset{*}{s}\overset{*}{m}$	$-\frac{\sin\varepsilon\xi'}{\sin\varepsilon}\overset{*}{q}_\ell$	$-\frac{\sin\varepsilon\xi}{\sin\varepsilon}\overset{*}{q}_r$

		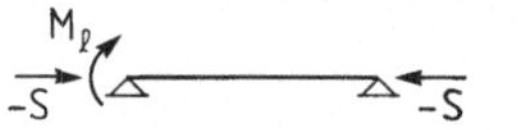 M_ℓ, $-S$	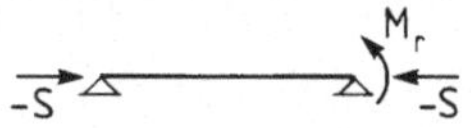 M_r, $-S$
1	$\frac{w}{\ell}$	$(\frac{\sin\varepsilon\xi'}{\sin\varepsilon}-\xi')\frac{\overset{*}{m}_\ell}{\varepsilon^2}$	$(\frac{\sin\varepsilon\xi}{\sin\varepsilon}-\xi)\frac{\overset{*}{m}_r}{\varepsilon^2}$
2	w'	$-(\frac{\varepsilon\cos\varepsilon\xi'}{\sin\varepsilon}-1)\frac{\overset{*}{m}_\ell}{\varepsilon^2}$	$(\frac{\varepsilon\cos\varepsilon\xi}{\sin\varepsilon}-1)\frac{\overset{*}{m}_r}{\varepsilon^2}$
3	$\overset{*}{m}=-\ell w''$	$\frac{\sin\varepsilon\xi'}{\sin\varepsilon}\overset{*}{m}_\ell$	$\frac{\sin\varepsilon\xi}{\sin\varepsilon}\overset{*}{m}_r$
4	$\frac{Q\ell^2}{EI}=\ell\overset{*}{m}'$	$-\frac{\varepsilon\cos\varepsilon\xi'}{\sin\varepsilon}\overset{*}{m}_\ell$	$\frac{\varepsilon\cos\varepsilon\xi}{\sin\varepsilon}\overset{*}{m}_r$
5	$\frac{Q'\ell^3}{EI}= -\overset{*}{q}+\overset{*}{s}\overset{*}{m}$	$-\frac{\varepsilon^2\sin\varepsilon\xi'}{\sin\varepsilon}\overset{*}{m}_\ell$	$-\frac{\varepsilon^2\sin\varepsilon\xi'}{\sin\varepsilon}\overset{*}{m}_r$

Anmerkung: Die Lösung ist für $w(0) = w(\ell) = 0$ und Druck ($S < 0$) angegeben.
Für Zug ist zu setzen: sin → sh, cos → ch, $\varepsilon \to \varepsilon$, aber $\varepsilon^2 \to -\varepsilon^2$.
Knotenverschiebungen sind bei w/ℓ und w' gesondert zu berücksichtigen.

Da der Lösungsweg für $q_r \neq 0$ oder $q_l \neq 0$ elementar (w^H gemäß (4.2.17) gilt unverändert), seine Darstellung (vgl. [4.7]) aber schreibaufwendig ist, soll hier nur das Endergebnis in einheitenfreier Form in Tabelle 4.7 wiedergegeben werden. Der Bereichsindex s wird dort und im folgenden weggelassen. Aus der ersten Spalte der Tabelle ist zu ersehen, daß mit

$$\ell w'' = -\overset{*}{m} \quad \text{und} \quad \ell^2 w''' = -\frac{Q\ell^2}{EI} = -\ell \overset{*}{m}' \tag{4.3.28a,b}$$

bis zur dritten Ableitung (Zeile 1 bis 4) keine Abweichung gegenüber Th.I.O. besteht. Dabei muß man beachten, daß R ungleich Q ist, wobei Q die Querkraft senkrecht zur verformten Stabachse und damit die für die Querkraftbemessung maßgebliche Größe ist. Dagegen unterscheidet sich gemäß Zeile 5 die Beziehung

$$\ell^3 w'''' = \overset{*}{q} - \overset{*}{s}\,\overset{*}{m}\,(\text{Th.II.O.}) \quad \text{von} \quad \ell^3 w'''' = \overset{*}{q}\,(\text{Th.I.O.}).$$

Bestimmung des extremalen Biegemoments für den Druckstab

Zur Auswertung der Bedingung

$$\overset{*}{m} = \text{Extr}, \quad \text{d.h.} \quad \ell \overset{*}{m}' = \frac{Q\ell^2}{EI} = 0, \tag{4.3.29a, b}$$

müssen die Ausdrücke in Tabelle 4.7, Zeile 4 superponiert und dann Null gesetzt werden. Trotz des transzendenten Charakters dieser Gleichung ist eine Auflösung nach der gesuchten Koordinate ξ_M des extremalen Biegemoments möglich (vgl. [4.7]). Mit den Hilfswerten

$$\overset{*}{m}_S = \frac{\overset{*}{m}_r + \overset{*}{m}_l + (\overset{*}{q}_r + \overset{*}{q}_l)/\varepsilon^2}{2\cos(\varepsilon/2)} \qquad \text{(symmetrischer Biegemomentenanteil)},$$

$$\overset{*}{m}_A = \frac{\overset{*}{m}_r - \overset{*}{m}_l + (\overset{*}{q}_r - \overset{*}{q}_l)/\varepsilon^2}{2\sin(\varepsilon/2)} \qquad \text{(antimetrischer Biegemomentenanteil)},$$

$$\nu = \arctan(\overset{*}{m}_A/\overset{*}{m}_S), \qquad \overset{*}{m}_C = \frac{\overset{*}{m}_S}{\cos\nu},$$

(bzw. für den Sonderfall $\overset{*}{m}_S = 0$:

$$\nu = \pi/2, \qquad \overset{*}{m}_C = \overset{*}{m}_A),$$

$$\xi_C = \frac{1}{2} + \frac{\nu}{\varepsilon}, \qquad \xi' = 1 - \xi$$

lautet das Biegemoment

$$\overset{*}{m} = \overset{*}{m}_C \cos\varepsilon(\xi - \xi_C) - \xi' \frac{\overset{*}{q}_l}{\varepsilon^2} - \xi \frac{\overset{*}{q}_r}{\varepsilon^2} \tag{4.3.30}$$

bzw. die Querkraft

$$\frac{Q\ell^2}{EI} = -\varepsilon \overset{*}{m}_C \sin\varepsilon(\xi - \xi_C) - \frac{(\overset{*}{q}_r - \overset{*}{q}_l)}{\varepsilon^2}, \tag{4.3.31}$$

die, zu Null gesetzt, die gesuchte Koordinate

$$\xi_M = \xi_C + \frac{1}{\varepsilon} \arcsin \frac{\overset{*}{q}_r - \overset{*}{q}_l}{\varepsilon^3 \overset{*}{m}_C} \quad (0 \le \xi_M \le 1) \tag{4.3.32}$$

und damit das extremale Biegemoment selbst ergibt:

$$\operatorname{extr} \overset{*}{m} = \overset{*}{m}(\xi = \xi_M) . \tag{4.3.33}$$

Bestimmung der extremalen Querkraft

Wird (4.3.31) nach x abgeleitet, so erhält man aus

$$\frac{Q' \ell^3}{EI} = -\varepsilon^2 \overset{*}{m}_C \cos \varepsilon (\xi - \xi_C) = 0 \tag{4.3.34}$$

mit $\cos \varepsilon (\xi - \xi_C) = 0$ die nur für Druck gültige Beziehung

$$\xi = \xi_C \pm \frac{\pi}{2\varepsilon}, \tag{4.3.35}$$

da bei Zug $\operatorname{ch} \varepsilon (\xi - \xi_C) > 1$. Damit sind Lage und zugehöriger Wert der extremalen Querkraft bekannt. Sie ergeben sich zu

$$\begin{aligned} \xi_{Q1} &= \xi_C - \frac{\pi}{2\varepsilon}: \quad \operatorname{extr} \frac{Q_1 \ell^2}{EI} = \varepsilon \overset{*}{m}_C - \frac{(\overset{*}{q}_r - \overset{*}{q}_l)}{\varepsilon^2}, \\ \xi_{Q2} &= \xi_C + \frac{\pi}{2\varepsilon}: \quad \operatorname{extr} \frac{Q_2 \ell^2}{EI} = -\varepsilon \overset{*}{m}_C - \frac{(\overset{*}{q}_r - \overset{*}{q}_l)}{\varepsilon^2} . \end{aligned} \tag{4.3.36a, b}$$

4.3.8 Allgemeine Netzgleichung der Th.II.O.

Vorbemerkungen

Bei Systemen mit elastisch verschieblichen Knoten werden das Momentengleichgewicht $\Sigma M = 0$ an den Knoten und zusätzlich weitere Gleichgewichtsbedingungen $\Sigma H = 0$, $\Sigma V = 0$ als Bedingungsgleichungen zur Bestimmung der $\mathrm{p} = \mathrm{m} + \mathrm{M}$ geometrisch Unbekannten herangezogen. Zu den in Abschn. 4.3.4 hergeleiteten m Knotengleichungen kommen M Netzgleichungen hinzu. Diese zusätzlichen Kräftegleichgewichtsbedingungen müssen bei Th.II.O. für das verformte System formuliert werden.

Die Netzgleichung läßt sich am einfachsten mit Hilfe des Prinzips der virtuellen Verrückungen gewinnen. Hierzu werden an allen Knotenpunkten des Systems Biegemomentengelenke eingeführt. Es entsteht eine M-fach kinematisch verschiebliche Gelenkkette. Die verschobene Gelenkkette (Netzfigur) weist M linear unabhängige Verschiebungszustände und damit auch M linear unabhängige Stabdrehwinkel ψ_N auf. Aus der virtuellen Arbeit der Stabendmomente und der äußeren Kräfte auf den Wegen der Verschiebungszustände erhält man die Netzgleichungen. Während in Th.I.O. der Ausgangszustand gleich der unverschobenen Gelenkkette ist, muß bei Th.II.O. vom verformten Zustand ausgegangen werden. Dies führt zu nichtlinearen Beziehungen, aus deren Linearisierung sich dann wieder die Netzgleichungen ergeben (vgl. [4.8]).

Weitere Überlegungen zur Herleitung der allgemeinen Netzgleichung finden sich z.B. in [4.9] und [4.10]. Hier wird die Netzgleichung auf besonders anschauliche Weise in Anlehnung an [4.11] angegeben, wobei wieder die einheitenfreie Schreibweise verwendet wird. Der Vorteil der vorgestellten Herleitung liegt darin, daß auf die Geometrie der Verschiebungszustände der Th.I.O. zurückgegriffen werden kann. Die folgenden Ableitungen gelten für ebene Stabtragwerke mit bereichsweise konstanten Werten für die Biegesteifigkeit EI_s und die Längskraft S_s. Die Stäbe werden als dehnstarr vorausgesetzt.

Wahl einer speziellen virtuellen Verrückungsfigur

In Bild 4.26 sind die Gelenkfigur eines Rahmens im unverformten Zustand sowie die Netzfiguren des verformten Systems und seiner virtuellen Verrückung dargestellt. Bei einer Berechnung nach Th.I.O. ist die virtuell verrückte Netzfigur zur Netzfigur des verformten Systems affin. In Th.II.O. muß die tatsächliche Netzfigur virtuell verschoben werden. Die virtuelle Arbeit enthält die wirklichen Stabdrehwinkel ψ_s und die virtuellen Stabdrehwinkel $\bar{\psi}_s$. Es ist ersichtlich, daß die geometrischen Beziehungen für die praktische Berechnung zu kompliziert werden.

Man gelangt zu einer einfachen und widerspruchsfreien Ableitung der Netzgleichung, wenn man die spezielle virtuelle Verrückung nach Bild 4.27 wählt. Dabei werden die Knotenpunkte der tatsächlichen Netzfigur derart virtuell verrückt, daß sie mit den Knotenpunkten des unverformten Systems zusammenfallen. Diese spezielle Form der virtuellen Verrückung ist nur möglich, wenn zusätzlich zu den Biegemomentengelenken in den Knoten ein Längskraftgelenk in jedem Stab eingeführt wird (vgl. [4.5]). Wegen $\bar{\psi}_s = -\psi_s$ kann für die virtuelle Arbeit $\sum_{(s)} \bar{W}_s^i\,(M_{ij})$ der Stabendmomente M_{ij} und für die virtuelle Arbeit $\sum_{(s)} \bar{W}_s^a$ der äußeren Kräfte die Geometrie der Verschiebungszustände der linearen Theorie verwendet werden. Als Zusatzterm gegenüber Th.I.O. ergibt sich die virtuelle Arbeit $\sum_{(s)} \bar{W}_s^i\,(S_s)$ der Längskräfte S_s in den

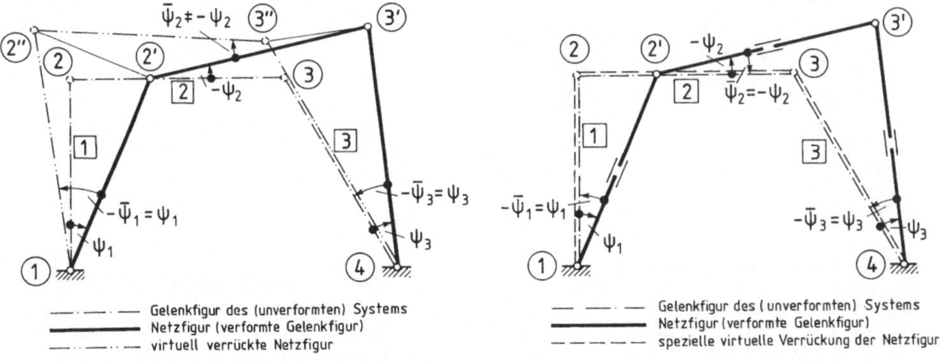

Bild 4.26. Virtuelle Verrückung der Netzfigur des verformten Systems (gewählt: $\bar{\psi}_3 = -\psi_3$)

Bild 4.27. Spezielle virtuelle Verrückung $\bar{\psi}_s = -\psi_s$

Längskraftgelenken. Im übrigen gelten für die wirklichen und die virtuellen Verschiebungen dieselben Annahmen (Tangente statt Kreisbogen usw.). Insgesamt ergibt sich für die virtuelle Arbeit

$$\bar{W} = \sum_{(s)} [\bar{W}_s^i(M_{ij}) + \underline{\bar{W}_s^i(S_s)} + \bar{W}_s^a(F_s, \hat{q}_s) + \bar{W}_s^a(F_i)]. \qquad (4.3.37)$$

Der gegenüber der linearen Theorie zusätzlich auftretende Term ist hier und in den endgültigen Gleichungen (4.3.49 und 4.3.50) unterstrichen. Die Arbeit $\sum_{(s)} \bar{W}_s^a$ wurde in (4.3.37) aus Zweckmäßigkeitsgründen in den Anteil $\sum_{(s)} \bar{W}_s^a(F_s, \hat{q}_s)$ der innerhalb des Bereichs s angreifenden Kräfte F_s, $\hat{q}_s$ und in den Anteil $\sum_{(s)} \bar{W}_s^a(F_i)$ der an den Knoten wirkenden Kräfte F_i aufgeteilt.

Geometrie der Verschiebungszustände

Für die M linear unabhängigen Verschiebungszustände werden ebenso viele unabhängige Stabdrehwinkel $\psi_N(N = I, II, \ldots, M)$ gewählt (z.B. zwei in Bild 4.28). Die hiervon abhängigen Stabdrehwinkel ψ_s der einzelnen Bereiche s lassen sich nach (4.3.19) zu

$$\psi_s = \sum_{N=I}^{M} \psi_s^N \psi_N \qquad (4.3.38a)$$

angeben. Hierbei bedeuten ψ_s^N die Stabdrehwinkel im Bereich s infolge $\psi_N = 1$. Sie sind nur von der Geometrie des unverformten Systems und der Wahl der Bezugsstabdrehwinkel ψ_N abhängig. Statt der in Bild 4.28 eingeführten Verschiebungszustände können

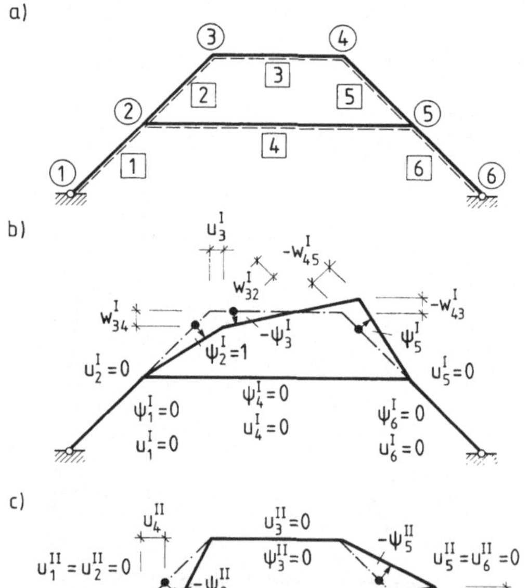

Bild 4.28a–c. Trapezrahmen mit zwei unabhängigen Verschiebungszuständen (M = 2). **a** Unverformtes System, **b** Verschiebungszustand I (N = I): $\psi_I = \psi_2^I = 1$, **c** Verschiebungszustand II (N = II): $\psi_{II} = \psi_1^{II} = 1$

auch Linearkombinationen dieser Zustände gewählt werden; sie müssen nur linear unabhängig sein.

Für die Knotenpunktverschiebungen w_{ij} senkrecht zur Stabachse und u_s in Richtung der Stabachse ergeben sich die Beziehungen

$$w_{ij} = \sum_{(N)} w_{ij}^N \psi_N, \quad u_s = \sum_{(N)} u_s^N \psi_N. \tag{4.3.38b,c}$$

Wegen der hier eingeführten speziellen Verschiebungszustände gelten (4.3.38a–c) auch für die entsprechenden virtuellen Größen:

$$\bar{\psi}_s = \sum_{(N)} \psi_s^N \bar{\psi}_N, \quad \bar{w}_{ij} = \sum_{(N)} w_{ij}^N \bar{\psi}_N, \quad \bar{u}_s = \sum_{(N)} u_s^N \bar{\psi}_N. \tag{4.3.39a–c}$$

Virtuelle Arbeit

Nachfolgend werden die in (4.3.37) aufgeführten Arbeitsanteile bestimmt, die die inneren und äußeren Kräfte des Bereichs s bei der speziellen virtuellen Verrückung verrichten. Zur Verdeutlichung sind in Bild 4.29 die Gelenke unmittelbar neben die Knoten gelegt worden, um besser erkennen zu können, welche inneren Kräfte auf welchen Wegen einen Beitrag zur Gesamtarbeit ergeben. Die Knoten bleiben stets unverdreht, eine willkürliche, aber zweckmäßige Festlegung, die auch später bei der Einbeziehung von Kragträgern vorteilhaft ist. Für die inneren Kräfte lassen sich folgende Arbeitsausdrücke formulieren:

$$\bar{W}_s^i(M_{ij}) = (M_{ij} + M_{ji})\,\bar{\psi}_s, \tag{4.3.40}$$

$$\bar{W}_s^i(S_s) = S_s \bar{\Delta}_s = S_s \bar{\psi}_s \ell_s \bar{\psi}_s = -S_s \psi_s \ell_s \bar{\psi}_s. \tag{4.3.41}$$

Die virtuelle Arbeit der äußeren Kräfte erhält man aus dem Produkt der äußeren Kräfte und der zugehörigen virtuellen Verschiebungen. Etwas vorteilhafter ist es

a)

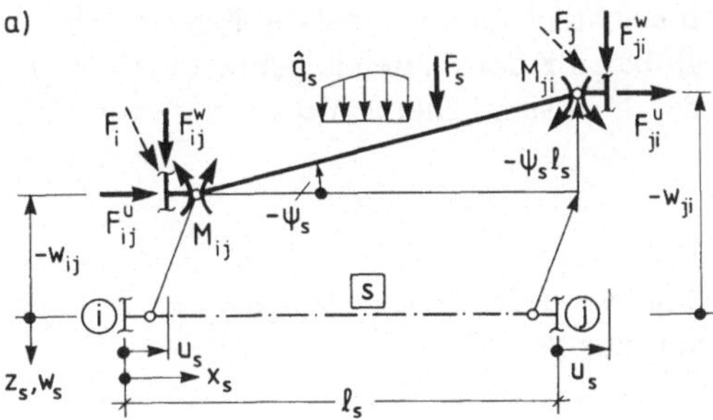

b)

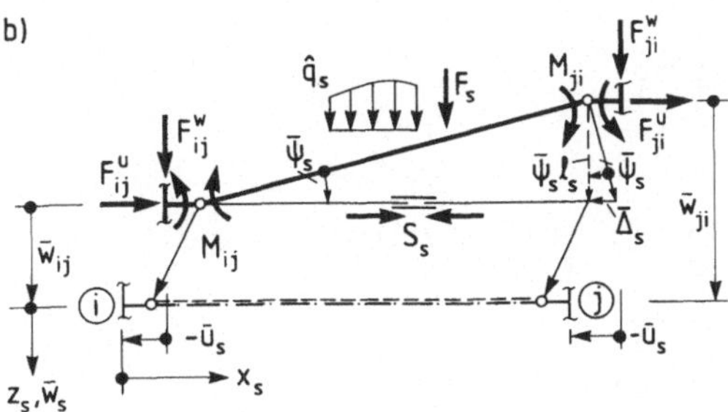

Bild 4.29 a, b. Tatsächliche und virtuelle Verschiebung des Bereichs s. **a** Tatsächliche Verschiebung, **b** spezielle virtuelle Verrückung $\bar{\psi}_s = -\psi_s$

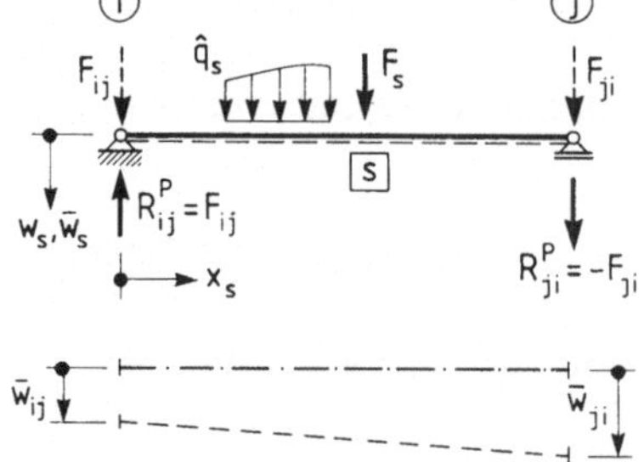

Bild 4.30. Zur Ermittlung der virtuellen Arbeit der äußeren Lasten F_s und $\hat{q}_s$ im Bereich s

jedoch, die Belastung nach dem Hebelgesetz auf die beiden benachbarten Knoten zu verteilen und dann mit den zugehörigen Knotenpunktverschiebungen zu multiplizieren. Mit den Bezeichnungen des Bildes 4.30 folgt

$$\bar{W}^{\mathrm{a}}_{\mathrm{s}}(F_{\mathrm{s}}, \hat{q}_{\mathrm{s}}) = F_{\mathrm{ij}}\bar{w}_{\mathrm{ij}} + F_{\mathrm{ji}}\bar{w}_{\mathrm{ji}} = R^{\mathrm{P}}_{\mathrm{ij}}\bar{w}_{\mathrm{ij}} - R^{\mathrm{P}}_{\mathrm{ji}}\bar{w}_{\mathrm{ji}} \,. \tag{4.3.42}$$

Die Werte $R^{\mathrm{P}}_{\mathrm{ij}}$ und $R^{\mathrm{P}}_{\mathrm{ji}}$ entsprechen den Auflagerreaktionen beim Balken auf zwei Stützen nach Th.I.O.; ihr positiver Richtungssinn ist entsprechend dem der Querkräfte definiert (vgl. Bild 4.19).

Äußere Knotenkräfte F_{i} werden zunächst in die beiden Komponenten $F^{\mathrm{w}}_{\mathrm{ij}}$ senkrecht und $F^{\mathrm{u}}_{\mathrm{ij}}$ parallel zur Stabachse eines im Knoten i angeschlossenen Stabes zerlegt. Hierfür bieten sich bei einem aus j Stäben gebildeten Knotenpunkt i.allg. mehrere gleichwertige Möglichkeiten an. Aus Bild 4.29b ergibt sich

$$\bar{W}^{\mathrm{a}}(F_{\mathrm{i}}) = F^{\mathrm{w}}_{\mathrm{ij}}\bar{w}_{\mathrm{ij}} + F^{\mathrm{w}}_{\mathrm{ji}}\bar{w}_{\mathrm{ji}} + (F^{\mathrm{u}}_{\mathrm{ij}} + F^{\mathrm{u}}_{\mathrm{ji}})\bar{u}_{\mathrm{s}} \,. \tag{4.3.43}$$

Die Komponenten von F_{i} sind positiv, wenn sie in die positive Richtung der Koordinaten x_{s} und z_{s} weisen.

Für eine Aufbereitung der Gleichungen hinsichtlich einer systematischen elektronischen Berechnung ist die Einführung von globalen Koordinaten angebracht ([4.14]). Dieser Weg soll hier aber zur Wahrung der Übersichtlichkeit nicht weiter verfolgt werden.

Netzgleichung

Es herrscht Gleichgewicht, wenn für beliebige virtuelle Verschiebungen die virtuelle Arbeit $\bar{W}$ Null wird. Mit (4.3.40–4.3.43) folgt aus (4.3.37)

$$\sum_{(\mathrm{s})} [(M_{\mathrm{ij}} + M_{\mathrm{ji}})\bar{\psi}_{\mathrm{s}} - S_{\mathrm{s}}\psi_{\mathrm{s}}\ell_{\mathrm{s}}\bar{\psi}_{\mathrm{s}} + (F^{\mathrm{w}}_{\mathrm{ij}} + R^{\mathrm{P}}_{\mathrm{ij}})\bar{w}_{\mathrm{ij}}$$
$$+ (F^{\mathrm{w}}_{\mathrm{ji}} - R^{\mathrm{P}}_{\mathrm{ji}})\bar{w}_{\mathrm{ji}} + (F^{\mathrm{u}}_{\mathrm{ij}} + F^{\mathrm{u}}_{\mathrm{ji}})\bar{u}_{\mathrm{s}}] = 0$$

und mit (4.3.39)

$$\sum_{(\mathrm{s})} [(M_{\mathrm{ij}} + M_{\mathrm{ji}})\sum_{(\mathrm{N})}\psi^{\mathrm{N}}_{\mathrm{s}}\bar{\varphi}_{\mathrm{N}} - S_{\mathrm{s}}\psi_{\mathrm{s}}\ell_{\mathrm{s}}\sum_{(\mathrm{N})}\psi^{\mathrm{N}}_{\mathrm{s}}\bar{\varphi}_{\mathrm{N}} + (F^{\mathrm{w}}_{\mathrm{ij}} + R^{\mathrm{P}}_{\mathrm{ij}})\sum_{(\mathrm{N})} w^{\mathrm{N}}_{\mathrm{ij}}\bar{\varphi}_{\mathrm{N}}$$
$$+ (F^{\mathrm{w}}_{\mathrm{ji}} - R^{\mathrm{P}}_{\mathrm{ji}})\sum_{(\mathrm{N})} w^{\mathrm{N}}_{\mathrm{ji}}\bar{\varphi}_{\mathrm{N}} + (F^{\mathrm{u}}_{\mathrm{ij}} + F^{\mathrm{u}}_{\mathrm{ji}})\sum_{(\mathrm{N})} u^{\mathrm{N}}_{\mathrm{s}}\bar{\varphi}_{\mathrm{N}}] = 0 \,.$$

Da die virtuellen Stabdrehwinkel $\bar{\psi}_N$ voneinander unabhängig sind, gilt diese Gleichung für jeden einzelnen Winkel $\bar{\psi}_N$ ($N = I, II, \ldots, M$). Die R-te Netzgleichung erhält man, wenn $\sum_{(N)} \psi_s^N \bar{\psi}_N$ durch $\psi_s^R \bar{\psi}_R$, $\sum_{(N)} w_{ij}^N \bar{\psi}_N$ durch $w_{ij}^R \bar{\psi}_R$ und $\sum_{(N)} u_s^N \bar{\psi}_N$ durch $u_s^R \bar{\psi}_R$ ersetzt werden. Die virtuelle Größe $\bar{\psi}_R$ kürzt sich heraus, und es ergibt sich

$$\begin{aligned}\sum_{(s)} [(M_{ij} + M_{ji})\psi_s^R - S_s \psi_s \ell_s \psi_s^R + (F_{ij}^w + R_{ij}^P) w_{ij}^R \\ + (F_{ji}^w - R_{ji}^P) w_{ji}^R + (F_{ij}^u + F_{ji}^u) u_s^R] = 0 \,. \end{aligned} \tag{4.3.44}$$

In dieser Beziehung sind die Stabendmomente M_{ij} noch durch die Knotendrehwinkel φ_i, φ_j und die Stabdrehwinkel ψ_s auszudrücken. Für die Stabendmomente des beidseitig (elastisch) eingespannten Bereichs, des jeweils einseitig eingespannten und gelenkig gelagerten Bereichs sowie des Kragträgers können die Beziehungen (4.3.7–4.3.9) in der verallgemeinerten Form

$$M_{ij} = \frac{EI_s}{\ell_s} \varkappa_s [\varphi_i + \gamma_s \varphi_j - B_1(1 + \gamma_s)\psi_s] + M_{ij}^0 \tag{4.3.45}$$

angegeben werden. Die Werte für $\varkappa_s$, γ_s, B_1 und das später benötigte B_2 sind in Abhängigkeit von den Lagerungsbedingungen des betrachteten Bereichs s in Tabelle 4.8 zusammengestellt.

Tabelle 4.8. $\varkappa_s$, γ_s, B_1 und B_2 in Abhängigkeit von den Randbedingungen des Bereichs s

s	$\varkappa_s$	γ_s	B_1	B_2
(e)	$\varkappa_s^e$	γ_s	1	2
(g)	$\varkappa_s^g$	0	1	1
(k)	$\varkappa_s^k$	0	0	0

Bei der Summation der Stabendmomente in (4.3.44) ist zu beachten, daß alle Knoten und Kragträger des Systems infolge der tatsächlichen und der virtuellen Verschiebungszustände unverdreht bleiben. Für Kragträger sind deshalb die ψ_s^R Null. Zur Verdeutlichung wird in den folgenden Gleichungen der Faktor B_1 der Summe der Stabendmomente vorangestellt. Man erhält mit (4.3.45)

$$\begin{aligned}(M_{ij} + M_{ji})\psi_s^R &= B_1(M_{ij} + M_{ji})\psi_s^R \\ &= \left\{ \frac{EI_s}{\ell_s} \varkappa_s(1 + \gamma_s) [B_1\varphi_i + (B_2 - B_1)\varphi_j - B_2\psi_s] + B_1(M_{ij}^0 + M_{ji}^0) \right\} \psi_s^R \,. \end{aligned} \tag{4.3.46}$$

Die Summation $\sum_{(s)}$ über alle Bereiche des Systems liefert, nach den Koeffizienten der Knotendrehwinkel und nach denen der unabhängigen Stabdrehwinkel geordnet,

$$\sum_{(s)}(M_{ij}+M_{ji})\psi_s^R = \sum_{i=1}^{m}\left[\sum_{(j)}\frac{EI_s}{\ell_s}B_1\varkappa_s(1+\gamma_s)\psi_s^R\right]\varphi_i \tag{4.3.47}$$

$$+\sum_{(s)}B_1(M_{ij}^0+M_{ji}^0)\psi_s^R - \sum_{N=I}^{M}\left[\sum_{(s)}\frac{EI_s}{\ell_s}B_2\varkappa_s(1+\gamma_s)\psi_s^R\psi_s^N\right]\psi_N\,.$$

Hierin bedeutet $\sum_{(j)}$ die Summation über alle im Knoten i biegesteif angeschlossenen j Bereiche. Der letzte Summand in (4.3.47) gehört für N = R zum Hauptdiagonalglied der R-ten Verschiebungsgleichung, das wegen der rechtsdrehend positiv definierten Stabdrehwinkel negativ ist. Die mit −1 multiplizierte Beziehung (4.3.44) liefert mit (4.3.47 und 4.3.38)

$$-\sum_{i=1}^{m}\left[\sum_{(j)}\frac{EI_s}{\ell_s}B_1\varkappa_s(1+\gamma_s)\psi_s^R\right]\varphi_i$$

$$+\sum_{N=I}^{M}\left\{\sum_{(s)}\left[\frac{EI_s}{\ell_s}B_2\varkappa_s(1+\gamma_s)+\underline{B_1 S_s\ell_s}\right]\psi_s^R\psi_s^N\right\}\psi_N$$

$$=\sum_{(s)}B_1[(M_{ij}^0+M_{ji}^0)\psi_s^R+(F_{ij}^w+R_{ij}^P)w_{ij}^R$$

$$+(F_{ji}^w-R_{ji}^P)w_{ji}^R+(F_{ij}^u+F_{ji}^u)u_s^R]\,. \tag{4.3.48}$$

Um wiederum zu einer einheitenfreien Beziehung zu gelangen, wird (4.3.48) mit der frei gewählten Bezugsgröße $\ell_c/(EI_c)$ multipliziert. Mit den bereits bei der Herleitung der Knotengleichung eingeführten Abkürzungen

$$\eta_s=\frac{EI_s}{EI_c}\frac{\ell_c}{\ell_s},\qquad m_{ij}=M_{ij}\frac{\ell_c}{EI_c},\qquad \overset{*}{s}_s=S_s\frac{\ell_s^2}{EI_s} \tag{4.3.49a–c}$$

sowie mit

$$r_{ij}^P=R_{ij}^P\frac{\ell_c^2}{EI_c},\qquad f_{ij}^w=F_{ij}^w\frac{\ell_c^2}{EI_c},\qquad f_{ij}^u=F_{ij}^u\frac{\ell_c^2}{EI_c} \tag{4.3.49d–f}$$

lautet die *allgemeine einheitenfreie R-te Netzgleichung*

$$-\sum_{i=1}^{m}\left[\sum_{(j)}B_1\eta_s\varkappa_s(1+\gamma_s)\psi_s^R\right]\varphi_i$$

$$+\sum_{N=I}^{M}\left\{\sum_{(s)}\eta_s[B_2\varkappa_s(1+\gamma_s)+\underline{B_1\overset{*}{s}_s}]\psi_s^R\psi_s^N\right\}\psi_N$$

$$=\sum_{(s)}B_1\left[(m_{ij}^0+m_{ji}^0)\psi_s^R+(f_{ij}^w+r_{ij}^P)\frac{w_{ij}^R}{\ell_c}\right.$$

$$\left.+(f_{ji}^w-r_{ji}^P)\frac{w_{ji}^R}{\ell_c}+(f_{ij}^u+f_{ji}^u)\frac{u_s^R}{\ell_c}\right]. \tag{4.3.50}$$

Die Berücksichtigung von Kragträgerlasten bedarf noch einer Erläuterung. Diese Kraftgrößen werden zunächst durch die Einführung der Faktoren B_1 und B_2 in der Netzgleichung nicht erfaßt. Dies ist jedoch nur dann richtig, wenn die resultierende

Kragträgerbelastung im zugehörigen Knoten als Knotenlast berücksichtigt wird. Das Einspannmoment des Kragträgers geht als äußeres Knotenelement M_i nur in die Knotengleichung ein.

Mit der in Abschn. 4.3.4 abgeleiteten allgemeinen Knotengleichung (4.3.20) und der hier angegebenen allgemeinen Netzgleichung (4.3.50) ist man in der Lage, Systeme mit elastisch verschieblichen Knoten im Rahmen einer Th.II.O. zu berechnen. Unabhängig von der Wahl der Verschiebungszustände und Bezugsstabdrehwinkel ist das Gleichungssystem zur Bestimmung der geometrisch Unbekannten symmetrisch.

4.4 Imperfektionen

4.4.1 Definitionen und Annahmen

Bei der Herstellung von Baugliedern und Bauwerken treten zwangsläufig Abweichungen von den planmäßigen, der Berechnung zugrunde gelegten Systemvorgaben und Materialeigenschaften auf, die unter dem Oberbegriff Imperfektionen zusammengefaßt werden. Man unterscheidet grundsätzlich

- geometrische Imperfektionen (Maßabweichungen) und
- strukturelle Imperfektionen (Werkstoffinhomogenitäten, Eigenspannungen infolge von Walzen, Schweißen, Richten usw.).

Zur Vereinfachung des Sicherheitsnachweises ist es zweckmäßig, die tatsächlichen, völlig unregelmäßig auftretenden Abweichungen vom Berechnungsmodell in Form geometrischer Ersatzimperfektionen zu berücksichtigen. So werden beispielsweise die bei der Berechnung von Geschoßbauten anzusetzenden ungewollten Lotabweichungen in DIN 1045, Abschn. 15.8.2 und 17.4.6 festgelegt. In [4.13] sind spannungslose Vorverformungen angegeben, die sich aus einer Vorkrümmung und einer Vorverdrehung des Stabes zusammensetzen und deren Werte von dem verwendeten Nachweisverfahren und von der Querschnittsform abhängen (vgl. Abschn. 4.5.8).

Der Einfluß der Vorverformungen auf die statischen Größen bleibt bei Anwendung von Th.I.O. i.allg. unberücksichtigt. Die einfachste Näherungsstufe zur Erfassung der Auswirkung von Imperfektionen besteht darin, nur die spannungslosen Vorverformungen selbst, nicht aber die elastischen Formänderungen des Systems in die Gleichgewichtsbedingungen einzubeziehen. In diesem Fall ergeben sich z.B. außerplanmäßige Abtriebskräfte, die auch Komponenten senkrecht zur Systemebene aufweisen können. Vergleichbare Ergebnisse erhält man, wenn anstelle von geometrischen Ersatzimperfektionen entsprechende Ersatzlasten angesetzt werden ([4.12]). Dies hat den Vorteil, daß bestehende Programme zur Berechnung von Stabtragwerken nach Th.I.O. unter bestimmten Voraussetzungen auch zur angenäherten Berechnung nach Th.II.O. verwendet werden können.

Soll das Stabilitätsverhalten des Systems erfaßt werden, so muß zusätzlich zumindest der Einfluß der elastischen Verformungen auf das Gleichgewicht berücksichtigt werden. Die Frage, welche Stabilitätsprobleme mit dieser Methode hinreichend genau gelöst werden können, wird in Kap. 5 und 8 eingehend untersucht.

Imperfektionen können auf die statischen Größen des Systems, insbesondere auf die Traglast, sowohl ungünstige als auch günstige Auswirkungen aufweisen. Eine Vorverformung sollte deshalb prinzipiell als Wechsellastfall angesetzt werden, wie das auch bei Verkehrs- und Windlasten üblich ist. Ein anschauliches Beispiel für eine wechselnde Kombination der Elemente der Vorverformungen ist in DIN 1045 in den Bildern 8 und 9 dargestellt. Die jeweils ungünstige Wirkung ist bei diesen sehr einfachen Fällen offenkundig. Schon bei relativ übersichtlichen Systemen kann jedoch häufig die Auswirkung von Imperfektionen auf den Grenzzustand der Tragfähigkeit nicht ohne weiteres beurteilt werden. Bei einer Berechnung nach E.Th.II.O., in der die elastische Grenzlast als maximal aufnehmbare Last definiert wird, empfiehlt es sich, den Lastfall Vorverformungen unter Beachtung des speziellen Superpositionsgesetzes der Th.II.O. in Teillastfälle zu zerlegen, die getrennt berechnet und anschließend in ungünstiger Weise zusammengesetzt werden. Diese Methode wird in Abschn. 4.5.8 an einem Beispiel erläutert. Weitere Kriterien zur Beurteilung der Wirkung von Vorverformungen werden in Kap. 8 angegeben.

4.4.2 Herleitung der Differentialgleichung

Das Gleichgewicht wird am spannungslos vorverformten und zusätzlich unter Belastung elastisch verformten Element formuliert (Bild 4.31). Die Gleichgewichtsbedingungen liefern

$$\Sigma K_x = 0: \qquad S = \text{const} \quad \text{(nach Voraussetzung)}, \tag{4.4.1}$$

$$\Sigma K_z = 0: \qquad \mathrm{d}R + \hat{q}\,\mathrm{d}x = 0, \tag{4.4.2}$$

$$\Sigma M = 0: \qquad \mathrm{d}M + S(\underline{\mathrm{d}w^{\mathrm{v}}} + \underline{\mathrm{d}w^{\mathrm{el}}}) - R\,\mathrm{d}x = 0 \tag{4.4.3}$$

und nach Integration von (4.4.3)

$$M + S(\underline{w^{\mathrm{v}}} + \underline{w^{\mathrm{el}}}) = \int R\,\mathrm{d}x - c$$

bzw.

$$M + \underline{Sw^{\mathrm{el}}} = -\underline{Sw^{\mathrm{v}}} + \int R\,\mathrm{d}x - c. \tag{4.4.4}$$

Die unterbrochen bzw. voll unterstrichenen Glieder sind zusätzlich zu Th.I.O. bzw. zusätzlich zu Th.II.O. ohne Vorverformungen hinzugekommen.

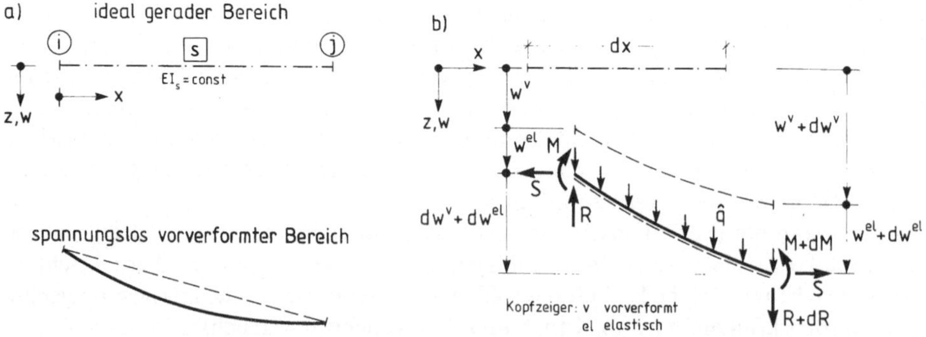

Bild 4.31 a, b. Gleichgewicht am spannungslos vorverformten und zusätzlich unter Belastung elastisch verformten Element. **a** Stab, **b** Element

Da das Elastizitätsgesetz für das Biegemoment nur für den elastischen Anteil der Verformung in der bekannten Darstellung

$$M = -EIw^{\mathrm{el}\prime\prime} \tag{4.4.5}$$

gilt, lautet (4.4.4) mit (4.4.5)

$$EIw^{\mathrm{el}\prime\prime} - \underline{Sw^{\mathrm{el}}} = \underline{Sw^{\mathrm{v}}} - \int R\,\mathrm{d}x + c$$

oder nach Multiplikation mit $\ell/(EI)$

$$\ell w^{\mathrm{el}\prime\prime} - \underline{\frac{S\ell}{EI} w^{\mathrm{el}}} = \underline{\frac{S\ell}{EI} w^{\mathrm{v}}} - \int \frac{R\ell}{EI}\,\mathrm{d}x + \frac{\ell c}{EI}. \tag{4.4.6}$$

Im folgenden wird der Kopfzeiger bei w^{el} weggelassen. Mit $\xi = x/\ell$ und den Abkürzungen (4.2.11, 4.3.24) ergibt sich

$$\ell w'' - \underline{\mathring{s}\frac{w}{\ell}} = \underline{\mathring{s}\frac{w^{\mathrm{v}}}{\ell}} - \int \mathring{r}\,\mathrm{d}\xi + \bar{c} \tag{4.4.7}$$

bzw.

$$\ell w'' - \underline{\mathring{s}\frac{w}{\ell}} = \underline{\mathring{s}\frac{w^{\mathrm{v}}}{\ell}} - \iint \mathring{q}\,\mathrm{d}\xi\,\mathrm{d}\xi + c_1\xi + c_0. \tag{4.4.8}$$

Diese lineare Differentialgleichung mit konstanten Koeffizienten darf für die Lastfälle $\mathring{q}$ und w^{v} getrennt gelöst werden, wenn für jeden dieser Teillastfälle dasselbe $\mathring{s}$ angesetzt wird (spezielles Superpositionsgesetz der Th.II.O., vgl. Abschn. 4.2.6). Für den hier interessierenden neuen Lastfall Vorverformungen gilt dann

$$\ell w'' - \underline{\mathring{s}\frac{w}{\ell}} = \underline{\mathring{s}\frac{w^{\mathrm{v}}}{\ell}}. \tag{4.4.9}$$

4.4.3 Lösung der Differentialgleichung

Die Integration von (4.4.9) wird wie üblich durch Aufspaltung des Problems in einen homogenen und einen partikulären Anteil ausgeführt:

$$w = w^{\mathrm{H}} + w^{\mathrm{P}}. \tag{4.4.10}$$

Die Lösung der homogenen Differentialgleichung erfolgt analog zur Vorgehensweise in Abschn. 4.2.5. Je nach dem Vorzeichen der Stabkraft S bzw. $\mathring{s}$ ergibt sich

$$\frac{w^{\mathrm{H}}}{\ell} = c_3 \sin\varepsilon\xi + c_4 \cos\varepsilon\xi \qquad (\mathring{s} < 0), \tag{4.4.11a}$$

bzw.

$$\frac{w^{\mathrm{H}}}{\ell} = c_3 \operatorname{sh}\varepsilon\xi + c_4 \operatorname{ch}\varepsilon\xi \qquad (\mathring{s} > 0). \tag{4.4.11b}$$

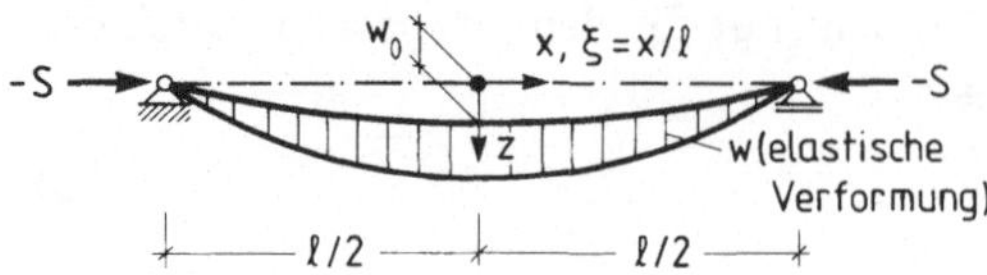

Bild 4.32. Druckbeanspruchter, vorverformter Stab

Der partikuläre Lösungsanteil hängt von der jeweils anzusetzenden Vorverformung ab. Die Vorgehensweise wird an einem einfachen Beispiel (Bild 4.32) erläutert. Gegeben ist eine spannungslose, parabolische Vorverformung

$$w^{v} = w_0(1-4\xi^2) \tag{4.4.12}$$

mit dem Stich w_0 und dem Bezugssystem x, w in Feldmitte. Setzt man diese Funktion in (4.4.9) ein, so folgt die Differentialbeziehung

$$\ell w'' - \overset{*}{s}\frac{w}{\ell} = \overset{*}{s}\frac{w_0}{\ell}(1-4\xi^2). \tag{4.4.13}$$

Die Lösung der zugehörigen homogenen Gleichung ergibt sich aus (4.4.11a) mit $c_3=0$ aufgrund der Symmetrie:

$$\frac{w^{H}}{\ell} = c_4 \cos \varepsilon\xi\,. \tag{4.4.14a}$$

Wählt man als Ansatz für das partikuläre Integral

$$\frac{w^{P}}{\ell} = c_0 + c_1\xi + c_2\xi^2, \tag{4.4.14b}$$

so entfällt das in ξ lineare Glied wiederum aus Symmetriegründen, und es gilt

$$\ell w^{P''} = 2\,c_2\,.$$

Setzt man diese Beziehung in die Differentialgleichung ein, so ergeben sich durch Koeffizientenvergleich aus

$$\ell w^{P''} - \overset{*}{s}\frac{w^{P}}{\ell} - \overset{*}{s}\frac{w^{v}}{\ell} = 2\,c_2 - \overset{*}{s}\,c_0 - \overset{*}{s}\,c_2\,\xi^2 - \overset{*}{s}\,\frac{w_0}{\ell} + 4\,\frac{w_0}{\ell}\,\overset{*}{s}\,\xi^2 = 0$$

zwei der gesuchten Integrationskonstanten zu

$$c_2 = 4\,\frac{w_0}{\ell}, \qquad c_0 = \frac{2c_2}{\overset{*}{s}} - \frac{w_0}{\ell} = \frac{w_0}{\ell}\left(\frac{8}{\overset{*}{s}} - 1\right). \tag{4.4.15a, b}$$

Die Lösung lautet zunächst

$$\frac{w}{\ell} = c_4 \cos \varepsilon\xi + \frac{w_0}{\ell}\left(4\xi^2 + \frac{8}{\overset{*}{s}} - 1\right).$$

Zur Bestimmung der letzten noch unbekannten Integrationskonstanten c_4 bedient man sich der Randbedingung, daß am Auflager keine Durchbiegung möglich ist,

$$\frac{w}{\ell}\left(\xi = \frac{1}{2}\right) = 0\,.$$

Man gewinnt so aus

$$0 = c_4 \cos\frac{\varepsilon}{2} + \frac{w_0}{\ell}\left(1 + \frac{8}{\overset{*}{s}} - 1\right)$$

die Integrationskonstante

$$c_4 = \frac{w_0}{\ell} \frac{-8}{\overset{*}{s}\cos\frac{\varepsilon}{2}} \tag{4.4.15c}$$

und damit die endgültige Lösung der Differentialgleichung

$$\frac{w}{\ell} = \frac{w_0}{\ell}\left[-\frac{8\cos\varepsilon\xi}{\overset{*}{s}\cos\frac{\varepsilon}{2}} + \frac{8}{\overset{*}{s}} - (1 - 4\,\xi^2)\right] = \frac{w_0}{\ell}\left[\frac{8(\cos\frac{\varepsilon}{2} - \cos\varepsilon\xi)}{\overset{*}{s}\cos\frac{\varepsilon}{2}} - \frac{w^{\mathrm{v}}}{w_0}\right]$$

bzw.

$$\frac{w}{w_0} = \frac{8\left(\cos\frac{\varepsilon}{2} - \cos\varepsilon\xi\right)}{\overset{*}{s}\cos\frac{\varepsilon}{2}} - \frac{w^{\mathrm{v}}}{w_0}. \tag{4.4.16a}$$

Handelt es sich bei S um eine Zugkraft, so ergibt sich

$$\frac{w}{w_0} = \frac{8\left(\operatorname{ch}\frac{\varepsilon}{2} - \operatorname{ch}\varepsilon\xi\right)}{\overset{*}{s}\operatorname{ch}\frac{\varepsilon}{2}} - \frac{w^{\mathrm{v}}}{w_0}. \tag{4.4.16b}$$

Die Diskussion der Ergebnisse wird nachfolgend für die Feldmitte ($\xi = 0$) geführt (vgl. Bild 4.33). Es gilt in diesem Fall:

$$\frac{w(\xi=0)}{w_0} = \frac{8\left(\cos\frac{\varepsilon}{2} - 1\right)}{\overset{*}{s}\cos\frac{\varepsilon}{2}} - 1 \qquad (\overset{*}{s} < 0),$$

$$\frac{w(\xi=0)}{w_0} = \frac{8\left(\operatorname{ch}\frac{\varepsilon}{2} - 1\right)}{\overset{*}{s}\operatorname{ch}\frac{\varepsilon}{2}} - 1 \qquad (\overset{*}{s} > 0). \tag{4.4.17a, b}$$

Man erkennt, daß für $\overset{*}{s} \to +\infty$ (Zug) die zur Ordinatenachse parallele Gerade $w = -w_0$ die Lösung ist. Anschaulich bedeutet dies, daß die Vorverformungen „herausgezogen" werden. Bei $\overset{*}{s} < 0$ (Druck) wächst die Durchbiegung für $\overset{*}{s}\cos(\varepsilon/2) = 0$ über alle Grenzen, d.h. wegen $\cos(\varepsilon/2) = 0$ nähert sich die Kraft-Verschiebungs-Kurve asymptotisch der zur Abszissenachse parallelen Geraden $\overset{*}{s} = -\pi^2$. Dies ist aber nichts anderes als der 2. Euler-Fall (vgl. Abschn. 5.5.2 und Tabelle 5.1).

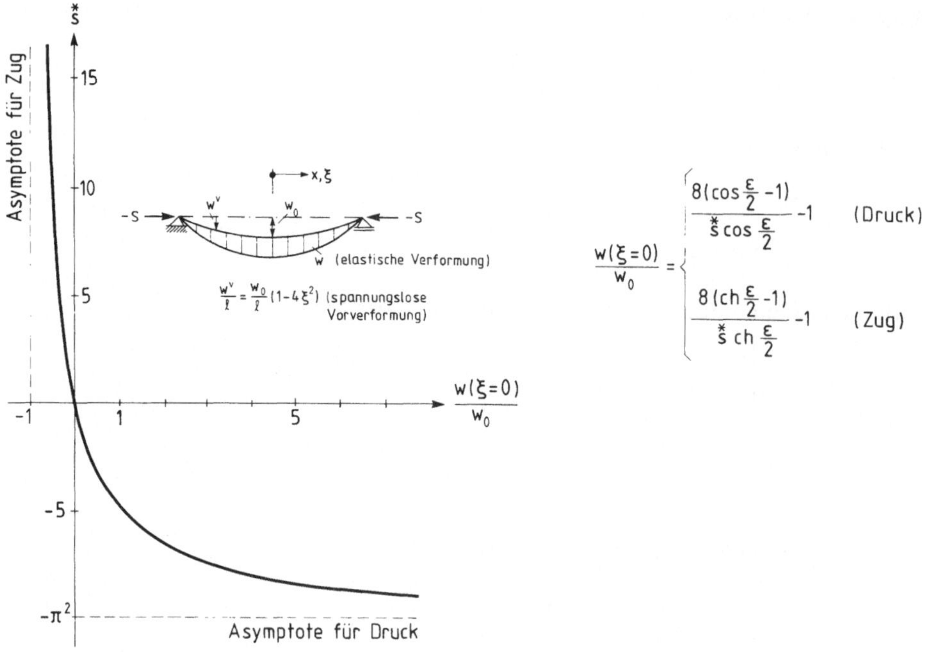

Bild 4.33. Einfluß von spannungslosen Vorverformungen

4.4.4 Einbeziehung von Vorverformungen in das Drehwinkelverfahren

Die zur Erfassung der Vorverformungen gewählten Knoten- und Stabdrehwinkel haben Lastglieder zur Folge, die, wie bei der Berücksichtigung von Stützensenkungen und Temperaturlastfällen üblich, auf der rechten Seite des Gleichungssystems stehen und die Koeffizientenmatrix unbeeinflußt lassen. Man muß bei Th.II.O. wie in der linearen Theorie bei den Lastfällen Stützensenkung und Temperatur genau unterscheiden zwischen den geometrisch bekannten und den sich zusätzlich einstellenden geometrisch unbekannten Größen. Die hier zur Erfassung der Ersatzimperfektionen eingeführten Knoten- und Stabdrehwinkel werden vorgegeben und sind damit bekannt. Die allgemeinen Knoten- und Netzgleichungen für das Drehwinkelverfahren unter Einbeziehung von Vorverformungen finden sich in Tabelle 4.9, Gln.(4.4.18 und 4.4.19).

Die Festeinspannmomente ergeben sich aus der Lösung der Dgl.(4.4.9), wobei für die elastischen Formänderungen, nicht aber für die spannungslosen Vorverformungen die Randbedingungen des geometrisch bestimmten Hauptsystems gelten. Die Vorverformungen brauchen deshalb nicht kinematisch verträglich mit dem System zu sein. Als zulässige Unverträglichkeit können beispielsweise Verschiebungen an festen Auflagern, Drehwinkel an Einspannstellen oder Klaffungen zwischen Elementgrenzen angesehen werden (vgl. Bild 4.40d,e). Diese mit den Rand- und Übergangsbedingungen des idealen Systems inkompatiblen Vorgaben wirken sich nur bei den Lastgliedern

Tabelle 4.9. Allgemeine Knoten- und Netzgleichungen der Th. II. O.

Knotengleichung für den Knoten i

$$\Big(\sum_{(j)} \eta_s \kappa_s\Big)\varphi_i + \sum_{(j)} B_1 \eta_s \gamma_s \kappa_s \varphi_j - \sum_{N=I}^{M}\Big\{ \sum_{(j)} B_1 \eta_s (1+\gamma_s)\kappa_s \psi_s^N \Big\}\psi_N = -\sum_{(j)}(m_{ij}^{\circ} + \underline{m_{ij}^{V}}) - m_i \qquad (4.4.18)$$

Netzgleichung für den Verschiebungszustand R:

$$-\sum_{i=1}^{m}\Big\{\sum_{(j)} B_1 \eta_s (1+\gamma_s)\kappa_s \psi_s^R\Big\}\varphi_i + \sum_{N=I}^{M}\Big\{\sum_{(s)} \eta_s [B_2(1+\gamma_s)\kappa_s + \underline{B_1 \overset{*}{s}_s}]\psi_s^R \psi_s^N\Big\}\psi_N =$$
$$\sum_{(s)} B_1 \Big\{(m_{ij}^{\circ} + m_{ji}^{\circ} + \underline{m_{ij}^{V} + m_{ji}^{V}} - \underline{\eta_s \overset{*}{s}_s \psi_s^V})\psi_s^R + (f_{ij}^{w} + r_{ij}^{P})\frac{w_{ij}^R}{\ell_c} + (f_{ji}^{w} - r_{ji}^{P})\frac{w_{ji}^R}{\ell_c} + (f_{ij}^{u} + f_{ji}^{u})\frac{u_s^R}{\ell_c}\Big\} \qquad (4.4.19)$$

Beide Gleichungen gelten auch für Th.I O., wenn die unterstrichenen Glieder weggelassen werden.

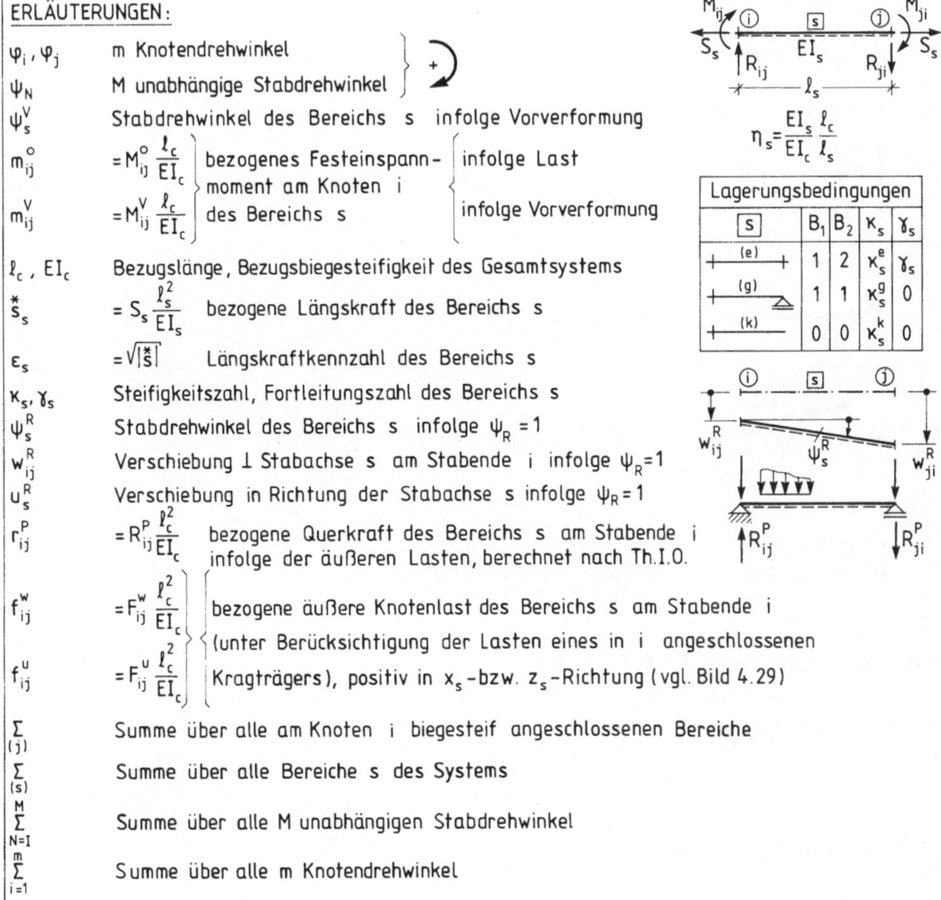

ERLÄUTERUNGEN:

φ_i, φ_j	m Knotendrehwinkel (+ Drehsinn)
ψ_N	M unabhängige Stabdrehwinkel
ψ_s^V	Stabdrehwinkel des Bereichs s infolge Vorverformung
m_{ij}°	$= M_{ij}^{\circ}\frac{\ell_c}{EI_c}$ bezogenes Festeinspannmoment am Knoten i des Bereichs s infolge Last
m_{ij}^{V}	$= M_{ij}^{V}\frac{\ell_c}{EI_c}$ bezogenes Festeinspannmoment am Knoten i des Bereichs s infolge Vorverformung
ℓ_c, EI_c	Bezugslänge, Bezugsbiegesteifigkeit des Gesamtsystems
$\overset{*}{s}_s$	$= S_s \frac{\ell_s^2}{EI_s}$ bezogene Längskraft des Bereichs s
ε_s	$= \sqrt{\lvert\overset{*}{s}\rvert}$ Längskraftkennzahl des Bereichs s
κ_s, γ_s	Steifigkeitszahl, Fortleitungszahl des Bereichs s
ψ_s^R	Stabdrehwinkel des Bereichs s infolge $\psi_R = 1$
w_{ij}^R	Verschiebung ⊥ Stabachse s am Stabende i infolge $\psi_R = 1$
u_s^R	Verschiebung in Richtung der Stabachse s infolge $\psi_R = 1$
r_{ij}^P	$= R_{ij}^P \frac{\ell_c^2}{EI_c}$ bezogene Querkraft des Bereichs s am Stabende i infolge der äußeren Lasten, berechnet nach Th.I.O.
f_{ij}^w	$= F_{ij}^w \frac{\ell_c^2}{EI_c}$ bezogene äußere Knotenlast des Bereichs s am Stabende i (unter Berücksichtigung der Lasten eines in i angeschlossenen Kragträgers), positiv in x_s- bzw. z_s-Richtung (vgl. Bild 4.29)
f_{ij}^u	$= F_{ij}^u \frac{\ell_c^2}{EI_c}$
$\sum_{(j)}$	Summe über alle am Knoten i biegesteif angeschlossenen Bereiche
$\sum_{(s)}$	Summe über alle Bereiche s des Systems
$\sum_{N=I}^{M}$	Summe über alle M unabhängigen Stabdrehwinkel
$\sum_{i=1}^{m}$	Summe über alle m Knotendrehwinkel

$$\eta_s = \frac{EI_s}{EI_c}\frac{\ell_c}{\ell_s}$$

Lagerungsbedingungen				
s	B_1	B_2	κ_s	γ_s
(e)	1	2	κ_s^e	γ_s
(g)	1	1	κ_s^g	0
(k)	0	0	κ_s^k	0

Tabelle 4.10. Festeinspannmomente infolge von Vorverformungen bei Th. II. O.

	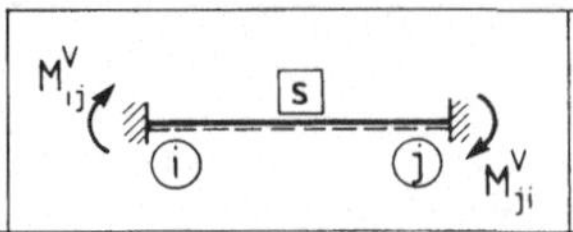 M_{ij}^V, M_{ji}^V, s, i, j	beidseitig eingespannter Bereich
1a	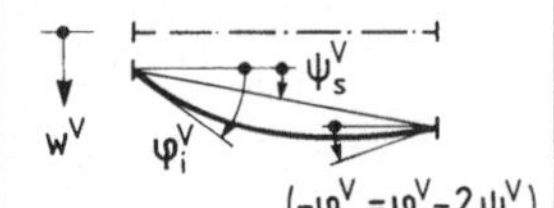 w^V, φ_i^V, ψ_s^V, $(-\varphi_j^V = \varphi_i^V - 2\psi_s^V)$	$M_{ij}^V = -M_{ji}^V = \frac{EI_s}{\ell_s}[(1-\gamma_s)\kappa_s^e - 2](\varphi_i^V - \psi_s^V)$
2a	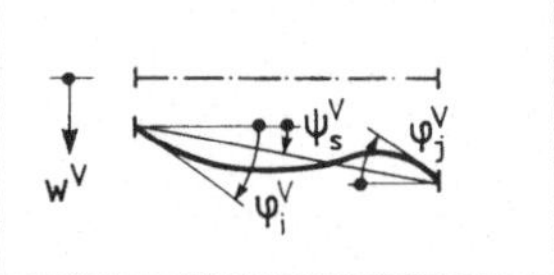 w^V, φ_i^V, ψ_s^V, φ_j^V	$M_{ij}^V = \frac{EI_s}{\ell_s}\frac{\overset{*}{s}}{\overset{*}{s}_K - \overset{*}{s}}\{[\kappa_s^e(\varepsilon_K) - \kappa_s^e(\varepsilon)](\varphi_i^V - \psi_s^V) + [\gamma_s\kappa_s^e(\varepsilon_K) - \gamma_s\kappa_s^e(\varepsilon)](\varphi_j^V - \psi_s^V)\}$ $M_{ji}^V = \frac{EI_s}{\ell_s}\frac{\overset{*}{s}}{\overset{*}{s}_K - \overset{*}{s}}\{[\kappa_s^e(\varepsilon_K) - \kappa_s^e(\varepsilon)](\varphi_j^V - \psi_s^V) + [\gamma_s\kappa_s^e(\varepsilon_K) - \gamma_s\kappa_s^e(\varepsilon)](\varphi_i^V - \psi_s^V)\}$
	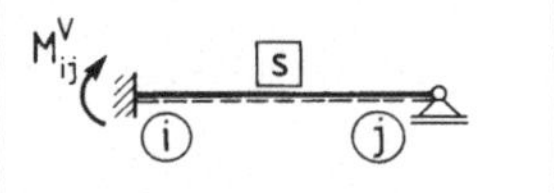 M_{ij}^V, s, i, j	einseitig eingespannter und einseitig gelenkig gelagerter Bereich
1b	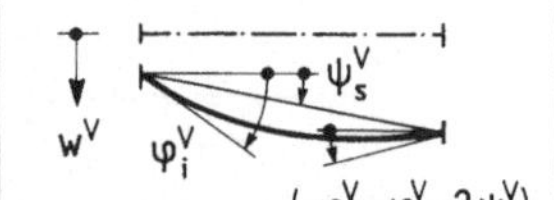 w^V, φ_i^V, ψ_s^V, $(-\varphi_j^V = \varphi_i^V - 2\psi_s^V)$	$M_{ij}^V = \frac{EI_s}{\ell_s}[\kappa_s^g - 2(1+\gamma_s)](\varphi_i^V - \psi_s^V)$ 1)
2b	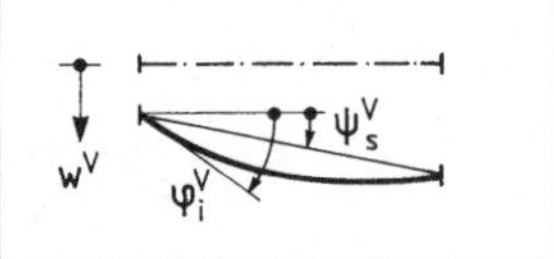 w^V, φ_i^V, ψ_s^V	$M_{ij}^V = \frac{EI_s}{\ell_s}\frac{\overset{*}{s}}{\overset{*}{s}_K - \overset{*}{s}}[\kappa_s^g(\varepsilon_K) - \kappa_s^g(\varepsilon)](\varphi_i^V - \psi_s^V)$
	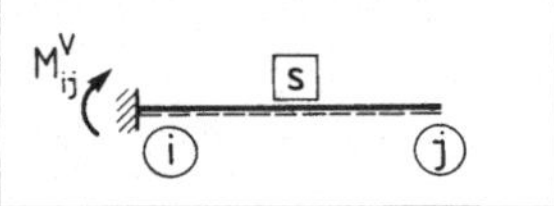 M_{ij}^V, s, i, j	Kragträger
1c	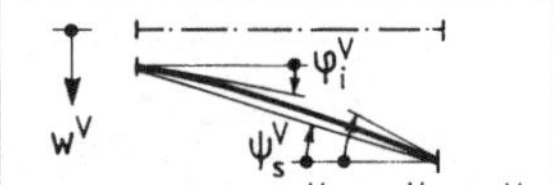 w^V, φ_i^V, ψ_s^V, $(\varphi_j^V = -\varphi_i^V + 2\psi_s^V)$	$M_{ij}^V = \frac{EI_s}{\ell_s}\kappa_s^k[\varphi_i^V - \frac{2(1+\gamma_s)}{\kappa_s^g}(\varphi_i^V - \psi_s^V)]$ 1)
2c	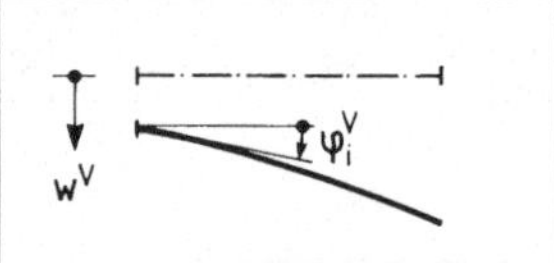 w^V, φ_i^V	$M_{ij}^V = \frac{EI_s}{\ell_s}\frac{\overset{*}{s}}{\overset{*}{s}_K - \overset{*}{s}}[\kappa_s^k(\varepsilon_K) - \kappa_s^k(\varepsilon)]\varphi_i^V$

Allgemein gilt: Zug: $S_s > 0,\ \overset{*}{s}_s > 0$; Druck: $S_s < 0,\ \overset{*}{s}_s < 0$ $\Big\}\ \overset{*}{s}_s = \frac{S_s \ell_s^2}{EI_s}$ mit Vorzeichen einsetzen! $\varepsilon_s = \left|\sqrt{|\overset{*}{s}_s|}\right|$

Zeile 1a–c: Parabolische Vorverformungen (quadratische Parabel)

Zeile 2a–c: Zur Knickbiegelinie affine Vorverformungen (Die Drehwinkel φ_i^V, φ_j^V und ψ_s^V der Vorverformungslinie müssen im gleichen Verhältnis wie die der Knickbiegelinie stehen; ε_K: kritische Längskraftkennzahl, $\overset{*}{s}_K$: kritische bezogene Längskraft des Bereichs s; Index s bei ε und $\overset{*}{s}$ in der Tabelle weggelassen).

1) Trotz nicht beidseitig eingespannter Lagerung ist $\gamma_s = \gamma_s^e$ zu setzen.

aus, d.h. sie beeinflussen lediglich die rechte Seite des Gleichungssystems. In Tabelle 4.10 sind die Festeinspannmomente für parabolische und für zur Knickbiegelinie affine Vorverformungen zusammengestellt.

4.5 Anwendungsbeispiel: Trapezrahmen mit elastisch verschieblichen Knoten

4.5.1 Vorbemerkungen

Der in Bild 4.34 dargestellte elastisch verschiebliche Trapezrahmen mit Einzel- und Streckenlasten soll unter Berücksichtigung von Imperfektionen nach der Elastizitätstheorie II. Ordnung berechnet und bemessen werden. Die Vorgehensweise wird wie in Abschn. 4.3.6 in einheitenfreier Schreibweise anhand des Drehwinkelverfahrens gezeigt.

Der Sicherheitsnachweis wird für Bemessungslasten, d. h. für γ-fache Gebrauchslasten, geführt. Die Laststeigerung erfolgt proportional, so daß ein globaler Sicherheitsfaktor (hier: $\gamma = 1{,}5$) gewählt werden darf. Mögliche Imperfektionen werden durch die Annahme einer parabolischen Vorkrümmung und einer Schrägstellung der Stäbe berücksichtigt. Um deren Auswirkungen auf das Ergebnis deutlicher darstellen zu können, wird der Lastfall Vorverformung getrennt berechnet (Abschn. 4.5.8).

a)

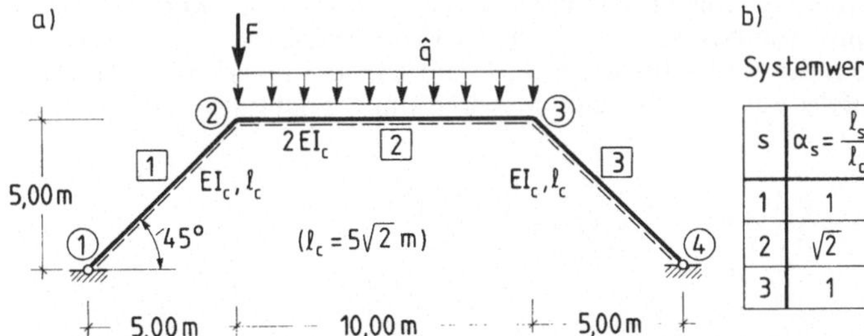

b)

Systemwerte:

s	$\alpha_s = \frac{\ell_s}{\ell_c}$	$\beta_s = \frac{EI_c}{EI_s}$	$\eta_s = \frac{1}{\alpha_s \beta_s}$
1	1	1	1
2	$\sqrt{2}$	1/2	$\sqrt{2}$
3	1	1	1

Bild 4.34 a, b. Anwendungsbeispiel. **a** System und Belastung, **b** Systemwerte

4.5.2 System und Belastung

Gebrauchslasten: $F_G = 267\,\text{kN}$, $\hat{q}_G = 33\,\text{kN/m}$,

Sicherheitsfaktor: $\gamma = 1{,}5$,

Bemessungslasten: $F = 1{,}5 \cdot 267 = 400\,\text{kN}$,

$\hat{q} = 1{,}5 \cdot 33 = 50\,\text{kN/m}$,

Einheitenfreie Bemessungslasten: $f = \dfrac{F\ell_c^2}{EI_c}$, $q = \dfrac{\hat{q}\ell_c^3}{EI_c}$,

Bezugslast: Als Bezugslast wird q gewählt, d.h.

$$\frac{f}{q} = \frac{F}{\hat{q}\ell_c} \quad \text{oder} \quad f = \frac{F}{\hat{q}\ell_c}\, q = \frac{400}{50 \cdot 5\sqrt{2}}\, q = 1{,}1314\, q\,.$$

4.5.3 Festeinspannmomente

Aus Tabelle 4.2 ergibt sich das Festeinspannmoment im Riegel

$$M_{23}^0 = -M_{32}^0 = \hat{q}_2 \ell_2^2 \frac{1}{\overset{*}{s}_2}\left(1 - \frac{1-\gamma_2}{2}\varkappa_2^e\right)$$

oder nach Multiplikation mit $\ell_c/(EI_c)$ und Erweiterung mit ℓ_c^2

$$m_{23}^0 = -m_{32}^0 = \frac{\hat{q}_2 \ell_c^3}{EI_c}\frac{\ell_2^2}{\ell_c^2}\frac{1}{\overset{*}{s}_2}\left(1 - \frac{1-\gamma_2}{2}\varkappa_2^e\right) = q\,\alpha_2^2 \frac{1}{\overset{*}{s}_2}\left(1 - \frac{1-\gamma_2}{2}\varkappa_2^e\right).$$

Vergleichsweise gilt für Th.I.O.

$$m_{23}^0 = -m_{32}^0 = -\alpha_2^2 q \frac{1}{12}.$$

Die wichtigsten Bezeichnungen und Umrechnungen sind aus Tabelle 4.4 ersichtlich; Hinweise zur Berechnung bzw. Programmierung der Größen $\varkappa$ und γ können dem Anhang zu Abschn. 4.3.6 entnommen werden.

4.5.4 Geometrisch Unbekannte, Verschiebungszustände

Im vorliegenden Beispiel gibt es die beiden unbekannten Knotendrehwinkel φ_2, φ_3 und einen unbekannten unabhängigen Verschiebungszustand mit dem Stabdrehwinkel ψ_{I}. Zur Ermittlung des vollständigen Verschiebungszustands wird, wie in Bild 4.35 dargestellt, $\psi_1 = \psi_{\mathrm{I}} = 1$ gewählt. Daraus folgt $\psi_1^{\mathrm{I}} = 1$ und wegen der Antimetrie der Gelenkfigur $\psi_3 = \psi_{\mathrm{I}}$ bzw. $\psi_3^{\mathrm{I}} = 1$. Der letzte noch unbekannte, aber ebenfalls von ψ_{I} abhängige Stabdrehwinkel ergibt sich entsprechend Bild 4.35 zu

$$\psi_2 = -2\Delta\frac{\sqrt{2}}{2}\frac{1}{\ell_2} = -\frac{\sqrt{2}}{\ell_2}\Delta = -\frac{\sqrt{2}}{\ell_2}\psi_{\mathrm{I}}\ell_1 = -\frac{\sqrt{2}\cdot 5\sqrt{2}}{10}\psi_{\mathrm{I}} = -\psi_{\mathrm{I}},$$

$$\psi_2^{\mathrm{I}} = -1\,.$$

Die Knotenverschiebungen des Bereichs 2 in Richtung der Lasten $\hat{q}$ und F (vgl. (4.4.19) und Bilder 4.29, 4.36c) lauten

$$w_{23} = \Delta\frac{\sqrt{2}}{2} = \psi_{\mathrm{I}}\ell_1\frac{\sqrt{2}}{2} = \psi_{\mathrm{I}}\ell_c\frac{\sqrt{2}}{2}, \qquad w_{23}^{\mathrm{I}} = \frac{\sqrt{2}}{2}\ell_c,$$

$$w_{32}^{\mathrm{I}} = -w_{23}^{\mathrm{I}} = -\frac{\sqrt{2}}{2}\ell_c\,.$$

Für die Bereiche 1 und 3 brauchen die Verschiebungen w_{ij} nicht berechnet zu werden, da dort keine Lasten angreifen und sich somit keine Arbeitsanteile ergeben.

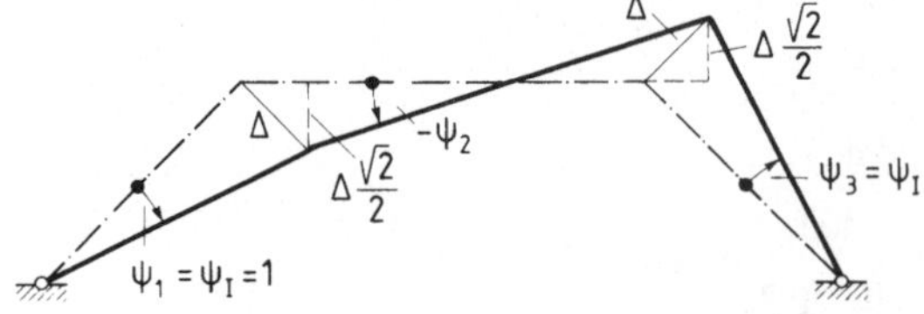

Bild 4.35. Geometrie des Verschiebungszustands infolge $\psi_1 = 1$

4.5.5 Gleichungssystem für die geometrisch Unbekannten

Zur Ermittlung der drei geometrisch Unbekannten stehen bei diesem Beispiel zwei Knotengleichungen und eine Netzgleichung (s. Tabelle 4.9, Gln.(4.4.18 und 4.4.19)) zur Verfügung. Da die Vorverformungen in einem gesonderten Berechnungsgang berücksichtigt werden, entfallen hier die entsprechenden Terme.

Knotengleichung am Knoten 2

$$(\eta_1 \varkappa_1^g + \eta_2 \varkappa_2^e)\varphi_2 + \eta_2\gamma_2\varkappa_2^e\varphi_3 - [\eta_1\varkappa_1^g\psi_1^I + \eta_2(1+\gamma_2)\varkappa_2^e\psi_2^I]\,\psi_I = -(m_{21}^0 + m_{23}^0) - m_2 .$$

Knotengleichung am Knoten 3

$$\eta_2\gamma_2\varkappa_2^e\varphi_2 + (\eta_3\varkappa_3^g + \eta_2\varkappa_2^e)\varphi_3 - [\eta_3\varkappa_3^g\psi_3^I + \eta_2(1+\gamma_2)\varkappa_2^e\psi_2^I]\,\psi_I = -(m_{32}^0 + m_{34}^0) - m_3 .$$

Netzgleichung (ohne Vorverformungen)

Mit R = N = I und M = I folgt die Netzgleichung zur Bestimmung der dritten geometrisch Unbekannten, die aus Gründen der besseren Übersicht entsprechend den Laufvariablen zeilenweise gebildet wird:

$$\begin{array}{lll}
\left.\begin{array}{l} i = 2, \\ s = 1,2 \end{array}\right\} & : & -[\eta_1\varkappa_1^g\psi_1^I + \eta_2(1+\gamma_2)\varkappa_2^e\psi_2^I]\,\varphi_2 \\
\left.\begin{array}{l} i = 3, \\ s = 2,3 \end{array}\right\} & : & -[\eta_3\varkappa_3^g\psi_3^I + \eta_2(1+\gamma_2)\varkappa_2^e\psi_2^I]\,\varphi_3 \\
\left.\begin{array}{l} R = N = I, \\ s = 1,2,3 \end{array}\right\} & : & +\{\eta_1(\varkappa_1^g + \overset{*}{s}_1)\psi_1^I\psi_1^I + \eta_3(\varkappa_3^g + \overset{*}{s}_3)\psi_3^I\psi_3^I \\
 & & +\eta_2[2(1+\gamma_2)\varkappa_2^e + \overset{*}{s}_2]\psi_2^I\psi_2^I\}\,\psi_I \\
s = 1,3 & : & = 0 \\
s = 2 & : & +(m_{23}^0 + m_{32}^0)\psi_2^I + (f_{23}^w + r_{23}^P)\dfrac{w_{23}^I}{\ell_c} \\
 & & +(f_{32}^w - r_{32}^P)\dfrac{w_{32}^I}{\ell_c} + (f_{23}^u + f_{32}^u)\dfrac{u_2^I}{\ell_c} .
\end{array}$$

Aus Bild 4.36b folgt

$$F_{23}^w = F \quad \text{bzw.} \quad f_{23}^w = f = 1{,}1314\,q\,, \quad f_{32}^w = f_{23}^u = f_{32}^u = 0\,,$$

$$R_{23}^P = -R_{32}^P = \frac{\hat{q}\ell_2}{2} \quad \text{bzw.} \quad r_{23}^P = -r_{32}^P = \alpha_2\frac{q}{2} = \frac{\sqrt{2}}{2}q\,,$$

$$m_{32}^0 = -m_{23}^0 .$$

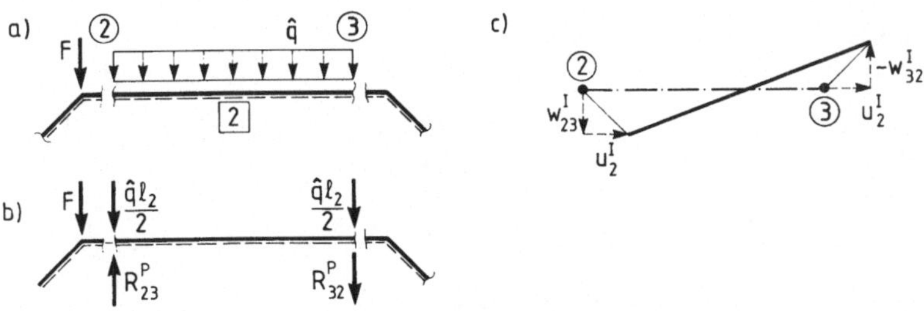

Bild 4.36a–c. Bereich 2. **a** System, **b** Querkraftermittlung, **c** Knotenverschiebungen

Die rechte Seite der Netzgleichung lautet

$$(f_{23}^{w}+r_{23}^{P})\frac{w_{23}^{I}}{\ell_c}-r_{32}^{P}\frac{w_{32}^{I}}{\ell_c}=\left(1{,}1314+\frac{\sqrt{2}}{2}\right)q\frac{\sqrt{2}}{2}-\left(-\frac{\sqrt{2}}{2}q\right)\left(-\frac{\sqrt{2}}{2}\right)=0{,}800\,q\,.$$

Allgemeines Gleichungssystem

Nach Einsetzen der Werte für η_s und ψ_s^I erhält man die Bestimmungsgleichungen zur Ermittlung der geometrisch Unbekannten:

$$\begin{aligned}
&(\varkappa_1^g+\sqrt{2}\,\varkappa_2^e)\,\varphi_2+ && \sqrt{2}\,\gamma_2\varkappa_2^e\,\varphi_3- && [\varkappa_1^g-\sqrt{2}\,(1+\gamma_2)\varkappa_2^e]\,\psi_I=-\,m_{23}^0,\\
&\sqrt{2}\,\gamma_2\varkappa_2^e\,\varphi_2+ && (\varkappa_3^g+\sqrt{2}\,\varkappa_2^e)\,\varphi_3- && [\varkappa_3^g-\sqrt{2}\,(1+\gamma_2)\varkappa_2^e]\,\psi_I=-\,m_{32}^0,\\
&-[\varkappa_1^g-\sqrt{2}\,(1+\gamma_2)\varkappa_2^e]\,\varphi_2- && [\varkappa_3^g-\sqrt{2}\,(1+\gamma_2)\varkappa_2^e]\,\varphi_3+ && \begin{bmatrix}\varkappa_1^g+\varkappa_3^g+\sqrt{2}\cdot 2(1+\gamma_2)\varkappa_2^e\\ \underline{+\overset{*}{s}_1+\sqrt{2}\,\overset{*}{s}_2+\overset{*}{s}_3}\end{bmatrix}\psi_I=0{,}800\,q\,.
\end{aligned}$$

Dieses Gleichungssystem gilt auch für Th.I.O., wenn die unterstrichenen Terme weggelassen werden.

Die Systemmatrix muß symmetrisch zur Hauptdiagonalen sein. Diese Sichtkontrolle ist hier erfüllt.

4.5.6 Schätzung der Längskräfte

Eine gute Näherung für die Längskräfte erhält man, wenn zunächst die Schnittgrößen nach Th.I.O. bestimmt werden. Für die elektronische Berechnung ist dieser Weg stets zu empfehlen, da er kaum mit zusätzlichem Aufwand verbunden ist; zudem läßt sich auf diese Weise wegen der i.allg. recht genauen Ausgangswerte die Längskraftiteration oft verkürzen oder ganz vermeiden (vgl. Abschn. 4.3.6).

Längskräfte nach Th.I.O.

Es müssen zunächst die Drehwinkel und die Stabendmomente sowie anschließend die Quer- und Längskräfte berechnet werden. Mit

$$\varkappa_1^g=\varkappa_3^g=3,\qquad \varkappa_2^e=4,\qquad \gamma_2=0{,}5\qquad \text{und}\qquad m_{23}^0=-m_{32}^0=-\alpha_2^2 q/12=-q/6$$

folgt das Gleichungssystem für Th.I.O.

$$\begin{aligned}
8{,}657\,\varphi_2+2{,}828\,\varphi_3+\ 5{,}485\,\psi_I&=\ \ 0{,}1667\,q\,,\\
2{,}828\,\varphi_2+8{,}657\,\varphi_3+\ 5{,}485\,\psi_I&=-0{,}1667\,q\,,\\
5{,}485\,\varphi_2+5{,}485\,\varphi_3+22{,}971\,\psi_I&=\ \ 0{,}8000\,q
\end{aligned}$$

mit der Lösung

$$\begin{aligned}
&\varphi_2=0{,}0070\,q\,, && \varphi_3=-0{,}0501\,q\,, && \psi_I=\ \ 0{,}0451\,q\,,\\
&\psi_1=0{,}0451\,q\,, && \psi_3=\psi_1\,, && \psi_2=-0{,}0451\,q\,.
\end{aligned}$$

Aus (4.3.17) ergeben sich die Stabendmomente nach Th.I.O. zu

$$m_{21}=\eta_1\,\varkappa_1^g(\varphi_2-\psi_I)+m_{21}^0=3(0{,}0070-0{,}0451)q=-0{,}1143\,q\,,$$

$$m_{23}=\eta_2\varkappa_2^e[\varphi_2+\gamma_2\varphi_3-(1+\gamma_2)\psi_2]+m_{23}^0$$

$$=\sqrt{2}\cdot 4[0{,}0070+0{,}5(-0{,}0501)-1{,}5(-0{,}0451)]q-\frac{1}{6}q=0{,}1139\,q\,,$$

(Kontrolle: $\Sigma M_2=-0{,}1143+0{,}1139\approx 0)$,

$$m_{32}=\sqrt{2}\cdot 4[-0{,}0501+0{,}5\cdot 0{,}0070-1{,}5(-0{,}0451)]q+\frac{1}{6}q=0{,}2857\,q\,,$$

$$m_{34}=3(-0{,}0501-0{,}0451)q=-0{,}2856\,q$$

und aus (4.3.26, 4.3.27) mit Bild 4.19 die Stabendquerkräfte

$$r_{12}=r_{21}=-\frac{(-0{,}1143)q}{1}=0{,}1143\,q\,,$$

$$r_{23}=-\frac{(0{,}1139+0{,}2857)q}{\sqrt{2}}+\frac{\sqrt{2}}{2}q=0{,}4245\,q\,,$$

$$r_{32}=-0{,}2826\,q-\frac{\sqrt{2}}{2}q=-0{,}9897\,q\,,$$

$$r_{34}=r_{43}=-\frac{(-0{,}2856)q}{1}=0{,}2856\,q\,.$$

Die Längskräfte nach Th.I.O. werden aus dem Kräftegleichgewicht an den Knoten 2 und 3 ermittelt (Bild 4.37a, b):

ΣV(Knoten 2) $=0$: $\quad S_1\frac{\sqrt{2}}{2}=R_{21}\frac{\sqrt{2}}{2}-R_{23}-F,$

$$S_1=R_{21}-\sqrt{2}\,R_{23}-\sqrt{2}\,F,$$

$$s_1=r_{21}-\sqrt{2}\,(r_{23}+f)=0{,}1143\,q-\sqrt{2}\,(0{,}4245+1{,}1314)\,q=-2{,}0861\,q\,,$$

ΣK(senkrecht zur Stabachse 1) $=0$: $\quad S_2\frac{\sqrt{2}}{2}=R_{21}-\frac{\sqrt{2}}{2}(R_{23}+F),$

$$S_2=\sqrt{2}\,R_{21}-(R_{23}+F),$$

$$s_2=\sqrt{2}\,r_{21}-(r_{23}+f)=\sqrt{2}\cdot 0{,}1143\,q-(0{,}4245+1{,}1314)q=-1{,}3943\,q\,,$$

ΣV(Knoten 3) $=0$: $\quad S_3\frac{\sqrt{2}}{2}=R_{32}-\frac{\sqrt{2}}{2}R_{34},$

$$s_3=\sqrt{2}r_{32}-r_{34}=-\sqrt{2}\cdot 0{,}9897\,q-0{,}2856q=-1{,}6852q.$$

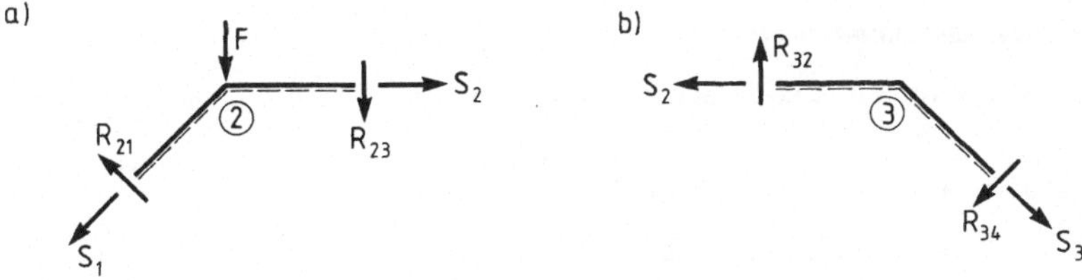

Bild 4.37 a, b. Kräftegleichgewicht an den Knoten. **a** Knoten 2, **b** Knoten 3

Mit $\overset{*}{s}_s = \alpha_s^2 \beta_s s_s$ und $\varepsilon_s^2 = |\overset{*}{s}_s|$ ergeben sich die einheitenfreien Längskräfte und die Quadrate der Stabkennzahlen:

$$\overset{*}{s}_1 = \quad s_1 = -2{,}0861\,q, \qquad \varepsilon_1^2 = 2{,}0861\,q,$$

$$\overset{*}{s}_2 = (\sqrt{2})^2 \frac{1}{2} s_2 = -1{,}3943\,q, \qquad \varepsilon_2^2 = 1{,}3943\,q,$$

$$\overset{*}{s}_3 = \quad s_3 = -1{,}6852\,q, \qquad \varepsilon_3^2 = 1{,}6852\,q.$$

Diese Werte stellen eine i.allg. recht genaue Schätzung der endgültigen Längskräfte vor Beginn der eigentlichen Berechnung nach Th.II.O. dar.

4.5.7 Schnittgrößen nach Th.II.O.

Wahl der Laststufe

Zusätzlich zu den Ausführungen in Abschn. 4.3.6 sollen Überlegungen angestellt werden, eine obere Grenze für die Laststufe q abzuschätzen. Hierfür gibt es grundsätzlich drei Möglichkeiten:

- Die Formänderungsgrößen infolge von Bemessungslasten werden auf $\max|\varphi, \psi| \lesssim 1/50$ beschränkt, da sonst der Gültigkeitsbereich für Th.II.O. verlassen wird.
- Der Spannungsnachweis

  $$\max|\sigma| = \max\left|\frac{S}{A} \pm \frac{M}{W}\right| \leq \beta_S$$

  wird für Bemessungslasten geführt, d.h. bei Berechnung nach Th.II.O. darf die Streckgrenze in der am stärksten beanspruchten Faser des Systems nicht überschritten werden. Für den Werkstoff Stahl St 37 (St 52) läßt sich hieraus die Bedingung $\max|\overset{*}{m}| \lesssim 0{,}2$ (0,3) ableiten (s. Abschn. 4.5.11).
- Die Vorbemessung erfolgt mit den Ergebnissen der Th.I.O. Häufig ergibt sich hieraus eine realistische Abschätzung der oberen Grenze der Laststufe.

Im vorliegenden Beispiel erhält man unter Anwendung der ersten beiden Möglichkeiten (die dritte wird erst am Ende des Berechnungsgangs in Abschn. 4.5.9 diskutiert) mit den Ergebnissen der Th.I.O. folgende Grenzen für die Laststufe q

- $\max|\varphi| = |\varphi_3| = 0{,}05\,q \lesssim \dfrac{1}{50}$ bzw. $q \lesssim 0{,}4$,
- $\max|\overset{*}{m}_{ij}| = \overset{*}{m}_{34} = |(-0{,}2856\,q)| = 0{,}2856\,q \lesssim 0{,}2$ bzw. $q \lesssim 0{,}7$
  mit $\overset{*}{m}_{ij} = \alpha_s\,\beta_s\,m_{ij}$.

Auf die Ermittlung des maximalen Feldmoments wurde hier verzichtet, da es bei diesem elastisch verschieblichen System nicht größer ist als das extremale Stabendmoment.

Der kleinere Wert, also $q = 0{,}4$, ist maßgebend und wird der weiteren Berechnung zugrunde gelegt.

Stabkennzahlen und Festeinspannmomente

Mit $q = 0{,}4$ ergeben sich aus Abschn. 4.5.6 die Schätzwerte für die einheitenfreien Längskräfte bzw. die Stabkennzahlen

$$\overset{*}{s}_1 = -2{,}0861 \cdot 0{,}4 = -0{,}834, \qquad \varepsilon_1 = 0{,}913,$$

$$\overset{*}{s}_2 = -1{,}3943 \cdot 0{,}4 = -0{,}558, \qquad \varepsilon_2 = 0{,}747,$$

$$\overset{*}{s}_3 = -1{,}6852 \cdot 0{,}4 = -0{,}674, \qquad \varepsilon_3 = 0{,}821$$

und damit nach Tabelle 4.1 die Steifigkeits- und Fortleitungszahlen

$$\varkappa_1^g = 2{,}829\,, \quad \varkappa_3^g = 2{,}863\,, \quad \varkappa_2^e = 3{,}925\,, \quad \gamma_2 = 0{,}514\,.$$

Hieraus lassen sich die Festeinspannmomente nach Abschn. 4.5.3 errechnen zu

$$m_{23}^0 = -m_{32}^0 = 0{,}4\,\frac{2}{-0{,}558}\left[1 - \frac{1}{2}(1 - 0{,}514)\,3{,}925\right] = -0{,}0663\,.$$

Der Vergleich der Festeinspannmomente nach Th.II.O. und Th.I.O. zeigt zunächst das überraschende Ergebnis, daß letztere betragsmäßig größer sind:

$$m_{23}^0(\text{Th.I.O.}) = -\frac{1}{6}\,q = -\frac{0{,}4}{6} = -0{,}0667\,,$$

$$|m_{23}^0(\text{Th.I.O.})| = 0{,}0667 > |m_{23}^0(\text{Th.II.O.})| = 0{,}0663\,.$$

Der Widerspruch läßt sich auf die Verwendung der gerundeten Werte von $\varkappa$ und γ zurückführen. Mit genaueren $\varkappa$- und γ-Werten ergibt sich

$$m_{23}^0(\text{Th.II.O.}) = -0{,}0673.$$

An diesem Beispiel ist wieder zu erkennen, daß bei kleinen Stabkennzahlen für $\varkappa$, γ und m^0 die Werte nach Th.I.O. verwendet werden dürfen. Der entscheidende Unterschied zwischen den Ergebnissen nach Th.I.O. und Th.II.O. bei elastisch verschieblichen Systemen und kleinen Stabkennzahlen wird durch den unterstrichenen Term auf der linken Seite der Netzgleichung (Tabelle 4.9, Gl. (4.4.19)) hervorgerufen.

Gleichungssystem und Lösung für $q = 0{,}4$

Die Werte von $\varkappa$, γ, ε und m^0 werden in das allgemeine Gleichungssystem (Abschn. 4.5.5) eingesetzt. Man erhält

$$\begin{aligned}
8{,}380\,\varphi_2 + 2{,}853\,\varphi_3 \qquad\qquad & + 5{,}575\,\psi_{\mathrm{I}} &&= 0{,}0673\,,\\
2{,}853\,\varphi_2 + 8{,}414\,\varphi_3 \qquad\qquad & + 5{,}541\,\psi_{\mathrm{I}} &&= -0{,}0673\,,\\
5{,}575\,\varphi_2 + 5{,}541\,\varphi_3 + (22{,}500 & - \underline{2{,}297})\,\psi_{\mathrm{I}} &&= 0{,}320\,.
\end{aligned}$$

Anmerkungen

- Die für Th.I.O. gültigen Werte sind Abschn. 4.5.6 zu entnehmen.
- Gegenüber Th.I.O. werden hier bei Th.II.O. die Hauptdiagonalglieder kleiner und die anderen Glieder größer; dies ist gleichbedeutend mit einer Verkleinerung des Determinantenwerts der Koeffizientenmatrix. Hat die Determinante den Wert Null, so wird damit der Stabilitätsverlust des Systems angezeigt (vgl. Kap. 5 und 8).
- Am dritten Hauptdiagonalglied ist der bereits erwähnte große Einfluß zu erkennen, der sich bei Systemen mit elastisch verschieblichen Knotenpunkten aus der Formulierung des Gleichgewichts am verformten System ergibt: Bei Th.I.O. entfällt der unterstrichene Term $\mathring{s}_1 + \sqrt{2}\,\mathring{s}_2 + \mathring{s}_3 = -2{,}297$.

Als Lösung des Gleichungssystems erhält man die geometrisch Unbekannten (in Klammern die Werte nach Th.I.O.)

$$\varphi_2 = 0{,}0013 \;\; (0{,}0028), \qquad \varphi_3 = -0{,}0227 \;\; (-0{,}0201), \qquad \psi_{\mathrm{I}} = 0{,}0217 \;\; (0{,}0180).$$

Der Ablauf der weiteren Berechnung erfolgt analog zu Abschn. 4.5.6 in den folgenden Schritten:

Stabendmomente

$$m_{21}=\eta_1\varkappa_1^g(\varphi_2-\psi_1)+m_{21}^0$$
$$=2{,}829\,(0{,}0013-0{,}0217)=-0{,}0577 \quad (-0{,}0457),$$

$$m_{23}=\eta_2\varkappa_2^e[\varphi_2+\gamma_2\varphi_3-(1+\gamma_2)(-\psi_1)]+m_{23}^0$$
$$=\sqrt{2}\cdot 3{,}925[0{,}0013+0{,}514(-0{,}0227)-1{,}514(-0{,}0217)]-0{,}0673$$
$$=0{,}0575 \quad (0{,}0456),$$

(Kontrolle: $m_{21}+m_{23}=0$),

$$m_{32}=\ldots=0{,}127 \quad (0{,}114), \qquad m_{34}=-0{,}126 \quad (-0{,}114).$$

Stabendquerkräfte

$$r_{12}=r_{21}=-\frac{-0{,}0577}{1}+\frac{1}{1}(-0{,}834)0{,}0217=0{,}0396,$$

$$r_{23}=-\frac{0{,}0575+0{,}127}{\sqrt{2}}+\frac{\sqrt{2}}{\sqrt{2}}(-0{,}558)(-0{,}0217)+\frac{\sqrt{2}}{2}0{,}4$$
$$=-0{,}1305+0{,}0121+0{,}2828=0{,}1644,$$

$$r_{32}=-0{,}1305+0{,}0121-0{,}2828=-0{,}4012,$$

$$r_{34}=r_{43}=-(-0{,}126)+(-0{,}674)0{,}0217=0{,}1113.$$

Längskräfte nach Th.II.O.

Da die Schnittkräfte R_{ij} und S_s senkrecht zur unverformten Stabachse definiert sind, können die Kräftegleichgewichtsbedingungen an den Knoten unverändert aus Th.I.O. übernommen werden. Im einzelnen ergibt sich für den

– *Knoten* 2:

$$s_1=r_{21}-\sqrt{2}(r_{23}+f) \quad (\text{mit } f=1{,}1314\cdot 0{,}4=0{,}4526)$$
$$=0{,}0396-\sqrt{2}(0{,}1644+0{,}4526)=-0{,}833=\mathring{s}_1,$$

$$s_2=\sqrt{2}\,r_{21}-(r_{23}+f)=\sqrt{2}\cdot 0{,}0396-(0{,}1644+0{,}4526)=-0{,}561=\mathring{s}_2,$$

– *Knoten* 3:

$$s_3=\sqrt{2}\,r_{32}-r_{34}=\sqrt{2}(-0{,}4012)-0{,}1113=-0{,}679=\mathring{s}_3.$$

Kontrolle

$$s_2=\frac{\sqrt{2}}{2}(s_3-r_{34}),$$

$$-0{,}561\approx\frac{\sqrt{2}}{2}(-0{,}679-0{,}1113)=-0{,}559.$$

Überprüfung, ob eine weitere Iteration erforderlich ist

Ob eine Nachiteration durchgeführt werden muß, erkennt man an der Gegenüberstellung der Längskräfte bzw. der Stabkennzahlen (Tabelle 4.11). Im vorliegenden Fall ist eine weitere Iteration überflüssig.

Tabelle 4.11. Gegenüberstellung der Längskräfte bei Th. I. O. und Th. II. O.

	Bezogene Längskraft		Abweichung
	gemäß erster Schätzung (Th.I.O.)	nach erster Iteration (Th.II.O.)	
$\overset{*}{s}_1$	- 0,834	- 0,833	0,1 ‰
$\overset{*}{s}_2$	- 0,558	- 0,561	0,5 ‰
$\overset{*}{s}_3$	- 0,674	- 0,679	0,7 ‰

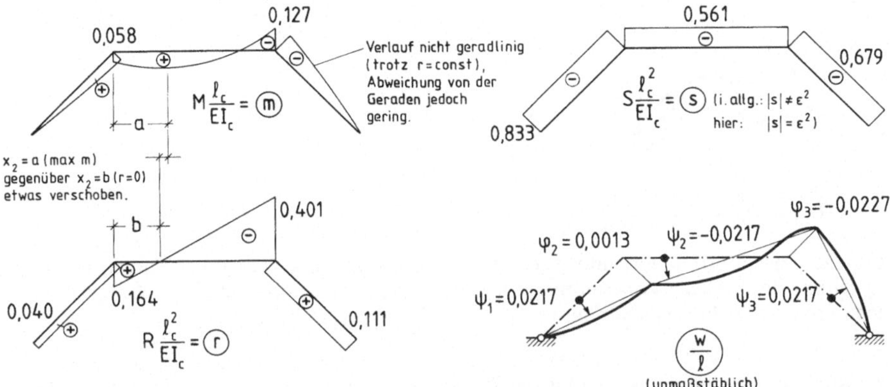

Bild 4.38. Schnittgrößen und Biegelinie nach Th. II. O. für $q = 0{,}4$

Darstellung der Schnittgrößen nach Th.II.O. für $q = 0{,}4$

Die Schnittgrößen und die Biegelinie sind in Bild 4.38 dargestellt. Es ist zu beachten, daß wegen (4.2.3) die Stabkoordinaten für das extremale Biegemoment und für die Querkraft $R = 0$ nicht zusammenfallen. In den Stielen ergibt sich ebenfalls wegen (4.2.3) trotz $r = \text{const}$ kein geradliniger Biegemomentenverlauf.

4.5.8 Lastfall Vorverformungen

Ansatz ungünstiger Vorverformungen

Bezüglich der grundsätzlichen Annahmen wird auf die Abschn. 4.4.1 und 4.4.4 verwiesen.

In diesem Beispiel werden die Vorverformungen gemäß [4.13] angesetzt; sie sind möglichst ungünstig aus einer Vorkrümmung und einer Vorverdrehung zu kombinieren (Bild 4.39).

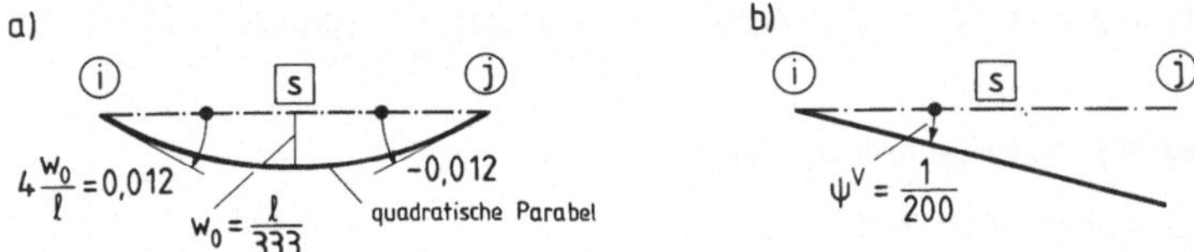

Bild 4.39 a, b. Geometrische Ersatzimperfektionen nach [4.13]. **a** Vorkrümmung, **b** Vorverdrehung

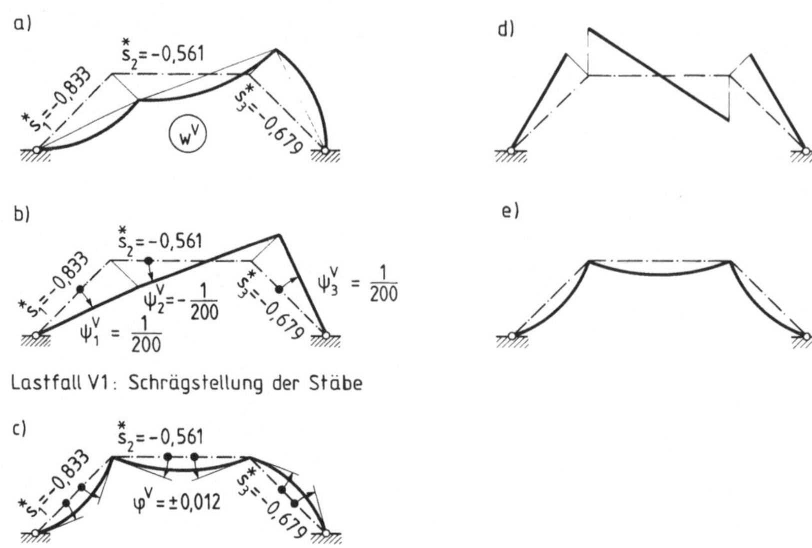

Bild 4.40a–e. Vorverformungen und eingeprägte Längskräfte. **a** Gewählte Vorverformung, **b** Schrägstellung der Stäbe, **c** Vorkrümmung der Stäbe, **d** mögliche Klaffung bei Schrägstellung, **e** mögliche unverträgliche Vorkrümmung

Einen Anhalt für eine möglichst ungünstige Kombination dieser Elemente der Ersatzimperfektionen am Gesamtsystem bietet die Knickbiegelinie. Im vorliegenden Fall ähnelt der qualitative Verlauf der Knickbiegelinie dem der Biegelinie infolge äußerer Last (Darstellung s. Bild 4.38). Eine möglichst gute Anpassung der Vorverformungen an die Knickbiegelinie erscheint damit besonders sinnvoll; sie liefert die in Bild 4.40a dargestellte Vorverformungsfigur.

Anmerkungen zur Aufspaltung in Teillastfälle

Um die Auswirkungen der einzelnen Vorverformungselemente deutlich zu machen, wird dieser Lastfall in zwei Teillastfälle aufgeteilt (Bild 4.40b,c), die getrennt berechnet werden. Die Abspaltung des Lastfalls Vorverformung und seine nochmalige Unterteilung sind nur unter Beachtung des speziellen Superpositionsgesetzes der Th.II.O. gestattet. Jeder Teillastfall muß unter der Wirkung der endgültigen Längskräfte aus der Summe aller Teillastfälle untersucht werden. Diese Längskräfte können i.allg. nur geschätzt oder näherungsweise nach Th.I.O. berechnet werden. Bei dem hier vorliegenden, ausgeprägt querbelasteten System ist abzusehen, daß der Einfluß der Vorverformungen gegenüber dem der planmäßigen Lasten gering ist. Dementsprechend unbedeutend ist auch die Änderung der Längskräfte infolge der Vorverformungen. Deshalb können hier die in Abschn. 4.5.7 ermittelten Längskräfte infolge planmäßiger Lasten mit hinreichender Genauigkeit als endgültige (eingeprägte) Längskräfte verwendet werden. Sind diese Voraussetzungen nicht gegeben, so müssen eine Längskraftiteration angeschlossen und die Berechnung aller Teillastfälle mit den verbesserten Längskräften wiederholt werden.

Lastfall Vorverformung V1: Schrägstellung der Stäbe

Festeinspannmomente (vgl. Tabelle 4.10, Zeile 1a)

Wegen $\varphi^v=\psi^v$ gilt $m_{ij}^v=0$. Eine anschauliche Erklärung ergibt sich aus Bild 4.41: Es liegt biegungsfreies Gleichgewicht am System mit beidseitig unverschieblicher Lagerung vor.

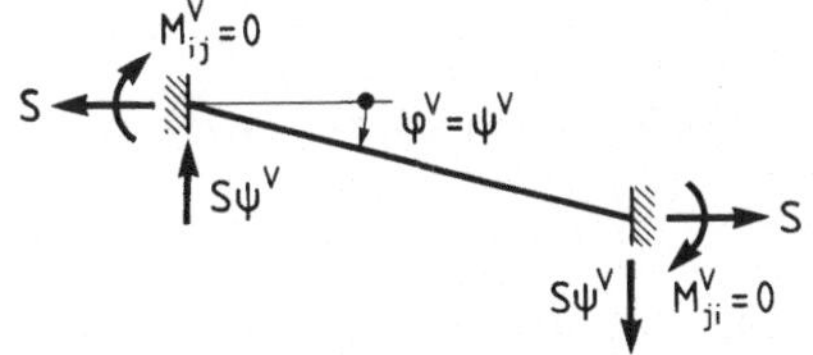

Bild 4.41. Gleichgewicht am vorverformten, geometrisch bestimmten Hauptsystem

Gleichungssystem

Da sich gegenüber Abschn. 4.5.7 nur die Belastung geändert hat, bleibt die Systemmatrix unverändert, während für die rechte Seite des Gleichungssystems gilt:

– Knotengleichungen: $\ldots = -\sum_{(j)} m^v_{ij}$, hier: $\ldots = 0$,

– Netzgleichung: $\ldots = \sum_{(s)} B_1(m^v_{ij} + m^v_{ji} - \eta_s \overset{*}{s}_s \psi^v_s)\, \psi^R_s$,

hier: $\ldots = -\eta_1 \overset{*}{s}_1 \psi^v_1 \psi^I_1 - \eta_2 \overset{*}{s}_2 \psi^v_2 \psi^I_2 - \eta_3 \overset{*}{s}_3 \psi^v_3 \psi^I_3$

$$= -1(-0{,}833)\frac{1}{200}\,1 - \sqrt{2}(-0{,}561)\left(-\frac{1}{200}\right)(-1) - 1(-0{,}679)\frac{1}{200}\,1$$

$$= 0{,}0115\,.$$

Das Gleichungssystem hat die Lösung:

$$\varphi_2 = -3{,}90 \cdot 10^{-4}, \quad \varphi_3 = -3{,}83 \cdot 10^{-4}, \quad \psi_I = 7{,}81 \cdot 10^{-4}.$$

Stabendmomente

$$m_{21} = 2{,}829(-3{,}90 - 7{,}82)10^{-4} = -0{,}0033,$$

$$m_{34} = 2{,}863(-3{,}83 - 7{,}82)10^{-4} = -0{,}0033.$$

Vergleicht man dieses Ergebnis mit dem infolge äußerer Last ($m_{21} = -0{,}0577$ und $m_{34} = -0{,}126$), so wird die geringe Abweichung bei den Biegemomenten deutlich erkennbar; sie beträgt 6% bzw. 3%.

Wertung

Bei „hinreichend“ querbelasteten Systemen spielt der Einfluß der Vorverformungen eine untergeordnete Rolle. Ausnahmen von dieser Regel werden in Kap. 8 besprochen.

Lastfall Vorverformung V2: Vorkrümmung der Stäbe

Festeinspannmomente

Aus Tabelle 4.10, Zeile 1 folgt mit $\varphi^v_i = \pm 0{,}012$ und $\psi^v_s = 0$

$$M^v_{21} = \frac{EI_1}{\ell_1}[\varkappa^g_1 - 2(1 + \gamma_I)]\,\varphi^v_2$$

(wobei auch im gelenkig gelagerten Bereich $\gamma_1 = \gamma^e_1 \neq 0$ einzusetzen ist),

$$m_{21}^{v}=\eta_1[\varkappa_1^g-2(1+\gamma_1)]\,\varphi_2^v=[2{,}829-2(1+0{,}522)]\,(-0{,}012)=0{,}00258$$

und entsprechend

$$m_{34}^{v}=[2{,}863-2\,(1+0{,}518)]\,(-0{,}012)=0{,}00208,$$

$$m_{23}^{v}=-m_{32}^{v}=\eta_2[(1-\gamma_2)\varkappa_2^e-2]\,\varphi_2^v=\sqrt{2}\,[(1-0{,}514)\,3{,}925-2]\,0{,}012=-0{,}00157.$$

Gleichungssystem

Die Systemmatrix ist wieder unverändert, während für die rechte Seite des Gleichungssystems gilt:

– Knotengleichungen:

Knoten 2: ... $=-(m_{21}^v+m_{23}^v)=-(0{,}00258-0{,}00157)=-0{,}00101,$

Knoten 3: ... $=-(m_{32}^v+m_{34}^v)=-(0{,}00157+0{,}00208)=-0{,}00365,$

– Netzgleichung:

... $=m_{21}^v\,\psi_1^I+(m_{23}^v+m_{32}^v)\,\psi_2^I+m_{34}^v\,\psi_3^I=0{,}00258+0+0{,}00208=0{,}00466.$

Das Gleichungssystem hat die Lösung:

$$\varphi_2=-2{,}03\cdot 10^{-4},\quad \varphi_3=-6{,}85\cdot 10^{-4},\quad \psi_I=4{,}76\cdot 10^{-4}.$$

Stabendmomente

$$m_{21}=2{,}829(-2{,}03-4{,}76)10^{-4}+0{,}00258=\;\;0{,}0007,$$

$$m_{34}=2{,}863(-6{,}85-4{,}76)10^{-4}+0{,}00208=-0{,}0012.$$

Wertung

Bei Systemen mit elastisch verschieblichen Knoten hat die Vorkrümmung der Stäbe bei kleinen Stabkennzahlen einen noch geringeren Einfluß als die Schrägstellung der Stäbe.

Zusammenfassende Betrachtung der Lastfälle Vorverformungen

Längskraftiteration

Wegen der geringen Änderung der Schnittgrößen infolge des Lastfalls Vorverformungen braucht hier keine Längskraftiteration durchgeführt zu werden, zumal erfahrungsgemäß die Änderung der Längskräfte noch geringer als die der Stabendmomente ausfällt.

Ungünstige Wirkung der Vorverformungen

In Tabelle 4.12 sind die Stabendmomente und die Spannungen in den Stielanschnitten der Knoten 2 und 3 infolge der äußeren Lasten und der Vorverformungen zusammengestellt. Die Vorkrümmung hat einen ungünstigen Einfluß auf m_{34}, jedoch eine günstige Auswirkung auf m_{21}. Da das Biegemoment am Knoten 3 betragsmäßig das größte ist, sind die angesetzten Vorverformungen insgesamt als ungünstig einzustufen.

Setzt man die Vorkrümmungen im Bereich 3 in entgegengesetzter Richtung an (Bild 4.40e), so ergeben sich überraschenderweise noch ungünstigere Werte. Die Berechnung wird hier übergangen; es ändern sich nur das Vorzeichen von m_{34}^v und damit die rechte Seite des Gleichungssystems. Als Ergebnis erhält man

$$10^4 m_{21}=19\quad(7),\qquad 10^4 m_{34}=-20\quad(-12),$$

wobei sich die Werte in Klammern auf den Lastfall V 2 beziehen.

Dieses Resultat bestätigt, daß die Frage, wie die Vorverformungen ungünstig anzusetzen sind, häufig nicht ganz einfach zu klären ist. Entsprechend müßte auch der Lastfall V 1 abgewandelt

Tabelle 4.12. Gegenüberstellung der Stabendmomente und Spannungen bei Th. I. O. und Th. II. O.

	Einheitenfreie Stabendmomente infolge					Spannungen in kN/cm² nach	
	Lasten F, $\hat{q}$		Schrägstellung	Vorkrümmung			
	Th.I.O.	Th.II.O.	ψ^V	φ^V		Th.I.O.	Th.II.O.
$10^4 m_{21}$	-457	-577	-33	+7	σ_{21}	10,3	12,6
$10^4 m_{34}$	-1142	-1260	-33	-12	σ_{34}	20,0	22,7

werden, wobei, wie in Abschn. 4.4 besprochen, auch unverträgliche Vorverformungen möglich sind (Bild 4.40d). Genauere Überlegungen sind aus den weiter oben angeführten Gründen aber nur bei Systemen mit geringer Querbelastung (s. Abschn. 4.5.10) bzw. mit planmäßig zentrischer Belastung erforderlich (vgl. Kap. 8).

4.5.9 Hinweise zur Bemessung

Bemessung für Biegemoment mit Längskraft

Die extremalen Schnittgrößen im Feld können entweder analytisch gemäß Abschn. 4.3.7 oder näherungsweise durch Berechnung der Schnittgrößen in hinreichend kleinen Abständen ermittelt werden. Dieser Berechnungsgang wird hier der Übersichtlichkeit halber weggelassen.

Den Abschluß der Beispielberechnung bildet die Biegebemessung am Knoten 3. Für einen Walzträger aus Stahl St 37 ($\beta_S = 24$ kN/cm²) lautet der geforderte Spannungsnachweis für Bemessungslasten

$$\max|\sigma| = \max\left|\frac{S}{A} \pm \frac{M}{W}\right| \le \beta_S .$$

Am Knoten 3 ergibt sich für $q = 0{,}4$ folgendes Biegemoment nach Th.II.O.:

$$m_3 = -0{,}132 = \frac{-0{,}132}{q}\,q = \frac{-0{,}132}{0{,}4}\,q = -0{,}33\,q\,,$$

$$\frac{M_3 \ell_c}{EI_c} = -0{,}33\,\frac{\hat{q}\ell_c^3}{EI_c},$$

$$M_3 = -0{,}33\,\hat{q}\ell_c^2 = -0{,}33 \cdot 50\,(5\sqrt{2})^2 = -825 \text{ kNm}$$

(zum Vergleich: M_3 (Th.I.O.) $= -0{,}286 \cdot 50\,(5\sqrt{2})^2 = -715$ kNm).

Maßgebend für die Bemessung ist Bereich 3, weil hier das Flächenmoment 2. Ordnung (Trägheitsmoment) kleiner ist als im Riegel. Die Längskraft im rechten Stiel ergibt sich zu

$$\overset{*}{s}_3 = s_3 = -0{,}679 = -\frac{0{,}679}{q}\,q = -\frac{0{,}679}{0{,}4}\,q = -1{,}70\,q,$$

$$\frac{S_3 \ell_c^2}{EI_c} = -1{,}70\,\frac{\hat{q}\ell_c^3}{EI_c}, \quad S_3 = -1{,}70\,\hat{q}\ell_c = -1{,}70 \cdot 50 \cdot 5\sqrt{2} = -601 \text{ kN}$$

(zum Vergleich: S_3 (Th.I.O.) $= -1{,}685 \cdot 50 \cdot 5\sqrt{2} = -596$ kN).

Es wird das Profil HE 550 A ($A = 212$ cm², $W_y = 4150$ cm³, $I_y = 111\,900$ cm⁴) gewählt. Damit lautet der Sicherheitsnachweis

$$\max|\sigma| = \frac{601}{212} + \frac{82\,500}{4\,150} = 22{,}7 \text{ kN/cm}^2 < \beta_S = 24 \text{ kN/cm}^2.$$

Abschließend werden die Stabkennzahl und die Laststufe überprüft. Für

$$EI_c = 2{,}1 \cdot 10^4 \cdot 1{,}119 \cdot 10^5 = 2{,}35 \cdot 10^9 \text{ kNcm}^2$$

ergibt sich

$$\overset{*}{s}_3 = s_3 = -\frac{S_3 \ell_c^2}{EI_c} = -\frac{601\,(500\sqrt{2})^2}{2{,}35 \cdot 10^9} = -0{,}128,$$

$$\text{vorh } |\overset{*}{s}_3| = 0{,}128 \ll |\overset{*}{s}_3|_{(q=0{,}4)} = 0{,}679$$

und

$$q = \frac{\hat{q}\ell_c^3}{EI_c} = \frac{50 \cdot 10^{-2}\,(500\sqrt{2})^3}{2{,}35 \cdot 10^9} = 0{,}075 \ll 0{,}4\,.$$

Neue Bemessung

Da die anfangs geschätzte Laststufe $q = 0{,}4$ viel größer als die tatsächlich vorhandene ist, soll überprüft werden, ob das nächst kleinere Profil (HE 500 A) ausreicht. Um den Sicherheitsnachweis erfüllen zu können, muß berücksichtigt werden, daß M_3 für eine niedrigere Laststufe als $q = 0{,}4$ kleiner als 825 kNm ist. Statt einer genauen Berechnung soll M_3 näherungsweise aus den bereits bekannten Werten ermittelt werden. Wegen der Krümmung der in Bild 4.42 dargestellten Kurve für M_3 liegt eine geradlinige Interpolation zwischen dem Ergebnis nach Th.I.O. und nach Th.II.O. (mit $q = 0{,}4$) auf der sicheren Seite.

Zur Erläuterung von Bild 4.42 wird angemerkt, daß hier bei einer Änderung der Laststufe q die γ-fache Gebrauchslast $\hat{q} = 50$ kN/m konstant bleibt, während die Biegesteifigkeit EI_c verändert wird.

Für das neue Profil HE 500 A ($A = 198\,\text{cm}^2$, $W_y = 3550\,\text{cm}^3$, $I_y = 86970\,\text{cm}^4$) ergibt sich mit

$$EI_c = 2{,}1 \cdot 10^4 \cdot 0{,}8697 \cdot 10^5 = 2{,}04 \cdot 10^9 \text{ kNcm}^2$$

die Laststufe zu

$$q = \frac{\hat{q}\ell_c^3}{EI_c} = \frac{50 \cdot 10^{-2}\,(500\sqrt{2})^3}{2{,}04 \cdot 10^9} = 0{,}087 \begin{cases} > 0{,}075, \\ \ll 0{,}4. \end{cases}$$

Aus einer geradlinigen Interpolation gewinnt man die Schnittgrößen

$$M_3 \approx -\left(715 + \frac{825-715}{0{,}4}\,0{,}087\right) = -(715+24) = -739 \text{ kNm},$$

$$S_3 \approx -596 - \frac{601-596}{0{,}4}\,0{,}087 = -596 - 1 = -597 \text{ kN}\,.$$

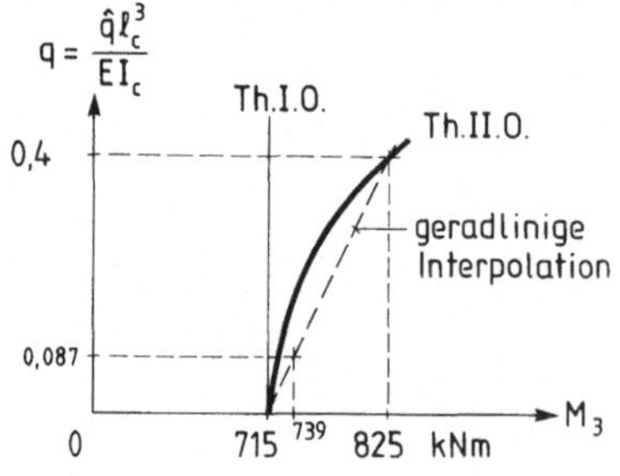

Bild 4.42. Biegemoment am Knoten 3 in Abhängigkeit von der Laststufe

Der Spannungsnachweis

$$\max|\sigma| = \frac{597}{198} + \frac{73\,900}{3\,550} = 23{,}8 < 24\ \text{kN/cm}^2$$

bestätigt, daß das Profil HE 500 A ausreichend ist.

Interpretation des Ergebnisses

- Bei diesem ausgeprägt auf Biegung beanspruchten System ist der Einfluß von Th.II.O. sehr gering (vgl. im Gegensatz dazu den erheblichen Einfluß bei einer Belastungsänderung, wie in Abschn. 4.5.10 dargestellt).
- Die Abschätzungen der Laststufe nach Abschn. 4.5.7 liefern nur für sehr schlanke, überwiegend durch Längskräfte beanspruchte Systeme realistische Werte.
- Bei vorwiegend auf Biegung beanspruchten Systemen ist eine Vorbemessung nach Th.I.O. mit γ-fachen Gebrauchslasten unter Zugrundelegung der Streckgrenze β_S stets zu empfehlen.
- Bei „sehr kleinen" Stabkennzahlen darf nach Th.I.O. bemessen werden. Als Anhalt hierfür kann gelten, daß die Bemessungslast kleiner als 1/10 der kritischen Last sein sollte (vgl. [4.13]). Dieser Fall wird in Kap. 8 nochmals behandelt.

Hinweis auf andere Nachweise

- Die Nachweise für Kippen und Biegedrillknicken (vgl. Kap. 5) sind gegebenenfalls gesondert zu führen, da durch die hier definierte Th.II.O. nur das Biegeknicken (vgl. Kap. 8) erfaßt werden kann.
- Der Nachweis der Gebrauchsfähigkeit (z.B. Durchbiegungsnachweis) ist grundsätzlich für Gebrauchslasten (also mit $\gamma = 1$) zu führen.

Wie sich die Verhältnisse bei vorwiegender Längskraftbeanspruchung ändern, wird im folgenden Abschnitt gezeigt.

4.5.10 Geänderte Belastung: Vorwiegende Längskraftbeanspruchung

Vorbemerkungen

Um den großen Einfluß der Th.II.O. und der Vorverformungen auf die Biegemomente von Systemen mit geringer Querbelastung zu zeigen, wird der in Abschn. 4.5 behandelte Trapezrahmen jetzt unter der Einwirkung von Einzellasten untersucht (Bild 4.43), die im wesentlichen durch Längskräfte abgetragen werden. Im Unterschied zu den vorangegangenen Beispielen erfolgt hier die Berechnung für vorgegebene Profile; die Ergebnisse werden in physikalischen Größen angegeben. Da sich die Koeffizientenmatrix in ihrem formalen Aufbau nicht ändert und die Vorgehensweise zur Ermittlung der rechten Seiten des Gleichungssystems bereits ausführlich erläutert wurde, kann auf eine Wiedergabe von Zwischenergebnissen weitgehend verzichtet werden.

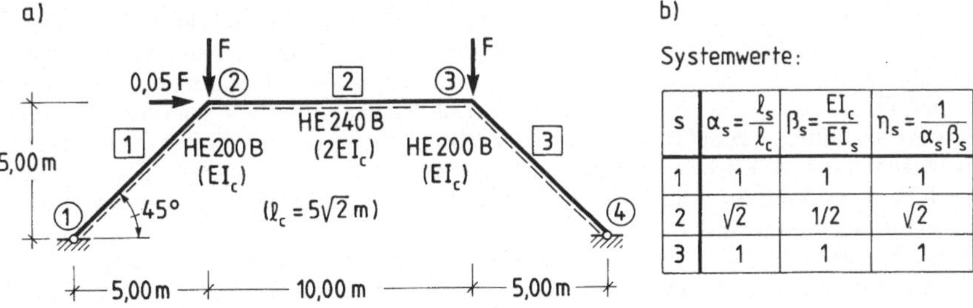

s	$\alpha_s = \frac{\ell_s}{\ell_c}$	$\beta_s = \frac{EI_c}{EI_s}$	$\eta_s = \frac{1}{\alpha_s \beta_s}$
1	1	1	1
2	$\sqrt{2}$	1/2	$\sqrt{2}$
3	1	1	1

Bild 4.43a, b. Anwendungsbeispiel. **a** System mit geänderter Belastung, **b** Systemwerte

System und Belastung

Gebrauchslasten: $F_G = 267$ kN,

Sicherheitsfaktor: $\gamma = 1{,}5$,

Bemessungslasten: $F = 1{,}5 \cdot 267 = 400$ kN,

Profile: Stiele: HE 200 B ($A = 78{,}1$ cm², $W_y = 570$ cm³, $I_y = 5\,700$ cm⁴),
Riegel: HE 240 B ($A = 106$ cm², $W_y = 938$ cm³, $I_y = 11\,260$ cm⁴),

Laststufe: $f_c = \dfrac{F\ell_c^2}{EI_c} = \dfrac{400\,(500\sqrt{2})^2}{2{,}1 \cdot 10^4 \cdot 5\,700} = 1{,}67$,

Vorverformungen: nach Bild 4.40b, c (die Vorkrümmungen nach Bild 4.40c sind in diesem Fall ungünstiger als nach Bild 4.40e).

Ergebnisse nach Th.I.O.

Die Längskräfte und Biegemomente sind in Bild 4.44a,b dargestellt. Für die Bemessung ist der rechte Stiel am Knoten 3 maßgebend. Mit den Schnittgrößen $S = -576$ kN und $M = -25$ kNm folgt für den Spannungsnachweis (unter Bemessungslasten)

$$|\sigma^{\mathrm{I}}| = \frac{576}{78{,}1} + \frac{25 \cdot 10^2}{570} = 7{,}4 + 4{,}4 = 11{,}8 < \beta_S = 24 \text{ kN/cm}^2.$$

Dieser Spannungsnachweis berücksichtigt das Knicken nicht; er liefert deshalb für vorwiegend druckbeanspruchte Systeme zu günstige Werte.

Im Vorgriff auf Kap. 5 und 8 wird zum Vergleich der Spannungsnachweis mit Hilfe eines Ersatzstabverfahrens (hier: ω-Verfahren der DIN 4114) geführt. Aus einer Knickuntersuchung erhält man für den rechten Stiel die Knicklänge $s_K = 10{,}65$ m. Mit dem Trägheitsradius $i_y = 8{,}54$ cm und dem Schlankheitsgrad

$$\lambda_y = \frac{s_K}{i_y} = \frac{1\,065}{8{,}54} = 125$$

liest man aus den ω-Tabellen den Wert

$$\omega_y = 2{,}64$$

ab. Der Spannungsnachweis ist für den Gebrauchszustand zu führen; die Schnittgrößen müssen deshalb durch den Sicherheitsfaktor $\gamma = 1{,}5$ dividiert werden. Der Nachweis lautet

$$|\sigma_\omega| = \left(2{,}64\,\frac{576}{78{,}1} + 0{,}9\,\frac{2\,500}{570}\right)\frac{1}{1{,}5} = 13{,}0 + 2{,}6 = 15{,}6 \text{ kN/cm}^2 > \text{zul}\,\sigma_D = 14 \text{ kN/cm}^2.$$

Die Tragsicherheit des Rahmens ist unter Zugrundelegung des ω-Verfahrens nicht gewährleistet.

Ergebnisse nach Th.II.O.

Die Biegemomente sind getrennt für die drei Lastfälle (Einzellasten, Schrägstellung bzw. Vorkrümmung der Stäbe) in Bild 4.44c – e zusammengestellt und in Bild 4.44f aufsummiert. Die Berechnung nach Th.II.O. ohne Vorverformungen hat nahezu eine Verdoppelung der Biegemomente gegenüber Th.I.O. zur Folge. Die Biegemomente infolge der gewählten Vorverformungen sind ungefähr um die Hälfte größer als die der Th.I.O. Zu beachten ist, daß bei diesem System trotz der elastisch verschieblichen Knoten und der verhältnismäßig kleinen Längskraftkennzahlen ($\varepsilon_1 = 1{,}52$, $\varepsilon_2 = 1{,}31$, $\varepsilon_3 = 1{,}55$) der Einfluß der Vorkrümmungen gegenüber dem der Schrägstellung der Stäbe nicht vernachlässigt werden darf.

Die Längskräfte nach Th.I.O. und Th.II.O. unterscheiden sich um weniger als 1%, obgleich sich die Biegemomente und damit auch die Querkräfte stark ändern. Dieses Ergebnis bestätigt, daß eine Vorberechnung der Längskräfte mit Hilfe der Th.I.O. die Längskraftiteration in der Regel überflüssig macht.

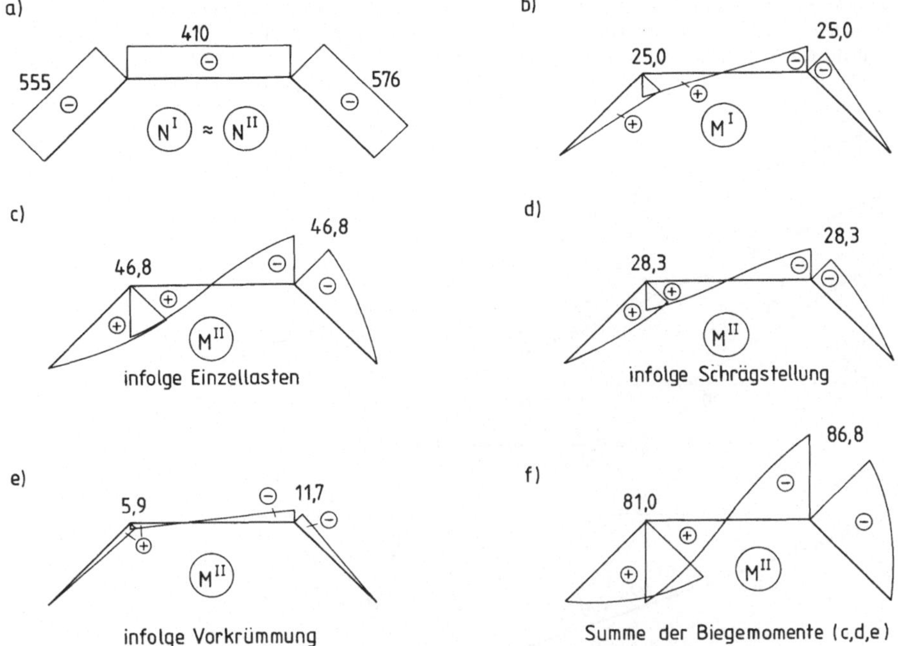

Bild 4.44a–f. Längskräfte (in kN) und Biegemomente (in kNm)

Der Spannungsnachweis wird wie zuvor für den rechten Stiel geführt:

$$|\sigma^{II}| = \frac{576}{78{,}1} + \frac{86{,}8 \cdot 10^2}{570} = 7{,}4 + 15{,}2 = 22{,}6 \text{ kN/cm}^2 < \beta_S = 24 \text{ kN/cm}^2.$$

Im Gegensatz zum ω-Verfahren ist der Spannungsnachweis nach Th.II.O. unter Berücksichtigung der Vorverformungen erfüllt.

4.5.11 Anhang: Bemessungsdiagramm für Biegemoment mit Längskraft

Im folgenden wird ein einheitenfreies Diagramm für symmetrische Querschnitte entwickelt, aus dem das elastische Grenzmoment $\overset{*}{m}_{el,Gr} = M_{el,Gr}\ell/(EI)$ in Abhängigkeit von der Längskraft $\overset{*}{s}$ und vom geometrischen Schlankheitsgrad λ entnommen werden kann. Alle Größen sind auf den Bereich s bezogen; der Index s wird in den Ableitungen weggelassen.

Der geforderte Spannungsnachweis der Th.II.O. lautet: $\sigma \leq \beta_S$. Hieraus ergibt sich für zur Biegeachse symmetrische Querschnitte der Höhe h

$$\sigma_{el,Gr} = \frac{M_{el,Gr}}{I}\frac{h}{2} + \frac{|S|}{A} = \beta_S$$

und nach Division durch den Elastizitätsmodul

$$M_{el,Gr}\frac{\ell}{EI}\frac{h}{2\ell} + \frac{|S|\ell^2}{EI}\frac{I}{A\ell^2} = \frac{\beta_S}{E}$$

bzw.

$$\overset{*}{m}_{el,Gr} = \left(\frac{\beta_S}{E} - \varepsilon^2\frac{I}{A\ell^2}\right)\frac{2\ell}{h}.$$

Tabelle 4.13a–c. Elastische Grenzmomente in Abhängigkeit von Stabkennzahl und geometrischem Schlankheitsgrad. **a** Für Stahl St37, **b** für Stahl St52, **c** Umrechnungsfaktoren für verschiedene Querschnitte

a)

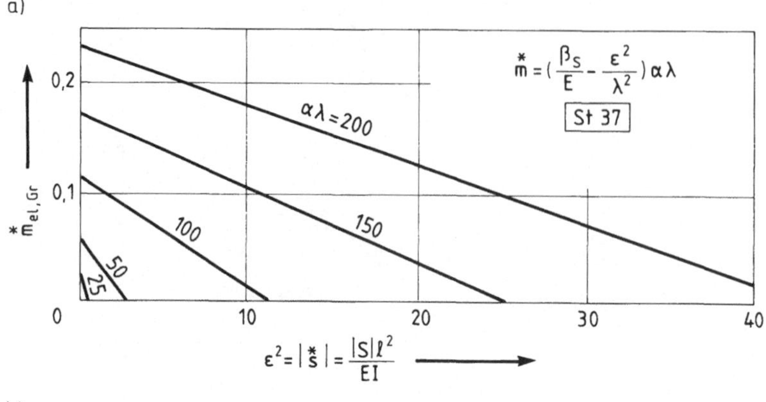

b)

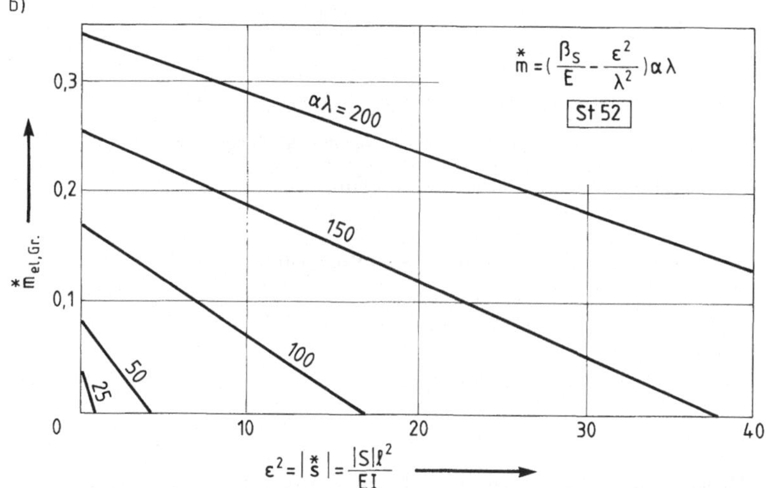

c)

Umrechnungs- faktoren $\alpha = 2\frac{i}{h}$ =	A/2, A/2, h	h	h	h
	1	0,58	$0{,}77 \leq \alpha \leq 0{,}88$	$0{,}4 \leq \alpha \leq 0{,}55$

Mit $I/(A\ell^2) = 1/\lambda^2$ und $\ell = \lambda i$ (geometrischer Schlankheitsgrad λ, Trägheitsradius i) folgt schließlich für das elastische Grenzmoment

$$\overset{*}{m}_{\text{el,Gr}} = \left(\frac{\beta_S}{E} - \frac{\varepsilon^2}{\lambda^2}\right) \lambda \frac{2i}{h}. \tag{4.5.1}$$

Die Faktoren $\alpha = 2i/h$ sind für im Bauwesen häufig verwendete Profile in Tabelle 4.13 angegeben.

Die Fließbedingung (4.5.1) wird für den Doppelpunktquerschnitt aus Baustahl St 37 bzw. St 52 ausgewertet. Für alle anderen Querschnitte tritt das Fließen in der Randfaser früher ein. Die dem Diagramm entnommenen Grenzmomente sind mit dem zur Querschnittsform gehörenden Faktor $\alpha = 2i/h$ zu multiplizieren.

Das Diagramm gilt für Druck- und Zugstäbe, wenn S betragsmäßig eingesetzt wird. Man erkennt, daß die in Abschn. 4.5.7 angegebenen, aus dem Spannungsnachweis resultierenden Grenzen für $\mathring{m}_{\mathrm{el,Gr}}$ nur für extrem schlanke Bauteile gelten.

4.6 Zusammenfassung

Die in diesem Kapitel gewonnenen Erkenntnisse sollen im Hinblick auf die praktische Berechnung von Systemen mit Hilfe der E.Th.II.O. zusammengefaßt werden. Im wesentlichen sind zwei Problemgruppen zu unterscheiden.

Bei *ausgeprägter Querbelastung* (eine genauere Definition erfolgt in Kap. 8) sind die Biegespannungen für die Bemessung maßgebend. Die Längskraftbeanspruchung und damit das Knicken spielen eine untergeordnete Rolle. Die Unterschiede der Ergebnisse einer Berechnung nach Th.I.O. und Th.II.O. sowie die Auswirkungen von Vorverformungen sind gering. Eine Vorbemessung mit Hilfe der Th.I.O. ohne Berücksichtigung des Knickens führt zu Querschnittsabmessungen, die i.allg. nur geringfügig korrigiert werden müssen.

Bei *vorwiegender Längskraftbeanspruchung* ist es unerläßlich, den Einfluß der Stablängskräfte auf das Gleichgewicht, und damit auch die Vorverformungen, zu berücksichtigen. Eine Vorbemessung muß das Knickproblem erfassen. Hierzu ist die Kenntnis der Größenordnungen für die Knicklast bzw. für die Knicklänge erforderlich, um die Beanspruchung zutreffend abschätzen zu können. Die Form der Knickbiegelinie liefert einen guten Anhalt für den Ansatz möglichst ungünstiger Vorverformungen.

Kriterien für die Abgrenzung der beiden Problemgruppen sowie weitere Möglichkeiten zur Vorbemessung bzw. zum Nachweis der Tragsicherheit werden in Kap. 8 ausführlich erörtert, wobei auch Fälle behandelt werden, in denen die bislang erläuterten Methoden versagen.

Voraussetzung für alle weiteren Untersuchungen ist die Analyse des Stabilitätsverhaltens, die im folgenden Kapitel durchgeführt wird.

5 Stabilitätsprobleme der Elastostatik

5.1 Überblick

Nach einer Gegenüberstellung von Spannungs- und Stabilitätsproblemen werden einige Erscheinungsformen möglicher Instabilitäten in der Elastostatik aufgezeigt. Hierbei werden die elementaren Grundlagen der Stabilitätstheorie als bekannt vorausgesetzt.

Die Behandlung von Verzweigungsproblemen nimmt wegen ihrer praktischen Bedeutung den größten Raum ein. Die Herleitung der theoretischen Grundlagen erfolgt unter Verwendung der Gleichgewichtsmethode, wobei die „klassische Näherung" aufgrund ihrer rechentechnischen Vorteile im Vordergrund steht. Wegen der großen Bedeutung von Stabilitätsproblemen für das Berechnungskonzept wird auf sie in Kap. 8 nochmals eingegangen, in dem auch der Zusammenhang von Spannungs- und Stabilitätsnachweis unter Einbeziehung der Imperfektionen, Material-Nichtlinearitäten und der verwendeten Berechnungsverfahren untersucht wird.

Auf eine Problemlösung mit Hilfe der energetischen Methode wird ebenso verzichtet wie auf eine ausführliche Darstellung sämtlicher möglicher Stabilitätsfälle (vgl. [5.1 – 5.13]).

5.2 Erläuterung des Stabilitätsbegriffs in der Baustatik

5.2.1 Gegenüberstellung von Spannungs- und Stabilitätsproblemen

Wie bereits in den Kapiteln 1 bis 3 ausführlich erörtert, muß der Nachweis der Tragsicherheit eines Bauwerks i.allg. an einem idealisierten Modell mit vereinfachten Berechnungsmethoden durchgeführt werden. Für die Wahl eines geeigneten Nachweisverfahrens ist die Kenntnis der Last-Verschiebungs-Charakteristik von besonderer Bedeutung. Vor allem müssen solche Fälle erkannt und erfaßt werden, in denen bei einer nur geringfügigen Laststeigerung stark anwachsende Verschiebungen auftreten, die das System unbrauchbar machen oder zerstören.

Dieses Phänomen soll hier am planmäßig außermittig beanspruchten Stab erläutert werden (Bild 5.1a). Stäbe mit Querlasten, Vorverformungen oder anderen Imperfektionen zeigen einen vergleichbaren Verlauf der Last-Verschiebungs-Kurve. Am gewählten Beispiel läßt sich der Unterschied von Spannungs- und Stabilitätsproblemen gut darstellen. Zunächst werden die Kraft-Verschiebungs-Diagramme für verschiedene Exzentrizitäten e nach einer Theorie großer Verschiebungen (Abschn. 5.4) und nach der nur für kleine Verschiebungen gültigen Th.II.O. ermittelt (Bild 5.1b, c).

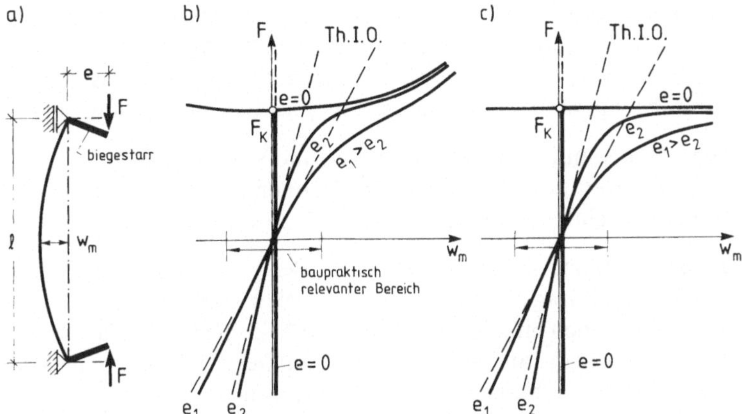

Bild 5.1a–c. Exzentrisch belasteter Stab. **a** System und Belastung, **b** Last-Verschiebungs-Diagramm nach einer Theorie großer Verschiebungen, **c** Last-Verschiebungs-Diagramm nach Th. II. O.

Eine Diskussion der Kurvenverläufe kommt zu folgenden qualitativen Ergebnissen: Für $F<0$ ergeben sich Zugkräfte im Stab. Die nach der genauen Theorie und nach Th.II.O. ermittelten zugehörigen Verschiebungen unterscheiden sich nur geringfügig. Sie sind beide betragsmäßig kleiner als diejenigen nach Th.I.O. und nehmen unterproportional mit der Belastung zu. Im gesamten Zugbereich ist der Zusammenhang von Belastung und Verschiebung eindeutig, d.h. es liegt kein Stabilitätsproblem vor. Das Verhalten des Systems in diesem Bereich kann für baupraktische Fälle hinreichend genau durch die lineare Theorie beschrieben werden.

Anders sind die Verhältnisse für $F>0$, d.h. bei Druckbeanspruchung. Hier nehmen die Verschiebungen überproportional mit der Belastung zu, wobei diese Zunahme für Werte $F \approx F_K$ sehr groß ist (Bild 5.1b). Die Lösung nach Th.II.O. ergibt Kurven, die sich asymptotisch an die horizontale Gerade $F=F_K$ annähern und die im baupraktisch relevanten Bereich die Realität genau genug erfassen (Bild 5.1.c). Die lineare Theorie kann das Systemverhalten nur für $F \ll F_K$ hinreichend zutreffend wiedergeben, während sie für Lasten $F \approx F_K$ völlig versagt.

Bei Exzentrizitäten ($e \neq 0$) ergeben sich stetige Last-Verschiebungs-Kurven. Dabei besteht jeweils eine eindeutige Zuordnung zwischen Last und Verschiebung, so daß kein Stabilitätsproblem vorliegt. Diese Fälle werden zur Unterscheidung auch als Spannungsprobleme bezeichnet.

Das eigentlich Neue und vom bisher erörterten Spannungsproblem Abweichende läßt sich am vorliegenden Beispiel für den Fall $e=0$ im Druckbereich darstellen. Dieser Grenzfall repräsentiert einen planmäßig zentrisch gedrückten Stab. Im Gegensatz zu allen bisher betrachteten Fällen treten wegen der fehlenden Exzentrizität keine Biegemomente im Stab auf, so daß er zunächst gerade bleibt. Die Last-Verschiebung-Kurve fällt mit der Ordinatenachse F zusammen, d.h. $w(x) \equiv 0$ (Bild 5.1b,c). Das Charakteristische des Kraft-Verschiebungs-Diagramms für $e=0$, an dem das Grundsätzliche eines Stabilitätsproblems aufgezeigt werden soll, läßt sich anschaulich mit Hilfe eines Experiments deutlich machen.

Hierzu wird ein im Gleichgewicht befindlicher Zustand, der als Grundzustand bezeichnet wird, gestört (z.B. durch seitliches „Antippen“). Als Folge dieser (infinitesimal kleinen) Störung können sich drei verschiedene Reaktionen des Systems ergeben, die die Art des Gleichgewichts charakterisieren. Das System befindet sich

- in stabilem Gleichgewicht, wenn es in den Grundzustand zurückkehrt,
- in labilem Gleichgewicht, wenn es sich weiter vom Grundzustand entfernt,
- in indifferentem Gleichgewicht, wenn es im gestörten Zustand verbleibt.

Diese drei Gleichgewichtszustände können auch am Beispiel einer Kugel auf unterschiedlich gekrümmter Unterlage veranschaulicht werden (vgl. Bild 5.2).

Untersucht man die verschiedenen möglichen Formen des Gleichgewichts für das in Bild 5.1 dargestellte System, so liegt im Falle $e \neq 0$ stets stabiles Gleichgewicht vor, während man für $e=0$ verschiedene Bereiche unterscheiden muß:

Im Bereich $F < F_K$ nimmt der Stab nach Aufbringen einer Störung seine ursprüngliche Gleichgewichtslage wieder ein, d.h. es besteht stabiles Gleichgewicht.

Im Bereich $F > F_K$ führen hingegen geringfügige Störungen der zur geraden Stabachse ($w(x) \equiv 0$) gehörenden Gleichgewichtslage zu großen Verschiebungen $w(x)$. Das System kehrt nicht in den Grundzustand zurück, sondern nimmt eine neue Lage mit gekrümmter Stabachse ein. Die zugehörige Last-Verschiebungs-Kurve besteht aus den beiden in F_K abzweigenden Kurvenästen. Diese neue Gleichgewichtslage erweist sich nach Aufbringen einer weiteren Störung als stabil. Dagegen ist der Grundzustand ($w(x) \equiv 0$; in Bild 5.1 gestrichelt dargestellt) oberhalb F_K labil.

Eine Sonderstellung nimmt der Punkt $F = F_K$ ein. Da sich der Stab auch nach einer Störung im Gleichgewicht befindet, liegt ein indifferenter Grundzustand vor. Für F_K ist somit mehr als ein Gleichgewichtszustand möglich, und zwar zum einen der Grundzustand mit $w(x) \equiv 0$ und zum anderen alle ausgeknickten Zustände mit infinitesimal kleinen Durchbiegungen, die den beiden horizontal abzweigenden Kurvenästen in der unmittelbaren Umgebung der Ordinatenachse entsprechen. Der zu $F = F_K$ gehörende Punkt der Kraft-Verschiebungs-Kurve heißt Indifferenzpunkt. Die zugehörige Kraftordinate wird als kritische Last F_K (nicht zu verwechseln mit Traglast) oder auch als niedrigster Eigenwert bezeichnet.

Zusammenfassend wird der Unterschied von Stabilitäts- und Spannungsproblemen wie folgt charakterisiert: Im Falle zentrischer Druckbeanspruchung ist der Zusammenhang zwischen Kraft und Verschiebung oberhalb der kritischen Last mehrdeutig; dies ist typisch für ein Stabilitätsproblem. Wirkt die Druckbeanspruchung exzentrisch oder sind zusätzlich zur Druckkraft Biegemomente infolge von Querlasten oder Vorverformungen vorhanden, so ergibt sich i.allg. eine eindeutige Kraft-Verschiebungs-Kurve, die das Spannungsproblem kennzeichnet. Eine Erweiterung dieser vereinfachenden Zuordnung wird in Abschn. 5.6.3 am Beispiel des Kippens eines Biegeträgers und in allgemeinerer Form in Kap. 8 besprochen.

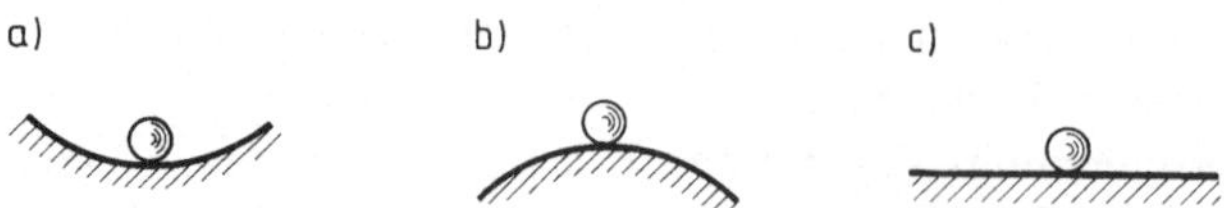

Bild 5.2 a–c. Gleichgewichtsarten. **a** Stabil, **b** labil, **c** indifferent

Je nach Größe der Exzentrizität schmiegen sich alle Last-Verschiebungs-Kurven mehr oder minder eng an jene Kennlinie an, die mit $e=0$ das Stabilitätsproblem beschreibt und die Grenzkurve für alle anderen Kurven darstellt. Dieses asymptotische Verhalten der Last-Verschiebungs-Kurven hat in der Baupraxis häufig dazu geführt, solche Fälle, die im Sinne der Definition streng genommen keine Stabilitätsprobleme sind, dennoch als solche zu bezeichnen.

Die mittels Th.II.O. gefundenen Ergebnisse (Bild 5.1c) gelten voraussetzungsgemäß nur für kleine Verschiebungen. Durch diese Vereinfachung geht die Mehrdeutigkeit der für $e=0$ gültigen Funktionen für $F>F_K$ verloren. Dieser Bereich wird in Abschn. 5.5 und Kap. 8 ausführlich besprochen.

5.2.2 Stabilitätsprobleme als Fälle von Mehrdeutigkeit

Im betrachteten Beispiel (Bild 5.1a) wird bei planmäßig zentrischer Druckbeanspruchung ($e=0$) mit $F=F_K$ die Grenze der Eindeutigkeit im Sinne von Kirchhoff erreicht, d.h. für $F \geq F_K$ sind für *einen* Wert der Belastung verschiedene Gleichgewichtszustände möglich. Allgemein läßt sich jedes Stabilitätsproblem als Mehrdeutigkeitsproblem wie folgt definieren:

Ein Stabilitätsproblem liegt dann vor, wenn zu einem bestimmten Wert der Belastung mehr als ein Verschiebungszustand möglich ist.

Die Mehrdeutigkeit kann dabei verschiedene Ursachen haben. Sie kommt im hier gewählten Beispiel dadurch zustande, daß von der Kraft-Verschiebungs-Kurve weitere Kurven abzweigen, die ebenfalls Gleichgewichtszustände kennzeichnen. Solche Fälle bezeichnet man als Verzweigungsprobleme (Bild 5.1b, Kurven für $e=0$).

Eine andere Ursache für das Vorliegen von Mehrdeutigkeit kann das Vorhandensein eines Extremwerts der Last-Verschiebungs-Kurve sein, wie er z.B. beim Durchschlagproblem auftritt (Bilder 5.3, 5.4).

Zum Erkennen von Stabilitätsproblemen reicht die lineare Theorie nicht aus; dazu ist zumindest bei der Aufstellung der Gleichgewichtsbedingungen die Berücksichtigung der Formänderungen des Systems erforderlich. Zur genauen Ermittlung der zugehörigen Kraft-Verschiebungs-Charakteristik benötigt man häufig eine Theorie höherer Ordnung, auf die in den Abschn. 5.3 und 5.4 eingegangen wird.

5.2.3 Ursachen und Auswirkungen von Stabilitätsproblemen

Als physikalische Ursache von Stabilitätsproblemen sind in der Regel (Ausnahmen s. [5.18], S. 461 ff. und [5.19], S. 248 ff.) Druckspannungen anzusehen, selbst wenn diese nur örtlich begrenzt auftreten, wie z. B. bei Biegeträgern in der Druckzone. Infolge der zusätzlichen Systemverformungen des Nachbarzustands erhalten die Druckkräfte Hebelarme; die dadurch entstehenden Biegemomente ermöglichen das Gleichgewicht im Nachbarzustand. Auch bei speziellen Stabilitätsfällen (Abschn. 5.6) wie Kippen, Beulen oder Biegedrillknicken ist der Stabilitätsverlust eine Folge des Ausweichens der gedrückten System- bzw. Querschnittsteile

Wegen der mit einer Instabilität häufig einhergehenden großen Verschiebungen ist auch bei einem Wiederansteigen der Last-Verschiebungs-Kurve die praktische Brauchbarkeit des Systems mit Erreichen der kritischen Last erschöpft. In der Regel kann deshalb diese Last als obere Grenze für die Belastbarkeit angesehen werden. Ein Überschreiten der kritischen Last führt immer wieder zu folgenschweren Unfällen wie dem Einsturz von Bauwerken oder Bauwerksteilen. Das Erkennen und Einordnen stabilitätsgefährdeter Konstruktionen sind deshalb für den Tragsicherheitsnachweis unabdingbare Voraussetzungen. Einige Ursachen für im Entwurfsstadium eines Bauwerks nicht erkannte Stabilitätsfälle liegen z.B. in der

- Vernachlässigung von Ungenauigkeiten, die bei der Herstellung und Bauausführung unvermeidlich sind (Imperfektionen),
- unzureichenden Untersuchung von Bauzuständen (besonders bei Demontagen),
- Unübersichtlichkeit räumlicher Systeme (falsche Vorstellung von der Lastabtragung, Fehlen von aussteifenden Verbänden),
- Unzulänglichkeit verwendeter EDV-Programme bzw. unsachgemäßen Ergebnisinterpretation.

Besondere Sorgfalt ist bei der Benutzung von EDV-Programmen angebracht, da die Voraussetzungen, auf denen das Programm aufgebaut ist, dem Anwender häufig nicht oder nur lückenhaft bekannt sind. Wird der jeweils vorliegende Stabilitätsfall nicht vom gewählten Nachweisverfahren erfaßt, so muß die kritische Last in einer gesonderten Untersuchung ermittelt oder zumindest abgeschätzt werden.

Bei der überschläglichen Kontrolle eines Tragsicherheitsnachweises muß zuerst geprüft werden, ob alle überhaupt möglichen Stabilitätsfälle erkannt und in der Berechnung berücksichtigt wurden. Danach sollten die zugehörigen kritischen Lasten abgeschätzt und mit den dem Tragsicherheitsnachweis zugrunde gelegten Bemessungslasten verglichen werden. Bei diesen überschläglichen Untersuchungen kann als Grundregel gelten, daß die Gleichgewichtsbedingungen unbedingt erfüllt werden müssen, während die Formänderungsbedingungen nicht strikt eingehalten zu werden brauchen, da ihre Verletzung die Tragsicherheit i.allg. zumindest unmittelbar nicht beeinträchtigt.

Die beiden folgenden Abschnitte sollen die bisherigen Ausführungen über Stabilitätsprobleme vertiefen, indem jeweils anhand eines Beispiels für ein Durchschlag- und für ein Verzweigungsproblem die im Rahmen der Stabtheorie genauen Lösungen hergeleitet und erläutert werden.

5.3 Durchschlagprobleme

Im Gegensatz zu durchschlaggefährdeten flachen Bogenträgern oder Schalen gehört das von-Mises-Fachwerk mit vertikaler Belastung im Scheitelgelenk (Bild 5.3a), auch Stabzweischlag genannt, zu den besonders einfach zu berechnenden Stabilitätsproblemen, solange man das Ausknicken der Einzelstäbe nicht berücksichtigt ($EI \to \infty$).

Die Herleitung der exakten Last-Verschiebungs-Beziehung erfolgt in fünf Schritten: Aus Bild 5.3a, b erhält man für das *Gleichgewicht am verformten System* aus

$$\Sigma V = 0: \quad N = \frac{-F}{2\sin\varphi} = -\frac{F}{2}\frac{\tilde{l}}{h-f}. \tag{5.3.1}$$

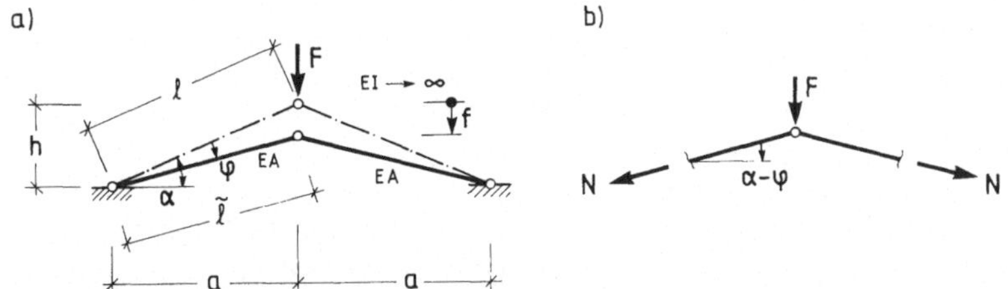

Bild 5.3 a, b. Von-Mises-Fachwerk mit vertikaler Belastung. **a** System im unverformten und verformten Zustand, **b** Gleichgewicht am verformten System

Den *Zusammenhang zwischen Dehnungen und Verschiebungen* liefert das Ingenieurdehnungsmaß

$$\varepsilon = \frac{\Delta\ell}{\ell} = \frac{\tilde{\ell}-\ell}{\ell}. \tag{5.3.2}$$

Als *Werkstoffgesetz* wird linear elastisches Verhalten angenommen,

$$\sigma = E\varepsilon. \tag{5.3.3}$$

Der *Zusammenhang zwischen Spannungen und Schnittgrößen* ergibt sich aus der Äquivalenzbeziehung

$$N = \int_{(A)} \sigma \, \mathrm{d}A = \sigma A. \tag{5.3.4}$$

Mit dem Hookeschen Gesetz wird daraus

$$N = EA\varepsilon. \tag{5.3.5}$$

Nach Einsetzen von (5.3.5 u. 5.3.2) in (5.3.1) erhält man

$$F = -2N\frac{h-f}{\tilde{\ell}} = -2EA\,\frac{\tilde{\ell}-\ell}{\ell}\,\frac{h-f}{\tilde{\ell}} = 2EA\,\frac{h-f}{\ell}\,\frac{\ell-\tilde{\ell}}{\tilde{\ell}} \tag{5.3.6}$$

und mit

$$\tilde{\ell} = \sqrt{a^2+(h-f)^2} = \sqrt{\ell^2-2hf+f^2} \tag{5.3.7}$$

schließlich die *Kraft-Verschiebungs-Beziehung*

$$F = 2EA\,\frac{h-f}{\ell}\left(\frac{\ell}{\sqrt{\ell^2-2hf+f^2}}-1\right). \tag{5.3.8}$$

Für feste Systemwerte E, A, h und ℓ ist in Bild 5.4a die Abhängigkeit der Last F von der Verschiebung f dargestellt.

Diese Kurve der statischen Gleichgewichtszustände läßt sich folgendermaßen deuten: Steigert man die Belastung, von Null ausgehend, so wird im Punkt A der Kurve ein Maximum erreicht. Zu einer weiteren Vergrößerung der Verschiebung f sind für das Gleichgewicht immer kleinere Lasten F erforderlich. Für $f=h$ wird ein Zustand erreicht, bei dem alle drei Gelenke auf einer Geraden liegen. Die Stäbe sind dabei von

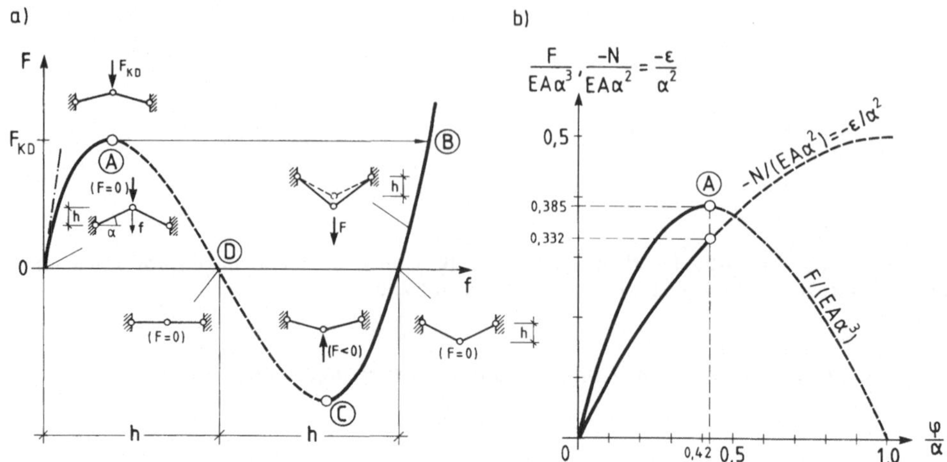

Bild 5.4a, b. Kraft-Verschiebungs-Diagramme für das Durchschlagproblem. **a** Exakt, **b** näherungsweise für Systemwinkel $\alpha \lesssim 30°$

der Länge ℓ auf die Länge a zusammengedrückt; die zugehörige Last ist $F=0$, der Spannungszustand ist ein Eigenspannungszustand. Soll die Verschiebung f noch weiter gesteigert werden, so muß F negativ werden, damit Gleichgewicht herrscht. Bei $f=2h$ ist F wieder Null; das System liegt spiegelbildlich zum Ausgangszustand und ist spannungsfrei. Bei weiterer Laststeigerung entstehen in den Stäben Zugkräfte. Die Last nimmt vom Punkt C an überproportional mit der Verschiebung zu.

Das so beschriebene Durchfahren der Last-Verschiebungs-Kurve ist nur möglich, wenn der Wert der Last ständig den Erfordernissen des statischen Gleichgewichts angepaßt wird. Im Versuch kann dies dadurch erreicht werden, daß das mittlere Gelenk geführt wird (weggesteuertes Experiment). Diese Art der Lastaufbringung entspricht i.allg. nicht der Realität. Tatsächlich wirkt auf das System eine Last, deren Wert nach Erreichen des Punktes A nicht abnimmt. (Im Versuch spricht man von einem kraftgesteuerten Experiment.) Über den Punkt A hinaus ist somit kein Gleichgewicht möglich; es entsteht ein dynamischer Vorgang, das System schlägt von A nach B durch. In B schwingt das System in die statische Gleichgewichtslage ein. Aufgrund der mit dem Durchschlagen verbundenen großen Verformungen, Schwingungen und Massenkräfte ist die Tragfähigkeit des Systems mit Erreichen des Durchschlagpunkts A praktisch erschöpft. Diesem Punkt wird als kritische Belastung die Durchschlaglast $F_K = F_{KD}$ zugeordnet.

Die Frage nach der Art des Gleichgewichts ist für dieses Beispiel besonders einfach zu beantworten, da die Arbeit der äußeren Kräfte nur von einer Kraftkomponente F und einer Verschiebungskomponente f des Lastangriffspunkts abhängt. In den beiden ansteigenden Kurventeilen 0 bis A und ab C ist zum Erzeugen einer Störverschiebung ein positiver Arbeitsaufwand erforderlich, da F mit wachsendem f größer wird; die Gleichgewichtslage ist somit stabil. Dagegen herrscht zwischen den Punkten A und C labiles Gleichgewicht. In den Punkten A und C können infinitesimal kleine Verschiebungen f des Systems entstehen, ohne daß sich F ändert ($dF/df=0$); d.h. die Störlast und damit der Arbeitsanteil der Störlast haben den Wert Null, so daß die Gleichgewichtslagen in A und C indifferent sind. Bei Systemen mit mehreren Last- und Verschiebungskomponenten darf eine ansteigende oder abfallende Last-Verschiebungs-Kurve allein noch nicht als Kriterium für stabiles oder labiles Gleichgewicht angesehen werden.

Für die Berechnung ist (5.3.8) wenig geeignet. Deshalb werden die Beziehungen auf die Variable φ/α umgeformt und anschließend in eine Reihe entwickelt, die jeweils nach dem kubischen Glied abgebrochen wird. Man erhält auf diesem Weg Näherungsformeln, die für $\alpha \lesssim 30°$ eine maximale Abweichung von der exakten Lösung von weniger als 5% aufweisen. Für baupraktische Belange ist Durchschlagen im elastischen Bereich ohnehin nur für Systemwinkel $\alpha \lesssim 5°$ möglich (Durchschlagen im elastoplastischen Bereich s. Kap. 7 und 8). Als Ergebnis erhält man für die Kraft-Verschiebungs-Beziehung

$$\begin{aligned} \frac{F}{EA} &= 2\left\{\sin\left[\alpha\left(1-\frac{\varphi}{\alpha}\right)\right] - \cos\alpha \tan\left[\alpha\left(1-\frac{\varphi}{\alpha}\right)\right]\right\} \\ &\approx \alpha^3\, 2\,\frac{\varphi}{\alpha}\left[1-1{,}5\,\frac{\varphi}{\alpha}+0{,}5\left(\frac{\varphi}{\alpha}\right)^2\right] \end{aligned} \qquad (5.3.9\text{a, b})$$

und für die Stabdehnung

$$\begin{aligned} \varepsilon &= \frac{N}{EA} = \frac{-F/EA}{2\sin[\alpha(1-\varphi/\alpha)]} = \frac{\cos\alpha}{\cos[\alpha(1-\varphi/\alpha)]} - 1 \\ &\approx -\alpha^2\,\frac{\varphi}{\alpha}\left(1-\frac{1}{2}\,\frac{\varphi}{\alpha}\right). \end{aligned} \qquad (5.3.10\text{a, b})$$

Im Durchschlagpunkt (Index KD) erhält man

$$\begin{aligned} \varphi_{\mathrm{KD}} &= \alpha\left(1-\frac{\arccos\sqrt[3]{\cos\alpha}}{\alpha}\right) && \approx 0{,}42\,\alpha, \\ \frac{F_{\mathrm{KD}}}{EA} &= 2\,[1-(\cos\alpha)^{2/3}]^{3/2} && \approx 0{,}385\,\alpha^3, \\ \frac{N_{\mathrm{KD}}}{EA} &= \varepsilon_{\mathrm{KD}} = \frac{\cos\alpha}{\cos[\alpha(1-\varphi_{\mathrm{KD}}/\alpha)]} - 1 && \approx -0{,}332\,\alpha^2. \end{aligned} \qquad (5.3.11\text{a–c})$$

Mit diesen Näherungsgleichungen (5.3.9) und (5.3.10) ist es möglich, die Kraft-Verschiebungs-Beziehungen für Systemwinkel $\alpha \lesssim 30°$ in einem einzigen Diagramm darzustellen (Bild 5.4b).

Die unter den oben gemachten Voraussetzungen exakte Herleitung der Kraft-Verschiebungs-Beziehung und deren Vereinfachung sind für das von-Mises-Fachwerk als Beispiel eines Durchschlagproblems mit relativ einfachen mechanischen und mathematischen Hilfsmitteln zu erreichen. Diese Vorgehensweise bleibt jedoch auf wenige Sonderfälle beschränkt. Einen Einblick in die sehr komplexe Problematik bietet [5.16]; dort sind Stabilitätskarten für das von-Mises-Fachwerk mit beliebig gerichteten Lasten dargestellt.

Um wieviel schwieriger die Problemlösung bei gleicher Systemgeometrie, jedoch veränderter Belastungsrichtung ist, wird am folgenden Beispiel des von-Mises-Fachwerks mit Horizontallast deutlich (Bild 5.5a).

Bei diesem Lastfall sind sowohl die Vertikal- als auch die Horizontalverschiebungen des Scheitelgelenks zu berücksichtigen. Der Spannungs- und der Verschiebungszustand sind nicht mehr symmetrisch; man erhält zwei nichtlineare Gleichungen, die iterativ gelöst werden müssen. Die umfangreiche Berechnung wird hier nicht wiedergegeben; die Ergebnisse sind in Bild 5.5b,c für einen Systemwinkel $\alpha = 15°$ maßstäblich dargestellt. Die Kraft-Verschiebungs-Kurve der Vertikalverschiebung f_V ist doppelsymmetrisch, die der Horizontalverschiebung f_H punktsymmetrisch, so daß die Diskussion der Ergebnisse auf den Bereich positiver H- und f_H-Werte beschränkt werden kann.

Ein Vergleich der Bilder 5.4a und 5.5 zeigt, daß zwischen den Diagrammen des vertikal und des horizontal belasteten von-Mises-Fachwerks keine Ähnlichkeit zu erkennen ist. Das in Bild 5.4a deutlich ausgeprägte Durchschlagverhalten von A nach B fehlt; beim horizontal belasteten Stabwerk ist dieser Bereich zum Punkt A in Bild 5.5b,c zusammengeschrumpft. Eine horizontale Tangente weist hier nur die f_V-Kurve, nicht aber die Kurve der Verschiebungen in Richtung der Belastung auf. Hingegen entartet der Punkt D, in dem bei vertikaler Belastung alle drei Gelenke auf einer Geraden liegen, bei horizontaler Last zu der Geraden A – D. In diesem Bereich

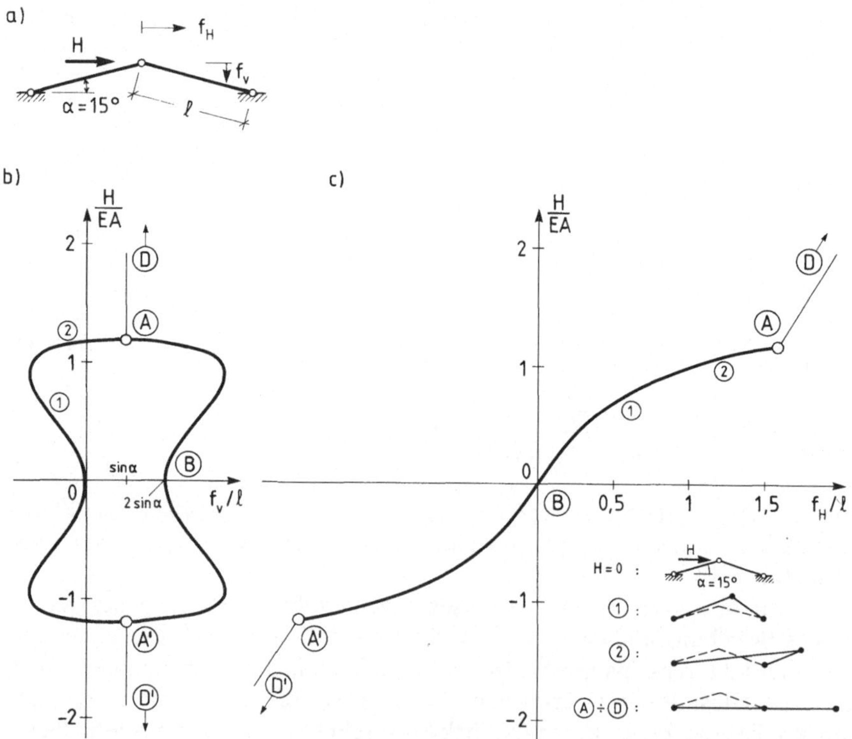

Bild 5.5 a – c. Von-Mises-Fachwerk mit horizontaler Belastung. **a** System und Belastung, **b** vertikale und **c** horizontale Verschiebung des Scheitelgelenks in Abhängigkeit von der Belastung

liegt der Ausnahmefall der Statik mit einer unendlich kleinen Verschieblichkeit in senkrechter Richtung (f_V) vor; das Gleichgewicht muß deshalb als indifferent bezeichnet werden.

Nach diesen Überlegungen am Beispiel des von-Mises-Fachwerks kann festgehalten werden, daß die genaue rechnerische Behandlung von Durchschlagproblemen einen großen Aufwand bedeutet, weil die Einflüsse der geometrischen Nichtlinearität zu berücksichtigen sind. Die Theorie II. Ordnung ist wegen der darin enthaltenen linearen kinematischen Beziehungen zur Untersuchung von Durchschlagproblemen nicht geeignet. Die Berücksichtigung biegesteifer Knoten, nichtlinearer Materialgesetze und Imperfektionen führt zu einer wesentlichen Erhöhung des Schwierigkeitsgrades der Berechnung. Bei derartigen Problemstellungen und zur Ermittlung des Durchschlagverhaltens räumlicher Tragwerke (z.B. Stabwerkskuppeln) ist die Verwendung von EDV-Programmen unumgänglich. Einen großen Leistungsumfang bieten Programmsysteme auf der Basis der Methode der finiten Elemente. Theoretische Herleitungen einer geometrisch nichtlinearen Stabwerkstheorie und darauf basierende finite Elemente werden in [5.20] entwickelt. In [5.21] und [5.22] wird das Problem der geometrisch nichtlinearen Elastostabilität ausführlich behandelt. Einige Betrachtungen zum Einfluß von Imperfektionen und nichtlinearen Materialgesetzen sowie weitere Literaturangaben befinden sich in Kap. 7 und 8.

5.4 Verzweigungsprobleme

In Bild 5.6a ist ein zentrisch belasteter Druckstab in seiner nicht ausgeknickten ($F<F_K$) und in Bild 5.6b in der ausgeknickten ($F \geq F_K$) Lage dargestellt. Das Verhalten dieses Knickstabs soll unter den Voraussetzungen der genauen geometrisch nichtlinearen Stabtheorie (vgl. Abschn. 2.2 und 2.3) bei Gültigkeit des Hookeschen Gesetzes untersucht werden. Der Ablauf der Berechnung erfolgt, wie in Abschn. 2.2 und 2.3 ausführlich dargestellt, in fünf Schritten:

Gleichgewicht am verformten System

Aus Bild 5.6c folgt unmittelbar

$$\begin{aligned} \Sigma K_{\bar{x}} &= 0: \quad && N + F\cos\varphi = 0, \\ \Sigma K_{\bar{z}} &= 0: \quad && Q - F\sin\varphi = 0, \\ \Sigma M &= 0: \quad && M - Fw = 0. \end{aligned} \tag{5.4.1a–c}$$

Zusammenhang zwischen Dehnungen und Verschiebungen

Da hier wie in Abschn. 2.3 das Ingenieurdehnungsmaß verwendet werden soll, gilt (2.3.3):

$$\varepsilon = \sqrt{(1+u')^2 + w'^2} - 1\,. \tag{5.4.2}$$

Werkstoffgesetz

Es wird voraussetzungsgemäß vom Hookeschen Gesetz ausgegangen:

$$\sigma = E\varepsilon\,. \tag{5.4.3}$$

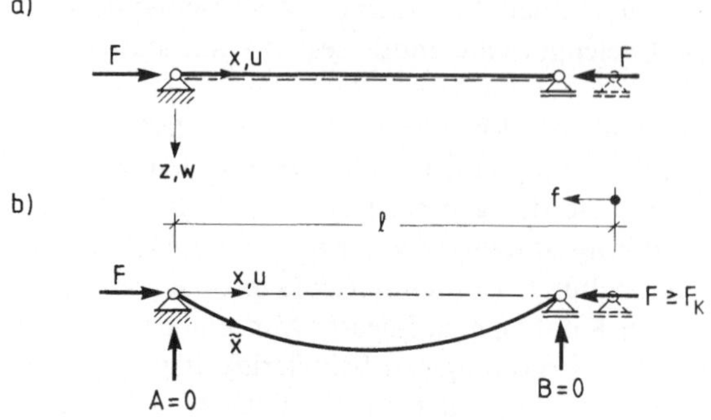

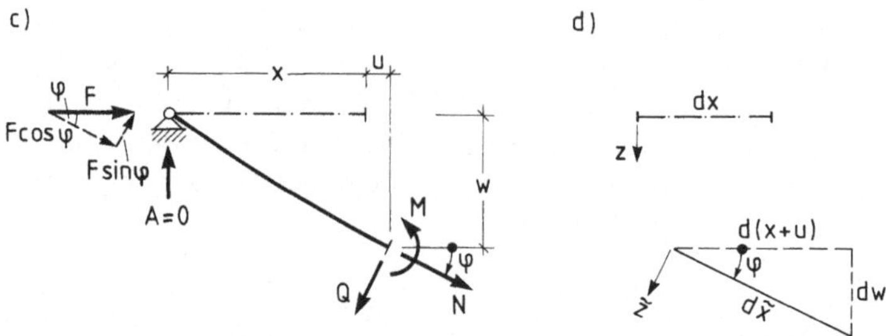

Bild 5.6 a–d. Zentrisch belasteter Druckstab. **a** Im nicht ausgeknickten Zustand, **b** im ausgeknickten Zustand, **c** Gleichgewicht am verformten System, **d** unverformtes und verformtes Stabelement

Zusammenhang zwischen Spannungen und Schnittgrößen

Es gelten die in Abschn. 2.3 angegebenen Beziehungen

$$N = \int_{(A)} \sigma_x \, \mathrm{d}A\,, \qquad M = \int_{(A)} \sigma_x \, \tilde{z} \, \mathrm{d}A\,. \tag{5.4.4a, b}$$

Elastizitätsgesetze für die Schnittgrößen

Die Verknüpfung der Ergebnisse führt zu den Elastizitätsgesetzen

$$N = EA\varepsilon = EA\left[\sqrt{(1+u')^2 + w'^2} - 1\right],$$
$$M = -EI\varphi' = -EI\frac{w''(1+u') - u''w'}{(1+u')^2 + w'^2}\,. \tag{5.4.5a, b}$$

Als nächstes wird die Differentialgleichung für die Verschiebung hergeleitet. Eine Entkoppelung der Verschiebungsgrößen u und w ist nicht möglich, sie gelingt aber für die Größen ε und φ. Hierzu wird (5.4.1c) nach x differenziert und M nach (5.4.5b) durch $-EI\varphi'$ ersetzt. Man erhält

$$-(EI\varphi')' - Fw' = 0\,. \tag{5.4.6}$$

Mit der aus Bild 5.6d abzulesenden geometrischen Beziehung

$$\sin\varphi = \frac{dw}{d\tilde{x}} = \frac{dw}{dx}\frac{dx}{d\tilde{x}},$$

wobei $dx/d\tilde{x} = 1/(1+\varepsilon)$ bzw. $dw/dx = w'$ bedeuten, kann w durch φ und ε ausgedrückt werden:

$$\sin\varphi = \frac{dw}{dx}\frac{dx}{d\tilde{x}} = w'\frac{1}{1+\varepsilon},$$

$$w' = (1+\varepsilon)\sin\varphi\,. \tag{5.4.7}$$

Dieses Ergebnis wird in (5.4.6) eingesetzt,

$$(EI\varphi')' + F(1+\varepsilon)\sin\varphi = 0\,, \tag{5.4.8}$$

und die Dehnung ε mit Hilfe von (5.4.1a, 5.4.5a) eliminiert:

$$EA\varepsilon + F\cos\varphi = 0\,, \qquad \varepsilon = -\frac{F}{EA}\cos\varphi\,. \tag{5.4.9a, b}$$

Gleichung (5.4.8) liefert mit (5.4.9b) die gesuchte Differentialbeziehung für die Verdrehung φ der Stabachse

$$(EI\varphi')' + F\left(1 - \frac{F}{EA}\cos\varphi\right)\sin\varphi = 0\,. \tag{5.4.10}$$

Unter Voraussetzung konstanter Dehnsteifigkeit EA und konstanter Biegesteifigkeit EI läßt sich die Differentialgleichung (5.4.10) lösen, wie z.B. in [5.1] dargestellt. Der Lösungsweg ist relativ kompliziert, da man ein elliptisches Integral erhält, das in geschlossener Form nicht lösbar ist. Erst die Umformung in die sogenannte Legendresche Normalform der elliptischen Integrale erster Gattung ermöglicht die zahlenmäßige Berechnung unter Benutzung von Reihenentwicklungen. Für die wichtigen Zusammenhänge beim Beginn des Ausknickens werden in [5.1] Näherungsformeln angegeben, die für kleine Winkel φ gelten. Die Näherungen beschränken sich auf die Mitnahme von höchstens quadratischen Gliedern in φ_m ($\varphi_m = \varphi(x=0)$ ist der Maximalwert von $\varphi(x)$). Es ergeben sich dann folgende Beziehungen:

$$\varphi_m^2 \approx 8\,\frac{1-\dfrac{F}{EA}}{1-4\dfrac{F}{EA}}\left[\frac{\ell^2}{n^2\pi^2}\frac{F}{EI}\left(1-\frac{F}{EA}\right)-1\right] \tag{5.4.11a}$$

oder mit $n^2\pi^2 EI/\ell^2 = F_{0n}\,[1 - F_{0n}/(EA)]$

$$\varphi_m^2 \approx 8\,\frac{1-\dfrac{F}{EA}}{1-4\dfrac{F}{EA}}\left(\frac{F}{F_{0n}}\,\frac{1-\dfrac{F}{EA}}{1-\dfrac{F_{0n}}{EA}}-1\right), \tag{5.4.11b}$$

$$w \approx \left(1-\frac{F}{EA}\right)\frac{\ell}{\mathrm{n}\pi}\,\varphi_{\mathrm{m}}\sin\frac{\mathrm{n}\pi}{\ell}x\,, \tag{5.4.12}$$

$$u \approx -\frac{F}{EA}x-\frac{1}{4}\left(1-2\frac{F}{EA}\right)\varphi_{\mathrm{m}}^2\left(\frac{\ell}{2\mathrm{n}\pi}\sin 2\frac{\mathrm{n}\pi}{\ell}x+x\right), \tag{5.4.13}$$

$$\varphi \approx \varphi_{\mathrm{m}}\cos\frac{\mathrm{n}\pi}{\ell}x\,, \tag{5.4.14}$$

mit $\mathrm{n}=1, 2, \ldots$.

Neben den Lösungen (5.4.11 – 5.4.14) befriedigt auch $\varphi\equiv 0$, d.h. $w\equiv 0$, die Differentialgleichung (5.4.10). Zu diesem Zustand gehören $N=-F$ und $\varepsilon=u'=-F/(EA)$. Um einen Überblick über das Systemverhalten zu bekommen, werden die maximale Durchbiegung w_{m} und die Stabendverschiebung $f=-u(\ell)$ als Funktion von F aufgetragen (Bild 5.7a,b). Die Zusammenhänge ergeben sich aus (5.4.12) bzw. (5.4.13):

$$w_{\mathrm{m}} \approx \left(1-\frac{F}{EA}\right)\frac{\ell}{\mathrm{n}\pi}\,\varphi_{\mathrm{m}}\,, \tag{5.4.15}$$

$$f \approx \left[\frac{F}{EA}+\frac{1}{4}\left(1-2\frac{F}{EA}\right)\varphi_{\mathrm{m}}^2\right]\ell\,. \tag{5.4.16}$$

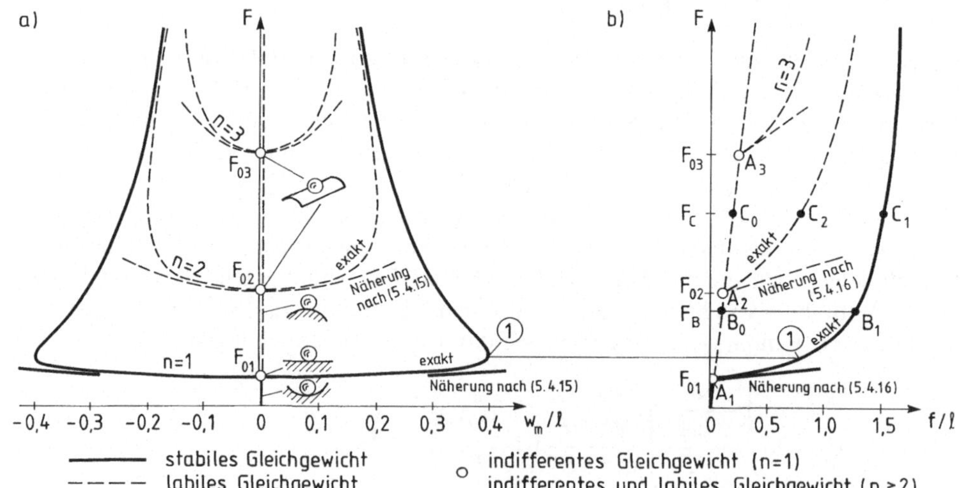

c)
Verformungsfigur für Punkt ①

ℓ, 0,20ℓ, F, w, $w_m=0{,}40\ell$, f

n = Anzahl der Halbwellen der Biegelinie

Bild 5.7 a–c. Verschiebungen des Knickstabs nach der genauen Theorie und näherungsweise. **a** F-w_{m}-Diagramm, **b** F-f-Diagramm, **c** Verformungsfigur bei maximaler Durchbiegung in Feldmitte

Zusätzlich ist in Bild 5.7a,b die exakte Lösung dargestellt (vgl. [5.1]). Für den nicht ausgeknickten Stab folgt mit $w \equiv 0$ bzw. $f/\ell = F/(EA)$ dieselbe Lösung wie in der linearen Statik für einen zentrisch gedrückten (oder gezogenen) Stab. Die Kraft-Verschiebungs-Linie ist in beiden Fällen eine Gerade, die in Bild 5.7a wegen $w_m = 0$ mit der Ordinatenachse zusammenfällt.

Für den ausgeknickten Stab ergibt die Lösung eine Schar von unendlich vielen Kurvenästen, ausgedrückt durch den Parameter n = 1, 2, 3 .... Zu jedem Wert n gehört dabei eine spezielle Form der Biegelinie, wie aus Bild 5.8 zu ersehen ist. Das Ausknicken kann sowohl in positiver als auch in negativer w-Richtung auftreten. In Bild 5.8 wird dies durch die gestrichelt dargestellte Biegelinie angedeutet. Die Verschiebung f bleibt dabei immer positiv.

Das Ergebnis der bisherigen Untersuchungen sind Kraft-Verschiebungs-Beziehungen, die deutlich zum Ausdruck bringen, daß nach dem Überschreiten einer bestimmten Last F_{01} zu jedem Wert $F > F_{01}$ mehrere Gleichgewichtslagen möglich sind. Damit hat sich wieder ein Mehrdeutigkeitsproblem ergeben.

Es muß noch die Frage nach der Art des Gleichgewichts geklärt werden. Wegen der eindeutigen Kraft-Verschiebungs-Linie kann das System unterhalb von F_{01} nicht ausknicken. Die Gleichgewichtslage ist stabil; der Stab verhält sich wie ein „gewöhnlicher" Druckstab.

Für Lasten $F \geq F_{01}$ sind jedoch mindestens zwei Gleichgewichtslagen möglich (z.B. für F_B die Punkte B_0 und B_1 auf der (f/ℓ)-Linie in Bild 5.7b). Zu B_0 gehört eine gestauchte, aber gerade Stabachse, zu B_1 eine ausgeknickte, gebogene mit einer Halbwelle. Bei einer geringen seitlichen Störung der Gleichgewichtslage B_0 kehrt das System nicht nach B_0 zurück, sondern wechselt zur Gleichgewichtslage B_1. Im Fall einer Störung dieser neuen ausgeknickten Lage kehrt das System nach B_1 zurück. Der Punkt B_0 kennzeichnet somit labiles, B_1 hingegen stabiles Gleichgewicht.

Eine Untersuchung des Bereichs $F \geq F_{02}$ führt zu vergleichbaren Ergebnissen (z.B. für F_C mit den Punkten C_0, C_1 und C_2 in Bild 5.7b). In diesem Fall kommt das System bei einer Störung des Gleichgewichts in C_0 bzw. in C_2 erst in C_1 zur Ruhe. In den Punkten C_0 und C_2 herrscht deshalb labiles, in C_1 stabiles Gleichgewicht.

Allgemein läßt sich zeigen, daß die in Bild 5.7 durchgezogenen Kurvenäste stabile und die gestrichelten labile Zustände kennzeichnen. Diese Aussagen lassen sich mit Hilfe energetischer Untersuchungen beweisen ([5.1]), die hier wegen ihres Umfangs weggelassen werden. Es wird ergänzend darauf hingewiesen, daß sich in Fällen, in denen für *einen* Wert der Belastung mehrere Gleichgewichtslagen möglich sind, nicht

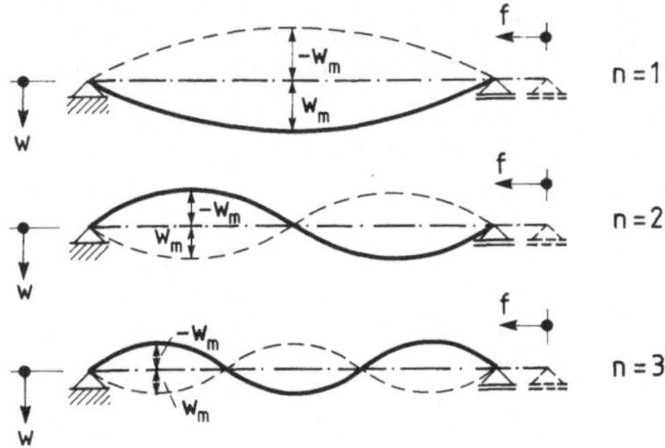

Bild 5.8. Eigenformen zum 1., 2. und 3. Eigenwert

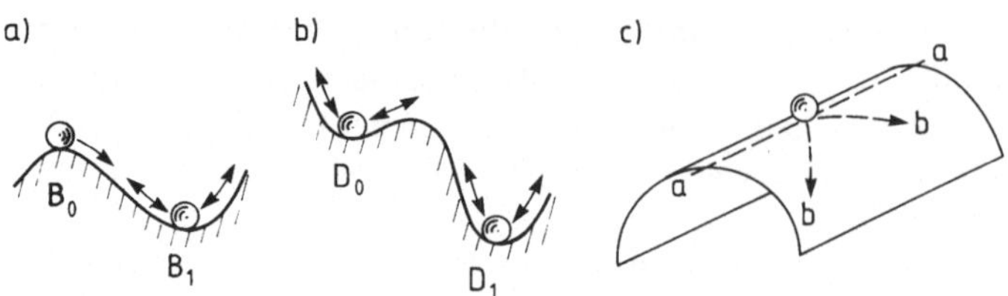

Bild 5.9 a–c. Erläuterung möglicher Gleichgewichtsarten. **a** Labil/stabil, **b** stabil/stabil, **c** labil und indifferent

immer die Lagen mit den kleineren Verschiebungen als labil und die Lage mit der größten Verschiebung als stabil erweisen. Entscheidend für die Art des Gleichgewichts ist, ob der Übergang vom einen zum anderen Zustand mit einer Zufuhr von Energie verbunden ist. Diese Überlegung wird wie in Abschn. 5.2.1 am Beispiel einer rollenden Kugel in Bild 5.9 anschaulich erläutert. Im Fall des Bildes 5.9a rollt die Kugel unter Verringerung ihrer potentiellen Energie nach B_1, die Lage in B_0 ist labil, die in B_1 stabil. In dem in Bild 5.9b dargestellten Fall sind beide Lagen stabil, da der Übergang von D_0 nach D_1 zur Überwindung des Hügels zwischen den beiden Punkten eine Energiezufuhr erfordert. Solche Vorgänge treten z.B. beim Schalenbeulen ([5.1]), aber auch bei Stabtragwerken ([5.17]) auf.

Es müssen nun noch die Gleichgewichtszustände in den Verzweigungspunkten A_n ($n=1, 2, \ldots$) untersucht werden (Bild 5.7b). Da in diesen Punkten mehr als eine Gleichgewichtslage möglich ist, und zwar die mit gerader und die mit in n Halbwellen ausgeknickter Stabachse, werden sie als Indifferenzpunkte bezeichnet. Für $n \geq 2$ besteht aber gleichzeitig Labilität, da das System erst bei *einer* Halbwelle seine stabile Gleichgewichtslage einnimmt. Bild 5.9c soll das gleichzeitige Auftreten von labilen und indifferenten Zuständen am Beispiel einer Kugel auf dem First einer Tonnenschale verdeutlichen. Bei einer beliebigen Störung, z.B. in Richtung von b, ist das Gleichgewicht labil. Betrachtet man jedoch die spezielle Störverschiebung längs des horizontalen Firstes a – a, so ist das Gleichgewicht indifferent, da bei der Verschiebung keine Arbeit verrichtet wird.

Die den Verzweigungspunkten A_n zugeordneten Lasten F_{0n} erhält man nach [5.1] aus

$$F_{0n} = n^2 \frac{\pi^2 EI}{\ell^2} \frac{1}{1 - \dfrac{F_{0n}}{EA}} \qquad (n=1, 2, \ldots). \tag{5.4.17}$$

Die niedrigste Verzweigungslast F_{01} ergibt sich für $n=1$. Sie wird als Knicklast F_K oder auch als niedrigster Eigenwert bezeichnet:

$$F_{01} = F_K = \frac{\pi^2 EI}{\ell^2} \frac{1}{1 - \dfrac{F_K}{EA}}. \tag{5.4.18}$$

Aus den bisher durchgeführten Betrachtungen können nun die Schlußfolgerungen für die praktische Anwendung gezogen werden. Als erstes wird die Frage geklärt, ob im Hinblick auf baupraktische Probleme die Knicklast F_K überschritten werden darf, was wegen der auch für $F > F_K$ stabilen Kraft-Verschiebungs-Kurve theoretisch durchaus möglich ist. Hierzu wird die Verschiebung w_m für eine Last berechnet, die geringfügig oberhalb der Knicklast liegt. Für beispielsweise $F = 1{,}05\, F_K$ ergibt sich, wenn man in den entsprechenden Gleichungen die Dehnung $\varepsilon = F/(EA)$ der Stabachse gegen Eins vernachlässigt, aus (5.4.11)

$$\varphi_m \approx \pm\sqrt{8\left(\frac{1{,}05}{1} - 1\right)} = \pm 0{,}632$$

und aus (5.4.15)

$$w_m \approx \frac{\varphi_m}{\pi}\,\ell = \pm 0{,}20\,\ell .$$

Eine Überschreitung der Knicklast F_K um nur 5% führt demnach zu Verschiebungen, die 20% der Stablänge betragen. Damit ist der Stab offensichtlich für Lasten $F > F_K$ als Bauglied untauglich, und es gilt die bereits in Abschn. 5.2.3 getroffene Aussage, daß die Knicklast F_K als oberste Grenze für die Tragfähigkeit anzusehen ist.

Die zur Bestimmung von Verzweigungslasten hergeleiteten Gln. (5.4.17 und 5.4.18) können durch die Vernachlässigung der Dehnung der Stabachse auf die einfache Form

$$F_{0n} \approx n^2\,\frac{\pi^2 EI}{\ell^2} \qquad (n = 1, 2, \ldots) \tag{5.4.19a}$$

bzw.

$$F_{01} = F_K \approx \pi^2\,\frac{EI}{\ell^2} \tag{5.4.19b}$$

gebracht werden. Es bleibt festzuhalten, daß

- für die praktische Berechnung von Stabilitätsfällen die exakte Lösung zu aufwendig oder sogar unmöglich ist,
- deshalb und wegen der Wichtigkeit der Kenntnis des niedrigsten Indifferenzpunkts und der zugehörigen kritischen Last F_K nach einfachen Näherungslösungen gesucht werden muß.

Für Verzweigungsprobleme bietet sich hierzu die sogenannte klassische Näherung an, die für Stabtragwerke häufig gut geeignet und deren Anwendung zumindest auf ebene Systeme mit erträglichem Aufwand möglich ist. Diese Methode wird in den folgenden Abschnitten behandelt.

5.5 Klassische Näherung für Stabilitätsprobleme

5.5.1 Allgemeines

Die Untersuchungen in den Abschn. 5.3 und 5.4 haben gezeigt, daß bei der Berechnung von Stabilitätsproblemen eine exakte Lösung sehr aufwendig und nur in Sonderfällen möglich ist. Für die Beurteilung des Tragverhaltens eines Systems reicht in vielen Fällen die Kenntnis der kritischen Last und des Systemverhaltens in der unmittelbaren

Umgebung des zugehörigen Indifferenzpunkts aus. Zur Bewältigung dieser Aufgabe ist die Methode der klassischen Näherung für Verzweigungsprobleme geeignet, die auf folgenden Überlegungen beruht:

- Die Lösung eines Stabilitätsproblems wird auf die Ermittlung der Verzweigungslasten und der zugehörigen statischen Größen unmittelbar nach dem Ausknicken beschränkt.
- Die Deformationen des Systems werden bis zum Erreichen der kritischen Last als vernachlässigbar klein vorausgesetzt.

Mit diesen Annahmen lassen sich für viele Verzweigungsprobleme (z.B. Knicken, Plattenbeulen) die kritischen Lasten genügend genau ermitteln. In anderen Fällen, z.B. bei Kipp- und Durchschlagproblemen, werden die Gültigkeitsgrenzen dieser vereinfachenden Annahmen überschritten (s. Abschn. 5.5.4).

Wegen der ersten Annahme sind die beim Ausknicken zusätzlich auftretenden statischen Größen (Zusatzgrößen) als infinitesimal klein anzusehen, so daß bei den Berechnungen nur lineare Terme von Zusatzgrößen berücksichtigt werden. Dies hat zur Folge, daß die Näherung für $F=F_{0n}$ beliebig große Werte der Amplituden der Knickbiegelinien liefert (horizontale Geraden in Bild 5.10a), wie im nächsten Abschnitt noch hergeleitet wird. Aus der klassischen Näherung ergibt sich somit im Verzweigungspunkt zwar die Tangente an die F-w_m-Kurve, nicht jedoch an die F-f-Kurve; zu deren Ermittlung ist die Berücksichtigung quadratischer Glieder erforderlich. Mit Hilfe der Näherungsmethode erhält man deshalb i.allg. zutreffende Ergebnisse für die Eigenwerte F_{0n} sowie die zugehörigen Knickbiegelinien und Biegemomente, nicht jedoch für die Verschiebungen in Richtung der Stabachse und die Änderung der Längskräfte beim Ausknicken.

Die zweite Annahme ist zunächst nur dann gerechtfertigt, wenn das System bis zum Erreichen der Knicklast zentrisch belastet wird und deshalb keine Biegemomente aufweist. Zusätzlich werden die Dehnungen der Stabachse infolge von Längskräften vernachlässigt; dies ist wegen $\varepsilon=N/(EA)\lesssim 10^{-3}$ i.allg. zulässig. Im weiteren Verlauf der Untersuchungen wird der Anwendungsbereich der klassischen Näherung jedoch auch auf Biegeprobleme erweitert.

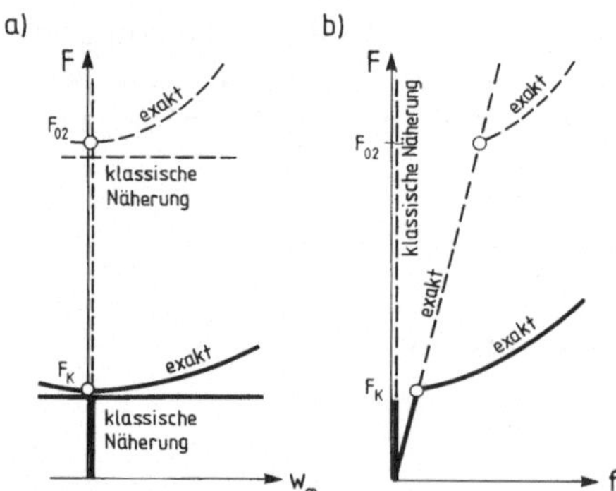

Bild 5.10a, b. Last-Verschiebungs-Diagramme für den Knickstab nach der genauen Theorie und nach der klassischen Näherung. **a** F-w_m-Diagramm, **b** F-f-Diagramm

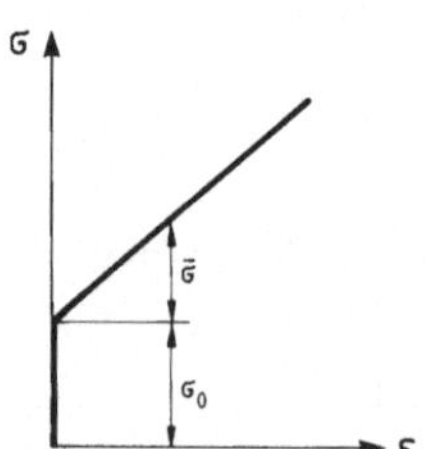

Bild 5.11. Spannungs-Dehnungs-Diagramm der klassischen Näherung

Die zweite Annahme führt zu einer besonderen Form des Stoffgesetzes (Bild 5.11). Im Grundzustand (Zustand vor dem Ausknicken, Index 0) liegt ein Starrkörperproblem vor, d.h.

$$\varepsilon_0 = 0, \qquad \sigma_0 = \frac{N_0}{A} \qquad (\sigma_0 \neq E\,\varepsilon_0). \tag{5.5.1a,b}$$

Die im Grundzustand wirkenden Längskräfte N_0 bzw. S_0 werden am nicht ausgeknickten, also unverformten System berechnet. Sie können für die weiteren Betrachtungen als bekannt vorausgesetzt und als eingeprägte Kräfte behandelt werden. Mit dem Ausknicken stellt sich der Nachbarzustand (Index I) ein, der wegen der ersten Annahme dem Grundzustand infinitesimal benachbart ist.

Grund- und Nachbarzustand unterscheiden sich durch die Zusatzgrößen (Kennzeichnung durch übergesetzten Querstrich), für die wegen der Voraussetzung geometrischer und physikalischer Linearität formal die Beziehungen der Th.I.O. gelten. Damit nimmt das Hookesche Gesetz die Form

$$\bar{\sigma} = E\,\bar{\varepsilon} \tag{5.5.2a}$$

an, während die Spannungen im Nachbarzustand lauten:

$$\sigma_{\mathrm{I}} = \sigma_0 + \bar{\sigma} = \sigma_0 + E\,\bar{\varepsilon}, \qquad (\sigma_{\mathrm{I}} \neq E\,\varepsilon_{\mathrm{I}}). \tag{5.5.2b}$$

Wegen des Knicks im σ-ε-Diagramm ist das Werkstoffgesetz trotz abschnittweise geradlinigen Verlaufs nichtlinear.

In Bild 5.10 sind die Unterschiede zwischen einer exakten Lösung und den Ergebnissen einer Berechnung nach der klassischen Näherung am Beispiel der Last-Verschiebungs-Kurven eines Knickstabs dargestellt. Die geringfügige Verschiebung des Indifferenzpunkts nach unten resultiert aus der Vernachlässigung der Stauchung $\varepsilon_{0\mathrm{K}} = F_{\mathrm{K}}/(EA)$ im Grundzustand. Aus (5.4.18 und 5.4.19) folgt z.B. mit $\max \varepsilon_{0\mathrm{K}} = 10^{-3}$:

$$\frac{F_{\mathrm{K,exakt}}}{F_{\mathrm{K,Näherung}}} = \frac{\pi^2 \dfrac{EI}{\ell^2}\left(\dfrac{1}{1-\varepsilon_{0\mathrm{K}}}\right)}{\dfrac{\pi^2 EI}{\ell^2}} = \frac{1}{1-\varepsilon_{0\mathrm{K}}} = 1{,}001. \tag{5.5.3}$$

Die Abweichung liegt mit ca. 1‰ auf der sicheren Seite.

5.5.2 Differentialgleichungsmethode

Vorbemerkungen

Die Vorgehensweise entspricht formal derjenigen in Abschn. 4.2, wobei allerdings zwischen dem biegungsfreien Grundzustand mit eingeprägten Längskräften N_0 bzw. S_0 und dem (ausgeknickten) Nachbarzustand unterschieden werden muß. Jeder der beiden Zustände befindet sich im Gleichgewicht (Bild 5.12a,b). Wegen der in Abschn. 4.2 angeführten Gründe werden die Schnittkräfte in Richtung der unverformten Stabachse (S statt N) und senkrecht dazu (R statt Q) definiert (vgl. Bild 4.7).

Da im Rahmen der klassischen Näherung nur das Systemverhalten in der unmittelbaren Umgebung des Verzweigungspunkts untersucht wird, können alle Verformungen als infinitesimal kleine Größen angesehen werden. Damit gelten die Voraussetzungen der geometrisch linearen Theorie mit der Einschränkung, daß die Gleichgewichtsbedingungen (wie in Th.II.O.) unter Berücksichtigung der Hebelarme der Längskräfte zu formulieren sind.

Herleitung der Differentialgleichung

Die folgenden Überlegungen gelten i.allg. nur für den Indifferenzpunkt. Der Index K zur Kennzeichnung dieses Punktes wird jedoch der Übersichtlichkeit halber weggelassen. Für den Grundzustand (Index 0, Bild 5.12a) folgt aus

$$\Sigma K_x = 0: \quad dS_0 + \hat{n}\,dx = 0, \quad S_0' = -\hat{n} \tag{5.5.4}$$

und nach Voraussetzung

$$R_0 = 0, \qquad M_0 = 0, \qquad w_0 = 0. \tag{5.5.5a–c}$$

Im Nachbarzustand ist wegen (5.5.5)

$$R_{\mathrm{I}} = \bar{R}, \qquad M_{\mathrm{I}} = \bar{M}, \qquad w_{\mathrm{I}} = \bar{w}. \tag{5.5.6a–c}$$

Mit (5.5.5 und 5.5.6) kann vom Nachbarzustand (Bild 5.12b) ein Gleichgewichtszustand abgespalten werden, der neben den eingeprägten Längskräften S_0 nur Zusatzgrößen enthält (Bild 5.12c). Hierfür lauten die Gleichgewichtsbedingungen

$$\Sigma K_x = 0: \quad d\bar{S} = 0, \quad \bar{S}' = 0 \quad \text{bzw.} \quad \bar{S} = \text{const}, \tag{5.5.7}$$

$$\Sigma K_z = 0: \quad d\bar{R} = 0, \quad \bar{R}' = 0 \quad \text{bzw.} \quad \bar{R} = \text{const}, \tag{5.5.8}$$

$$\Sigma M = 0: \quad d\bar{M} + S_0\,d\bar{w} + \bar{S}\,d\bar{w} - \bar{R}\,dx = 0. \tag{5.5.9a}$$

Da alle Zusatzgrößen infinitesimal klein sind, können die Produkte dieser Größen als von höherer Ordnung klein gestrichen werden. Damit wird aus (5.5.9a)

$$d\bar{M} + S_0\,d\bar{w} - \bar{R}\,dx = 0, \qquad \bar{M}' + S_0\,\bar{w}' = \bar{R}. \tag{5.5.9b,c}$$

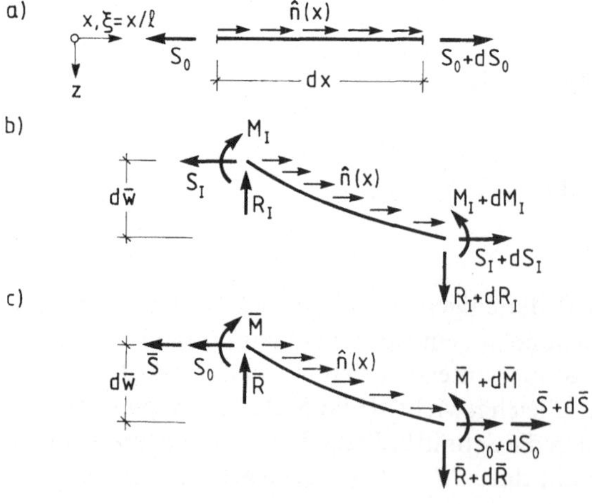

Bild 5.12 a–c. Stabelement. **a** Im Grundzustand, **b** im Nachbarzustand, **c** Gleichgewichtszustand für die Zusatzgrößen und die eingeprägten Längskräfte

Die Differentiation nach x liefert

$$\bar{M}''+S_0\bar{w}''+S_0'\bar{w}'=\bar{R}', \tag{5.5.9d}$$

und mit (5.5.4, 5.5.8) ergibt sich

$$\bar{M}''+S_0\bar{w}''-\hat{n}\bar{w}'=0. \tag{5.5.10}$$

Wird in (5.5.10) das Elastizitätsgesetz

$$\bar{M}=-EI\bar{w}'' \tag{5.5.11}$$

eingeführt, so erhält man die gesuchte Differentialgleichung

$$(EI\bar{w}'')''-S_0\bar{w}''+\hat{n}\bar{w}'=0. \tag{5.5.12}$$

Die gesamte Herleitung der Differentialgleichung (5.5.12) entspricht derjenigen von Dgl. (4.2.8); sie kann Schritt für Schritt mit dem Gang der Berechnung in Abschn. 4.2.3 verglichen werden. Auf zwei Unterschiede soll jedoch ausdrücklich hingewiesen werden. Die Differentialgleichung (5.5.12) ist wegen $\hat{q}(x)\equiv 0$ homogen. Außerdem gilt sie nur für die Zusatzverschiebungen $\bar{w}$ des Nachbarzustands.

Baustatischer Regelfall: $EI_s=\text{const}$, $S_{0s}=\text{const}$

Es wird wieder die einheitenfreie Schreibweise verwendet und der Bereichsindex s eingeführt. Wegen der Analogie zu den Untersuchungen in Abschn. 4.2.4 kann die Lösung von (5.5.12) für $EI_s=\text{const}$ und $\hat{n}_s(x_s)\equiv 0$ bzw. $S_{0s}=\text{const}$ ohne weitere Erläuterungen angegeben werden. Nach Multiplikation mit $\ell_s^3/(EI_s)$ folgt aus (5.5.12)

$$\ell_s^3\bar{w}_s''''-\frac{S_{0s}\ell_s^2}{EI_s}\ell_s\bar{w}_s''=0 \tag{5.5.13}$$

oder mit

$$\frac{S_{0s}\ell_s^2}{EI_s}=\overset{*}{s}_{0s} \tag{5.5.14}$$

die endgültige Form

$$\ell_s^3\bar{w}_s''''-\overset{*}{s}_{0s}\ell_s\bar{w}_s''=0. \tag{5.5.15}$$

Lösung der Differentialgleichung

Entsprechend Abschn. 4.2.5, Gln. (4.2.17, 4.2.20) ergeben sich für Druckstäbe, Zugstäbe und längskraftfreie Bereiche unterschiedliche Lösungen. Man erhält für

– Druckbereiche $(S_{0s}<0,\ \overset{*}{s}_{0s}<0)$

$$\frac{\bar{w}_s}{\ell_s}=c_1+c_2\xi_s+c_3\sin\varepsilon_{0s}\xi_s+c_4\cos\varepsilon_{0s}\xi_s, \tag{5.5.16}$$

– Zugbereiche $(S_{0s}>0,\ \overset{*}{s}_{0s}>0)$

$$\frac{\bar{w}_s}{\ell_s}=c_1+c_2\xi_s+c_3\,\mathrm{sh}\,\varepsilon_{0s}\xi_s+c_4\,\mathrm{ch}\,\varepsilon_{0s}\xi_s, \tag{5.5.17}$$

– längskraftfreie Bereiche $(S_{0s} = \overset{*}{s}_{0s} = 0)$

$$\frac{\bar{w}_s}{\ell_s} = c_1 + c_2 \xi_s + c_3 \xi_s^2 + c_4 \xi_s^3 . \tag{5.5.18}$$

Die Stabkennzahlen ε_{0s} lassen sich bestimmen aus den bekannten, im Grundzustand eingeprägten Längskräften S_{0s} (vgl. (4.2.13)) mit der Beziehung

$$\varepsilon_{0s} = \left| \sqrt{|\overset{*}{s}_{0s}|} \right| = \left| \sqrt{\frac{|S_{0s}| \ell_s^2}{EI_s}} \right| . \tag{5.5.19}$$

Die Lösungen (5.5.16 – 5.5.18) müssen den im konkreten Fall vorliegenden Randbedingungen angepaßt werden. Da die Differentialgleichung von der Ordnung $n = 4$ ist, können je Bereich 4 Randbedingungen bis zur Ordnung $n - 1 = 3$ (also für $\bar{w}$, $\bar{w}'$, $\bar{w}''$ bzw. $\bar{M}$ und $\bar{w}'''$ bzw. $\bar{R}$) berücksichtigt werden. Wird zunächst die Biegemomentenlinie $\bar{M}(x)$ im Nachbarzustand durch Auswerten der Gleichgewichtsbedingungen ermittelt, so sind dadurch die Kräfterandbedingungen bereits erfüllt, und es können nur noch die Randbedingungen bis zur Ordnung 1 (also für $\bar{w}$ und $\bar{w}'$) ausgewertet werden.

Ermittlung der Knicklast

Aus den Randbedingungen erhält man ein homogenes Gleichungssystem mit den Koeffizienten a_{mn} für die unbekannten Konstanten c_i der Knickbiegelinie $\bar{w}_s$ gemäß (5.5.16 – 5.5.18). Dieses Gleichungssystem hat nur dann eine nichttriviale Lösung $\bar{w}_s \neq 0$, wenn die Determinante $\det(a_{mn})$ der Koeffizientenmatrix Null wird. Da die Koeffizienten a_{mn} von ε_{0s} abhängen, ist auch die Determinante eine Funktion der Stabkennzahlen. Die nichttriviale Lösung eines homogenen Gleichungssystems ist bis auf einen beliebigen Faktor bestimmbar, ein Ergebnis, das bereits in Abschn. 5.5.1 erwähnt wurde.

In Sonderfällen kann für den gleichen Wert der Knicklast F_K auch mehr als eine unabhängige Lösung existieren. Ihre Anzahl ist gleich dem Rangabfall Δr der Koeffizientenmatrix; entsprechend viele voneinander unabhängige Knickbiegelinien lassen sich bestimmen. Die zugehörige Knicklast wird als Δr-facher Eigenwert bezeichnet. Von baupraktischer Bedeutung ist dieser Sonderfall z.B. bei der Berechnung von Aussteifungen (der Mindeststeifigkeit von Federn bzw. Beulsteifen) knick- oder beulgefährdeter Bauteile (vgl. Anwendungsbeispiel Abschn. 8.2.2).

Der weitere Ablauf der Ermittlung der Knicklast wird an einem Beispiel erläutert.

Berechnung der Knicklast und der Knickbiegelinie für den dritten Euler-Fall

Für den in Bild 5.13 dargestellten Druckstab gelten folgende Randbedingungen (Der Bereichsindex s und der Index 0 zur Kennzeichnung von Größen des Grundzustands werden im folgenden weggelassen.):

a) $\bar{w}(0) = 0$,

b) $\bar{w}'(0) = 0$,

c) $\bar{w}(\ell) = 0$,

d) $\bar{M}(\ell) = -EI\bar{w}''(\ell) = 0$.

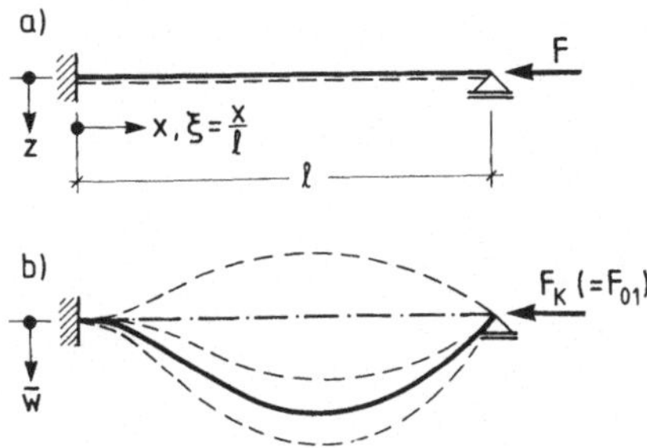

Bild 5.13a–c. Dritter Euler-Fall. **a** Grundzustand, **b** erste Eigenform, **c** zweite Eigenform

Mit Gl. (5.5.16) und deren Ableitungen

$$\begin{aligned} \bar{w}' &= c_2 + \varepsilon\, c_3 \cos \varepsilon\xi - \varepsilon\, c_4 \sin \varepsilon\xi\,, \\ \ell \bar{w}'' &= -\varepsilon^2 c_3 \sin \varepsilon\xi - \varepsilon^2 c_4 \cos \varepsilon\xi \end{aligned} \tag{5.5.20a, b}$$

folgt aus den Randbedingungen:

a) $0 = c_1 + c_4,$

b) $0 = c_2 + c_3\varepsilon,$

c) $0 = c_1 + c_2 + c_3 \sin\varepsilon + c_4 \cos\varepsilon,$

d) $0 = c_3 \varepsilon^2 \sin\varepsilon + c_4 \varepsilon^2 \cos\varepsilon.$

Dieses homogene Gleichungssystem mit den Unbekannten c_1 bis c_4 hat nur dann nichttriviale Lösungen, wenn die Determinante $\det(a_{mn})$ der Koeffizientenmatrix Null wird:

$$\det(a_{mn}) = \begin{vmatrix} 1 & 0 & 0 & 1 \\ 0 & 1 & \varepsilon & 0 \\ 1 & 1 & \sin\varepsilon & \cos\varepsilon \\ 0 & 0 & \varepsilon^2 \sin\varepsilon & \varepsilon^2 \cos\varepsilon \end{vmatrix} = 0.$$

Die Koeffizientendeterminante $\det(a_{mn})$ wird auch als Knickdeterminante und die Gleichung $\det(a_{mn}) = 0$ als Knickbedingung bezeichnet. Für die praktische Berechnung ist es oft zweckmäßig, die Anzahl der Gleichungen durch teilweises Eliminieren von Unbekannten vorher zu reduzieren. Mit diesem Vorgehen ergibt sich schließlich

$$c_4(\sin\varepsilon - \varepsilon\cos\varepsilon) = 0$$

und daraus die Knickbedingung

$$\sin\varepsilon - \varepsilon\cos\varepsilon = 0\,. \tag{5.5.21}$$

Die Auswertung dieser transzendenten Gleichung kann nur iterativ oder graphisch erfolgen. Wegen der Periodizität der trigonometrischen Funktionen existieren unendlich viele Nullstellen. Die zu diesen Nullstellen gehörenden Verzweigungslasten

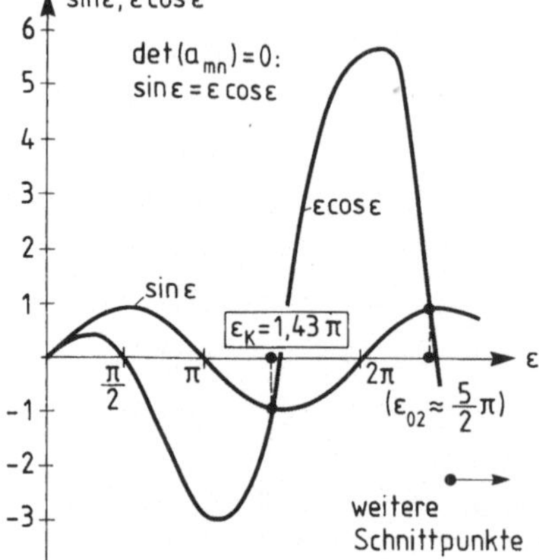

Bild 5.14. Auswertung der Knickdeterminante

werden auch als Eigenwerte bezeichnet. Für baupraktische Untersuchungen interessiert i.allg. nur die kleinste Nullstelle, aus der sich dann die Knicklast des Systems ergibt. Die erste von Null verschiedene Lösung liefert hier $\varepsilon_K = 1{,}4303\,\pi = 4{,}493$ (Bild 5.14). Dazu gehören die kritische Stablängskraft

$$\overset{*}{s}_K = -\varepsilon_K^2 = -2{,}046\,\pi^2 \qquad \text{bzw.} \qquad S_K = \overset{*}{s}_K \frac{EI}{\ell^2} = -2{,}046\,\frac{EI\pi^2}{\ell^2}$$

und wegen $S = -F$ die Knicklast

$$F_K = 2{,}046\,\frac{EI\pi^2}{\ell^2}. \tag{5.5.22}$$

Die Knickbiegelinie, auch Eigenform genannt, ist nur bis auf einen beliebigen Faktor bestimmbar (Bild 5.13b). Zu ihrer Berechnung wird einer der Konstanten c_1 bis c_4 ein Wert ungleich Null gegeben. Die restlichen Konstanten folgen dann aus dem homogenen Gleichungssystem, die zugehörige Biegelinie aus (5.5.16). Die zweite Eigenform ist in Bild 5.13c dargestellt.

In Tabelle 5.1 sind für die vier Euler-Fälle die zugehörigen Knicklasten und Knickbiegelinien zusammengestellt. Die Kenntnis dieser vier Grundfälle kann bei der Abschätzung von Knicklasten komplizierter Systeme hilfreich sein.

Ersatzstabverfahren und Knicklänge

Häufig werden Stabilitätsuntersuchungen näherungsweise mit Hilfe des Ersatzstabverfahrens durchgeführt. Hierbei wird aus dem gegebenen System der Bereich zwischen zwei Wendepunkten der ersten Eigenform des Systems herausgeschnitten und als beiderseits gelenkig gelagerter Knickstab betrachtet (2. Euler-Fall). Die Länge dieses Ersatzstabs bezeichnet man als Knicklänge s_K; mit ihrer Hilfe läßt sich die kritische Last allgemein angeben zu

$$F_K = \pi^2 \frac{EI}{s_K^2}. \tag{5.5.23}$$

Die s_K-Werte sind für die verschiedenen Euler-Fälle Tabelle 5.1 zu entnehmen.

Tabelle 5.1. Knickbedingungen, kritische Lasten und Knicklängen für die vier Euler-Fälle

System, Knickbiegelinie	Euler-Fall Nr.	Knickbedingung	Knicklast $F_K = F_{01}$ (kleinster Eigenwert)	Knicklänge s_K (Abstand der Wendepunkte)
	1	$\cos\varepsilon = 0$	$F_K = \frac{\pi^2}{4} \frac{EI}{l^2}$	$s_K = 2l$
	2	$\sin\varepsilon = 0$	$F_K = \pi^2 \frac{EI}{l^2}$	$s_K = l$
• Wendepunkt	3	$\sin\varepsilon - \varepsilon\cos\varepsilon = 0$	$F_K = 2{,}046\,\pi^2 \frac{EI}{l^2}$ $\approx 2\pi^2 \frac{EI}{l^2}$	$s_K = 0{,}699\,l$ $\approx \frac{\sqrt{2}}{2}\,l$
	4	$2(1-\cos\varepsilon) - \varepsilon\sin\varepsilon = 0$ oder $\underbrace{\sin\frac{\varepsilon}{2}}_{\text{symmetrisches}}\underbrace{(\sin\frac{\varepsilon}{2} - \frac{\varepsilon}{2}\cos\frac{\varepsilon}{2})}_{\text{antimetrisches}} = 0$ Knicken	$F_K = 4\pi^2 \frac{EI}{l^2}$ (symmetrischer Fall maßgebend)	$s_K = \frac{l}{2}$

Zur praktischen Berechnung der Knicklänge und damit der Knicklast existieren Hilfstafeln, aus denen die Knicklängen bestimmter Rahmensysteme zu entnehmen sind. Diese Tafeln wurden unter den (meist nicht erwähnten) Voraussetzungen aufgestellt, daß die Systeme vorwiegend vertikal belastet werden, die Druckkräfte in den Stielen etwa gleich groß sind und die Rahmenriegel keine wesentlichen Längskräfte aufweisen. Zu beachten ist jedoch, daß „die Knicklänge eines Systems" außer von der Systemgeometrie von der Verteilung der Längskräfte in den einzelnen Stäben und somit von der Art der Belastung abhängt.

Anwendungsbeispiel

Für das in Bild 5.15a dargestellte System mit elastisch unverschieblichen Knoten ist die kritische Last F_K zu berechnen. Infolge der Stabdehnungen können bei diesem System schon im Grundzustand Biegemomente auftreten, so daß zunächst gar kein Verzweigungsproblem vorliegt. Da aber wie bei Fachwerken mit biegesteifen Knoten ein Gleichgewichtszustand allein mit Längskräften möglich ist, spielen diese Biegemomente eine untergeordnete Rolle (Castiglianosches Prinzip vom Minimum der Formänderungsarbeit). Die Stablängskräfte des

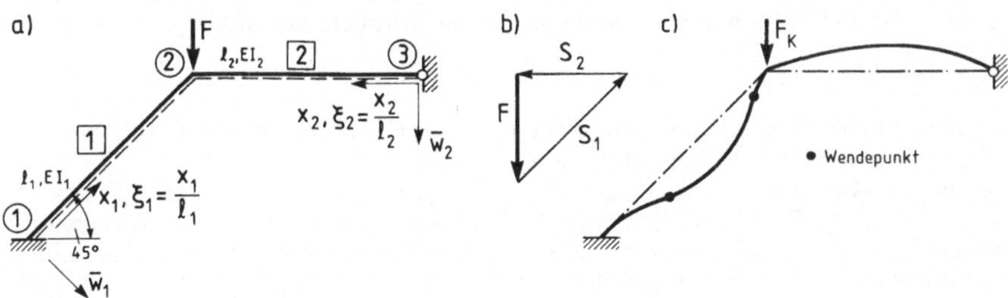

Bild 5.15a–c. Rahmen mit elastisch unverschieblichen Knoten. **a** System und Belastung, **b** Gleichgewicht im Grundzustand am Knoten 2, **c** Knickbiegelinie

Grundzustands können deshalb mit großer Genauigkeit nach der Fachwerktheorie zu $S_1 = -\sqrt{2}F$ und $S_2 = -F$ berechnet werden (Bild 5.15b). Hier wie im folgenden wird der die Größen des Grundzustands kennzeichnende Index 0 weggelassen.

Die Knickdeterminante soll möglichst allgemeingültig für beliebige Längen- und Steifigkeitsverhältnisse aufgestellt werden. Deshalb wird die weitere Berechnung in einheitenfreier Form durchgeführt. Die Größen F, S_1 und S_2 sind über das Kräftegleichgewicht gekoppelt. Eine dieser Kräfte kann als Bezugsgröße verwendet werden. Da letztlich die kritische Last F_K interessiert, wird F als Bezugsgröße gewählt bzw. $f = F\ell_c^2/(EI_c)$ mit $\ell_c = \ell_2$ und $EI_c = EI_2$ zu $f = F\ell_2^2/(EI_2)$ willkürlich festgelegt. Man erhält unter Beachtung von (4.3.15) die Beziehungen:

$$S_1 = -\sqrt{2}F: \quad \overset{*}{s}_1 = \frac{S_1\ell_1^2}{EI_1} = -\sqrt{2}\,\frac{F\ell_2^2}{EI_2}\,\frac{\ell_1^2}{\ell_2^2}\,\frac{I_2}{I_1} = -\sqrt{2}\,\alpha_1^2\beta_1 f, \qquad \varepsilon_1^2 = \sqrt{2}\,\alpha_1^2\beta_1 f,$$

$$S_2 = -F: \quad \overset{*}{s}_2 = \frac{S_2\ell_2^2}{EI_2} = -\frac{F\ell_2^2}{EI_2} = -f, \qquad \varepsilon_2^2 = f.$$

Hieraus ergibt sich folgender Zusammenhang zwischen den Stabkennzahlen:

$$\varepsilon_1^2 = \sqrt{2}\,\alpha_1^2\beta_1\varepsilon_2^2, \qquad \varepsilon_1 = \sqrt[4]{2}\,\alpha_1\sqrt{\beta_1}\,\varepsilon_2.$$

Mit Hilfe der in Tabelle 5.1 zusammengestellten Euler-Fälle können unter Ausnutzung der Vergleichungssätze ([5.1]) Schranken für die Knicklast bestimmt werden. Die Kenntnis dieser Schranken ist bei der Auswertung der Knickbedingung hilfreich und dient als Kontrolle des Endergebnisses. Zur Bestimmung der unteren Schranke (Index u) ist dabei so zu verfahren, daß elastische Einspannungen der Stabenden (hier: am Lastangriffspunkt) durch Biegemomentengelenke ersetzt werden; entsprechend wird zur Ermittlung der oberen Schranke (Index o) eine Festeinspannung angenommen (Bild 5.16).

Im vorliegenden Fall erhält man jeweils zwei Werte für die untere und die obere Schranke. Die in Bild 5.16 angegebenen Schranken werden von ε_s^2 auf die Bezugslast f umgerechnet. Als untere Schranken f_{Ku} ergeben sich:

$$\varepsilon_{1,K}^2 = 2{,}046\pi^2 = \sqrt{2}\,\alpha_1^2\beta_1 f_{Ku1}, \qquad f_{Ku1} = \frac{2{,}046\pi^2}{\sqrt{2}\,\alpha_1^2\beta_1},$$

$$\varepsilon_{2,K}^2 = \pi^2 \qquad = f_{Ku2}, \qquad f_{Ku2} = \pi^2.$$

Der kleinere Wert ist maßgebend; damit gilt für die untere Schranke

$$f_{Ku} = \mathrm{Min}\,(f_{Ku1}, f_{Ku2}).$$

Entsprechend erhält man als obere Schranken f_{Ko}:

$$f_{Ko1} = \frac{4\pi^2}{\sqrt{2}\,\alpha_1^2\beta_1}, \qquad f_{Ko2} = 2{,}046\,\pi^2.$$

Der kleinere Wert ist wiederum maßgebend; damit gilt für die obere Schranke

$$f_{Ko} = \mathrm{Min}\,(f_{Ko1}, f_{Ko2}).$$

Welche der beiden unteren bzw. oberen Schranken maßgebend ist, hängt mit α_1 und β_1 von den gegebenen Längen- und Steifigkeitsverhältnissen ab.

Die Herleitung der Knickbedingung erfolgt wie im vorangegangenen Beispiel durch Anpassen der Lösung (5.5.16) an die Rand- und Übergangsbedingungen. Je Bereich sind vier Ansatzkonstanten vorhanden; es müssen also insgesamt acht Rand- und Übergangsbedingungen formuliert werden, die zum homogenen Gleichungssystem für die acht unbekannten Konstanten führen. Durch eine geeignete Wahl der Koordinatensysteme (Bild 5.15a) kann erreicht werden, daß sich möglichst viele der Unbekannten zu Null ergeben und sich der Berechnungsaufwand verringert. Zuvor werden für jeden Bereich die allgemeine Lösung (5.5.16) und deren Ableitungen angegeben.

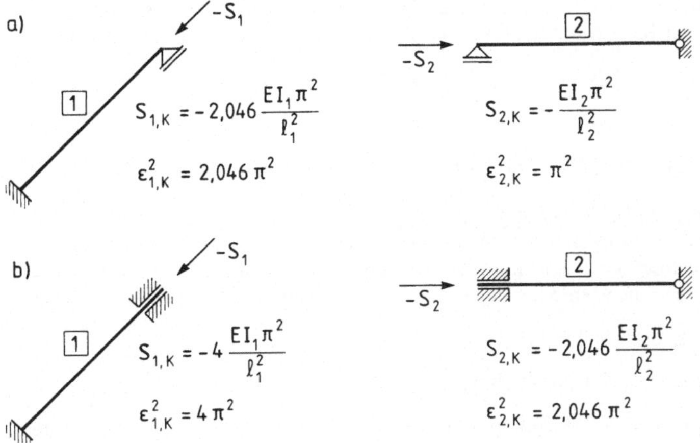

Bild 5.16 a, b. Schranken für die Knicklast. **a** Untere Schranken, **b** obere Schranken

Sie lauten für den

- Bereich 1:

$$\begin{aligned} \frac{\bar{w}_1}{\ell_1} &= c_1 + c_2\xi_1 + c_3 \sin\varepsilon_1\xi_1 + c_4\cos\varepsilon_1\xi_1\,, \\ \bar{w}_1' &= c_2 + c_3\varepsilon_1\cos\varepsilon_1\xi_1 - c_4\varepsilon_1\sin\varepsilon_1\xi_1\,, \\ \ell_1\bar{w}_1'' &= -c_3\varepsilon_1^2\sin\varepsilon_1\xi_1 - c_4\varepsilon_1^2\cos\varepsilon_1\xi_1\,. \end{aligned}$$

- Bereich 2:

$$\begin{aligned} \frac{\bar{w}_2}{\ell^2} &= d_1 + d_2\xi_2 + d_3 \sin\varepsilon_2\xi_2 + d_4\cos\varepsilon_2\xi_2\,, \\ \bar{w}_2' &= d_2 + d_3\varepsilon_2\cos\varepsilon_2\xi_2 - d_4\varepsilon_2\sin\varepsilon_2\xi_2\,, \\ \ell_2\bar{w}_2'' &= -d_3\varepsilon_2^2\sin\varepsilon_2\xi_2 - d_4\varepsilon_2^2\cos\varepsilon_2\xi_2\,. \end{aligned}$$

Es gelten die folgenden Rand- und Übergangsbedingungen:

$$\begin{aligned} &\bar{w}_1(0) = 0: && c_1 + c_4 = 0, && (1) \\ &\bar{w}_1'(0) = 0: && c_2 + c_3\varepsilon_1 = 0, && (2) \\ &\bar{w}_1(\ell_1) = 0: && c_1 + c_2 + c_3\sin\varepsilon_1 + c_4\cos\varepsilon_1 = 0, && (3) \\ &\bar{w}_2''(0) = 0: && d_4 = 0, && (4) \\ &\bar{w}_2(0) = 0: && d_1 + d_4 = 0, \quad d_1 = 0, && (5) \\ &\bar{w}_2(\ell_2) = 0: && d_2 + d_3\sin\varepsilon_2 = 0. && (6) \end{aligned}$$

Die noch fehlenden zwei Gleichungen ergeben sich aus den Übergangsbedingungen am Knoten 2. Das Momentengleichgewicht liefert:

$$\bar{M}_1(\ell_1) - \bar{M}_2(\ell_2) = 0 \qquad \text{bzw.} \qquad -EI_1\bar{w}_1''(\ell_1) + EI_2\bar{w}_2''(\ell_2) = 0\,.$$

Nach Multiplikation mit $-\ell_1/(EI_1)$ erhält man

$$\ell_1\bar{w}_1''(\ell_1) - \alpha_1\beta_1\ell_2\bar{w}_2''(\ell_2) = 0$$

und schließlich

$$-c_3\varepsilon_1^2\sin\varepsilon_1 - c_4\varepsilon_1^2\cos\varepsilon_1 + d_3\alpha_1\beta_1\varepsilon_2^2\sin\varepsilon_2 = 0\,. \qquad (7)$$

Am biegesteifen Knoten 2 müssen die Tangentenneigungen links und rechts vom Knoten gleich sein. Wegen der gegenläufigen Koordinatenachsen x_1 und x_2 bzw. ξ_1 und ξ_2 gilt hierfür

$$\bar{w}'_1(\ell_1) = -\bar{w}'_2(\ell_2) \qquad \text{bzw.} \qquad \bar{w}'_1(\ell_1) + \bar{w}'_2(\ell_2) = 0$$

und damit

$$c_2 + c_3\varepsilon_1 \cos\varepsilon_1 - c_4\varepsilon_1 \sin\varepsilon_1 + d_2 + d_3\varepsilon_2 \cos\varepsilon_2 = 0\,. \tag{8}$$

In den Gln. (5−8) wurde bereits berücksichtigt, daß wegen (4 und 5) d_1 und d_4 Null sind. Es verbleiben sechs homogene Gleichungen, deren Anzahl man zweckmäßigerweise noch reduziert, bevor die Determinante berechnet wird. Löst man Gl. (1) nach c_4, Gl. (2) nach c_2 sowie Gl. (6) nach d_2 auf und setzt die Ergebnisse in die verbleibenden drei Gln. (3, 7, 8) ein, so folgen die Beziehungen

$$c_1(1-\cos\varepsilon_1) + c_3(\sin\varepsilon_1 - \varepsilon_1) = 0\,, \tag{3'}$$

$$c_1\varepsilon_1^2 \cos\varepsilon_1 - c_3\varepsilon_1^2 \sin\varepsilon_1 + d_3\alpha_1^3\beta_1\varepsilon_2^2 \sin\varepsilon_2 = 0\,, \tag{7'}$$

$$c_1\varepsilon_1 \sin\varepsilon_1 + c_3(\varepsilon_1\cos\varepsilon_1 - \varepsilon_1) + d_3\alpha_1^2(\varepsilon_2\cos\varepsilon_2 - \sin\varepsilon_2) = 0\,. \tag{8'}$$

Die weitere Auswertung wird in der Regel mit einem programmierbaren Rechner durchgeführt. Hier soll jedoch die Knickbedingung explizit angegeben werden. Wünschenswert ist eine Verringerung auf zwei Gleichungen. Man sollte dabei jedoch stets vermeiden, durch Ausdrücke zu dividieren, die Null werden können, da sich dann numerische Schwierigkeiten bei der Auswertung ergeben und in Sonderfällen auch Lösungen wegfallen können. Aus diesen Gründen bietet es sich an, Gl. (3′) durch den Ausdruck $(\sin\varepsilon_1 - \varepsilon_1)$ zu dividieren, der für $\varepsilon_1 \neq 0$ stets ungleich Null ist, und nach c_3 aufzulösen. Damit wird aus (7′ und 8′) schließlich

$$c_1\left(\cos\varepsilon_1 - \frac{1-\cos\varepsilon_1}{\varepsilon_1 - \sin\varepsilon_1}\sin\varepsilon_1\right) + d_3\alpha_1^3\beta_1\frac{\varepsilon_2^2}{\varepsilon_1^2}\sin\varepsilon_2 = 0, \tag{7''}$$

$$c_1\varepsilon_1\left[\sin\varepsilon_1 - \frac{(1-\cos\varepsilon_1)^2}{\varepsilon_1 - \sin\varepsilon_1}\right] + d_3\alpha_1^2(\varepsilon_2\cos\varepsilon_2 - \sin\varepsilon_2) = 0\,. \tag{8''}$$

Aus der Koeffizientendeterminante dieses Gleichungssystems ergibt sich die Knickbedingung

$$\left(\cos\varepsilon_1 - \frac{1-\cos\varepsilon_1}{\varepsilon_1 - \sin\varepsilon_1}\sin\varepsilon_1\right)(\varepsilon_2\cos\varepsilon_2 - \sin\varepsilon_2)$$

$$-\varepsilon_1\left[\sin\varepsilon_1 - \frac{(1-\cos\varepsilon_1)^2}{\varepsilon_1 - \sin\varepsilon_1}\right]\alpha_1\beta_1\frac{\varepsilon_2^2}{\varepsilon_1^2}\sin\varepsilon_2 = 0\,. \tag{9}$$

Die Auswertung dieser transzendenten Beziehung kann nur für vorgegebene Last- und Steifigkeitsverhältnisse durchgeführt werden. Mit $\ell_1 = \ell_2$ und $I_1 = I_2$ gilt

$$\alpha_1 = \beta_1 = 1\,,$$

$$\varepsilon_1^2 = \sqrt{2}\,f, \qquad \varepsilon_1 = \sqrt[4]{2}\,\sqrt{f}\,,$$

$$\varepsilon_2^2 = f, \qquad \varepsilon_2 = \sqrt{f}\,.$$

Vor der numerischen Auswertung der Knickbedingung (9) werden die Schranken bestimmt:

$$f_{\mathrm{Ku1}} = \frac{2{,}046\,\pi^2}{\sqrt{2}} = 14{,}3\,, \qquad f_{\mathrm{Ku2}} = \pi^2 = 9{,}9 < 14{,}3\,, \qquad f_{\mathrm{Ku}} = \pi^2 = 9{,}9\,,$$

$$f_{\mathrm{Ko1}} = \frac{4\,\pi^2}{\sqrt{2}} = 27{,}9\,, \qquad f_{\mathrm{Ko2}} = 2{,}046\,\pi^2 = 20{,}2 < 27{,}9\,, \qquad f_{\mathrm{Ko}} = 20{,}2\,.$$

Die gesuchte Nullstelle liegt demnach zwischen $f_{Ku}=9{,}9$ und $f_{Ko}=20{,}2$. Aus Gl.(9) ergibt sich als erste Nullstelle $f=f_K=11{,}7$. Damit ist die Knicklast gefunden:

$$F_K=f_K\frac{EI}{\ell^2}=11{,}7\frac{EI}{\ell^2}.$$

Vor- und Nachteile der Differentialgleichungsmethode

Anhand der untersuchten Beispiele wird deutlich, daß die Differentialgleichungsmethode für die praktische Anwendung umständlich und deshalb kaum geeignet ist. Auch in Th.I.O. ist es üblich, ein statisch bestimmtes oder unbestimmtes System möglichst nicht durch Lösen der Differentialgleichung, sondern mit Hilfe des Kraftgrößen- oder eines Formänderungsgrößenverfahrens zu berechnen. Die Differentialgleichungsmethode dient im wesentlichen zur Herleitung grundsätzlicher Beziehungen.

Als eine für die praktische Berechnung von Verzweigungsproblemen vorteilhafte Vorgehensweise wird im nächsten Abschnitt das Verfahren von Mann vorgestellt.

5.5.3 Verfahren von Mann (Drehwinkelverfahren)

Zur Berechnung der Verschiebungsgrößen des Nachbarzustands gelten die Voraussetzungen von Th.II.O. Hieraus ergibt sich eine formale Gleichheit zwischen den homogenen Differentialgleichungen (4.2.12) und (5.5.15) sowie deren Lösungen (4.2.17) und (5.5.16, 5.5.17). Diese Identität darf jedoch nicht über die grundsätzlich unterschiedliche Bedeutung der zu den jeweiligen Gleichungen gehörenden mechanischen Sachverhalte hinwegtäuschen.

Die äußerliche Übereinstimmung erlaubt es, alle in Abschn. 4.3 entwickelten Beziehungen einschließlich der Knoten- und Netzgleichung zu übernehmen. Die geometrisch Unbekannten werden als Größen des Nachbarzustands mit einem Querstrich gekennzeichnet. Die Stabkennzahlen ε_s müssen durch die Kennzahlen ε_{0s} des Grundzustands ersetzt werden.

Der weitere Ablauf des Verfahrens erfolgt analog zur Differentialgleichungsmethode. Für die unbekannten Knoten- und Stabdrehwinkel $\bar{\varphi}_i$ und $\bar{\psi}_s$ ergibt sich ein homogenes Gleichungssystem, dessen Lösung bis auf einen beliebigen Faktor bestimmt werden kann. Eine nichttriviale Lösung existiert nur, wenn die Koeffizientendeterminante des Gleichungssystems Null wird. Hieraus erhält man die Knickbedingung. Alle weiteren Einzelheiten des Verfahrens werden an den beiden nachfolgenden Anwendungsbeispielen erläutert.

Anwendungsbeispiel: Rahmen mit unverschieblichen Knoten

Zum Vergleich des Drehwinkelverfahrens und der Differentialgleichungsmethode wird wieder der in Bild 5.15 dargestellte Rahmen untersucht. Die einzige geometrisch Unbekannte ist der Knotendrehwinkel $\bar{\varphi}_2$. Aus (4.3.20) folgt die zugehörige Knotengleichung

$$(\eta_1\varkappa_1^e+\eta_2\varkappa_2^g)\bar{\varphi}_2=0.$$

Bei nichttrivialen Lösungen $\bar{\varphi}_2\neq 0$ muß der Klammerausdruck Null werden, so daß sich die Knickbedingung

$$\eta_1\varkappa_1^e+\eta_2\varkappa_2^g=0$$

ergibt. Für den schon im letzten Abschnitt ausgewerteten Fall $I_1=I_2$ und $\ell_1=\ell_2$ wird $\eta_1=\eta_2=1$. Damit folgt

$$\varkappa_1^e(\varepsilon_1)+\varkappa_2^g(\varepsilon_2)=0,$$

wobei $\varkappa_1^e$ und $\varkappa_2^g$ nach Tabelle 4.1 einzusetzen sind. Die Auswertung der Knickbedingung kann unter Berücksichtigung der Verknüpfung von Stabkennzahlen und Belastung (s. Anwendungsbeispiel Abschn. 5.5.2) iterativ erfolgen. Die erste Nullstelle liegt bei $f_K=11{,}7$. Die Werte für die Determinante sind in Tabelle 5.2 angegeben. Als Grenzwert für $f\to 0$ ergibt sich nach Tabelle 4.1

$$\varkappa_1^e(0)+\varkappa_2^g(0)=4+3=7.$$

Auf die numerischen Schwierigkeiten bei der Berechnung von $\varkappa$ und γ für kleine Stabkennzahlen wurde bereits im Anhang von Abschn. 4.3.6 hingewiesen.

Tabelle 5.2. Auswertung der Knickbedingung

f	2	4	6	8	10	12	11,7
ε_{01}	1,68	2,38	2,91	3,36	3,76	4,12	4,07
ε_{02}	1,41	2	2,45	2,83	3,16	3,46	3,42
$\det(a_{mn})$	6,18	5,27	4,23	3,02	1,54	-0,35	-0,03 ≈0

Anwendungsbeispiel: Rahmen mit elastisch verschieblichen Knoten

Für den in Bild 5.17a dargestellten symmetrischen Rahmen mit elastisch verschieblichen Knoten sollen die Knicklasten für antimetrisches und symmetrisches Knicken ermittelt werden. Die Auswertung ist für beliebige Steifigkeitsverhältnisse durchzuführen.

Aus dem Kräftegleichgewicht an den Knoten 2 und 3 ergibt sich

$$S_1=-F_2, \qquad S_2=0, \qquad S_3=-F_3.$$

Geometrisch Unbekannte, Verschiebungszustände

Im Nachbarzustand gibt es die beiden unbekannten Knotendrehwinkel $\bar{\varphi}_2$ und $\bar{\varphi}_3$ sowie einen unbekannten Verschiebungszustand mit dem Stabdrehwinkel $\bar{\psi}_I$. Aus Bild 5.17b ist die Geometrie des Verschiebungszustands infolge $\bar{\psi}_I=1$ ersichtlich. Im einzelnen gelten die Beziehungen:

$$\bar{\psi}_1=\bar{\psi}_I:\ \psi_1^I=1, \qquad \bar{\psi}_3=\bar{\psi}_I:\ \psi_3^I=1, \qquad \bar{\psi}_2=0:\ \psi_2^I=0.$$

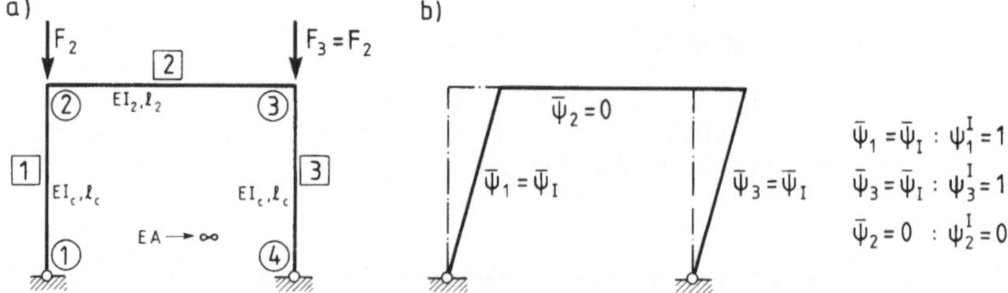

Bild 5.17a, b. Rahmen mit elastisch verschieblichen Knoten. **a** System und Belastung, **b** virtueller Verschiebungszustand

Tabelle 5.3. Allgemeines Gleichungssystem

$\bar{\varphi}_2$	$\bar{\varphi}_3$	$\bar{\psi}_I$	r
$\eta_1\kappa_1^g+\eta_2\kappa_2^e$	$\eta_2\gamma_2\kappa_2^e$	$-\eta_1\kappa_1^e$	0
$\eta_2\gamma_2\kappa_2^e$	$\eta_3\kappa_3^g+\eta_2\kappa_2^e$	$-\eta_3\kappa_3^g$	0
$-\eta_1\kappa_1^g$	$-\eta_3\kappa_3^g$	$\eta_1(\kappa_1^g-\varepsilon_{01}^2)$ $+\eta_3(\kappa_3^g-\varepsilon_{03}^2)$	0

Gleichungssystem für die geometrisch Unbekannten

Die Knotengleichungen (4.3.20) lauten für

– Knoten 2:

$$(\eta_1\varkappa_1^g+\eta_2\varkappa_2^e)\,\bar{\varphi}_2+\eta_2\gamma_2\varkappa_2^e\bar{\varphi}_3-\eta_1\varkappa_1^g\psi_1^I\bar{\psi}_I=0\,,$$

– Knoten 3:

$$\eta_2\gamma_2\varkappa_2^e\bar{\varphi}_2+(\eta_3\varkappa_3^g+\eta_2\varkappa_2^e)\,\bar{\varphi}_3-\eta_3\varkappa_3^g\psi_3^I\bar{\psi}_I=0\,.$$

Die einzige Netzgleichung (4.3.50) ergibt sich mit $N=R=I$ und $M=I$ zu

$$-\eta_1\varkappa_1^g\psi_1^I\bar{\varphi}_2-\eta_3\varkappa_3^g\psi_3^I\bar{\varphi}_3+[\eta_1(\varkappa_1^g-\varepsilon_1^2)\,\psi_1^I\,\psi_1^I+\eta_3(\varkappa_3^g-\varepsilon_3^2)\,\psi_3^I\,\psi_3^I]\,\bar{\psi}_I=0\,.$$

Das allgemeine Gleichungssystem der Knoten- und Netzgleichungen ist in Tabelle 5.3 zusammengestellt. Es gilt für beliebige Steifigkeitsverhältnisse und auch für unterschiedlich große vertikale Knotenlasten. Die weitere Auswertung erfolgt für ein symmetrisches System mit symmetrischer Belastung, d.h. für $\eta_3=\eta_1=1$, $F_3=F_1=F$ bzw. $\varepsilon_1^2=\varepsilon_3^2=f=F\ell_c^2/(EI_c)$, $\varepsilon_2^2=0$. Die Symmetrie trifft nur für den Grundzustand zu; der Verlauf der Zusatzgrößen kann sowohl symmetrisch als auch antimetrisch sein.

Knickbedingung für Antimetrie

Durch die Antimetriebedingung $\bar{\varphi}_3=\bar{\varphi}_2$ reduziert sich das allgemeine Gleichungssystem auf die beiden Gleichungen

$$(\varkappa_1^g+\eta_2\varkappa_2^e+\eta_2\gamma_2\varkappa_2^e)\,\bar{\varphi}_2-\varkappa_1^g\bar{\psi}_I=0\,,$$
$$-2\,\varkappa_1^g\bar{\varphi}_2+2(\varkappa_1^g-\varepsilon_1^2)\,\bar{\psi}_I=0\,.$$

Die Knickbedingung $\det(a_{mn})=0$ lautet

$$(\varkappa_1^g+\eta_2\varkappa_2^e+\eta_2\gamma_2\varkappa_2^e)\,(\varkappa_1^g-\varepsilon_1^2)-(\varkappa_1^g)^2=0\,.$$

Da der Riegel im Grundzustand keine Längskräfte aufweist, sind $\gamma_2=0{,}5$ und $\varkappa_2^e=4$. Damit vereinfacht sich die Knickbedingung für antimetrisches Knicken zu

$$(\varkappa_1^g+6\,\eta_2)\,(\varkappa_1^g-\varepsilon_1^2)-(\varkappa_1^g)^2=0\,.$$

Knickbedingung für Symmetrie

Wegen der Symmetriebedingungen $\bar{\varphi}_3=-\bar{\varphi}_2$ und $\bar{\psi}_I=0$ verbleibt nur noch die (verkürzte) Gleichung für Knoten 2

$$(\varkappa_1^g+\eta_2\varkappa_2^e-\eta_2\gamma_2\varkappa_2^e)\,\bar{\varphi}_2=0 \qquad \text{bzw.} \qquad [\varkappa_1^g+\eta_2\varkappa_2^e(1-\gamma_2)]\,\bar{\varphi}_2=0.$$

Die Knickbedingung lautet

$$\varkappa_1^g+\eta_2\varkappa_2^e(1-\gamma_2)=0\,.$$

Hieraus ergibt sich mit $\gamma_2=0{,}5$ und $\varkappa_2^e=4$ die Bedingung für symmetrisches Knicken zu

$$\varkappa_1^g+2\,\eta_2=0\,.$$

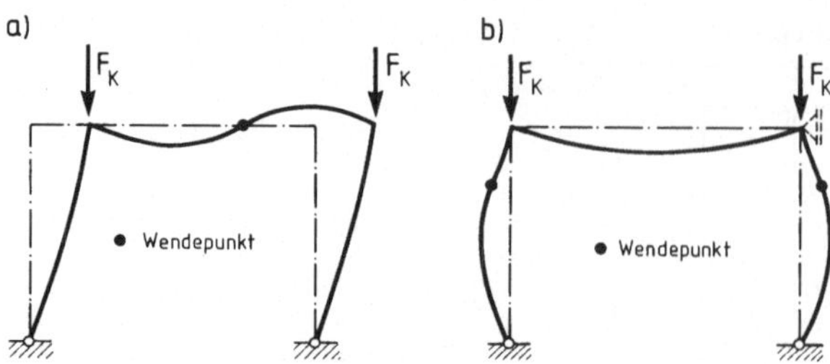

Bild 5.18 a, b. Knickbiegelinien des Rahmens. **a** Antimetrisches Knicken, **b** symmetrisches Knicken

Auswertung für Antimetrie

Aus der qualitativen Darstellung der Knickbiegelinie (Bild 5.18a) können als Schranken für die Knicklast

$$0 < F_K < \frac{\pi^2}{4} \frac{EI_1}{\ell_1^2} \qquad \text{oder} \qquad 0 < f_K < \frac{\pi^2}{4} = 2{,}47$$

abgelesen werden. Die Auswertung wird beispielhaft für $\eta_2 = 1$ in Tabelle 5.4 durchgeführt. Für $\eta_2 = 1$ ist $f_K = 1{,}82$ und somit $F_K = 1{,}82\, EI_1/\ell_1^2$.

Tabelle 5.4. Auswertung der Knickbedingung für antimetrisches Knicken

f	0	0,5	1	1,5	2	1,82
κ_1^g	3	2,899	2,794	2,686	2,575	2,615
$\det(a_{mn})$	18	12,94	7,97	3,09	-1,70	≈0

Tabelle 5.5. Auswertung der Knickbedingung für symmetrisches Knicken

f	10	11	12	13	12,89
κ_1^g	-0,066	-0,620	-1,281	-2,095	-1,996
$\det(a_{mn})$	1,93	1,38	0,72	-0,09	≈0

Auswertung für Symmetrie

Da bei symmetrischem Ausknicken (Bild 5.18b) keine horizontale Verschiebung der Knoten 2 und 3 auftreten kann, entspricht dieser Fall dem Knicken eines Rahmens mit einem zusätzlichen Auflager mit horizontaler Wirkungslinie im Knoten 2 oder 3. Mögliche Schranken für die Knicklast sind der zweite bzw. dritte Euler-Fall, also

$$\pi^2 \frac{EI_1}{\ell_1^2} < F_K < 2{,}05\, \pi^2 \frac{EI_1}{\ell_1^2}$$

bzw.

$$\pi^2 < f_K < 2{,}05\, \pi^2 .$$

Die Knicklast für Symmetrie liegt in diesem Fall erheblich höher als für Antimetrie. Für $\eta_2=1$ ist $f_K=12{,}89$ (Tabelle 5.5) bzw. $F_K=12{,}89\,EI_1/\ell_1^2$.

Darstellung der Knicklasten

Die Knicklasten für den symmetrischen bzw. antimetrischen Fall werden für verschiedene Werte von η_2 ermittelt, wobei die Knickbedingung jeweils erneut auszuwerten ist. Um alle Resultate im Zusammenhang darstellen zu können, sind in Bild 5.19 auf der Abszisse das Verhältnis $\eta_1/\eta_2=\ell_2 I_1/(\ell_1 I_2)$ und der Kehrwert $\eta_2/\eta_1=\ell_1 I_2/(\ell_2 I_1)$ gegenläufig aufgetragen. Es ist mit Hilfe der Determinante des allgemeinen Gleichungssystems nach Tabelle 5.3 ohne weiteres möglich, zusätzlich weitere Kurven für die Knicklasten des Rahmens mit unterschiedlichen Knotenlasten F_2 und F_3 zu bestimmen. Allerdings gelten dann wegen $\varepsilon_1^2 \neq \varepsilon_3^2$ die Symmetrie- und Antimetriebedingungen nicht mehr. Das Gleichungssystem läßt sich nicht entkoppeln, und es muß jeweils eine dreireihige Determinante ausgewertet werden.

Anhand der Anwendungsbeispiele ist deutlich zu erkennen, daß Knickuntersuchungen mit Hilfe des Verfahrens von Mann gegenüber der Differentialgleichungsmethode i.allg. erheblich einfacher sind.

Ein Nachteil des Drehwinkelverfahrens besteht darin, daß in bestimmten Fällen nicht alle höheren Eigenwerte erfaßt werden. Dieser Sachverhalt wird anhand des in Bild 5.20a dargestellten symmetrischen Durchlaufträgers erläutert. Aus der Knotengleichung $(\varkappa_1^g+\varkappa_2^g)\,\bar{\varphi}_1=0$ ergibt sich die Knickbedingung $\varkappa_1^g+\varkappa_2^g=2\,\varkappa_1^g=0$, die nur die zu den antimetrischen Eigenformen (mit $\bar{\varphi}_1 \neq 0$) gehörenden Eigenwerte liefert

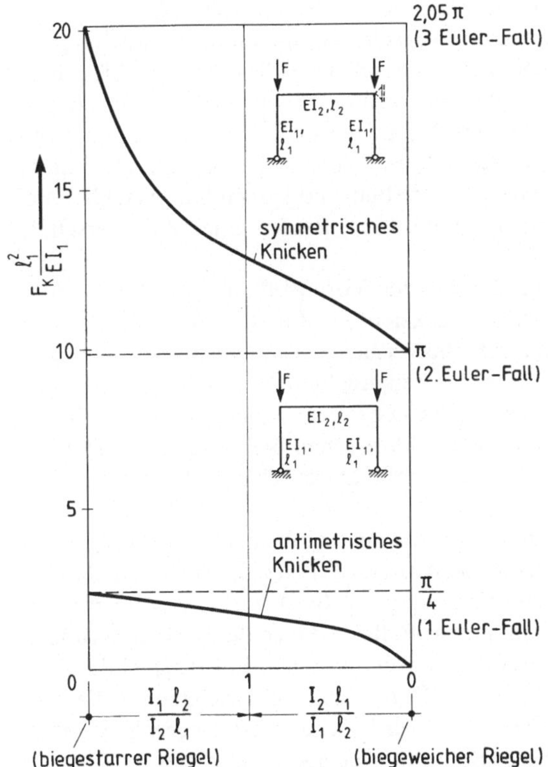

Bild 5.19. Kritische Last in Abhängigkeit von den Steifigkeitsverhältnissen

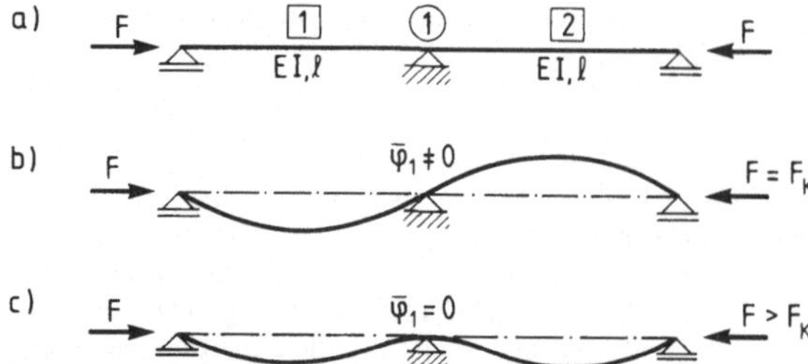

Bild 5.20 a–c. Symmetrischer Durchlaufträger. **a** Grundzustand, **b** erste antimetrische Eigenform, **c** erste symmetrische Eigenform

(Bild 5.20b). Für symmetrische Biegelinien gilt $\bar{\varphi}_1 = 0$ (Bild 5.20c); die Knotengleichung ist zwar erfüllt, nicht aber die Knickbedingung. Dieses Versagen des Drehwinkelverfahrens kann aber nicht als schwerwiegend angesehen werden, weil die für baupraktische Belange so wichtige Knicklast als niedrigster Eigenwert stets in der Knickbedingung des Verfahrens von Mann enthalten ist.

Auf die große Bedeutung der Nullstelle der Koeffizientendeterminante auch für Biegeprobleme soll in Kap. 8 ausführlich eingegangen werden.

5.5.4 Gültigkeitsgrenzen der klassischen Näherung

Das in diesem Abschnitt hergeleitete Näherungsverfahren zur Berechnung der kritischen Last kann auch zu völlig falschen Ergebnissen führen, wenn eine der beiden Voraussetzungen (Abschn. 5.5.1) der klassischen Näherung nicht zutrifft.

So ist zum Beispiel die erste Voraussetzung (Beschränkung auf die Ermittlung der niedrigsten Verzweigungslast) dann nicht mehr sinnvoll, wenn die Last-Verschiebungs-Kurven unmittelbar nach Überschreiten des ersten Indifferenzpunkts stark ansteigen bzw. abfallen. Eine Beschränkung auf die Berechnung der kritischen Last ist im ersten Fall aus wirtschaftlichen Gründen, im zweiten Fall aus Sicherheitsgründen nicht berechtigt. Beispiele für ein derartiges Systemverhalten sind jedoch hauptsächlich bei Flächentragwerken (z.B. Schubfeldbeulen einer Platte, Beulen einer Zylinderschale unter Axiallast) zu finden.

Bei Stabtragwerken ist die Gültigkeit der zweiten Voraussetzung (die Verformungen des Grundzustands werden nicht berücksichtigt) für die Anwendung der klassischen Näherung wichtiger. So führt z.B. die Vernachlässigung der Formänderungen des Grundzustands bei dem in Abschn. 5.3 behandelten Durchschlagproblem zu vollkommen falschen Ergebnissen. Eine ausführliche Behandlung dieses Problems findet man in [5.1]. Danach ergibt sich mit der klassischen Näherung z.B. für einen Systemwinkel $\alpha = 11°$ eine um den Faktor 5 zu große Durchschlaglast. Das Ergebnis muß als unbrauchbar bezeichnet werden.

Auch bei Verzweigungsproblemen kann die Vernachlässigung der Verformungen des Grundzustands zu erheblichen Fehlern führen. Aus (5.4.17) ist z.B. ersichtlich, daß bei Werkstoffen mit hoher Streckgrenze die Dehnung $F_{0n}/(EA)$ berücksichtigt werden muß. Aber auch bei Baugliedern aus Stahl gibt es Fälle, in denen die Formänderungen des Grundzustands ausnahmsweise wesentlich werden können. Ein Beispiel dafür ist das seitliche Ausweichen des Druckgurts eines Biegeträgers bei gleichzeitiger Verdrehung des Querschnitts, das als Kippen bezeichnet wird. Es kann jedoch gezeigt werden, daß in den meisten Fällen, in denen dieses Stabilitätsversagen überhaupt maßgebend wird, das Verhältnis von Querschnittshöhe zu Querschnittsbreite (h/b) groß ist, so daß die Biegeverformungen des Grundzustands in den für die Baupraxis wichtigen Fällen vernachlässigt werden können.

5.6 Weitere Beispiele für Verzweigungsprobleme

5.6.1 Anmerkungen zur Klassifizierung

Im folgenden wird ein kurzer Überblick über weitere Verzweigungsprobleme von Stäben gegeben, ohne daß deren rechnerische Behandlung eingehend erörtert werden soll. Bezüglich der Klassifizierung bestehen zwischen der Theorie (z.B. in der Mechanik und Statik) und der Anwendung (z.B. im Stahlbau) grundsätzliche Unterschiede.

Ein Klassifizierungsmerkmal ist die Kraft-Verformungs-Charakteristik. Verzweigungsprobleme im strengen Sinne weisen eine Kurve mit mindestens einer Abzweigung auf (Bild 5.1b,c: Kurve für $e=0$). Kurven ohne Verzweigungspunkt (Bild 5.1b,c: Kurven für $e \neq 0$) werden in der Praxis dennoch in vielen Fällen einem Verzweigungsproblem zugeordnet. Diese Zuordnung hat dann ihre Berechtigung, wenn die Probleme miteinander verwandt sind; das drückt sich z.B. im asymptotischen Verlauf der zugehörigen Kurven aus. Der exzentrisch gedrückte Stab ist demnach im Sinne der Definition kein Stabilitätsproblem, wird aber i.allg. in der Baupraxis als solches bezeichnet.

Ein weiteres Unterscheidungsmerkmal ist die Beanspruchung des Stabes im Grundzustand. Beispiele für diese Klassifizierung sind

- das Biegedrillknicken (mit den Sonderfällen Biegeknicken und Drillknicken) mit Druckkräften,
- das Kippen mit Biegemoment ohne Längskräfte,
- das Torsionsknicken mit Torsionsmomenten

im Grundzustand. In der Praxis werden das Kippen und das Torsionsknicken häufig als Sonderfälle des Biegedrillknickens behandelt, obgleich es eigenständige Probleme sind.

Für die folgenden Betrachtungen wird die in der Statik und Mechanik übliche, konsequente Klassifizierung verwendet.

5.6.2 Biegedrillknicken

Es wird ein Einfeldträger mit zentrischer Druckkraft betrachtet. Der Grundzustand ist biegemomentenfrei. Je nach Symmetrieeigenschaft des Querschnitts sind drei Fälle mit jeweils drei grundsätzlich verschiedenen Ausweichmöglichkeiten zu unterscheiden:

Doppelt symmetrische Querschnitte

Der Sachverhalt läßt sich besonders einfach am Doppelpunktquerschnitt als Ersatzmodell für einen doppelt symmetrischen Querschnitt (Bild 5.21a – c) erläutern. Der Steg dient nur als schubstarrer Abstandshalter; die Stegfläche kann vernachlässigt werden. Die gesamte Querschnittsfläche ist je zur Hälfte in den beiden Randfasern des Querschnitts konzentriert. Da der Steg im Ersatzmodell keine Torsionssteifigkeit besitzt, sind der kleinste Eigenwert für das Drillknicken und der für das Biegeknicken senkrecht zur Stegebene gleich groß (Bild 5.21a, c). Der zweite Eigenwert für das Biegeknicken (in der Stegebene) ist wegen der vorausgesetzten Schubstarrheit größer.

Beim beliebigen doppelt symmetrischen Querschnitt ist aufgrund der tatsächlich stets vorhandenen Torsionssteifigkeit des Trägers der niedrigste Eigenwert für Biegeknicken (Ausweichen senkrecht zur Stegebene) kleiner als der für Drillknicken und deshalb maßgebend. Für alle üblichen Walzprofile stellt also die Eulersche Knicklast die kleinste Verzweigungslast dar.

Einfach symmetrische Querschnitte

Die Verhältnisse werden am [-Querschnitt erläutert (Bild 5.21d). In Richtung der Symmetrieachse y-y weicht der Querschnitt aus, ohne sich dabei zu verdrehen. Reines Biegeknicken in Richtung der Achse z-z ist nicht möglich, da die beim Ausknicken auftretenden Querkräfte nicht im Schubmittelpunkt M angreifen und deshalb ein Torsionsmoment erzeugen; es tritt Biegedrillknicken ein.

In Sonderfällen können auch beim einfach symmetrischen Querschnitt der Schubmittelpunkt M und der Schwerpunkt S der Querschnittsfläche zusammenfallen. Dann ergibt sich wie beim doppelt symmetrischen Querschnitt entweder Biegeknicken oder Drillknicken.

Welcher Eigenwert maßgebend ist, hängt von den Querschnittsabmessungen ab.

Sind bei symmetrischen Querschnitten die Wandstärken der einzelnen Querschnittsteile erheblich kleiner als die Querschnittsabmessungen, so kann auch das Biegedrillknicken maßgebend sein.

Unsymmetrische Querschnitte

Da die beim Ausweichen unsymmetrischen Querschnitte (z.B. ungleichschenkliger L-Querschnitt) entstehenden Querkräfte stets ein Torsionsmoment erzeugen, stellt sich bei unsymmetrischen Querschnitten Biegedrillknicken ein.

Zusätzlich ist in allen drei Fällen stets zu untersuchen, ob örtliches Beulen zu einem vorzeitigen Versagen führt. Eine ausführliche Darstellung des Biegedrillknickens findet man in [5.12].

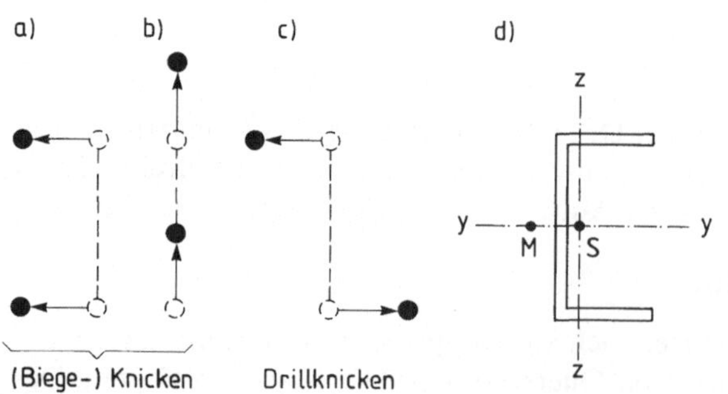

Bild 5.21 a–d. Biege-, Drill- und Biegedrillknicken. **a–c** doppelt symmetrischer Doppelpunktquerschnitt, **d** einfach symmetrischer [-Querschnitt

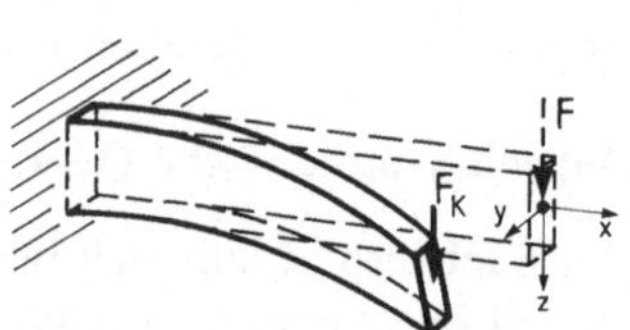

Bild 5.22. Kippen eines Biegeträgers

5.6.3 Kippen

Der in Bild 5.22 dargestellte Kragträger mit einem zur x-z-Ebene symmetrischen Querschnitt wird an seinem freien Ende durch eine Einzellast F belastet, so daß im Grundzustand Biegemomente auftreten, jedoch keine Längskräfte. Die zugehörigen Spannungen sind symmetrisch zur x-z-Ebene.

Beschränkt man sich auf kleine Verschiebungen, so ergeben sich infolge des mit einer Verdrehung der Querschnitte um die Stabachse verbundenen Ausweichens in y-Richtung Biegespannungen, die antimetrisch zur x-z-Ebene sind, sowie Torsionsschubspannungen. Bezeichnet man die Spannungen des Grundzustands mit σ_0 und die infolge des seitlichen Ausweichens mit $\bar{\sigma}$, so folgt

$$\int_0^{\ell} \int_{(A)} \sigma_0 \bar{\sigma} \, \mathrm{d}A \, \mathrm{d}x = 0. \tag{5.6.1}$$

Spannungszustände, für die diese Bedingung erfüllt ist, heißen orthogonal. Die Orthogonalitätsbedingung (5.6.1) ist hinreichend für eine Gleichgewichtsverzweigung. Das Kippen eines Biegeträgers stellt somit ein Verzweigungsproblem dar, obwohl bereits im Grundzustand Biegespannungen auftreten, die für das Gleichgewicht erforderlich sind.

Aus der in Bild 5.22 dargestellten Verformungsfigur ist ersichtlich, daß ein Ausweichen nur von den Flächenmomenten 2. Ordnung I_z und I_T abhängt. Für Rechteckquerschnitte gilt nach Prandtl [5.14]:

$$F_K = \frac{4{,}01}{\ell^2} \sqrt{E I_z G I_T}. \tag{5.6.2}$$

Weiterhin kann man erkennen, daß Kippen unter einer Belastung in z-Richtung immer dann untersucht werden muß, wenn $I_z \ll I_y$ ist. Liegen die Werte der Flächenmomente 2. Ordnung in der gleichen Größenordnung, so ist die Kipplast F_K so groß, daß bereits für die Beschreibung des Grundzustands die Theorie kleiner Verschiebungen nicht mehr ausreicht ([5.1]). Solche Fälle sind jedoch für die Praxis nicht von Bedeutung.

5.6.4 Torsionsknicken

Das Torsionsknicken wird am Beispiel des gelenkig gelagerten Stabes unter der Wirkung eines Torsionsmoments T erläutert (Bild 5.23a). Derart belastete Konstruktionselemente können in räumlich beanspruchten Systemen auftreten (z.B. Trägerrost, Antriebswelle, Spiralbohrer). Im Gegensatz zum Drillknicken, bei dem die Stabachse auch nach dem Knicken gerade bleibt, bildet der durch Torsionsknicken verformte Stab eine Raumkurve. Für den Stab mit Kreisquerschnitt ergibt sich nach [5.15]:

$$T_K = \pm 2\pi \frac{EI}{\ell}. \tag{5.6.3}$$

Das polare Flächenmoment 2. Grades I_p ist in (5.6.3) nicht explizit enthalten, da für den Kreisquerschnitt $I_p = 2I_y = 2I_z = 2I = \pi r^4/2$ gilt.

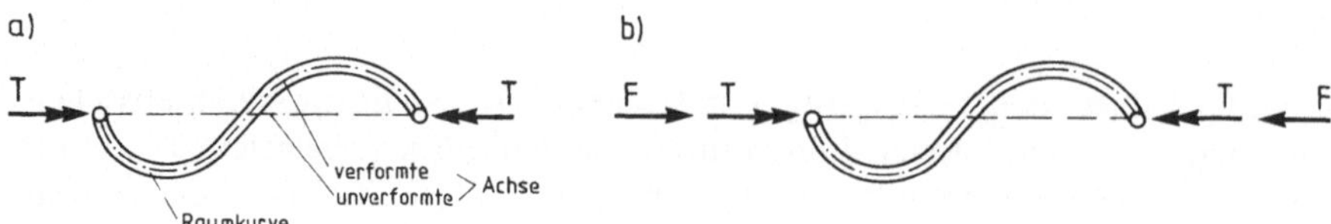

Bild 5.23 a, b. Stab mit Kreisquerschnitt. **a** Torsionsknicken, **b** Biegetorsionsknicken

5.6.5 Zusammengesetzte Stabilitätsprobleme

An dem zuletzt besprochenen Beispiel des Torsionsknickens kann besonders einfach das Zusammenwirken verschiedenartiger Belastungen untersucht werden, die jede für sich unterschiedliche Stabilitätsprobleme verursachen. Zusätzlich zum Torsionsmoment T soll eine Längskraft F wirken (Bild 5.23b). Für jedes Teilproblem ist die kritische Belastung bekannt:

$$\begin{aligned} &\text{Biegeknicken (ohne } T\text{):} \qquad && F_K = \pi^2 \frac{EI}{\ell^2}, \\ &\text{Torsionsknicken (ohne } F\text{):} \qquad && T_K = \pm 2\pi \frac{EI}{\ell}. \end{aligned} \tag{5.6.4a, b}$$

Bei einem Zusammenwirken beider Lasten ändern sich diese kritischen Werte von F_K auf $F_{K,T}$ und von T_K auf $T_{K,F}$ (der zweite Index gibt die Interaktionsgröße an). Die Lösung des Problems ([5.15]) führt zu der Interaktionsbeziehung

$$\left(\frac{T_{K,F}}{T_K}\right)^2 + \frac{F_{K,T}}{F_K} = 1, \tag{5.6.5a}$$

die in Bild 5.24 dargestellt ist. Aus dem Diagramm bzw. aus (5.6.5a) kann entweder für jedes vorgegebene $F(=F_{K,T})$ das zugehörige kritische Torsionsmoment

$$T_{K,F} = T_K \sqrt{1 - \frac{F}{F_K}} \tag{5.6.5b}$$

oder umgekehrt für jedes vorgegebene $T(=T_{K,F})$ die kritische Druckkraft

$$F_{K,T} = F_K \left[1 - \left(\frac{T}{T_K}\right)^2\right] \tag{5.6.5c}$$

ermittelt werden. Die Kraftgrößen F_K und T_K der Teilprobleme sind mit (5.6.4) bekannt. Aus (5.6.5b) und Bild 5.24 ist zu ersehen, daß Zugkräfte stabilisierend auf das Torsionsknicken wirken.

Das Interaktionsdiagramm weist Eigenschaften auf, deren Ausnutzung zu zwei sehr einfachen Näherungslösungen für zusammengesetzte Stabilitätsprobleme im Bereich positiver Eigenwerte $F_{K,T} > 0$ führt. Die geradlinige Verbindung der Schnittpunkte der Kurve mit den Achsen liefert eine untere Grenze für die kritischen Werte und liegt auf

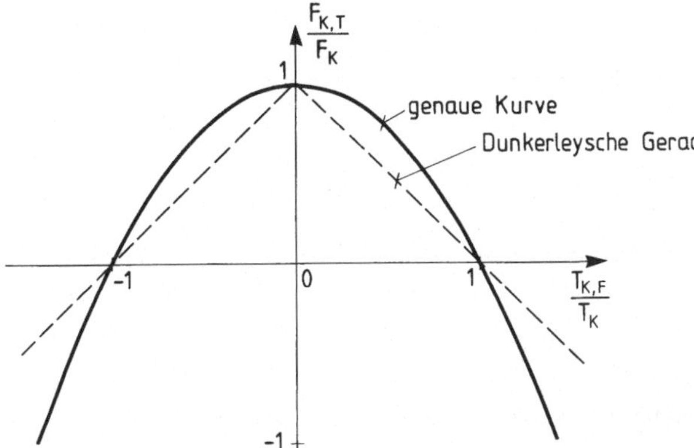

Bild 5.24. Genaue Lösung und Näherung nach Dunkerley für Biegetorsionsknicken

der sicheren Seite. Für $F_{K,T} < 0$ geht diese Eigenschaft verloren. Die Gerade wird als Dunkerleysche Gerade bezeichnet und ist durch die Dunkerleysche Formel

$$\pm \frac{T_{K,F}}{T_K} + \frac{F_{K,T}}{F_K} = 1 \tag{5.6.6}$$

gegeben. Die beschriebene Schrankeneigenschaft ist nicht auf zwei Interaktionsgrößen beschränkt und gilt auch für andere zusammengesetzte Stabilitätsprobleme, z.B. für die Interaktion zwischen Kippen und Biegeknicken. Der Beweis kann mit Hilfe energetischer Betrachtungen geführt werden ([5.1]).

Das Teilproblem des Biegeknickens ist nur für Druck, d.h. für positive Werte von F (Bild 5.23) möglich. Die Lösung des Interaktionsproblems hängt deshalb vom Vorzeichen der Längskraft ab. Das Torsionsknicken ist jedoch offensichtlich unabhängig vom Vorzeichen des Torsionsmoments. Aus diesem Grund ergibt sich eine zur Ordinatenachse symmetrische Kurve, die im Schnittpunkt mit dieser Achse eine horizontale Tangente aufweist. In solchen Fällen, in denen mindestens eines der Teilprobleme vom Vorzeichen der Belastung unabhängig ist, kann die Näherung durch Quadrieren des vorzeichenunabhängigen Summanden den Symmetriebedingungen angepaßt und dadurch erheblich verbessert werden. Bei dem hier betrachteten Beispiel liefert diese verbesserte Dunkerleysche Formel sogar die exakte Lösung (5.6.5a), eine Feststellung, die sich nicht verallgemeinern läßt.

In der Praxis hat die Dunkerleysche Näherung große Bedeutung. Sie wird z.B. zur Berechnung des Plattenbeulens infolge von Längs- und Schubspannungen oder des Stabknickens bei gleichzeitiger Wirkung von Einzelkräften und Streckenlängskräften angewandt (DIN 4114 Blatt 2, Tafel 5).

Anwendungsbeispiel

Aufgabenstellung

Für das in Bild 5.25 dargestellte System sind die Knicklasten der Teilprobleme (Bild 5.25b,c) und des zusammengesetzten Problems (Bild 5.25a) zu ermitteln. Die im Rahmen der klassischen Näherung exakte Lösung ist mit der Dunkerleyschen Näherung zu vergleichen.

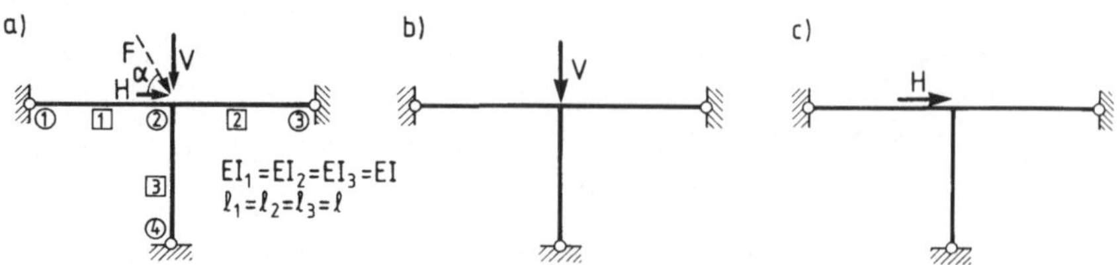

Bild 5.25a–c. Zusammengesetztes Knickproblem. **a** System und Belastung, **b** Teilproblem 1, **c** Teilproblem 2

Knickbedingung

Aus der Knotengleichung $(\varkappa_1^g + \varkappa_2^g + \varkappa_3^g)\bar{\varphi}_2 = 0$ ergibt sich die Knickbedingung

$$\varkappa_1^g + \varkappa_2^g + \varkappa_3^g = 0\,,$$

die für alle drei Fälle (Bild 5.25a – c) gilt.

Teilproblem 1

Die Längskräfte im Grundzustand lauten

$$S_1 = S_2 = 0\,, \qquad S_3 = -V,$$

$$\overset{*}{s}_1 = \overset{*}{s}_2 = 0\,, \qquad \frac{S_3\ell^2}{EI} = -\frac{V\ell^2}{EI}\,, \qquad \overset{*}{s}_3 = -v\,.$$

Wegen $\overset{*}{s}_1 = \overset{*}{s}_2 = 0$ folgt $\varkappa_1^g = \varkappa_2^g = 3$. Die Knickbedingung vereinfacht sich zu

$$\varkappa_3^g + 6 = 0\,.$$

Die Auswertung dieser Bedingung liefert die kritische Vertikallast

$$v_K = \frac{V_K\ell^2}{EI} = 15{,}78\,.$$

Teilproblem 2

Der Längskraftzustand ist statisch unbestimmt. Wegen der Symmetrie des Systems und der antimetrischen Belastung können die Längskräfte des Grundzustands jedoch unmittelbar angegeben werden:

$$S_1 = -S_2 = \frac{H}{2}\,,$$

$$\overset{*}{s}_1 = -\overset{*}{s}_2 = \frac{1}{2}\frac{H\ell^2}{EI} = \frac{h}{2}\,, \qquad \overset{*}{s}_3 = 0\,, \qquad \varkappa_3^g = 3\,.$$

Bei der Auswertung der Knickbedingung

$$\varkappa_1^g + \varkappa_2^g + 3 = 0$$

ist zu beachten, daß im Bereich 1 Zugkräfte und im Bereich 2 Druckkräfte herrschen. Man erhält für den kritischen Zustand

$$\varepsilon_{1K} = \varepsilon_{2K} = 4{,}081\,,$$

$$\overset{*}{s}_{1K} = -\overset{*}{s}_{2K} = 4{,}081^2 = 16{,}655\,,$$

$$h_K = \frac{H_K\ell^2}{EI} = 2 \cdot 16{,}655 = 33{,}31\,.$$

Zusammengesetztes Problem (genaue Lösung)

Die Längskräfte des Grundzustands können aus denen der Teilprobleme durch Addition gewonnen werden:

$$\overset{*}{s}_1 = -\overset{*}{s}_2 = \frac{h}{2}, \qquad \overset{*}{s}_3 = v\,.$$

Mit $f = F\ell^2/(EI)$, $h = f\cos\alpha$ und $v = f\sin\alpha$ ergeben sich die folgenden Beziehungen

$$\overset{*}{s}_1 = -\overset{*}{s}_2 = \frac{\cos\alpha}{2} f \qquad \text{bzw.} \qquad f = \frac{2}{\cos\alpha}\overset{*}{s}_1,$$

$$\overset{*}{s}_3 = -\sin\alpha \cdot f \qquad \text{bzw.} \qquad f = -\frac{1}{\sin\alpha}\overset{*}{s}_3,$$

$$\varepsilon_1 = \varepsilon_2 = \sqrt{\frac{\cos\alpha}{2}}\sqrt{f}, \qquad \varepsilon_3 = \sqrt{\sin\alpha}\sqrt{f} = \sqrt{\frac{2\sin\alpha}{\cos\alpha}}\,\varepsilon_1,$$

$$h = 2\,\varepsilon_1^2, \qquad v = \varepsilon_3^2 = \frac{2\sin\alpha}{\cos\alpha}\,\varepsilon_1^2.$$

Die Knickbedingung

$$\varkappa_1^g + \varkappa_2^g + \varkappa_3^g = 0$$

wird unter Beachtung der Kopplung von ε_1, ε_2 und ε_3 für hinreichend viele Winkel α ausgewertet. Die Ergebnisse sind in Bild 5.26 (genaue Kurve) dargestellt. Für $\alpha = 30°$ soll die Berechnung beispielhaft durchgeführt werden:

$$\varepsilon_3 = \sqrt{\frac{2\sin 30°}{\cos 30°}}\,\varepsilon_1 = 1{,}075\,\varepsilon_1\,.$$

Die iterative Auswertung der Knickbedingung liefert

$$\varepsilon_{1\mathrm{K}} = 3{,}508\,.$$

Daraus folgt

$$h_{\mathrm{K,v}} = 2 \cdot 3{,}508^2 = 24{,}61\,,$$

$$v_{\mathrm{K,h}} = 2\,\frac{\sin 30°}{\cos 30°}\,3{,}508^2 = 14{,}21\,,$$

$$\frac{h_{\mathrm{K,v}}}{h_{\mathrm{K}}} = \frac{H_{\mathrm{K,V}}}{H_{\mathrm{K}}} = \frac{24{,}61}{33{,}31} = 0{,}74\,, \qquad \frac{v_{\mathrm{K,h}}}{v_{\mathrm{K}}} = \frac{V_{\mathrm{K,H}}}{V_{\mathrm{K}}} = \frac{14{,}21}{15{,}78} = 0{,}90\,.$$

Dunkerleysche Näherung für das zusammengesetzte Problem

Analog zu (5.6.6) lautet die Gleichung der Dunkerleyschen Geraden

$$\pm\frac{H_{\mathrm{K,V}}}{H_{\mathrm{K}}} + \frac{V_{\mathrm{K,H}}}{V_{\mathrm{K}}} = 1\,.$$

Da die Lösung des Teilproblems 2 wegen der Symmetrie des Systems offensichtlich vom

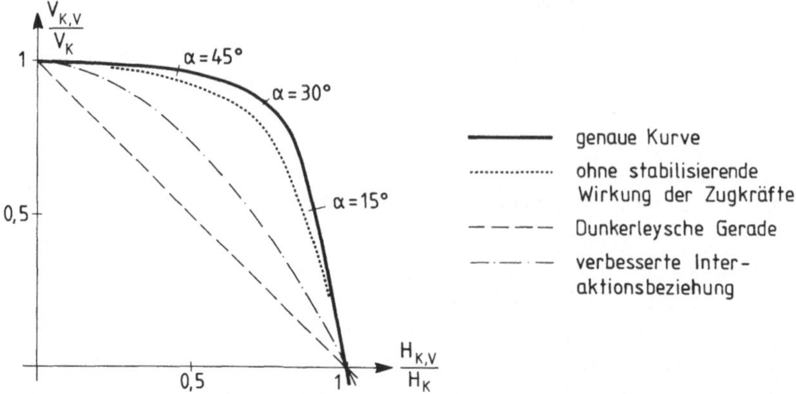

Bild 5.26. Genaue und genäherte Ergebnisse, dargestellt in einem Interaktionsdiagramm

Vorzeichen der Horizontalkraft H unabhängig ist, kann die Dunkerleysche Formel durch Quadrieren des ersten Summanden verbessert werden. Man erhält

$$\left(\frac{H_{K,V}}{H_K}\right)^2 + \frac{V_{K,H}}{V_K} = 1 .$$

Beide Näherungen liegen für das hier betrachtete Beispiel auf der sicheren Seite. Die Abweichungen von der genauen Lösung sind beträchtlich; sie werden z.T. durch die stabilisierende Wirkung der Zugkraft im linken Riegel hervorgerufen.

In der Praxis erfolgt die Berechnung von Stäben mit Zugkräften häufig nach Th.I.O. (d.h. hier: $\varkappa_1^g = 3 = \text{const}$). Die stabilisierende Wirkung der Zugkräfte wird dabei vernachlässigt, und man erhält Ergebnisse, die auf der sicheren Seite liegen (gepunktete Kurve in Bild 5.26). Die Behandlung von Systemen mit statisch unbestimmtem Grundzustand erfolgt im nächsten Abschnitt.

Ein Gegenstück zur Dunkerleyschen Formel ist die Formel von Southwell, die für die Zusammensetzung von Teilproblemen mit jeweils derselben Belastung, aber verschiedenen Steifigkeiten gilt. Als Ergebnis erhält man stets eine untere Schranke für die kritische Last (nicht die höheren Eigenwerte) des zusammengesetzten Problems. Bei der praktischen Berechnung von Stabwerken ist der Anwendungsbereich jedoch begrenzt; deshalb wird auf die ausführliche Darstellung in [5.1] verwiesen.

5.6.6 Verzweigungsprobleme bei statisch unbestimmtem Grundzustand

In den vorangegangenen Abschnitten wurden nur Knickprobleme mit unveränderlich eingeprägtem Längskraftzustand betrachtet. Bei Systemen mit statisch unbestimmtem Grundzustand kann es vor allem aus Gründen der Wirtschaftlichkeit geboten sein, die Voraussetzung unveränderlicher Längskraftverhältnisse fallenzulassen.

Der Knickuntersuchung muß zur Ermittlung der Längskräfte im Grundzustand eine statisch unbestimmte Berechnung vorangestellt werden. Da der Grundzustand voraussetzungsgemäß biegemomentenfrei ist bzw. die Biegemomente und Querkräfte für diesen Zustand von untergeordneter Bedeutung sind, werden die Formänderungsbedingungen nur bezüglich der Verschiebungen der Knotenpunkte erfüllt. Eine gegenseitige Verdrehung der in einem Knoten angeschlossenen Stäbe wird trotz biegesteifer Verbindung zugelassen; man berechnet die Längskräfte wie an einem statisch unbestimmten Gelenkfachwerk.

Mit dem so ermittelten Verhältnis der Längskräfte in den einzelnen Stäben kann die Knickuntersuchung in der üblichen Weise durchgeführt werden. Während in der Regel die Knicklast als obere Grenze der Tragfähigkeit anzusehen ist, kann die Belastung bei Systemen mit statisch unbestimmtem Grundzustand in solchen Fällen über die Knicklast hinaus gesteigert werden, in denen Kräfte auf noch tragfähige Systemteile umgelagert werden. Wird diese Möglichkeit der Kräfteumlagerung nicht genutzt, so gelangt man zu unwirtschaftlichen Konstruktionen, besonders dann, wenn eine Umlagerung auf Zugstäbe möglich ist.

Ein einfaches Beispiel hierfür ist das Fachwerk mit gekreuzten Diagonalen. Mit dem Ausknicken der Druckdiagonalen übernehmen die Zugdiagonalen die zusätzlichen Kräfte infolge weiterer Laststeigerung. In vielen Fällen ist es vorteilhaft, den Schlankheitsgrad der Diagonalen so groß zu wählen, daß man ihre Tragfähigkeit bei Druckbeanspruchung von vornherein vernachlässigen und die gesamte Kraft den Zugstäben zuweisen kann.

Ein weiteres Beispiel mit statisch unbestimmtem Grundzustand ist der in Bild 5.25 dargestellte Rahmen, dessen Knicklast im vorangegangenen Abschnitt unter der Voraussetzung unveränderlicher Längskraftverhältnisse berechnet wurde. Im folgenden wird untersucht, wie sich die Stabilität dieses Rahmens unter Ausnutzung der Kräfteumlagerung ändert.

Anwendungsbeispiel

Es soll das Knicken des Rahmens nach Bild 5.25 unter Einbeziehung möglicher Kräfteumlagerungen untersucht werden. Während die vertikale Komponente V einen statisch bestimmten Grundzustand ($S_1 = S_2 = 0$, $S_2 = -V$) erzeugt, ist der Längskraftzustand infolge der Horizontalkomponente H statisch unbestimmt. Es werden folgende drei Fälle für die Aufteilung der horizontalen Belastung auf die Riegel betrachtet:

- Fall 1: $S_1 = -S_2 = H/2$,
- Fall 2: $S_1 = H, \quad S_2 = 0$,
- Fall 3: $S_1 = 0, \quad S_2 = -H$.

Nach der Elastizitätstheorie stellt sich der Fall 1 mit entgegengesetzt gleich großen Riegellängskräften ein, der bereits in Abschnitt 5.6.5 berechnet wurde, so daß die Ergebnisse übernommen werden können (genaue Kurve in Bild 5.26).

Die allgemeine Knickbedingung $\varkappa_1^g + \varkappa_2^g + \varkappa_3^g = 0$ wird für die Fälle 2 und 3 wieder für hinreichend viele Werte des Lastangriffswinkels α ausgewertet. Die Ergebnisse sind in Bild 5.27 dargestellt. Es ist zu beachten, daß hier im Gegensatz zur Darstellung in Bild 5.26 alle kritischen Horizontallasten $H_{K,V}$ auf die Knicklast $H_{K1} = 33{,}31\ EI/\ell^2$ des Falles 1 bezogen sind, so daß ein direkter Vergleich der zu den drei Kurven gehörenden Kräfte möglich ist. Der große Einfluß der Annahmen bezüglich der Längskraftverteilung auf die Knicklast ist deutlich zu erkennen, z.B. durch einen Vergleich der zu den Punkten A, B, C gehörenden Kräfte $H_{K,V}$ und $V_{K,H}$.

Als nächstes soll die Frage geklärt werden, ob auch hier wie im Beispiel der gekreuzten Diagonalen die für die Stabilität des Rahmens günstigste Längskraftverteilung $S_1 = H$, $S_2 = 0$ angenommen werden darf, die von der mit Hilfe einer statisch unbestimmten Berechnung ermittelten Verteilung $S_1 = -S_2 = H/2$ abweicht. Die Ergebnisse werden anhand einer vom Wert Null ausgehenden Laststeigerung für $\alpha = 15°$ erläutert (Bild 5.27, Gerade durch den Ursprung). Die horizontale Komponente der Belastung wird zunächst durch entgegengesetzt gleich große Kräfte in den Riegeln aufgenommen, bis der auf Druck beanspruchte Riegel 2 ausknickt (Punkt

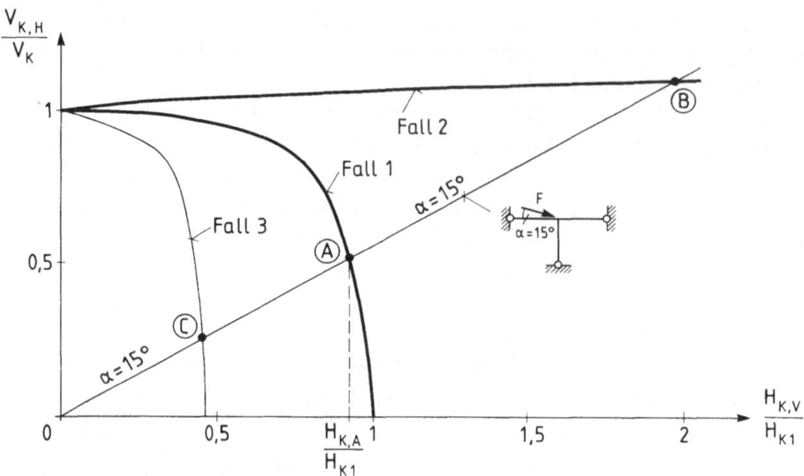

Bild 5.27. Knicken eines Rahmens mit statisch unbestimmtem Grundzustand

A) und keine zusätzliche Last mehr aufnehmen kann. Die Längskraft $S_{2K} = -H_{K,A}/2$ bleibt aufgrund der Voraussetzungen der klassischen Näherung bei weiterer Laststeigerung konstant, während die Zugkraft S_{1K} einen immer größeren Anteil der Horizontalkraft aufnimmt; das Verhältnis der Riegellängskräfte ändert sich bei Überschreiten des Punktes A ständig.

Ob stabiles Gleichgewicht zwischen A und B vorliegt, ist gesondert zu untersuchen. Der Punkt B kann nicht erreicht werden, da er zu einem Gleichgewichtszustand mit $S_2=0$ gehört, während auf der gesamten Geraden zwischen A und B die Beziehung $S_2=S_{2K}=-H_{K,A}/2\neq 0$ gilt. Laststeigerungen über A hinaus sind nur möglich, wenn die Zunahme der Steifigkeit $\varkappa_1^g$ des Zugriegels 1 die Abnahme der Steifigkeit $\varkappa_3^g$ des vertikalen Druckstabs 3 ausgleichen kann; dies ist nur bei kleinen Winkeln α gegeben. Da die Verringerung von $\varkappa_3^g$ mit Annäherung der Längskraft S_3 an die kritische Last des dritten Euler-Falls (d.h. $\varepsilon_3^2 \to 2{,}05\pi^2$) das Anwachsen von $\varkappa_1^g$ erheblich übertrifft (vgl. Bild 4.16b), ist eine Laststeigerung über das erste Ausknicken hinaus in jedem Fall auf einen Bereich begrenzt, der weit unterhalb des Punktes B liegt. Die hinsichtlich der Stabilität des Systems günstige Annahme $S_1=H$, $S_2=0$ ist im betrachteten Beispiel unzulässig.

Es bleibt festzuhalten, daß man bei der Berechnung der Knicklast von Systemen mit statisch unbestimmtem Grundzustand in der Regel von Längskraftverhältnissen ausgehen muß, die die Dehnsteifigkeiten der einzelnen Stäbe und die Lagerungsbedingungen möglichst wirklichkeitsnah berücksichtigen. Eine nur das Gleichgewicht im Grundzustand erfüllende Längskraftverteilung, wie sie im Beispiel von Fachwerken mit gekreuzten Diagonalen zulässig ist, kann in anderen Fällen zu Ergebnissen führen, die weit auf der unsicheren Seite liegen.

6 Werkstoff-Nichtlinearität (physikalische Nichtlinearität)

6.1 Vorbemerkungen

Die physikalisch lineare Theorie beschränkt sich darauf, Zustände zu beschreiben, die im linearen Bereich der Spannungs-Dehnungs-Kurve liegen; es gilt das Hookesche Gesetz. Als Versagenslast wird die Belastung angesehen, unter deren Wirkung die höchst beanspruchte Faser des Systems eine in Abhängigkeit vom verwendeten Material definierte elastische[1] Grenzspannung wie z.B. die Fließspannung σ_F erreicht. Die Beschränkung auf diese Grenzlast $F_{el,Gr}$ im elastischen Zustand ist in der Regel unwirtschaftlich, da nicht alle Tragreserven ausgenutzt werden.

Bei Belastungssteigerung über den elastischen Grenzzustand hinaus bis zum Versagen des Systems muß das tatsächliche nichtlineare Materialverhalten möglichst zutreffend erfaßt werden. Auch bei vorausgesetzter geometrischer Linearität führt jedes nichtlineare Materialgesetz zu einem nichtlinearen Zusammenhang zwischen Belastung und statischen Größen; der besseren Ausnutzung des Materials steht somit eine erhebliche Vergrößerung des Berechnungsaufwands gegenüber.

Die dem rechnerischen Versagen des Systems zugeordneten Einwirkungen werden im Rahmen der in diesem Kapitel behandelten geometrisch linearen und physikalisch nichtlinearen Theorie als plastische Grenzlast[1] bezeichnet, wenn ein Material wie Baustahl mit ausgeprägtem Plastiziervermögen vorliegt. Bei weniger duktilen Werkstoffen wie dem Stahlbeton spricht man von der Bruchlast. Als Traglast wird die unter genaueren Annahmen (z.B. bei geometrisch und physikalisch nichtlinearer Theorie) ermittelte, vom Tragwerk rechnerisch maximal aufnehmbare Last bezeichnet. Die Begriffe Traglast und Traglastverfahren sind jedoch nicht eindeutig festgelegt, so daß man in jedem Einzelfall die der Berechnung zugrunde gelegten Voraussetzungen überprüfen sollte. Unter der Voraussetzung der geometrischen Linearität ist die Traglast gleich der plastischen Grenzlast eines Systems (vgl. Bild 7.15).

Die genaue Einbeziehung des Werkstoffverhaltens in die Berechnung ist wegen der Abhängigkeit der experimentell bestimmten Materialkennwerte von der Probenform, der Belastungsart, der Temperatur, der Herstellungsweise und wegen der Streuung von Versuchsergebnissen unmöglich. In der Praxis können deshalb nur stark vereinfachende Näherungen bei der Abbildung der physikalischen Realität zur sinnvollen Erweiterung der linearen Elastizitätstheorie führen (vgl. Tabelle 3.1).

---

[1] In der Literatur ist anstelle der korrekten Bezeichnungsweise für Grenzspannung im elastischen oder plastischen Bereich die Ausdrucksweise elastische bzw. plastische Grenzspannung gebräuchlich. Wie in DIN 18 800 werden auch hier beide Begriffe nebeneinander verwendet.

Den folgenden Betrachtungen liegen die grundsätzlichen Idealisierungen der Stabtheorie zugrunde, die in den Kap. 1 und 2 aufgeführt sind. Insbesondere gelten beide Bernoulli-Hypothesen auch bei Überschreiten der Fließgrenze. Bezüglich des Materialverhaltens wird ein eindeutiger Zusammenhang zwischen Spannungen und Dehnungen in der Form $\sigma = \sigma(\varepsilon)$ vorausgesetzt, der jedoch nicht eindeutig umkehrbar zu sein braucht. Die Belastung soll nur einsinnig gesteigert werden, so daß über den Einfluß von Entlastungen (vgl. Bild 2.7) und Lastwechseln nichts ausgesagt werden kann.

Die Annahme vom Ebenbleiben der Querschnitte (1. Bernoulli-Hypothese) bedeutet, daß auch bei einer physikalisch nichtlinearen Theorie die Dehnungsverteilung über den Querschnitt linear bleibt. Wegen des nichtlinearen Materialgesetzes ergibt sich hieraus eine über die Querschnittshöhe nichtlineare Spannungsverteilung. Deshalb fallen selbst bei reiner Biegung im Gegensatz zur physikalisch linearen Theorie die Schwerachse und die Spannungsnullinie i.allg. nicht zusammen (Ausnahme z.B. doppelte Querschnittssymmetrie oder Querschnittssymmetrie bezüglich des Biegemomentenvektors bei Punktsymmetrie der Spannungs-Dehnungs-Linie). In Bild 6.1 ist dieser Sachverhalt im Vergleich von physikalisch linearer und nichtlinearer Theorie dargestellt.

Die Einbeziehung der physikalischen Nichtlinearität in Nachweiskonzepte erfolgt in zwei Schritten. Es wird zunächst das Erreichen des Grenzzustands der Tragfähigkeit für den Einzelquerschnitt (Abschn. 6.2 und 6.3) untersucht und dann der Nachweis für das Gesamtsystem (Abschn. 6.4 und 6.5) geführt.

Stabilitätsprobleme können in diesem Kapitel aufgrund der vorausgesetzten geometrischen Linearität nicht erfaßt werden.

Einzelquerschnitt

Die vom einzelnen Querschnitt im rechnerischen Bruch- bzw. Traglastzustand aufnehmbaren Schnittgrößen werden als innere Schnittgrößen N_i, M_i und Q_i bezeichnet (Bild 6.2a). Sie hängen nicht nur vom Werkstoff, sondern auch von der Kombination der Schnittkräfte ab. Dieses Zusammenwirken wird als Interaktion bezeichnet und in Interaktionsbeziehungen oder -diagrammen erfaßt. Zur Berechnung von Verschiebungsgrößen ist die Kenntnis der konstitutiven Gleichungen erforderlich; sie werden in diesem Kapitel für einige einfache Fälle angegeben. Bild 6.2b,c soll daran erinnern, daß diese Beziehungen im Rahmen der Stabtheorie nur für die Längskraft und das Biegemoment existieren.

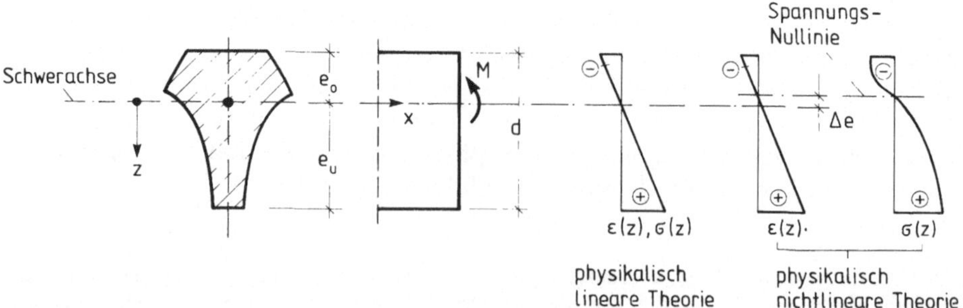

Bild 6.1. Spannungs- und Dehnungsverlauf bei physikalisch linearer und nichtlinearer Theorie

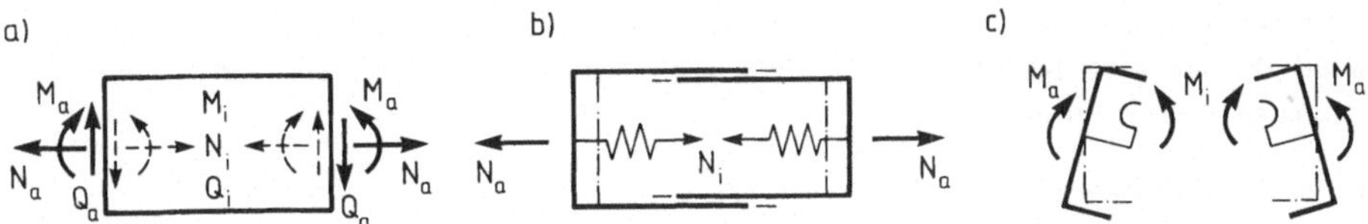

Bild 6.2 a–c. Innere und äußere Schnittgrößen. **a** Gegenüberstellung von äußeren und inneren Schnittgrößen, **b** und **c** Elementmodelle für die konstitutiven Beziehungen

Gesamtsystem

Beim Nachweis am Gesamtsystem werden die äußeren Schnittgrößen N_a, M_a und Q_a (Bild 6.2a) infolge der Einwirkungen auf das Tragwerk den im ersten Schritt berechneten aufnehmbaren Schnittgrößen gegenübergestellt. Bei statisch bestimmten Systemen können die äußeren Schnittgrößen allein aus Gleichgewichtsbetrachtungen ermittelt werden, d.h. sie sind werkstoffunabhängig.

Bei statisch unbestimmten Tragwerken sind dagegen die Schnittkraftzustände infolge der äußeren Lasten materialabhängig, da zu ihrer Berechnung Formänderungsbedingungen erforderlich sind. Dies hat bei physikalischer Nichtlinearität eine erhebliche Vergrößerung des Berechnungsaufwands zur Folge, da der Arbeitssatz und die Superposition (Ausnahmen s. Abschn. 6.5.6) nicht angewendet werden dürfen und die genaue Integration der konstitutiven Beziehungen nur in Sonderfällen möglich ist. Selbst bei Benutzung der einfachen bilinearen Spannungs-Dehnungs-Beziehung (Bild 6.3) ist die Ermittlung von Verschiebungsgrößen aufwendig, da die Bereiche des Systems nicht bekannt sind, in denen nichtlinear zu rechnen ist. Sie müssen zu Beginn der Berechnung geschätzt werden, so daß eine Lösung nur iterativ gefunden werden kann. Spezielle Vorgehensweisen werden in Abschn. 6.4 vorgestellt.

Fließgelenktheorien

Die Annahmen der geometrischen Linearität und des besonders einfachen linear elastisch – ideal plastischen Materialgesetzes (Bild 2.3d) führen nach weiteren Idealisierungen zur Fließgelenktheorie I. Ordnung (Abschn. 6.5). Wird neben der physikalischen auch die geometrische Nichtlinearität in der Form berücksichtigt, daß die Systemverformungen in die Gleichgewichtsbedingungen eingehen, so spricht man von der Fließgelenktheorie II. Ordnung, auf die in Kap. 7 eingegangen werden soll.

Für weitergehende Studien wird auf Kap. 8 sowie auf das allgemeine Schrifttum [6.1 – 6.7], auf die speziellen Anwendungen im Stahlbau [6.8 – 6.11, 6.19, 6.20] und im Stahlbeton- bzw. Spannbetonbau [6.12 – 6.18] verwiesen.

6.2 Approximationen des nichtlinearen Werkstoffverhaltens

6.2.1 Übersicht

Die nachfolgenden Ausführungen behandeln Vorgehensweisen bei der näherungsweisen Einbeziehung von Werkstoff-Nichtlinearitäten, die den Nachweis der Zuverlässigkeit von Bauwerken mit erträglichem Berechnungsaufwand gestatten und gleichzeitig eine bessere Materialausnutzung als nach der physikalisch linearen Theorie ergeben. Es werden hier vier Möglichkeiten der Approximation vorgestellt, und zwar die Annäherung durch einen

- Potenzreihenansatz,
- allgemeinen bilinearen Ansatz,
- Sonderfall des bilinearen Ansatzes (linear elastisch – ideal plastisch),
- Parabel-Rechteck-Ansatz (wird in Abschn. 6.3.2, Fall 3 zur Erfassung des Werkstoffs Beton behandelt).

Eine Untersuchung dieser wenigen Grundformen reicht aus, um die meisten der in der Baupraxis eingeführten Bemessungshilfen beurteilen und gegebenenfalls ergänzen zu können.

6.2.2 Potenzreihenansatz

Spannungs-Dehnungs-Linien ohne ausgeprägten Fließbereich können in vielen Fällen durch einen Potenzreihenansatz ([6.1]) der Form

$$\sigma = E\varepsilon(1 + c_1\varepsilon + c_2\varepsilon^2 + \ldots + c_n\varepsilon^n) \qquad (6.2.1)$$

approximiert werden, wobei man die Werte für E und c_i aus Versuchen gewinnt (vgl. Abschn. 2.4.2).

Bei der Untersuchung des Einzelquerschnitts (d.h. $x = \text{const}$) braucht die Abhängigkeit der Spannungen und Dehnungen von der Koordinate x nicht berücksichtigt zu werden. Im folgenden werden deshalb statt $\sigma(x,z)$ bzw. $\varepsilon(x,z)$ die Bezeichnungen $\sigma(z)$ und σ bzw. $\varepsilon(z)$ und ε verwendet.

Die in Kap. 1 angegebene Äquivalenzbeziehung (1.2.14b) ist auch bei nichtlinearem Werkstoffverhalten in der Form

$$M = \int_{(A)} \sigma(z) z \, dA = \int_{(A)} \sigma(\varepsilon) z \, dA \qquad (6.2.2)$$

gültig. Nach Einsetzen von (6.2.1) in (6.2.2) ist die konstitutive Gleichung

$$M = E \int_{(A)} z\varepsilon(1 + c_1\varepsilon + c_2\varepsilon^2 + \ldots + c_n\varepsilon^n) dA \qquad (6.2.3)$$

auszuwerten. Hierzu benötigt man den Dehnungsverlauf $\varepsilon(z)$, der sich wegen der Voraussetzung kleiner Verschiebungsgrößen aus (1.2.9) zu

$$\varepsilon(z) = u' - zw'' \qquad (6.2.4)$$

ergibt. Mit dieser Dehnungs-Verschiebungs-Beziehung folgt aus (6.2.3)

$$M = E\{u' \int_{(A)} z \, dA - w'' \int_{(A)} z^2 dA + c_1(u')^2 \int_{(A)} z \, dA$$

$$- 2c_1 w'' u' \int_{(A)} z^2 dA + c_1 w''^2 \int_{(A)} z^3 dA + \ldots\} . \qquad (6.2.5)$$

Die ersten beiden Terme entsprechen denen der linearen Theorie. In weiteren Gliedern ist die Krümmung w'' in der zweiten Potenz bzw. in höheren Potenzen enthalten. Eine explizite Auflösung nach w'' ist demnach möglich, wenn im Elastizitätsgesetz nur Glieder bis $\varepsilon^3(z)$ berücksichtigt werden. Der mit der Auswertung von (6.2.5) verbundene Aufwand ist dann immer noch beträchtlich.

Ein Ansatz bis einschließlich des quadratischen Gliedes ε^2 ist z.B. für Beton im Druckbereich üblich. Für Stauchungen $0 \geq \varepsilon_b \geq -0{,}002$ wird ein Verlauf der Spannungs-Dehnungs-Linie mit der Funktion $\sigma_b = \frac{1}{4}\beta_R(0{,}004+\varepsilon_b)\varepsilon_b \cdot 10^6$ gewählt. In den Bereichen $-0{,}002 \geq \varepsilon_b \geq -0{,}0035$ und $\varepsilon_b > 0$ wird jedoch ein konstanter Verlauf ($\sigma_b = \beta_R$ bzw. $\sigma_b = 0$) verwendet, so daß sich insgesamt kein einheitlicher Potenzreihenansatz ergibt (vgl. Bild 2.6a und Abschn. 6.3.2, Fall 3).

Bei der Aufstellung von Bemessungshilfen oder bei iterativer Bemessung kann man zur Vereinfachung der Berechnung die Dehnungszustände vorgeben und dann die zugehörigen Biegemomente ermitteln.

6.2.3 Allgemeine bilineare Approximation

Eine weitere Möglichkeit, mit geringem Aufwand nichtlineares Materialverhalten in eine praktikable Bemessungshilfe einzuarbeiten, soll am Beispiel der in Bild 6.3 dargestellten Approximation durch ein bilineares Elastizitätsgesetz gezeigt werden. Die nachfolgend beschriebene Vorgehensweise bietet sich immer dann an, wenn entweder das vorgegebene Werkstoffgesetz oder aber der gewählte Querschnitt nicht in Tabellenwerken vorliegen.

Gegeben ist das im einachsigen Versuch gemessene Werkstoffverhalten (Bild 6.3), das im Druck- und Zugbereich gleich ist. Die hier gewählte bilineare Näherung unterteilt den Spannungs-Dehnungs-Verlauf in die Bereiche I und II mit den Grenzwerten der Dehnung ε_1 bzw. ε_2 und der Spannung σ_1 bzw. σ_2. Die Steigung der Näherungsgeraden entspricht den Werkstoff-Sekantenmoduli E_1 bzw. E_2 der beiden Bereiche. Kennzeichnet der Index R einen beliebigen Wert von Dehnung oder Spannung am Querschnittsrand, so lauten die bereichsweise gültigen Elastizitätsgesetze im

– *Bereich I* ($\sigma^I \leq \sigma_1$):

$$\sigma^I = E_1\varepsilon \quad \text{(wie bei physikalisch linearer Theorie),}$$
$$\sigma^I_R = E_1\varepsilon_R \leq \sigma_1 \quad \text{(beliebige Randspannung),} \qquad (6.2.6a–c)$$
$$\sigma_1 = E_1\varepsilon_1 \quad \text{(extremaler Wert für } \sigma^I\text{),}$$

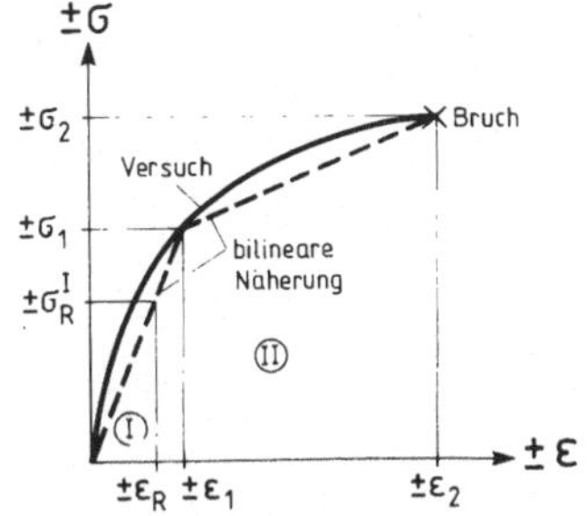

Bild 6.3. Bilineares Elastizitätsgesetz als Näherung des tatsächlichen Werkstoffverhaltens

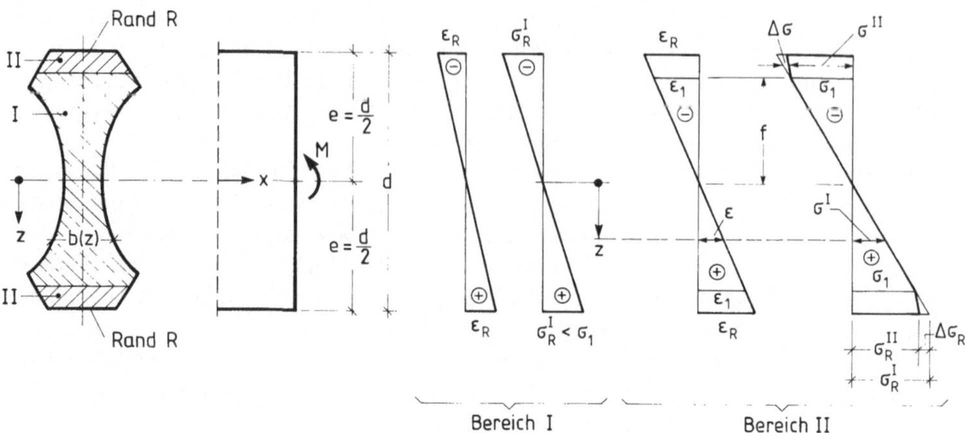

Bild 6.4. Dehnungs- und Spannungsverläufe bei bilinearem Elastizitätsgesetz

– *Bereich II* ($\sigma_1 \leq \sigma^{II} \leq \sigma_2$):

$$\begin{aligned} \sigma^{II} &= \sigma_1 + E_2(\varepsilon - \varepsilon_1) = (E_1 - E_2)\varepsilon_1 + E_2\varepsilon\,, \\ \sigma_R^{II} &= \sigma_1 + E_2(\varepsilon_R - \varepsilon_1) \leq \sigma_2\,. \end{aligned} \tag{6.2.6d,e}$$

Bei Beschränkung auf reine Biegung (d.h. $\int \sigma \, dA = N = 0$) braucht nur die Äquivalenzbeziehung $\int z\sigma \, dA = M$ ausgewertet zu werden. Aus den in Bild 6.4 dargestellten Dehnungs- und Spannungsverläufen erkennt man, daß sich im Bereich I ein mit dem Ergebnis der physikalisch linearen Theorie identisches Ergebnis einstellt. So gelten beispielsweise für $\varepsilon_R = \varepsilon_1$ mit dem Widerstandsmoment W^I der Theorie I. Ordnung die Beziehungen

$$M = M_1 = -EIw_1'' \quad \text{bzw.} \quad \sigma_R^I = M_1/W^I. \tag{6.2.7a,b}$$

Im Bereich II folgt zwar aufgrund der 1. Bernoulli-Hypothese ein über den Querschnitt geradliniger Dehnungsverlauf; der zugehörige Spannungsverlauf ist dennoch nichtlinear, da die Spannungsverteilung über die Querschnittshöhe wegen des gegenüber E_1 kleineren Wertes von E_2 einen Knick aufweist. Die Durchführung der Spannungsintegration im Bereich II erfolgt zweckmäßigerweise in zwei Schritten, und zwar wird zunächst das Integral über die volle Querschnittshöhe gebildet und danach die Spannungsdifferenz $\Delta\sigma$ abgezogen. Aus (6.2.6a–e) ergibt sich

$$\begin{aligned} \Delta\sigma = \sigma^I - \sigma^{II} &= E_1\varepsilon - [(E_1 - E_2)\,\varepsilon_1 + E_2\,\varepsilon] \\ &= (E_1 - E_2)\varepsilon - (E_1 - E_2)\varepsilon_1 = (E_1 - E_2)\,\frac{z}{e}\,\varepsilon_R - (E_1 - E_2)\varepsilon_1\,, \end{aligned} \tag{6.2.8}$$

wobei von der geometrischen Beziehung

$$\varepsilon = \frac{z}{e}\varepsilon_R \tag{6.2.9}$$

Gebrauch gemacht wird (vgl. Bild 6.4). Damit läßt sich die Äquivalenzbeziehung

(6.2.2) für doppelt symmetrische Querschnitte angeben zu

$$M = \int_{(A)} z\sigma \,\mathrm{d}A = \int_{(A)} z\sigma^{\mathrm{I}} \,\mathrm{d}A - \int_{(\Delta A)} z\Delta\sigma \,\mathrm{d}A$$

$$= E_1 \frac{\varepsilon_{\mathrm{R}}}{e} \int_{(A)} z^2 \,\mathrm{d}A - \left\{(E_1 - E_2)\frac{\varepsilon_{\mathrm{R}}}{e} \int_{(\Delta A)} z^2 \,\mathrm{d}A - (E_1 - E_2)\varepsilon_1 \int_{(\Delta A)} z \,\mathrm{d}A\right\}$$

$$= E_1 \frac{\varepsilon_{\mathrm{R}}}{e} \Bigg\{ \underbrace{\int_{(A)} z^2 \,\mathrm{d}A}_{I} - \left(1 - \frac{E_2}{E_1}\right) \underbrace{\left[\int_{(\Delta A)} z^2 \,\mathrm{d}A - \frac{\varepsilon_1}{\varepsilon_{\mathrm{R}}} e \int_{(\Delta A)} z \,\mathrm{d}A\right]}_{\Delta I} \Bigg\} \tag{6.2.10a}$$

$$= E_1 \varepsilon_{\mathrm{R}} \left\{\frac{I}{e} - \left(1 - \frac{E_2}{E_1}\right)\frac{\Delta I}{e}\right\} = \sigma_1 \frac{I}{e}\frac{\varepsilon_{\mathrm{R}}}{\varepsilon_1}\left\{1 - \left(1 - \frac{E_2}{E_1}\right)\frac{\Delta I}{I}\right\} \tag{6.2.10b}$$

$$= \underline{\sigma_{\mathrm{R}}^{\mathrm{I}} \frac{I}{e}} - \sigma_{\mathrm{R}}^{\mathrm{I}}\left(1 - \frac{E_2}{E_1}\right)\frac{\Delta I}{e} = \underline{\sigma_{\mathrm{R}}^{\mathrm{I}} W^{\mathrm{I}}} - \sigma_{\mathrm{R}}^{\mathrm{I}}\left(1 - \frac{E_2}{E_1}\right)\frac{\Delta I}{e}. \tag{6.2.10c,d}$$

In (6.2.10c, d) ist der Anteil der physikalisch linearen Theorie durch Unterstreichen kenntlich gemacht. Analog zu Th.I.O. lassen sich mit (6.2.10a – d) Bemessungsformeln (entsprechend $\sigma = M/W$) oder Momenten-Krümmungs-Beziehungen (entsprechend $M = -EIw''$) angeben. Diese Ausdrücke sind jetzt nichtlinear, da ΔI außer von der Querschnittsform nichtlinear von der Randdehnung ε_{R} abhängt.

Anwendungsbeispiel

Für einen Rechteckquerschnitt und das gewählte bilineare Werkstoffgesetz wird nachfolgend die Beziehung (6.2.10) ausgewertet. Die darauf aufbauende Bemessungshilfe in Form eines Momenten-Randdehnungs- bzw. eines Momenten-Krümmungs-Diagramms (Tabelle 6.1) ermöglicht die schnelle Dimensionierung bzw. Berechnung des aufnehmbaren Bruchmoments. Für den betrach-

Tabelle 6.1 a, b. Momenten-Krümmungs-Beziehung für den Rechteckquerschnitt bei bilinearem Elastizitätsgesetz und reiner Biegung. **a** Diagramm, **b** vergrößert dargestellter Ausschnitt aus dem Diagramm

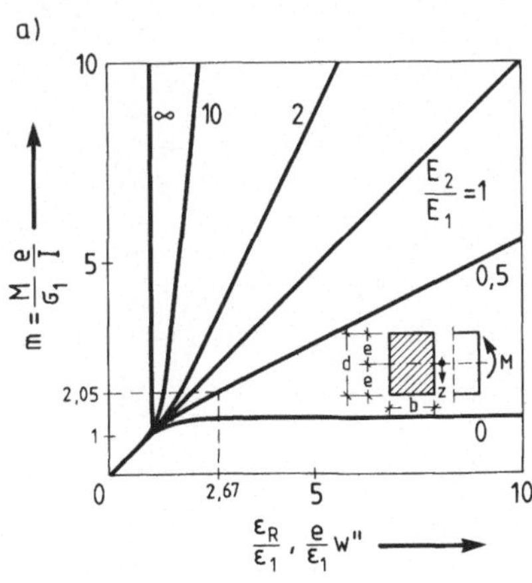

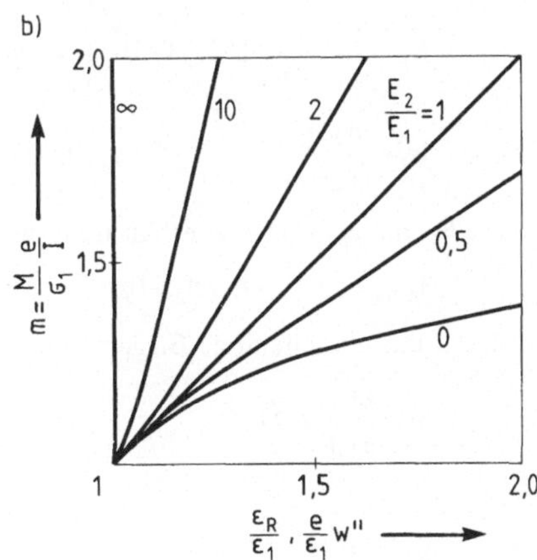

teten Fall sind sowohl die Dehnungs- als auch die Spannungsverteilung symmetrisch zur Schwerachse (Bild 6.4). Mit

$$\int_{(\Delta A)} z^2 \, dA = 2b \int_f^e z^2 dz = \frac{2}{3} b(e^3 - f^3) = be^3 \frac{2}{3}\left(1 - \frac{\varepsilon_1^3}{\varepsilon_R^3}\right)$$

und

$$\int_{(\Delta A)} z \, dA = 2b \int_f^e z \, dz = b(e^2 - f^2) = be^2\left(1 - \frac{\varepsilon_1^2}{\varepsilon_R^2}\right)$$

ergibt sich aus (6.2.10b) das Biegemoment zu

$$\begin{aligned} M &= \int_{(A)} \sigma z \, dA = E_1 \frac{\varepsilon_R}{e}\left\{\frac{2}{3} be^3 - \left(1 - \frac{E_2}{E_1}\right)\left[\frac{2}{3} be^3\left(1 - \frac{\varepsilon_1^3}{\varepsilon_R^3}\right) - be^3 \frac{\varepsilon_1}{\varepsilon_R}\left(1 - \frac{\varepsilon_1^2}{\varepsilon_R^2}\right)\right]\right\} \\ &= E_1 \varepsilon_R \frac{I}{e}\left\{1 - \left(1 - \frac{E_2}{E_1}\right)\left(1 - \frac{3}{2}\frac{\varepsilon_1}{\varepsilon_R} + \frac{1}{2}\frac{\varepsilon_1^3}{\varepsilon_R^3}\right)\right\} \\ &= \sigma_1 \frac{I}{e}\frac{\varepsilon_R}{\varepsilon_1}\left\{1 - \left(1 - \frac{E_2}{E_1}\right)\left(1 - \frac{3}{2}\frac{\varepsilon_1}{\varepsilon_R} + \frac{1}{2}\frac{\varepsilon_1^3}{\varepsilon_R^3}\right)\right\}. \end{aligned}$$

Da eine explizite Auflösung nach ε_R bzw. $w'' = -\varepsilon_1/e$ mit erträglichem Aufwand nicht möglich ist, empfiehlt es sich, in Anlehnung an die bewährte Vorgehensweise bei der Stahlbetonbemessung Werte für die Randdehnung vorzugeben und daraus das zugehörige Biegemoment zu berechnen. Es bietet sich ferner eine Umwandlung der Bemessungshilfe durch Multiplikation mit $e/(I\sigma_1)$ in die einheitenfreie Form

$$m = \frac{M}{\sigma_1}\frac{e}{I} = \frac{\varepsilon_R}{\varepsilon_1}\left\{1 - \left(1 - \frac{E_2}{E_1}\right)\left(1 - \frac{3}{2}\frac{\varepsilon_1}{\varepsilon_R} + \frac{1}{2}\frac{\varepsilon_1^3}{\varepsilon_R^3}\right)\right\}$$

an. Eine Auswertung dieser Beziehung liefert das in Tabelle 6.1 wiedergegebene Bemessungsdiagramm. Auf der Ordinatenachse ist das einheitenfreie Biegemoment m aufgetragen, und auf der Abszissenachse sind die Randdehnung ε_R bzw. die einheitenfreie Krümmung ew'' angegeben, beide auf ε_1 bezogen. Aus den angenommenen Grenzwerten von Spannung und Dehnung

$$\sigma_1 = 6 \text{ kN/cm}^2, \quad \varepsilon_1 = 1{,}5\text{‰},$$

$$\sigma_2 = 11 \text{ kN/cm}^2, \quad \varepsilon_2 = 4\text{‰}$$

folgen die Werkstoff-Sekantenmoduli

$$E_1 = \frac{\sigma_1}{\varepsilon_1} = \frac{6}{1{,}5} 10^3 = 4 \cdot 10^3 \text{ kN/cm}^2,$$

$$E_2 = \frac{\sigma_2 - \sigma_1}{\varepsilon_2 - \varepsilon_1} = \frac{5}{2{,}5} 10^3 = 2 \cdot 10^3 \text{ kN/cm}^2.$$

Mit E_1, E_2 und $\varepsilon_R = \varepsilon_2 = 4$‰ erhält man die Eingangswerte für Tabelle 6.1

$$\varepsilon_R/\varepsilon_1 = 2{,}67, \quad E_2/E_1 = 0{,}5$$

und damit das einheitenfreie Biegemoment

$$m = \frac{M}{\sigma_1}\frac{e}{I} = 2{,}05.$$

Grundaufgabe 1 (Bemessung)

Gegeben ist das Biegemoment $M = 1200$ kN cm infolge von γ-fachen Lasten. Gesucht wird ein Rechteckquerschnitt der Abmessung $d/b = 2$. Mit dem aus dem Bemessungsdiagramm (Tabelle 6.1a) abgelesenen Wert $m = 2{,}05$ folgt

$$\text{erf}\, W = \frac{I}{e} = \frac{1}{2{,}05} \frac{M}{\sigma_1} = \frac{1}{6} bd^2 = \frac{1}{12} d^3$$

und daraus der gesuchte Querschnittswert

$$d = \sqrt[3]{\frac{12}{2{,}05} \frac{1200}{6}} = 10{,}5\,\text{cm}.$$

Grundaufgabe 2 (Berechnung des aufnehmbaren Bruchmoments)

Gegeben ist ein Rechteckquerschnitt $d/b = 30/15$ in cm. Gesucht wird das Bruchmoment. Ausgehend vom Biegemoment

$$m = \frac{M}{\sigma_1} \frac{e}{I} = 2{,}05 \quad \text{bzw.} \quad M = 2{,}05\, \sigma_1 W,$$

ergibt sich mit

$$W = 15 \cdot 30^2/6 = 2\,250\ \text{cm}^3$$

das vom gewählten Querschnitt aufnehmbare Biegemoment im rechnerischen Bruchzustand

$$M = 2{,}05 \cdot 6 \cdot 2\,250 = 27\,675\ \text{kN cm}.$$

Das Zusammenwirken von Biegemoment und Längskraft wird in Abschn. 6.3.2, Fall 1 behandelt.

6.2.4 Sonderfall der bilinearen Approximation (linear elastisch – ideal plastisches Werkstoffgesetz)

Das linear elastisch – ideal plastische Werkstoffgesetz beschreibt die Spannungs-Dehnungs-Beziehungen für Materialien wie Baustahl für viele Anwendungsbereiche hinreichend genau (Bild 6.5). Bis zur Fließgrenze (σ_F, ε_F) wird der Berechnung die Hookesche Gerade zugrunde gelegt. Für Dehnungen $\varepsilon > \varepsilon_F$ bleiben die Spannungen

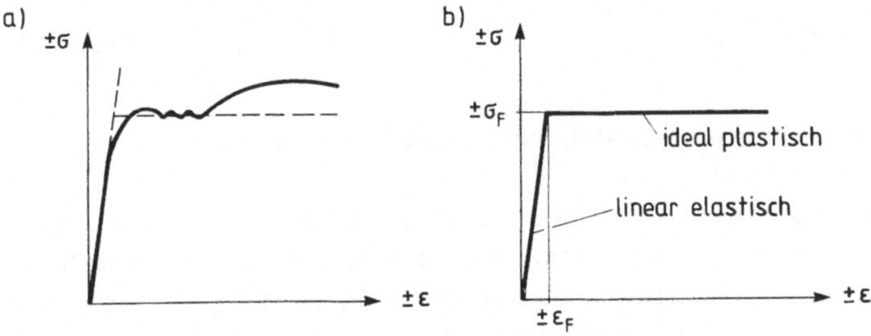

Bild 6.5 a, b. Spannungs-Dehnungs-Diagramm. **a** Versuchsergebnis, **b** Idealisierung

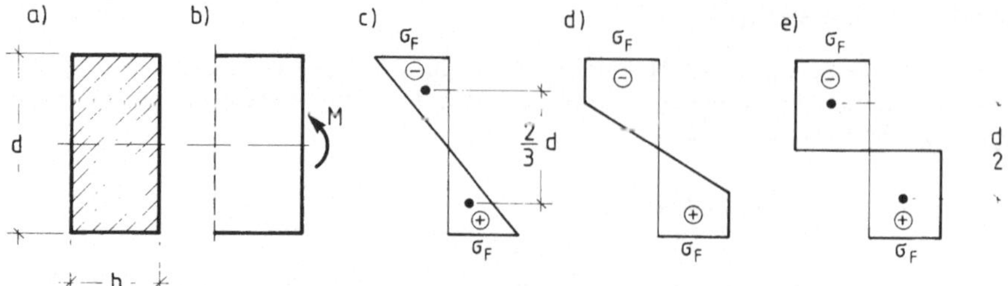

Bild 6.6a–e. Spannungsverteilung bei Laststeigerung. **a** Querschnitt, **b** Schnittmoment, **c** elastischer Grenzzustand, **d** elastisch-plastischer Zwischenzustand, **e** vollplastischer Endzustand

$\sigma = \sigma_F$ konstant. Deshalb können Verfestigungen oberhalb der Fließgrenze, wie sie z.B. beim Baustahl auftreten, mit dieser Approximation nicht beschrieben werden. Der über die elastische Grenzdehnung (hier: $\varepsilon_{el,Gr} = \varepsilon_F$) hinausgehende Dehnungsanteil $\varepsilon > \varepsilon_F$ ist irreversibel (vgl. Bilder 2.2d, 2.7b,c) und charakterisiert den plastischen Bereich.

Erreicht eine Faser eines Querschnitts die Fließspannung σ_F, so liegt die Grenztragfähigkeit im elastischen Zustand nach Definition der Elastizitätstheorie sowohl für den Einzelquerschnitt als auch für das gesamte System vor. Bei Berücksichtigung des linear elastisch – ideal plastischen Materialgesetzes kann die Belastung weiter gesteigert werden. Die hierbei auftretenden Spannungsverteilungen sind für den Fall reiner Biegung in Bild 6.6c – e dargestellt. Wegen der Querschnittssymmetrie erreichen die oberen und unteren Randfasern gleichzeitig die Fließgrenze (Bild 6.6c). Eine weitere Laststeigerung hat eine Ausdehnung der Fließzone bis zur Stabachse zur Folge (Bild 6.6d, e). Aus der Berechnung des vom Querschnitt aufnehmbaren inneren Biegemoments M_i als Resultierende der Spannungen (Bild 6.6c, e) ergeben sich zwei Grenzwerte, und zwar das

– elastische Grenzmoment

$$M_{el,Gr} = \frac{1}{2}\sigma_F \frac{A}{2}\frac{2}{3}d = \sigma_F A \frac{d}{6} = \sigma_F W_{el} \qquad (6.2.11a)$$

und das

– plastische Grenzmoment

$$M_{pl} = \sigma_F \frac{A}{2}\frac{d}{2} = \sigma_F A \frac{d}{4} = \sigma_F W_{pl}. \qquad (6.2.11b)$$

Diese Werte sind wie Querschnittswerte stets betragsmäßig einzusetzen.

Aus der Gegenüberstellung von (6.2.11b) und (6.2.11a) erkennt man die möglichen Tragreserven eines Rechteckquerschnitts, wenn über den elastischen Grenzzustand hinaus das Tragvermögen des plastizierten Querschnitts berücksichtigt wird. Den Quotienten aus plastischem und elastischem Grenzwert eines Querschnitts bei reiner Biegemomentenbeanspruchung bezeichnet man wegen seiner Formabhängigkeit als

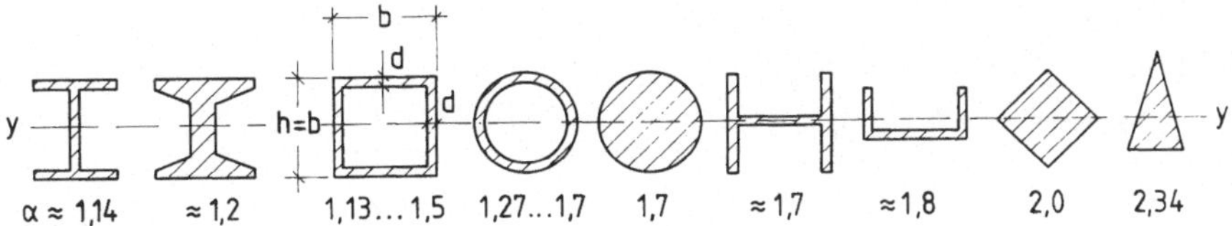

Bild 6.7. Formbeiwerte α für biegebeanspruchte Profile

Formbeiwert oder plastischen Formfaktor α. Für Rechteckquerschnitte hat er den Wert

$$\alpha = \frac{M_{\mathrm{pl}}}{M_{\mathrm{el,Gr}}} = \frac{W_{\mathrm{pl}}}{W_{\mathrm{el}}} = \frac{6}{4} = 1{,}5\,. \tag{6.2.12}$$

Für einige andere gebräuchliche Querschnitte liegt der Formbeiwert α zwischen 1,1 und 2,4 (Bild 6.7). Für den Grenzfall eines Doppelpunktquerschnitts (Bild 6.8) ergibt sich für das elastische Grenzmoment

$$M_{\mathrm{el,Gr}} = \sigma_{\mathrm{F}} \frac{A}{2} d\,, \tag{6.2.13}$$

das in diesem Fall mit dem plastischen Grenzmoment M_{pl} zusammenfällt. Damit lautet der Formfaktor $\alpha = 1$.

Für eine kombinierte Beanspruchung des Querschnitts (z.B. infolge M und N) werden die entsprechenden Untersuchungen in Abschn. 6.3 durchgeführt.

Zusätzlich zu den Äquivalenzbeziehungen (6.2.11) werden die konstitutiven Gleichungen für die Schnittgrößen aufgestellt. Für die Längskraft gilt bei Dehnungen $\varepsilon < \varepsilon_{\mathrm{F}}$ der Stabachse die Beziehung (1.2.15a) der linearen Theorie, während im Bereich $\varepsilon \geq \varepsilon_{\mathrm{F}}$ der dann wirkenden plastischen Längskraft N_{pl} kein eindeutiger Wert der Verschiebungsgröße u' zugeordnet werden kann (Bild 6.9a).

Die konstitutive Beziehung (1.2.15b) für das Biegemoment (Momenten-Krümmungs-Beziehung) bleibt nur im elastischen Bereich gültig. Bei Überschreiten des elastischen Grenzmoments $M_{\mathrm{el,Gr}}$ nehmen die Dehnungen der Fasern in den plastizierten Zonen und damit auch die Krümmungen $\varkappa$ überproportional zu (Bild 6.9b,c). Wegen der hiermit verbundenen großen Krümmungen darf $\varkappa$ nicht wie in der linearen Theorie durch w'' ersetzt werden.

Zur Vereinfachung der Berechnung wird anstelle der genauen Momenten-Krümmungs-Beziehung die in Bild 6.9c gestrichelt dargestellte bilineare Näherung verwendet. Dies bedeutet, daß auch für Biegemomente $M_{\mathrm{el,Gr}} < |M| < M_{\mathrm{pl}}$ die lineare Theorie

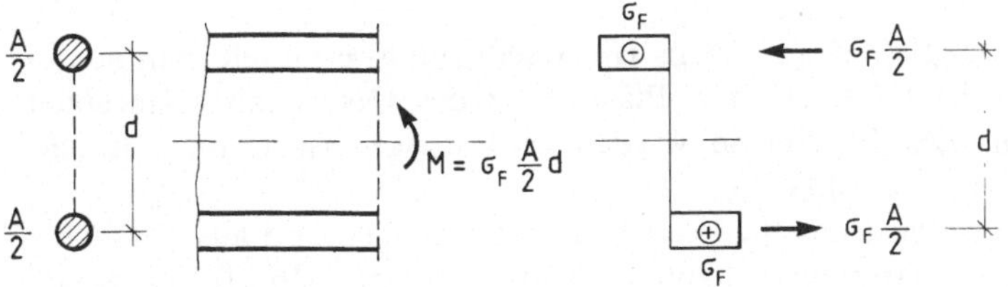

Bild 6.8. Doppelpunktquerschnitt als Idealisierung eines I-Profils

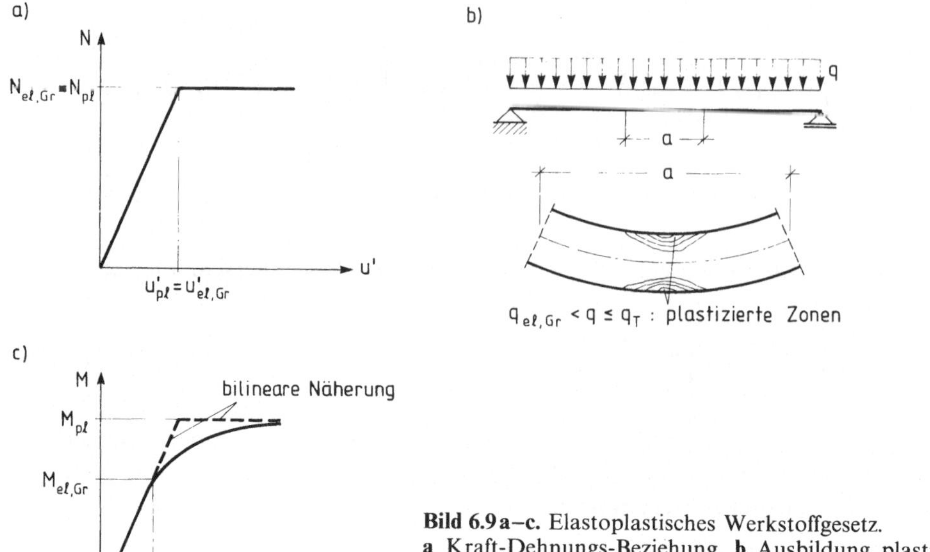

Bild 6.9 a–c. Elastoplastisches Werkstoffgesetz. **a** Kraft-Dehnungs-Beziehung, **b** Ausbildung plastizierter Zonen, **c** Biegemomenten-Krümmungs-Diagramm

gilt; sämtliche über den elastischen Anteil hinausgehenden Krümmungen der zugehörigen plastizierten Zonen werden in einem Punkt der Stabachse zu einer sprunghaften Änderung der Neigung der Biegelinie (Knick) zusammengefaßt. Diese Annahmen führen zur Fließgelenktheorie (Abschn. 6.5 und Kap. 7).

6.3 Interaktion der Schnittgrößen

6.3.1 Grundgedanke

Das Zusammenwirken mehrerer Schnittgrößen bei der Plastizierung eines Querschnitts wird Schnittgrößeninteraktion oder kurz Interaktion genannt. Bei einachsigen Spannungszuständen (z.B. infolge M und N) tritt in einer beliebigen Faser Fließen ein, wenn die Spannung gleich der Fließspannung σ_F ist. Im Fall eines mehrachsigen Spannungszustands (z.B. infolge M und Q) beginnt das Fließen bei einer als Vergleichsspannung σ_v bezeichneten Spannung, d.h. bei

$$\sigma_F = \sigma_v \,. \tag{6.3.1}$$

Mit dieser Annahme bezüglich des Fließens (Fließbedingung) ermittelt man analog zum Vorgehen in Abschn. 6.2.4 die zum Plastizieren des Querschnitts führenden inneren Schnittgrößen. Die Ergebnisse werden in Interaktionsbeziehungen oder -diagrammen dargestellt (z.B. Bild 6.16).

Die Vergleichsgröße σ_v wird aus theoretischen Überlegungen und aus Versuchen hergeleitet. Dies führt zu materialangepaßten Fließbedingungen ([6.2]). Für duktile Metalle hat sich die Fließbedingung nach Huber, von Mises, Hencky ([6.3]) bewährt, die für den zweiachsigen Spannungszustand die Beziehung

$$\sigma_F = \sigma_v = \sqrt{\sigma^2 + 3\tau^2} \tag{6.3.2}$$

liefert.

Bei Stahlbetontragwerken darf die Fließbedingung (6.3.2) wegen des spröderen Werkstoffs und der in den Bemessungsansätzen zugrunde gelegten gerissenen Zugzone nicht angewendet werden. Deshalb wird der Schubnachweis gesondert für den Gebrauchszustand geführt. Interaktionsdiagramme existieren nur für einachsige Spannungszustände.

Zur Bezeichnungsweise in den folgenden Abschnitten ist anzumerken, daß M_{pl}, N_{pl} und Q_{pl} die Schnittgrößen für den vollplastischen Querschnitt bei jeweils alleiniger Wirkung von M, N oder Q darstellen. Bei kombinierter Beanspruchung erhalten die Schnittgrößen als zusätzliche Kennzeichnung den Anfangsbuchstaben der jeweiligen Interaktionsgröße(n), also $M_{pl,N}$, $N_{pl,M}$, $M_{pl,N,Q}$ usw. In der Stahlbetonbemessung sind andere Bezeichnungen üblich; sie werden im entsprechenden Beispiel erläutert.

6.3.2 Biegemoment mit Längskraft

Die M-N-Interaktion bei einachsiger Biegung wird an drei Beispielen mit verschiedenen Werkstoffgesetzen untersucht:

- Fall 1: Rechteckquerschnitt, bilineares Elastizitätsgesetz,
- Fall 2: Rechteckquerschnitt, linear elastisch – ideal plastisches Werkstoffgesetz,
- Fall 3: Stahlbeton-Kreisringquerschnitt, parabel-rechteckförmige Spannungs-Dehnungs-Beziehung für den Beton und linear elastisch – ideal plastisches Werkstoffgesetz für den Stahl.

Interaktionsdiagramme für schiefe Biegung mit Längskraft werden hier nicht hergeleitet. Entsprechende Tafeln findet man z.B. für Stahlprofile in [6.19] und für Stahlbetonquerschnitte in [6.14, 6.16, 6.18].

Fall 1: Rechteckquerschnitt, bilineares Elastizitätsgesetz

Als erstes soll die Berechnung für den Rechteckquerschnitt am Beispiel des in Abschn. 6.2.3 gewählten bilinearen Elastizitätsgesetzes erläutert werden. Aus Bild 6.10 liest

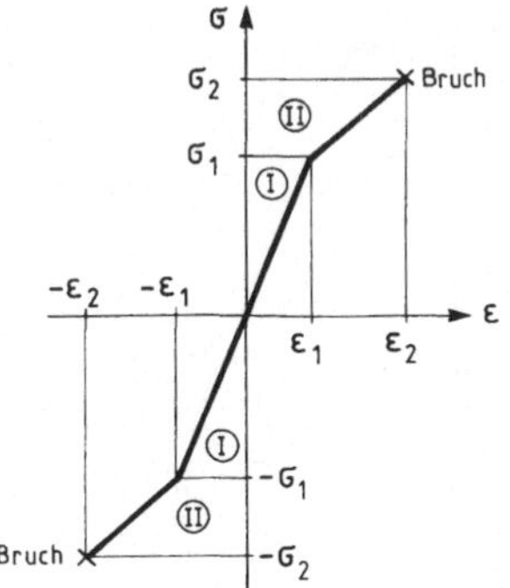

Bild 6.10. Im Zug- und Druckbereich gleiches bilineares Elastizitätsgesetz

man für die Bereiche I und II folgende Beziehungen ab (vgl. 6.2.6a, d):

$$\begin{aligned}\sigma^{\mathrm{I}} &= E_1\varepsilon,\\ \sigma^{\mathrm{II}} &= \sigma_1 + E_2(\varepsilon-\varepsilon_1) = (E_1-E_2)\varepsilon_1 + E_2\varepsilon.\end{aligned} \tag{6.3.3a, b}$$

Gilt für einen Querschnitt der Spannungs-Dehnungs-Bereich I, so reicht für die Erstellung des zugehörigen Interaktionsdiagramms die lineare Theorie aus. Dieser Fall soll zunächst untersucht werden.

Lineare Theorie ($|\sigma|<\sigma_1$, $|\varepsilon|<\varepsilon_1$)

Anstatt wie in Abschn. 6.2.3 die Integrale in den Äquivalenzbeziehungen auszuwerten, ist es hier einfacher, die Resultierenden R_0 und R_1 (Bild 6.11) sowie den für die Berechnung erforderlichen Hebelarm r_0 zu ermitteln. Mit der Spannung σ_s und der Dehnung ε_s in der Schwerachse

$$\sigma_s^{\mathrm{I}} = \frac{1}{2}(\sigma_{\mathrm{R}+}^{\mathrm{I}} + \sigma_{\mathrm{R}-}^{\mathrm{I}}) \quad \text{und} \quad \varepsilon_s^{\mathrm{I}} = \frac{1}{2}(\varepsilon_{\mathrm{R}+}^{\mathrm{I}} + \varepsilon_{\mathrm{R}-}^{\mathrm{I}}) \tag{6.3.4a, b}$$

folgen aus

$$\begin{aligned}R_0 &= \frac{1}{2} be\,(\sigma_{\mathrm{R}+}^{\mathrm{I}} - \sigma_s^{\mathrm{I}}) = \frac{1}{4} be\,(\sigma_{\mathrm{R}+}^{\mathrm{I}} - \sigma_{\mathrm{R}-}^{\mathrm{I}}) = \frac{1}{4} be\, E_1(\varepsilon_{\mathrm{R}+}^{\mathrm{I}} - \varepsilon_{\mathrm{R}-}^{\mathrm{I}}),\\ R_1 &= 2be\,\sigma_s^{\mathrm{I}} = be\,(\sigma_{\mathrm{R}+}^{\mathrm{I}} + \sigma_{\mathrm{R}-}^{\mathrm{I}}) = be\, E_1(\varepsilon_{\mathrm{R}+}^{\mathrm{I}} + \varepsilon_{\mathrm{R}-}^{\mathrm{I}})\end{aligned} \tag{6.3.5a, b}$$

die Längskraft

$$N = R_0 - R_0 + R_1 = be\,E_1(\varepsilon_{\mathrm{R}+}^{\mathrm{I}} + \varepsilon_{\mathrm{R}-}^{\mathrm{I}}) \tag{6.3.6}$$

bzw. mit dem Hebelarm $r_0 = 2e/3$ das Biegemoment

$$M = 2R_0 r_0 = \frac{1}{2} be\, E_1(\varepsilon_{\mathrm{R}+}^{\mathrm{I}} - \varepsilon_{\mathrm{R}-}^{\mathrm{I}})\frac{2}{3}e = \frac{1}{3} be^2 E_1(\varepsilon_{\mathrm{R}+}^{\mathrm{I}} - \varepsilon_{\mathrm{R}-}^{\mathrm{I}}). \tag{6.3.7}$$

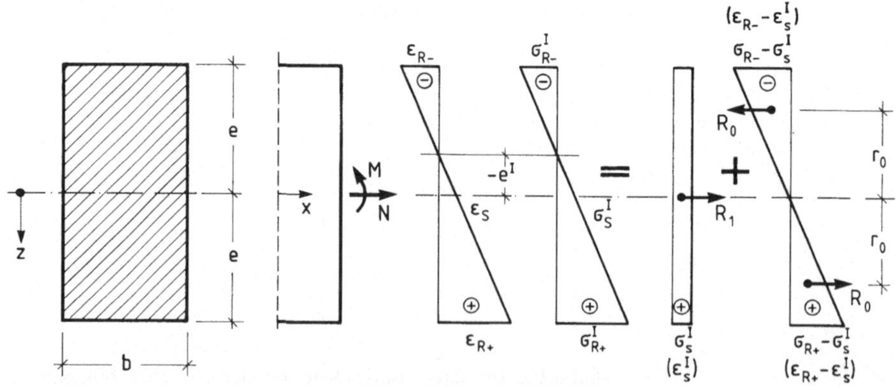

Bild 6.11. Biegemoment mit Längskraft bei physikalisch linearer Theorie

Tabelle 6.2. Interaktionsdiagramm bei linearer Theorie für den auf Biegung und Längskraft beanspruchten Rechteckquerschnitt

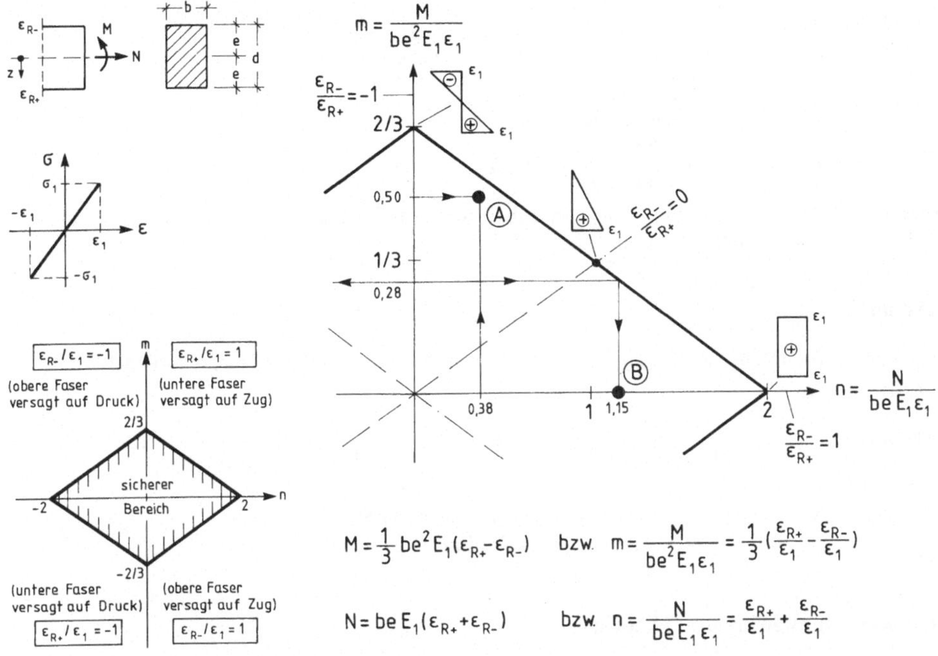

Die Beziehungen (6.3.6, 6.3.7) stellen lineare Gleichungen dar, die sich im Gegensatz zur physikalisch nichtlinearen Theorie explizit nach den Randdehnungen ε_{R+}^{I} und ε_{R-}^{I} auflösen lassen. Damit sind sowohl Querschnittsbemessungen als auch Spannungsnachweise in expliziter Form möglich.

Zur Erläuterung der weiter unten durchgeführten Untersuchungen im Rahmen der physikalisch nichtlinearen Theorie wird aus (6.3.6) und (6.3.7) ein Interaktionsdiagramm entwickelt. Hierzu gibt man die Randdehnungen ε_{R+}^{I} und ε_{R-}^{I} vor und ermittelt die Schnittgrößen N und M. Es empfiehlt sich, die Ergebnisse in einheitenfreier Form zusammenzustellen, um den Geltungsbereich nicht unnötig einzuschränken. Die allgemeinen Ausgangsbeziehungen lauten

$$\frac{N}{beE_1\varepsilon_1} = n = \frac{\varepsilon_{R+}^{I}}{\varepsilon_1} + \frac{\varepsilon_{R-}^{I}}{\varepsilon_1}, \qquad \frac{M}{be^2E_1\varepsilon_1} = m = \frac{1}{3}\left(\frac{\varepsilon_{R+}^{I}}{\varepsilon_1} - \frac{\varepsilon_{R-}^{I}}{\varepsilon_1}\right). \qquad (6.3.8\text{a, b})$$

Den in Tabelle 6.2 nicht dargestellten Bereich des m-n-Interaktionsdiagramms gewinnt man für $n<0$ bzw. $m<0$ durch Spiegelung an der m- bzw. n-Achse. Diese Symmetrie ergibt sich, da der Querschnitt symmetrisch und das Spannungs-Dehnungs-Diagramm punktsymmetrisch ist. Punkte auf der Raute bedeuten, daß für den linearen Bereich I die extremale Randdehnung (bzw. Randstauchung) ε_1 ausgenutzt wird. Punkte innerhalb der Raute charakterisieren einen nicht ausgenutzten Querschnitt; außerhalb liegende Punkte kennzeichnen den Versagensbereich, d.h. diese Werte sind unzulässig.

Beispiel 1

gegeben: $M = 24\,000$ kNcm, $N = 900$ kN, $E_1 = 4000$ kN/cm², $\varepsilon_1 = 0{,}0015$,
gesucht: b, e,
geschätzt: $b = e = 20$ cm,
berechnet: $n = \dfrac{900}{20 \cdot 20 \cdot 4\,000 \cdot 0{,}0015} = 0{,}38$,

$m = \dfrac{24\,000}{20 \cdot 20^2 \cdot 4\,000 \cdot 0{,}0015} = 0{,}50$.

Ergebnis: Der Schnittpunkt A liegt in Tabelle 6.2 innerhalb der Raute, d.h. der Querschnitt ist reichlich bemessen.

Beispiel 2

gegeben: $b = 15$ cm, $e = 20$ cm, $M = 10\,000$ kNcm, $E_1 = 4000$ kN/cm², $\varepsilon_1 = 0{,}0015$,
gesucht: N,
berechnet: $m = \dfrac{10\,000}{15 \cdot 20^2 \cdot 4\,000 \cdot 0{,}0015} = 0{,}28$,
abgelesen: $n = \pm 1{,}15$,
Ergebnis: $N = \pm 1{,}15 \cdot 15 \cdot 20 \cdot 4\,000 \cdot 0{,}0015 = \pm 2\,070$ kN,
es sind $\max|N| = 2\,070$ kN aufnehmbar.

Physikalisch nichtlineare Theorie

Die sich mit der bilinearen Spannungs-Dehnungs-Linie (Bild 6.10) ergebenden möglichen Dehnungs- und Spannungsverteilungen über den Querschnitt sind Bild 6.12 zu entnehmen. Wegen der Knicke in den Spannungsverläufen müssen die Bereiche A, B, C getrennt untersucht werden.

Infolge der Querschnittssymmetrie und der Punktsymmetrie des Spannungs-Dehnungs-Diagramms erhält man alle nicht in Bild 6.12 dargestellten möglichen Fälle der Dehnungs- bzw. Spannungsverteilung ($\varepsilon_{R+}^{II} \mp \varepsilon_2$ bzw. $\sigma_{R+}^{II} \mp \sigma_2$) durch Vorzeichenvertauschung oder Spiegelung der Interaktionskurven an den Achsen (Tabelle 6.3). Da die Erstellung des Interaktionsdiagramms völlig analog zu der in

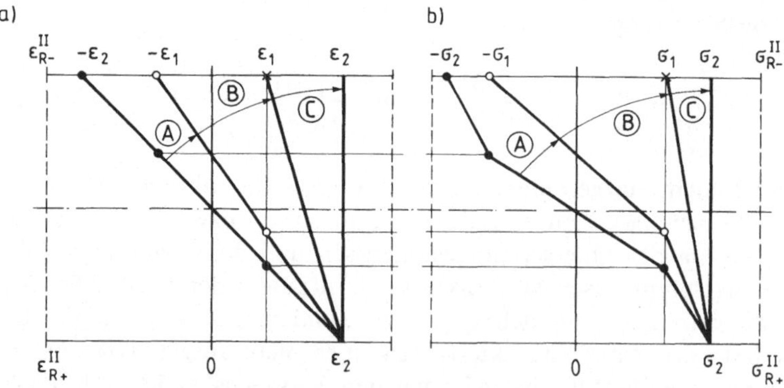

Bild 6.12a, b. Physikalisch nichtlineare Theorie. **a** Dehnungsverläufe, **b** zugehörige Spannungen

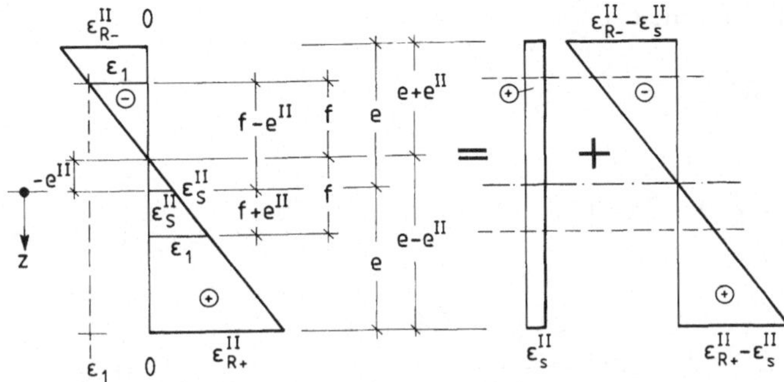

Bild 6.13. Geometrie der Dehnungsverteilung

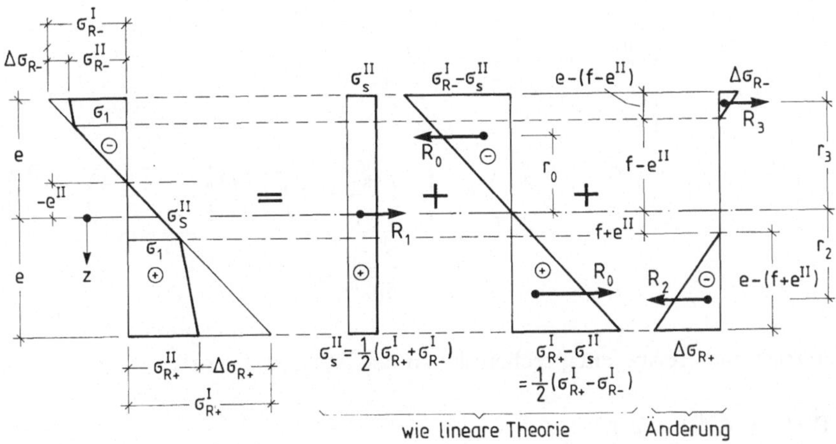

Bild 6.14. Resultierende der Spannungen

Abschn. 6.2.3 beschriebenen Vorgehensweise ist, werden hier nur die wesentlichen Zwischenergebnisse mitgeteilt, und zwar nacheinander für die Bereiche A, B und C. Den folgenden Herleitungen liegen die Bilder 6.13 und 6.14 zugrunde.

– **Bereich A** $(\varepsilon^{II}_{R+} = \varepsilon_2, \quad -\varepsilon_2 \leq \varepsilon^{II}_{R-} \leq -\varepsilon_1)$:

Die Längskraft N ergibt sich aus der Differenz von R_1 und $(R_2 + R_3)$ zu

$$N = beE_1 \left\{ (\varepsilon^{II}_{R+} + \varepsilon^{II}_{R-}) - \left(1 - \frac{E_2}{E_1}\right) \frac{(\varepsilon^{II}_{R+} - \varepsilon_1)^2 - (\varepsilon^{II}_{R-} + \varepsilon_1)^2}{\varepsilon^{II}_{R+} - \varepsilon^{II}_{R-}} \right\} \tag{6.3.9a}$$

bzw. einheitenfrei zu

$$n = \frac{N}{beE_1\varepsilon_1} = \frac{\varepsilon^{II}_{R+}}{\varepsilon_1} + \frac{\varepsilon^{II}_{R-}}{\varepsilon_1} - \left(1 - \frac{E_2}{E_1}\right) \frac{\left(\dfrac{\varepsilon^{II}_{R+}}{\varepsilon_1} - 1\right)^2 - \left(\dfrac{\varepsilon^{II}_{R-}}{\varepsilon_1} + 1\right)^2}{\dfrac{\varepsilon^{II}_{R+}}{\varepsilon_1} - \dfrac{\varepsilon^{II}_{R-}}{\varepsilon_1}}. \tag{6.3.9b}$$

Für das resultierende Biegemoment folgt

$$M = 2R_0 r_0 - R_2 r_2 + R_3 r_3$$

$$= \frac{1}{3} be^2 E_1 (\varepsilon^{\text{II}}_{\text{R}+} - \varepsilon^{\text{II}}_{\text{R}-}) - \frac{2}{3} be^2 (E_1 - E_2)(\varepsilon^{\text{II}}_{\text{R}+} - \varepsilon_1)^2 \frac{\frac{1}{2}(\varepsilon^{\text{II}}_{\text{R}+} - 3\varepsilon^{\text{II}}_{\text{R}-}) + \varepsilon_1}{(\varepsilon^{\text{II}}_{\text{R}+} - \varepsilon^{\text{II}}_{\text{R}-})^2}$$

$$+ \frac{2}{3} be^2 (E_1 - E_2)(\varepsilon^{\text{II}}_{\text{R}-} + \varepsilon_1)^2 \frac{\frac{1}{2}(\varepsilon^{\text{II}}_{\text{R}-} - 3\varepsilon^{\text{II}}_{\text{R}+}) - \varepsilon_1}{(\varepsilon^{\text{II}}_{\text{R}-} - \varepsilon^{\text{II}}_{\text{R}+})^2} \qquad (6.3.10\text{a})$$

bzw. einheitenfrei

$$m = \frac{M}{be^2 E_1 \varepsilon_1} = \frac{1}{3} \left\{ \underline{\frac{\varepsilon^{\text{II}}_{\text{R}+}}{\varepsilon_1} - \frac{\varepsilon^{\text{II}}_{\text{R}-}}{\varepsilon_1}} - 2\left(1 - \frac{E_2}{E_1}\right) \right.$$

$$\left. \frac{\left(\frac{\varepsilon^{\text{II}}_{\text{R}+}}{\varepsilon_1} - 1\right)^2 \left[\frac{1}{2}\left(\frac{\varepsilon^{\text{II}}_{\text{R}+}}{\varepsilon_1} - \frac{3\varepsilon^{\text{II}}_{\text{R}-}}{\varepsilon_1}\right) + 1\right] - \left(\frac{\varepsilon^{\text{II}}_{\text{R}-}}{\varepsilon_1} + 1\right)^2 \left[\frac{1}{2}\left(\frac{\varepsilon^{\text{II}}_{\text{R}-}}{\varepsilon_1} - \frac{3\varepsilon^{\text{II}}_{\text{R}+}}{\varepsilon_1}\right) - 1\right]}{\left(\frac{\varepsilon^{\text{II}}_{\text{R}+}}{\varepsilon_1} - \frac{\varepsilon^{\text{II}}_{\text{R}-}}{\varepsilon_1}\right)^2} \right\} \qquad (6.3.10\text{b})$$

Die unterstrichenen Terme entsprechen denen der linearen Theorie.

– **Bereich B** $(-\varepsilon_1 \le \varepsilon^{\text{II}}_{\text{R}-} \le \varepsilon_1)$:

Hier ergeben sich die einheitenfreien Schnittgrößen zu

$$n = \frac{\varepsilon^{\text{II}}_{\text{R}+}}{\varepsilon_1} + \frac{\varepsilon^{\text{II}}_{\text{R}-}}{\varepsilon_1} - \left(1 - \frac{E_2}{E_1}\right) \frac{\left(\frac{\varepsilon^{\text{II}}_{\text{R}+}}{\varepsilon_1} - 1\right)^2}{\frac{\varepsilon^{\text{II}}_{\text{R}+}}{\varepsilon_1} - \frac{\varepsilon^{\text{II}}_{\text{R}-}}{\varepsilon_1}},$$

$$(6.3.11\text{a, b})$$

$$m = \frac{1}{3} \left\{ \frac{\varepsilon^{\text{II}}_{\text{R}+}}{\varepsilon_1} - \frac{\varepsilon^{\text{II}}_{\text{R}-}}{\varepsilon_1} - 2\left(1 - \frac{E_2}{E_1}\right)\left(\frac{\varepsilon^{\text{II}}_{\text{R}+}}{\varepsilon_1} - 1\right)^2 \frac{\frac{1}{2}\left(\frac{\varepsilon^{\text{II}}_{\text{R}+}}{\varepsilon_1} - \frac{3\varepsilon^{\text{II}}_{\text{R}-}}{\varepsilon_1}\right) + 1}{\left(\frac{\varepsilon^{\text{II}}_{\text{R}+}}{\varepsilon_1} - \frac{\varepsilon^{\text{II}}_{\text{R}-}}{\varepsilon_1}\right)^2} \right\}.$$

– **Bereich C** $(\varepsilon_1 \le \varepsilon^{\text{II}}_{\text{R}-} \le \varepsilon_2)$:

Als Resultierende der Spannungen folgen die einheitenfreien Größen

$$n = 2\left[1 + \frac{E_2}{E_1}\left(\frac{\varepsilon^{\text{II}}_{\text{R}+} - \varepsilon^{\text{II}}_{\text{R}-}}{2\varepsilon_1} - 1\right)\right], \qquad m = \frac{1}{3}\frac{E_2}{E_1}\left(\frac{\varepsilon^{\text{II}}_{\text{R}+}}{\varepsilon_1} - \frac{\varepsilon^{\text{II}}_{\text{R}-}}{\varepsilon_1}\right). \qquad (6.3.12\text{a, b})$$

Tabelle 6.3. Interaktionsdiagramm bei bilinearem Materialgesetz für den auf Biegung und Längskraft beanspruchten Rechteckquerschnitt

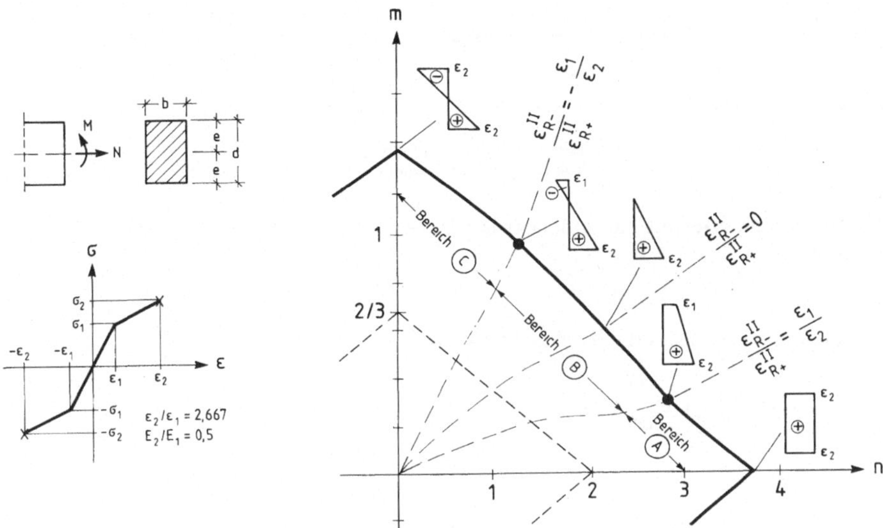

Zur Bestimmung der Grenzkurve des Interaktionsdiagramms wird $\varepsilon_{R+}^{II} = \varepsilon_2$ gesetzt und ε_{R-}^{II} entsprechend den Randbedingungen der Bereiche A, B und C variiert. Das Verhältnis der Elastizitätskonstanten (hier: $E_2/E_1 = 0{,}5$) und das der Grenzdehnungen (hier: $\varepsilon_2/\varepsilon_1 = 4/1{,}5 = 2{,}667$) muß vorgegeben werden; das Diagramm (Tabelle 6.3) ist jedoch unabhängig von den absoluten Werten dieser Werkstoffgrößen. Der nicht dargestellte Bereich $n<0$ bzw. $m<0$ ergibt sich durch Spiegelung an der m- bzw. n-Achse. Man erkennt, daß im Gegensatz zur linearen Theorie sowohl die Grenzkurven des Interaktionsdiagramms als auch die Linien konstanter Randdehnungsverhältnisse $\varepsilon_{R-}^{II}/\varepsilon_{R+}^{II}$ nicht geradlinig verlaufen. Im übrigen gelten die Erläuterungen zu Tabelle 6.2.

Eine vergleichbare Vorgehensweise wird auch zur Ermittlung von Interaktionsdiagrammen zur Stahlbetonbemessung angewendet. Dabei muß jedoch beachtet werden, daß das Werkstoffgesetz wegen der rechnerisch nicht angesetzten Zugfestigkeit des Betons nicht mehr punktsymmetrisch ist; man erhält unsymmetrische Diagramme.

Fall 2: Rechteckquerschnitt, linear elastisch – ideal plastisches Werkstoffgesetz

Die Aufgabe besteht darin, für jeden Wert des Biegemoments $M = M_{pl,N}$ einen zugehörigen Wert für die Längskraft $N = N_{pl,M}$ zu finden (oder umgekehrt), so daß alle Fasern in einem Querschnitt plastiziert sind. Es ergeben sich die aus Bild 6.15 ablesbaren Äquivalenzbeziehungen

– für das Biegemoment

$$M_{pl,N} = \sigma_F\, bd\,\frac{d}{4} - \sigma_F\, ba\,\frac{a}{4} = \frac{bd^2}{4}\,\sigma_F\left(1 - \frac{a^2}{d^2}\right)$$

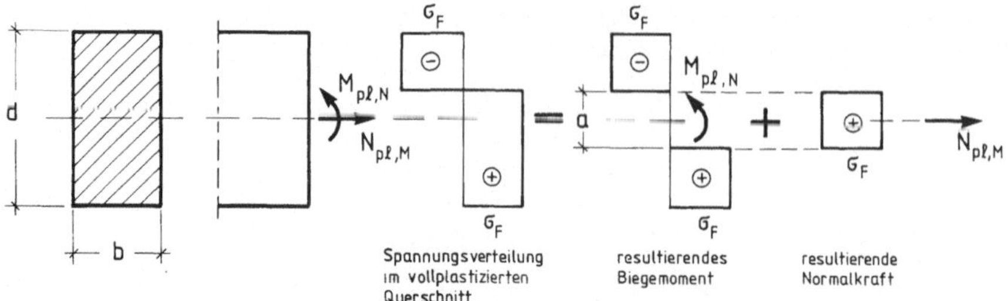

Bild 6.15. Spannungsverteilung im vollplastizierten Rechteckquerschnitt infolge Biegemoment und Längskraft

bzw. mit dem plastischen Grenzmoment $M_{pl} = \sigma_F\, bd^2/4$

$$M_{pl,N} = M_{pl}\left(1 - \frac{a^2}{d^2}\right), \tag{6.3.13}$$

– für die Längskraft

$$N_{pl,M} = \sigma_F\, ba = bd\, \sigma_F \frac{a}{d}$$

bzw. mit der plastischen Längskraft $N_{pl} = bd\, \sigma_F$

$$N_{pl,M} = N_{pl}\frac{a}{d}. \tag{6.3.14a}$$

Aus (6.3.14a) erhält man für das Verhältnis a/d die Beziehung

$$\frac{a}{d} = \frac{N_{pl,M}}{N_{pl}}. \tag{6.3.14b}$$

Hiermit folgt aus (6.3.13) nach Division durch M_{pl} die einheitenfreie Interaktionsbeziehung

$$\frac{M_{pl,N}}{M_{pl}} = 1 - \left(\frac{N_{pl,M}}{N_{pl}}\right)^2, \tag{6.3.15}$$

wobei die Schnittgrößen M_{pl} und N_{pl} im vollplastischen Zustand nur von der Querschnittsform und der Spannung σ_F an der Fließgrenze abhängen und deshalb bekannte Größen sind. Aus (6.3.15) ergeben sich die Aussagen

$$M_{pl,N} \leq M_{pl} \quad \text{und} \quad N_{pl,M} \leq N_{pl}. \tag{6.3.16a,b}$$

Durch die Auswertung von (6.3.15) gewinnt man das in Bild 6.16 dargestellte Interaktionsdiagramm für den Rechteckquerschnitt, das wegen seiner doppelten Symmetrie nur für den ersten Quadranten wiedergegeben ist.

Interaktionsdiagramme für andere Querschnittsformen wie z.B. Walzprofile finden sich in [6.4] und [6.19]. Die in [6.19] vorgegebene, aus zwei Geraden zusammengesetzte Näherung kann für übliche I-Profile als eine weitgehend auf der sicheren Seite liegende untere Schranke angesehen werden. Eine weitere für alle Querschnitte gültige

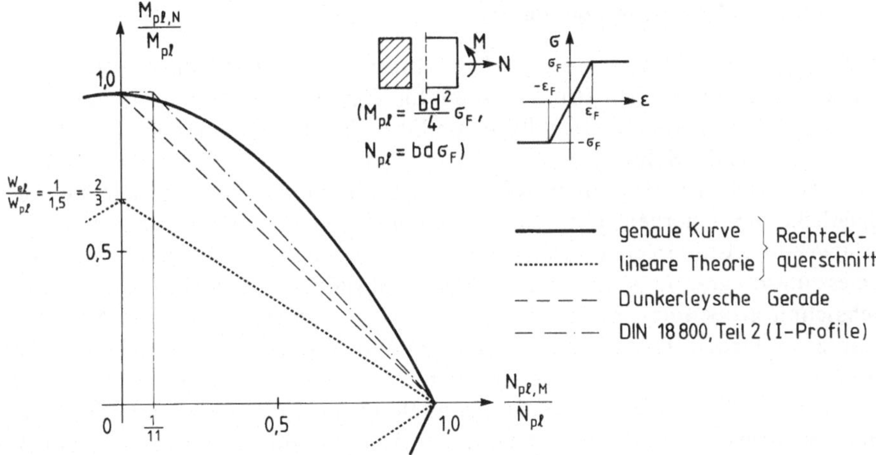

Bild 6.16. M-N-Interaktionsdiagramm für den Rechteckquerschnitt und für I-Profile bei linear elastisch – ideal plastischem Werkstoffgesetz

Vereinfachung der M-N-Interaktion ergibt sich, wenn man die Beziehung für die extremale Spannung $\sigma_{el,Gr}$ im Querschnitt für den elastischen Grenzzustand

$$\sigma_{el,Gr} = \sigma_F = \frac{N}{A} + \frac{M}{W} \tag{6.3.17}$$

näherungsweise auch auf den plastischen Grenzzustand anwendet. Nach Erweiterung des letzten Terms mit dem Formfaktor α und mit Hilfe der Beziehungen

$$N_{pl} = A\sigma_F \qquad \text{und} \qquad \alpha W\sigma_F = \alpha M_{el,Gr} = M_{pl} \tag{6.3.18a, b}$$

erhält man nach Division von (6.3.17) durch σ_F

$$1 = \frac{N}{N_{pl}} + \frac{\alpha M}{M_{pl}}$$

bzw. mit den in diesem Abschnitt eingeführten Bezeichnungen $N = N_{pl,M}$ und $\alpha M = M_{pl,N}$ die lineare Interaktionsbezeichnung (Bild 6.16)

$$\frac{M_{pl,N}}{M_{pl}} = 1 - \frac{N_{pl,M}}{N_{pl}}. \tag{6.3.19}$$

Im Vergleich von (6.3.19) mit (6.3.15) erkennt man die formale Analogie zu der in Abschn. 5.6.5 besprochenen Dunkerleyschen Formel und ihrer Verbesserung.

Bei Anwendung des M-N-Interaktionsdiagramms sind wieder die im vorigen Beispiel besprochenen drei Fälle zu unterscheiden. Punkte auf (innerhalb bzw. außerhalb) der Kurve geben an, daß der Querschnitt vollständig plastiziert ist (der Querschnitt nicht ausgenutzt wird bzw. die Wertekombination nicht zulässig ist).

Fall 3: Stahlbeton-Kreisringquerschnitt

Die Berechnungen zur Erstellung eines M_u-N_u-Interaktionsdiagramms (der Index u kennzeichnet den rechnerischen Bruchzustand) für dünne Stahlbeton-Kreisringquerschnitte ($r/t \gtrsim 3$) werden auf der Grundlage von DIN 1056 (1984) durchgeführt. Diese Norm für freistehende Schornsteine in Massivbauart hat insofern modellhaften Charakter, als sie neben einer geometrisch und physikalisch nichtlinearen Berechnung unterschiedliche Teilsicherheitsfaktoren γ für Einwirkungen (Lasten, Schiefstellung, Wärmeeinwirkung, Erdbeben) und für Widerstände (Materialfestigkeiten) vorsieht. Das Bemessungsdiagramm kann, wie in Kap. 3 ausführlich dargestellt, nicht auf Gebrauchsschnittgrößen umgerechnet werden. Es sind vielmehr die äußeren Schnittgrößen unter γ_f-fachen Lasten zu ermitteln und den inneren Schnittgrößen im rechnerischen Bruchzustand gegenüberzustellen.

Die Berechnung der äußeren Schnittgrößen (Bild 6.17b) für horizontale Schnitte durch einen Schornstein wird hier nicht gezeigt. Es werden lediglich die anzusetzenden Teilsicherheitsfaktoren γ_f für die Einwirkungen angegeben, und zwar für

Eigenlast

– ungünstig wirkend	$\gamma_f = 1{,}35$,
– günstig wirkend	$\gamma_f = 1{,}0$,
Windlast	$\gamma_f = 1{,}5$,
Verkehrslast	$\gamma_f = 1{,}5$,
Schiefstellung	$\gamma_f = 1{,}5$,
Wärmeeinwirkung	$\gamma_f = 1{,}5$ bzw. $1{,}0$,
Erdbeben	$\gamma_f = 1{,}0$.

Die Ermittlung der inneren Schnittgrößen im rechnerischen Bruchzustand wird im folgenden ausführlich dargestellt.

Werkstoffe

- Beton mindestens von der Festigkeitsklasse B 25,
- Betonstahl BSt 420,
- Material-Teilsicherheitsfaktoren (DIN 1056, 9.2.1) beim Bruchsicherheitsnachweis für

  Beton: $\gamma_b = 1{,}5$,
  Betonstahl: $\gamma_s = 1{,}25$.

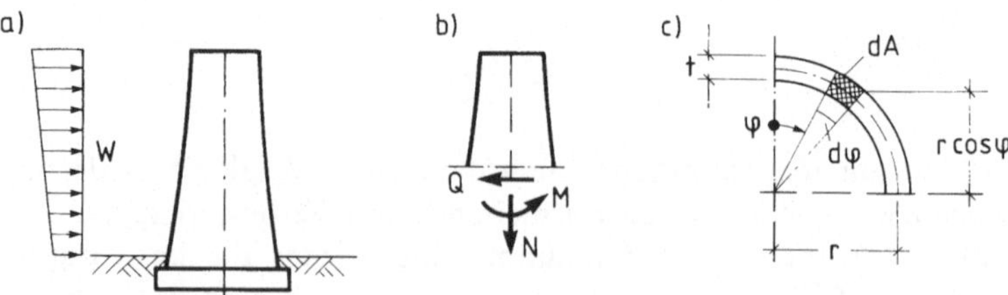

Bild 6.17 a–c. Schornsteinberechnung. **a** System und Windlast, **b** Schnittgrößendefinition, **c** Kreisringsegment

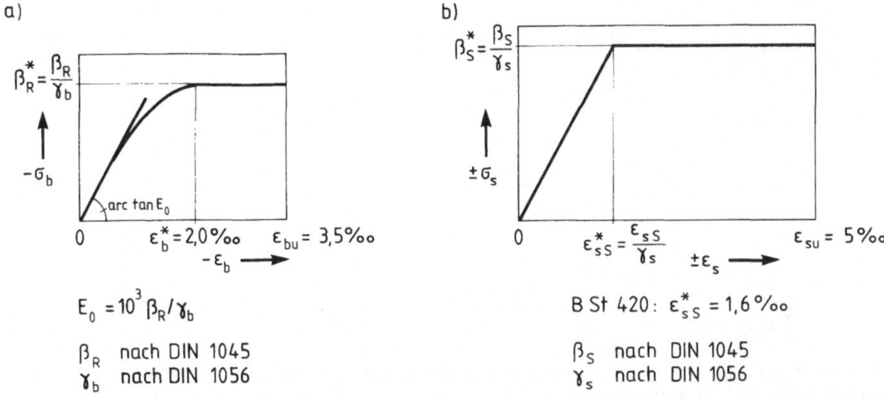

Bild 6.18 a, b. Rechenwerte für die Spannungs-Dehnungs-Linien. **a** Beton, **b** Betonstahl

– Dehnungsbegrenzungen (DIN 1056, 9.2.1) für

Beton: $\varepsilon_b \geq \varepsilon_b^* = -2$‰ (in der Mitte der gedrückten Schaftwand),
Stahl: $\varepsilon_s \leq \varepsilon_{su} = 5$‰.

– Formelmäßige Darstellung der Spannungs-Dehnungs-Linien für

Beton (Bild 6.18a): $$\sigma_b = \beta_R^* \left(\varepsilon_b + \frac{\varepsilon_b^2}{4} \right) \quad (\text{für } \varepsilon_b \leq 0),$$

$$\sigma_b = 0 \quad (\text{für } \varepsilon_b \geq 0),$$

Stahl (Bild 6.18b): $$\sigma_s = \frac{\beta_S^*}{\varepsilon_S^*} \varepsilon_s \quad (\text{für } |\varepsilon_s| \leq \varepsilon_{sS}^*),$$

$$\sigma_s = \pm \beta_S^* = \text{const} \quad (\text{für } |\varepsilon_s| \geq \varepsilon_{sS}).$$

– Vorzeichenfestlegung: Stauchung $\varepsilon < 0$, Dehnung $\varepsilon > 0$, die Werte für β_R^*, β_S^*, ε_b^*, ε_{sS}^* sind betragsmäßig einzusetzen.

Fallunterscheidungen und geometrische Beziehungen

Es brauchen nur die in den Bildern 6.19 und 6.20 dargestellten Fälle A und B untersucht zu werden, da bei turmartigen Bauwerken stets eine Druckkraft im Querschnitt vorhanden ist. Für das Randdehnungsverhältnis $\psi = \varepsilon_i / \varepsilon_a$ mit $x/\varepsilon_a = (x - 2r)/\varepsilon_1$ bzw. $x/r = 2/(1 - \psi)$ liest man die Beziehungen

$$\alpha = \arccos\left(1 - \frac{x}{r}\right) = \arccos\left(-\frac{1+\psi}{1-\psi}\right) \quad (\text{im Fall A})$$

bzw.

$$\alpha = \pi \quad (\text{im Fall B})$$

ab. Der Verlauf der Dehnungen ε läßt sich als Funktion von φ und ψ mit

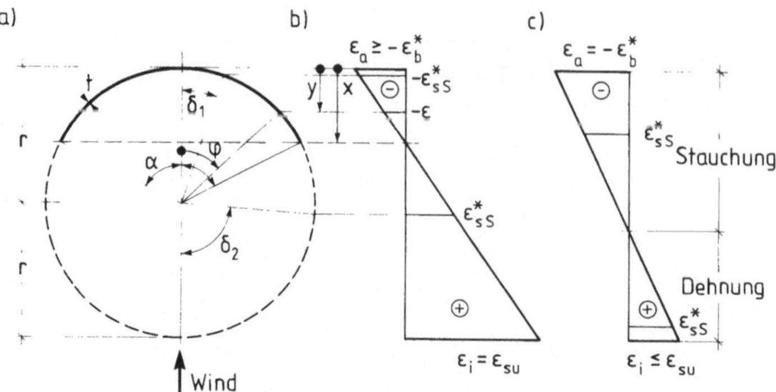

Bild 6.19 a–c. Lage der Nullinie innerhalb des Querschnitts (Fall A). **a** Querschnitt und geometrische Verhältnisse, **b** Stahldehnungen ausgenutzt (Fall A 1), **c** Betonstauchungen ausgenutzt (Fall A 2)

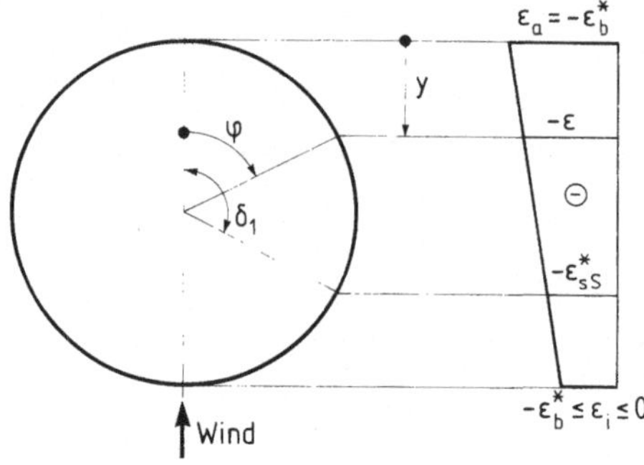

Bild 6.20. Überdrückter Querschnitt (Fall B)

$y = r(1-\cos\varphi)$ und $\dfrac{\varepsilon}{x-y} = \dfrac{\varepsilon_a}{x}$ angeben zu

$$\varepsilon = \varepsilon_a\left(1-\frac{y}{x}\right) = \frac{\varepsilon_a}{2}\left[(1-\psi)\cos\varphi + 1 + \psi\right].$$

Da die Spannungs-Dehnungs-Linie für den Betonstahl (Bild 6.18b) bei $\varepsilon_s = \pm\varepsilon_{sS}^*$ einen Knick aufweist, müssen für die Integration der Stahlspannungen die zugehörigen Grenzwinkel δ_1 und δ_2 (Bilder 6.19 und 6.20) bekannt sein. Mit den in Bild 6.21 gewählten Bezeichnungen ergeben sich für die Fälle A und B nach einigen Berechnungsschritten

$$\delta_1 = \arccos\left(1-\frac{a}{r}\right) \quad \text{bzw.} \quad \delta_2 = \arccos\left(1-\frac{d}{r}\right).$$

Stellt man die Spannungen als Funktionen von φ und ψ dar, so folgt für die

– Betonspannungen

$$\sigma_b = \beta_R^*\left\{\frac{\varepsilon_a}{2}\left[(1-\psi)\cos\varphi + 1 + \psi\right] + \frac{\varepsilon_a^2}{16}\left[(1-\psi)^2\cos^2\varphi + 2(1-\psi^2)\cos\varphi + (1+\psi)^2\right]\right\},$$

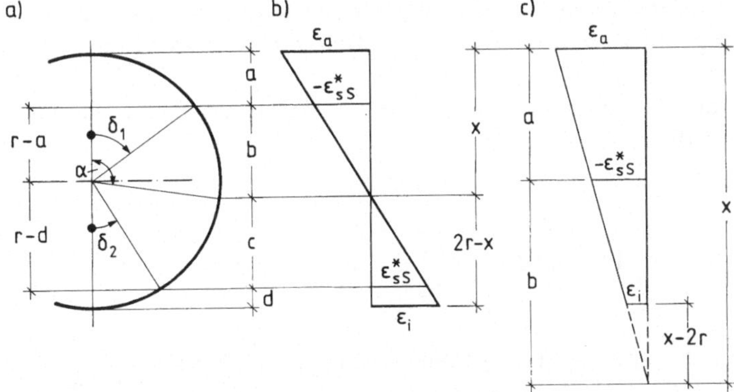

Bild 6.21 a–c. Grenzwinkel δ_1 und δ_2. **a** Querschnitt, **b** Fall A, **c** Fall B

– Stahlspannungen

$$\sigma_s = \pm \frac{\beta_S^*}{\varepsilon_{sS}^*} \frac{\varepsilon_a}{2} [(1-\psi)\cos\varphi + 1 + \psi] \qquad \text{für} \quad |\varepsilon_s| \le \varepsilon_{sS}^*,$$

$$\sigma_s = \pm \beta_S^* = \text{const} \qquad \text{für} \quad |\varepsilon_s| \ge \varepsilon_{sS}^*.$$

Integration der Spannungen zu rechnerischen Bruchschnittgrößen

Nach Bild 6.17c gilt für die differentielle Querschnittsfläche des Betons $\mathrm{d}A_b = t\,r\,\mathrm{d}\varphi$ und damit für die des Betonstahls $\mathrm{d}A_S = \mu\,\mathrm{d}A_b = \mu r t\,\mathrm{d}\varphi$ (μ ist der geometrische Bewehrungsgrad). Es folgt für die

– Betondruckkraft

$$N_b = \int_{(A_b)} \sigma_b\,\mathrm{d}A_b = rt\beta_R^* \{\varepsilon_a \int_0^\alpha [(1-\psi)\cos\varphi + 1 + \psi]\,\mathrm{d}\varphi$$

$$+ \frac{\varepsilon_a^2}{8} \int_0^\alpha [(1-\psi)^2\cos^2\varphi + 2(1-\psi^2)\cos\varphi + (1+\psi)^2]\,\mathrm{d}\varphi\}$$

$$= rt\beta_R^* \left\{ \varepsilon_a [(1-\psi)\sin\alpha + (1+\psi)\alpha] \right.$$

$$\left. + \frac{\varepsilon_a^2}{8} \left[\frac{(1-\psi)^2 + 2(1+\psi)^2}{2} \alpha + 2(1-\psi^2)\sin\alpha + \frac{(1-\psi)^2}{4} \sin 2\alpha \right] \right\}$$

bzw. in einheitenfreier Schreibweise

$$n_b = \frac{N_b}{rt\beta_R} = \frac{\beta_R^*}{\beta_R} \left\{ \varepsilon_a [(1-\psi)\sin\alpha + (1+\psi)\alpha] \right.$$

$$\left. + \frac{\varepsilon_a^2}{8} \left[\frac{(1-\psi)^2 + 2(1+\psi^2)}{2} \alpha + 2(1-\psi^2)\sin\alpha + \frac{(1-\psi)^2}{4} \sin 2\alpha \right] \right\}.$$

In dieser für sämtliche dünnwandigen Kreisringquerschnitte aller Betonfestigkeitsklassen im Fall A gültigen Beziehung ist β_R/β_R^* dem Teilsicherheitsfaktor für Beton $\gamma_b = 1{,}5$ gleichzusetzen.

Im Fall B muß die obere Integrationsgrenze α durch π ersetzt werden. Entsprechend folgt für die

– Stahldruckkraft

$$D_s = \int_{(A_s)} \sigma_s \, dA_s = 2\mu r t \left\{ \int_0^{\delta_1} (-\beta_S^*) \, d\varphi + \int_{\delta_1}^{\alpha} \frac{\beta_S^*}{\varepsilon_{sS}^*} \varepsilon_s \, d\varphi \right\}$$

$$= \mu r t \beta_R \frac{\beta_S}{\beta_R} \frac{\beta_S^*}{\beta_S} \left\{ -2\delta_1 + \frac{\varepsilon_a}{\varepsilon_{sS}^*} [(1-\psi)(\sin\alpha - \sin\delta_1) + (1+\psi)(\alpha - \delta_1)] \right\}$$

bzw. in einheitenfreier Form

$$d_s = \frac{D_s}{rt\,\beta_R} = \mu \frac{\beta_S}{\beta_R} \frac{\beta_S^*}{\beta_S} \left\{ -2\delta_1 + \frac{\varepsilon_a}{\varepsilon_{sS}^*} [(1-\psi)(\sin\alpha - \sin\delta_1) + (1+\psi)(\alpha - \delta_1)] \right\}.$$

Dabei ist $\mu\beta_S/\beta_R = \omega$ der mechanische Gesamtbewehrungsgrad und $\beta_S/\beta_S^* = \gamma_s = 1{,}25$ der Teilsicherheitsfaktor für Betonstahl.

Als nächstes wird für den Fall A die

– Stahlzugkraft

$$Z_s = 2\mu r t \left\{ \int_{\alpha}^{\pi-\delta_2} \frac{\beta_S^*}{\varepsilon_{sS}^*} \varepsilon_s \, d\varphi + \int_{\pi-\delta_2}^{\pi} \beta_S^* \, d\varphi \right\}$$

bzw.

$$z_s = \frac{Z_s}{rt\beta_R} = \mu \frac{\beta_S}{\beta_R} \frac{\beta_S^*}{\beta_S} \left\{ 2\delta_2 + \frac{\varepsilon_a}{\varepsilon_{sS}^*} [(1-\psi)(\sin\delta_2 - \sin\alpha) + (1+\psi)(\pi - \alpha - \delta_2)] \right\}$$

berechnet, die sich im Fall B zu Null ergibt.

Durch Multiplikation der Spannungskomponenten mit dem Hebelarm $r\cos\varphi$ erhält man nach Integration in den für Fall A geltenden Grenzen das

– Biegemoment aus Betonspannungen

$$M_b = 2r^2 t \beta_R^* \int_0^{\alpha} \left(\varepsilon_b + \frac{\varepsilon_b^2}{4} \right) \cos\varphi \, d\varphi$$

bzw.

$$m_b = \frac{M_b}{r^2 t \beta_R} = \frac{\beta_R^*}{\beta_R} \left\{ -\varepsilon_a \left[\frac{1-\psi}{2} \left(\alpha + \frac{\sin 2\alpha}{2} \right) + (1+\psi)\sin\alpha \right] \right.$$

$$\left. - \frac{\varepsilon_a^2}{8} \left[(1-\psi)^2 \left(\sin\alpha - \frac{\sin^3\alpha}{3} \right) + (1-\psi^2) \left(\alpha + \frac{\sin 2\alpha}{2} \right) + (1+\psi)^2 \sin\alpha \right] \right\},$$

– Biegemoment aus Stahldruckspannungen

$$M_{sD} = 2\mu r^2 t \left\{ \int_0^{\delta_1} \beta_S^* \cos\varphi \, d\varphi + \int_{\delta_1}^{\alpha} \frac{\beta_S^*}{\varepsilon_{sS}^*} \varepsilon \cos\varphi \, d\varphi \right\}$$

bzw.

$$m_{sD} = \frac{M_{sD}}{r^2 t \beta_R} = \mu \frac{\beta_S}{\beta_R} \frac{\beta_S^*}{\beta_S} \left\{ 2 \sin\delta_1 \right.$$

$$\left. - \frac{\varepsilon_a}{\varepsilon_{sS}^*} \left[\frac{1-\psi}{2} \left(\alpha - \delta_1 + \frac{\sin 2\alpha - \sin 2\delta_1}{2} \right) + (1+\psi)(\sin\alpha - \sin\delta_1) \right] \right\},$$

– Biegemoment aus Stahlzugspannungen

$$M_{sZ} = 2\mu r^2 t \left\{ \int_{\alpha}^{\pi-\delta_2} \frac{\beta_S^*}{\varepsilon_{sS}^*} \varepsilon_s \cos\varphi \, d\varphi + \int_{\pi-\delta_2}^{\pi} \beta_S^* \cos\varphi \, d\varphi \right\}$$

bzw.

$$m_{sZ} = \frac{M_{sZ}}{r^2 t \beta_R} = \mu \frac{\beta_S}{\beta_R} \frac{\beta_S^*}{\beta_S} \left\{ 2 \sin\delta_2 \right.$$

$$\left. - \frac{\varepsilon_a}{\varepsilon_{sS}^*} \left[\frac{1-\psi}{2} \left(\pi - \alpha - \delta_2 - \frac{\sin 2\alpha + \sin 2\delta_2}{2} \right) + (1+\psi)(\sin\delta_2 - \sin\alpha) \right] \right\}.$$

Für den Fall B ist $M_{sZ} = 0$, während in den Biegemomentenbeziehungen M_b und M_{sD} die Winkelbeziehung $\alpha = \pi$ verwendet werden muß.

Mit diesen Teilschnittgrößen folgen in einheitenbehafteter bzw. -freier Form die rechnerischen Bruchschnittgrößen

$$N_u = N_b + D_s + Z_s \quad \text{bzw.} \quad n_u = n_b + d_s + z_s\,,$$

$$M_u = M_b + M_{sD} + M_{sZ} \quad \text{bzw.} \quad m_u = m_b + m_{sD} + m_{sZ}\,.$$

Berechnung des m_u-n_u-Interaktionsdiagramms (Bild 6.22)

Die hergeleiteten Beziehungen für die Spannungsresultierenden lassen sich nicht nach den Dehnungen auflösen. Deshalb müssen die Randdehnungen festgelegt und der Winkel α berechnet werden. Bei Vorgabe des mechanischen Gesamtbewehrungsgrades $\omega = \mu\beta_S/\beta_R$ sowie der Teilsicherheitsfaktoren γ_b und γ_s werden die zugehörigen einheitenfreien Schnittgrößen ermittelt. Da sie auf die Rechenfestigkeit β_R des Betons bezogen sind, lassen sich die Ergebnisse auf alle Betonfestigkeiten übertragen. Weil andererseits die reduzierte Stahldehnung an der Fließgrenze ε_{sS}^* festgelegt werden muß, gilt das Interaktionsdiagramm lediglich für eine Stahlsorte (hier: BSt 420). Außerdem ist es nur für die Sicherheitsfaktoren $\gamma_b = 1{,}5$ und $\gamma_s = 1{,}25$ anzuwenden. Es wird erneut darauf hingewiesen, daß die Teilsicherheitsfaktoren für die Werkstoffe in das Diagramm eingearbeitet sind, nicht aber die für die Einwirkungen.

Von diesem allgemein üblichen Verfahren soll hier in einem Punkt abgewichen werden. Da man Schornsteine in Massivbauart fast ausschließlich in Beton B 25 baut, werden die Interaktionskurven nicht für $\omega = \text{const}$, sondern für B 25 und den geometrischen Bewehrungsgrad $\mu = \mu_{25} = \text{const}$ ermittelt. Für die Umrechnung auf andere Betonfestigkeiten gilt

$$\mu_N = \frac{\beta_{RN}}{\beta_{R25}} \mu_{25} ,$$

wobei die Indizes 25 und N die Betonfestigkeitsklassen kennzeichnen.

Auswertung des Interaktionsdiagramms

Die Ergebnisse der Auswertung für die Fälle A1, A2 und B sind in Bild 6.22 für vier Bewehrungsgrade dargestellt. Zwischenwerte können geradlinig interpoliert werden. Für die vertikale Bewehrung gilt nach DIN 1056 ein Mindestbewehrungsprozentsatz von $\mu = 0{,}35\%$ (unterste durchgezogene Kurve). Zusätzlich ist die Grenzlinie für $\mu = 0{,}35\%$ bei Beton B 35 gestrichelt gezeichnet (das entspricht $\mu = 0{,}266\%$ bei B 25). Als obere Grenze der Wirtschaftlichkeit und für einen problemlosen Einbau der Bewehrung bei der Gleitbauweise kann $\mu = 0{,}8\%$ angesehen werden.

Anwendungsbeispiel: Bemessung eines Schornsteinquerschnitts

Die Ermittlung der Schnittgrößen muß gemäß DIN 1056 nach einer physikalisch nichtlinearen Theorie am verformten System unter γ_f-fachen Lasten erfolgen. Die Berechnung und Bemessung sind deshalb nur iterativ und im Wechsel möglich. Zur Vereinfachung werden bei dem im

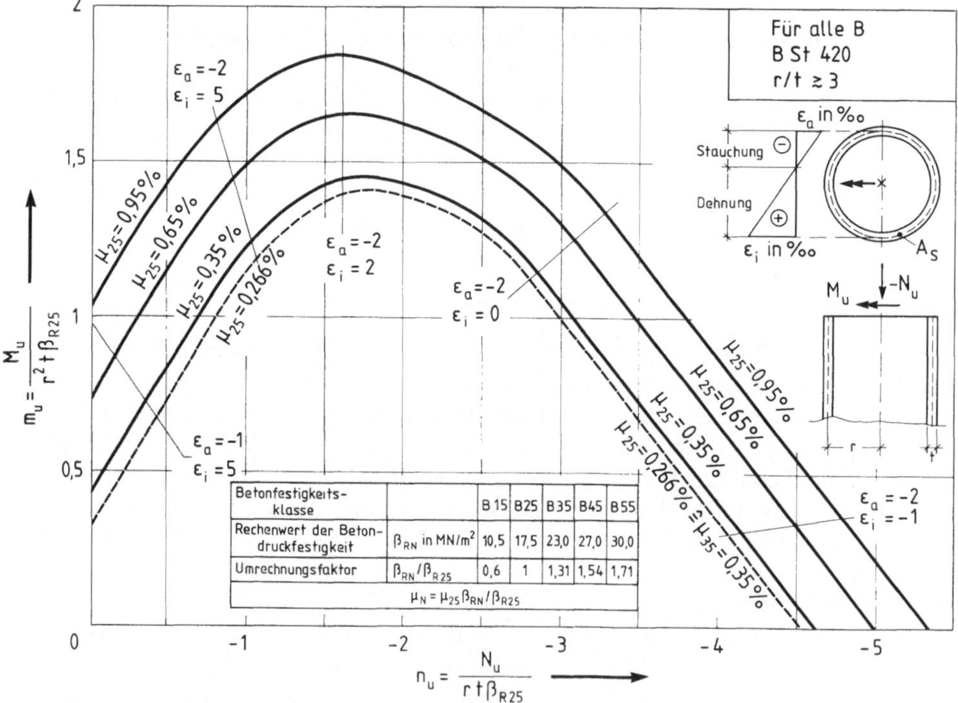

Betonfestigkeitsklasse		B 15	B 25	B 35	B 45	B 55
Rechenwert der Betondruckfestigkeit	β_{RN} in MN/m²	10,5	17,5	23,0	27,0	30,0
Umrechnungsfaktor	β_{RN}/β_{R25}	0,6	1	1,31	1,54	1,71
$\mu_N = \mu_{25} \beta_{RN}/\beta_{R25}$						

Bild 6.22. Bemessungsdiagramm für den dünnwandigen Kreisringquerschnitt (Berechnungsgrundlage: DIN 1056, 1984)

folgenden dargestellten Bruchsicherheitsnachweis eines Einzelquerschnitts unveränderliche äußere Schnittgrößen vorgegeben.

Gegeben: Beton B 25, Betonstahl BSt 420,
Mindestradius min $r = 5{,}20$ m (wegen Einbauten),
Mindestwandstärke min $t = 0{,}20$ m (mit Rücksicht auf die Gleitbauweise),
angestrebter Bewehrungsgrad $0{,}35\% \leq \mu \lesssim 0{,}5\%$,

Schnittgrößen: $M = 294$ MNm (unter 1,5facher Windlast),
$N_1 = -52$ MN (1,0fache Eigenlast) bzw. $N_2 = -70$ MN (1,35fache Eigenlast),

Gesucht: Radius r, Wandstärke t, Bewehrungsgrad μ.

– Erster Versuch: $r = 6{,}0$ m, $t = 0{,}40$ m,

$$n_{u1} = \frac{N_1}{rt\beta_R} = \frac{-52}{6{,}0 \cdot 0{,}4 \cdot 17{,}5} = \frac{-52}{42} = -1{,}24,$$

$$n_{u2} = \frac{N_2}{rt\beta_R} = \frac{-70}{42} = -1{,}67,$$

$$m_u = \frac{M}{r^2 t\beta_R} = \frac{294}{6{,}0^2 \cdot 0{,}4 \cdot 17{,}5} = \frac{294}{252} = 1{,}17.$$

Das ungünstigere Wertepaar n_u/m_u ist maßgebend (hier: n_{u1}/m_u). Mit $n_{u1} = -1{,}24$ und $m_u = 1{,}17$ folgt

$$\text{erf}\,\mu_{25} \approx 0{,}15\% < \text{erf min}\,\mu = 0{,}35\%,$$

d.h. der gewählte Querschnitt ist überbemessen.

– Zweiter Versuch: $r = 5{,}50$ m, $t = 0{,}40$ m.

Auch hier ist n_{u1} maßgebend:

$$n_{u1} = \frac{-52}{38{,}5} = -1{,}35, \qquad m_u = \frac{294}{212} = 1{,}39.$$

Hieraus ergibt sich erf $\mu = 0{,}36\%$, d.h. der Querschnitt ist im wirtschaftlichen Bereich sicher bemessen.

6.3.3 Biegemoment mit Querkraft

Die Grundlagen zur Behandlung des zweiachsigen Spannungszustands wurden in Abschn. 6.3.1 erläutert. Mit $\sigma = \sigma_{F,Q}$ wird aus der Fließbedingung (6.3.2)

$$\sigma_F = \sqrt{\sigma_{F,Q}^2 + 3\,\tau_{F,M}^2} \tag{6.3.20}$$

und durch Auflösen nach $\sigma_{F,Q}$ schließlich

$$\sigma_{F,Q} = \sigma_F \sqrt{1 - 3\,\tau_{F,M}^2/\sigma_F^2}. \tag{6.3.21}$$

Das Problem bei der theoretischen Untersuchung der M-Q-Interaktion besteht in der Annahme einer geeigneten Schubspannungsverteilung (vgl. [6.4]). Mechanisch sinnvoll und rechentechnisch günstig ist die Vorgabe einer konstanten Schubspannungsverteilung in solchen Querschnittsteilen, die wie die Stege von I- und □-Trägern eine große Steifigkeit gegenüber der Querkraftbeanspruchung aufweisen. Die anderen

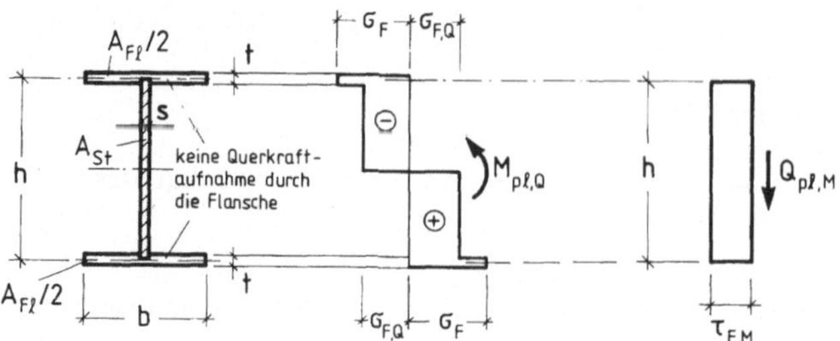

Bild 6.23. Spannungsverteilungen im vollplastizierten I-Querschnitt bei Biegemoment mit Querkraft

Querschnittsteile dürfen so behandelt werden, als ob dort keine Schubspannungen vorhanden wären. Die Querkraft wird also ausschließlich vom Steg und das Biegemoment hauptsächlich von den Flanschen aufgenommen ([6.4, 6.7, 6.11]). Je nach Querschnittstyp stellen die so gewonnenen Schnittgrößen Lösungen dar, die von den Ergebnissen aufwendigerer Verfahren nur unwesentlich abweichen.

Mit $\tau^2_{F,M} = Q_{pl,M}/A_Q$, wobei A_Q die Fläche der im oben beschriebenen Sinn schubbeanspruchten Querschnittsteile ist, und $Q_{pl} = A_Q \tau_F = A_Q \sigma_F/\sqrt{3}$ folgt aus 6.3.21)

$$\frac{\sigma_{F,Q}}{\sigma_F} = \sqrt{1 - \left(\frac{Q_{pl,M}}{Q_{pl}}\right)^2}. \tag{6.3.22}$$

Bei zusammengesetzter Beanspruchung aus Biegemoment und Querkraft ergeben sich für I-Querschnitte die in Bild 6.23 dargestellten Spannungsverteilungen.

Sind die Dicken der Flansche bzw. Stege (Indizes Fl bzw. St) sehr viel kleiner als die Querschnittshöhen bzw. -breiten, dann können die Flächenwerte auf die Profilmittellinien bezogen werden. Mit diesem Vorgehen werden bei Walzprofilen die Ausrundungen näherungsweise durch die doppelt angesetzte Fläche $2\,s\,t/2$ im Überschneidungsbereich von Flansch und Steg berücksichtigt (z.B. Bild 6.23). Ausgehend von diesen Annahmen, lassen sich die gesuchten Interaktionsbeziehungen angeben zu

$$M_{pl,Q} = M_{pl,Fl} + M_{pl,Q,St} = M_{pl,Fl} + M_{pl,St}\frac{\sigma_{F,Q}}{\sigma_F} \tag{6.3.23}$$

oder auch zu

$$M_{pl,Q} = M_{pl}\left[1 - \frac{M_{pl,St}}{M_{pl}}\left(1 - \sqrt{1 - \left(\frac{Q_{pl,M}}{Q_{pl}}\right)^2}\right)\right].$$

Mit

$$M_{pl} = M_{pl,St} + M_{pl,Fl} = \left(\frac{A_{St}}{2}\frac{h}{2} + A_{Fl}h\right)\sigma_F$$

und $A_Q = A_{St} = hs$ ergibt sich

$$\frac{M_{pl,Q}}{M_{pl}} = 1 - \frac{A_Q}{2A - A_Q}\left(1 - \sqrt{1 - \left(\frac{Q_{pl,M}}{Q_{pl}}\right)^2}\right). \tag{6.3.24a}$$

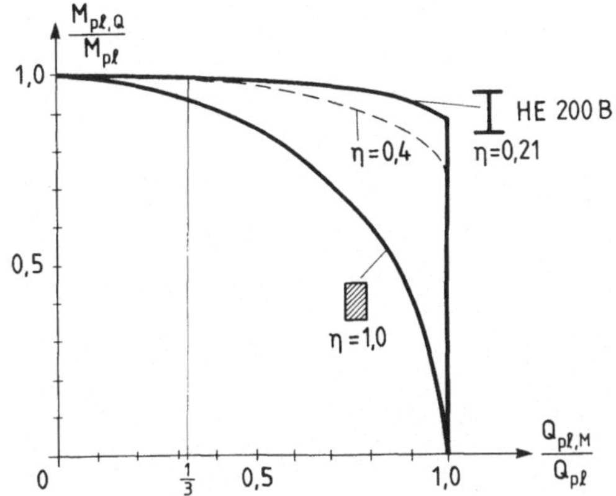

Bild 6.24. M-Q-Interaktionsdiagramm für den Rechteckquerschnitt und I-Profile

Für den Grenzfall des Rechteckquerschnitts folgt mit $A_Q = A$

$$\frac{M_{pl,Q}}{M_{pl}} = \sqrt{1 - \left(\frac{Q_{pl,M}}{Q_{pl}}\right)^2}. \tag{6.3.24b}$$

Ein Vergleich von (6.3.24b, 6.3.15) sowie der Bilder 6.16, 6.24 läßt den grundsätzlichen Unterschied zwischen den Interaktionsbeziehungen für ein- und zweiachsige Spannungszustände erkennen. Wegen des Wurzelausdrucks auf der rechten Seite von (6.3.24b) wird die zugehörige Kurve fülliger; die gegenseitige Beeinflussung der plastischen Schnittgrößen ist geringer als bei einachsiger Beanspruchung.

In Bild 6.24 sind die Interaktionsbeziehungen (6.3.24a,b) für den Rechteckquerschnitt und das Walzprofil HE 200 B ausgewertet. Es wird deutlich, daß das Verhältnis $\eta = A_Q/A$ maßgeblich den Verlauf der Interaktionskurve bestimmt. In der Regel liegen bei I-Walzprofilen die η-Werte im Bereich von 0,2 bis 0,4, so daß man sich für alle I-Querschnitte näherungsweise auf eine gemeinsame Interaktionskurve beschränken kann. Der Rechteckquerschnitt mit $\eta = 1{,}0$ liefert die Grenzkurve für alle I-Profile. Es ist bemerkenswert, daß für diese Querschnitte erst ab etwa $Q_{pl,M}/Q_{pl} = 1/3$ ein signifikanter Einfluß der Querkraft auf das Biegemoment vorhanden ist.

6.3.4 Längskraft mit Querkraft

Für einen I-Querschnitt mit Längs- und Querkraftbeanspruchung ergeben sich unter den getroffenen Voraussetzungen die in Bild 6.25 dargestellten Spannungsverteilungen. Im einzelnen gelten die Beziehungen

$$\begin{aligned} N_{pl,Q} &= N_{pl,Fl} + N_{pl,Q,St} = N_{pl,Fl} + N_{pl,St}\,\frac{\sigma_{F,Q}}{\sigma_F} \\ &= N_{pl}\left[1 - \frac{N_{pl,St}}{N_{pl}}\left(1 - \sqrt{1 - \left(\frac{Q_{pl,N}}{Q_{pl}}\right)^2}\right)\right] \end{aligned} \tag{6.3.25}$$

bzw. mit

$$N_{pl} = N_{pl,St} + N_{pl,Fl} = (A_{St} + A_{Fl})\,\sigma_F\,, \qquad A_Q = A_{St} = hs$$

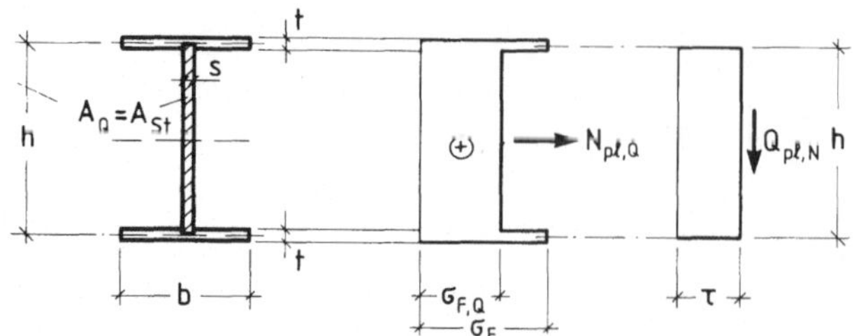

Bild 6.25. Spannungsverteilungen im vollplastizierten I-Querschnitt bei Längs- und Querkraftbeanspruchung

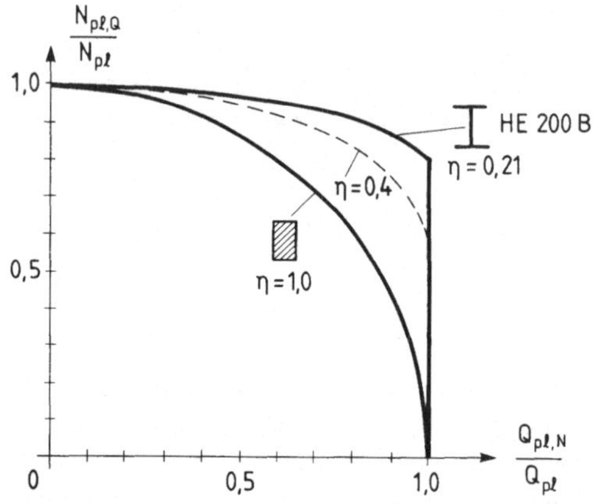

Bild 6.26. *N*-*Q*-Interaktionsdiagramm für den Rechteckquerschnitt und I-Profil

die Interaktionsbedingung

$$\frac{N_{\text{pl,Q}}}{N_{\text{pl}}} = 1 - \frac{A_Q}{A}\left(1 - \sqrt{1 - \left(\frac{Q_{\text{pl,N}}}{Q_{\text{pl}}}\right)^2}\right). \tag{6.3.26a}$$

Für den Grenzfall des Rechteckquerschnitts folgt

$$\frac{N_{\text{pl,Q}}}{N_{\text{pl}}} = \sqrt{1 - \left(\frac{Q_{\text{pl,N}}}{Q_{\text{pl}}}\right)^2}. \tag{6.3.26b}$$

In Bild 6.26 sind die Interaktionsbedingungen (6.3.26a,b) für den Rechteckquerschnitt und das Walzprofil HE 200 B ausgewertet.

Wie in Abschn. 6.3.3 ist auch hier der traglastmindernde Einfluß der Querkraft erst ab $Q_{\text{pl,N}}/Q_{\text{pl}} \approx 1/3$ signifikant.

6.3.5 Biegemoment mit Längs- und Querkraft

Bei der kombinierten *M*-*N*-*Q*-Beanspruchung ergeben sich unter den getroffenen Annahmen die aus Bild 6.27 ersichtlichen Spannungsverteilungen. Die zugehörige Interaktionsbeziehung wird hier nicht hergeleitet, da dies zu aufwendig ist. Sie kann anhand des Schrifttums (z.B. für I-Profile vgl. [6.4, 6.11]) nachvollzogen werden.

In den aus [6.4] übernommenen Ergebnissen (Bild 6.28a,b) ist die im dreidimensionalen Raum ausgedehnte Fließfläche der *M*-*N*-*Q*-Interaktion in der Ebene als *M*-*N*-Interaktion mit dem Parameter Q/Q_{pl} dargestellt.

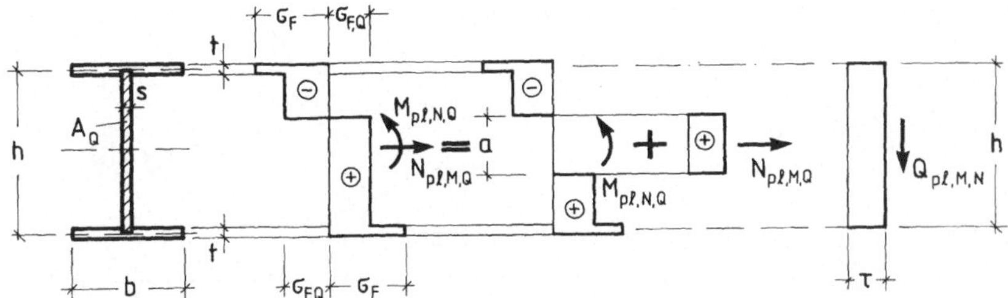

Bild 6.27. Spannungsverteilungen im vollplastizierten I-Querschnitt bei Biegemoment mit Längs- und Querkraft

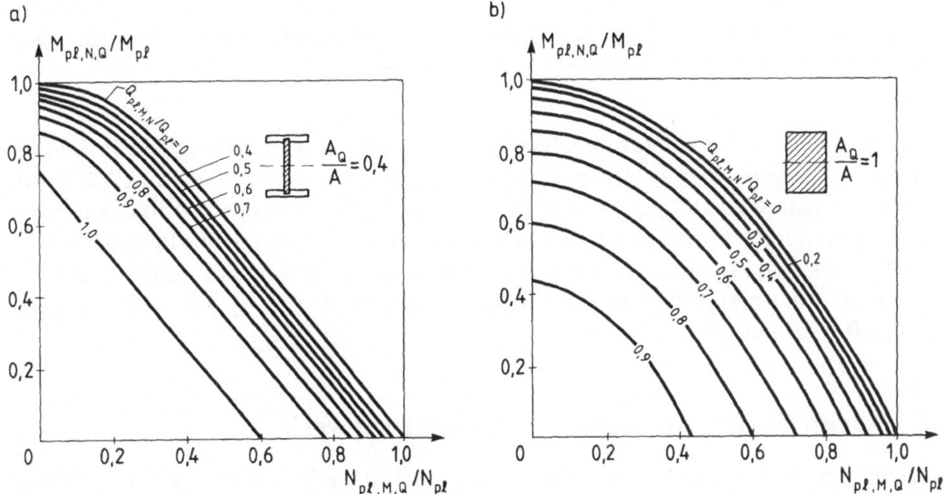

Bild 6.28 a, b. *M-N-Q*-Interaktionskurven. **a** I-Profile mit $A_Q/A = 0{,}4$, **b** Rechteckquerschnitt mit $A_Q/A = 1$

Eine weitere Möglichkeit zur Berücksichtigung des Querkrafteinflusses in der Gesamtinteraktion besteht in der Einführung einer reduzierten Stegblechdicke

$$s_{red} = s\sqrt{1 - \left(\frac{Q}{Q_{pl}}\right)^2}\,. \tag{6.3.27}$$

Der Nachweis für einen solchen Ersatzquerschnitt ist dann nur noch unter Beachtung der in Abschn. 6.3.2 behandelten *M-N*-Interaktion durchzuführen.

6.3.6 Vereinfachte, linearisierte Interaktionsbedingungen

Zur praktischen Anwendung bieten sich für übliche Querschnitte vereinfachte, z.B. abschnittsweise linearisierte Interaktionsbedingungen an. Sie sind für doppelt symmetrische I-Querschnitte mit linear elastisch – ideal plastischem Werkstoffgesetz in Bild 6.29a zusammengestellt (vgl. Entwurf Beiblatt 1 zu E-DIN 18 800 Teil 2).

a) b)

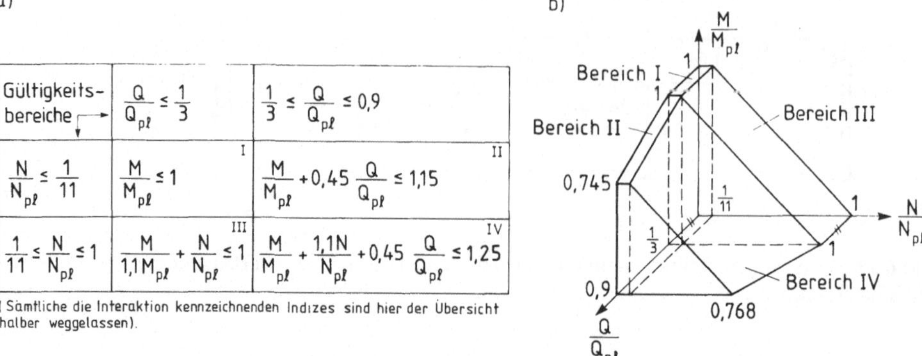

Gültigkeitsbereiche	$\frac{Q}{Q_{pl}} \leq \frac{1}{3}$	$\frac{1}{3} \leq \frac{Q}{Q_{pl}} \leq 0{,}9$
$\frac{N}{N_{pl}} \leq \frac{1}{11}$	$\frac{M}{M_{pl}} \leq 1$ I	$\frac{M}{M_{pl}} + 0{,}45\,\frac{Q}{Q_{pl}} \leq 1{,}15$ II
$\frac{1}{11} \leq \frac{N}{N_{pl}} \leq 1$	$\frac{M}{1{,}1\,M_{pl}} + \frac{N}{N_{pl}} \leq 1$ III	$\frac{M}{M_{pl}} + \frac{1{,}1\,N}{N_{pl}} + 0{,}45\,\frac{Q}{Q_{pl}} \leq 1{,}25$ IV

(Sämtliche die Interaktion kennzeichnenden Indizes sind hier der Übersicht halber weggelassen).

Bild 6.29 a, b. Linearisiertes M-N-Q-Interaktionspolyeder nach [6.19] für I-Profile bei einachsiger Biegung um die starke Achse. **a** Formelmäßig, **b** Darstellung

Die Auswertung der Interaktionsbedingungen ergibt als Grenzfläche ein Polyeder, von dem in Bild 6.29b nur der positive Quadrant dargestellt ist, da Fließen beim angenommenen Werkstoffgesetz unabhängig vom Vorzeichen der Spannungen bzw. der Schnittgrößen eintritt. Im Bereich I erfolgt keine Abminderung des Biegemoments im vollplastischen Zustand, im Bereich II tritt eine Abminderung nur infolge Q auf, im Bereich III nur infolge N und im Bereich IV infolge N und Q. Die aufnehmbare Querkraft wird auf 0,9 Q_{pl} begrenzt.

6.4 Nachweis der Grenzlast am Gesamttragwerk

Die mit der Untersuchung von Gesamttragwerken verbundenen grundsätzlichen Probleme wurden bereits in Abschn. 6.1 angesprochen. Hier kann deshalb die Berechnung der Grenzlast am relativ einfachen Beispiel der bilinearen Approximation der Spannungs-Dehnungs-Linie (Bild 6.30c) gezeigt werden. Bei der in Bild 6.30a dargestellten elastisch aufgehängten starren Traverse stellt sich infolge einer Belastung F in allen drei Stäben die gleiche Längenänderung $\Delta\ell$ ein. Damit ergeben sich die Stabdehnungen zu

$$\varepsilon_a = \frac{\Delta\ell}{\ell_a} = \frac{\Delta\ell}{\ell}, \qquad \varepsilon_b = \frac{\Delta\ell}{\ell_b} = \frac{\Delta\ell}{2\ell}, \qquad \frac{\varepsilon_a}{\varepsilon_b} = 2\,. \tag{6.4.1a – c}$$

Aus der Gleichgewichtsbedingung $\Sigma K_x = 0$ folgt

$$F = S_a + 2S_b = \sigma_a A + 2\sigma_b A = A(\sigma_a + 2\sigma_b)\,. \tag{6.4.2}$$

Wird zunächst nach Th.I.O. mit dem Hookeschen Gesetz gerechnet (Bild 6.30b), so sind in Stab a mit $\varepsilon_a = \varepsilon_F$ die Fließgrenze und damit auch die elastische Grenzlast

$$F_{el,Gr} = EA(\varepsilon_a + 2\varepsilon_b) = EA\,\varepsilon_a(1 + 2 \cdot 0{,}5) = 2\varepsilon_a EA = 2\varepsilon_F EA \tag{6.4.3}$$

erreicht. Die Tragfähigkeit des Stabquerschnitts a ist erschöpft, während die Stäbe b noch Tragreserven aufweisen. Im Rahmen einer physikalisch nichtlinearen Theorie ist

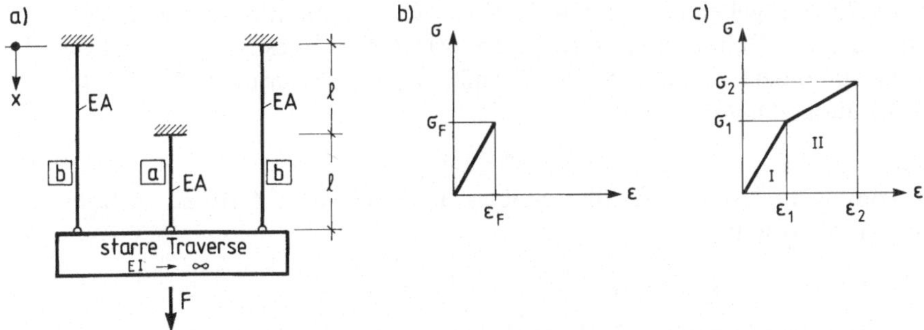

Bild 6.30 a–c. Biegesteife Traverse mit elastischen Stäben unterschiedlicher Länge. **a** System, **b** Hookesches Werkstoffgesetz, **c** bilineares Werkstoffgesetz

eine Laststeigerung über $F_{el,Gr}$ hinaus möglich. Bei bilinearem Verlauf der Spannungs-Dehnungs-Linie (Bild 6.30c) lauten die Elastizitätsgesetze

$$\begin{aligned} \sigma^{I} &= E_1 \varepsilon && \text{für} \quad 0 \leq \varepsilon \leq \varepsilon_1, \\ \sigma^{II} &= (E_1 - E_2)\varepsilon_1 + E_2 \varepsilon && \text{für} \quad \varepsilon_1 \leq \varepsilon \leq \varepsilon_2. \end{aligned} \tag{6.4.4a, b}$$

Zur Ermittlung der Kraft-Dehnungs-Beziehungen lassen sich drei Bereiche A, B, C unterscheiden, die getrennt zu untersuchen sind.

– Bereich A ($0 < \varepsilon_a \leq \varepsilon_1$ und $\varepsilon_b = \varepsilon_a/2$):
In diesem Bereich stimmt der Verlauf mit dem bei Th.I.O. überein. Ersetzt man in (6.4.3) ε_F durch ε_1 und E durch E_1, so erhält man die Grenzlast F_A für den Bereich A

$$F_A = 2\varepsilon_1 E_1 A \qquad \text{bzw.} \qquad \frac{F_A}{\varepsilon_1 E_1 A} = 2. \tag{6.4.5a, b}$$

– Bereich B ($\varepsilon_1 \leq \varepsilon_a \leq \varepsilon_2$ und $\varepsilon_b = \varepsilon_a/2 \leq \varepsilon_1$):
Hier gilt weiterhin die Spannungs-Dehnungs-Beziehung (6.4.4a) für die Stäbe b, nicht jedoch für den Stab a, bei dem (6.4.4b) verwendet werden muß. Damit ergibt sich aus (6.4.2)

$$F_B = A[(E_1 - E_2)\varepsilon_1 + E_2\varepsilon_a + 2E_1\varepsilon_b] = A[(E_1 - E_2)\varepsilon_1 + (E_1 + E_2)\varepsilon_a] \tag{6.4.6a}$$

bzw. in einheitenfreier Schreibweise

$$\frac{F_B}{\varepsilon_1 E_1 A} = 1 - \frac{E_2}{E_1} + \left(1 + \frac{E_2}{E_1}\right)\frac{\varepsilon_a}{\varepsilon_1}. \tag{6.4.6b}$$

Bei der Auswertung von (6.4.6a,b) ist zu beachten, daß der Gültigkeitsbereich endet, wenn entweder $\varepsilon_a = \varepsilon_2$ oder $\varepsilon_b = \varepsilon_1$ wird; der jeweils kleinere Wert ist ausschlaggebend. Mit $\varepsilon_b = \varepsilon_a/2$ folgt

$$\varepsilon_a \leq \min \varepsilon_2 \qquad \text{bzw.} \qquad \varepsilon_a \leq \min 2\varepsilon_1. \tag{6.4.7a, b}$$

Wenn (6.4.7a) maßgebend ist, wird im Stab a die Grenzdehnung ε_2 erreicht, bevor in den Stäben b die Dehnung ε_1 auftritt. Die Tragreserven des Systems sind damit erschöpft. Im anderen Fall, wenn (6.4.7b) gilt, ergibt sich der dritte Bereich C des Kraft-Dehnungs-Diagramms.

– Bereich C ($\varepsilon_1 < \varepsilon_a \leq \varepsilon_2$ und $\varepsilon_1 \leq \varepsilon_b = \varepsilon_a/2 \leq \varepsilon_2$):
Die Spannungen sind jetzt in allen Stäben entsprechend (6.4.4b) zu bestimmen. Aus (6.4.2) erhält man

$$F_C = A\,[(E_1 - E_2)\,\varepsilon_1 + E_2\,\varepsilon_a + 2\,(E_1 - E_2)\,\varepsilon_1 + 2\,E_2\,\varepsilon_b]$$

und mit $\varepsilon_a = \varepsilon_2$ im Bereich C die Grenzlast zu

$$\frac{F_C}{\varepsilon_1 E_1 A} = 3\left(1 - \frac{E_2}{E_1}\right) + 2\,\frac{E_2}{E_1}\frac{\varepsilon_2}{\varepsilon_1}. \tag{6.4.8}$$

Die Kraft-Dehnungs-Funktion soll zur Verdeutlichung für zwei Beispiele mit dem Verhältnis der Werkstoffkonstanten $E_2/E_1 = 1/2$ ausgewertet werden.

Beispiel 1

Gegeben: $\varepsilon_1 = 1{,}5‰$, $\varepsilon_2 = 4‰$.

Da $2\varepsilon_1 < \varepsilon_2$ ist, existieren im Kraft-Dehnungs-Diagramm drei Bereiche, wobei die Grenzlast F_{Gr} des Systems mit F_C nach (6.4.8) übereinstimmt. Im einzelnen werden die folgenden Beziehungen verwendet:

(6.4.5b): $\dfrac{F_A}{\varepsilon_1 E_1 A} = 2,$

(6.4.7b): $\varepsilon_a/\varepsilon_1 = 2 \cdot 1{,}5/1{,}5 = 2,$

(6.4.6b): $\dfrac{F_B}{\varepsilon_1 E_1 A} = 1 - \dfrac{1}{2} + \left(1 + \dfrac{1}{2}\right)\dfrac{2 \cdot 1{,}5}{1{,}5} = 3{,}5,$

(6.4.7b): $\varepsilon_a/\varepsilon_1 = 4/1{,}5 = 2{,}67,$

(6.4.8): $\dfrac{F_{Gr}}{\varepsilon_1 E_1 A} = \dfrac{F_C}{\varepsilon_1 E_1 A} = 3\left(1 - \dfrac{1}{2}\right) + 2\;\dfrac{1}{2}\;\dfrac{4}{1{,}5} = 4{,}17.$

Als Ergebnis erhält man bei bilinearem Materialgesetz ein trilineares Kraft-Dehnungs-Diagramm (Bild 6.31a).

Beispiel 2

Gegeben: $\varepsilon_1 = 1{,}5‰$, $\varepsilon_2 = 2{,}5‰$.

Da $2\varepsilon_1 > \varepsilon_2$ ist, ergeben sich im Kraft-Dehnungs-Diagramm nur zwei Bereiche, wobei die Grenzlast F_{Gr} des Systems mit F_B nach (6.4.6b) identisch ist. Es werden diesmal folgende Beziehungen ausgewertet:

(6.4.5b): $\dfrac{F_A}{\varepsilon_1 E_1 A} = 2,$

(6.4.7b): $\varepsilon_a/\varepsilon_1 = 2{,}5/1{,}5 = 1{,}67,$

(6.4.6b): $\dfrac{F_{Gr}}{\varepsilon_1 E_1 A} = \dfrac{F_B}{\varepsilon_1 E_1 A} = 1 - \dfrac{1}{2} + \left(1 + \dfrac{1}{2}\right)\dfrac{2{,}5}{1{,}5} = 3.$

Die Darstellung der bilinearen Kraft-Dehnungs-Funktion erfolgt in Bild 6.31b.

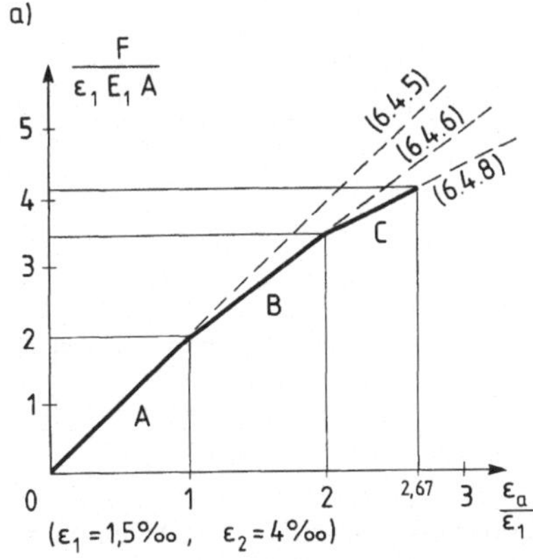

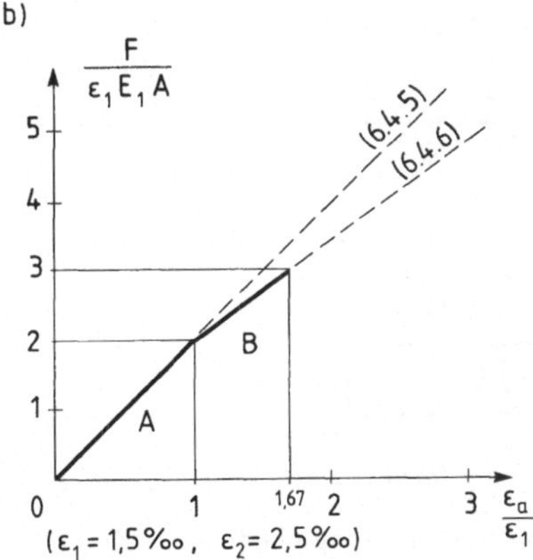

Bild 6.31 a, b. Betrachtungen am Gesamttragwerk für bilineares Werkstoffgesetz mit $E_2/E_1 = 1/2$. Ergebnisse für **a** Beispiel 1, **b** Beispiel 2

Geht man von dem hier behandelten Längskraftproblem und der bilinearen Werkstoffkennlinie auf ein allgemeines Biegeproblem über, so ist es zur Berechnung der statischen Größen bzw. zur Erfüllung des Gleichgewichts am verformten System erforderlich, die Verschiebungsgrößen zu ermitteln. Da die Superposition und damit auch der Arbeitssatz wegen der Nichtlinearität nicht angewendet werden dürfen, muß die Momenten-Krümmungs-Beziehung integriert werden. Eine solche Vorgehensweise liegt z.B. der Berechnung der Nomogramme in [6.18] für den Knicknachweis von Stahlbetondruckgliedern zugrunde, ist jedoch wegen des großen Berechnungsaufwands für eigene baupraktische Untersuchungen kaum geeignet. Zur weiteren Vertiefung wird auf [6.12 – 6.17] verwiesen.

6.5 Fließgelenktheorie I. Ordnung

6.5.1 Allgemeines

Im Rahmen der Fließgelenktheorie I. Ordnung (F.G.Th.I.O.) gelten für die Verschiebungsgrößen die Annahmen der geometrisch linearen Theorie, so daß die Gleichgewichtsbedingungen am unverformten System formuliert werden dürfen, auch wenn Teile des Tragwerks bereits plastiziert sind. Die Zulässigkeit dieser Annahme muß von Fall zu Fall überprüft werden.

Das Materialverhalten wird durch die linear elastisch – ideal plastische Spannungs-Dehnungs-Linie beschrieben. Die bei Überschreiten der elastischen Grenzlast entstehenden plastizierten Bereiche des Systems hängen hinsichtlich ihrer Form und Ausbreitung von der äußeren Belastung und der Querschnittsform des jeweiligen Stabes ab (Bild 6.32). Bei fortgesetzter Laststeigerung fließen weitere Fasern, bis erstmalig ein Querschnitt voll plastiziert ist. Für die weiteren Betrachtungen in diesem Abschnitt wird zunächst angenommen, daß in den plastizierten Querschnitten reine Biegemomentenbeanspruchung herrscht, so daß die Interaktion von Schnittgrößen nicht berücksichtigt zu werden braucht. (Eine Erweiterung auf Fälle mit anderen

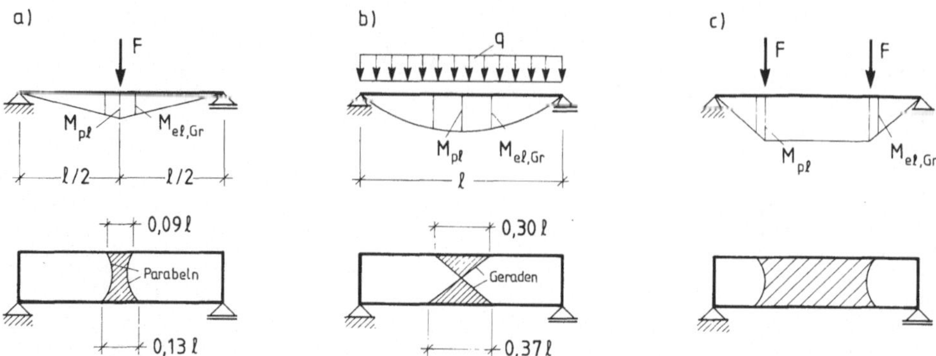

Bild 6.32a–c. Ausbildung plastizierter Zonen bei Einfeldträgern aus Walzprofilen (in Anlehnung an [6.7]). **a** Einzellast in Feldmitte, **b** Gleichstreckenlast, **c** zwei symmetrisch angeordnete Einzellasten

Beanspruchungen erfolgt in den Abschn. 6.5.2 und 6.5.3.) Unter dieser Annahme wirkt im plastizierten Querschnitt das plastische Moment M_{pl} (Tabelle 6.4).

Vernachlässigt man die Ausdehnung der Fließzonen in Richtung der Stabachse (vgl. Abschn. 6.2.4), so läßt sich ein plastisches Gelenk, das sogenannte Fließgelenk (F.G.) definieren. Der Stab bleibt außerhalb dieses Punktes rechnerisch für $|M| < M_{pl}$ linear elastisch; nur im Fließgelenk selbst verdreht er sich plastisch.

Dieses vereinfachte Verfahren liefert besonders für ausgeprägte Biegemomentenspitzen (Bild 6.32a) und bei Querschnitten mit kleinem Formfaktor α (Bild 6.7) zutreffende Ergebnisse. Bei Biegemomentenlinien, die über einen größeren Bereich einen nahezu konstanten Wert aufweisen (Bild 6.32c), und bei Formfaktoren $\alpha \gtrsim 1{,}3$ ist bei der Anwendung der Fließgelenktheorie Vorsicht geboten. In diesen Fällen treten ausgedehnte Fließzonen auf, die nicht ohne weiteres zu einem Fließgelenk idealisiert werden dürfen.

Zur weiteren Veranschaulichung der bis zur Entstehung eines Fließgelenks eintretenden Spannungs-, Dehnungs- und Krümmungs-Zwischenzustände wird die Steigerung der Last eines Einfeldträgers untersucht (Tabelle 6.4). Die Momenten-Krümmungs-Beziehung ist für das Fließgelenk durch die bezogenen Größen $M/M_{el,Gr}$ und $\varkappa/\varkappa_{el,Gr}$ dargestellt. Man kann Tabelle 6.4, Zeile 5 entnehmen, daß der Quotient der Krümmungen bei Erreichen des vollplastischen Biegemoments M_{pl} über alle Grenzen wächst. Bei naturharten Baustählen wird die Grenze der Plastizierfähigkeit in den seltensten Fällen erreicht. Bei weniger duktilen Werkstoffen empfiehlt es sich jedoch, die Dehnungen im plastizierten Bereich zu beschränken ([6.12 und 6.17]).

Zur Vereinfachung der Berechnung wird in der Fließgelenktheorie von einer bilinearen Näherung der M-$\varkappa$-Beziehung ausgegangen (Tabelle 6.4, Zeile 5). Diese Annahme und die Konzentration aller plastischen Effekte in einem Querschnitt definieren das Fließgelenk.

Man kann sich dieses plastische Gelenk als Reibungsgelenk einer Bolzenverbindung vorstellen, in dem der Reibungswiderstand bei Erreichen von M_{pl} überwunden wird (Bild 6.33). Im Gegensatz zum Biegemomentengelenk überträgt das Fließgelenk bei reiner Biegebeanspruchung ein Biegemoment $|M| = M_{pl}$. Beim Zusammenwirken mehrerer Schnittgrößen im plastischen Gelenk ist M_{pl} durch das entsprechende

Tabelle 6.4. Ausbildung des Fließgelenks beim biegebeanspruchten Einfeldträger mit Rechteckquerschnitt

Nr.	System u. Belastung	Dehnungs- und Spannungsverlauf	Momenten-Krümmungs-Beziehung	Beschreibung
1	$F \leq F_{el,Gr}/\gamma_{el}$, ℓ	$\varepsilon \leq \varepsilon_F/\gamma_{el}$; $\sigma \leq$ zul σ $= \sigma_F/\gamma_{el}$	$M/M_{el,Gr}$; 1; 0; 1; $\kappa/\kappa_{el,Gr}$	Das Gesamtsystem ist voll elastisch: $\sigma = M/W <$ zul σ.
2				An einer Systemstelle erreichen die Randfasern zul σ. Die Grenze des Gebrauchszustands nach der Elastizitätstheorie ist erreicht: $\sigma = M/W =$ zul σ, Sicherheitsbeiwert γ_{el}, zul $F = F_{el,Gr}/\gamma_{el}$.
3	$F = F_{el,Gr}$	$\varepsilon = \varepsilon_F$; σ_F	$M/M_{el,Gr}$; 1; 0; 1; $\kappa/\kappa_{el,Gr}$	Die Randfasern erreichen an einer Stelle die Fließgrenze: $\sigma = \sigma_F$ bzw. $\sigma = \beta_S$. Der Erschöpfungszustand nach der Elastizitätstheorie ist erreicht, d.h. $F = F_{el,Gr}$.
4	$F_{el,Gr} < F < F_{pl}$	ε_F; $\varepsilon > \varepsilon_F$; σ_F	$M/M_{el,Gr}$; 1; 0; 1; $\kappa/\kappa_{el,Gr}$	Jede weitere Laststeigerung bewirkt ein zunehmendes Plastizieren des Querschnitts.
5	$F = F_{pl} = F_T$	σ_F	$M/M_{el,Gr}$; α; 1; 0; 1; $\kappa/\kappa_{el,Gr}$	*Ein* Querschnitt ist voll durchplastiziert, d.h. $M = M_{pl} = \sigma_F W_{pl}$. Bei *statisch bestimmten Systemen* ist hiermit die Grenze der Tragfähigkeit erreicht, d.h. $F = F_{pl} = F_T$.

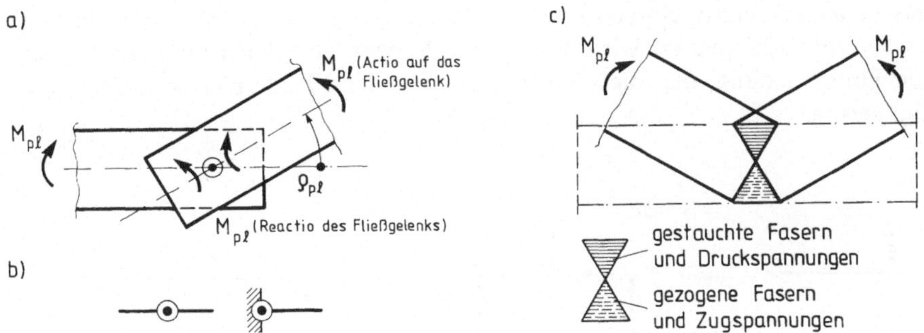

Bild 6.33 a–c. Fließgelenk. **a** Modell, **b** Symbol, **c** Vorzeichenfestlegung.

Interaktionsmoment $M_{pl,Q}$ bzw. $M_{pl,N}$ bzw. $M_{pl,Q,N}$ zu ersetzen (vgl. Bild 6.38f). In der baustatischen Skizze wird das Fließgelenk hier durch einen Kreis mit einem deutlichen Mittelpunkt symbolisiert (Bild 6.33b). Bei der Festlegung des Bruchmechanismus ist darauf zu achten, daß zwar die als Actio auf das Fließgelenk wirkenden Biegemomente M_{pl} und die gegenseitige Verdrehung der Querschnittsufer im plastischen Gelenk

(Winkel ϱ_{pl}) den gleichen Drehsinn aufweisen, daß aber die im Fließgelenk selbst wirkende Reactio M_{pl} stets in entgegengesetzter Richtung als äußere Belastung in diesem Gelenk anzusetzen ist (Bild 6.33a). Dieser Tatbestand muß in den Gleichgewichtsbedingungen (z.B. bei Verwendung des Prinzips der virtuellen Arbeiten) berücksichtigt werden. Die Vorzeichenregelung für die Dissipationsarbeit $D = \varrho_{pl} M_{pl}$ im plastischen Gelenk wird in Bild 6.33c anschaulich erläutert. Bei positivem Biegemoment entstehen in der unteren Hälfte des Querschnitts Zugspannungen und Dehnungen, in der oberen Hälfte Druckspannungen und Stauchungen. In beiden Fällen ist die Arbeit der Spannungen auf den zugehörigen plastischen Dehnungsanteilen positiv.

Im Rahmen der F.G.Th.I.O. gilt die plastische Grenzlast eines n-fach statisch unbestimmten Systems als erreicht, wenn sich durch Ausbildung von Fließgelenken gerade eine zwangläufige kinematische Kette (die Bruchkette) eingestellt hat. In der Regel besitzt die maßgebliche Bruchkette $g = (n + 1)$ Gelenke (Bild 6.34a). Wenn jedoch nur Teile des Systems kinematisch verschieblich werden, genügen zum Erreichen dieser Traglast auch weniger Fließgelenke (Bild 6.34b). Schließlich gibt es Fälle, in denen z. B. aus Symmetriegründen mehr als $(n + 1)$ Fließgelenke zur zwangläufigen kinematischen Kette gehören (Bild 6.34c). Das Abzählkriterium ist also weder notwendig noch hinreichend. Bei statisch bestimmten Systemen kann die Traglast allein durch Multiplikation der elastischen Grenzlast mit dem Formbeiwert α (bei reiner Biegemomentenbeanspruchung) bzw. mit dem Verhältniswert $M_{pl,Q,N}/M_{pl}$ (bei Interaktion) ermittelt werden, da das System mit dem ersten Fließgelenk für zusätzliche Lasten kinematisch verschieblich und damit unbrauchbar wird. Daraus ist zu erkennen, daß die Tragreserven gegenüber dem elastischen Grenzzustand bei statisch unbestimmten Systemen i.allg. größer sind als bei statisch bestimmten, da letztere über keine systemabhängigen Reserven verfügen.

Wegen der Ausbildung der Fließgelenke ergibt sich ein System veränderlicher Gliederung (vgl. Abschn. 2.5), so daß die Superposition nicht angewendet werden darf. Trotzdem kann auch bei statisch unbestimmten Systemen die nach der F.G.Th.I.O. zu ermittelnde Traglast relativ einfach bestimmt werden, wie an den Beispielen in den Abschn. 6.5.4 und 6.5.5 gezeigt wird. Die Abweichungen von den Ergebnissen einer genaueren Untersuchung, die auch die Ausbreitung der Fließzonen berücksichtigt, sind i.allg. gering.

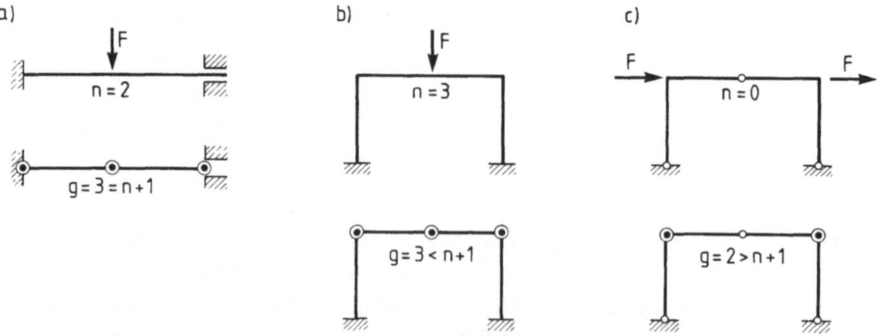

Bild 6.34 a–c. Kinematische Ketten infolge von Fließgelenken. **a** $g = n + 1$, **b** $g < n + 1$, **c** $g > n + 1$

Tabelle 6.5. Wann ist die Anwendung der Fließgelenktheorie vorteilhaft und wann nicht?

	vorteilhaft	nicht vorteilhaft bzw. nicht zutreffend
System	statisch unbestimmt, mit Querschnittsreserven,	statisch bestimmt, ohne größere Querschnittsreserven,
Werkstoff	plastizierfähiges Material (Baustahl), schwach bewehrter Stahlbeton (aber nach DIN 1045 (1978) nicht erlaubt),	spröde Werkstoffe (Gußeisen, Glas), stark bewehrter Stahlbeton, Versprödungsgefahr (z.B. durch Salz, Alterung),
Belastung	vorwiegend ruhend,	nicht vorwiegend ruhend bzw. dynamisch,
Formänderung	Schnittgrößenumlagerung, Abminderung von Zwängungsbeanspruchungen (z.B. Temperaturänderung, Stützensenkung) durch plastische Formänderungen,	Formänderungsbegrenzung im Gebrauchszustand maßgebend, Traglast wird erst bei großen plastischen Formänderungen erreicht,
Sonder(last)-fälle	Vermeidung des Einsturzes im Katastrophenfall (Erdbeben, Flugzeugabsturz, Feuer usw.),	besonders hohe Forderungen an die Maßhaltigkeit (z.B. bei Parabolantennen),
allgemein	wirklichkeitsnahe Berechnung, wirtschaftliche Dimensionierung.	großer Berechnungsaufwand.

Zusätzlich zur Berechnung der Traglast müssen Stabilitätsfälle und das Verhalten des Systems im Gebrauchszustand untersucht werden. Die F.G.Th. eignet sich wegen der angenommenen Spannungs-Dehnungs-Linie besonders für die Berechnung von Stahltragwerken. In Tabelle 6.5 ist zusammengestellt, in welchen Fällen sich eine Traglastberechnung grundsätzlich lohnt.

6.5.2 Zugkraftbeanspruchung

Beim ideal geraden Stab stellt sich bereits ein Fließgelenk ein, wenn in einem Querschnitt die elastische Grenzlast $F_{\mathrm{el,Gr}}$ erreicht ist, da bei reiner Längskraftbeanspruchung keine Querschnittsreserven vorhanden sind. Dies wird nachfolgend durch Einfügen eines Längskraftgelenks mit einem deutlichen Punkt symbolisiert (Bild 6.35d). Der Einzelstab kann keine zusätzliche Last mehr aufnehmen. Eine Laststeigerung ist nur bei Systemen mit statisch unbestimmtem Längskraftzustand möglich.

Am Beispiel des bereits in Abschn. 6.4 behandelten statisch unbestimmten Systems (Bild 6.35a), hier allerdings mit dem linear elastisch – ideal plastischen Werkstoffgesetz (Bild 6.35b), wird die Anwendung der F.G.Th.I.O. gezeigt. Steigert man die Belastung F, so stellen sich die drei in Bild 6.36a–c dargestellten Spannungs- bzw. Dehnungszustände nacheinander ein. Es ist ohne Berechnung sofort zu erkennen, daß die Tragfähigkeit des Systems erreicht ist, wenn sich in allen drei Stäben Längskraft-Fließgelenke (Modell und Symbol vgl. Bild 6.35c,d) gebildet haben. Da eine weitere Laststeigerung für die in Bild 6.36c dargestellte zwangläufige kinematische Kette nicht möglich ist, beträgt die vom System rechnerisch maximal aufnehmbare Last

$$F_{\mathrm{T}} = 3\sigma_{\mathrm{F}} A = 3\varepsilon_{\mathrm{F}} EA = 3N_{\mathrm{pl}}\,. \qquad (6.5.1)$$

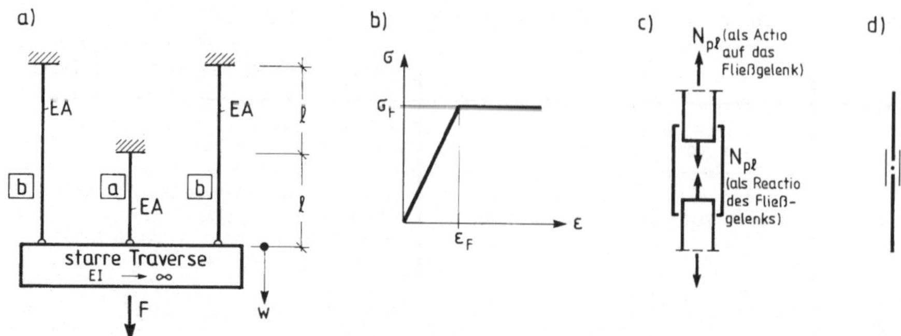

Bild 6.35 a–d. Fließgelenktheorie bei reiner Längskraftbeanspruchung. **a** System und Belastung, **b** Werkstofgesetz, **c** Modell, **d** Symbol für das Längskraft-Fließgelenk

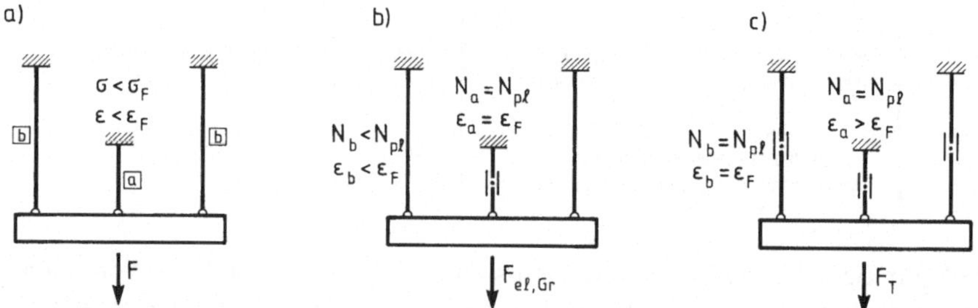

Bild 6.36 a–c. Spannungs- bzw. Dehnungszustände. **a** Elastischer Zustand, **b** Fließgelenk in Stab a, **c** Fließgelenke in allen Stäben

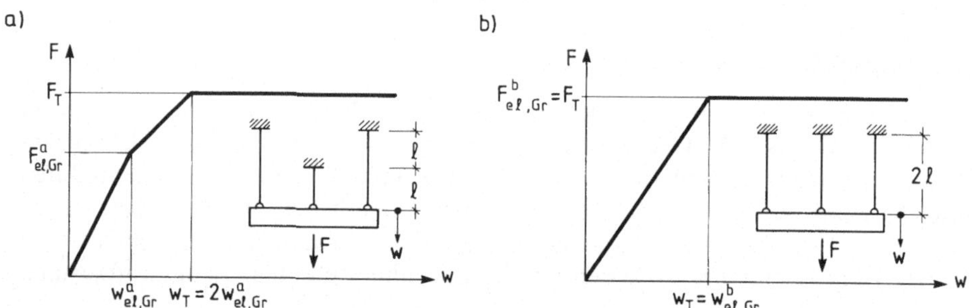

Bild 6.37 a, b. Kraft-Verschiebungs-Diagramme bei linear elastisch – ideal plastischem Werkstoffgesetz. **a** System mit unterschiedlich langen Stäben, **b** System mit gleich langen Stäben

Dies entspricht der 1,5fachen elastischen Grenzlast nach (6.4.3); die Traglaststeigerung wird durch eine systembedingte Tragreserve verursacht (Bild 6.37a). Die Gesamtverschiebung w_T ergibt sich aus den (elastischen) Verschiebungen des zuletzt plastizierten Stabes (hier b) mit $w^a_{el,Gr} = \varepsilon_F \ell$ zu

$$w_T = N_b\, 2\ell/(EA) = N_{pl}\, 2\ell/(EA) = 2\ell\,\varepsilon_F = 2\, w^a_{el,Gr}. \tag{6.5.2}$$

Für den Fall, daß alle drei Stäbe gleich lang sind, lauten die Beziehungen für die Traglast des Systems und die zugehörige Verschiebung

$$F_T = 3\,\sigma_F A = 3\,N_{pl} = F^b_{el,\,Gr}\,, \qquad (6.5.3)$$

$$w_T = N_{pl}\,2\ell/(EA) = 2\ell\varepsilon_F = w^b_{el,\,Gr}\,. \qquad (6.5.4)$$

In diesem Sonderfall besitzt das System keine Tragreserven, da die elastische Grenzlast in allen drei Stäben gleichzeitig erreicht wird und wegen fehlender Querschnittsreserven mit der Traglast des Systems zusammenfällt (Bild 6.37b). Die Anwendung der Fließgelenktheorie ist deshalb nicht sinnvoll; eine Berechnung nach der Elastizitätstheorie reicht aus. Aus Bild 6.37 ist zu erkennen, daß beide Kraft-Verschiebungs-Linien bei w_T in einen horizontalen Verlauf übergehen.

6.5.3 Träger mit Streckenlast unter Berücksichtigung der *M*-*Q*-Interaktion

Die Vorgehensweise wird am Beispiel des einfach statisch unbestimmten, querbelasteten Balkens veranschaulicht (Bild 6.38a). Die Berücksichtigung des Querkrafteinflusses auf das vollplastische Moment führt bereits bei diesem Einfeldträger zu nichtlinearen Bestimmungsgleichungen für die Traglast $\hat{q}_T$, so daß eine Lösung nur iterativ ermittelt werden kann. Um zu Ausgangsgrößen für die Iteration zu gelangen, wird eine Vorberechnung unter Vernachlässigung der *M*-*Q*-Interaktion (d.h. mit $M_{pl,Q} = M_{pl}$) durchgeführt.

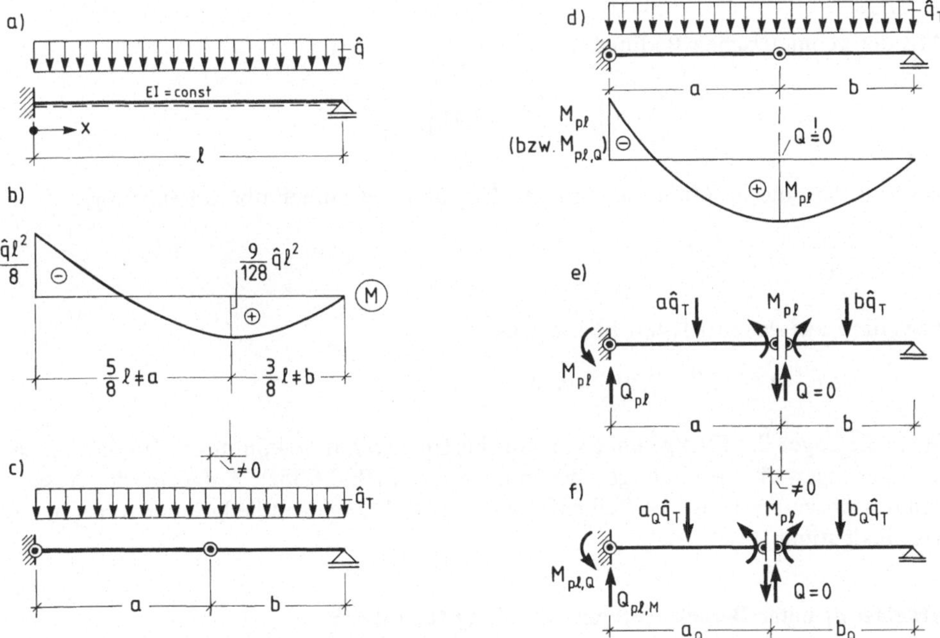

Bild 6.38 a–f. Anwendung der Fließgelenktheorie. **a** System und Belastung, **b** Biegemomentenverlauf bei E. Th. I. O., **c** Fließgelenkkette, **d** Biegemomentenverlauf bei F. G. Th. I. O., **e** Lagebestimmung des 2. Fließgelenks und Ermittlung der Traglast ohne Berücksichtigung der *M*-*Q*-Interaktion, **f** mit Berücksichtigung der *M*-*Q*-Interaktion

Vorberechnung mit $M_{pl,Q} = M_{pl}$

Für $\hat{q} \leq \hat{q}_{el,Gr}$ wird der Biegemomentenverlauf mit Hilfe der linearen Elastizitätstheorie aus einer statisch unbestimmten Berechnung gewonnen; er ist in Bild 6.38b dargestellt. Es ergeben sich die elastischen Grenzwerte

$$M_{el,Gr} = \hat{q}_{el,Gr}\,\ell^2/8 \qquad \text{bzw.} \qquad \hat{q}_{el,Gr} = 8M_{el,Gr}/\ell^2.$$

Das erste Fließgelenk bildet sich an der Einspannstelle, da hier das Biegemoment seinen extremalen Wert hat. Die Lage des zweiten Gelenks fällt wegen der Systemänderung infolge des ersten Fließgelenks nicht mit der Stelle $x = 5\ell/8$ des nach der Elastizitätstheorie ermittelten maximalen Feldmoments zusammen (Bild 6.38c). Die Bestimmung des für die Bildung der kinematischen Kette erforderlichen letzten Fließgelenks (hier: das 2. Fließgelenk) ist allein mit Hilfe von Gleichgewichtsbedingungen möglich. Aus dem Momentengleichgewicht (Bild 6.38e) am linken Teil des Trägers erhält man

$$2M_{pl} - \hat{q}_T \frac{a^2}{2} = 0 \qquad \text{bzw.} \qquad a = \sqrt{4\frac{M_{pl}}{\hat{q}_T}}$$

und aus dem am rechten Teil

$$M_{pl} - \hat{q}_T \frac{b^2}{2} = 0 \qquad \text{bzw.} \qquad b = \sqrt{2\frac{M_{pl}}{\hat{q}_T}}.$$

Mit der geometrischen Bedingung

$$\ell = a + b = \sqrt{4\frac{M_{pl}}{\hat{q}_T}} + \sqrt{2\frac{M_{pl}}{\hat{q}_T}} = 3{,}41\sqrt{\frac{M_{pl}}{\hat{q}_T}}$$

gewinnt man die im Grenzzustand der Tragfähigkeit aufnehmbare Belastung

$$\hat{q}_T = 11{,}7\,\frac{M_{pl}}{\ell^2}$$

bzw. die Lage des (n+1)-ten Fließgelenks

$$a = \sqrt{4\ell^2/11{,}7} = 0{,}59\,\ell \neq 0{,}63\,\ell.$$

Wäre die Lage aller Fließgelenke von vornherein bekannt, so könnte die Traglast allein aus Gleichgewichtsbedingungen bestimmt werden (Bild 6.38e). Aufgrund der Aussagen des Abschn. 6.5.4 ist die Reihenfolge der Ausbildung der Fließgelenke dabei nicht von Bedeutung.

Traglast $\hat{q}_T$ unter Berücksichtigung der *M-Q*-Interaktion

M-Q-Interaktion

Da die Auswirkungen der Querkraft auf das vollplastische Moment von der Querschnittsform und das Verhältnis der Querkraft zum Biegemoment von der Länge ℓ

des Trägers abhängen, müssen diese Größen vorgegeben werden. Für die weiteren Untersuchungen wird ein 3m langer Träger IPE 200 aus St 37 mit

$$M_{pl} = 52{,}6 \text{ kNm}, \qquad Q_{pl} = 142 \text{ kN}$$

zugrunde gelegt.

Die M-Q-Interaktion kann wahlweise durch die in den Bildern 6.24 bzw. 6.29 dargestellten Beziehungen erfaßt werden. Aus beiden Darstellungen ist deutlich zu erkennen, daß kleine Querkräfte das vollplastische Moment praktisch nicht beeinflussen; für $Q \lesssim Q_{pl}/3$ kann mit hinreichender Genauigkeit $M_{pl,Q} = M_{pl}$ gesetzt werden. Daraus folgt, daß das Fließgelenk im Feld wie bei der Vorberechnung an der Stelle des maximalen Feldmoments und somit im Querkraftnullpunkt liegt. Bei einem Rechteckquerschnitt (vgl. Bild 6.24) sind diese Annahmen und Folgerungen nicht ohne weiteres zulässig.

Unabhängig von der jeweils gewählten Interaktionsbedingung ändert sich die Lage a_Q des maximalen Feldmoments gegenüber der Vorberechnung, da wegen der großen Querkraft an der Einspannstelle die Abminderung des vollplastischen Moments berücksichtigt werden muß, d.h. $a_Q \neq a$. Am linken Trägerende ist deshalb das Interaktionsmoment $M_{pl,Q}$ anzusetzen. Im folgenden wird die linearisierte Interaktion nach Bild 6.29 verwendet. Aus dem Kräftegleichgewicht ΣK_v am linken Teil des Trägers erhält man für die Querkraft $Q_{pl,M}$ an der Einspannstelle (Bild 6.38f)

$$Q_{pl,M} = a_Q \hat{q}_T \,.$$

Der Wert von $Q_{pl,M}$ wird näherungsweise mit Hilfe der Ergebnisse der Vorberechnung ermittelt. Mit $a = 0{,}59\,\ell$ und $\hat{q}_T = 11{,}7\, M_{pl}/\ell^2$ ergibt sich

$$Q_{pl,M} = a\hat{q}_T \approx 0{,}59 \cdot 11{,}7 \frac{M_{pl}}{\ell} = 6{,}90 \frac{M_{pl}}{\ell}$$

bzw.

$$\frac{Q_{pl,M}}{Q_{pl}} \approx 6{,}90 \frac{M_{pl}}{Q_{pl}\ell} = 6{,}90 \frac{52{,}6}{142 \cdot 3{,}0} = 0{,}85 < 0{,}9 \,.$$

Für $1/3 \leq Q_{pl,M}/Q_{pl} \leq 0{,}9$ entnimmt man Bild 6.29 die für die Einspannstelle bei voller Querschnittsplastizierung gültige Interaktionsbeziehung

$$\frac{M_{pl,Q}}{M_{pl}} + 0{,}45 \frac{Q_{pl,M}}{Q_{pl}} = 1{,}15 \,.$$

Für die nachfolgende Iteration wird diese Gleichung nach $M_{pl,Q}$ aufgelöst; man erhält

$$M_{pl,Q} = \left(1{,}15 - 0{,}45 \frac{Q_{pl,M}}{Q_{pl}}\right) M_{pl} \,.$$

Iterative Ermittlung der Traglast

Die in der Vorberechnung aufgestellten Gleichgewichtsbedingungen und die geometrische Bedingung können übernommen werden, wobei an der Einspannstelle (nicht im

Feld) M_{pl} durch $M_{pl,Q}$ zu ersetzen ist. Dann gilt

$$a_Q = \sqrt{\frac{2(M_{pl,Q}+M_{pl})}{\hat{q}_T}}, \qquad b_Q = \sqrt{2\frac{M_{pl}}{\hat{q}_T}},$$

$$\ell = a_Q + b_Q = \frac{\sqrt{2(M_{pl,Q}+M_{pl})} + \sqrt{2M_{pl}}}{\sqrt{\hat{q}_T}}.$$

Die letzte Gleichung wird nach $\hat{q}_T$ aufgelöst. Es ergibt sich

$$\hat{q}_T = \frac{1}{\ell^2}\left(\sqrt{2(M_{pl,Q}+M_{pl})} + \sqrt{2M_{pl}}\right)^2.$$

Zusammen mit der Kräftegleichgewichtsbedingung $Q_{pl,M} = a_Q \hat{q}_T$ und der Interaktionsbeziehung stehen vier Gleichungen zur Ermittlung der vier Unbekannten a_Q, $\hat{q}_T$, $Q_{pl,M}$ und $M_{pl,Q}$ zur Verfügung. Eine Reduzierung der Anzahl der Gleichungen und der Unbekannten ist zwar möglich, bringt hier aber keine nennenswerten Vorteile, da das nichtlineare Gleichungssystem nur iterativ gelöst werden kann.

Bei der Iteration werden die Gleichungen in der Reihenfolge

$$Q_{pl,M} = a_Q \hat{q}_T,$$

$$M_{pl,Q} = \left(1{,}15 - 0{,}45\frac{Q_{pl,M}}{Q_{pl}}\right) M_{pl},$$

$$a_Q = \sqrt{\frac{2(M_{pl,Q}+M_{pl})}{\hat{q}_T}},$$

$$\hat{q}_T = \frac{1}{\ell^2}\left(\sqrt{2(M_{pl,Q}+M_{pl})} + \sqrt{2M_{pl}}\right)^2$$

ausgewertet. Begonnen wird mit den in der Vorberechnung ermittelten Werten $a = 0{,}59\,\ell = 1{,}77$ m und $\hat{q}_T = 11{,}7\,M_{pl}/\ell^2 = 68{,}4$ kN/m. Hiermit erhält man im ersten Schritt

$$Q_{pl,M} = 121 \text{ kN}, \quad M_{pl,Q} = 40{,}3 \text{ kNm},$$
$$a_Q = 1{,}65 \text{ m}, \quad \hat{q}_T = 63{,}4 \text{ kN/m}.$$

Mit diesen verbesserten Werten ergibt sich im zweiten Schritt

$$Q_{pl,M} = 105 \text{ kN}, \quad M_{pl,Q} = 43{,}0 \text{ kNm},$$
$$a_Q = 1{,}74 \text{ m}, \quad \hat{q}_T = 64{,}5 \text{ kN/m}$$

und schließlich nach einer weiteren Iteration

$$Q_{pl,M} = 112 \text{ kN}, \quad M_{pl,Q} = 41{,}8 \text{ kNm},$$
$$a_Q = 1{,}71 \text{ m}, \quad \hat{q}_T = 64{,}0 \text{ kN/m} = 11{,}0\,M_{pl}/\ell^2.$$

Da sich der Wert der Traglast in den beiden letzten Iterationsschritten nur unwesentlich ändert, wird die Berechnung abgebrochen. Danach wird geprüft, ob die

Gültigkeitsgrenzen $1/3 \leq Q_{pl,M}/Q_{pl} \leq 0{,}9$ der verwendeten Interaktionsbeziehung eingehalten werden. Im vorliegenden Beispiel ist dies mit

$$\frac{Q_{pl,M}}{Q_{pl}} = \frac{112}{142} = 0{,}79 \begin{cases} > 1/3 \\ < 0{,}9 \end{cases}$$

der Fall.

Die Traglastminderung infolge der M-Q-Interaktion beträgt gegenüber der Vorberechnung 6%. Berücksichtigt man, daß sich diese geringe Änderung für einen sehr gedrungenen Träger mit dem geometrischen Schlankheitsgrad $\lambda = \ell/i_y = 300/8{,}26 = 36$ ergibt, so folgt, daß für die üblicherweise schlankeren Biegeträger der Einfluß der Querkraft auf das vollplastische Moment und damit auf die Traglast i.allg. vernachlässigt werden kann. Diese Vorgehensweise wird häufig bei der F.G.Th.I.O. angewendet. Ausnahmen hiervon bilden Träger mit quer zur Stabachse wirkenden Einzellasten in der Nähe von Auflagern oder Knotenpunkten sowie Querschnitte mit einem großen Wert $\eta = A_Q/A$ (z.B. Rechteckquerschnitt, vgl. Bild 6.24). Eine Interaktion muß in der Regel auch bei Systemen mit großen Längskräften berücksichtigt werden.

6.5.4 Berechnung der Traglast mit Hilfe der Traglastsätze

Mit Hilfe der Traglastsätze kann die Traglast eines Systems (bei der F.G.Th.I.O. identisch mit der plastischen Grenzlast) eingeschrankt bzw. direkt berechnet werden. Bei den Traglastsätzen unterscheidet man zwischen dem statischen und dem kinematischen Satz. Die Hauptschwierigkeit ihrer Anwendung besteht darin, durch die Kombination kinematischer Ketten die maßgebliche Bruchkette zu finden. In einem System bilden sich dort Fließgelenke, wo relative Beanspruchungsmaxima oder Widerstandsminima vorliegen. Bei Einwirkung von Einzellasten befinden sich Beanspruchungsmaxima entweder in Lastangriffspunkten oder in Knoten. Bei Streckenlasten oder bei veränderlichen Biegesteifigkeiten kann die Lage der Fließgelenke in der Regel nur iterativ ermittelt werden.

Der mit Hilfe der F.G.Th.I.O. berechnete Traglastzustand genügt dem Kirchhoffschen Eindeutigkeitssatz, wenn folgende vier Forderungen eingehalten werden:

- Die Gleichgewichtsbedingungen sind erfüllt.
- An jeder Stelle des Systems ist $|M| \leq M_{pl}$.
- Eine kinematische Kette im System oder in Systemteilen ist erreicht.
- Die Dissipationsarbeit ist nicht negativ ($M_{pl}\,\varrho_{pl} \geq 0$).

Bei Berücksichtigung der Schnittgrößeninteraktion ist für M_{pl} hier und im folgenden $M_{pl,Q}$ bzw. $M_{pl,N}$ bzw. $M_{pl,Q,N}$ einzusetzen.

Der *statische Satz* beinhaltet, daß für das betrachtete System eine zulässige Spannungsverteilung (Gleichgewicht ist erfüllt) existiert, die außerdem sicher ($\max|M| \leq M_{pl}$) ist. Da das System keine kinematische Kette darzustellen braucht und die Formänderungsbedingungen unberücksichtigt bleiben, werden nur die ersten beiden der oben genannten Forderungen erfüllt. Bei Anwendung des statischen Satzes wird eine untere Grenze $F_{stat} \leq F_T$ der Traglast bestimmt.

Mit dem *kinematischen Satz* ermittelt man dagegen eine obere Schranke $F_{kin} \geq F_T$. Bis auf die zweite müssen sämtliche der oben genannten Bedingungen erfüllt sein. In anderen Worten, einzelne zu irgendeiner kinematisch zulässigen Kette des Systems gehörende Biegemomentenwerte können auch größer als M_{pl} sein.

Die gesuchte Traglast des Systems läßt sich demnach einschranken durch die Beziehung

$$F_{stat} \leq F_T \leq F_{kin} .$$

Eine Schnittgrößenverteilung, die dem statischen und dem kinematischen Satz gleichzeitig genügt, erfüllt auch die Bedingungen des Eindeutigkeitssatzes und liefert demnach die tatsächliche Traglast F_T. Nach ihrer Berechnung ist zusätzlich das Rotationsvermögen der Fließgelenke nachzuweisen. Hierzu müssen in der Regel Zwischenzustände, z.B. mit Hilfe der Elastizitätstheorie, berechnet werden. Andere Verfahren werden in [6.7] angegeben.

Speziell für die Anwendung im Stahlbetonbau wird auf [6.12, 6.13 und 6.17] hingewiesen.

Anwendungsbeispiel

Es soll die Traglast für den in Bild 6.39a dargestellten Rahmen mit Einzellasten berechnet werden. Der Einfluß der Längs- und Querkräfte auf die Ausbildung der Fließgelenke soll hier im Gegensatz zu den Untersuchungen in Abschn. 6.5.3 vernachlässigt werden. Für das dreifach statisch unbestimmte System, das wegen EI = const und EA = const keine Widerstandsminima

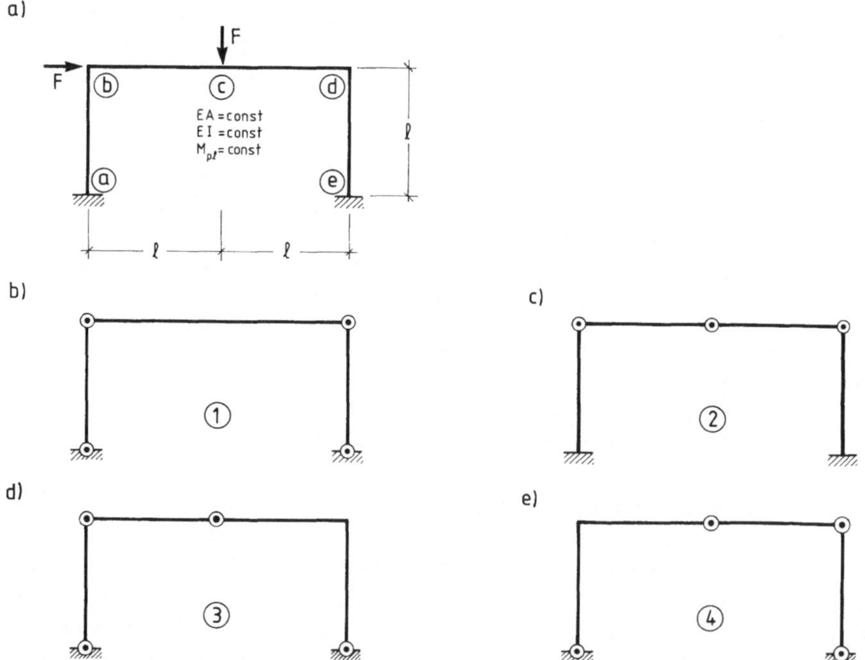

Bild 6.39 a–e. Mögliche Bruchketten. **a** System und Belastung, **b** Seitenverschiebungskette, **c** Trägerkette, **d** und **e** kombinierte Ketten

aufweist, werden für die Beanspruchungsmaxima in den Punkten a bis e mögliche Fließgelenkketten angegeben. Neben der Hauptform 1 (Seitenverschiebungskette, Bild 6.39b) und der Sonderform 2 (Trägerkette, teilweises Versagen, Bild 6.39c) sind auch die kombinierten Ketten 3 und 4 (Bild 6.39d,e) möglich.

Die Gleichgewichtsbedingungen werden am einfachsten mit Hilfe des Prinzips der virtuellen Arbeiten ($\Sigma \bar{W}=0$) formuliert. Der Drehsinn der in den Fließgelenken anzusetzenden plastischen Momente ergibt sich aus den Erläuterungen in Abschn. 6.5.1.

Legt man die *Seitenverschiebungskette* (Kette 1) der Betrachtung zugrunde, so folgt aus Bild 6.40a bei Anwendung des Prinzips der virtuellen Arbeiten

$$F_{T1}\,\ell\bar{\alpha}-4\,M_{pl}\bar{\alpha}=0 \qquad \text{bzw.} \qquad F_{T1}=4\,\frac{M_{pl}}{\ell}.$$

Mit dem Biegemoment in Riegelmitte (Bild 6.40b)

$$M_m=(M_{pl}-M_{pl})\frac{1}{2}+\frac{1}{4}F_{T1}\,2\ell=\frac{1}{2}\,4\,\frac{M_{pl}\ell}{\ell}=2\,M_{pl}>M_{pl}$$

erhält man den in Bild 6.40c gezeigten Biegemomentenverlauf. Wegen $\max|M|>M_{pl}$ liefert diese Kette entsprechend dem kinematischen Satz eine obere Schranke für die Traglast, d.h.

$$F_T<F_{T1}=4\,\frac{M_{pl}}{\ell}=F_{\text{kin}\,1}.$$

Eine sichere Biegemomentenverteilung mit $\max|M|\leq M_{pl}$ liegt vor, wenn der in Bild 6.40c dargestellte Zustand der Kette 1 durch 2 geteilt wird (Bild 6.40d). Wegen $\max|M|=M_{pl}$ ist diese Verteilung nach dem statischen Satz eine untere Grenze für die Traglast, d.h.

$$F_T>\frac{1}{2}F_{T1}=2\,\frac{M_{pl}}{\ell}=F_{\text{stat}\,1}.$$

Als Resultat der Untersuchungen an der ersten möglichen Bruchkette ergibt sich die Einschrankung der Traglast auf den Bereich

$$F_{\text{stat}\,1}=2\,\frac{M_{pl}}{\ell}<F_T<4\,\frac{M_{pl}}{\ell}=F_{\text{kin}\,1}.$$

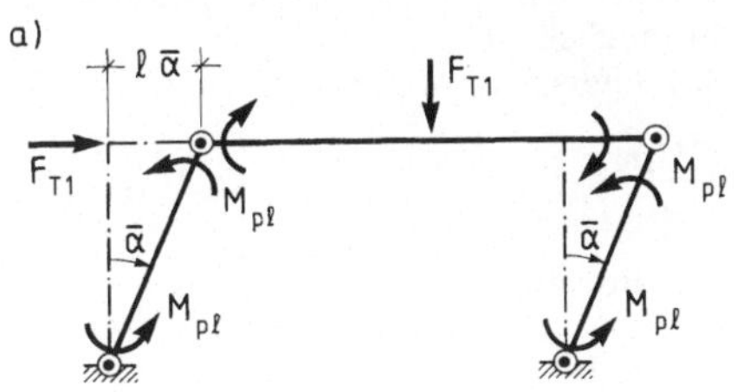

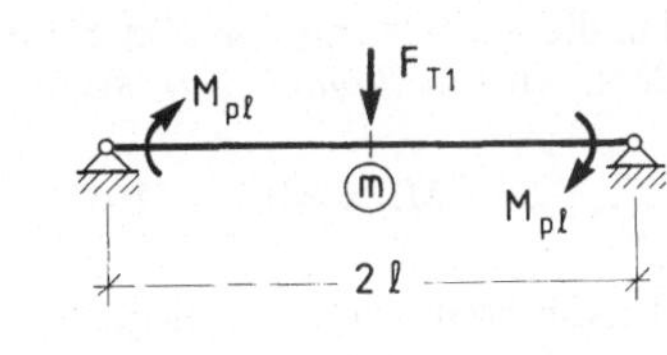

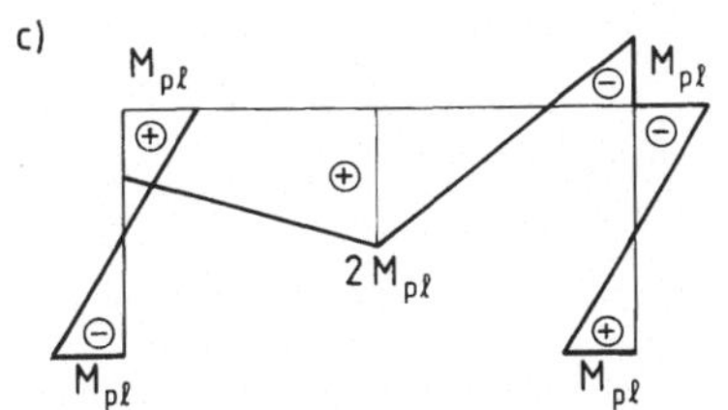

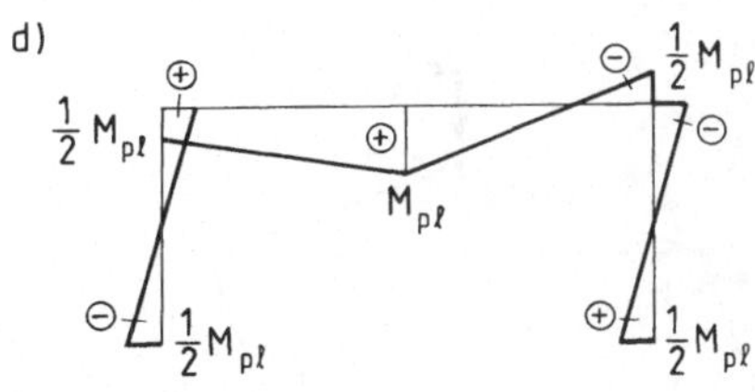

Bild 6.40 a–d. Kette 1. **a** Seitenverschiebungskette, **b** Berechnung des Biegemoments in Riegelmitte, **c** Biegemomentenverlauf, **d** sichere Biegemomentenverteilung

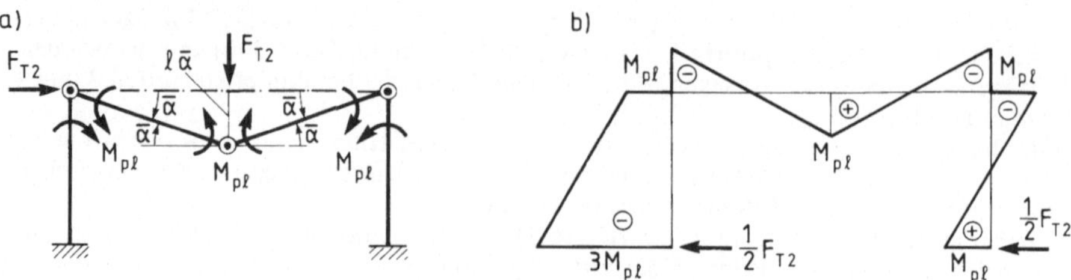

Bild 6.41 a, b. Kette 2. **a** Trägerkette, **b** zugehöriger Biegemomentenverlauf

Führt man dieselben Betrachtungen an der *Trägerkette* 2 (Bild 6.41a) durch, so stellt sich (zufällig) derselbe Wert für die obere Schranke ein. Mit

$$F_{T2}\ell\bar{\alpha}-4M_{pl}\bar{\alpha}=0 \qquad \text{folgt} \qquad F_{T2}=4\frac{M_{pl}}{\ell}.$$

Da zur Kette 2 nur drei Gelenke gehören, ist die Aufteilung der Horizontalkraft auf die Stiele statisch unbestimmt. Bei Annahme eines dehnstarren Riegels ergibt sich die in Bild 6.41b dargestellte Biegemomentenlinie. Jede andere Aufteilung der Horizontalkraft auf die Stiele führt ebenfalls zu einer Überschreitung von M_{pl}. Wegen $\max|M|>M_{pl}$ stellt F_{T2} eine obere Schranke für die Traglast dar, d.h.

$$F_T<F_{T2}=4\frac{M_{pl}}{\ell}=F_{kin2}.$$

Die Analyse der *kombinierten Kette* 3 (Bild 6.42) liefert wegen

$$F_{T3}\bar{\alpha}\ell-F_{T3}\bar{\alpha}\ell-6M_{pl}\bar{\alpha}=0$$

zunächst den unbestimmten Ausdruck

$$F_{T3}=\frac{M_{pl}}{\ell-\ell}=F_{kin3},$$

der infolge $M_{pl}\neq 0$ über alle Grenzen wächst, d.h. $F_{T3}=F_{kin3}\rightarrow\infty$. Die Begründung für diese Besonderheit besteht darin, daß sich die virtuellen Arbeiten der äußeren Kräfte gegenseitig aufheben, d.h. die Ausbildung von Kette 3 ist hier nicht möglich.

Abschließend wird die *kombinierte Kette* 4 (Bild 6.43a) untersucht. Man erhält

$$2F_{T4}\ell\bar{\alpha}-6M_{pl}\bar{\alpha}=0 \qquad \text{bzw.} \qquad F_{T4}=3\frac{M_{pl}}{\ell}.$$

Gemäß Bild 6.43b ergibt sich das Biegemoment in Riegelmitte zu

$$M_m=\frac{M_{pl}}{\ell}\ell=M_{pl}.$$

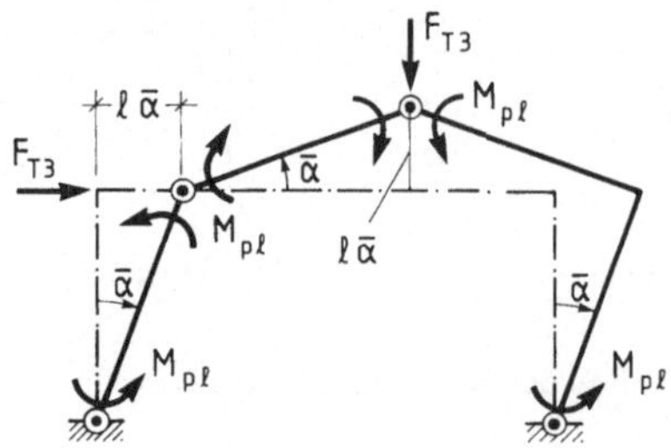

Bild 6.42. Kette 3 (kombinierte Kette)

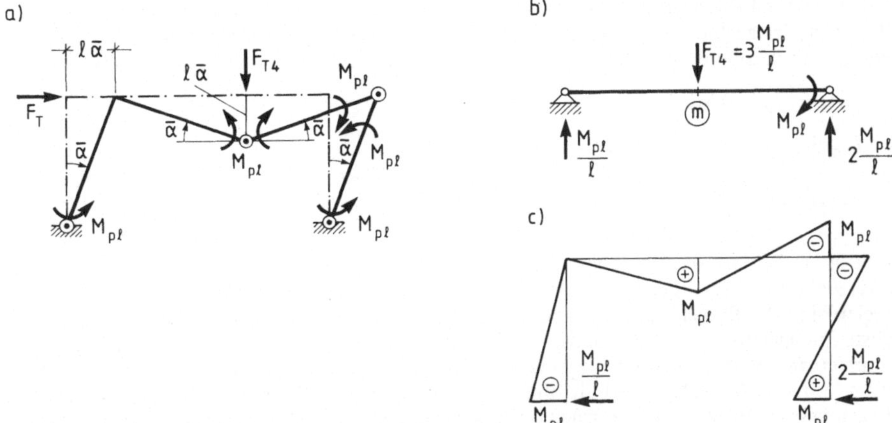

Bild 6.43 a–c. Kette 4. **a** Kombinierte Kette, **b** Berechnung des Biegemoments in Riegelmitte, **c** Biegemomentenverlauf

Die in Bild 6.43c dargestellte Biegemomentenverteilung ist statisch zulässig, da das Gleichgewicht erfüllt wird. Wegen $\max|M| = M_{\text{pl}}$ ist sie sicher. Sie genügt somit den Bedingungen des statischen Satzes. Da Kette 4 auch die Bedingungen des kinematischen Satzes einhält, sind die maßgebliche Bruchkette (Bild 6.43a), die Biegemomentenverteilung (Bild 6.43c) und die zugehörige Traglast

$$F_{\text{T}} = F_{\text{T4}} = 3\,\frac{M_{\text{pl}}}{\ell} = F_{\text{kin4}} = F_{\text{stat4}}$$

gefunden.

Der Vorteil des Verfahrens liegt in der direkten Formulierung des Gleichgewichts mit Hilfe des Prinzips der virtuellen Arbeiten. Die praktische Anwendung beschränkt sich aber auf relativ einfache Systeme, da bei komplizierten Tragwerken zu viele mögliche Ketten untersucht werden müssen und bei Streckenlasten die Lage der Fließgelenke nicht bekannt ist.

6.5.5 Berechnung der Traglast mit Hilfe der Elastizitätstheorie

Einen für die Bestimmung der Traglast ebenfalls gangbaren Weg stellt die sukzessive Laststeigerung bei Anwendung der Elastizitätstheorie dar. Da in der Fließgelenktheorie außerhalb der Fließgelenke die Gesetze der Elastizitätstheorie gelten, kann die Traglastberechnung für ein statisch unbestimmtes System nach den Regeln der klassischen Baustatik durchgeführt werden. Mit dem Auftreten jedes neuen Fließgelenks verringert sich der Grad der statischen Unbestimmtheit. Die dadurch bedingte Änderung des Tragverhaltens entspricht der bei Systemen mit veränderlicher Gliederung (Abschn. 2.5).

Anwendungsbeispiel

Zum besseren Vergleich der Berechnungsmethoden soll wieder die Traglast des im vorangegangenen Anwendungsbeispiel untersuchten Rahmens (Bild 6.39a) ermittelt werden.

Für eine Belastung $F = F_{\mathrm{I}}$ (Bild 6.44a) ergibt sich nach einer statisch unbestimmten Berechnung der in Bild 6.44b dargestellte Biegemomentenverlauf M_{I}. Das betragsmäßig größte Biegemoment ist in Punkt e vorhanden; dort stellt sich das erste Fließgelenk ein. Aus der Bedingung

$$M_e = M_{pl} = 0{,}412\, F_{\mathrm{I}}\ell$$

folgt der zugehörige Wert der Belastung

$$F_{\mathrm{I}} = 2{,}424\,\frac{M_{pl}}{\ell}$$

und somit die in Bild 6.45b angegebene Biegemomentenlinie.

Bei einer weiteren Laststeigerung um den Betrag $\Delta_1 F$ muß das statische System (Bild 6.45a) mit einem Gelenk in e der Berechnung zugrunde gelegt werden. Es stellt sich erneut die Frage, wo sich das nächste Fließgelenk ausbildet. Dazu wird die Summe der Biegemomente M_{I} und $\Delta_1 M$ an allen Stellen mit einem Beanspruchungsmaximum bzw. Widerstandsminimum untersucht. Aus der Bedingung $|M_{\mathrm{I}} + \Delta_1 M| = |M_{pl}|$ erhält man den zugehörigen Wert $\Delta_1 F$ für die mögliche Laststeigerung bis zum zweiten Fließgelenk. Schließt man den Knoten b wegen sehr kleiner Werte mit entgegengesetzten Vorzeichen (Bilder 6.45b, 6.46b) aus, so ergibt sich am

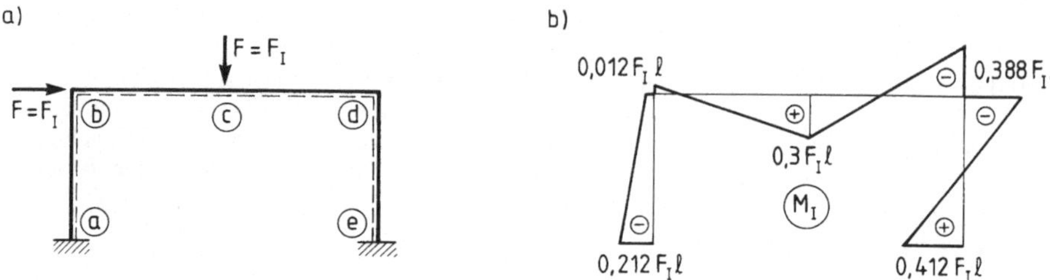

Bild 6.44 a, b. Ausgangssystem. **a** Belastung $F = F_{\mathrm{I}}$, **b** zugehöriger Biegemomentenverlauf M_{I}

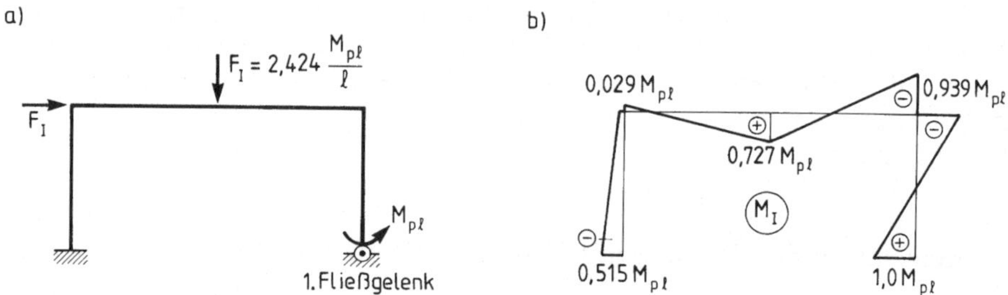

Bild 6.45 a, b. Ausbildung des 1. Fließgelenks. **a** Zugehörige Belastung F_{I}, **b** zugehöriger Biegemomentenverlauf M_{I}

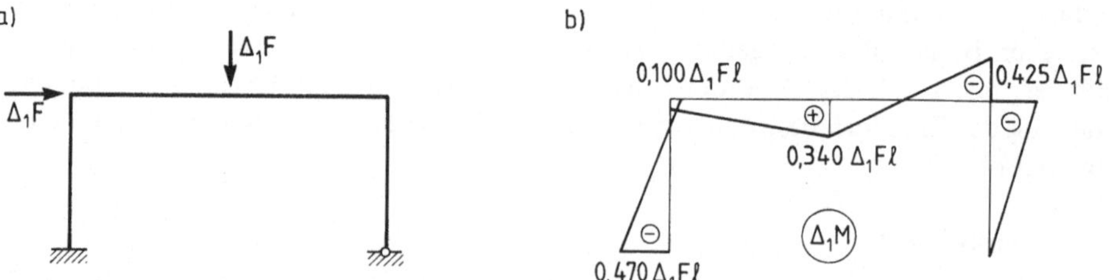

Bild 6.46 a, b. System II. **a** Zusatzbelastung $\Delta_1 F$, **b** zugehöriger Biegemomentenverlauf $\Delta_1 M$

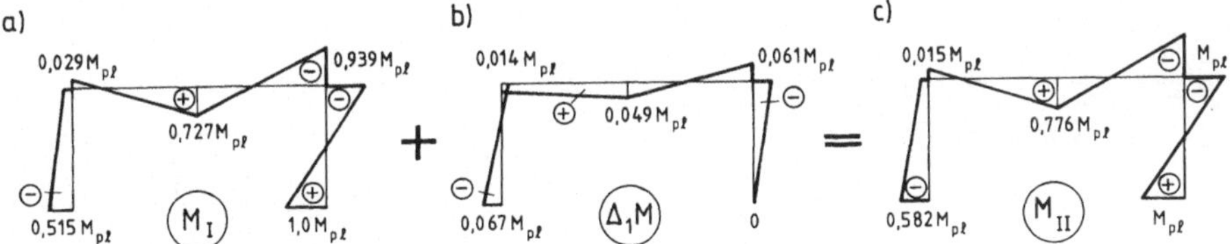

Bild 6.47a–c. Addition der Biegemomente. **a** M_{I}, **b** $\Delta_1 M$, **c** $M_{\mathrm{II}} = M_{\mathrm{I}} + \Delta_1 M$

- Knoten a: $-0{,}515\,M_{\mathrm{pl}} - 0{,}470\,\Delta_1 F\ell = -M_{\mathrm{pl}}$ bzw. $\Delta_1 F\ell = 1{,}032\,M_{\mathrm{pl}}$,
- Knoten c: $+0{,}727\,M_{\mathrm{pl}} + 0{,}340\,\Delta_1 F\ell = M_{\mathrm{pl}}$ bzw. $\Delta_1 F\ell = 0{,}803\,M_{\mathrm{pl}}$,
- Knoten d: $-0{,}939\,M_{\mathrm{pl}} - 0{,}425\,\Delta_1 F\ell = -M_{\mathrm{pl}}$ bzw. $\Delta_1 F\ell = 0{,}143\,M_{\mathrm{pl}}$.

Da das Minimum aller Werte von $\Delta_1 F$ maßgebend ist, bildet sich im Knoten d das zweite Fließgelenk aus. Bei der jetzt insgesamt aufgebrachten Belastung $F_{\mathrm{II}} = F_{\mathrm{I}} + \Delta_1 F = 2{,}567\,M_{\mathrm{pl}}/\ell$ folgt der in Bild 6.47c dargestellte Biegemomentenverlauf. Die Addition der weiteren Belastungen bzw. der zugehörigen Biegemomente wird zweckmäßigerweise in tabellarischer Form durchgeführt (Tabelle 6.6). Im einzelnen ergibt sich für eine Laststeigerung um $\Delta_2 F$ der in Bild 6.48a und für

Tabelle 6.6. Tabellarische Ermittlung von Fließgelenkkette, zugehöriger Traglast und Biegemomentenverlauf

Zeile	System	$\frac{F\ell}{M_{p\ell}}$	M	$\frac{M_a}{M_{p\ell}}$	$\frac{M_b}{M_{p\ell}}$	$\frac{M_c}{M_{p\ell}}$	$\frac{M_d}{M_{p\ell}}$	$\frac{M_e}{M_{p\ell}}$
1	I	2,424	M_I	-0,515	-0,029	0,727	-0,939	(1)
2	II	0,143	$\Delta_1 M$	-0,067	0,014	0,049	-0,061	0
3		2,567	$M_{II} = M_I + \Delta_1 M$	-0,582	-0,015	0,776	(-1)	1
4	III	0,390	$\Delta_2 M$	-0,331	0,058	0,224	0	0
5		2,957	$M_{III} = M_{II} + \Delta_2 M$	-0,913	0,043	(1)	-1	1
6	IV	0,043	$\Delta_3 M$	-0,087	-0,043	0	0	0
7	*)	**) 3,000	$M_{IV} = M_{III} + \Delta_3 M$	(-1)	***) 0	1	-1	1

*) Fließgelenkkette, **) Traglast $F_T = 3\,\frac{M_{p\ell}}{\ell}$, ***) Zufallswert

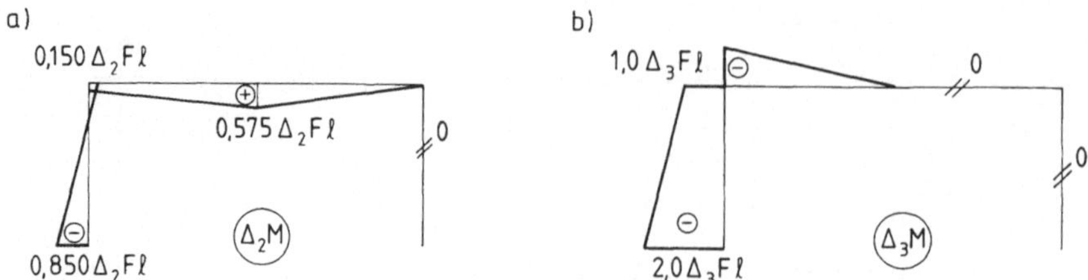

Bild 6.48 a, b. Biegemomentenverlauf infolge Zusatzbelastung. **a** $\Delta_2 M$ infolge $\Delta_2 F$, **b** $\Delta_3 M$ infolge $\Delta_3 F$

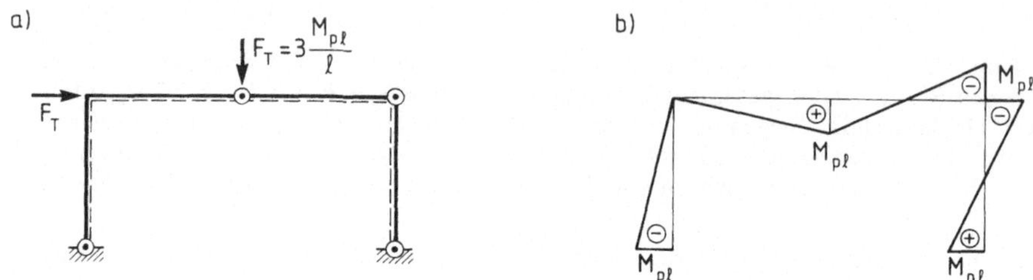

Bild 6.49 a, b. Maßgebliche Bruchkette. **a** System und Traglast, **b** zugehöriger Biegemomentenverlauf

eine um $\Delta_3 F$ der in Bild 6.48b dargestellte Biegemomentenverlauf. Aus Tabelle 6.6 liest man ab, daß sich das dritte Fließgelenk im Knoten c und das vierte im Knoten a einstellen. Mit der Ausbildung des vierten Fließgelenks im Knoten a ist die maßgebliche Bruchkette gefunden. Nach Tabelle 6.6, Zeile 7 folgt die in Bild 6.49b angegebene Biegemomentenlinie.

Gleichgewichtskontrolle

Eine Möglichkeit, die Richtigkeit des Ergebnisses zu überprüfen, besteht in der Gleichgewichtskontrolle, die mit Hilfe des Prinzips der virtuellen Arbeiten auch bei komplizierten Systemen (sofern die Bruchkette bekannt ist) schnell zum Ziel führt. Aus $\Sigma \bar{W} = 0$ an der (virtuell) verschobenen Gelenkkette (Bild 6.50) erhält man mit

$$2 F_T \bar{\alpha} \ell - 6 M_{pl} \bar{\alpha} = 0 \qquad \text{bzw.} \qquad F_T = 3 M_{pl}/\ell$$

dasselbe Ergebnis wie in Tabelle 6.6, Zeile 7.

Gegenüberstellung der aufnehmbaren Lasten

Für den Vergleich werden ein I-Walzprofil aus St37 mit dem Formfaktor $\alpha = M_{pl}/M_{el,Gr} = 1{,}14$ und ein Sicherheitsfaktor $\gamma = 1{,}7$ zugrunde gelegt.

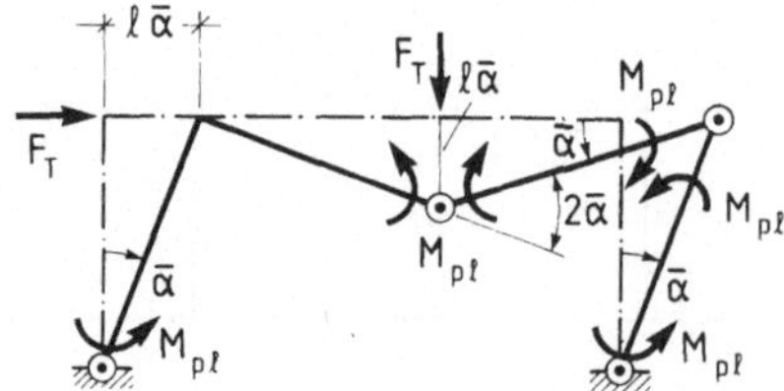

Bild 6.50. Gleichgewichtskontrolle an der maßgeblichen Bruchkette

– Zulässige Belastung nach der Elastizitätstheorie I. Ordnung:
Die elastische Grenzlast $F_{el,Gr}$ erhält man, indem die zum Auftreten des ersten Fließgelenks gehörende Last $F_I = 2{,}424\, M_{pl}/\ell$ im Verhältnis $M_{el,Gr}/M_{pl} = 1/\alpha$ abgemindert wird, d.h.

$$F_{el,Gr} = \frac{F_I}{\alpha} = \frac{2{,}424}{1{,}14} \frac{M_{pl}}{\ell} = 2{,}13 \frac{M_{pl}}{\ell}.$$

Die zulässige Last nach der Elastizitätstheorie ist

$$\text{zul}\, F_{el} = \frac{F_{el,Gr}}{\gamma} = \frac{2{,}13}{1{,}7} \frac{M_{pl}}{\ell} = 1{,}25 \frac{M_{pl}}{\ell}.$$

– Zulässige Belastung nach der Fließgelenktheorie I. Ordnung:

$$\text{zul}\, F_T = \frac{F_T}{\gamma} = \frac{3}{1{,}7} \frac{M_{pl}}{\ell} = 1{,}76 \frac{M_{pl}}{\ell}.$$

Nach der F.G.Th.I.O. liegt in diesem Beispiel die zulässige Last um 40% höher als nach der E.Th.I.O. Weil zul $F = F_T/\gamma < F_{el,Gr}$ ist, befindet sich der Gebrauchszustand noch vollständig im elastischen Bereich.

Sollte sich bei der Überprüfung der Schnittgrößen ergeben, daß der abmindernde Einfluß der Längskraft und/oder der Querkraft auf das vollplastische Biegemoment M_{pl} zu berücksichtigen ist, so kann dies analog zu Abschn. 6.5.3 geschehen. Der Vorteil der Berechnung der Traglast mit Hilfe der Elastizitätstheorie besteht darin, daß die maßgebliche Bruchkette direkt berechnet wird und auch die Verschiebungsgrößen einfach ermittelt werden können (vgl. Abschn. 6.5.6). Das Verfahren erlaubt auch die Traglastberechnung von größeren Systemen mit Hilfe von Stabwerksprogrammen, die auf der Elastizitätstheorie basieren. Hierbei müssen jedoch die Anwendungsbeschränkungen der F.G.Th.I.O. beachtet werden (z.B. im Stahlbau nach [6.20]).

6.5.6 Ermittlung von Verschiebungsgrößen

Mit Hilfe der Elastizitätstheorie können die Verschiebungsgrößen für die Bruchkette sowie für alle Zwischenzustände gewonnen werden. Das Vorgehen bei der Berechnung z.B. von Durchbiegungen im Gebrauchszustand oder von Rotationen in den Fließgelenken ist dabei prinzipiell gleich. Für jedes der in Tabelle 6.6 dargestellten Systeme mit g Fließgelenken werden die Verschiebungen nach der Elastizitätstheorie infolge derjenigen Last $\Delta_i F$ berechnet, die sich aus der Differenz der zum System mit g und mit (g−1) Fließgelenken gehörenden Lasten ergibt. Anschließend werden alle Verschiebungen der vorangegangenen Berechnungen addiert.

Anwendungsbeispiel

Exemplarisch erfolgt hier die Bestimmung der Rotation ϱ_e des ersten Fließgelenks im Knoten e (Bild 6.44a). Im Ausgangssystem (System I) ist der Verdrehungswinkel wegen der vorhandenen Einspannung Null (Tabelle 6.6). Zur Ermittlung der Verdrehungsanteile für die Systeme II bis IV wird der Arbeitssatz $\bar{1}\varrho_e = \int \bar{M} \frac{M}{EI}\, dx$ verwendet. Die Biegemomentenlinie $\bar{M}$ für die virtuelle Belastung $\bar{1}$ wird zweckmäßigerweise am statisch bestimmten System IV, also demjenigen mit n = 3 Gelenken, berechnet (Bild 6.51a,b). Unter Ausnutzung des Reduktionssatzes erfolgt die

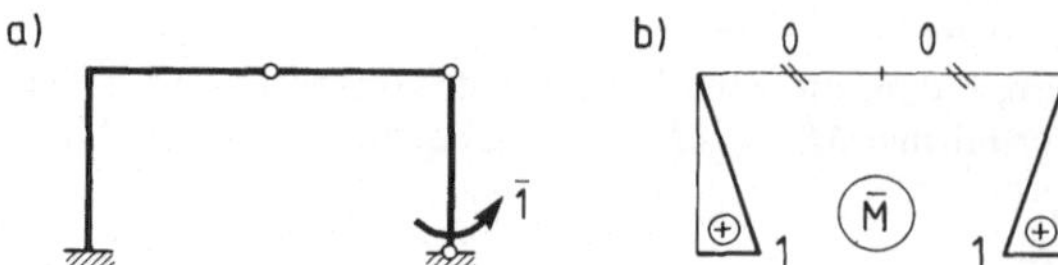

Bild 6.51 a, b. Statisch bestimmtes Hauptsystem für die virtuelle Belastung. **a** System mit virtueller Belastung $\bar{1}$, **b** Verlauf des Biegemoments infolge virtueller Belastung

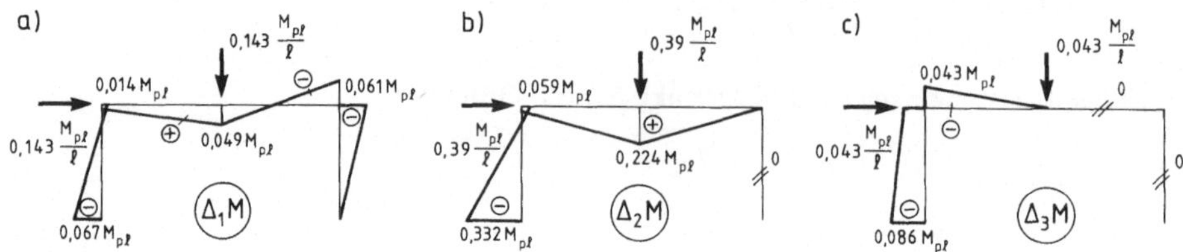

Bild 6.52 a–c. Biegemomentenlinien. **a** System II, **b** System III, **c** System IV

Ermittlung der anteiligen Verdrehungswinkel ohne statisch unbestimmte Berechnung. Durch Überlagerung der Biegemomentenflächen der Systeme II bis IV (Bild 6.52) mit denen aus Bild 6.51b ergeben sich die EI-fachen Verdrehungsanteile zu

$$EI\varrho_{eII} = EI\Delta_1\varrho_e = -0{,}030\,M_{pl}\ell,$$
$$EI\varrho_{eIII} = EI(\varrho_{eII} + \Delta_2\varrho_e) = -0{,}131\,M_{pl}\ell,$$
$$EI\varrho_{eIV} = EI(\varrho_{eIII} + \Delta_3\varrho_e) = -0{,}167\,M_{pl}\ell.$$

Die Ergebnisse sind in Bild 6.53 dargestellt.

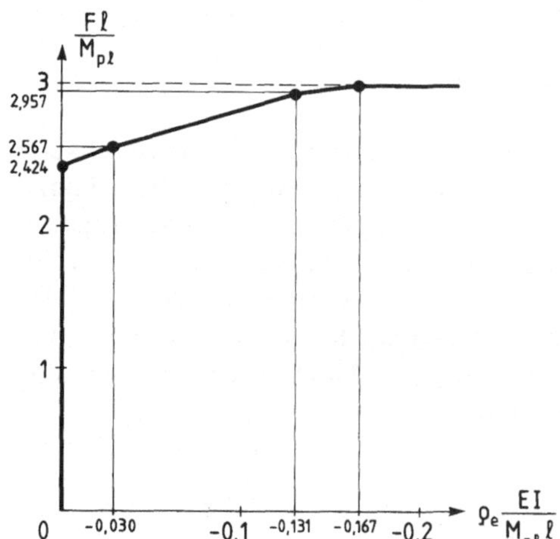

Bild 6.53. Rotation im ersten Fließgelenk in Abhängigkeit von der Belastung

7 Geometrische und physikalische Nichtlinearität

7.1 Allgemeines

Exakte Lösungen von geometrisch *und* physikalisch nichtlinearen Problemen sind nur in besonders einfachen Fällen möglich. Häufig ist es bereits schwierig; eine hinreichend genaue Näherungslösung zu finden. Man wird deshalb problemangepaßte Näherungsverfahren einsetzen, wie z.B. im Stahlbau die Fließgelenktheorie II. Ordnung (vgl. Abschn. 7.3 bis 7.6) und im Massivbau die Nomogramme zur Bemessung des Standardstabes nach [7.6].

Näherungsverfahren haben stets den Nachteil, daß ihr Anwendungsgebiet begrenzt und der Rechenaufwand trotzdem relativ groß ist (vgl. [7.5]). Da aber die Entwicklung der deutschen (z.B. [7.1]) und internationalen Normen unverkennbar in Richtung nichtlinearer Berechnungsverfahren geht, erscheint es sinnvoll, zumindest einige Grundlagen für Standsicherheitsnachweise im Rahmen einer geometrischen *und* physikalisch nichtlinearen Theorie zu erläutern.

7.2 Vorgehensweise, dargestellt am von-Mises-Fachwerk

7.2.1 Das auf Zug beanspruchte System

Um die qualitativen und quantitativen Unterschiede von linearer und nichtlinearer Berechnung besser erläutern zu können, werden die Untersuchungen an dem besonders einfachen Beispiel des symmetrischen, auf Zug beanspruchten von-Mises-Fachwerks (Bild 7.1a) durchgeführt.

Physikalisch lineare Theorie

Aus der in Tabelle 7.1 durchgeführten Gegenüberstellung ist ersichtlich, daß bei Anwendung einer geometrisch nichtlinearen Theorie (Bild 7.1e,f) im Gegensatz zur linearen Theorie (Bild 7.1b,c) keine statische Größe explizit durch die Belastung F dargestellt werden kann. Es lassen sich jedoch durch die Vorgabe der Verschiebungsgröße φ die zugehörigen Werte der Belastung F berechnen. Dazu wird (7.2.5b) nach $F/(EA)$ aufgelöst. Nach Umformung auf das Argument $\alpha+\varphi$ erhält man

$$\frac{F}{EA}=2[\cos\alpha\tan(\alpha+\varphi)-\sin(\alpha+\varphi)]. \tag{7.2.8}$$

Die Auswertung dieser Beziehung und der Gln.(7.2.3b, 7.2.7b) ergibt Kurven für die statischen Größen, deren qualitativer Verlauf in Bild 7.1d dargestellt ist. Die Th.I.O.

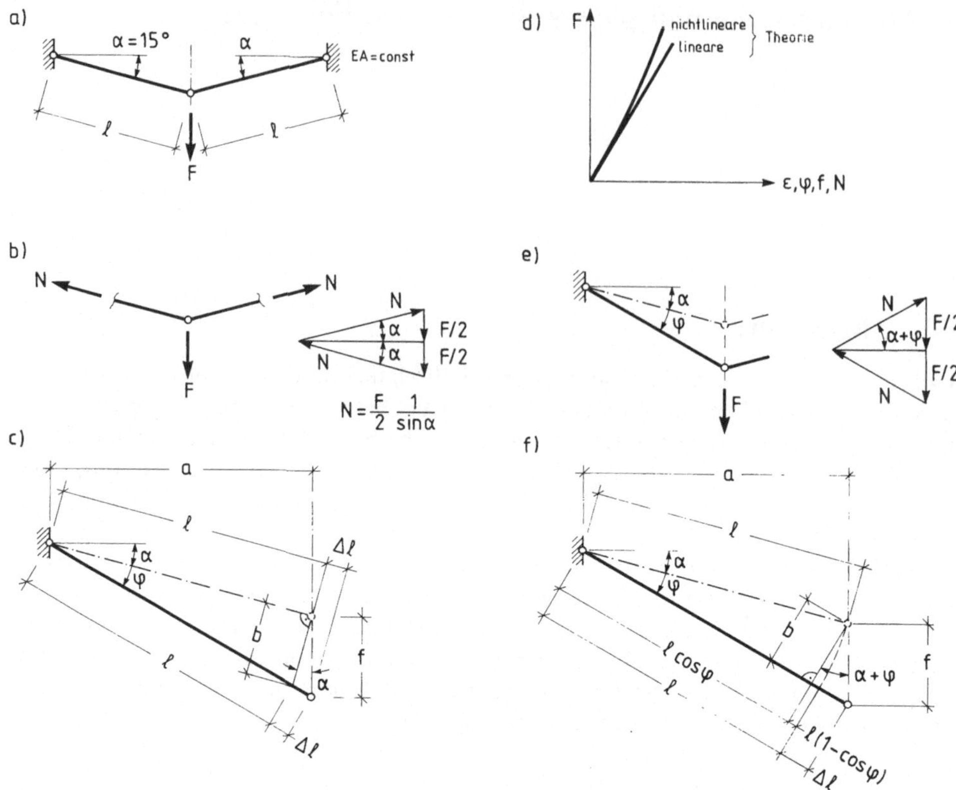

Bild 7.1a–f. Das auf Zug beanspruchte von-Mises-Fachwerk. **a** System und Belastung, **b** und **e** Gleichgewicht am unverformten bzw. verformten System, **c** und **f** linearisierte bzw. genaue Verschiebungsgeometrie, **d** qualitativer Kurvenverlauf der statischen Größen

liefert die Tangente an diese Kurven im Nullpunkt. Eine numerische Auswertung erfolgt exemplarisch für den Systemwinkel $\alpha = 15°$ (Bild 7.2). Es ist zu erkennen, daß in diesem Beispiel das Ergebnis der geometrisch nichtlinearen Theorie nur geringfügig wirtschaftlicher als das der linearen Theorie ist.

Geometrisch und physikalisch nichtlineare Theorie

Die aus der Geometrie resultierenden Zusammenhänge, und damit auch die Gleichgewichtsbedingungen, bleiben unverändert, während die Längskraft-Dehnungs-Beziehungen wegen des nichtlinearen Zusammenhangs von Spannungen und Dehnungen eine andere Form annehmen. Unter Voraussetzung des linear elastisch – ideal plastischen Werkstoffgesetzes gilt die Hookesche Gerade nur bis zum Erreichen der Fließgrenze (hier: $\varepsilon \leq \varepsilon_F = 1{,}1‰$, Bild 7.2). Da mit Überschreiten dieser Grenze (Punkt A) die Spannung $\sigma = \sigma_F$ bis zum Bruch als konstant angenommen wird, beträgt die maximal aufnehmbare Längskraft $\max N = N_{pl} = A\sigma_F$ bzw.

$$\max\frac{N}{EA} = \frac{N_{pl}}{EA} = \frac{\sigma_F}{E} = \varepsilon_F = 0{,}0011 = \text{const.} \tag{7.2.9}$$

Tabelle 7.1. Gegenüberstellung der Th.I.O. und einer geometrisch nichtlinearen Theorie bei Anwendung auf das zugbeanspruchte von-Mises-Fachwerk

Th.I.O.	geometrisch nichtlineare Theorie	Gl.
Kräftegleichgewicht $\Sigma V=0$ (Bild 7.1 b,c)		
$N=F\frac{1}{2\sin\alpha}$	$N=F\frac{1}{2\sin(\alpha+\varphi)}$	(7.2.1a,b)
Werkstoffgesetz und Äquivalenzbeziehungen		
$\varepsilon=\frac{\sigma}{E}=\frac{N}{EA}$		(7.2.2)
Gl. (7.2.2) in Gl. (7.2.1) eingesetzt		
$\varepsilon=\frac{N}{EA}=\frac{F}{EA}\frac{1}{2\sin\alpha}$	$\varepsilon=\frac{N}{EA}=\frac{F}{EA}\frac{1}{2\sin(\alpha+\varphi)}$	(7.2.3a,b)
Dehnungs-Verschiebungs-Beziehungen (Bild 7.1 c,f)		
$b=\ell\varphi$	$b=\ell\sin\varphi$	
$\Delta\ell=b\tan\alpha=\ell\varphi\tan\alpha$	$\Delta\ell=b\tan(\alpha+\varphi)-\ell(1-\cos\varphi)$	
$\varepsilon=\frac{\Delta\ell}{\ell}=\varphi\tan\alpha$	$\varepsilon=\frac{\Delta\ell}{\ell}=\sin\varphi\tan(\alpha+\varphi)-(1-\cos\varphi)$	(7.2.4a,b)
Gl. (7.2.4) in Gl. (7.2.3) eingesetzt		
$\varphi\tan\alpha=\frac{F}{EA}\frac{1}{2\sin\alpha}$	$\sin\varphi\tan(\alpha+\varphi)-(1-\cos\varphi)=\frac{F}{EA}\frac{1}{2\sin(\alpha+\varphi)}$	(7.2.5a,b)
Auflösung von Gl. (7.2.5) nach φ		
$\varphi=\frac{F}{EA}\frac{\cos\alpha}{2\sin^2\alpha}$	—	(7.2.6)
Verschiebung f in Wirkungsrichtung der Last (Bild 7.1 c,f)		
$\frac{f}{\ell}=\frac{b}{\ell\cos\alpha}=\frac{\varphi}{\cos\alpha}$	$\frac{f}{\ell}=\frac{b}{\ell\cos(\alpha+\varphi)}=\frac{\sin\varphi}{\cos(\alpha+\varphi)}$	(7.2.7a,b)
$\frac{f}{\ell}=\frac{F}{EA}\frac{1}{2\sin^2\alpha}$	—	(7.2.7c)

Trotz $N=N_{\text{pl}}=\text{const}$ ist eine Laststeigerung bis zur Bruchgrenze möglich, weil sich mit zunehmender Stabverlängerung der Winkel φ und damit auch die aufnehmbare Last F vergrößern, wie aus der nichtlinearen Verknüpfung (7.2.1b) der Längskraft mit der Belastung F zu ersehen ist. Mit $N/(EA)=N_{\text{pl}}/(EA)=0{,}0011$ ergibt sich aus (7.2.3b) die für $\varepsilon_F\leq\varepsilon\leq\varepsilon_B$ gültige Beziehung

$$\frac{F}{EA}=\frac{N_{\text{pl}}}{EA}2\sin(\alpha+\varphi)=2\,\varepsilon_F\sin(\alpha+\varphi)=0{,}0022\sin(\alpha+\varphi). \qquad (7.2.10)$$

Die geometrischen Beziehungen (7.2.4b bzw. 7.2.7b) gelten auch in diesem Bereich, während (7.2.5b bzw. 7.2.8) nicht mehr verwendet werden dürfen.

Vergleicht man das Ergebnis (durchgezogene Kurve in Bild 7.2) mit dem der physikalisch linearen Theorie, so wird deutlich, daß jetzt die aufnehmbare Belastung allein durch die gewählte Werkstoffkennlinie begrenzt ist. Für $\varepsilon\leq\varepsilon_F$ ergibt sich

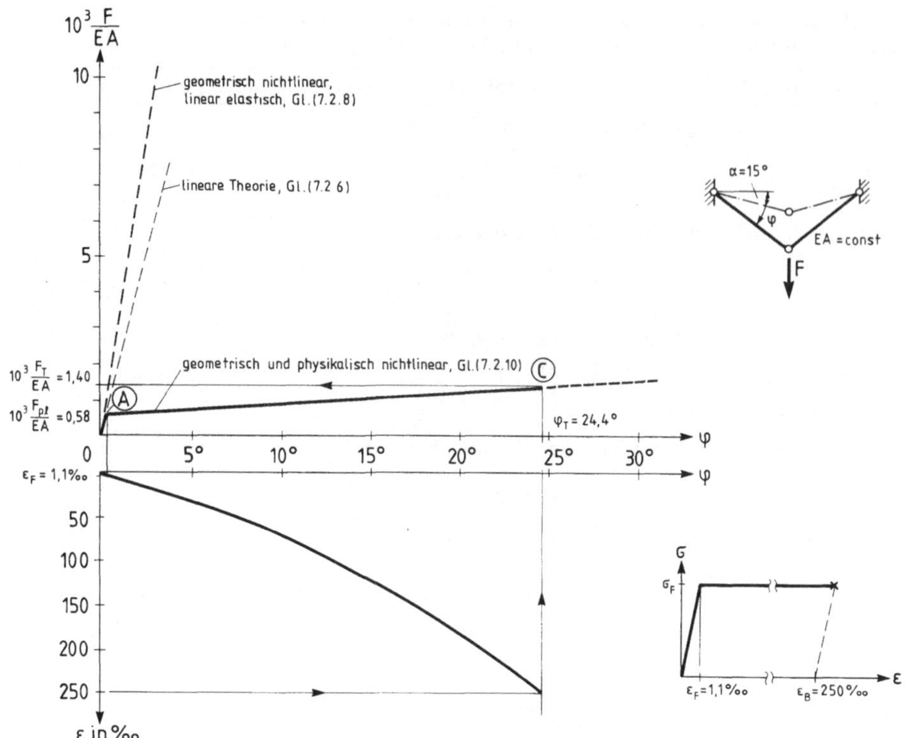

Bild 7.2. Kraft-Verschiebungs-Kurven für das auf Zug beanspruchte System

$F/(EA) \leq 0{,}58 \cdot 10^{-3}$. Mit Überschreiten der Fließgrenze ε_F bei $F_{el,Gr}/(EA) = 0{,}58 \cdot 10^{-3}$ (Punkt A) wird das System erheblich weicher (erkennbar an der flachen Last-Verschiebungs-Kurve bei positiver Steigung). Es verliert seine Tragfähigkeit mit Erreichen der Bruchdehnung $\varepsilon = \varepsilon_B$ (Punkt C). Die maximal aufnehmbare bezogene Last beträgt $F_T/(EA) = F_B/(EA) = 1{,}40 \cdot 10^{-3}$, wenn man eine rechnerische Bruchdehnung von 250‰ zugrunde legt.

In diesem speziellen Fall ist das Versagenskriterium das Erreichen der Bruchgrenze. Unabhängig hiervon ist zu überprüfen, ob für den jeweils vorgesehenen Verwendungszweck der Konstruktion die Formänderungsgrößen im Gebrauchs- und im Bruchzustand (hier: $\varphi_T = 24{,}4°$) nicht zu groß werden.

7.2.2 Das auf Druck beanspruchte System

Spiegelt man das System an der Verbindungsgeraden der Auflagerpunkte, so erhält man das auf Druck beanspruchte von-Mises-Fachwerk (Bild 7.3).

Physikalisch lineare Theorie

In den Beziehungen (7.2.1–7.2.8) muß α durch $-\alpha$ ersetzt werden, womit für die geometrisch nichtlineare Theorie die Beziehungen gelten:

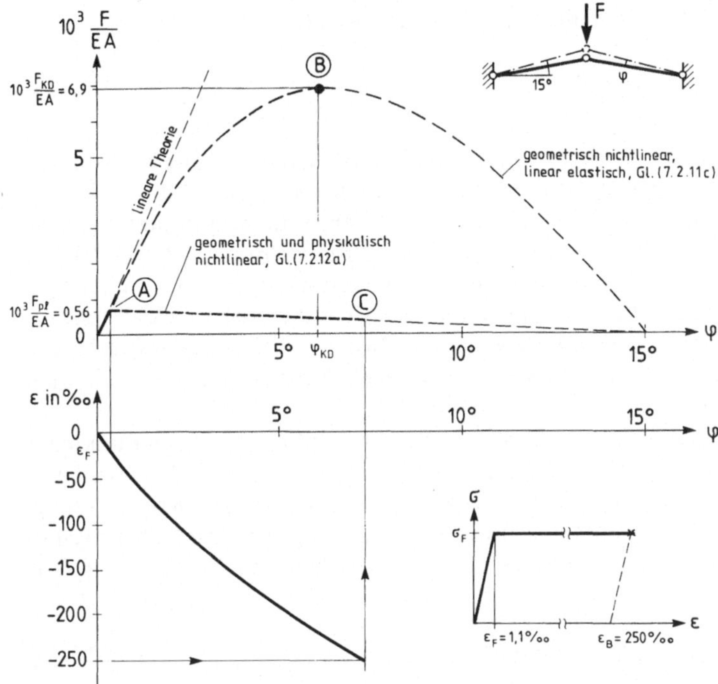

Bild 7.3. Kraft-Verschiebungs-Kurven für das auf Druck beanspruchte System

$$\varepsilon = \frac{N}{EA} = -\frac{F}{EA}\frac{1}{2\sin(\alpha-\varphi)}, \qquad \frac{f}{\ell} = \frac{\sin\varphi}{\cos(\alpha-\varphi)}, \tag{7.2.11a – c}$$

$$\frac{F}{EA} = 2[\sin(\alpha-\varphi) - \cos\alpha\,\tan(\alpha-\varphi)].$$

Die Ergebnisse der linearen Theorie unterscheiden sich von denen des auf Zug beanspruchten Systems nur durch das Vorzeichen der Längskräfte, während die Kurve der geometrisch nichtlinearen Theorie einen qualitativ völlig anderen Verlauf als die entsprechende Kurve in Bild 7.2 aufweist. Man erhält das in Abschn. 5.3 bereits ausführlich diskutierte Ergebnis des Durchschlagproblems mit einer horizontalen Tangente in Punkt B (Bild 7.3). Eine weitere Laststeigerung über die Durchschlaglast F_{KD} hinaus ist nicht möglich.

Geometrisch und physikalisch nichtlineare Theorie

Es gelten die Überlegungen von Abschn. 7.2.1. Da jedoch Druckkräfte in den Stäben vorhanden sind, muß N durch $-N$ ersetzt werden. In (7.2.9) sind die Längskraft N betragsmäßig und in (7.2.10) der Systemwinkel α mit einem negativen Vorzeichen einzusetzen. Man erhält für die Belastung F_{pl}

$$\frac{F_{pl}}{EA} = -\frac{N_{pl}}{EA}\,2\sin(-\alpha+\varphi) = 2\,\varepsilon_F \sin(\alpha-\varphi) = 0{,}0022\sin(\alpha-\varphi) \tag{7.2.12a}$$

oder analog zu Abschn. 5.3 mit Hilfe einer Reihenentwicklung die Näherung

$$\frac{F_{pl}}{EA} \approx 2\,\varepsilon_F(1-\varphi/\alpha)\sin\alpha\,. \tag{7.2.12b}$$

Die Ergebnisse sind in Bild 7.3 dargestellt. Im Gegensatz zu dem auf Zug beanspruchten System ist eine Laststeigerung über F_{pl} nicht möglich, da die Last-Verschiebungs-Kurve von der Fließgrenze an (Punkt A) eine negative Tangentenneigung aufweist. Die aufnehmbare Last nimmt bis zum Erreichen der Bruchdehnung (Punkt C) auf ungefähr die Hälfte ab. Der Kurvenast von A bis C gehört zu instabilen Gleichgewichtslagen. Deshalb ist das Versagenskriterium das Erreichen der Fließdehnung ε_F, nicht aber wie im vorangegangenen Beispiel das der Bruchgrenze. Das Durchschlagen tritt im plastischen Zustand ein. Die maximal aufnehmbare bezogene Last beträgt $F_T/(EA)=F_{pl}/(EA)=0{,}56\cdot 10^{-3}$.

Mit abnehmendem Systemwinkel α wird auch der Abstand zwischen den Punkten A und B geringer, bis schließlich bei einem Grenzwinkel α_{Gr} Fließen und Durchschlagen im elastischen Zustand gleichzeitig eintreten. Die Berechnung dieses Winkels erfolgt auf besonders einfache Weise mit Hilfe der in Abschn. 5.3 angegebenen Näherungsformeln, die für kleine Winkel α als hinreichend genau anzusehen sind. Mit $\varepsilon_{KD}=-\varepsilon_F$ und $\alpha=\alpha_{Gr}$ wird aus (5.3.11c)

$$\varepsilon_F=0{,}332\,\alpha_{Gr}^2\,,\qquad \alpha_{Gr}=\sqrt{3\varepsilon_F} \tag{7.2.13a, b}$$

und für $\varepsilon_F=1{,}1‰$

$$\alpha_{Gr}=\sqrt{3\cdot 0{,}0011}=0{,}0574 \mathrel{\hat{=}} 3{,}3°.$$

Das Durchschlagen im elastischen Zustand wird also nur für sehr kleine Systemwinkel maßgebend. Solche Konstruktionen sollte man in der Baupraxis vermeiden, da sich extrem große horizontale Auflagerkräfte H einstellen ($H>F/(2\tan\alpha)$; z.B. für $\alpha=4°$ ergibt sich $H>7F$) und eine nur geringfügige Nachgiebigkeit der Auflager zum vorzeitigen Versagen des Systems führt.

Knicken der Einzelstäbe

Da beide Einzelstäbe an den Enden gelenkig gelagert sind, ergibt sich die kritische Längskraft aus der zum 2. Euler-Fall gehörenden Knicklast; sie kann jedoch nicht größer als die Längskraft N_{pl} an der Fließgrenze werden. Mit $s_K=\ell$ gilt

$$|N_K|=\pi^2\frac{EI}{\ell^2}\le N_{pl}. \tag{7.2.14}$$

Nach Division durch EA und mit $\lambda_K^2=A\,s_K^2/I=A\ell^2/I$ folgt

$$\frac{|N_K|}{EA}=\varepsilon_K=\pi^2\frac{I}{A\ell^2}=\frac{\pi^2}{\lambda_K^2} \tag{7.2.15}$$

und schließlich

$$\varepsilon_K=\frac{\pi^2}{\lambda_K^2}\le\varepsilon_F\,. \tag{7.2.16}$$

Die zugehörige Knicklast F_K erhält man mit (7.2.16) analog zu (7.2.12)

$$\frac{F_K}{EA} = \frac{|N_K|}{EA} 2\sin(\alpha-\varphi) = 2\frac{\pi^2}{\lambda_K^2}\sin(\alpha-\varphi) \approx 2\frac{\pi^2}{\lambda_K^2}(1-\varphi/\alpha)\sin\alpha\,. \quad (7.2.17\text{a, b})$$

Die Auswertung von (7.2.17) ergibt Kurven mit dem Schlankheitsgrad λ_K als Parameter (Bild 7.4a). Man erkennt, daß für mäßige und große Werte von λ_K das Knicken und für geringe Schlankheitsgrade das Durchschlagen im elastischen oder im plastischen Bereich maßgebend wird. Diese beiden Bereiche werden durch den Fließschlankheitsgrad λ_F gegeneinander abgegrenzt. Mit $\varepsilon_K = \varepsilon_F$ und $\lambda_K = \lambda_F$ ergibt sich aus (7.2.15)

$$\lambda_F = \sqrt{\frac{\pi^2}{\varepsilon_F}}\,. \quad (7.2.18)$$

Setzt man diesen Wert in (7.2.17a) ein, so erhält man für die Knicklast F_{KF} an der Fließgrenze die Beziehung

$$F_{KF}/(EA) = 2\,\varepsilon_F \sin(\alpha-\varphi),$$

die identisch mit (7.2.12a) ist. Dies bedeutet, daß bei $\lambda_K = \lambda_F$ die Kurven für das Durchschlagen im plastischen Zustand und für das Knicken zusammenfallen. Bild 7.4a stellt mit

$$\alpha > \alpha_{Gr} = \sqrt{3\,\varepsilon_F} = \sqrt{3}\,\pi/\lambda_F \mathrel{\hat=} 3{,}3^\circ \quad (7.2.19\text{a})$$

(hier: $\alpha = 15°$) die Verhältnisse für den baupraktischen Normalfall dar.

Für Winkel $\alpha < \alpha_{Gr}$ ist bei kleinen Schlankheitsgraden das Durchschlagen im elastischen Bereich und bei größeren Schlankheitsgraden das Knicken maßgebend (Bild 7.4b). Es müssen also noch das Knicken und das Durchschlagen im elastischen

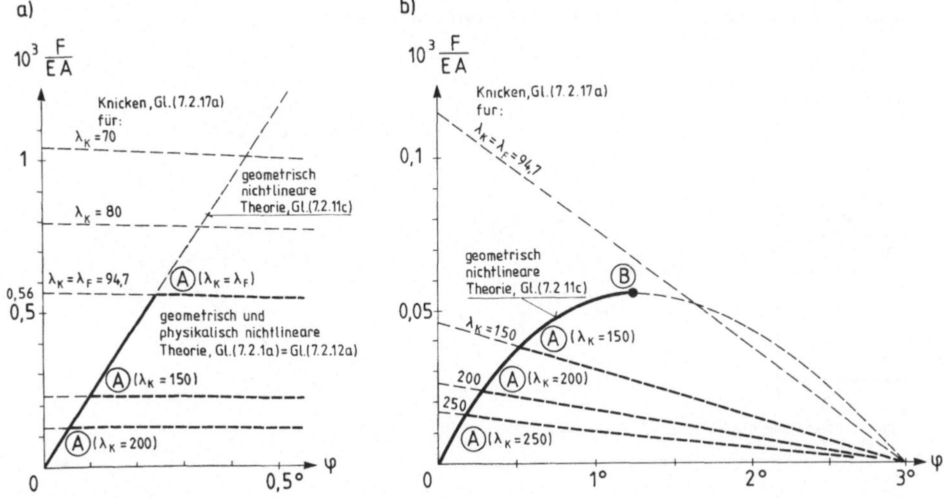

Bild 7.4 a, b. Kraft-Verschiebungs-Kurven für das auf Druck beanspruchte System in Abhängigkeit vom Schlankheitsgrad λ_K für $\varepsilon_F = 1{,}1$‰. **a** Systemwinkel $\alpha = 15°$, **b** $\alpha = 3°$

Zustand gegeneinander abgegrenzt werden. Hierzu ist in (7.2.19a) λ_F durch λ_K zu ersetzen. Knicken tritt ein, wenn

$$\alpha > \sqrt{3}\,\frac{\pi}{\lambda_K}. \tag{7.2.19b}$$

Die Ergebnisse werden in einem Diagramm zusammengefaßt, aus dem bei vorgegebenen Werten für den Systemwinkel α und den Schlankheitsgrad λ_K abgelesen werden kann, welche der drei möglichen Versagensarten maßgebend wird (Bild 7.5a). Die zugehörige Traglast F_T (F_{KD} bzw. $F_{pl,D} = F_{KF}$ bzw. F_K) kann dann mit Hilfe von Bild 7.5b bestimmt werden, in dem die Beziehungen (5.3.9b, 5.3.10b, 7.2.12b und 7.2.17b) in Abhängigkeit von φ/α ausgewertet sind.

Tritt gemäß Bild 7.5a Durchschlagen im elastischen Zustand ein (vgl. auch Bild 5.4b), so sind die Traglastwerte direkt aus Bild 7.5b abzulesen (Bereich I):

$$\frac{F_T}{EA} = 0{,}385\,\alpha^3, \qquad \frac{N_T}{EA} = 0{,}332\alpha^2. \tag{7.2.20a, b}$$

Für den Bereich II (Durchschlagen im plastischen Zustand) sucht man zunächst den zum Wert

$$\frac{-N_T}{EA\alpha^2} = \frac{-N_{pl}}{EA\alpha^2} = \frac{\varepsilon_F}{\alpha^2} \tag{7.2.21}$$

gehörenden Punkt der N_T-Kurve in Bild 7.5b auf. Durch diesen Punkt wird eine Parallele zur Ordinatenachse gezogen, deren Schnittpunkt mit der F_{pl}-Kurve den Wert der bezogenen Traglast $F_{pl,D}$ liefert.

Ist das Knicken (Bereich III) maßgebend, so wird aus (7.2.15) mit $N_K = N_T$ der Wert

$$\frac{-N_T}{EA\alpha^2} = \frac{-N_K}{EA\alpha^2} = \frac{\pi^2}{\lambda_K^2\alpha^2} \tag{7.2.22}$$

bestimmt. Das weitere Vorgehen gleicht demjenigen in Bereich II.

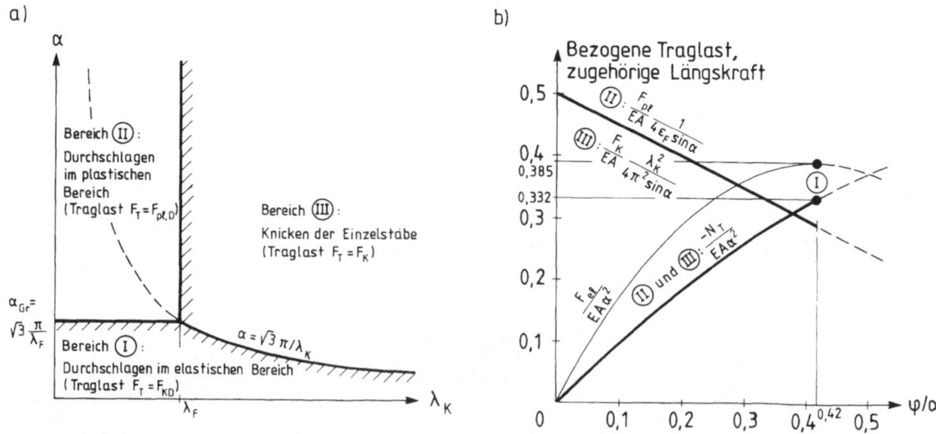

Bild 7.5 a, b. Diagramme zur Bestimmung der Traglast F_T des von-Mises-Fachwerks. **a** Bereichsunterscheidung, **b** Traglast F_T und zugehörige Stablängskraft N_T

Anwendungsbeispiel

Gegeben ist ein vertikal belastetes von-Mises-Fachwerk mit den Systemwerten $\ell = 5{,}00$ m, $\alpha = 10° \mathrel{\hat{=}} 0{,}175$, Baustahl St 52 ($\varepsilon_F = 1{,}71‰$, $E = 2{,}1 \cdot 10^4$ kN/cm²), IPE 300 ($A = 53{,}8$ cm², $i_y = 12{,}5$ cm, $i_z = 3{,}35$ cm).

Gesucht ist die Traglast, wenn das System so ausgesteift ist, daß die Träger nur senkrecht zur Querschnittshauptachse mit dem größeren (Fall 1) bzw. kleineren (Fall 2) Flächenmoment 2. Ordnung ausknicken können. (Das Scheitelgelenk ist gegen Ausweichen senkrecht zur Systemebene gesichert.)

Lösung für Fall 1

$$\lambda_F = \sqrt{\pi^2/\varepsilon_F} = \sqrt{10^3\pi^2/1{,}71} = 76,$$

$$\lambda_y = \ell/i_y = 500/12{,}5 = 40 < \lambda_F,$$

$$\alpha_{Gr} = \sqrt{3}\,\pi/\lambda_F = 0{,}0716 \mathrel{\hat{=}} 4{,}1° < \text{vorh}\ \alpha = 10°.$$

Wegen $\lambda_y < \lambda_F$ und $\alpha > \alpha_{Gr}$ folgt aus Bild 7.5a, daß Durchschlagen im plastischen Zustand (Bereich II) maßgebend ist. Die zur Traglast gehörende Längskraft ergibt sich aus (7.2.21):

$$\frac{-N_T}{EA\alpha^2} = \frac{\varepsilon_F}{\alpha^2} = \frac{1{,}71 \cdot 10^{-3}}{0{,}175^2} = 0{,}0558.$$

(Kontrolle: $N_T = -0{,}0558\, EA\alpha^2 = -0{,}0558 \cdot 2{,}1 \cdot 10^4 \cdot 53{,}8 \cdot 0{,}175^2 = -1931$ kN,

$\sigma = 35{,}9 \approx 36$ kN/cm² $= \sigma_F$.)

Zieht man in Bild 7.5b die Parallele zur Ordinatenachse durch diesen Punkt, so erhält man aus dem Schnittpunkt der Parallelen mit der für F_{pl} gültigen Kurve

$$\frac{F_{pl}}{EA} \quad \frac{1}{4\,\varepsilon_F \sin\alpha} = 0{,}47$$

und hieraus mit

$$\frac{F_T}{EA} = \frac{F_{pl}}{EA} = 0{,}47 \cdot 4 \cdot 1{,}71 \cdot 10^{-3} \sin 10° = 0{,}558 \cdot 10^{-3}$$

die gesuchte Traglast

$$F_T = 0{,}558 \cdot 10^{-3} \cdot 2{,}1 \cdot 10^4 \cdot 53{,}8 = 630\ \text{kN}.$$

Die Berechnung nach Th.I.O. ergibt

$$F_T = N_T\, 2 \sin 10° = 673\ \text{kN} > 630\ \text{kN}$$

und somit einen um 7% zu großen Wert.

Lösung für Fall 2

$$\lambda_z = \ell/i_z = 500/3{,}35 = 149 > \lambda_F = 76,$$

$$\alpha_{Gr} = 4{,}1° < \text{vorh}\ \alpha = 10° \ \text{(wie im Fall 1)}.$$

Wegen $\lambda_z > \lambda_F$ und $\alpha > \alpha_{Gr}$ folgt aus Bild 7.5a, daß Knicken (Bereich III) maßgebend ist. Aus (7.2.22) ergibt sich für die Längskraft

$$\frac{-N_T}{EA\alpha^2} = \frac{\pi^2}{\lambda_z^2\alpha^2} = \frac{\pi^2}{149^2 \cdot 0{,}175^2} = 0{,}0145.$$

Die Traglast erhält man entsprechend der Vorgehensweise im Fall 1 aus Bild 7.5b:

$$\frac{F_K}{EA} \quad \frac{\lambda_z^2}{4\pi^2 \sin\alpha} = 0{,}49\,,$$

$$\frac{F_T}{EA} = \frac{F_K}{EA} = 0{,}49\,\frac{4\pi^2 \sin 10^\circ}{149^2} = 0{,}151 \cdot 10^{-3}\,,$$

$$F_T = 0{,}151 \cdot 10^{-3} \cdot 2{,}1 \cdot 10^4 \cdot 53{,}8 = 171\ \text{kN}\,.$$

Bei einem Vergleich mit Th.I.O. erhält man

$$F_T = N_K\, 2 \sin\alpha\,,$$

$$N_K = \pi^2 \frac{EI}{\ell^2} = \pi^2 \frac{2{,}1 \cdot 10^4 \cdot 604}{500^2} = 501\ \text{kN}\,,$$

$$F_T = 501 \cdot 2 \sin 10^\circ = 174\ \text{kN} > 171\ \text{kN}$$

und somit einen um 2% zu großen Wert.

7.2.3 Zusammenfassung der Untersuchungen am von-Mises-Fachwerk

Die am einfachen Beispiel des von-Mises-Fachwerks gewonnenen Ergebnisse sollen zusammengefaßt und möglichst weitgehend verallgemeinert werden.

Für den Fall der Zugbeanspruchung liegt die Berechnung nach der linearen Theorie auf der sicheren Seite. Da sich die Ergebnisse der Th.I.O. und der geometrisch nichtlinearen Theorie i.allg. nicht wesentlich unterscheiden, beschränkt man sich bei Stabtragwerken häufig auf die lineare Theorie. Ausnahmen bilden Konstruktionen wie Seilnetzwerke und Hängebrücken. Das mögliche Versagen infolge Erreichens der Fließgrenze muß gesondert untersucht werden.

Bei Druckbeanspruchung sind die Verhältnisse wesentlich komplizierter. Es können die drei Versagensarten Durchschlagen, Plastizieren oder Knicken auftreten. Für die sehr einfachen Sonderfälle des von-Mises-Fachwerks und des linear elastisch – ideal plastischen Materialgesetzes ist es hier mit einigem Aufwand gelungen, ein geschlossenes, hinreichend genaues Lösungsverfahren anzugeben. Dies ist jedoch als Ausnahmefall zu betrachten. In der Regel muß die Lösung iterativ ermittelt werden. Zur Verringerung des Berechnungsaufwands wird man stets versuchen, für das jeweils vorliegende Anwendungsgebiet Näherungsmethoden einzusetzen, die jedoch sämtliche Versagensarten berücksichtigen müssen. Bezüglich des betrachteten Beispiels lassen sich die nachstehenden Schlußfolgerungen ziehen.

Bei großen Systemwinkeln ($\alpha \gtrsim 10^\circ$) und bei den im Bauwesen üblichen Dehnungen an der Fließgrenze ($\varepsilon_F \lesssim 2‰$) ist offensichtlich die Th.I.O. zur Beschreibung der verformten Systemgeometrie und der Gleichgewichtsbedingungen ausreichend. Ein Versagen infolge von Knicken oder Plastizieren ist dann getrennt zu untersuchen.

Bei kleinen Systemwinkeln ist eine geometrisch *und* physikalisch nichtlineare Berechnung erforderlich. Für baupraktische Belange sind solche Konstruktionen jedoch wenig geeignet, soweit es sich um ebene Systeme handelt. Räumliche Stabtragwerke wie Kuppelbauten weisen im Firstbereich häufig sehr kleine Neigungen der Stäbe gegenüber der Horizontalen auf, so daß hier die Kopplung aller Versagensmöglichkeiten zu beachten ist. Erschwerend kommt bei der Berechnung von Raumtragwerken hinzu, daß die Stäbe meist biege- und torsionssteif angeschlossen werden, so daß ein mehrachsiger Spannungszustand entsteht. Die hiermit zusammenhängenden Probleme (z.B. die Formulierung zutreffender Interaktionsbedingungen) sind heute noch weitgehend ungelöst.

Die Verwendung bilinearer Materialgesetze hat Kraft-Verschiebungs-Diagramme zur Folge, die Knicke aufweisen. Realistischere Untersuchungen müssen entweder die Ausrundung der Materialkennlinie oder Imperfektionen berücksichtigen. Beides führt jeweils zu einer Ausrundung der Kraft-Verschiebungs-Kurven und damit zu einer Kopplung der drei besprochenen Versagensarten. Entsprechendes gilt auch, wenn die Stäbe quer zu ihrer Achse belastet oder an den Knoten biegesteif angeschlossen sind. Hierzu werden in Kap. 8 einige Untersuchungen angestellt.

Aus den bisher durchgeführten Überlegungen wird deutlich, daß es nicht vertretbar ist, für relativ einfache Systeme wie z.B. ebene Rahmentragwerke oder Durchlaufträger ein allgemeines nichtlineares Berechnungsverfahren einzusetzen. Für diese Fallgruppe braucht das Durchschlagen i.allg. nicht untersucht zu werden. Man kann sich auf eine Theorie kleiner Verschiebungen beschränken, bei der jedoch das Gleichgewicht am verformten System zu formulieren ist (Th.II.O.). Zusätzlich werden die Werkstoffgesetze so weit wie möglich vereinfacht; z.B. verwendet man für Beton das Parabel-Rechteck-Diagramm und für Beton- bzw. Baustahl die linear elastisch – ideal plastische Kennlinie. Als Beispiel für ein problemangepaßtes Näherungsverfahren soll im nächsten Abschnitt die Fließgelenktheorie II. Ordnung (F.G.Th.II.O.) ausführlich erläutert werden, die für die Berechnung von Rahmentragwerken aus Stahl einen weiten Anwendungsbereich besitzt.

7.3 Allgemeines zur Fließgelenktheorie II. Ordnung

In der Fließgelenktheorie II. Ordnung (F.G.Th.II.O.) werden hinsichtlich des Materialverhaltens dieselben Annahmen getroffen wie bei der F.G.Th.I.O. Lediglich die Gleichgewichtsbetrachtungen werden wie in der E.Th.II.O. am verformten System durchgeführt. Die F.G.Th.II.O. kann somit als besonders einfache Näherung einer physikalisch und geometrisch nichtlinearen Theorie angesehen werden. Sie führt zu Ergebnissen, die gegenüber der genauen Traglasttheorie nur geringfügig auf der unsicheren Seite liegen (Bild 7.6). Die F.G.Th.II.O. stellt eine Methode zum Nachweis der Tragsicherheit dar, die sowohl zu einer hinreichend sicheren und wirtschaftlichen Bemessung führt als auch der praktischen Berechnung zugänglich ist.

Durch die Berücksichtigung der verformten Systemgeometrie in den Gleichgewichtsbedingungen wird in der Regel auch das Knickproblem erfaßt. Die Einbeziehung geometrischer Ersatzimperfektionen ([7.1]) ist analog zur E.Th.II.O. ohne weiteres möglich (vgl. Abschn. 7.6.11). Es sind zusätzlich

- das Durchschlagen, Kippen, Biegedrillknicken,
- örtliches Beulen,
- die Rotationsfähigkeit der Fließgelenke und
- die Formänderungen im Gebrauchszustand

zu untersuchen.

Wegen der getroffenen Annahmen ist die F.G.Th.II.O. in erster Linie für Rahmentragwerke aus Baustahl geeignet. Als Berechnungsverfahren kommen alle in

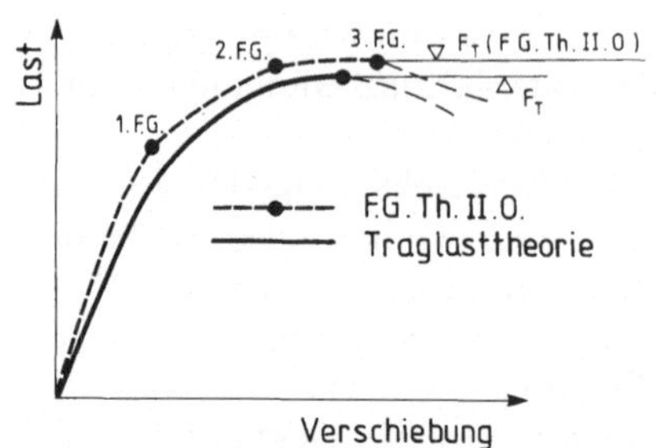

Bild 7.6. Qualitatives Last-Verschiebungs-Diagramm für die genaue Traglasttheorie und die Fließgelenktheorie II. Ordnung

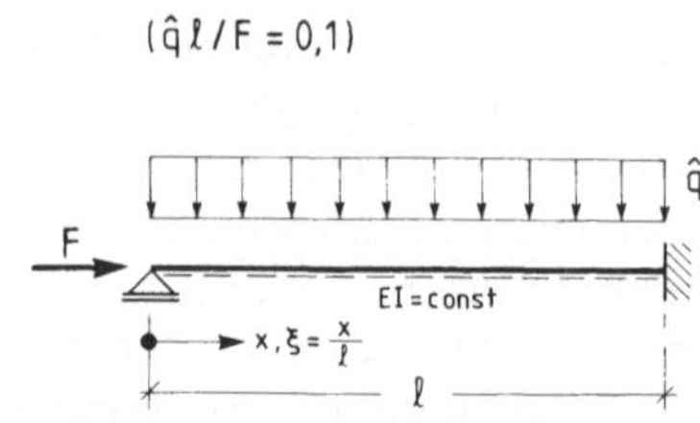

Bild 7.7. System und Belastung

Abschn. 4.2.8 diskutierten Methoden in Frage. Eine direkte Berechnung der Traglast mit Hilfe der Traglastsätze ist im Gegensatz zur F.G.Th.I.O. nicht möglich, da die Systemverformungen über die Gleichgewichtsbedingungen in die Berechnung eingehen.

Die schrittweise Berechnung der Traglast F_T der F.G.Th.II.O. (Bilder 7.14 und 7.15) nach der Elastizitätstheorie unter Berücksichtigung der Systemveränderungen führt stets zum Ziel. Dieses in Abschn. 7.4 dargestellte Verfahren basiert auf der Differentialgleichungsmethode.

In Abschn. 7.6 wird eine anwendungsorientierte Vorgehensweise beschrieben. Statt der schrittweisen Berechnung der Traglast muß der Nachweis erbracht werden, daß unter γ-fachen Gebrauchslasten die Traglast noch nicht erreicht ist. Das in [7.2] dargestellte erweiterte Verfahren nach Mann kann hierfür als besonders gut geeignet angesehen werden. Die Traglast selbst wird dabei allerdings nicht ermittelt.

7.4 Schrittweise Berechnung der Traglast mit Hilfe der Differentialgleichungsmethode

7.4.1 System und Belastung, Vorbemerkungen

Am Beispiel des in Bild 7.7 dargestellten Einfeldträgers mit einer konstanten Streckenlast $\hat{q}$ und einer Druckkraft F werden die Ermittlung der Traglast und die damit zusammenhängenden Probleme erläutert. Die Berechnung erfolgt weitgehend in einheitenfreier Schreibweise, da dann am besten zu erkennen ist, welche Größen das Problem beschreiben. Den Untersuchungen wird ein I-Profil zugrunde gelegt, das durch einen Doppelpunktquerschnitt idealisiert werden kann, um zunächst die Querkrafteinflüsse auf das Plastizieren auszuschließen. Da beim Doppelpunktquerschnitt die elastische und die plastische Grenztragfähigkeit des Querschnitts (Formfaktor $\alpha = 1$, vgl. Abschn. 6.2.4) gleich groß sind, können mit der F.G.Th.II.O. in diesem Fall nur die Systemreserven des statisch unbestimmten Tragwerks ausgenutzt werden.

7.4.2 Berechnung im elastischen Bereich

Die Vorgehensweise ist mit der bei der E.Th.II.O. identisch; Voraussetzungen und Bezeichnungen können von Abschn. 4.2 übernommen werden. Aus der Dgl. (4.2.12) ergeben sich die für den Druckbereich gültige Lösung (4.2.17a) des homogenen Problems

$$\frac{w^H}{\ell} = c_1 + c_2\,\xi + c_3 \sin \varepsilon\xi + c_4 \cos \varepsilon\xi \tag{7.4.1}$$

und (mit $\overset{*}{q} = \hat{q}\ell^3/(EI)$) die partikuläre Lösung

$$\frac{w^P}{\ell} = \frac{1}{2}\,\frac{\overset{*}{q}}{\varepsilon^2}\,\xi^2 \tag{7.4.2}$$

in einheitenfreier Form. Der Bereichsindex s entfällt hier und im folgenden. Das Verhältnis der Belastungen $\hat{q}$ und F ist mit

$$\frac{\hat{q}\ell}{F} = \frac{\overset{*}{q}}{-\overset{*}{s}} = \frac{\overset{*}{q}}{\varepsilon^2} = 0{,}1 = \text{const} \tag{7.4.3}$$

vorgegeben, d.h. die Lasten werden wie üblich proportional zueinander gesteigert.

Die Gesamtlösung und ihre ersten beiden Ableitungen lauten gemäß (4.2.22a–c):

$$\begin{aligned} \frac{w}{\ell} &= c_1 + c_2\,\xi + c_3 \sin \varepsilon\xi + c_4 \cos \varepsilon\xi + \frac{1}{2}\,\frac{\overset{*}{q}}{\varepsilon^2}\,\xi^2,\\ w' &= c_2 + c_3\,\varepsilon \cos \varepsilon\xi - c_4\,\varepsilon \sin \varepsilon\xi + \frac{\overset{*}{q}}{\varepsilon^2}\,\xi,\\ \overset{*}{m} &= -\ell w'' = c_3\,\varepsilon^2 \sin \varepsilon\xi + c_4\,\varepsilon^2 \cos \varepsilon\xi - \frac{\overset{*}{q}}{\varepsilon^2}. \end{aligned} \tag{7.4.4a–c}$$

Die Konstanten c_1 bis c_4 ergeben sich aus den Randbedingungen des gewählten Beispiels:

$$\begin{aligned} &\overset{*}{m}(\xi = 0) = 0: \quad && c_4\,\varepsilon^2 - \frac{\overset{*}{q}}{\varepsilon^2} = 0, \qquad && c_4 = \frac{\overset{*}{q}}{\varepsilon^4},\\ &\frac{w}{\ell}(\xi = 0) = 0: && c_1 + c_4 = 0, && c_1 = -\frac{\overset{*}{q}}{\varepsilon^4},\\ &\frac{w}{\ell}(\xi = 1) = 0: && c_1 + c_2 + c_3 \sin \varepsilon + c_4 \cos \varepsilon + \frac{1}{2}\,\frac{\overset{*}{q}}{\varepsilon^2} = 0, &&\\ &w'(\xi = 1) = 0: && c_2 + c_3\,\varepsilon \cos \varepsilon - c_4\,\varepsilon \sin \varepsilon + \frac{\overset{*}{q}}{\varepsilon^2} = 0. && \end{aligned} \tag{7.4.5a–d}$$

Die Differenz von (7.4.5c) und (7.4.5d) ergibt mit (7.4.5a, b)

$$c_3 = \frac{0{,}5 + (1 - \cos \varepsilon - \varepsilon \sin \varepsilon)/\varepsilon^2}{\sin \varepsilon - \varepsilon \cos \varepsilon}\,\frac{\overset{*}{q}}{\varepsilon^2}, \tag{7.4.5e}$$

und man erhält schließlich aus der letzten Randbedingung (7.4.5d)

$$c_2 = \frac{\sin\varepsilon - \varepsilon}{\varepsilon} \frac{\overset{*}{q}}{\varepsilon^2} - c_3\,\varepsilon\cos\varepsilon\,. \tag{7.4.5f}$$

Wie in Abschn. 4.2.6 ausführlich beschrieben, sind alle statischen Größen direkt proportional zur Querbelastung $\hat{q}$, während sie von der Längsbelastung F (und damit auch von ε) nichtlinear abhängen. In Bild 7.8 ist der Verlauf des auf $\overset{*}{q}$ bezogenen Biegemoments $\overset{*}{m}$ für das Belastungsverhältnis $\overset{*}{q}/\varepsilon^2 = 0{,}1$ nach (7.4.3) und für verschiedene Laststufen dargestellt. Das Biegemoment wächst über alle Grenzen, wenn die Druckkraft F gegen die kritische Druckkraft $F_K = 2{,}05\pi^2 EI/\ell^2$ bzw. ε^2 gegen $\varepsilon_K^2 = 2{,}05\pi^2$ strebt. In (7.4.5e) wird für diesen Wert von ε^2 der Nenner Null; dies stellt die Knickbedingung des dritten Euler-Falls dar (vgl. Tabelle 5.1). Man erkennt, daß die Lage ξ_0 des maximalen Biegemoments im Feld von der Laststufe abhängt. Der Wert von ξ_0 ergibt sich aus der Bedingung

$$\ell\,\overset{*}{m}'(\xi_0) = c_3\,\varepsilon^3\cos\varepsilon\xi_0 - c_4\,\varepsilon^3\sin\varepsilon\xi_0 = 0$$

zu

$$\xi_0 = \frac{1}{\varepsilon}\arctan\frac{c_3}{c_4}\,. \tag{7.4.6}$$

Als nächstes ist die Frage zu klären, an welcher Stelle das erste Fließgelenk auftritt. Im vorliegenden Fall wird jeder einzelne Querschnitt durch Biegemomente, Längs- und Querkräfte beansprucht. Bei dem gewählten Doppelpunktquerschnitt hängt die Interaktionsbedingung nur von M und N ab, die elastischen Grenzmomente $M_{el,Gr}$ bzw. $M_{el,Gr,N}$ und die plastischen Momente M_{pl} bzw. $M_{pl,N}$ sind gleich groß. Deshalb kann die Interaktionsbeziehung (4.5.1) verwendet werden, die für den Sonderfall des Doppelpunktquerschnitts ($\alpha = 2i/h = 1$) genau (6.3.19) entspricht. Mit

$$M_{pl,N}\frac{\ell}{EI} = \overset{*}{m}_{pl,N} = \overset{*}{m}_{el,Gr}\,, \qquad |N_{pl,M}|\frac{\ell^2}{EI} = |\overset{*}{s}_{pl,M}| = \varepsilon_{pl,M}^2 = \varepsilon^2$$

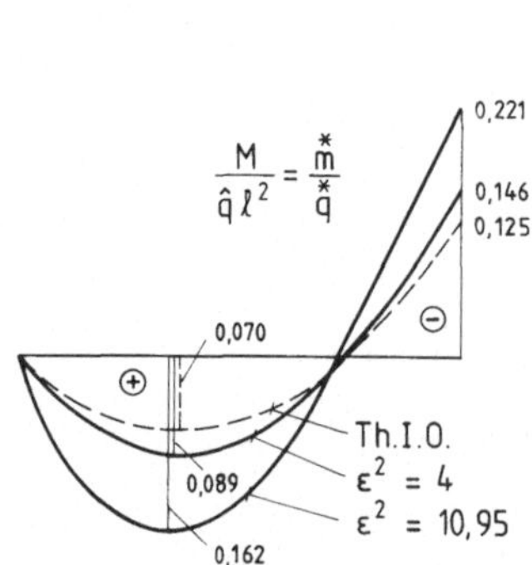

Bild 7.8. Bezogenes Biegemoment $\overset{*}{m}$ für das Belastungsverhältnis $\overset{*}{q}/\varepsilon^2 = 0{,}1$ und verschiedene Laststufen

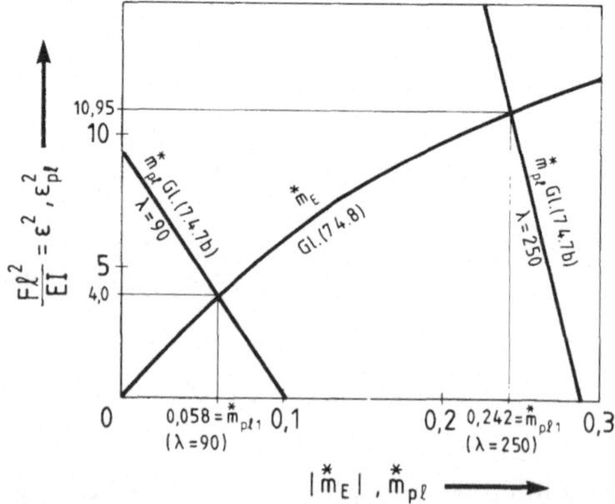

Bild 7.9. Ermittlung der Fließschnittgrößen an der Einspannstelle

wird aus (4.5.1)

$$\mathring{m}_{\mathrm{pl,N}} = \left(\frac{\beta_S}{E} - \frac{\varepsilon^2_{\mathrm{pl,M}}}{\lambda^2}\right)\lambda\,. \tag{7.4.7a}$$

Da keine Verwechslungen möglich sind, werden die Interaktionsindizes N und M der besseren Übersicht wegen weggelassen, und man erhält

$$\mathring{m}_{\mathrm{pl}} = \left(\frac{\beta_S}{E} - \frac{\varepsilon^2_{\mathrm{pl}}}{\lambda^2}\right)\lambda\,. \tag{7.4.7b}$$

Die Interaktionsbeziehung (7.4.7b) ist für Baustahl St 37 und für verschiedene geometrische Schlankheitsgrade λ in Tabelle 4.13 dargestellt.

Unter diesen Voraussetzungen bezüglich der M-N-Interaktion stellt sich wegen der über die Stablänge konstanten Längskraft $S = -F$ das erste Fließgelenk an der Stelle $\xi = \xi_1$ des betragsmäßig größten Biegemoments ein (hier: an der Einspannstelle). Der Betrag des Einspannmoments $\mathring{m}_E$ ergibt sich für $\xi = 1$ aus (7.4.4c) zu

$$|\mathring{m}_E| = |\varepsilon^2(c_3 \sin\varepsilon + c_4 \cos\varepsilon) - \mathring{q}/\varepsilon^2|\,. \tag{7.4.8}$$

Die Gln. (7.4.7b, 7.4.8) sind im ε^2-$\mathring{m}$-Diagramm ausgewertet (Bild 7.9), wobei für (7.4.7b) der geometrische Schlankheitsgrad vorgegeben werden muß. Aus dem Schnittpunkt der zu (7.4.7b) und (7.4.8) gehörenden Kurven ergeben sich eindeutig die zum ersten Fließgelenk (Index 1) gehörenden Größen $\varepsilon^2_{\mathrm{pl}1}$ und $\mathring{m}_{\mathrm{pl}1}$ (bzw. $F_{\mathrm{pl}1}$ und $M_{\mathrm{pl}1}$). Die weitere Auswertung wird für einen mäßigen und einen großen Schlankheitsgrad ($\lambda = 90$ bzw. $\lambda = 250$) durchgeführt. Hierzu gehören die folgenden Schnittgrößen (Bild 7.9):

$$\begin{aligned} \lambda &= 90: & \varepsilon^2_{\mathrm{pl}1} &= 4{,}00, & \mathring{m}_{\mathrm{pl}1} &= 0{,}058,\\ \lambda &= 250: & \varepsilon^2_{\mathrm{pl}1} &= 10{,}95, & \mathring{m}_{\mathrm{pl}1} &= 0{,}242. \end{aligned} \tag{7.4.9a, b}$$

Da die statischen Größen beim Einwirken der kritischen Last F_K über alle Grenzen wachsen, bildet sich das erste Fließgelenk bei einer Last F aus, die zwar vom Schlankheitsgrad λ abhängt, jedoch stets kleiner als F_K ist ($\varepsilon^2_{\mathrm{pl}1} < \varepsilon^2_K$). Wegen der einfach statischen Unbestimmtheit des gegebenen Systems stellt sich erst mit dem zweiten Fließgelenk eine kinematische Kette ein. Deshalb erscheint eine Laststeigerung über $F_{\mathrm{pl}1}$ (bzw. $\varepsilon^2_{\mathrm{pl}1}$) hinaus möglich.

7.4.3 Zustand bis zur Ausbildung des zweiten Fließgelenks

Mit der Ausbildung des ersten Fließgelenks infolge der Last $F_{\mathrm{pl}1}$ (bzw. $\varepsilon^2_{\mathrm{pl}1}$) hat sich das statische System geändert. Für eine Steigerung der Einwirkung um ΔF (bzw. $\Delta\varepsilon^2$) muß deshalb die Differentialgleichung unter Beachtung der am Fließgelenk gültigen Randbedingungen von neuem gelöst werden. Hierbei wird jeder Ausdruck in diejenigen Größen aufgeteilt, die zum Auftreten des ersten Fließgelenks infolge $F_{\mathrm{pl}1}$ gehören, sowie in die Größen, die bei einer Laststeigerung um ΔF entstehen (Kennzeichnung durch vorangestelltes Δ). Es wird im Prinzip in gleicher Weise vorgegangen wie bei der F.G.Th.I.O. in Abschn. 6.5.5.

Aus Gleichgewichtsbetrachtungen am verformten System erhält man wieder die Dgl. (4.2.12), die sowohl für die Belastung $F=F_{pl1}$ als auch für $F=F_{pl1}+\Delta F$ gilt. Mit $w=w_1+\Delta w$, $\varepsilon^2=\varepsilon^2_{pl1}+\Delta\varepsilon^2$, (wobei $\Delta\varepsilon^2=\Delta(\varepsilon^2)$ bedeutet) und $\overset{*}{q}=\overset{*}{q}_{pl1}+\Delta\overset{*}{q}$ ergibt sich für

$$F=F_{pl1}+\Delta F: \quad \ell^3(w_1''''+\Delta w'''')+(\varepsilon^2_{pl1}+\Delta\varepsilon^2)(\ell w_1''+\ell\Delta w'')=\overset{*}{q}_1+\Delta\overset{*}{q},$$

$$F=F_{pl1} \quad : \quad \ell^3 w_1'''' + \varepsilon^2_{pl1}\ell w_1'' = \overset{*}{q}_1 \qquad (7.4.10\text{a, b})$$

und nach Subtraktion der Beziehung (7.4.10b) von (7.4.10a) für

$$F=\Delta F \quad : \quad \ell^3\Delta w'''' + (\varepsilon^2_{pl1}+\Delta\varepsilon^2)\ell\Delta w''+\Delta\varepsilon^2\ell w_1''=\Delta\overset{*}{q}. \qquad (7.4.10\text{c})$$

Gleichung (7.4.10c) wird so umgeordnet, daß die Störfunktion vollständig auf der rechten Seite der Gleichung steht:

$$\ell^3\Delta w''''+\underline{(\varepsilon^2_{pl1}+\Delta\varepsilon^2)\ell\Delta w''}=\Delta\overset{*}{q}-\Delta\varepsilon^2\ell w_1''. \qquad (7.4.10\text{d})$$

In dieser Differentialgleichung, deren Lösung die zusätzliche Durchbiegung Δw nach Überschreiten der zum ersten Fließgelenk gehörenden Belastung F_{pl1} und $\overset{*}{q}_{pl1}$ ergibt, ist zu beachten, daß die unterstrichenen Summanden die *gesamte* Längskraft $S=S_{pl1}+\Delta S$ (bzw. $\varepsilon^2=\varepsilon^2_{pl1}+\Delta\varepsilon^2$) enthalten. Ferner gehört der Term $\Delta\varepsilon^2\ell w_1''$ zur Störfunktion von (7.4.10d), da w_1 aus den vorangegangenen Berechnungen (Abschn. 7.4.2) als Funktion von x bekannt ist.

Im betrachteten Beispiel gelten die Randbedingungen

$$\Delta w(0)=\Delta w(\ell)=0,$$

$$\Delta\overset{*}{m}(0)=0,$$

$$\Delta\overset{*}{m}(\ell)=\overset{*}{m}_{pl}(\varepsilon^2_{pl1}+\Delta\varepsilon^2,\ \lambda)-\overset{*}{m}_{pl}(\varepsilon^2_{pl1},\ \lambda),$$

wobei letztere berücksichtigt, daß bei einer Erhöhung der Belastung um $\Delta\varepsilon^2$ das aufnehmbare Biegemoment im ersten Fließgelenk abnimmt. Die Interaktionsbeziehung (7.4.7b) hat dadurch einen direkten Einfluß auf die Lösung Δw. Die umfangreiche Zwischenrechnung zur Integration der Dgl. (7.4.10d) wird hier übergangen. Mit dem Ansatz

$$\frac{\Delta w}{\ell}=d_1+d_2\xi+d_3\cos\varepsilon\xi+d_4\sin\varepsilon\xi-c_3\sin\varepsilon_{pl1}\xi-c_4\cos\varepsilon_{pl1}\xi \qquad (7.4.11\text{a})$$

und den Ableitungen

$$\Delta w'=d_2-d_3\varepsilon\sin\varepsilon\xi+d_4\varepsilon\cos\varepsilon\xi-c_3\varepsilon_{pl1}\cos\varepsilon_{pl1}\xi+c_4\varepsilon_{pl1}\sin\varepsilon_{pl1}\xi,$$

$$\Delta\overset{*}{m}=-\ell\Delta w''=d_3\varepsilon^2\cos\varepsilon\xi+d_4\varepsilon^2\sin\varepsilon\xi-c_3\varepsilon^2_{pl1}\sin\varepsilon_{pl1}\xi-c_4\varepsilon^2_{pl1}\cos\varepsilon_{pl1}\xi \qquad (7.4.11\text{b, c})$$

ergeben sich aus den Randbedingungen die Konstanten d_1 bis d_4 zu

$$d_1 = \frac{\overset{*}{q}}{\varepsilon^2}\left(\frac{1}{\varepsilon_{\mathrm{pl}1}^2} - \frac{1}{\varepsilon^2}\right),$$

$$d_3 = \frac{\overset{*}{q}}{\varepsilon^4},$$

$$d_4 = \frac{-1}{\varepsilon^2 \sin\varepsilon}\left(\frac{\overset{*}{q}}{\varepsilon^2}\cos\varepsilon - \varepsilon_{\mathrm{pl}1}^2 c_3 \sin\varepsilon_{\mathrm{pl}1} - \varepsilon_{\mathrm{pl}1}^2 c_4 \cos\varepsilon_{\mathrm{pl}1} - \frac{\Delta\varepsilon^2}{\lambda}\right),$$

$$d_2 = -d_1 - d_4 \sin\varepsilon - d_3 \cos\varepsilon + c_3 \sin\varepsilon_{\mathrm{pl}1} + c_4 \cos\varepsilon_{\mathrm{pl}1}.$$

Die Werte für c_3 und c_4 erhält man aus (7.4.5a, e) mit $\varepsilon^2 = \varepsilon_{\mathrm{pl}1}^2$ und $\overset{*}{q} = \overset{*}{q}_{\mathrm{pl}1}$.

Man erkennt bereits an dieser Stelle, daß die Ermittlung der Traglast nach der F.G.Th.II.O. mit Hilfe der schrittweisen Berechnung nach der Elastizitätstheorie bei Anwendung der Differentialgleichungsmethode für den praktischen Gebrauch kaum geeignet ist, da schon beim hier behandelten sehr einfachen Beispiel umfangreiche Untersuchungen durchgeführt werden müssen. Die gewonnenen Ergebnisse tragen aber dazu bei, grundsätzliche Erkenntnisse über die F.G.Th.II.O. zu vermitteln.

Das gesamte Biegemoment der Laststufe $\varepsilon^2 = \varepsilon_{\mathrm{pl}1}^2 + \Delta\varepsilon^2$ erhält man aus der Summe der Gleichungen (7.4.11c) und (7.4.4c), in der $\varepsilon = \varepsilon_{\mathrm{pl}1}$ zu setzen ist, zu

$$\overset{*}{m} = d_3 \varepsilon^2 \cos\varepsilon\xi + d_4 \varepsilon^2 \sin\varepsilon\xi - \overset{*}{q}/\varepsilon^2. \tag{7.4.12}$$

Das zweite Fließgelenk tritt an der Stelle ξ_2 des extremalen Feldmoments auf. Zur Bestimmung von ξ_2 wird die Ableitung von (7.4.12) Null gesetzt:

$$\ell \overset{*}{m}'(\xi_2) = -d_3 \varepsilon^3 \sin\varepsilon\xi_2 + d_4 \varepsilon^3 \cos\varepsilon\xi_2 = 0 \tag{7.4.13a}$$

bzw.

$$\xi_2 = \frac{1}{\varepsilon} \arctan \frac{d_4}{d_3}. \tag{7.4.13b}$$

Die Lage des extremalen Biegemoments ist sowohl von ε als auch von $\varepsilon_{\mathrm{pl}1}$ abhängig. Mit ξ_2 ergibt sich das maximale Feldmoment aus (7.4.12) zu

$$\max \overset{*}{m} = \varepsilon^2 (d_3 \cos\varepsilon\xi_2 + d_4 \sin\varepsilon\xi_2) - \overset{*}{q}/\varepsilon^2. \tag{7.4.14}$$

Die Laststufe ε^2 wird so lange erhöht, bis nach (7.4.7b) $\max \overset{*}{m} = \overset{*}{m}_{\mathrm{pl}}$. Das zweite Fließgelenk hat sich eingestellt, und das System bildet eine Fließgelenkkette. Die zugehörige Laststufe ist $\varepsilon_{\mathrm{pl}2}^2$, die Tragfähigkeit des Systems ist erschöpft.

In den Bildern 7.10 und 7.11 sind die Ergebnisse dieser Berechnung wiederum für die Schlankheitsgrade $\lambda = 90$ und $\lambda = 250$ dargestellt. Der Schnittpunkt der Kurve des Maximalmoments nach (7.4.14) mit der Interaktionsgeraden (7.4.7b) liefert für

$$\lambda = 90: \quad \varepsilon_{\mathrm{pl}2}^2 = 4{,}48, \quad \xi_2 = 0{,}41, \quad \overset{*}{m} = 0{,}053,$$

$$\lambda = 250: \quad \varepsilon_{\mathrm{pl}2}^2 = 10{,}73, \quad \xi_2 = 0{,}39, \quad \overset{*}{m} = 0{,}243.$$

Vergleicht man dieses Ergebnis mit (7.4.9), so fällt folgendes auf: Während für $\lambda = 90$ eine Laststeigerung von $\varepsilon_{\mathrm{pl}1}^2 = 4{,}00$ (1. Fließgelenk) auf $\varepsilon_{\mathrm{pl}2}^2 = 4{,}48$ (2. Fließgelenk)

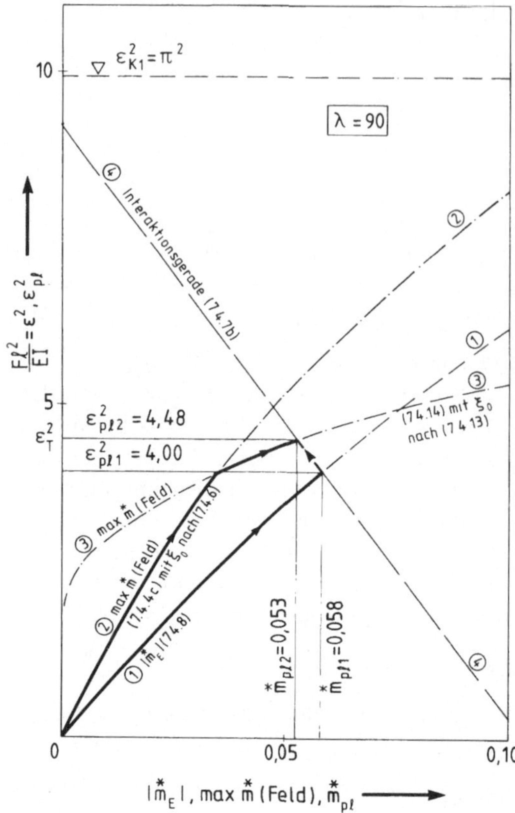

Bild 7.10. Einspannmoment und maximales Feldmoment für $\lambda = 90$

vorhanden ist, findet für $\lambda = 250$ eine Abminderung von $\varepsilon^2_{pl1} = 10{,}95$ auf $\varepsilon^2_{pl2} = 10{,}73$ statt. Es erscheint nicht plausibel, warum es im zweiten Fall nicht zu der erwarteten Laststeigerung kommt.

Zur Erklärung der Zusammenhänge werden zunächst die Ergebnisse für $\lambda = 90$ betrachtet (Bild 7.10). Das betragsmäßig größte Biegemoment $|\overset{*}{m}_E|$ an der Einspannstelle folgt für $\varepsilon^2 \leq 4{,}00$ der Kurve 1, die sich aus (7.4.8) ergibt. Bei $\varepsilon^2 = 4{,}00 = \varepsilon^2_{pl1}$ schneidet die Kurve 1 die Interaktionsgerade (Kurve 4), und an der Einspannstelle bildet sich das erste Fließgelenk. Bei einer weiteren Laststeigerung vermindert sich der Betrag des Einspannmoments $\overset{*}{m}_E$, der nun auf der Interaktionsgeraden abzulesen ist. Wegen der Systemänderng bei $\varepsilon^2 = 4{,}00$ folgt das maximale Feldmoment, das für kleinere Laststufen durch die Kurve 2 (nach (7.4.4c) mit ξ_0 nach (7.4.6)) wiedergegeben wird, der aus (7.4.14) berechneten Kurve 3, bis diese die Interaktionsgerade bei $\varepsilon^2_{pl2} = 4{,}48$ schneidet. Für größere Laststufen $\varepsilon^2 > \varepsilon^2_{pl2}$ folgen beide Biegemomente dieser Geraden. Das bedeutet aber, daß eine Laststeigerung mit betragsmäßig ständig kleiner werdenden Biegemomenten in den Fließgelenken verbunden ist. Die Tragfähigkeit ist mit $\varepsilon^2_{pl2} = 4{,}48$ offensichtlich erschöpft, womit die Traglast F_T (hier: gleich der plastischen Grenzlast $F_{pl,Gr} = F_{pl2}$) für $\lambda = 90$ gefunden ist:

$$\varepsilon^2_T = \varepsilon^2_{pl2} = 4{,}48\,, \qquad F_T = 4{,}48\; EI/\ell^2, \qquad \hat{q}_T = 0{,}448\; EI/\ell^3\,. \tag{7.4.15 a–c}$$

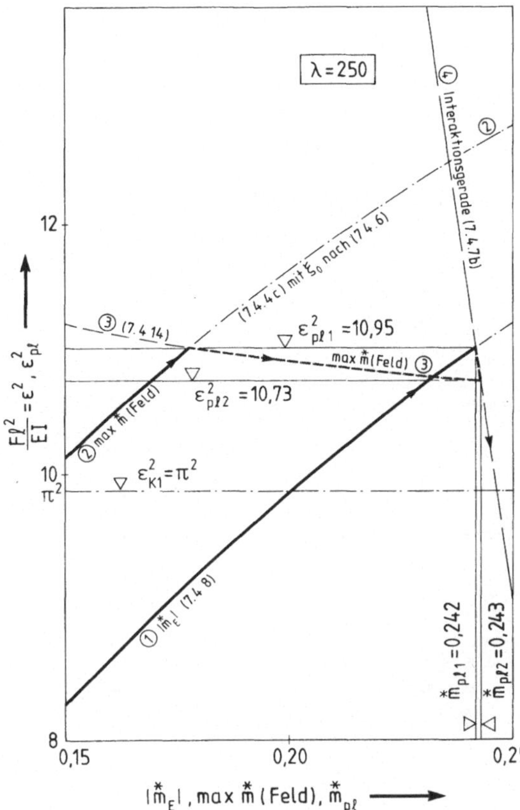

Bild 7.11. Einspannmoment und maximales Feldmoment für $\lambda = 250$

Zwischen den Laststufen $\varepsilon_{\text{pl1}}^2$ und $\varepsilon_{\text{pl2}}^2$ findet eine Momentenumlagerung von der Einspannstelle zum Feld hin statt. Die Umlagerung ist möglich, weil im Feld noch Tragreserven vorhanden sind, wie dies an der positiven Steigung der Kurve 3 zu erkennen ist.

Während sich die Kurven 1 und 2 asymptotisch der Geraden $\varepsilon^2 = \varepsilon_{\text{K0}}^2 = 2{,}05\,\pi^2$, also der Knicklast des Ausgangssystems, nähern, besitzt die Kurve 3 als Asymptote die Knicklast des geänderten Systems mit einem Gelenk an der ursprünglichen Einspannstelle, und zwar $\varepsilon_{\text{K1}}^2 = \pi^2$ (2. Euler-Fall). Wegen $\varepsilon_{\text{pl2}}^2 < \varepsilon_{\text{K1}}^2$ liegt für Werte auf der Kurve 3 im Bereich $\varepsilon_{\text{pl1}}^2 \leq \varepsilon^2 < \varepsilon_{\text{pl2}}^2$ stabiles Gleichgewicht vor (Bild 7.14a und Erläuterung zu (7.5.2a)).

Bei $\lambda = 250$ entsprechen die Ergebnisse (Bild 7.11) im Bereich $\varepsilon^2 \leq \varepsilon_{\text{pl1}}^2 = 10{,}95$ bis zum Schnittpunkt der Kurve 1 mit der Interaktionsgeraden (Kurve 4) genau denen für $\lambda = 90$. Die Kurve 2 des maximalen Feldmoments wird wieder durch die Kurve 3 abgelöst. Diese besitzt wie im vorangegangenen Fall die Asymptote $\varepsilon^2 = \pi^2$. Wegen $\varepsilon_{\text{pl1}}^2 = 10{,}95 > \varepsilon_{\text{K1}}^2 = \pi^2$ weist Kurve 3 eine negative Steigung auf. Da die Interaktionsgerade, die im Bereich $\varepsilon^2 \geq \varepsilon_{\text{pl1}}^2$ auch den Verlauf des Einspannmoments darstellt, ebenfalls eine negative Steigung hat, sind eine Vergrößerung der Last und eine Momentenumlagerung von der Einspannstelle zum Feld hin nicht möglich. Wegen $\varepsilon_{\text{pl2}}^2 > \varepsilon_{\text{K1}}^2$ ist das Gleichgewicht labil (Bild 7.14b und Erläuterung zu (7.5.2b)). Die

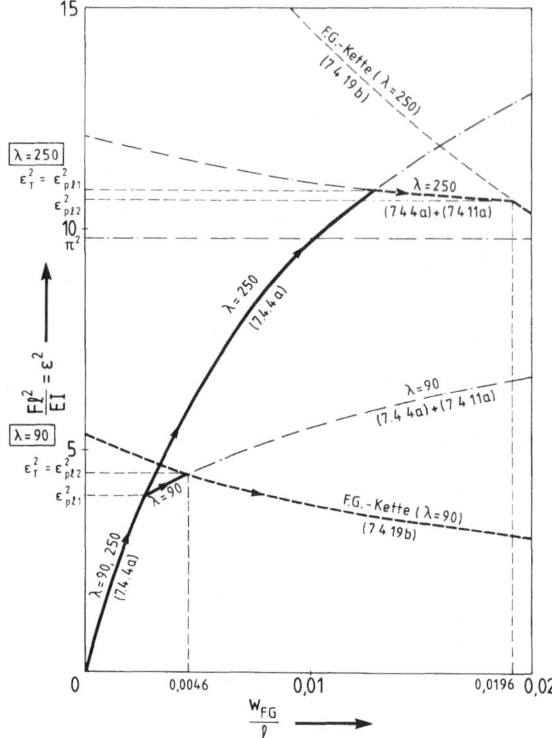

Bild 7.12. Kraft-Verschiebungs-Diagramm für das Fließgelenk im Feld

Traglast ergibt sich für $\lambda = 250$ zu

$$\varepsilon_T^2 = \varepsilon_{pl1}^2 = 10{,}95\,, \qquad F_T = 10{,}95\,EI/\ell^2, \qquad \hat{q}_T = 1{,}095\,EI/\ell^3\,. \qquad (7.4.16\,a\text{–}c)$$

Aus den durchgeführten Untersuchungen läßt sich die Bedeutung der kritischen Lasten des ursprünglich gegebenen Systems und der durch die Bildung von Fließgelenken entstehenden veränderten Systeme erkennen: Diese Lasten ergeben Asymptoten für die Kurven der statischen Größen des jeweils durch ein weiteres Fließgelenk geänderten Systems (Bild 7.14).

Etwas deutlicher sind die Verhältnisse im Kraft-Verschiebungs-Diagramm zu erkennen (Bild 7.12). Aufgetragen sind jeweils die Verschiebungen w_{FG} des Fließgelenks im Feld für $\lambda = 90$ ($\xi_2 = 0{,}41$) und für $\lambda = 250$ ($\xi_2 = 0{,}39$), die wegen des geringen Unterschieds der ξ_2-Werte für den Bereich $\varepsilon^2 \leq \varepsilon_{pl1}^2$ im Rahmen der Genauigkeit der Darstellung gleich groß sind. Während die Kurve für $\lambda = 90$ bis $\varepsilon^2 = \varepsilon_{pl2}^2$ eine positive Steigung aufweist, ist die der Kurve für $\lambda = 250$ zwischen ε_{pl1}^2 und ε_{pl2}^2 negativ.

7.4.4 Untersuchung der Fließgelenkkette

Die Tragfähigkeit der Fließgelenkkette läßt sich aus den Gleichgewichtsbedingungen am verformten System ermitteln (Bild 7.13). Aus ΣM_{FG} ergibt sich

$$A = \frac{1}{\beta \ell}\left(-F w_{FG} + \frac{1}{2}\,\hat{q}\,\beta^2 \ell^2 + M_{pl}\right)$$

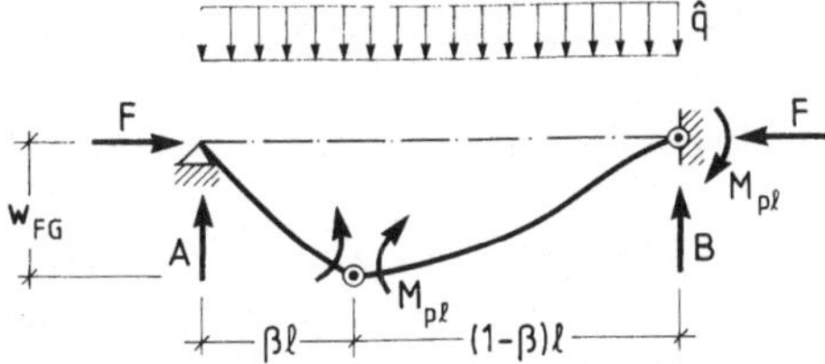

Bild 7.13. Gleichgewicht an der Fließgelenkkette

oder

$$\frac{A\ell^2}{EI}=a=\frac{1}{\beta}\left(-\varepsilon_{pl}^2\frac{w_{FG}}{\ell}+\frac{1}{2}\overset{*}{q}\beta^2+\overset{*}{m}_{pl}\right). \tag{7.4.17}$$

Das Momentengleichgewicht für die Einspannstelle liefert

$$A=\frac{1}{\ell}\left(\frac{1}{2}\hat{q}\ell^2-M_{pl}\right) \qquad \text{bzw.} \qquad a=\frac{1}{2}\overset{*}{q}-\overset{*}{m}_{pl}. \tag{7.4.18}$$

Setzt man (7.4.18) in (7.4.17) ein und löst diese Gleichung nach der Durchbiegung w_{FG} des Fließgelenks im Feld auf, so folgt

$$\frac{w_{FG}}{\ell}=\frac{|\overset{*}{m}_{pl}|}{\varepsilon_{pl}^2}(1+\beta)-\frac{1}{2}\frac{\overset{*}{q}}{\varepsilon^2}\beta(1-\beta) \tag{7.4.19a}$$

und mit (7.4.7, 7.4.3) schließlich

$$\frac{w_{FG}}{\ell}=\left(\frac{\beta_S}{E}-\frac{\varepsilon_{pl}^2}{\lambda^2}\right)\frac{\lambda(1+\beta)}{\varepsilon_{pl}^2}-\frac{0{,}1}{2}\beta(1-\beta). \tag{7.4.19b}$$

Das Last-Verschiebungs-Diagramm nach (7.4.19b) ergibt eine Hyperbel, die für kleine Werte von ε_{pl}^2 asymptotisch zur Abszissenachse verläuft (Bild 7.12). Dieses Verhalten bestätigt die in Abschn. 7.4.3 gemachte Aussage, daß die Asymptote jeweils der Knicklast des geänderten Systems entspricht. Die Knicklast der kinematischen Kette hat den Wert Null.

Da die Gleichgewichtsbedingungen (7.4.17, 7.4.18) bei der Aufstellung und Lösung der Differentialgleichungen noch nicht verwendet worden sind, kann die mit Hilfe von (7.4.7b) hergeleitete Beziehung (7.4.19b) zur Durchführung einer unabhängigen Kontrollrechnung herangezogen werden. Unter Vorgabe von $\beta=\xi_2$ und λ wird aus (7.4.19b) die Fließgelenkdurchbiegung für $\varepsilon_{pl}^2=\varepsilon_{pl2}^2$ berechnet. Man erhält für $\lambda=90$ mit $\beta=0{,}41$, $\varepsilon_{pl2}^2=4{,}48$ und $\overset{*}{m}_{pl2}=0{,}053$ den Wert

$$\frac{w_{FG}}{\ell}=\frac{0{,}053(1+0{,}41)}{4{,}48}-\frac{1}{2}0{,}1\cdot 0{,}41(1-0{,}41)=0{,}0046$$

bzw. für $\lambda=250$ mit $\beta=0{,}39$, $\varepsilon_{pl2}^2=10{,}73$ und $\overset{*}{m}_{pl2}=0{,}243$ den Wert

$$\frac{w_{FG}}{\ell}=\frac{0{,}243(1+0{,}39)}{10{,}73}-\frac{1}{2}0{,}1\cdot 0{,}39(1-0{,}39)=0{,}0196\,.$$

Diese Ergebnisse stimmen mit den aus der Lösung der Differentialgleichung ermittelten und in Bild 7.12 dargestellten Werten überein.

7.5 Zusammenfassung und Vergleich von F.G.Th.II.O. mit F.G.Th.I.O.

Die in Abschn. 7.4 an einem Beispiel gewonnenen Erkenntnisse lassen sich auch auf den allgemeinen Fall übertragen.

Ein n-fach statisch unbestimmtes System versagt spätestens dann, wenn sich so viele Fließgelenke eingestellt haben, daß das System oder zumindest ein Teil des Systems eine kinematische Kette bilden. Diese Aussage gilt gleichermaßen für die F.G.Th.I.O. und die F.G.Th.II.O. Zur Ausbildung der Fließgelenkkette gehört die plastische Grenzlast $F_{pl,Gr}$.

Die Anzahl der zur Fließgelenkkette gehörenden Gelenke soll mit g bezeichnet werden. Bilden sich bei einer bestimmten Laststufe mehrere Gelenke gleichzeitig (z.B. infolge Symmetrie oder Antimetrie, vgl. Bild 6.34b,c), so sollen diese hier als nur ein Gelenk gezählt werden. Unter diesen Voraussetzungen ergibt sich $g \leq n+1$ (Regelfall: $g=n+1$).

Bis zur Ausbildung der Fließgelenkkette gibt es (wenn man das Ausgangssystem und die Fließgelenkkette einbezieht) insgesamt $g+1$ Systeme, zu denen auch $g+1$ verschiedene Knicklasten F_{Kj} $(j=0, 1, 2, \ldots, g)$ gehören. Der Index j kennzeichnet hierbei die Anzahl der Fließgelenke. Da der Wert der Knicklasten mit jedem zusätzlichen Gelenk geringer wird, folgt

$$F_{K0} > F_{K1} > F_{K2} > \ldots > F_{K(g-1)} > F_{Kg} = 0 . \tag{7.5.1}$$

Zur Ausbildung der g Gelenke gehören die Lasten F_{plj} $(j=1, 2, \ldots, g)$ mit $F_{plg} = F_{pl,Gr}$, für die aber eine der Beziehung (7.5.1) entsprechende Ungleichung nicht immer gilt. Abhängig vom Verhältnis von F_{Kj} zu $F_{plj} (j=1, 2, \ldots, g)$ gibt es zwei grundsätzlich verschiedene Fälle:

- Ist die zum letzten System vor dem Entstehen der Fließgelenkkette gehörende Knicklast $F_{K(g-1)}$ *größer* als die entsprechende Last $F_{pl(g-1)}$, so weist die Kraft-Verschiebungs-Kurve eine positive Steigung auf, bis die zur Fließgelenkkette gehörende Verschiebungskurve erreicht ist. In diesem Fall stellt sich die Fließgelenkkette als Ursache des Versagens ein, und es gilt für die Traglast des Systems (Bild 7.14a)

$$F_T = F_{plg} = F_{pl,Gr} . \tag{7.5.2a}$$

- Ist $F_{K(g-1)}$ *kleiner* als $F_{pl(g-1)}$, so kann sich die Fließgelenkkette nicht ausbilden, da das System vorher ausknickt. Versagen tritt für diejenige Last $F_{pl\,minj}$ ein, die bei kleinstem Index j größer als die zugehörige Knicklast $F_{K\,minj}$ ist (Bild 7.14b: $F_{pl\,minj} = F_{pl3}$). Damit wird die Traglast

$$F_T = F_{pl\,minj} > F_{K\,minj} . \tag{7.5.2b}$$

Beide Fälle lassen sich anschaulich aus dem zu der Knicklast F_{Kj} asymptotischen Verlauf der für den Bereich $F_{plj} \leq F \leq F_{pl(j+1)}$ gültigen Kurve ableiten. In Bild 7.14a,b sind die Verhältnisse für ein vierfach statisch unbestimmtes System $(n=4)$ dargestellt, das bei fünf Gelenken (Regelfall: $g=n+1=5$) kinematisch wird. Welcher Versagensfall sich einstellt, hängt außer von der Systemgeometrie und der Belastung auch vom Schlankheitsgrad der Systemteile ab.

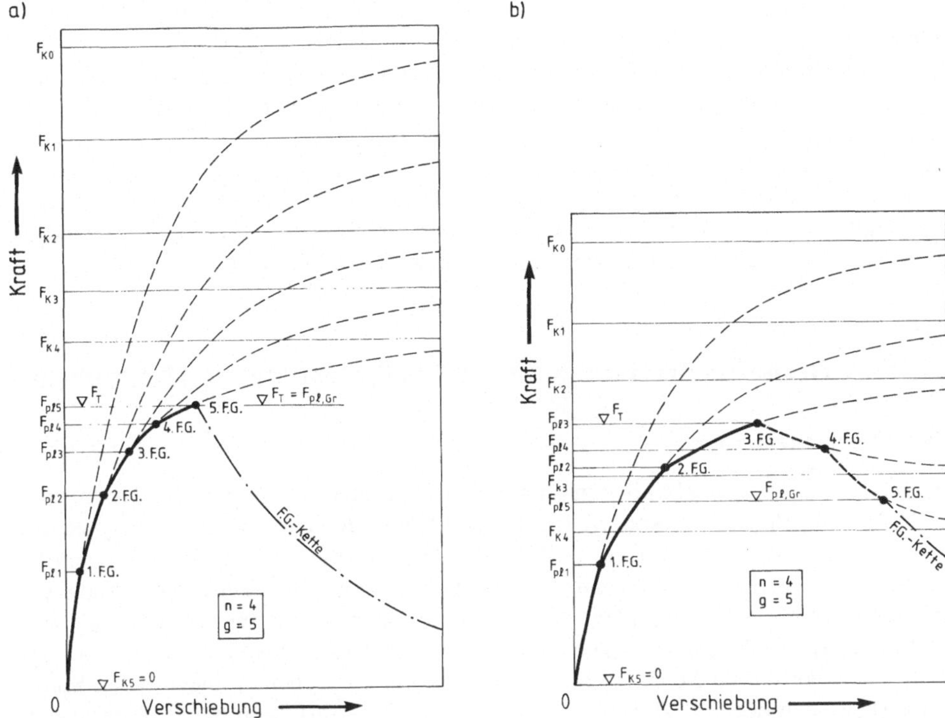

Bild 7.14 a, b. Kraft-Verschiebungs-Kurve eines vierfach statisch unbestimmten Systems. **a** Fließgelenkkette als Ursache des Versagens, **b** Knicken als Ursache des Versagens

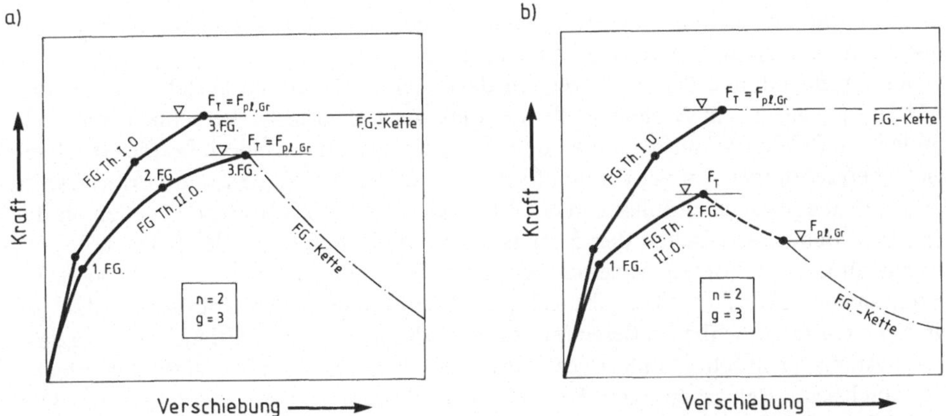

Bild 7.15 a, b. Vergleich der Kraft-Verschiebungs-Kurven nach F.G.Th.I.O. und F.G.Th.II.O. **a** Fließgelenkkette als Ursache des Versagens, **b** Knicken als Ursache des Versagens

Die Betrachtungen sollen mit einer qualitativen Gegenüberstellung der nach F.G.Th.I.O. und F.G.Th.II.O. ermittelten Kraft-Verschiebungs-Kurven abgeschlossen werden (Bild 7.15). Da das Gleichgewicht bei der F.G.Th.I.O. am unverformten System formuliert wird, ist der Zusammenhang zwischen Belastung und Verschiebungen abschnittsweise linear. Im allgemeinen liefert die F.G.Th.I.O. zu geringe Beanspruchungen bzw. zu große Traglasten; die Ergebnisse liegen auf der unsicheren Seite, vor allem dann, wenn eine erhebliche Druckbeanspruchung vorliegt (Bild 7.15b). Bei vorwiegend zugbeanspruchten Konstruktionen können die Verhältnisse auch anders sein.

In der F.G.Th.I.O. müssen die Knickuntersuchungen zusätzlich durchgeführt werden ([7.7]), während sie in der F.G.Th.II.O. bis auf Sonderfälle enthalten sind. Diese Sonderfälle können wie in der E.Th.II.O. durch die Berücksichtigung zutreffender Imperfektionen ebenfalls erfaßt werden (vgl. Abschn. 7.6.11 und Kap. 8).

7.6 Das Drehwinkelverfahren für die Fließgelenktheorie II. Ordnung

7.6.1 Vorbemerkungen

An dem in Abschn. 7.4 behandelten sehr einfachen Beispiel ist deutlich geworden, daß die Differentialgleichungsmethode für die praktische Berechnung nicht geeignet ist. Weitergehende Untersuchungen (z.B. [7.3]) zeigen, daß die Aufbereitung eines einheitenfreien Verfahrens wie bei der E.Th.II.O. hier wegen der zahlreichen zusätzlich auftretenden Größen (Schlankheitsgrad λ, Formbeiwert α, Fließmoment $M_{\mathrm{pl,N,Q}}$ aus der Interaktionsbedingung) zu keinem befriedigenden Ergebnis führt.

Als *eine* praktikable Methode für die Berechnung von ebenen, biegesteifen Stabtragwerken nach der F.G.Th.II.O. kann das Drehwinkelverfahren nach Mann in der einheitenbehafteten Form angesehen werden. Diese in Abschn. 4.3 im Rahmen der E.Th.II.O. behandelte Vorgehensweise wird in Anlehnung an [7.2] für die F.G.Th.II.O. in einheitenbehafteter Form aufbereitet. Nachfolgend werden im wesentlichen nur die Abweichungen und Ergänzungen gegenüber der E.Th.II.O. erörtert. Ein modifiziertes Verfahren wird in [7.4] angegeben.

Der Grundgedanke der im folgenden dargestellten Methode besteht wie bei der F.G.Th.I.O. darin, ein System nach der Elastizitätstheorie zu berechnen, das sich infolge von Fließgelenken gegenüber dem Ausgangssystem verändert. Da die Gleichgewichtsbetrachtungen am verformten System durchgeführt werden und vorausgesetzt wird, daß alle plastischen Effekte in den Fließgelenken konzentriert sind, gelten für die einzelnen Bereiche zwischen den Fließgelenken die Beziehungen der E.Th.II.O.

Gegenüber den Vorgehensweisen bei der F.G.Th.I.O. und bei der in Abschn. 7.4 beschriebenen F.G.Th.II.O. ergibt sich jedoch ein gravierender Unterschied. Um zu einer praktisch brauchbaren Berechnungsmethode zu gelangen, wird nicht die Traglast des Systems ermittelt, sondern es wird der Nachweis geführt, daß die γ-fache Gebrauchslast (Bemessungslast $F=\gamma\, F_{\mathrm{G}}$) vom System getragen werden kann. Der tatsächliche Sicherheitsabstand von der Traglast bleibt somit unbekannt. Der Nachweis gilt als erbracht, wenn folgende vier Bedingungen erfüllt sind:

- Für das System muß eine stabile Gleichgewichtslage vorliegen, d.h. die Nennerdeterminante $\det(a_{\mathrm{mn}})$ des Gleichungssystems darf bis zur Bemessungslast keine Nullstelle aufweisen.
- Die Schnittgrößen dürfen an keiner Stelle größer sein als die nach den Interaktionsbedingungen zulässigen.

- In jedem Fließgelenk müssen das als Actio auf das Fließgelenk wirkende Biegemoment $M_F = M_{pl,N,Q}$ und der Knickwinkel ϱ_F den gleichen Drehsinn aufweisen.
- Die zu Beginn der Berechnung geschätzten Längs- und Querkräfte müssen mit den endgültig ermittelten hinreichend genau übereinstimmen.

Unter der Bemessungslast werden zunächst die Schnittgrößen für das Ausgangssystem ohne Fließgelenke mit Hilfe des Verfahrens von Mann nach der E.Th.II.O. ermittelt. An den Stellen, an denen die Fließschnittgrößen des Querschnitts erreicht oder überschritten werden (Verletzung der zweiten Bedingung), müssen Fließgelenke eingeführt werden. Das durch diese Gelenke veränderte System wird wiederum für die Bemessungslast untersucht. Hierbei können die Ergebnisse der vorangegangenen Berechnung nach der E.Th.II.O. nicht verwendet werden; sie dienen allein zur Bestimmung der Lage von Fließgelenken. Die Rotation des jeweiligen Fließgelenks wird in Gestalt des Knickwinkels ϱ als neue geometrisch Unbekannte berücksichtigt. Das ursprüngliche Gleichungssystem der unbekannten Knotendrehwinkel φ_i und Stabdrehwinkel ψ_s erweitert sich je Knickwinkel ϱ um eine Gleichung, d.h. um eine Zeile und eine Spalte.

Sofern nicht mit verbesserten Längskräften weitergerechnet wird, bleiben die bereits ermittelten Koeffizienten und Lastglieder des Gleichungssystems unverändert. Ergeben sich aufgrund der neuen Berechnung weitere Überschreitungen der Querschnittstragfähigkeit, so muß die nächste Untersuchung des Systems mit zusätzlichen Unbekannten ϱ durchgeführt werden.

Vor jeder Erweiterung des Gleichungssystems wird geprüft, ob der zuletzt ermittelte Gleichgewichtszustand stabil ist. Ist dies nicht der Fall, so kann die Bemessungslast vom System nicht aufgenommen werden. Für eine erneute Berechnung müssen stärkere Querschnitte gewählt werden. Dieses Vorgehen wird so lange wiederholt, bis unter Wirkung der Bemessungslast ein Zustand erreicht ist, der allen vier Bedingungen genügt. Bei dem in Bild 7.16 dargestellten Fall hat sich unter der Bemessungslast $F = \gamma\, F_G$ ein Fließgelenk gebildet. Da sich die Traglast hier erst mit der Ausbildung des dritten Fließgelenks einstellt, hat das System noch Tragreserven. Die Querschnitte könnten also verringert werden. Hierfür ist eine völlige Neuberechnung erforderlich.

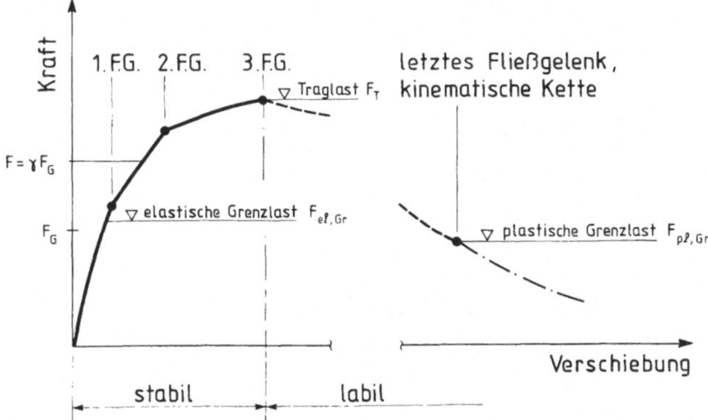

Bild 7.16. Last-Verschiebungs-Kurve bei Anwendung der F.G.Th.II.O.

Bevor der Traglastnachweis an einem Beispiel vorgeführt werden kann, müssen die in Abschn. 4.3.3 angegebenen Beziehungen zwischen den Stabendmomenten und den Drehwinkeln um den Einfluß der Knickwinkel erweitert werden. Zusätzlich ist der Zusammenhang zwischen dem Biegemoment im Feld und den Dreh- und Knickwinkeln zu untersuchen, damit auch das Auftreten von Fließgelenken im Feld erfaßt werden kann. Für jedes Fließgelenk bzw. jeden Knickwinkel wird eine weitere Bestimmungsgleichung aufgestellt, die man aus dem Momentengleichgewicht am Fließgelenk erhält. Die folgenden Ableitungen gelten nur für Druckstäbe. Zugstäbe können i.allg. mit hinreichender Genauigkeit wie bei Th.I.O. behandelt werden.

7.6.2 Vorzeichendefinition des Knickwinkels und des Biegemoments im Fließgelenk

Die Definition des positiven Knickwinkels ist Bild 7.17 zu entnehmen. Bei den Stabendmomenten bleibt die Vorzeichenregelung nach dem Verfahren von Mann gültig. Positive Biegemomente sind als Actio auf das jeweilige Fließgelenk dargestellt. Wie schon in Abschn. 6.5.1 und Bild 6.33 festgelegt wurde, hat dann der positive Knickwinkel den gleichen Drehsinn wie das Biegemoment, das auf das Fließgelenk wirkt.

Das zur M-N-Q-Interaktion gehörende Fließmoment $M_{pl,N,Q}$ wird im folgenden der Kürze halber mit M_F bezeichnet, das vollplastische Moment wie in Kap. 6 mit M_{pl}. Der Index F wird beim Knickwinkel ϱ weggelassen. Er erhält nur einen den Ort kennzeichnenden Index.

7.6.3 Beziehungen zwischen Stabendmomenten und geometrisch Unbekannten

Im folgenden wird ein Stab s mit den Knoten i und j betrachtet. Die drei grundsätzlich verschiedenen Lagen von Fließgelenken eines Bereichs, am linken (Index i) und rechten Rand (Index j) sowie im Feld (Index f) werden durch die drei zugehörigen

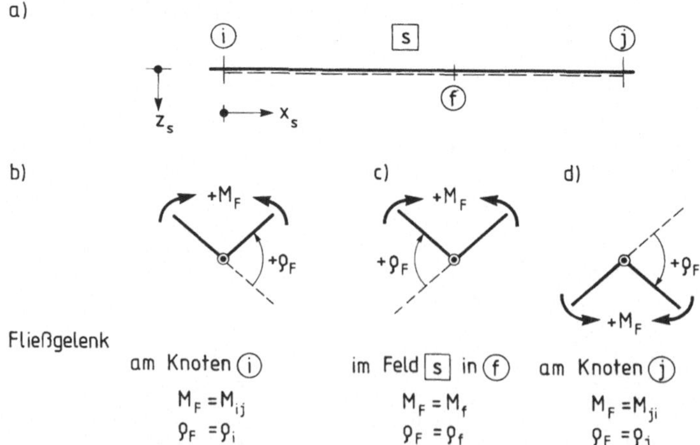

Bild 7.17a–d. Vorzeichendefinition des Knickwinkels. **a** System, **b** Fließgelenk am Knoten i, **c** Fließgelenk an der Stelle f im Feld des Stabes s, **d** Fließgelenk am Knoten j

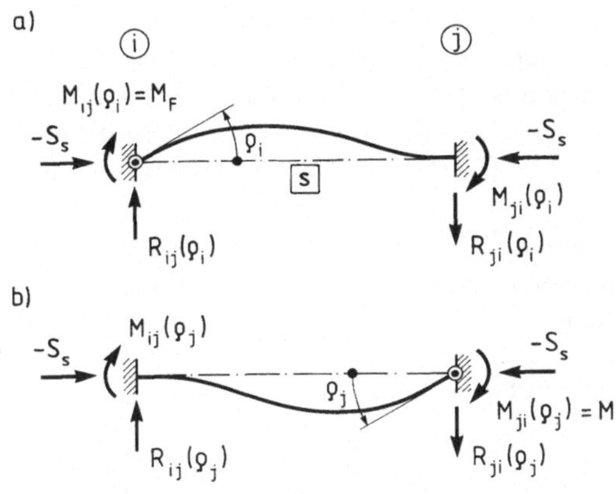

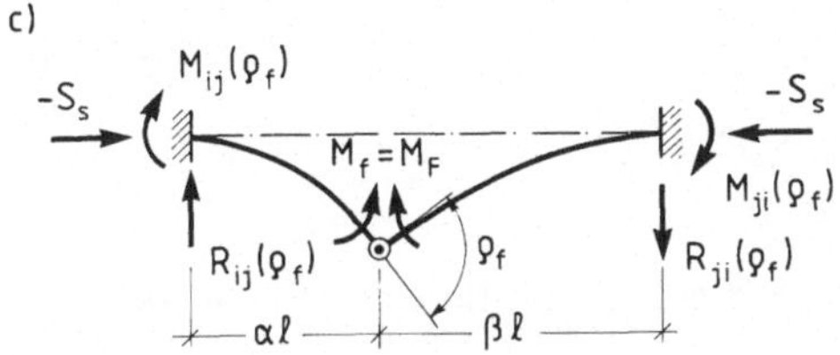

Bild 7.18a–c. Einheitsverdrehungszustände (M_F jeweils als Reactio des Fließgelenks dargestellt).
a Infolge Fließgelenks am Knoten i,
b infolge Fließgelenks am Knoten j,
c infolge Fließgelenks im Feld

Einheitsverdrehungszustände $\varrho_i = 1$, $\varrho_j = 1$ und $\varrho_f = 1$ berücksichtigt (Bild 7.18). Die zugehörigen Stabendmomente werden mit denen aus den drei bereits bekannten Einheitsverdrehungszuständen und den Festeinspannmomenten unter Beachtung der Voraussetzungen für die Anwendbarkeit des speziellen Superpositionsgesetzes der E.Th.II.O. überlagert. Es wird auch der Fall erfaßt, daß sich drei Fließgelenke in einem Stab einstellen, wobei dann mit dem Versagen des Teilsystems die Traglast erreicht ist.

Für die zusätzlichen drei Einheitsverdrehungszustände am geometrisch bestimmten Hauptsystem ergeben sich analog zu Abschn. 4.3.3 aus der Lösung der homogenen Dgl. (4.2.14) unter Beachtung der Randbedingungen folgende Momenten-Knickwinkel-Beziehungen:

– *Einheitsverdrehungszustand* $\varrho_i = 1$ (Bild 7.18a)

$$M_{ij}(\varrho_i) = -\frac{EI_s}{\ell_s}\varkappa_s^e \varrho_i, \tag{7.6.1}$$

– *Einheitsverdrehungszustand* $\varrho_j = 1$ (Bild 7.18b)

$$M_{ij}(\varrho_j) = -\frac{EI_s}{\ell_s}\varkappa_s^e \gamma_s \varrho_j, \tag{7.6.2}$$

– *Einheitsverdrehungszustand* $\varrho_f = 1$ (Bild 7.18c)

$$M_{ij}(\varrho_f) = -\frac{EI_s}{\ell_s}\mu_{if}\varrho_f,$$

$$M_{ji}(\varrho_f) = -\frac{EI_s}{\ell_s}\mu_{jf}\varrho_f. \tag{7.6.3a, b}$$

Die Beiwerte μ_{if} und μ_{jf} lassen sich durch die Steifigkeitszahl $\varkappa_s$ und die Fortleitungszahl γ_s in Abhängigkeit von den Lagerungsbedingungen darstellen (Tabelle 7.2). Die Gln. (7.6.1, 7.6.2) ergeben sich aus (4.3.1, 4.3.2), wenn φ_i bzw. φ_j durch $-\varrho_i$ bzw. $-\varrho_j$ ersetzt werden. Die umfangreichen Zwischenrechnungen zur Ermittlung von (7.6.3a,b) werden weggelassen, weil sie nichts grundsätzlich Neues bieten (vgl. Abschn. 4.3.3 und [7.2]).

Nach Summation aller Biegemomenenanteile erhält man die von den jeweiligen Stabrandbedingungen abhängigen Beziehungen zwischen den Stabendmomenten und den Verschiebungsgrößen. Sie lauten für den

– beidseitig eingespannten Bereich (Bild 4.16b):

$$M_{ij} = \frac{EI_s}{\ell_s}\{\varkappa_s^e[(\varphi_i - \underline{\varrho_i}) + \gamma_s(\varphi_j - \underline{\varrho_j}) - (1+\gamma_s)\psi_s] - \underline{\mu_{if}\varrho_f}\} + M_{ij}^0,$$

$$M_{ji} = \frac{EI_s}{\ell_s}\{\varkappa_s^e[(\varphi_j - \underline{\varrho_j}) + \gamma_s(\varphi_i - \underline{\varrho_i}) - (1+\gamma_s)\psi_s] - \underline{\mu_{jf}\varrho_f}\} + M_{ji}^0, \tag{7.6.4a, b}$$

– einseitig eingespannten und einseitig gelenkig gelagerten Bereich (Bild 4.16c):

$$M_{ij} = \frac{EI_s}{\ell_s}\{\varkappa_s^g[\varphi_i - \underline{\varrho_i} - \psi_s] - \underline{\mu_{if}\varrho_f}\} + M_{ij}^0,$$

$$M_{ji} = 0, \tag{7.6.5a, b}$$

Tabelle 7.2. Zusammenstellung der Steifigkeitszahlen μ bei Systemen mit Fließgelenken (nach [7.2])

	System 1: ⓘ eingespannt – ⓕ – eingespannt ⓙ ($\alpha\ell$, $\beta\ell$, ℓ)		System 2: ⓘ eingespannt – ⓕ – gelenkig ⓙ ($\alpha\ell$, $\beta\ell$, ℓ)		System 3: ⓘ gelenkig – ⓕ – eingespannt ⓙ ($\alpha\ell$, $\beta\ell$, ℓ)	
	Th.II.O. (Druck)	Th.I.O.	Th.II.O. (Druck)	Th.I.O.	Th.II.O. (Druck)	Th.I.O.
μ_{if}	$\varkappa_s(\overset{*}{\beta} - \overset{*}{\alpha}\gamma_s)$	$\varkappa_s(\beta - \alpha\gamma_s)$	$\varkappa_s\overset{*}{\beta}$	$\varkappa_s\beta$	0	0
μ_{jf}	$\varkappa_s(\overset{*}{\beta}\gamma_s - \overset{*}{\alpha})$	$\varkappa_s(\beta\gamma_s - \alpha)$	0	0	$-\varkappa_s\overset{*}{\alpha}$	$-\varkappa_s\alpha$
μ_{ff}	$\overset{*}{\beta}\mu_{if} - \overset{*}{\alpha}\mu_{jf} - \overset{*}{\alpha}\overset{*}{\beta}\varepsilon_s\sin\varepsilon_s$	$\beta\mu_{if} - \alpha\mu_{ji}$	$\overset{*}{\beta}(\mu_{if} - \overset{*}{\alpha}\varepsilon_s\sin\varepsilon_s)$	$\beta\mu_{if}$	$-\overset{*}{\alpha}(\mu_{jf} + \overset{*}{\beta}\varepsilon_s\sin\varepsilon_s)$	$-\alpha\mu_{jf}$

Anmerkungen: $\overset{*}{\alpha} = \sin(\alpha\varepsilon_s)/\sin\varepsilon_s$, $\overset{*}{\beta} = \sin(\beta\varepsilon_s)/\sin\varepsilon_s$.
Für $\varkappa_s$ bzw. γ_s ist je nach den Lagerungsbedingungen $\varkappa_s^e, \varkappa_s^g, \varkappa_s^k$ bzw. $\gamma_s^e, \gamma_s^g = 0, \gamma_s^k = 0$ einzusetzen (vgl. Tab. 4.1).

– Kragträger (Bild 4.16d):

$$M_{ij} = \frac{EI_s}{\ell_s} \varkappa_s^k \varphi_i + M_{ij}^0, \qquad M_{ji} = 0\,. \tag{7.6.6a, b}$$

Die gegenüber der E.Th.II.O. zusätzlich auftretenden Terme sind hier unterstrichen. Die Festeinspannmomente M_{ij}^0, M_{ji}^0 können Tabelle 4.2 entnommen werden.

7.6.4 Allgemeine Knotengleichung

Ausgehend von der Momentengleichgewichtsbedingung (4.3.12) an einem beliebigen Knoten i

$$\sum_{(j)} M_{ij} + M_i = 0\,,$$

kann unmittelbar eine allgemeine Knotengleichung unter Berücksichtigung von Fließgelenken in den im betrachteten Knoten angeschlossenen Stäben aufgestellt werden. Hierbei wird vorausgesetzt, daß die Knotenkonstruktion und die Stabanschlüsse so steif sind, daß sich dort keine Fließgelenke bilden. Aufgrund dieser Annahmen entstehen Fließgelenke nur in Stäben (Bild 7.19), die zugehörigen Schnittgrößen ergeben sich eindeutig aus den für die Stabquerschnitte gültigen Interaktionsbedingungen. Bei Verwendung der einheitenbehafteten Schreibweise erhält man entsprechend (4.4.18) aus Tabelle 4.9 die i-te Knotengleichung

$$\begin{aligned}
&\left(\sum_{(j)} \frac{EI_s}{\ell_s} \varkappa_s\right) \varphi_i + \sum_{(j)} \frac{EI_s}{\ell_s} \gamma_s \varkappa_s \varphi_j \underline{- \sum_{(j,\varrho)} \frac{EI_s}{\ell_s} \varkappa_s \varrho_i - \sum_{(j,\varrho)} \frac{EI_s}{\ell_s} \gamma_s \varkappa_s \varrho_j} \\
&- \sum_{N=1}^{M} \left[\sum_{(j)} B_1 \frac{EI_s}{\ell_s} (1+\gamma_s) \varkappa_s \psi_s^N\right] \psi_N \underline{- \sum_{(j)} \frac{EI_s}{\ell_s} \mu_{if} \varrho_f} \\
&= - \sum_{(j)} (M_{ij}^0 + M_{ij}^v) - M_i\,,
\end{aligned} \tag{7.6.7}$$

wobei $\sum_{(j,\varrho)}$ die Summe über alle im Knoten i biegesteif angeschlossenen Stäbe mit einem Fließgelenk am Stabende i bzw. j bedeutet.
Die gegenüber der E.Th.II.O. zusätzlich auftretenden Terme sind unterstrichen. Die Beiwerte $\varkappa_s$, γ_s, B_1 können Tabelle 4.9 und die Festeinspannmomente M_{ij}^v infolge von Vorverformungen Tabelle 4.10 entnommen werden.

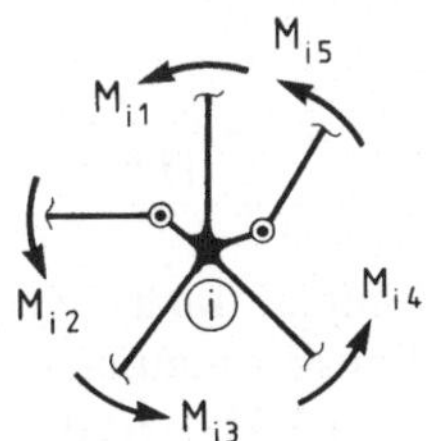

Bild 7.19. Zuordnung der Fließgelenke zu den in einem Knoten i biegesteif angeschlossenen Stäben

7.6.5 Beziehungen zwischen dem Biegemoment im Feld und den geometrisch Unbekannten

Mit der bekannten Lösung (4.2.22a) der Dgl. (4.2.14) lassen sich die Beziehungen für das Biegemoment M_f an einer beliebigen Stelle f im Feld aufstellen. Sie gelten mit $\alpha=1$ und $\beta=0$ bzw. $\alpha=0$ und $\beta=1$ (Tabelle 7.2) auch für die Stabendmomente sowie mit $\varrho=0$ für einen Stab ohne Fließgelenk. Es ergibt sich für den

– beidseitig eingespannten Bereich:

$$M_f=\frac{EI_s}{\ell_s}\{\mu_{if}(\varphi_i-\varrho_i-\psi_s)+\mu_{jf}(\varphi_j-\varrho_j-\psi_s)-\mu_{ff}\varrho_f\}+M_f^0, \tag{7.6.8}$$

– einseitig eingespannten und einseitig gelenkig gelagerten Bereich:

$$M_f=\frac{EI_s}{\ell_s}\{\mu_{if}(\varphi_i-\varrho_i-\psi_s)-\mu_{ff}\varrho_f\}+M_f^0,$$

$$M_f=\frac{EI_s}{\ell_s}\{\mu_{jf}(\varphi_j-\varrho_j-\psi_s)-\mu_{ff}\varrho_f\}+M_f^0. \tag{7.6.9a, b}$$

Das zu den Festeinspannmomenten M_{ij}^0 und M_{ji}^0 gehörende Feldmoment M_f^0 erhält man aus der Beziehung

$$M_f^0=\overset{*}{\beta}M_{ij}^0-\overset{*}{\alpha}M_{ji}^0+M_f^P. \tag{7.6.10}$$

Die Beiwerte μ_{if}, μ_{jf}, μ_{ff}, $\overset{*}{\alpha}$ und $\overset{*}{\beta}$ sind in Tabelle 7.2 zusammengestellt. Das Feldmoment M_f^P eines Balkens auf zwei Stützen (partikulärer Lösungsanteil, Kopfzeiger P) infolge einer beliebigen Belastung kann mit Hilfe von Tabelle 7.3 bestimmt werden.

7.6.6 · Allgemeine Momentengleichung am Fließgelenk

Die Gln. (7.6.4 – 7.6.6) für die Stabendmomente und (7.6.8, 7.6.9) für die Biegemomente im Feld können zu einer einzigen Beziehung zusamengefaßt werden, die für die unterschiedlichen Lagerungsbedingungen, für einen Stab ohne Fließgelenk sowie für einen Bereich mit einem Fließgelenk an beliebiger Stelle gilt. Hierzu wird der allen oben genannten Gleichungen formal entsprechende Ansatz

$$M_f=\frac{EI_s}{\ell_s}[C_1(\varphi_i-\varrho_i-\psi_s)+C_2(\varphi_j-\varrho_j-\psi_s)-C_3\varrho_f]+M_f^0 \tag{7.6.11}$$

eingeführt. Ein Fließgelenk stellt sich ein, wenn die Biegemomente M_f und M_F gleich sind. Das Fließmoment $M_F=M_{pl,N,Q}$ wird, wie bereits in Abschn. 6.3 ausführlich erläutert, aus einer gegebenen Interaktionsbeziehung der Form

$$\frac{M_F}{M_{pl}}=\pm f\left(\frac{N}{N_{pl}},\frac{Q}{Q_{pl}}\right) \tag{7.6.12}$$

bestimmt. Hierzu ist es erforderlich, zusätzlich zu den Längskräften auch die Querkräfte im voraus zu schätzen. Vereinfachte und genaue Interaktionsbedingungen können Abschn. 6.3 entnommen werden. Mit $M_f=M_F$ und ψ_s nach (4.3.38a) ergibt

Tabelle 7.3. Biegemomente M_f^P und Querkräfte Q_f^P nach Theorie I. und II. Ordnung für einen Balken auf zwei Stützen mit Druckkraft (nach [7.2])

		1	2	3	4a	4b	5a	5b
		$-S$ $\xi\ell$ $\xi'\ell$ $-S$, f, ℓ — Lastfall	Faktor für die Spalten 4 und 5	Bereich	M_f^P Th.II.O.	M Th.I.O.	$Q_f^P \ell$ Th.II.O.	Q Th.I.O.
1	a	M_{ij} bzw. M^L	M_{ij} bzw. M^L		$\frac{\sin\varepsilon\xi'}{\sin\varepsilon}$	ξ'	$-\frac{\varepsilon\cos\varepsilon\xi'}{\sin\varepsilon}$	-1
	b	M^L bzw. M_{ji}	M_{ji} bzw. M^L		$-\frac{\sin\varepsilon\xi}{\sin\varepsilon}$	$-\xi$	$-\frac{\varepsilon\cos\varepsilon\xi}{\sin\varepsilon}$	-1
	c	(1) M^L (2), $\alpha\ell$, $\beta\ell$	M^L	(1)	$-\frac{\cos\varepsilon\beta\sin\varepsilon\xi}{\sin\varepsilon}$	$-\xi$	$-\frac{\varepsilon\cos\varepsilon\beta\cos\varepsilon\xi}{\sin\varepsilon}$	-1
				(2)	$\frac{\cos\varepsilon\alpha\sin\varepsilon\xi'}{\sin\varepsilon}$	ξ'	$-\frac{\varepsilon\cos\varepsilon\alpha\cos\varepsilon\xi'}{\sin\varepsilon}$	-1
2	a	$\hat{q}$	$\hat{q}\ell^2$		$\frac{1}{\varepsilon^2}\left[\frac{\cos\varepsilon(0{,}5-\xi)}{\cos\varepsilon/2}-1\right]$	$\frac{1}{2}\xi\xi'$	$\frac{\sin\varepsilon(0{,}5-\xi)}{\varepsilon\cos\varepsilon/2}$	$\frac{1}{2}-\xi$
	b	w_0, φ_i^V, $-\varphi_j^V$, $\varphi_i^V=-\varphi_j^V$	$-2S\varphi_i^V\ell$ $=-8Sw_0$			0 (bzw. $\frac{1}{2}\xi\xi'$)		0 (bzw. $\frac{1}{2}-\xi$)
3	a	$\hat{q}_i$	$\hat{q}_i\ell^2$		$\frac{1}{\varepsilon^2}(\frac{\sin\varepsilon\xi'}{\sin\varepsilon}-\xi')$	$\frac{1}{6}(\xi'-\xi'^3)$	$\frac{1}{\varepsilon^2}(1-\frac{\varepsilon\cos\varepsilon\xi'}{\sin\varepsilon})$	$\frac{1}{6}(3\xi'^2-1)$
	b	$\hat{q}_j$	$\hat{q}_j\ell^2$		$\frac{1}{\varepsilon^2}(\frac{\sin\varepsilon\xi}{\sin\varepsilon}-\xi)$	$\frac{1}{6}(\xi-\xi^3)$	$\frac{1}{\varepsilon^2}(\frac{\varepsilon\cos\varepsilon\xi}{\sin\varepsilon}-1)$	$\frac{1}{6}(1-3\xi^2)$
4		(1) F (2), $\alpha\ell$, $\beta\ell$	$F\ell$	(1)	$\frac{\sin\varepsilon\beta\sin\varepsilon\xi}{\varepsilon\sin\varepsilon}$	$\beta\xi$	$\frac{\sin\varepsilon\beta\cos\varepsilon\xi}{\sin\varepsilon}$	β
				(2)	$\frac{\sin\varepsilon\alpha\sin\varepsilon\xi'}{\varepsilon\sin\varepsilon}$	$\alpha\xi'$	$-\frac{\sin\varepsilon\alpha\cos\varepsilon\xi'}{\sin\varepsilon}$	$-\alpha$
5		d, ΔT	$\frac{\Delta T}{d}\alpha_T EI$		$\frac{\sin\varepsilon\xi+\sin\varepsilon\xi'}{\sin\varepsilon}-1$	0	$\varepsilon\frac{\cos\varepsilon\xi-\cos\varepsilon\xi'}{\sin\varepsilon}$	0
6		(1) (2), $\Delta\varphi$, $\alpha\ell$, $\beta\ell$	$-S\ell\Delta\varphi$	(1)	$\frac{\sin\varepsilon\beta\sin\varepsilon\xi}{\varepsilon\sin\varepsilon}$	$\beta\xi$	$\frac{\sin\varepsilon\beta\cos\varepsilon\xi}{\sin\varepsilon}$	β
				(2)	$\frac{\sin\varepsilon\alpha\sin\varepsilon\xi'}{\varepsilon\sin\varepsilon}$	$\alpha\xi'$	$-\frac{\sin\varepsilon\alpha\cos\varepsilon\xi'}{\sin\varepsilon}$	$-\alpha$

Anmerkung: In Zeile 2b handelt es sich um eine parabolische Vorverformung ($\varphi_i^V=-\varphi_j^V=4w_0/\ell$), deren Auswirkung bei Th.I.O. üblicherweise vernachlässigt wird.

sich aus (7.6.11) nach Umordnung der Summanden die allgemeine Momentengleichung am Fließgelenk

$$\frac{EI_s}{\ell_s}\left[-C_1(\varphi_i-\varrho_i)-C_2(\varphi_j-\varrho_j)+\sum_{N=1}^{M}(C_1+C_2)\,\psi_s^N\,\psi_N+C_3\,\varrho_f\right]=M_f^0-M_F. \tag{7.6.13}$$

Die Beiwerte C_1, C_2 und C_3 sind wie auch M_f^0 abhängig von der Lage des Fließgelenks und den Stabrandbedingungen (Tabelle 7.4).

Tabelle 7.4. Zusammenstellung der Beiwerte C_i und der Festeinspannmomente M_f^0 in Abhängigkeit von den Stabrandbedingungen und der Lage des Fließgelenks

(i) (f) (j)	C_1	C_2	C_3	M_f°
⊙ am Knoten (i)	$\varkappa_s$	$\varkappa_s \gamma_s$	μ_{if}	M_{ij}°
⊙ am Knoten (j)	$\varkappa_s \gamma_s$	$\varkappa_s$	μ_{jf}	M_{ji}°
⊙ im Feld (in (f))	μ_{if}	μ_{jf}	μ_{ff}	M_f° nach (7.6.10)

Anmerkung: Für $\varkappa_s$ bzw. γ_s ist je nach den Lagerungsbedingungen $\varkappa_s^e, \varkappa_s^g, \varkappa_s^k$ bzw. $\gamma_s^e, \gamma_s^g = 0$, $\gamma_s^k = 0$ einzusetzen (vgl. Tab. 4.1).

7.6.7 Lage des Fließgelenks im Feld eines Stabes bei konstanter Streckenlast und bei Vorverformungen

Die Lage des Fließgelenks im Feld eines Stabes stimmt nicht mit der des extremalen Feldmoments im Zustand ohne Fließgelenk überein (vgl. Bild 7.21b,c). Zur Aufstellung des um den zugehörigen Knickwinkel erweiterten Gleichungssystems ist die Kenntnis der Lage des Fließgelenks erforderlich, ohne daß der Wert des Knickwinkels bekannt ist. Da dieser Winkel in die Gleichgewichtsbeziehungen am verformten System eingeht (Bild 7.20a), ergibt sich keine eindeutige Lösung des Problems ([7.2]). Ohne auf Einzelheiten der Herleitung einzugehen (vgl. hierzu [7.5]), erhält man

$$\alpha \leq \frac{1}{\varepsilon} \arccos \frac{M_0 + M_{ij}}{M_0 + M_F},$$

$$\beta \leq \frac{1}{\varepsilon} \arccos \frac{M_0 - M_{ji}}{M_0 + M_F}. \qquad (7.6.14a,b)$$

Für den Hilfswert M_0 ist einzusetzen

– bei konstanter Streckenlast $\hat{q}$:

$$M_0 = \hat{q}\ell^2/\varepsilon^2, \qquad (7.6.15a)$$

– bei parabolischen Vorverformungen mit dem Stich w_0 in Feldmitte:

$$M_0 = -8\,S\,w_0/\varepsilon^2. \qquad (7.6.15b)$$

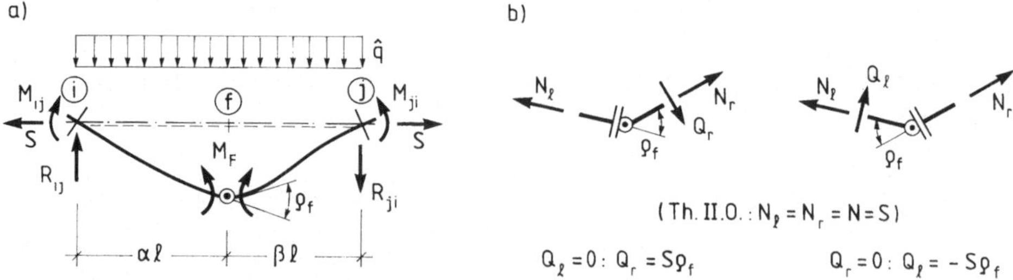

Bild 7.20 a, b. Lage des Fließgelenks im Feld eines Stabes bei konstanter Streckenlast. **a** Verformtes System, **b** Annahme, daß die Querkraft Q_l bzw. Q_r Null ist

Das Gleichheitszeichen in (7.6.14a bzw. 7.6.14b) gilt, wenn man voraussetzt, daß die Querkraft Q_l links vom Fließgelenk bzw. Q_r rechts vom Fließgelenk Null ist (vgl. Bild 7.20b). Eine dieser beiden willkürlichen Annahmen muß bei der praktischen Berechnung getroffen werden, wenn man eine iterative Ermittlung der Lage des Fließgelenks umgehen will.

Die zweckmäßige Vorgehensweise wird wie folgt zusammengefaßt:
Für $|M_{ij}|>|M_{ji}|$ wird $Q_l=0$ angenommen, d.h.

$$\alpha = \frac{1}{\varepsilon} \arccos \frac{M_0+M_{ij}}{M_0+M_F}, \qquad \beta = 1-\alpha, \qquad Q_r = S\varrho_f. \tag{7.6.16a–c}$$

Für $|M_{ij}|<|M_{ji}|$ wird $Q_r=0$ gesetzt, d.h.

$$\beta = \frac{1}{\varepsilon} \arccos \frac{M_0-M_{ji}}{M_0+M_F}, \qquad \alpha = 1-\beta, \qquad Q_l = S\varrho_f. \tag{7.6.17a–c}$$

Bei Symmetrie ($M_{ij}=-M_{ji}$) gilt $\alpha=\beta=0{,}5$.

7.6.8 Anwendungsbeispiel: Zweigeschossige Stütze

Am Beispiel einer zweigeschossigen Stütze soll der Einfluß der F.G.Th.II.O. gezeigt werden. System und Belastung sind in Bild 7.21a dargestellt. Der allgemeine Lösungsweg ist in Abschn. 7.6.10 zusammengestellt. Wegen der unverschieblichen Knoten entfallen hier die Netzgleichungen.

Belastung und Querschnittswerte

Gebrauchslasten: $F_{2G} = 583$ kN, $F_{3G} = 6{,}7$ kN,
$\hat{q}_G = 30$ kN/m.

Sicherheitsbeiwert: $\gamma = 1{,}5$.

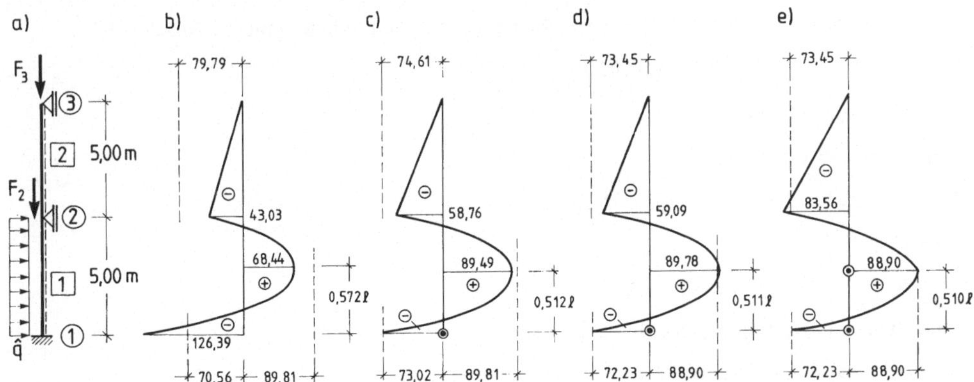

Bild 7.21a–e. Zweigeschossige Stütze (HE 200 B, St 37). **a** System und Belastung; **b–e** Biegemomente (in kNm), **b** nach E.Th.II.O., **c** bei Ausbildung des 1. Fließgelenks, **d** bei 1%iger Laststeigerung gegenüber **a** und einem Fließgelenk, **e** bei 1%iger Laststeigerung gegenüber **a** und zwei Fließgelenken

Bemessungslasten: $F_2 = 1{,}5 \cdot 583 = 875\,\text{kN}$, $F_3 = 1{,}5 \cdot 6{,}7 = 10\,\text{kN}$,
$\hat{q} = 1{,}5 \cdot 30 = 45\,\text{kN/m}$.

Querschnittswerte: HE 200 B, St 37, $I_y = I = 5700\,\text{cm}^4$,
$M_{pl} = 155\,\text{kNm}$, $Q_{pl} = 212\,\text{kN}$, $N_{pl} = 1870\,\text{kN}$.

Es wird vorausgesetzt, daß die Stütze durch Verbände gehalten wird, die ein Ausweichen in y-Richtung verhindern. Vorverformungen werden in diesem ersten Beispiel zur F.G.Th.II.O. der Übersichtlichkeit halber vernachlässigt.

Längskräfte, Schätzung der Querkräfte, Interaktionsbedingung

Längskräfte: $N_1 = -885\,\text{kN}$, $N_2 = -10\,\text{kN}$.

Querkräfte: $\max|Q| \approx \frac{1}{2}\hat{q}\ell = \frac{1}{2} 45 \cdot 5{,}00 = 112{,}5\,\text{kN}$.

Interaktionsbedingung (Bild 6.29): Da die Querkräfte an den Enden des Bereichs 1 größer als $Q_{pl}/3 = 71$ kN sind, verändert sich das Interaktionsbiegemoment M_F linear mit der Querkraft. Es ist deshalb sinnvoll, die Querkräfte mit Hilfe der E.Th.II.O. zu berechnen und erst dann die Interaktionsbedingung auszuwerten.

Berechnung nach E.Th.II.O.

Wegen der sehr kleinen Längskraft in Stab 2 wird dieser Bereich nach Th.I.O. berechnet.

Festeinspannmomente (Tabelle 4.2):

$$M^0_{12} = -M_{21} = \frac{\hat{q}\ell^2}{\overset{*}{s}}\left(1 - \frac{1-\gamma_1}{2}\varkappa^e_1\right), \qquad M^0_{23} = 0.$$

Stabkennzahlen, Steifigkeits- und Fortleitungszahlen (Tabelle 4.1):

$$\overset{*}{s}_1 = \frac{-885 \cdot 500^2}{2{,}1 \cdot 10^4 \cdot 5\,700} = -1{,}848, \qquad \varepsilon_1 = \sqrt{1{,}848} = 1{,}360,$$

$$\varkappa^e_1 = 3{,}747, \qquad \gamma_1 = 0{,}551, \qquad \gamma_1\varkappa^e_1 = 2{,}065,$$

$$\overset{*}{s}_2 = \varepsilon^2_2 \approx 0, \qquad \varkappa^g_2 = 3, \qquad \gamma_2 = 0.$$

Hieraus folgt (wegen der erforderlichen Rechengenauigkeit vgl. Anhang zu Abschn. 4.3.6)

$$M^0_{12} = -M^0_{21} = -96{,}77\,\text{kNm}.$$

Knotengleichung (4.4.18):

Mit $\eta_1 = \eta_2 = 1$ ergibt sich

$$(\varkappa^e_1 + \varkappa^g_2)\varphi_2 = -(M^0_{21} + M^0_{23})\ell/(EI)$$

bzw.

$$6{,}744\,\varphi_2 = -(96{,}77 + 0)\ell/(EI)$$

und damit als Lösung der Knotengleichung

$$\varphi_2 = -14{,}34\,\ell/(EI).$$

(Hier und im folgenden sind Längen in m und Kräfte in kN einzusetzen; z.B. gilt:

$$\frac{\ell}{EI} = \frac{5{,}00}{2{,}1 \cdot 10^8 \cdot 5\,700 \cdot 10^{-8}} = 4{,}18 \cdot 10^{-4}\frac{1}{\text{kNm}}.)$$

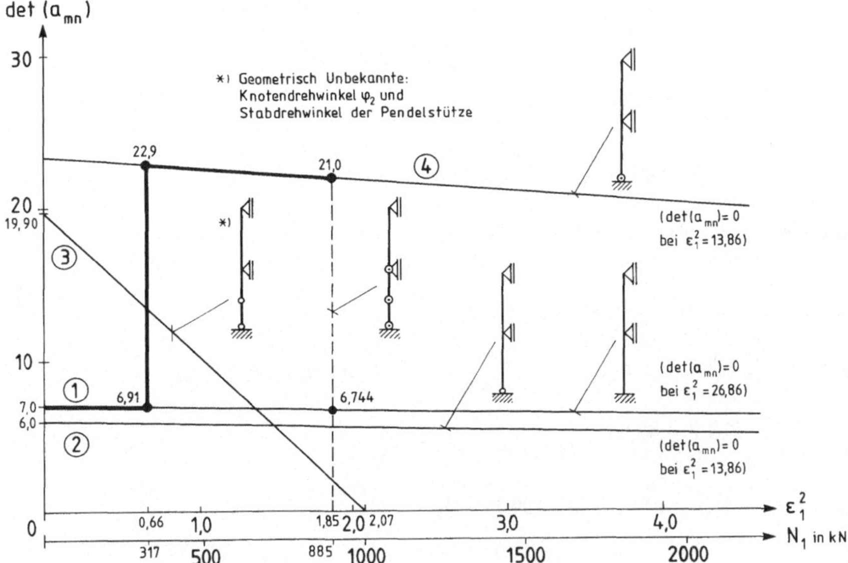

Bild 7.22. Determinantenverlauf

Kontrolle des stabilen Gleichgewichts durch Auswertung des Determinantenverlaufs in Abhängigkeit von ε_1^2 bzw. N_1 (Bild 7.22, Kurve 1):

Für $0 < |N_1| \leq 885$ kN ist $\det(a_{mn}) > 0$,

z.B. für $|N_1| = 885$ kN wird $\det(a_{mn}) = 6{,}744$.

Stabendmomente nach (4.3.7 und 4.3.8):

$$M_{12} = \frac{EI}{\ell}\left[2{,}065(-14{,}34)\frac{\ell}{EI}\right] - 96{,}77 = -126{,}39 \text{ kNm},$$

$$M_{21} = \frac{EI}{\ell}\left[3{,}747(-14{,}34)\frac{\ell}{EI}\right] + 96{,}77 = \quad 43{,}04 \text{ kNm},$$

$$M_{23} = \frac{EI}{\ell}\left[3(-14{,}34)\frac{\ell}{EI}\right] \quad +0 \quad = - \; 43{,}02 \text{ kNm}.$$

Kontrolle: $\sum\limits_{(j)} M_{2j} = 43{,}04 - 43{,}02 \approx 0$.

Extremales Feldmoment im Bereich 1 nach (4.3.29 bis 4.3.33):

$$\hat{q}_l = \hat{q}_r = 45 \text{ kN/m},$$

$$M_l = -126{,}39 \text{ kNm}, \qquad M_r = -43{,}03 \text{ kNm},$$

$$M_S = \frac{-43{,}03 - 126{,}39 + 90 \cdot 5{,}00^2/1{,}848}{2\cos(1{,}360/2)} = 673{,}96 \text{ kNm},$$

$$M_A = \frac{-43{,}03 + 126{,}39}{2\sin(1{,}360/2)} = 66{,}29 \text{ kNm},$$

$$\nu \;= \arctan\frac{66{,}29}{673{,}96} = 0{,}098, \qquad \xi_M = \xi_C = 0{,}5 + \frac{0{,}098}{1{,}360} = 0{,}572,$$

$$M_C = \frac{673{,}96}{\cos 0{,}098} = 677{,}21\ \text{kNm},$$

$$\text{extr}\ M_{f1} = 677{,}21 \cos 0 - \frac{45 \cdot 5{,}00^2}{1{,}848} = 68{,}44\ \text{kNm}.$$

Der Biegemomentenverlauf ist in Bild 7.21b dargestellt.

Querkräfte:

$$R_{12}^P = -R_{21}^P = \hat{q}\ell/2 = 45 \cdot 5{,}00/2 = 112{,}50\ \text{kN},$$

$$R_{12} = -\frac{M_{12}+M_{21}}{\ell_1} + R_{12}^P = -\frac{-126{,}39+43{,}03}{5{,}00} + 112{,}50 = 129{,}17\ \text{kN},$$

$$R_{21} = -\frac{-126{,}39+43{,}03}{5{,}00} - 112{,}50 = -95{,}83\ \text{kN},$$

$$Q_{12} = R_{12} - S_1\varphi_1 = 129{,}17 - 0 = 129{,}17\ \text{kN},$$

$$Q_{21} = R_{21} - S_1\varphi_2 = -95{,}83 - (-885)(-14{,}34)\ 4{,}18 \cdot 10^{-4} = -101{,}13\ \text{kN},$$

$$R_{23} = R_{32} = Q_{23} = Q_{32} = -\frac{-43{,}03}{5{,}00} = 8{,}61\ \text{kN}.$$

Auswertung der Interaktionsbedingung für Bereich 1:

Für $|N| = 885\ \text{kN} > N_{pl}/11 = 170\ \text{kN}$ gilt

– im Feld (mit $Q \approx 0 < Q_{pl}/3$)

$$\frac{|M_F|}{1{,}1 M_{pl}} + \frac{|N|}{N_{pl}} = 1,$$

d.h.

$$M_{F1} = \pm\left(1 - \frac{|N|}{N_{pl}}\right) 1{,}1\, M_{pl} = \pm\left(1 - \frac{885}{1\,870}\right) 1{,}1 \cdot 155 = \pm 89{,}81\ \text{kNm},$$

– am Knoten 1 (mit $Q_{12} = 129{,}17\ \text{kN} > Q_{pl}/3 = 71\ \text{kN}$)

$$\frac{|M_F|}{M_{pl}} + \frac{1{,}1\,|N|}{N_{pl}} + \frac{0{,}45\,|Q|}{Q_{pl}} = 1{,}25,$$

d.h.

$$M_{F12} = \pm\left(1{,}25 - \frac{1{,}1\,|N|}{N_{pl}} - \frac{0{,}45\,|Q|}{Q_{pl}}\right) M_{pl}$$

$$= \pm\left(1{,}25 - \frac{1{,}1 \cdot 885}{1\,870} - \frac{0{,}45 \cdot 129{,}17}{212}\right) 155$$

$$= \pm\left(0{,}7294 - \frac{0{,}45 \cdot 129{,}17}{212}\right) 155 = \pm 70{,}56\ \text{kNm},$$

– am Knoten 2 (mit $|Q_{21}| = 101{,}13\ \text{kN} > Q_{pl}/3 = 71\ \text{kN}$)

$$M_{F21} = \pm\left(0{,}7294 - \frac{0{,}45 \cdot 101{,}13}{212}\right) 155 = \pm 79{,}79\ \text{kNm}.$$

Fließgelenke:

$$|M_{12}| \;=126{,}39\,\text{kNm} > |M_{F12}| = 70{,}56\,\text{kNm},$$

$$\text{extr}\, M_f = \;68{,}44\,\text{kNm} < |M_{F1}| \;= 89{,}81\,\text{kNm},$$

$$|M_{21}| \;=\; 43{,}04\,\text{kNm} < |M_{F21}| = 79{,}79\,\text{kNm},$$

d.h. es stellt sich am Knoten 1 ein Fließgelenk ein. Das Gleichungssystem muß um die neue Unbekannte, den Knickwinkel ϱ_1, erweitert werden.

System mit einem Fließgelenk (am Knoten 1)

Es ergeben sich die beiden Unbekannten φ_2 und ϱ_1. Mit (7.6.13) erhält man das Momentengleichgewicht am Knoten 1 für das erste Fließgelenk:

$$\frac{EI}{\ell}(\varkappa_1^e \varrho_1 - \gamma_1 \varkappa_1^e \varphi_2) = M_f^0 - M_F = M_{12}^0 - M_{F1}.$$

Gleichungssystem:

$$\frac{EI}{\ell}[(\varkappa_1^e + \varkappa_2^g)\varphi_2 + (-\gamma_1 \varkappa_1^e)\varrho_1] = -(M_{21}^0 + M_{23}^0),$$

$$\frac{EI}{\ell}[-\gamma_1 \varkappa_1^e \varphi_2 \quad + \varkappa_1^e \varrho_1] \qquad = M_{12}^0 - M_{F12}$$

bzw.

$$6{,}747\,\varphi_2 - 2{,}065\,\varrho_1 = -96{,}77\,\ell/(EI),$$

$$-2{,}065\,\varphi_2 + 3{,}747\,\varrho_1 = -26{,}21\,\ell/(EI).$$

Kontrolle: Die Koeffizientenmatrix ist symmetrisch.

Lösung des Gleichungssystems:

$$\varphi_2 = -19{,}83\,\ell/(EI), \qquad \varrho_1 = -17{,}92\,\ell/(EI).$$

Kontrolle des stabilen Gleichgewichts:

Für $N_1 = -885$ kN gilt

$$\det(a_{mn}) = 6{,}747 \cdot 3{,}747 - 2{,}065^2 = 21 > 0,$$

und es existiert keine Nullstelle für $0 \geq N_1 \geq -885$ kN (Bild 7.22, Kurven 1 und 4; die Kurven 2 und 3 sind zum Vergleich dargestellt).

Stabendmomente nach (7.6.4 und 7.6.5):

$$M_{21} = \frac{EI}{\ell}(3{,}747\,\varphi_2 - 2{,}065\,\varrho_1) + 96{,}77 = \quad 59{,}47\,\text{kNm},$$

$$M_{23} = \frac{EI}{\ell}3\,\varphi_2 \qquad\qquad + \;0 \quad = -59{,}49\,\text{kNm}.$$

Kontrollen:

$$\sum_{(j)} M_{2j} = 0: \qquad M_{21} + M_{23} = 59{,}47 - 59{,}49 \approx 0,$$

$$M_{12} = \frac{EI}{\ell}(-3{,}747\,\varrho_1 + 2{,}065\,\varphi_2) - 96{,}77 = -70{,}57\,\text{kNm} \approx M_{F12} = -70{,}56\,\text{kNm},$$

M_{12} und ϱ_1 haben das gleiche Vorzeichen.

Extremales Feldmoment im Bereich 1:

$$M_l = -70{,}56\,\text{kNm}, \qquad M_r = -59{,}47\,\text{kNm},$$

$$M_S = \frac{-59{,}47 - 70{,}56 + 1\,217{,}53}{2\cos(1{,}360/2)} = 699{,}29\,\text{kNm},$$

$$M_A = \frac{-59{,}47 + 70{,}56}{2\sin(1{,}360/2)} = 8{,}82\,\text{kNm},$$

$$\nu = \arctan\frac{8{,}82}{699{,}29} = 0{,}013, \qquad \xi_M = \xi_C = 0{,}5 + \frac{0{,}013}{1{,}360} = 0{,}510,$$

$$M_C = 699{,}29/\cos 0{,}013 = 699{,}35\,\text{kNm},$$

$$\text{extr}\,M_{f1} = 699{,}35\ \cos 0 - 45 \cdot 5{,}00^2/1{,}848 = 90{,}58\,\text{kNm}.$$

Wegen extr $M_{f1} = 90{,}58\,\text{kNm} > M_{F1} = 89{,}81\,\text{kNm}$ stellt sich ein zweites Fließgelenk (im Feld) ein. Durch die starke Änderung der Stabendmomente gegenüber denen der E.Th.II.O. ändern sich die Querkräfte und damit auch die Fließmomente. Vor einer Erweiterung des Gleichungssystems um die Unbekannte ϱ_f wird deshalb eine Querkraftiteration für das System mit einem Fließgelenk (im Knoten 1) durchgeführt.

Querkraftiteration für das System mit einem Fließgelenk

Erste Iteration:

Querkräfte im Bereich 1:

$$R_{12} = -(-70{,}56 + 59{,}47)/5{,}00 + 112{,}50 = \quad 114{,}72\,\text{kN},$$

$$R_{21} = -(-70{,}56 + 59{,}47)/5{,}00 - 112{,}50 = -110{,}28\,\text{kN}.$$

Querkraft links vom Fließgelenk (vgl. Erläuterung zu (7.6.20) und Bild 7.20):

$$Q_{12l} = R_{12} - S_1\,\varphi_1 = 114{,}72 - 0 = 114{,}72\,\text{kN},$$

Querkraft rechts vom Fließgelenk:

$$Q_{12r} = Q_{12l} + S_1\,\varrho_1 = 114{,}72 + (-885)\,(-17{,}92)\,4{,}18 \cdot 10^{-4} = 121{,}34\,\text{kN}$$

($Q_{12r} > Q_{12l}$ und damit für die Interaktion maßgebend),

$$Q_{21} = R_{21} - S_1\,\varphi_2 = -110{,}28 - (-885)\,(-19{,}83)\,4{,}18 \cdot 10^{-4} = -117{,}62\,\text{kN}.$$

Auswertung der Interaktionsbedingung für Bereich 1:

- im Feld: $M_{F1} = \pm 88{,}90\,\text{kNm}$ (unverändert),
- am Knoten 1 (mit $\max Q = 121{,}34\,\text{kN}$):

$$M_{F12} = \pm(0{,}7294 - 0{,}45 \cdot 121{,}34/212)\,155 = \pm 73{,}14\,\text{kNm}$$

$$(> 70{,}56\,\text{kNm} = M_{F12}\ \text{nach E.Th.II.O.}),$$

- am Knoten 2 (mit $Q_{21} = -117{,}62\,\text{kN}$):

$$M_{F21} = \pm(0{,}7294 - 0{,}45 \cdot 117{,}62/212)\,155 = \pm 74{,}36\,\text{kNm}$$

$$(< 79{,}78 = M_{F21}\ \text{nach E.Th.II.O.}).$$

Durch die Änderung von M_{F12} ergibt sich für die zweite Gleichung eine neue rechte Seite:

$$M_{12}^0 - M_{F12} = -96{,}77 - (-73{,}14) = -23{,}63\,\text{kNm}.$$

Gleichungssystem:

$$6{,}747\,\varphi_2 - 2{,}065\,\varrho_1 = -96{,}77\,\ell/(EI),$$

$$-2{,}065\,\varphi_2 + 3{,}747\,\varrho_1 = -23{,}63\,\ell/(EI).$$

Lösung des Gleichungssystems:

$$\varphi_2 = -19{,}58\,\ell/(EI), \qquad \varrho_1 = -17{,}09\,\ell/(EI).$$

Stabendmomente:

$$M_{21} = -M_{23} = 58{,}72\text{ kNm}, \qquad M_{12} = M_{F12} = -73{,}14\text{ kNm}.$$

Zweite Iteration:

Querkräfte:

$$R_{12} = -(-73{,}14 + 58{,}72)/5{,}00 + 112{,}50 = 115{,}38\text{ kN},$$

$$R_{21} = -(-73{,}14 + 58{,}72)/5{,}00 - 112{,}50 = -109{,}62\text{ kN},$$

$$Q_{12l} = 115{,}38\text{ kN},$$

$$Q_{12r} = 115{,}38 + (-885)(-17{,}09)\,4{,}18 \cdot 10^{-4} = 121{,}70\text{ kN},$$

$$Q_{21} = -109{,}62 - (-885)(-19{,}58)\,4{,}18 \cdot 10^{-4} = -116{,}86\text{ kN}.$$

Auswertung der Interaktionsbedingung:

$$M_{F1} = \pm 89{,}81\text{ kNm (unverändert)},$$

$$M_{F12} = \pm(0{,}7294 - 0{,}45 \cdot 121{,}70/212)\,155 = \pm 73{,}02\text{ kNm},$$

$$M_{F21} = \pm(0{,}7294 - 0{,}45 \cdot 116{,}86/212)\,155 = \pm 74{,}61\text{ kNm}.$$

Gleichungssystem:

$$6{,}747\,\varphi_2 - 2{,}065\,\varrho_1 = -96{,}77,$$

$$-2{,}065\,\varphi_2 + 3{,}747\,\varrho_1 = -96{,}77 - (-73{,}02) = -23{,}75.$$

Lösung des Gleichungssystems:

$$\varphi_2 = -19{,}59\,\ell/(EI), \qquad \varrho_1 = -17{,}13\,\ell/(EI).$$

Stabendmomente:

$$M_{21} = -M_{23} = 58{,}76\text{ kNm}, \qquad M_{12} = M_{F12} = -73{,}02\text{ kNm}.$$

Die letzte Änderung der Querkräfte und der Fließmomente ist so gering, daß die Iteration abgebrochen wird und das extremale Feldmoment berechnet werden kann.

Extremales Feldmoment im Bereich 1:

$$M_l = -73{,}02\text{ kNm}, \qquad M_r = -58{,}76\text{ kNm},$$

$$M_S = \frac{-58{,}76 - 73{,}02 + 1\,217{,}53}{2\cos(1{,}360/2)} = 698{,}17\text{ kNm},$$

$$M_A = \frac{-58{,}76 + 73{,}02}{2\sin(1{,}360/2)} = 11{,}34\text{ kNm},$$

$$\nu = \arctan(11{,}34/698{,}17) = 0{,}016, \qquad \xi_M = \xi_C = 0{,}5 + 0{,}016/1{,}360 = 0{,}512,$$

$$M_C = 698{,}17/\cos 0{,}016 = 698{,}26 \text{ kNm},$$

$$\text{extr } M_{f1} = 698{,}26 \cos 0 - 45 \cdot 5{,}00^2/1{,}848 = 89{,}49 \text{ kNm} < M_{F1} = 89{,}81 \text{ kNm},$$

d.h. anders als beim Ergebnis des ersten Berechnungsgangs stellt sich kein Fließgelenk im Feld ein. Der endgültige Biegemomentenverlauf ist in Bild 7.21c dargestellt.

Auswertung

Der Tragsicherheitsnachweis für die γ-fachen Lasten ist erbracht, da

- das Gleichgewicht stabil ist ($\det(a_{mn})$ hat keine Nullstelle im Bereich $0 \geq N_1 \geq -885$ kN),
- alle Schnittgrößen nicht größer als die Fließschnittgrößen sind,
- das Fließmoment $M_{F1} = M_{12}$ und der zugehörige Knickwinkel ϱ_1 das gleiche Vorzeichen haben und
- die Längs- bzw. Querkräfte mit ihren endgültigen Werten angesetzt bzw. ausiteriert wurden.

Weil das System nur ein Fließgelenk und somit noch Tragreserven aufweist, kann versucht werden, einen neuen Nachweis mit einem anderen Profil (oder mit geringerer Materialgüte) zu führen. Beide Versuche ergeben hier ein Versagen der Stütze.

Um zu zeigen, wie stark die Systemsteifigkeit nach Ausbildung eines zweiten Fließgelenks abnimmt, soll die Berechnung mit einer um ca. 1% von 875 kN auf 885 kN gesteigerten Last F_2 wiederholt werden. Bei diesem Nachweis wird auch die Einbeziehung eines Fließgelenks im Feld in den Berechnungsablauf berücksichtigt.

Zweigeschossige Stütze mit $F_2 = 885$ kN, $F_3 = 10$ kN und $\hat{q} = 45$ kN/m

Berechnung nach E.Th.II.O.

Stabkennzahlen, Steifigkeits- und Fortleitungszahlen:

$$\overset{\star}{s}_1 = \frac{-895 \cdot 500^2}{2{,}1 \cdot 10^4 \cdot 5\,700} = -1{,}869, \qquad \varepsilon_1 = \sqrt{1{,}869} = 1{,}367,$$

$$\varkappa_1^e = 3{,}744, \qquad \gamma_1 = 0{,}552, \qquad \gamma_1 \varkappa_1^e = 2{,}066,$$

$$\overset{\star}{s}_2 = \varepsilon_2^2 \approx 0, \qquad \varkappa_2^g = 3, \qquad \gamma_2 = 0.$$

Hieraus folgt

$$M_{12}^0 = -M_{21}^0 = -96{,}81 \text{ kNm}.$$

Die weiteren Ergebnisse der Berechnung nach der E.Th.II.O. und der für das System mit einem Fließgelenk (vor der Querkraftiteration) unterscheiden sich von denen des vorangegangenen Beispiels um weniger als 1% und werden deshalb hier nicht angeführt. Es wird mit der Querkraftiteration begonnen.

Querkraftiteration für das System mit einem Fließgelenk

Erste Iteration:

Als Ausgangswerte für die Querkräfte werden die Ergebnisse des vorangegangenen Beispiels verwendet:

$$R_{12} = 114{,}72 \text{ kN}, \qquad R_{21} = -110{,}28 \text{ kN},$$

$$Q_{12l} = 114{,}72 \text{ kN}, \qquad Q_{12r} = 121{,}34 \text{ kN},$$

$$Q_{21} = -117{,}62 \text{ kN}.$$

Auswertung der Interaktionsbedingung:

Mit $N_1 = -895$ kN ergibt sich

– im Feld

$$M_{F1} = \pm\left(1 - \frac{895}{1\,870}\right) 1{,}1 \cdot 155 = \pm 88{,}90\ \text{kNm},$$

– am Knoten 1

$$M_{F12} = \pm\left(1{,}25 - \frac{1{,}1 \cdot 895}{1\,870} - \frac{0{,}45 \cdot 121{,}34}{212}\right) 155$$

$$= \pm\left(0{,}7235 - \frac{0{,}45 \cdot 121{,}34}{212}\right) 155 = \pm 72{,}23\ \text{kNm},$$

– am Knoten 2

$$M_{F21} = \pm\left(0{,}7235 - \frac{0{,}45 \cdot 117{,}62}{212}\right) 155 = \pm 73{,}45\ \text{kNm}.$$

Gleichungssystem:

$$6{,}744\, \varphi_2 - 2{,}066\, \varrho_1 = -96{,}81\, \ell/(EI),$$

$$-2{,}066\, \varphi_2 + 3{,}744\, \varrho_1 = [-96{,}81 - (-72{,}23)]\, \ell/(EI) = -24{,}58\, \ell/(EI).$$

Lösung des Gleichungssystems:

$$\varphi_2 = -19{,}70\, \ell/(EI), \qquad \varrho_1 = -17{,}43\, \ell/(EI).$$

Stabendmomente:

$$M_{21} = -M_{23} = 59{,}09\ \text{kNm}, \qquad M_{12} = M_{F12} = -72{,}23\ \text{kNm}.$$

Zweite Iteration:

Querkräfte:

$$R_{12} = Q_{12l} = -(-72{,}23 + 59{,}09)/5{,}00 + 112{,}50 = 115{,}13\ \text{kN},$$

$$R_{21} = -(-72{,}23 + 59{,}09)/5{,}00 - 112{,}50 = -109{,}87\ \text{kN},$$

$$Q_{12r} = 115{,}13 + (-895)(-17{,}43)\, 4{,}18 \cdot 10^{-4} = 121{,}65\ \text{kN},$$

$$Q_{21} = -109{,}87 - (-895)(-19{,}70)\, 4{,}18 \cdot 10^{-4} = -117{,}24\ \text{kN}.$$

Die Änderung der Querkräfte ist so gering, daß die Iteration abgebrochen wird.

Extremales Feldmoment im Bereich 1:

$$M_l = -72{,}23\ \text{kNm}, \qquad M_r = -59{,}09\ \text{kNm},$$

$$M_S = \frac{-59{,}09 - 72{,}23 + 90 \cdot 5{,}00^2/1{,}869}{2\cos(1{,}367/2)} = 691{,}63\ \text{kNm},$$

$$M_A = \frac{-59{,}09 + 72{,}23}{2\sin(1{,}367/2)} = 10{,}40\ \text{kNm},$$

$$\nu = \arctan\frac{10{,}40}{691{,}63} = 0{,}015, \qquad \xi_M = \xi_C = 0{,}5 + 0{,}015/1{,}367 = 0{,}511,$$

$$M_C = 691{,}63/\cos 0{,}015 = 691{,}71\ \text{kNm},$$

$$\text{extr}\, M_{f1} = 691{,}71\, \cos 0 - 45 \cdot 5{,}00^2/1{,}869 = 89{,}78\ \text{kNm}.$$

Wegen extr $M_{f1} = 89{,}78$ kNm $> M_{F1} = 88{,}90$ kNm stellt sich ein zweites Fließgelenk ein (vgl. Bild 7.21d). Dies trifft im vorliegenden Fall auch nach der Querkraftiteration zu. Das Gleichungssystem muß um die neue Unbekannte, den Knickwinkel ϱ_f, erweitert werden.

System mit zwei Fließgelenken

Lage des Fließgelenks im Feld:

Wegen $|M_{12}| = 72{,}23$ kNm $> M_{21} = 59{,}09$ kNm wird am Fließgelenk im Feld $Q_1 = 0$ gesetzt (vgl. Abschn. 7.6.7). Aus (7.6.15a und 7.6.16a–c) folgt

$$M_0 = \hat{q}\ell^2/\varepsilon_1^2 = 45 \cdot 5{,}00^2/1{,}869 = 601{,}93 \text{ kNm},$$

$$\alpha = \frac{1}{1{,}367} \arccos \frac{601{,}93 - 72{,}23}{601{,}93 + 88{,}90} = 0{,}510,$$

$$\beta = 1 - \alpha = 0{,}490.$$

Momentengleichgewicht am Fließgelenk im Feld nach (7.6.13):

$$\frac{EI}{\ell}[\mu_{1f}\varrho_1 - \mu_{2f}\varphi_2 + \mu_{ff}\varrho_f] = M_f^0 - M_{F1},$$

mit Tabelle 7.2

$$\overset{*}{\alpha} = \frac{\sin(0{,}510 \cdot 1{,}367)}{\sin 1{,}367} = 0{,}656, \qquad \overset{*}{\beta} = \frac{\sin(0{,}490 \cdot 1{,}367)}{\sin 1{,}367} = 0{,}634,$$

$$\mu_{1f} = 3{,}744\,(0{,}634 - 0{,}656 \cdot 0{,}552) = 1{,}018,$$

$$\mu_{2f} = 3{,}744\,(0{,}634 \cdot 0{,}552 - 0{,}656) = -1{,}146,$$

$$\mu_{ff} = 0{,}634 \cdot 1{,}018 - 0{,}656\,(-1{,}146) - 0{,}656 \cdot 0{,}634 \cdot 1{,}367 \sin 1{,}367 = 0{,}840$$

und mit Tabelle 7.3 (mit $\xi = \alpha = 0{,}510$)

$$M_f^P = \frac{1}{1{,}869}\left[\frac{\cos[1{,}367(0{,}5 - 0{,}510)]}{\cos(1{,}367/2)} - 1\right] 45 \cdot 5{,}00^2 = 174{,}56 \text{ kNm}$$

sowie nach (7.6.10)

$$M_f^0 = 0{,}634\,(-96{,}81) - 0{,}656 \cdot 96{,}81 + 174{,}56 = 49{,}68 \text{ kNm}.$$

Gleichungssystem:

$$\frac{EI}{\ell}[(\varkappa_1^e + \varkappa_2^g)\varphi_2 - \gamma_1\varkappa_1^e\varrho_1 - \mu_{2f}\varrho_f] = -(M_{21}^0 + M_{23}^0),$$

$$\frac{EI}{\ell}[-\gamma_1\varkappa_1^e\varphi_2 + \varkappa_1^e\varrho_1 + \mu_{1f}\varrho_f] = M_{12}^0 - M_{F12},$$

$$\frac{EI}{\ell}[-\mu_{2f}\varphi_2 + \mu_{1f}\varrho_1 + \mu_{ff}\varrho_f] = M_f^0 - M_{F1}$$

bzw.

$$6{,}744\,\varphi_2 - 2{,}066\,\varrho_1 + 1{,}146\,\varrho_f = -96{,}81\,\ell/(EI),$$

$$-2{,}066\,\varphi_2 + 3{,}744\,\varrho_1 + 1{,}018\,\varrho_f = [-96{,}81 - (-72{,}23)]\ell/(EI) = -24{,}58\,\ell/(EI),$$

$$1{,}146\,\varphi_2 + 1{,}018\,\varrho_1 + 0{,}840\,\varrho_f = (49{,}68 - 88{,}90)\ell/(EI) = -39{,}22\,\ell/(EI).$$

Kontrolle: Die Koeffizientenmatrix ist symmetrisch.

Lösung des Gleichungssystems:

$$\varphi_2 = -27{,}88\ \ell/(EI), \qquad \varrho_1 = -29{,}27\ \ell/(EI), \qquad \varrho_f = 26{,}81\ \ell/(EI).$$

Überprüfung, ob das erste Fließgelenk entlastet wird (vgl. Abschn. 7.6.10):

$$|\varrho_1| = 29{,}27\ \ell/(EI) > |\varrho_1| = 17{,}43\ \ell/(EI)$$

des Systems mit einem Fließgelenk, d.h. es liegt keine Entlastung vor.

Kontrolle des stabilen Gleichgewichts:

$\det(a_{mn}) = 1{,}02 > 0$ und keine Nullstelle im Bereich $0 \geq N_1 \geq -895$ kN.

Stabendmomente:

$$M_{21} = EI/\ell\,(3{,}744\ \varphi_2 - 2{,}066\ \varrho_1 + 1{,}146\ \varrho_f) + 96{,}81 = 83{,}56 \text{ kNm}.$$

Eine Darstellung der Biegemomente erfolgt in Bild 7.21e.

Kontrollen:

$$M_{12} = EI/\ell\,(-3{,}744\ \varrho_1 + 2{,}066\ \varphi_2 - 1{,}018\ \varrho_f) - 96{,}81 = -72{,}17 \text{ kNm}$$

$$\approx M_{F12} = -72{,}23 \text{ kNm},$$

$$M_{f1} = EI/\ell\,(-1{,}018\ \varrho_1 - 1{,}146\ \varphi_2 - 0{,}840\ \varrho_f) + 49{,}68 = 88{,}92 \text{ kNm}$$

$$\approx M_{F1} = 88{,}90 \text{ kNm},$$

ferner haben M_{f1} und ϱ_f das gleiche Vorzeichen,

$$\sum_{(j)} M_{2j} = 0: \qquad M_{23} = \frac{EI}{\ell}\ 3\ \varphi_2 = -83{,}67 \text{ kNm} \approx -M_{21} = -83{,}56 \text{ kNm}.$$

Die Lösung erfüllt alle Kontrollen; jedoch wird bei Einhaltung der Fließmomente im Knoten 1 und im Feld das Fließmoment im Knoten 2 beträchtlich überschritten:

$$M_{21} = 83{,}56 \text{ kNm} > M_{F21} = 73{,}45 \text{ kNm}.$$

Auswertung

Die Umlagerung der im Feld nicht mehr aufnehmbaren Biegemomente zum Knoten 2 führt auch dort zur Überschreitung des Fließmoments. Da das System mit einem dritten Fließgelenk kinematisch verschieblich wird, sind die Querschnitts- und Systemreserven erschöpft. Die Tragsicherheit läßt sich für die Bemessungslast nicht nachweisen.

Im ersten Beispiel mit $F_2 = 875$ kN konnte die Tragsicherheit nachgewiesen werden. Unter der Bemessungslast stellte sich nur ein Fließgelenk ein. Durch die geringfügige Laststeigerung um $\Delta F_2 = 10$ kN (das entspricht ca. 1%) auf 885 kN ergeben sich im zweiten Beispiel drei Fließgelenke; ein Nachweis der Tragsicherheit ist nicht möglich. Man erkennt, daß die Ausbildung des zweiten Fließgelenks im vorliegenden Fall zu einer starken Abnahme der Systemsteifigkeit führt.

Eine Querkraftiteration ist immer dann erforderlich, wenn das Fließmoment nennenswert von der Querkraft beeinflußt wird (bei I-Walzträgern für $Q > Q_{pl}/3$).

7.6.9 Allgemeine Netzgleichung

Mit dem Prinzip der virtuellen Arbeiten wurde in Abschn. 4.3.8 die allgemeine Netzgleichung der E.Th.II.O. hergeleitet und in Abschn. 4.4.4 um die Einbeziehung von Vorverformungen erweitert. Bei der Berücksichtigung von Fließgelenken kann man analog vorgehen. Als Erweiterung von (4.4.19) in Tabelle 4.9 läßt sich die R-te Netzgleichung wie folgt angeben:

$$
\begin{aligned}
&-\sum_{i=1}^{m}\left[\sum_{(j)}\frac{EI_s}{\ell_s}B_1\varkappa_s(1+\gamma_s)\psi_s^N\right]\varphi_i+\underline{\sum_{i=1}^{m}\left[\sum_{(j,\varrho)}\frac{EI_s}{\ell_s}B_1\varkappa_s(1+\gamma_s)\psi_s^N\right]\varrho_i}\\
&+\sum_{N=I}^{M}\left\{\sum_{(s)}\left[\frac{EI_s}{\ell_s}B_2\varkappa_s(1+\gamma_s)+B_1S_s\ell_s\right]\psi_s^R\psi_s^N\right\}\psi_N\\
&+\underline{\sum_{(s)}\left[\frac{EI_s}{\ell_s}B_1(\mu_{if}+\mu_{jf})\psi_s^R\varrho_f\right]}\\
&=\sum_{(s)}B_1[(M_{ij}^0+M_{ji}^0+M_{ij}^v+M_{ji}^v-S_s\ell_s\psi_s^v)\psi_s^R\\
&\qquad+(F_{ij}^w+R_{ij}^P)w_{ij}^R+(F_{ji}^w-R_{ji}^P)w_{ji}^R+(F_{ij}^u+F_{ji}^u)u_s^R].
\end{aligned}
\tag{7.6.18}
$$

Die gegenüber der E.Th.II.O. zusätzlich auftretenden Terme sind unterstrichen.

7.6.10 Allgemeiner Lösungsweg für Systeme mit elastisch verschieblichen Knoten

Aufgrund ihrer Systematik hat sich die nachfolgend angegebene Vorgehensweise bei der Berechnung nach der F.G.Th.II.O. bewährt:

Schätzung der Längs- und Querkräfte, Interaktionsbeziehung

Es werden (wie bei E.Th.II.O.) nach geeigneten Methoden Näherungswerte für die Längs- und Querkräfte infolge der Bemessungslasten ermittelt. Hierbei sollten zumindest die Gleichgewichtsbedingungen am unverformten System erfüllt werden. Besser ist eine Berechnung der Schnittgrößen nach Th.I.O.

Mit diesen Näherungswerten kann die Schnittgrößeninteraktion überschläglich untersucht und insbesondere das in den einzelnen Bereichen des Systems gültige Fließmoment M_F abgeschätzt werden. Eine weitere Verbesserung aller Werte ergibt sich, wenn man an den Stellen Fließgelenke einführt, an denen sie anhand des angenäherten Schnittgrößenverlaufs zu erwarten sind, und dann die Gleichgewichtsbedingungen erneut auswertet.

Spezielle virtuelle Verrückungsfiguren

Die M Bezugswinkel werden festgelegt und für jede Verrückungsfigur die zugehörigen Knotenverschiebungen und Stabdrehwinkel ermittelt.

Festeinspannmomente

Mit Rücksicht auf die Längskraftiteration bietet es sich an, die Festeinspannmomente infolge von Vorverformungen und äußerer Belastung allgemein anzugeben (Tabellen 4.2 und 4.10).

Allgemeines Gleichungssystem

Wenn zu Beginn der Berechnung die Lage von Fließgelenken nicht bekannt ist, muß der erste Berechnungsgang nach E.Th.II.O. erfolgen. Statt der Knotengleichungen (7.6.7) bzw. der Netzgleichungen (7.6.18) können dann die einfacheren Gln. (4.4.18) bzw. (4.4.19) der E.Th.II.O verwendet werden.

Ist aus den Ergebnissen der Vorberechnung ersichtlich, daß an einzelnen Knoten Fließgelenke auftreten, so können diese bereits im ersten Berechnungsgang berücksichtigt werden; dann müssen jedoch die Knoten- und Netzgleichungen (7.6.7) und (7.6.18) der F.G.Th.II.O. sowie die allgemeine Momentengleichung (7.6.13) am Fließgelenk ausgewertet werden. Die Einbeziehung von Fließgelenken im Feld bei konstanter Streckenlast ist vorab nur in solchen Fällen möglich, in denen gleichzeitig auch in einem Knoten desselben Bereichs ein Fließgelenk angesetzt wird, weil zur Ermittlung der Lage nach (7.6.14) zumindest der genaue Wert eines Stabendmoments erforderlich ist.

Bei allen weiteren Berechnungsgängen für das System mit Fließgelenken sind die Knotengleichungen (7.6.7), die Momentengleichung (7.6.13) an den Fließgelenken und die Netzgleichungen (7.6.18) zu verwenden. Den allgemeinen Aufbau des Gleichungssystems zeigt Bild 7.23.

Wertzuweisung an die Koeffizienten und rechten Seiten des Gleichungssystems

Es sind die Werte der Festeinspannmomente sowie der Steifigkeits- und Fortleitungszahlen in Abhängigkeit von ε_s zu berechnen. Hieraus erhält man die Koeffizienten und die rechten Seiten des Gleichungssystems.

Lösung des Gleichungssystems

Es ergeben sich die geometrisch Unbekannten.

Überprüfung, ob Fließgelenke entlastet werden

Wird ein Knickwinkel durch die Ausbildung von weiteren Fließgelenken betragsmäßig kleiner, so verhält sich der betreffende Querschnitt wieder elastisch, d.h. das Fließgelenk schließt sich. Zur weiteren Vorgehensweise wird auf [7.2] verwiesen.

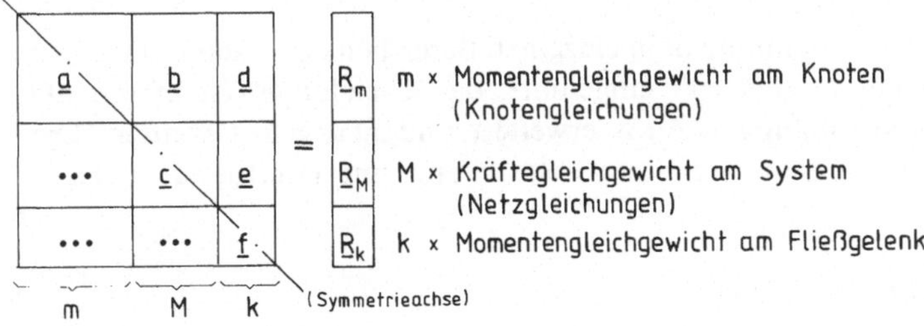

Bild 7.23. Gleichungssystem zur Ermittlung der geometrisch Unbekannten (nach [7.2])

Kontrolle des stabilen Gleichgewichts

Um zu erkennen, ob das System unter der Bemessungslast vor Erreichen des zugehörigen Endzustands ausknickt, wird der Determinantenverlauf ausgewertet. Hierbei ist zu beachten, daß sich der Wert der Determinante mit jedem zusätzlichen Knickwinkel sprunghaft ändert (vgl. Bilder 7.22 und 7.25).

Berechnung der Stabendmomente M_{ij}

Mit (7.6.4 – 7.6.6) erhält man die Stabendmomente. Eine Kontrolle von $\sum_{(j)} M_{ij} = 0$ sollte für jeden Knoten i durchgeführt werden. Hiermit werden jedoch nur die richtige Auflösung des (u.U. falschen) Gleichungssystems und die korrekte Auswertung der Gln. (7.6.4 – 7.6.6) überprüft.

Einführung von Fließgelenken an den Knoten

Überschreiten einzelne Stabendmomente das Fließmoment, so muß an diesen Stellen ein Fließgelenk eingeführt und das Gleichungssystem um jeweils eine zusätzliche Momentengleichgewichtsbedingung (7.6.13) (d.h. um eine Zeile und Spalte, vgl. Bild 7.23) erweitert werden. Die anderen Koeffizienten bleiben dabei unverändert, solange nicht mit verbesserten Stabkennzahlen weitergerechnet wird. Anschließend erfolgen wieder die Lösung des Gleichungssystems und die Kontrolle des stabilen Gleichgewichts.

Berechnung der extremalen Biegemomente im Feld eines Stabes

Nach (4.3.32) erhält man den Ort und mit (4.3.33) die Größe der extremalen Feldmomente. Zur Erfassung einer spannungslosen parabolischen Vorverformung w_0 wird in (4.3.32) zusätzlich zu $\mathring{q}_r$ bzw. $\mathring{q}_l$ die Ersatzbelastung

$$\hat{q}_E = -8 S w_0/\ell^2 \qquad \text{bzw.} \qquad \mathring{q}_E = -8 \frac{S\ell^2}{EI} \frac{w_0}{\ell} \tag{7.6.19a, b}$$

eingesetzt (Herleitung s. Abschn. 8.3.5 und Bild 8.14).

Einführung von Fließgelenken in den Feldern

Überschreitet das extremale Feldmoment in einzelnen Bereichen das Fließmoment, so muß an diesen Stellen ein Fließgelenk eingeführt, das Gleichungssystem um die Momentengleichgewichtsbedingung (7.6.13) erweitert und neu gelöst werden. Die Lage des Fließgelenks bei konstanter Streckenlast kann mit (7.6.16 oder 7.6.17) ermittelt werden.

Berechnung der Querkräfte R_{ij} und Q_{ij}

Analog zu (4.3.27) ergeben sich unter Berücksichtigung der Vorverformungen

$$\varphi_i^v = \frac{4 w_0}{\ell} + \psi_s^v \qquad \text{und} \qquad \varphi_j^v = -\frac{4 w_0}{\ell} + \psi_s^v$$

die Querkräfte

$$R_{ij} = -\frac{M_{ij}+M_{ji}}{\ell_s} + S(\psi_s + \psi_s^v) + R_{ij}^P,$$
$$Q_{ij} = R_{ij} - S(\varphi_i + \varphi_i^v), \qquad Q_{ji} = R_{ji} - S(\varphi_j + \varphi_j^v). \tag{7.6.20a, b}$$

Wenn am linken Stabende i ein Fließgelenk vorhanden ist, ergeben sich links vom Fließgelenk die Querkraft Q_{ij} und rechts $Q_{ij} + S\,\varrho_i$. Wenn am rechten Stabende j ein Fließgelenk vorliegt, so entstehen rechts vom Fließgelenk die Querkraft Q_{ji} und links $Q_{ji} + S\,\varrho_j$ (vgl. Bild 7.20). Alternativ können die Querkräfte auch nach Tabelle 7.3 durch Superposition der entsprechenden Lastfälle bestimmt werden.

Berechnung und Kontrolle der Längskräfte, Längskraftiteration

Aus den Gleichgewichtsbetrachtungen $\Sigma H = 0$ und $\Sigma V = 0$ an den Knoten ergeben sich die Längskräfte $S_{s,neu}$. Falls die Abweichung von den der Berechnung zugrunde gelegten Kräften $S_{s,alt}$ gering ist (d.h. $S_{s,neu}/S_{s,alt} \approx 1$), kann der Rechengang fortgesetzt werden. Bei wesentlichen Abweichungen sind die Koeffizienten des zuletzt aufgestellten Gleichungssystems mit den verbesserten Stabkennzahlen neu zu berechnen und die geänderten statischen Größen zu ermitteln.

Überprüfung der Schnittgrößeninteraktion, Querkraftiteration

Vor jeder Erweiterung des Gleichungssystems sowie am Ende des Tragsicherheitsnachweises wird durch Einsetzen der zuletzt ermittelten Werte für die Längs- und Querkräfte in die Interaktionsbedingung überprüft, ob der Wert des der Berechnung zugrunde gelegten Fließmoments M_F in den einzelnen Bereichen des Systems hinreichend genau ist.

Wenn die Querkräfte einen direkten Einfluß auf die Interaktion haben (z.B. bei I-Walzprofilen für $Q > Q_{pl}/3$, vgl. Abschn. 7.6.8), muß eine Querkraftiteration durchgeführt werden. Nacheinander sind aus den Stabendmomenten die Querkräfte und mit diesen neuen Werten für die Querkräfte die Fließmomente aus der Interaktionsbedingung zu berechnen. Hierdurch kommt es zu einer Änderung der rechten Seite des Gleichungssystems und möglicherweise auch der Längskräfte und damit auch der Koeffizientenmatrix. Das Gleichungssystem ist erneut zu lösen, und es werden die Stabendmomente ermittelt. Dieser Vorgang wird so lange wiederholt, bis die Abweichung der letzten Ergebnisse von denen des vorangegangenen Schritts hinreichend klein ist.

7.6.11 Anwendungsbeispiel: Rahmen mit elastisch verschieblichen Knoten

Für den in Bild 7.24a dargestellten Rahmen mit elastisch verschieblichen Knotenpunkten soll unter Berücksichtigung von Vorverformungen der Tragsicherheitsnachweis nach der Fließgelenktheorie II. Ordnung geführt werden.

System und Belastung

Gebrauchslasten: $F_G = 833$ kN, $H_G = 10$ kN.

Sicherheitsbeiwert: $\gamma = 1{,}5$.

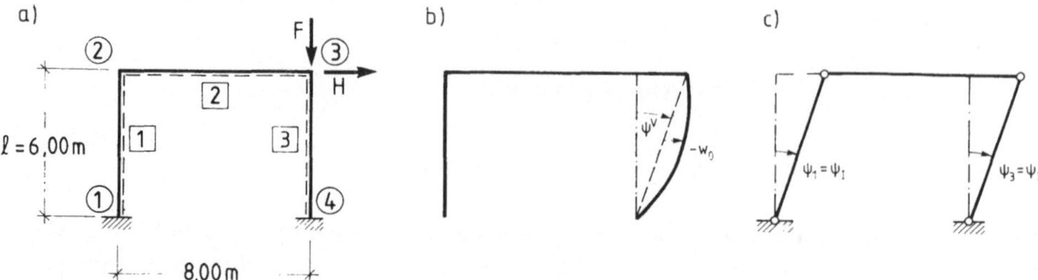

Bild 7.24 a–c. Anwendungsbeispiel. **a** System und Belastung, **b** spannungslose Vorverformungen, **c** Verschiebungsfigur

Bemessungslasten: $F = 833 \cdot 1{,}5 = 1\,250$ kN, $H = 10 \cdot 1{,}5 = 15$ kN.

Querschnittswerte: HE 200 B, St 37, $I_y = I = 5\,700\ \text{cm}^4$,
$M_{pl} = 155$ kNm, $Q_{pl} = 212$ kN, $N_{pl} = 1\,870$ kN.

Vorverformungen (Bild 7.24b): $\psi^v = \dfrac{1}{150}$, $w_0 = \dfrac{\ell}{250} = 0{,}024$ m.

Schätzung der Längs- und Querkräfte, Interaktionsbedingung

Längskräfte: $N_1 \approx 0{,}3\,H \approx 5$ kN, $N_2 \approx H/2 \approx 8$ kN, $N_3 \approx -(F + 0{,}3\,H) \approx -1\,255$ kN.

Querkräfte: $\max|Q| \approx H/2 \approx 8$ kN.

Interaktionsbedingung:
Wegen geringer Längs- und Querkräfte gilt in den Bereichen 1 und 2

$$M_{F1} = M_{F2} = M_{pl} = 155\ \text{kNm}.$$

In Bereich 3 wird wegen $Q < Q_{pl}/3 = 71$ kN und $N > N_{pl}/11 = 170$ kN die Interaktionsbeziehung

$$\frac{|M_{F3}|}{1{,}1\,M_{pl}} + \frac{|N_3|}{N_{pl}} = 1$$

nach Bild 6.29a verwendet, d.h.

$$M_{F3} = \pm\left(1 - \frac{|N_3|}{N_{pl}}\right) 1{,}1\,M_{pl} = \pm\left(1 - \frac{1\,255}{1\,870}\right) 1{,}1 \cdot 155 = \pm 56{,}07\ \text{kNm}.$$

Berechnung nach der E.Th.II.O.

Es sind die drei Unbekannten φ_2, φ_3, ψ_I vorhanden. Aus Bild 7.24c liest man ab

$$\psi_1^I = \psi_3^I = 1, \quad \psi_2^I = 0, \quad w_{32}^I = 0, \quad u_3 = \psi_I\,\ell \quad \text{bzw.} \quad u_3^I = \ell = 6{,}0\ \text{m}.$$

Wegen der sehr kleinen Längskräfte in den Stäben 1 und 2 werden diese beiden Bereiche nach Th.I.O. berechnet, d.h. auch ohne Berücksichtigung der Vorverformungen.

Festeinspannmomente:

$$M_{12}^v = -M_{21}^v \approx 0, \qquad M_{23}^v = -M_{32}^v \approx 0,$$

$$M_{34}^v = -M_{43}^v = \frac{EI}{\ell}\,[(1-\gamma_3)\,\varkappa_3^e - 2]\,(\varphi_3^v - \psi_3^v)$$

$$= \frac{EI}{\ell}\,[(1-\gamma_3)\,\varkappa_3^e - 2]\,\frac{4\,w_0}{\ell} = -31{,}92\,[(1-\gamma_3)\,\varkappa_3^e - 2].$$

Knotengleichungen (7.6.7) bzw. (4.4.18) (mit $\eta_1=\eta_3=1$, $\eta_2=6{,}00/8{,}00=0{,}75$):

Knoten 2: $(\varkappa_1^e+0{,}75\,\varkappa_2^e)\,\varphi_2+(0{,}75\,\gamma_2\varkappa_2^e)\,\varphi_3-[(1+\gamma_1)\,\varkappa_1^e\,\psi_1^I]\,\psi_I=0.$

Knoten 3: $(0{,}75\,\gamma_2\varkappa_2^e)\,\varphi_2+(0{,}75\,\varkappa_2^e+\varkappa_3^e)\,\varphi_3-[(1+\gamma_3)\,\varkappa_3^e\,\psi_3^I]\,\psi_I=-M_{34}^v\,\dfrac{\ell}{EI}.$

Netzgleichung (7.6.18) bzw. (4.4.19) (mit N = R = I und M = I):

$$-[\varkappa_1^e(1+\gamma_1)\,\psi_1^I]\,\varphi_2-[\varkappa_3^e(1+\gamma_3)\,\psi_3^I]\,\varphi_3$$
$$+\{[2\,\varkappa_1^e(1+\gamma_1)+0]\,\psi_1^I\psi_1^I+[2\,\varkappa_3^e(1+\gamma_3)+\overset{*}{s}_3]\,\psi_3^I\psi_3^I\}\,\psi_I$$
$$=[(M_{34}^v+M_{43}^v-S_3\,\ell\,\psi_3^v)\,\psi_3^I+Hu_3^I]\,\frac{\ell}{EI}.$$

Stabkennzahlen, Steifigkeits- und Fortleitungszahlen, Festeinspannmomente:

Aus Tabelle 4.1 ergeben sich die Werte

$$\overset{*}{s}_1\approx\overset{*}{s}_2\approx 0,\quad \varepsilon_1\approx\varepsilon_2\approx 0,\quad \varkappa_1^e=\varkappa_2^e=4,\quad \gamma_1=\gamma_2=0{,}5,$$
$$\overset{*}{s}_3=-3{,}774,\quad \varepsilon_3=1{,}943,\quad \varkappa_3^e=3{,}470,\quad \gamma_3=0{,}617,$$
$$M_{34}^v=-M_{43}^v=21{,}42\text{ kNm}.$$

Gleichungssystem:

$$7{,}000\,\varphi_2+1{,}500\,\varphi_3-\ 6{,}000\,\psi_I=\ 0,$$
$$1{,}500\,\varphi_2+6{,}470\,\varphi_3-\ 5{,}611\,\psi_I=-21{,}42\,\ell/(EI),$$
$$-6{,}000\,\varphi_2-5{,}611\,\varphi_3+19{,}448\,\psi_I=\ 140{,}20\,\ell/(EI).$$

Lösung des Gleichungssystems:

$$\varphi_2=8{,}60\,\ell/(EI),\qquad \varphi_3=4{,}33\,\ell/(EI),\qquad \psi_I=11{,}11\,\ell/(EI).$$

(Hier und im folgenden sind alle Längen in m und Kräfte in kN einzusetzen; z.B.: $\ell/(EI)=6{,}00/(2{,}1\cdot 10^8\cdot 5\,700\cdot 10^{-8})=5{,}01\cdot 10^{-4}$ 1/kNm.)

Kontrolle für stabiles Gleichgewicht:

$\det(a_{mn})=485>0$ und keine Nullstelle unterhalb F.

(Der gesamte Determinantenverlauf ist in Bild 7.25 dargestellt.)

Stabendmomente:

$$M_{12}=\frac{EI}{\ell}[\gamma_1\varkappa_1^e\varphi_2-\varkappa_1^e(1+\gamma_1)\psi_I]=-49{,}46\text{ kNm},$$
$$M_{21}=\frac{EI}{\ell}[\varkappa_1^e\varphi_2-\varkappa_1^e(1+\gamma_1)\psi_I]=-32{,}26\text{ kNm},$$
$$M_{23}=\frac{EI}{\ell}[\varkappa_2^e\varphi_2+\gamma_2\varkappa_2^e\varphi_3]0{,}75=32{,}30\text{ kNm},$$
$$M_{32}=\frac{EI}{\ell}[\gamma_2\varkappa_2^e\varphi_2+\varkappa_2^e\varphi_3]0{,}75=25{,}89\text{ kNm},$$
$$M_{34}=\frac{EI}{\ell}[\varkappa_3^e\varphi_3-\varkappa_3^e(1+\gamma_3)\psi_I]+M_{34}^v=-25{,}89\text{ kNm},$$
$$M_{43}=\frac{EI}{\ell}[\gamma_3\varkappa_3^e\varphi_3-\varkappa_3^e(1+\gamma_3)\psi_I]+M_{43}^v=-74{,}49\text{ kNm}.$$

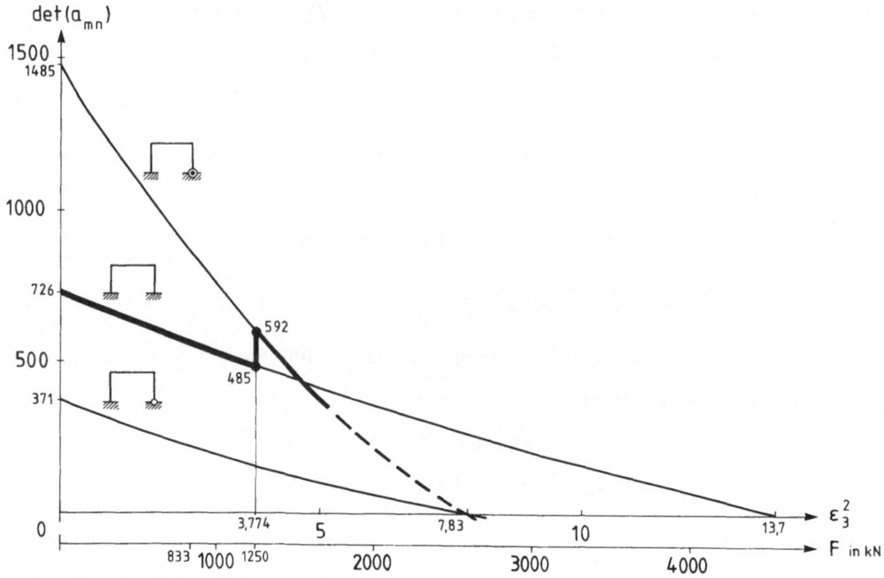

Bild 7.25. Determinantenverlauf

Wegen $|M_{43}|=74{,}49>M_{F3}=56{,}07$ kNm stellt sich am Knoten 4 ein Fließgelenk ein. Das Gleichungssystem muß um die neue Unbekannte, den Knickwinkel ϱ_4, erweitert werden. Zuvor wird jedoch überprüft, ob auch im Feld des Stabes 3 das Fließmoment überschritten wird.

Extremales Feldmoment für Stab 3 nach (4.3.29 – 4.3.33):

$$\hat{q}_l = \hat{q}_r = -8Sw_0/\ell^2 \quad \text{(Ersatzbelastung nach (7.6.19a))},$$

$$\hat{q}_l = \hat{q}_r = -8(-1\,255)(-0{,}024)/6{,}0^2 = -\ 6{,}69 \text{ kN/m},$$

$$M_r = 74{,}49 \text{ kNm}, \qquad M_l = -25{,}89 \text{ kNm},$$

$$M_S = -70{,}06 \text{ kNm}, \qquad M_A = 60{,}78 \text{ kNm},$$

$$\nu = -\ 0{,}715, \qquad M_C = -92{,}78 \text{ kNm},$$

$$\xi_M = 0{,}132, \qquad \text{extr}\, M_f = -28{,}96 \text{ kNm}.$$

Wegen $|\text{extr}\, M_f|=28{,}96 \text{ kNm}<|M_{F3}|=56{,}07$ kNm stellt sich im Feld des Bereichs 1 kein Fließgelenk ein. Die Biegemomente sind in Bild 7.26a dargestellt. Mit Hilfe der Ergebnisse der E.Th.II.O. wird überprüft, ob die anfangs geschätzten Längskräfte hinreichend genau sind. Aus

$$Q_{32}=R_{32}=-(M_{23}-M_{32})/\ell_3=-(32{,}30+25{,}89)/8{,}00=-7 \text{ kN}$$

und

$$N_3=-(F+Q_{32})=-1\,250-7=-1\,257\approx-1\,255 \text{ kN}$$

folgt, daß eine Korrektur der Stabkennzahl ε_3 und des Fließmoments M_{F3} nicht erforderlich ist.

Erstes Fließgelenk (am Knoten 4)

Momentengleichung (7.6.13) für das 1. Fließgelenk:

$$-\varkappa_3^e \gamma_3 \varphi_3 - \varkappa_3^e(-\varrho_4) + (\varkappa_3^e \gamma_3 + \varkappa_3^e)\, \psi_3^1 \psi_1 = (M_{43}^v - M_{F3}) \frac{\ell}{EI}.$$

Gleichungssystem:

$$(\varkappa_1^e + 0{,}75\,\varkappa_2^e)\,\varphi_2 + 0{,}75\,\gamma_2\varkappa_2^e\varphi_3 - (\varkappa_1^e + \gamma_1\varkappa_1^e)\,\psi_\mathrm{I} + 0\cdot\varrho_4 = 0,$$

$$0{,}75\,\gamma_2\varkappa_2^e\varphi_2 + (0{,}75\,\varkappa_2^e + \varkappa_3^e)\,\varphi_3 - (\varkappa_3^e + \gamma_3\varkappa_3^e)\,\psi_\mathrm{I} - \gamma_3\varkappa_3^e\varrho_4 = -M_{34}^{\mathrm{v}}\frac{\ell}{EI},$$

$$-(\varkappa_1^e + \gamma_1\varkappa_1^e)\,\varphi_2 - (\varkappa_3^e + \gamma_3\varkappa_3^e)\,\varphi_3 + [2\,\varkappa_1^e(1+\gamma_1) + 2\,\varkappa_3^e(1+\gamma_3) + \overset{*}{s}_3]\,\psi_\mathrm{I}$$
$$+ [(\varkappa_3^e + \varkappa_3^e\gamma_3)\,\psi_3^\mathrm{I}]\,\varrho_4 = (-S_3\ell\,\psi_3^{\mathrm{v}}\psi_3^\mathrm{I} + Hu_3^\mathrm{I})\frac{\ell}{EI}$$

$$0\cdot\varphi_2 - \gamma_3\varkappa_3^e\varphi_3 + (\varkappa_3^e + \gamma_3\varkappa_3^e)\,\psi_3^\mathrm{I}\psi_\mathrm{I} + \varkappa_3^e\varrho_4 = (M_{43}^{\mathrm{v}} - M_{\mathrm{F}3})\frac{\ell}{EI}$$

bzw.

$$\begin{aligned}
7{,}000\,\varphi_2 + 1{,}500\,\varphi_3 - 6{,}000\,\psi_\mathrm{I} + 0{,}000\,\varrho_4 &= 0,\\
1{,}500\,\varphi_2 + 6{,}470\,\varphi_3 - 5{,}611\,\psi_\mathrm{I} - 2{,}141\,\varrho_4 &= -21{,}42\,\ell/(EI),\\
-6{,}000\,\varphi_2 - 5{,}611\,\varphi_3 + 19{,}448\,\psi_\mathrm{I} + 5{,}611\,\varrho_4 &= 140{,}20\,\ell/(EI),\\
0{,}000\,\varphi_2 - 2{,}141\,\varphi_3 + 5{,}611\,\psi_\mathrm{I} + 3{,}470\,\varrho_4 &= [-21{,}42 - (-56{,}07)]\,\ell/(EI)\\
&= 34{,}65\,\ell/(EI).
\end{aligned}$$

Lösung des Gleichungssystems:

$$\varphi_2 = 13{,}57\,\ell/(EI), \qquad \psi_\mathrm{I} = 16{,}58\,\ell/(EI),$$
$$\varphi_3 = 2{,}96\,\ell/(EI), \qquad \varrho_4 = -14{,}99\,\ell/(EI).$$

Kontrolle für stabiles Gleichgewicht:

$\det(a_{mn}) = 592$ und keine Nullstelle unterhalb F.

Stabendmomente:

$$M_{12} = \frac{EI}{\ell}\,[\gamma_1\varkappa_1^e\varphi_2 - \varkappa_1^e(1+\gamma_1)\,\psi_\mathrm{I}] = -72{,}34\ \mathrm{kNm},$$

$$M_{21} = \frac{EI}{\ell}\,[\varkappa_1^e\varphi_2 - \varkappa_1^e(1+\gamma_1)\,\psi_\mathrm{I}] = -45{,}20\ \mathrm{kNm},$$

$$M_{23} = \frac{EI}{\ell}\,[\varkappa_2^e\varphi_2 + \gamma_2\varkappa_2^e\varphi_3]\,0{,}75 = -45{,}15\ \mathrm{kNm},$$

$$M_{32} = \frac{EI}{\ell}\,[\varkappa_2^e\gamma_2\varphi_2 + \varkappa_2^e\varphi_3]\,0{,}75 = 29{,}24\ \mathrm{kNm},$$

$$M_{34} = \frac{EI}{\ell}\,[\varkappa_3^e\varphi_3 - \varkappa_3^e(1+\gamma_3)\,\psi_\mathrm{I} - \varkappa_3^e\gamma_3\varrho_4] + M_{34}^{\mathrm{v}} = -29{,}25\ \mathrm{kNm}.$$

Kontrollen:

$$M_{43} = \frac{EI}{\ell}\,[\gamma_3\varkappa_3^e\varphi_3 - \varkappa_3^e(1+\gamma_3)\,\psi_\mathrm{I} - \varkappa_3^e\varrho_4] + M_{43}^{\mathrm{v}} = -56{,}10\ \mathrm{kNm} \approx M_{\mathrm{F}3},$$

M_{43} und ϱ_4 haben das gleiche Vorzeichen.

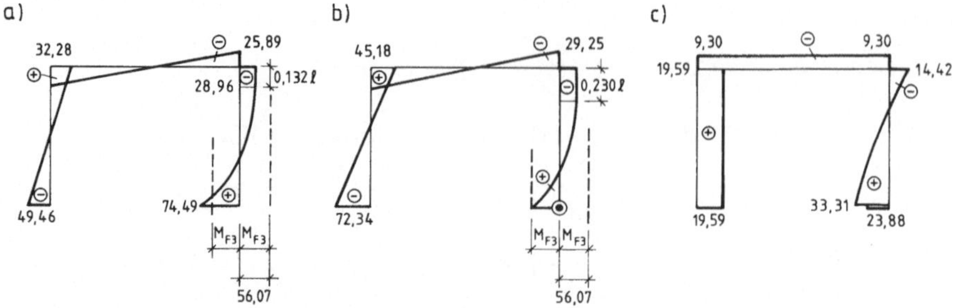

Bild 7.26 a–c. Darstellung der Ergebnisse. **a** Biegemomente nach E.Th.II.O., **b** Biegemomente und **c** Querkräfte Q für das System mit dem ersten Fließgelenk

Extremales Feldmoment für Stab 3:

$$\hat{q}_l = \hat{q}_r = -6{,}69 \text{ kN/m}, \quad M_l = -29{,}25 \text{ kNm}, \quad M_r = 56{,}07 \text{ kNm},$$
$$M_S = -89{,}36 \text{ kNm}, \quad M_A = 51{,}66 \text{ kNm}, \quad \nu = -0{,}524,$$
$$M_C = -103{,}21 \text{ kNm}, \quad \xi_M = 0{,}230, \quad \text{extr}\, M_f = -39{,}39 \text{ kNm}.$$

Unter der Wirkung der Bemessungslasten stellt sich kein weiteres Fließgelenk ein.

Die Biegemomente sind in Bild 7.26b dargestellt.

Querkräfte R_{ij} bzw. Q_{ij}:

Mit (7.6.20) gilt für

– die Bereiche 1 und 2 (Th.I.O.)

$$R_{12} = R_{21} = Q_{12} = Q_{21} = -\frac{-72{,}34 - 45{,}20}{6{,}0} = 19{,}59 \text{ kN},$$

$$R_{23} = R_{32} = Q_{23} = Q_{32} = -\frac{45{,}15 + 29{,}24}{8{,}0} = -9{,}30 \text{ kN},$$

– den Bereich 3 (Th.II.O.)

$$R_{34} = R_{43} = -\frac{-29{,}25 - 56{,}10}{6{,}0} - 1\,255\left(16{,}58\,\frac{\ell}{EI} + \frac{1}{150}\right) + 0 = -4{,}57 \text{ kN},$$

(Der letzte Summand mit dem Wert 0 ist der Anteil infolge der spannungslosen parabolischen Vorverformung.)

$$Q_{34} = -4{,}57 + 1\,255\left[2{,}96\,\frac{\ell}{EI} + \left(-\frac{4(-0{,}024)}{6{,}0} + \frac{1}{150}\right)\right] = -14{,}42 \text{ kN}.$$

Bezeichnen Q_{43_u} die Querkraft unterhalb und Q_{43_o} diejenige oberhalb des Fließgelenks, so gilt (vgl. Bild 7.20)

$$Q_{43_u} = -4{,}57 + 1\,255\left[0 + \left(-\frac{4(-0{,}024)}{6{,}0} + \frac{1}{150}\right)\right] = 23{,}88 \text{ kN},$$

$$Q_{43_o} = 23{,}88 - 1\,255\,[-14{,}99\,\ell/(EI)] = 33{,}31 \text{ kN}.$$

Kontrolle:

$$\max|Q| = 33{,}31 < Q_{pl}/3 = 71 \text{ kN};$$

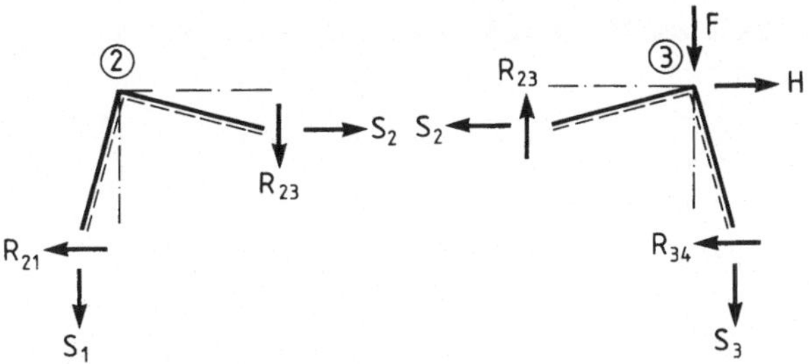

Bild 7.27. Schnittkräfte an den Knoten 2 und 3

die Verwendung der Interaktionsbedingung ist somit gerechtfertigt. Der Querkraftverlauf ist in Bild 7.26c dargestellt.

Längskräfte S_s (vgl. Bild 7.27):

Aus Gleichgewichtsbetrachtungen ergibt sich am Knoten 2 für

$$\Sigma H = 0: \quad S_{2\mathrm{neu}} = R_{21} = 19{,}59\ \mathrm{kN}, \qquad \Sigma V = 0: \quad S_{1\mathrm{neu}} = -R_{23} = 9{,}30\ \mathrm{kN}$$

und am Knoten 3 für

$$\Sigma H = 0: \quad S_{2\mathrm{neu}} = H - R_{34} = 19{,}57\ \mathrm{kN}, \qquad \Sigma V = 0: \quad S_{3\mathrm{neu}} = R_{32} - F = -1\,259\ \mathrm{kN}.$$

Die Übereinstimmung der geschätzten Längskräfte mit den endgültig berechneten ist für Stab 3 mit

$$S_{3\mathrm{neu}}/S_{3\mathrm{alt}} = 1\,259/1\,255 = 1{,}003 \approx 1$$

so gut, daß eine Längskraftiteration überflüssig ist.

Der Nachweis der Tragsicherheit für die γ-fachen Lasten ist erbracht, da alle vier in Abschn. 7.6.1 angeführten Bedingungen erfüllt sind. Die Traglast selbst und damit die Größe des Sicherheitsfaktors bleiben unbekannt.

8 Ergänzende Betrachtungen zum Tragsicherheitsnachweis, Näherungsverfahren

8.1 Vorbemerkungen

Im folgenden werden die bisher durchgeführten Untersuchungen ergänzt und zusammengefaßt. Ziel dieser Betrachtungen ist es, nach der Behandlung zahlreicher Einzelprobleme und einiger grundlegender Berechnungsverfahren in den vorangegangenen Kapiteln die Ergebnisse von einem übergeordneten Standpunkt aus einzuordnen und zu diskutieren. Im Mittelpunkt stehen dabei die Frage nach einem zutreffenden Tragsicherheitsnachweis und die Erörterung möglicher Näherungsverfahren wie des Ersatzstabverfahrens.

Den weiteren Betrachtungen wird die wichtige Erkenntnis vorangestellt, daß für baupraktische Probleme sowohl die niedrigste Verzweigungslast als auch die Durchschlaglast als oberste Tragfähigkeitsgrenze anzusehen sind, da das System bei Erreichen dieser Lasten in der Regel zerstört wird.

Eine Ausnahme hiervon bilden statisch unbestimmte Systeme, bei denen das Stabilitätsversagen einzelner Stäbe durch Kräfteumlagerung auf noch tragfähige andere Systemteile aufgefangen werden kann (z.B. Fachwerkkuppeln). Die hiermit verbundene Relativierung des Begriffs Traglast wird anhand eines Anwendungsbeispiels (Abschn. 8.5.4) ausführlich erörtert.

Da in diesem Kapitel ausschließlich Druckglieder untersucht werden, wird, wie häufig üblich, die Längskraft S bzw. N als Druckkraft mit positivem Vorzeichen eingeführt.

8.2 Zur Elastizitätstheorie II. Ordnung und Stabilität

8.2.1 Spannungs- und zugehöriges Knickproblem

An einem ebenen Rahmen, der aus ideal geraden Stäben zusammengesetzt ist, werden im folgenden zwei Lastfälle untersucht. Im ersten Lastfall (Bild 8.1a) entstehen durch die Streckenlast Biegemomente, während im zweiten Lastfall (Bild 8.1b) wegen der zentrisch angreifenden Einzellasten Gleichgewicht ohne Biegung möglich ist. Die Untersuchung erfolgt mit Hilfe der E.Th.II.O.

Zur Ermittlung der statischen Größen wird zunächst ein Gleichungssystem für die (statisch oder geometrisch) Unbestimmten X_n in der Form

$$\boldsymbol{a}\boldsymbol{X} = \boldsymbol{r} \tag{8.2.1}$$

aufgestellt.

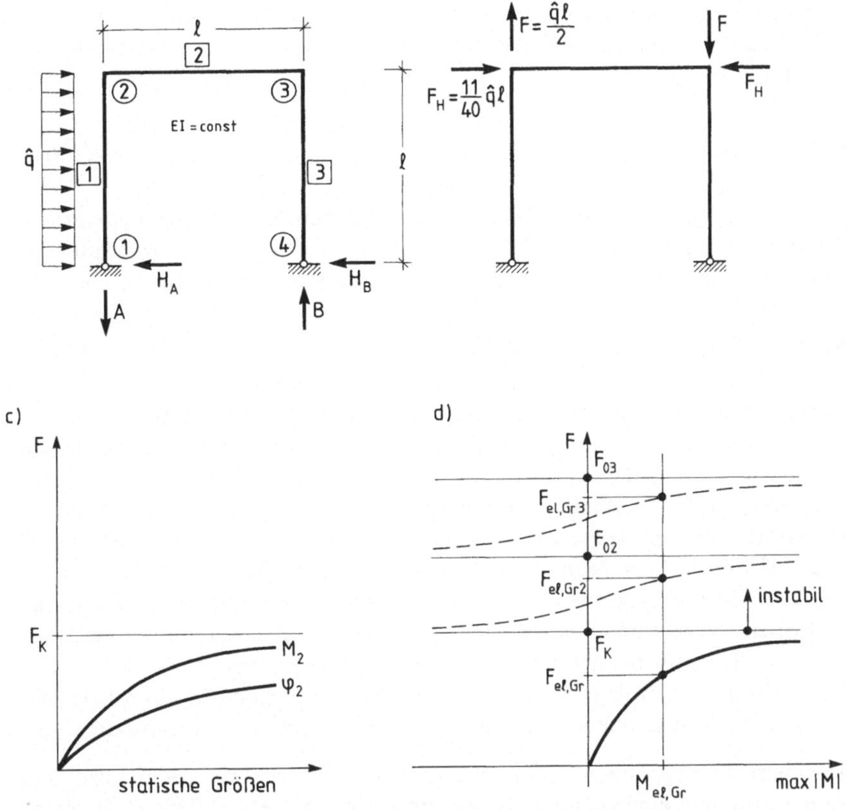

Bild 8.1 a–d. Spannungs- und zugehöriges Knickproblem. **a** Lastfall 1, **b** Lastfall 2, **c** Darstellung der statischen Größen für $F < F_K$, **d** vollständiger Kurvenverlauf

Hierin bedeuten

$\boldsymbol{a}$ die Matrix der Koeffizienten a_{mn},

$\boldsymbol{X}$ die Spaltenmatrix der unbekannten Kraft- bzw. Verschiebungsgrößen X_n und

$\boldsymbol{r}$ die Spaltenmatrix der rechten Seiten r_m des Gleichungssystems.

Die Werte der Koeffizienten und der Glieder der rechten Seiten des Gleichungssystems hängen von den Längskraftkennzahlen ε_s der einzelnen Bereiche s ab, d.h.

$$a_{mn} = a_{mn}(\varepsilon_s) \qquad \text{bzw.} \qquad r_m = r_m(\varepsilon_s).$$

In Kap. 4 wurde bereits ausführlich dargelegt, wie die Längskräfte S_s und damit die Längskraftkennzahlen ε_s zu ermitteln sind. Für die weiteren Betrachtungen wird angenommen, daß die Längskraftverteilung mit hinreichender Genauigkeit bekannt ist; sie wird als eingeprägt bezeichnet.

Die Systemgeometrie bestimmt den formalen Aufbau der Koeffizientenmatrix $\boldsymbol{a}$ (vgl. Abschn. 4.3.6 und 4.5.5), während sich die Werte der Koeffizienten aus den zu den verschiedenen Lastfällen gehörenden Längskräften ergeben. Sind die eingeprägten Längskräfte für jeden Lastfall gleich groß, so sind die zugehörigen Koeffizientenmatrizen identisch. Beim hier betrachteten Rahmen liegt dieser Fall vor, wenn für die Einzellasten (Bild 8.1b) gilt

$$F = \frac{1}{2}\,\hat{q}\ell, \qquad F_H = \frac{11}{40}\,\hat{q}\ell. \tag{8.2.2a, b}$$

Die Unbekannten X_n können mit Hilfe der Cramerschen Regel berechnet werden. Für das Biegeproblem des ersten Lastfalls (Bild 8.1a) ergibt sich bei Verwendung der Zählerdeterminante D_n und der Koeffizientendeterminante $\det \boldsymbol{a} = \det(a_{mn})$

$$X_n = \frac{D_n}{\det(a_{mn})} \qquad \text{mit} \qquad \det(a_{mn}) \neq 0. \tag{8.2.3}$$

Im zweiten Lastfall (Bild 8.1b) erhält man wegen der zentrischen Belastung ein homogenes Gleichungssystem, d.h. $\boldsymbol{r} = 0$. Es liegt ein Knickproblem vor, zu dessen Lösung die kleinste Nullstelle der Determinante $\det(a_{mn})$ zu ermitteln ist. Hierzu werden die Lasten proportional zueinander gesteigert; der Determinantenwert nimmt wegen der Druckkräfte im rechten Stiel und im Riegel ab, bis er schließlich bei Erreichen der kritischen Last Null wird. Aus (8.2.3) ist ersichtlich, daß mit dieser Verringerung des Determinantenwerts die Unbekannten X_n und damit auch alle statischen Größen im ersten Lastfall über alle Grenzen wachsen, so daß die Tragfähigkeit des Systems bereits vor Erreichen der Knicklast erschöpft ist. Die Kurven der statischen Größen verlaufen asymptotisch gegen die Parallele zur Abszissenachse durch die Knicklast F_K (Bild 8.1c). Als Ergebnis bleibt festzuhalten:

- Das zu einem Biegeproblem („Spannungsproblem") gehörige Knickproblem ergibt sich, wenn man eine gedachte Belastung auf das System aufbringt, die keine Biegung erzeugt, aber die gleiche Längskraftverteilung wie beim Biegeproblem hervorruft (Bild 8.1b).
- Die kritische Last des zugehörigen Knickproblems liefert die Asymptote für die Kurven der statischen Größen des Biegeproblems und ist eine obere Grenze für die Tragfähigkeit (Bild 8.1c).

8.2.2 Nachweis des stabilen Gleichgewichtszustands

Bei der Bemessung eines Systems ist es i.allg. nicht erforderlich, die Kurven der statischen Größen (vgl. Bild 8.1c) zu berechnen. Statt dessen wird man häufig nach einer Vorbemessung (z.B. mit Hilfe der Th.I.O.) mit einigen wenigen Berechnungsgängen nach Th.II.O. am Ziel sein. Von den vollständigen Kurven sind dann nur einzelne Punkte bekannt. Diese Punkte kennzeichnen Gleichgewichtslagen des Systems. Die Art des Gleichgewichts ist jedoch gesondert zu untersuchen, d.h. es muß nachgewiesen werden, daß unter der Bemessungslast stabiles Gleichgewicht herrscht. Die Notwendigkeit dieser Forderung ist aus Bild 8.1d ersichtlich. Eine Berechnung des Systems unter der Wirkung von Lasten $F > F_K$ liefert weitere Kurvenäste, die aber zu labilen Gleichgewichtszuständen gehören. Asymptoten für diese Kurven sind die höheren Eigenwerte des im vorangegangenen Abschnitt definierten zugehörigen Knickproblems.

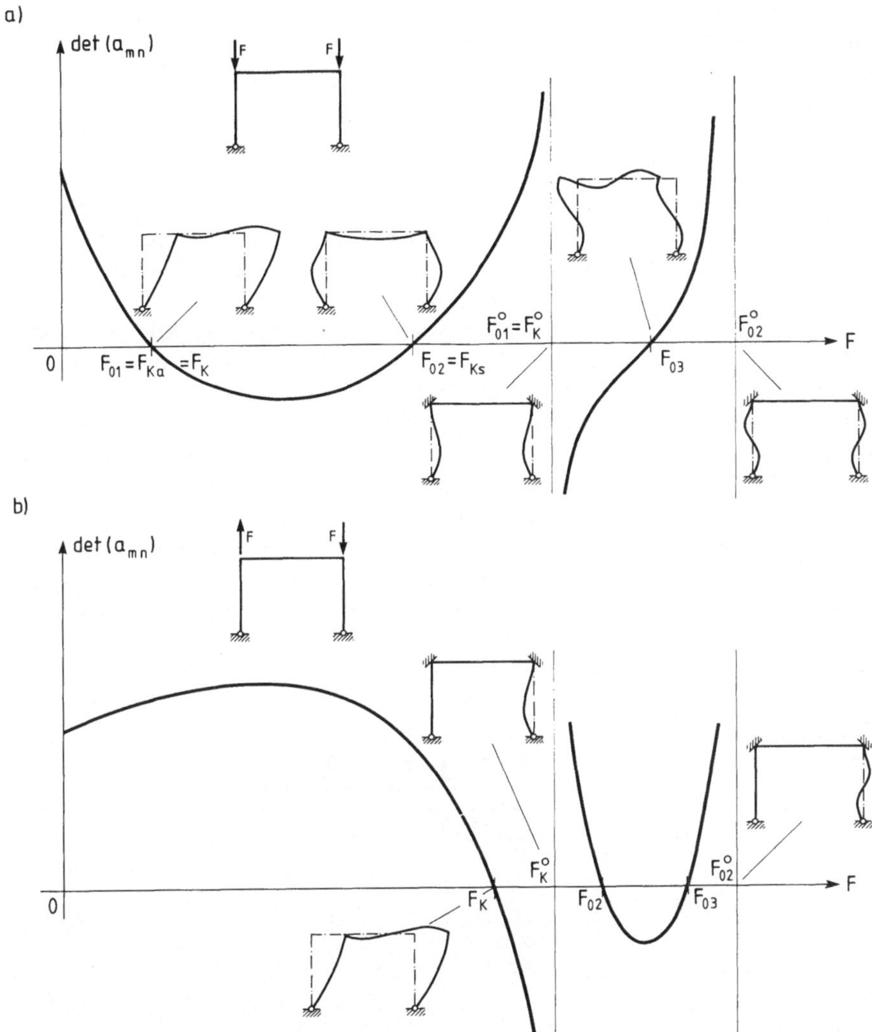

Bild 8.2 a, b. Typischer Determinantenverlauf bei Berechnung nach dem Drehwinkelverfahren nach Mann. **a** System ohne Zugkräfte, **b** System mit Zugkräften

Die einfachste Möglichkeit zur Überprüfung der Stabilität des Gleichgewichtszustands ist die Berechnung der Koeffizientendeterminante, deren kleinste Nullstelle die Knicklast und damit die oberste Grenze für die Einwirkungen liefert, unter denen noch stabiles Gleichgewicht möglich ist. Bei der Auswertung des Determinantenverlaufs sind einige wichtige Regeln zu beachten.

Bei systematischer Anwendung eines Formänderungsgrößenverfahrens oder der Methode der finiten Elemente ergibt sich der Wert der Determinante für Lasten $F < F_K$ stets positiv. Die Umkehrung dieses Satzes gilt aber nicht; die Determinante kann auch für $F > F_K$ positiv sein, wie aus Bild 8.2a deutlich zu erkennen ist. Diese Darstellung macht einen typischen Determinantenverlauf deutlich, wie er sich bei einer Berechnung des Systems nach dem Drehwinkelverfahren einstellt. Die Determinante wechselt i.allg. bei jedem Eigenwert F_{0n} (n = 1, 2, ...) das Vorzeichen. Bei den Eigenwerten F_{0n}^{0} des geometrisch bestimmten Hauptsystems befindet sich jeweils eine Polstelle. Es gibt deshalb beliebig viele Bereiche mit $\det(a_{mn}) > 0$ (hier: zwischen 0 und F_K, F_{02} und F_{01}^{0}, F_{03} und F_{02}^{0} usw.).

Während bei Systemen ohne Zugbeanspruchung der Determinantenwert bei Laststeigerung bis F_K stetig abnimmt, kann er bei Systemen mit Zugstäben zunächst auch zunehmen (Bild 8.2b). Die stabilisierende Wirkung von Zugbereichen kann beträchtlich sein. Sie sollte bei der Berechnung nur dann berücksichtigt werden, wenn der Wert der Zugkräfte gesichert ist (vgl. Abschn. 5.6.6).

Es ist ferner zu beachten, daß die Multiplikation einer der homogenen Systemgleichungen mit einer negativen Zahl auch das Vorzeichen der Determinante, nicht aber deren Nullstelle ändert. Eine solche Rechenoperation, die zur Spiegelung der Kurve des Determinantenverlaufs an der Abszissenachse führt und damit positive Determinantenwerte (z.B. zwischen F_K und F_{02}) erzeugt, kann versehentlich erfolgen, wenn die Zeilen- und Spaltenzahl bei der Auswertung der Determinante verringert wird.

Schließlich müssen die Möglichkeit eines mehrfachen Eigenwerts $F_{01} = F_{02} = \ldots = F_{0r} = F_K$ (r-facher Eigenwert) und dessen Auswirkungen auf den Determinantenverlauf untersucht werden. Hierzu wird der bisher betrachtete elastisch verschiebliche Rahmen, dessen genaue Knickuntersuchung bereits in Abschn. 5.5.3

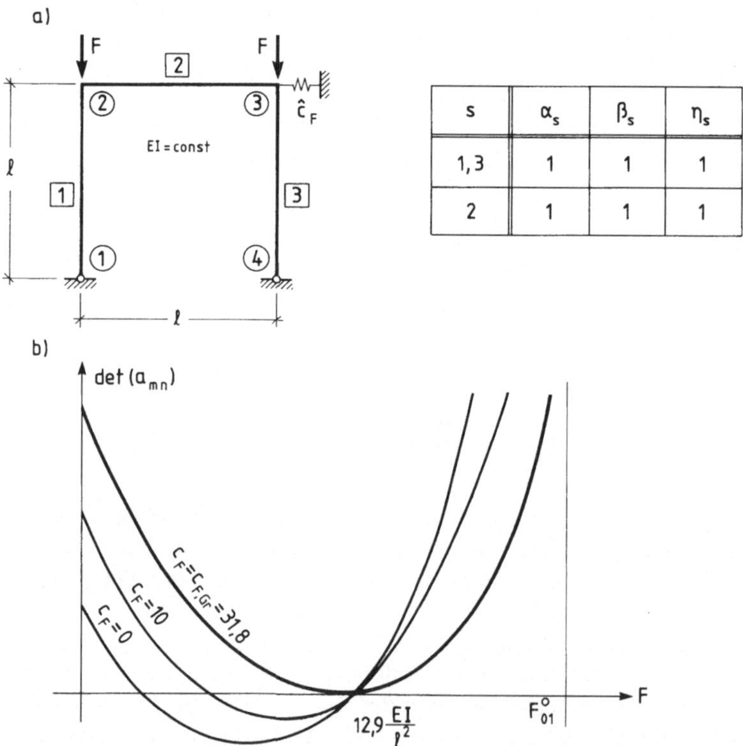

s	α_s	β_s	η_s
1,3	1	1	1
2	1	1	1

Bild 8.3 a, b. Federnd gestützter Rahmen. **a** System und Belastung, **b** Determinantenverlauf bei verschiedenen Federsteifigkeiten

durchgeführt wurde, durch eine Verschiebungsfeder an der Rahmenecke verstärkt (Bild 8.3a). Ist die Federkonstante $\hat{c}_F = 0$, so gelten die in Abschn. 5.5.3 ermittelten und in Bild 8.2a dargestellten Ergebnisse; antimetrisches Knicken ist maßgebend ($F_{Ka} < F_{Ks}$). Für $\hat{c}_F \to \infty$ wird die Rahmenecke unverschieblich gehalten; das symmetrische Knicken liefert den vom Wert der Federsteifigkeit unabhängigen niedrigsten Eigenwert ($F_{Ks} < F_{Ka}$). Zwischen diesen beiden Grenzfällen $\hat{c}_F = 0$ und $\hat{c}_F \to \infty$ muß es einen Wert $\hat{c}_{F,Gr}$ der Federsteifigkeit geben, für den die antimetrische Knicklast gleich der symmetrischen wird.

Der Berechnungsgang wird nur so weit dargestellt, daß er nachvollziehbar ist. Ausführliche Untersuchungen federnd gestützter Rahmen nach der Differentialgleichungsmethode sind in [8.1] dargestellt. Zunächst müssen die Knoten- und Netzgleichung für den Fall federnder Stützung erweitert werden. Mit

$\hat{c}_{Fi}$	Federkonstante einer Verschiebungsfeder am Knoten i (Einheit: [K/L]),
$c_{Fi} = \hat{c}_{Fi} \dfrac{\ell_c^3}{EI_c}$	einheitenfreie Federkonstante einer Verschiebungsfeder am Knoten i,
$\hat{c}_{Mi}$	Federkonstante einer Drehfeder am Knoten i (Einheit: [KL]),
$c_{Mi} = \hat{c}_{Mi} \dfrac{\ell_c}{EI_c}$	einheitenfreie Federkonstante einer Drehfeder am Knoten i,
w_{Fi}^R	Verschiebung des Knotens i in Richtung der Feder im R-ten Verschiebungszustand infolge $\psi_R = 1$

lauten nach Tabelle 4.9 die allgemeine Knotengleichung (4.4.18) für den Knoten i

$$\left(\sum_{(j)} \eta_s \varkappa_s + \underline{c_{Mi}}\right) \varphi_i + \ldots = \ldots \tag{8.2.4}$$

und die allgemeine Netzgleichung (4.4.19) für den R-ten Verschiebungszustand

$$\ldots + \sum_{N=I}^{M} \left\{ \sum_{(s)} \eta_s [B_2(1+\gamma_s)\varkappa_s + B_1 \overset{*}{s}_s] \psi_s^R \psi_s^N + \underline{\sum_{(i)} c_{Fi} \frac{w_{Fi}^R}{\ell_c} \frac{w_{Fi}^N}{\ell_c}} \right\} \psi_N = \ldots \tag{8.2.5}$$

Die Änderungen gegenüber (4.4.18 bzw. 4.4.19) sind unterstrichen.

Für das gewählte System (Bild 8.3a) folgt das in Tabelle 8.1 dargestellte Gleichungssystem, das sich von dem der Tabelle 5.3 nur durch den Summanden c_F im dritten Hauptdiagonalglied unterscheidet. Die Auswertung erfolgt wieder nach einer Aufspaltung in den symmetrischen ($\bar{\varphi}_3 = -\bar{\varphi}_2$, $\bar{\psi} = 0$) und den antimetrischen ($\bar{\varphi}_3 = \bar{\varphi}_2$) Fall.

Tabelle 8.1. Allgemeines Gleichungssystem

$\bar{\varphi}_2$	$\bar{\varphi}_3$	$\bar{\psi}_I$	r
$\eta_1 \varkappa_1^g + \eta_2 \varkappa_2^e$	$\eta_2 \gamma_2 \varkappa_2^e$	$-\eta_1 \varkappa_1^g$	0
$\eta_2 \gamma_2 \varkappa_2^e$	$\eta_3 \varkappa_3^g + \eta_2 \varkappa_2^e$	$-\eta_3 \varkappa_3^g$	0
$-\eta_1 \varkappa_1^g$	$-\eta_3 \varkappa_3^g$	$\eta_1(\varkappa_1^g - \varepsilon_1^2)$ $\underline{+c_F}$ $+\eta_3(\varkappa_3^g - \varepsilon_3^2)$	0

Die Determinanten $\mathrm{D_s}$ bzw. $\mathrm{D_a}$ für symmetrisches bzw. antimetrisches Knicken ergeben sich zu

$$\begin{aligned} \mathrm{D_s} &= \varkappa_1^g + (1-\gamma_2)\,\varkappa_2^e = \varkappa_1^g + 2, \\ \mathrm{D_a} &= (\varkappa_1^g + 6)\,(\varkappa_1^g - \varepsilon_1^2 - c_F/2) - (\varkappa_1^g)^2 . \end{aligned} \tag{8.2.6a, b}$$

Die allgemeine Determinante kann als Produkt in der Form

$$\det(a_{mn}) = \mathrm{D_s} \cdot \mathrm{D_a} \tag{8.2.6c}$$

geschrieben werden. Durch eine iterative Lösung der Bedingung $F_{Ka} = F_{Ks}$ erhält man für die Grenzfedersteifigkeit den Wert $c_{F,Gr} = 31{,}8$. Für diese Federsteifigkeit sowie für $c_F = 0$ und $c_F = 10$ sind die Determinantenverläufe in Bild 8.3b dargestellt.

Anhand der bisher durchgeführten Untersuchungen ist deutlich zu erkennen, daß als notwendiges und hinreichendes Kriterium für die kritische Last (Knicklast, erster Eigenwert) bei der Auswertung der Determinante weder $\det(a_{mn}) > 0$ noch ein Vorzeichenwechsel von $\det(a_{mn})$ infrage kommen, sondern das Auftreten der kleinsten Nullstelle des Determinantenverlaufs maßgebend ist.

Wegen der großen Bedeutung der kritischen Last für den Tragsicherheitsnachweis ist die Bestimmung der ersten Nullstelle des Determinantenverlaufs besonders wichtig. Man sollte bei der Aufstellung und beim Austesten von Rechenprogrammen darauf achten, daß diese Nullstelle mit Sicherheit auch in den besprochenen Sonderfällen erfaßt wird.

8.2.3 Verzweigung bei Spannungsproblemen

Bei den bisher untersuchten Beispielen tritt eine Verzweigung der Kraft-Verschiebungs-Kurve nur bei homogenen Problemen auf, also bei Systemen mit biegungsfreiem Grundzustand. Daß eine Verzweigung aber auch bei einem Spannungsproblem möglich ist, bei dem im Grundzustand beträchtliche Biegemomente vorhanden sind, kann anschaulich an dem in Bild 8.4a dargestellten symmetrischen Rahmen erläutert werden.

Die Berechnung nach der E.Th.II.O. ergibt einen symmetrischen Biegemomentenverlauf (Bild 8.4b) und eine symmetrische Biegelinie (Bild 8.4c). Die Kurve der statischen Größen (Bild 8.4d) zeigt den bekannten asymptotischen Verlauf. Die Asymptote entspricht jedoch dem Wert F_{Ks} des niedrigsten Eigenwerts für symmetrisches Knicken, nicht aber dem kleineren Wert $F_K = F_{Ka}$ der Knicklast, der sich bei dem betrachteten Rahmen aus dem antimetrischen Knickfall ergibt. Die Berechnung nach einer genaueren Theorie als der E.Th.II.O. führt ebenfalls zu einem Kurvenverlauf mit falscher Asymptote bzw. Grenzkurve, da aufgrund der vorhandenen Systemgeometrie und Belastung nur symmetrische Spannungs- und Verschiebungszustände vorliegen können.

Aus der Untersuchung des zugehörigen Knickproblems (Bild 8.4f) und der Auswertung der Koeffizientendeterminante (Bild 8.4i) folgt das Ergebnis, daß der Teil der berechneten Kurve oberhalb von F_{Ka} zu labilen Gleichgewichtszuständen gehört; für $F = F_{Ka}$ zweigt eine Kurve ab (Bild 8.4e).

Ein Kriterium für die Existenz solcher Verzweigungspunkte bei Spannungsproblemen ist die Orthogonalität von Grund- und Knickspannungszustand (vgl. [8.2]).

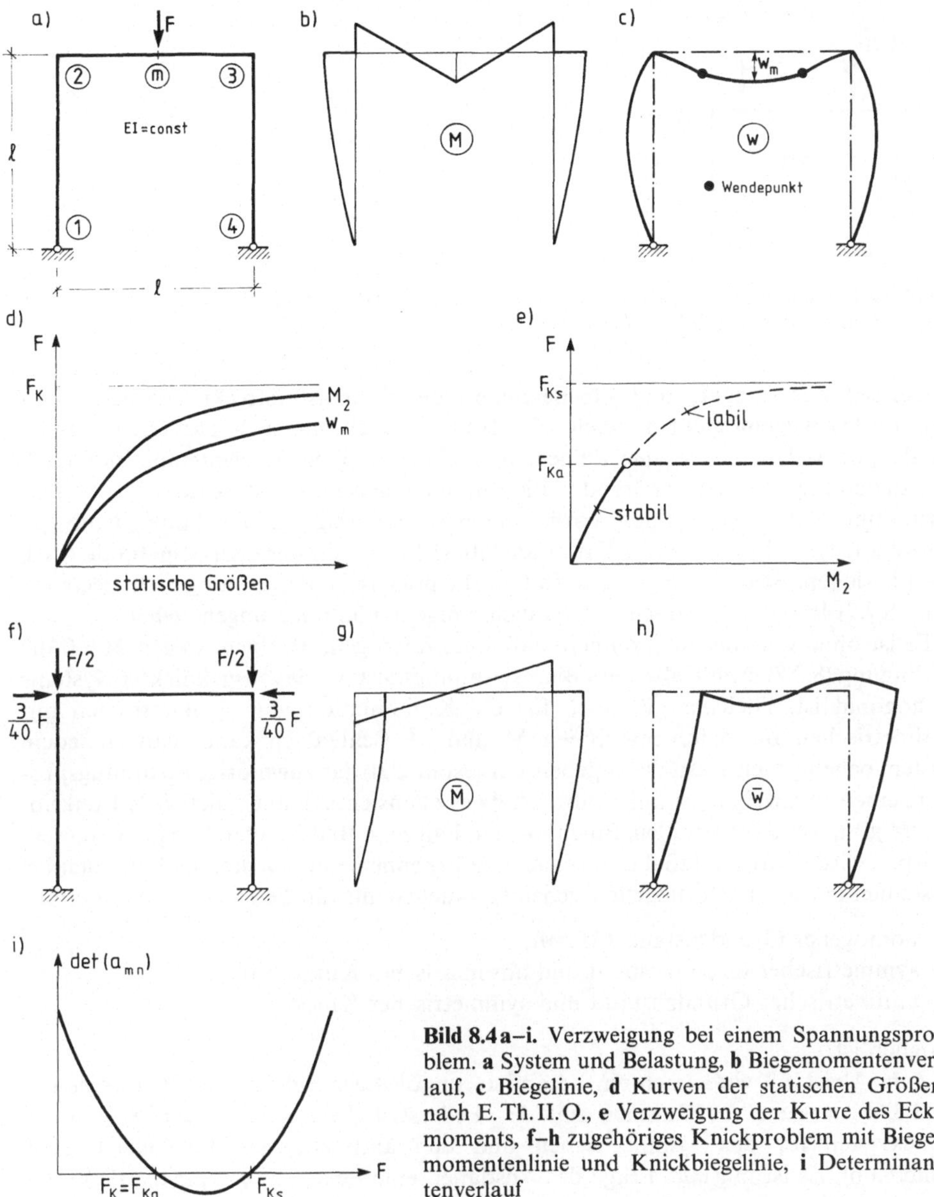

Bild 8.4a–i. Verzweigung bei einem Spannungsproblem. **a** System und Belastung, **b** Biegemomentenverlauf, **c** Biegelinie, **d** Kurven der statischen Größen nach E. Th. II. O., **e** Verzweigung der Kurve des Eckmoments, **f–h** zugehöriges Knickproblem mit Biegemomentenlinie und Knickbiegelinie, **i** Determinantenverlauf

Bezeichnet man das Biegemoment infolge der Belastung mit M (Bild 8.4b), das des zugehörigen Knickproblems mit $\bar{M}$ (Bild 8.4g), so lautet die Orthogonalitätsbedingung

$$\int\limits_{(s)} \frac{M\bar{M}}{EI}\, dx \bigg|_{F=F_K} = 0, \tag{8.2.7}$$

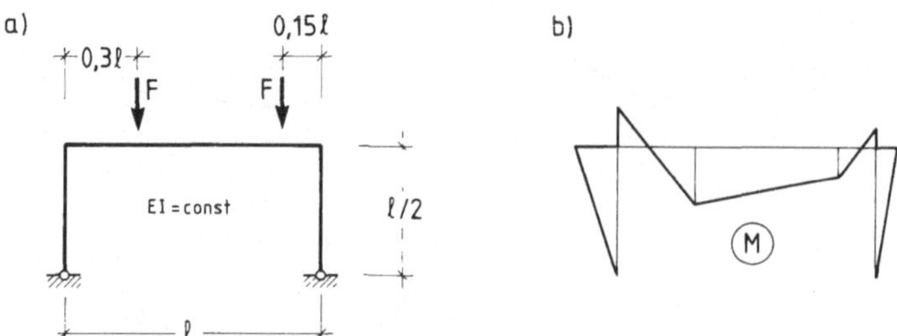

Bild 8.5 a, b. Zum Spannungszustand der Knickbiegelinie orthogonaler Biegespannungszustand. **a** System und Belastung, **b** Biegemomentenlinie

wobei sich das Integral über alle Bereiche s des Systems erstreckt. Hierbei dürfen sowohl das Biegemoment M nach E.Th.II.O. als auch das nach Th.I.O. verwendet werden, wie sich mit Hilfe einer Reihenentwicklung der Biegemomentenfunktion nach den zu den Eigenformen gehörenden Biegemomenten zeigen läßt (Abschn. 8.2.4). Das Kriterium (8.2.7) ist für das Vorliegen einer Verzweigung nur hinreichend; ein notwendiges *und* hinreichendes Kriterium läßt sich mit Hilfe der Energiemethode ([8.3, 8.4]) herleiten. Beide Bedingungen sind für die praktische Berechnung nicht geeignet. Aus (8.2.7) lassen sich jedoch anschaulich einige Schlußfolgerungen ziehen:

Es ist ohne weiteres zu erkennen, daß jedes homogene Problem wegen $M \equiv 0$ die Bedingung (8.2.7) erfüllt, also zum Biegespannungszustand des ausgeknickten Systems orthogonal ist. Gleiches gilt auch für die Kombination von symmetrischen mit antimetrischen Biegemomentenlinien M und $\bar{M}$. Schließlich kann man zu jedem System beliebig viele Lastfälle angeben, dergestalt, daß das zugehörige Spannungsproblem einen Verzweigungspunkt aufweist, da es offensichtlich unendlich viele Funktionen M gibt, die (8.2.7) erfüllen. Einen solchen Fall zeigt Bild 8.5 (vgl. [8.5]). An diesem Beispiel wird deutlich, daß das anschauliche Erkennen einer Orthogonalität auch bei Systemen mit einer sehr übersichtlichen Geometrie nur für die einfachen Sonderfälle

- homogener Grundzustand ($M \equiv 0$),
- symmetrischer Grundzustand und antimetrisches Knicken bzw.
- antimetrischer Grundzustand und symmetrisches Knicken

möglich ist.

Zum Abschluß wird noch ein besonders ungünstiger Fall behandelt. Für den in Bild 8.6a dargestellten Rahmen mit der Federsteifigkeit $c_F = c_{F,Gr} = 31{,}8$ sind die Knicklasten für den symmetrischen und den antimetrischen Fall gleich groß (Bild 8.6b). Es ist nur eine Frage der Ausdauer, eine Belastung zu finden, die in den Stielen gleich große Druckkräfte erzeugt und deren Biegemoment zum Momentenverlauf der beiden Knickfälle orthogonal ist. In diesem Fall erhält man für $F < F_{03}$ einen Kurvenast für die statischen Größen mit dem dritten Eigenwert F_{03} als Asymptote (Bild 8.6b) und im gesamten Bereich unterhalb dieser Asymptote nicht negative Determinantenwerte. Die Verhältnisse können ebenfalls irreführend sein, wenn die Orthogonalitätsbedingung nur näherungsweise erfüllt bzw. die beiden Knicklasten nicht genau gleich sind. Da nur einzelne Punkte der Kurve berechnet werden (Kreuze in Bild 8.6c) und da außerdem ein großer Teil der Kurve im Bereich zwischen den dicht beieinanderliegenden Eigenwerten (F_{Ka} und F_{Ks} in Bild 8.6c) fast genau mit der

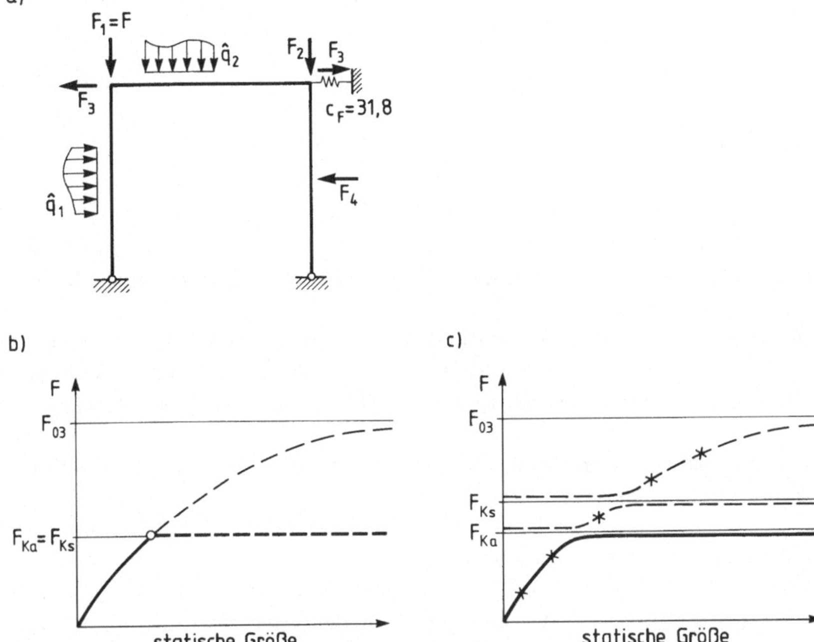

Bild 8.6 a–c. Orthogonalität des Biegespannungszustands zu dem der beiden niedrigsten Eigenformen. **a** System und Belastung, **b** Kurve einer statischen Größe bei genauer, **c** bei angenäherter Orthogonalität

gedachten Verbindung der Kurven in den Nachbarbereichen zusammenfällt, werden ein stetiger Verlauf und stabiles Gleichgewicht im Bereich $F_{\mathrm{Ka}} \leq F < F_{03}$ vorgetäuscht.

Die Überlegung, wie ein solches Versagen der Berechnungsmethoden erkannt werden kann, führt wieder zu der in Abschn. 8.2.2 aufgestellten Forderung, daß in der Regel die kritische Last des zum Spannungsproblem gehörigen Knickproblems bestimmt werden muß. Bei Anwendung der F.G.Th.II.O. sollten neben der Knicklast des Ausgangssystems auch die Knicklasten der durch Fließgelenke geänderten Systeme ermittelt werden (vgl. Bilder 7.14 und 8.10).

8.2.4 Ungünstige Vorverformungen, affine Lastfälle und der Dischinger-Faktor

Von der Anschauung her ist es offensichtlich, daß Vorverformungen, die in ihrem Verlauf der Knickbiegelinie ähneln, eine besonders ungünstige Wirkung auf die Traglast haben. Deshalb wird zunächst der Fall von zur Knickbiegelinie affinen Vorverformungen[1] genauer untersucht. Hierbei sollen die Voraussetzungen der E.Th.II.O. bzw. der klassischen Näherung gelten. Bei den Herleitungen wird der Bereichsindex s weggelassen.

---

[1] Im folgenden werden diese Vorverformungen auch kurz als „affine Vorverformungen" bezeichnet.

Die Differentialgleichung der Knickbiegelinie $\bar{w}$ für Druckbereiche lautet gemäß (5.5.15) mit $\overset{*}{s}_0 = -\varepsilon_K^2$

$$\ell^3 \bar{w}'''' + \ell \varepsilon_K^2 \bar{w}'' = 0. \tag{8.2.8}$$

Sie hat die Lösung (5.5.16) bzw.

$$\frac{\bar{w}}{\ell} = \bar{a}(1 + c_1 \xi + c_2 \sin \varepsilon_K \xi + c_3 \cos \varepsilon_K \xi), \tag{8.2.9}$$

wobei der Faktor $\bar{a}$ der Tatsache Rechnung trägt, daß die statischen Größen ($\bar{w}$, $\bar{M}$ usw.) im ausgeknickten Zustand im Rahmen der klassischen Näherung nur bis auf diesen Faktor bestimmbar sind.

Durch Anpassung der Lösung (8.2.9) an die Randbedingungen liegen die Konstanten c_1 bis c_3 zahlenmäßig fest. Bei Anwendung des Verfahrens nach Mann können die c_i-Werte durch die Drehwinkel $\bar{\varphi}_i$ und $\bar{\psi}_R$ der Knickbiegelinie ausgedrückt werden (vgl. [8.6]).

Die Vorverformungen w^a werden im folgenden als affin zur Knickbiegelinie verlaufend angenommen, d.h.

$$\frac{w^a}{\ell} = a(1 + c_1 \xi + c_2 \sin \varepsilon_K \xi + c_3 \cos \varepsilon_K \xi). \tag{8.2.10}$$

Der Wert des Faktors a ergibt sich aus der Amplitude der Vorverformungen, die bei baupraktischen Problemen als Ersatz für die tatsächlichen Imperfektionen der Berechnung zugrunde gelegt werden. Da der Klammerausdruck in (8.2.10) die Größenordnung von Eins besitzt, weisen die auf die Stablänge ℓ bezogene Amplitude dieser Ersatzimperfektionen und der Faktor a dieselbe Größenordnung von 10^{-2} auf (vgl. Bild 4.39).

Die Gl. (4.4.9) der elastischen Durchbiegung w für den Lastfall Vorverformungen $w^v = w^a$ unter der Wirkung der eingeprägten Längskräfte ohne Querlasten lautet

$$\ell w'' + \varepsilon^2 \frac{w}{\ell} = -\varepsilon^2 \frac{w^a}{\ell}. \tag{8.2.11}$$

Die Lösung ergibt sich zu

$$w = \frac{\varepsilon^2}{\varepsilon_K^2 - \varepsilon^2} w^a. \tag{8.2.12}$$

Werden die Stabkennzahlen durch die Längskräfte bzw. durch die äußere Bezugslast F ersetzt, so gilt wegen der Proportionalität zwischen äußerer Last F und den eingeprägten Längskräften S in jedem Bereich des Systems

$$w = \frac{\varepsilon^2}{\varepsilon_K^2 - \varepsilon^2} w^a = \frac{S}{S_K - S} w^a = \frac{F}{F_K - F} w^a, \tag{8.2.13}$$

d.h. die Durchbiegung ist affin zur Vorverformungslinie und zur Knickbiegelinie. Nach zweimaliger Differentiation erhält man hieraus für das Biegemoment M^a infolge affiner Vorverformungen

$$M^a = -EIw'' = -\frac{\varepsilon^2}{\varepsilon_K^2 - \varepsilon^2} EIw^{a\prime\prime}. \tag{8.2.14}$$

Das Biegemoment M^a ist affin zur zweiten Ableitung der Vorverformungslinie und damit auch zum Biegemoment $\bar{M}$ der Knickbiegelinie. Der Vergrößerungsfaktor

$$V = \frac{F}{F_K - F} = \frac{S}{S_K - S} = \frac{\varepsilon^2}{\varepsilon_K^2 - \varepsilon^2} \tag{8.2.15}$$

ist im baustatisch relevanten Bereich $0 < F < F_K$ positiv und wächst über alle Grenzen, wenn sich die Belastung F dem Wert der Knicklast F_K nähert. Letzteres trifft auch für das Biegemoment M^a und die anderen statischen Größen zu, deren Kurven somit bei Berücksichtigung affiner Vorverformungen asymptotisch gegen F_K verlaufen.

Die Lösung (8.2.14) für das Biegemoment M^a und die daraus ableitbaren Folgerungen gelten sinngemäß auch für Vorverformungen w_n^a, die affin zur n-ten Eigenform $\bar{w}_n$ verlaufen. In den Gln. (8.2.12 – 8.2.15) müssen die kritischen Längskraftkennzahlen ε_K, Längskräfte S_K und Lasten F_K durch ε_{0n}, S_{0n} und F_{0n} ersetzt werden. Damit ergeben sich für die zur n-ten Eigenform

$$\frac{\bar{w}_n}{\ell} = \bar{a}_n (1 + c_{1,n}\xi + c_{2,n} \sin \varepsilon_{0n}\xi + c_{3,n} \cos \varepsilon_{0n}\xi) \tag{8.2.16}$$

affine Vorverformung

$$\frac{w_n^a}{\ell} = a_n (1 + c_{1,n}\xi + c_{2,n} \sin \varepsilon_{0n}\xi + c_{3,n} \cos \varepsilon_{0n}\xi) \tag{8.2.17}$$

die elastische Durchbiegung

$$w_n = \frac{\varepsilon^2}{\varepsilon_{0n}^2 - \varepsilon^2} w_n^a = \frac{S}{S_{0n} - S} w_n^a = \frac{F}{F_{0n} - F} w_n^a , \tag{8.2.18}$$

das Biegemoment nach E.Th.II.O.

$$M_n^a = -EIw_n'' = -\frac{\varepsilon^2}{\varepsilon_{0n}^2 - \varepsilon^2} EIw_n^{a\prime\prime} \tag{8.2.19}$$

und der Vergrößerungsfaktor

$$V_n = \frac{F}{F_{0n} - F} = \frac{S}{S_{0n} - S} = \frac{\varepsilon^2}{\varepsilon_{0n}^2 - \varepsilon^2} \tag{8.2.20}$$

mit $n = 1, 2, 3, \ldots$

Aus (8.2.20) ist zu erkennen, daß jede der nach (8.2.18 und 8.2.19) berechneten Kurven nur eine einzige Asymptote bei $F = F_{0n}$ aufweist, ein Verhalten, das sich auch aus der Orthogonalität der Eigenfunktionen ergibt.

In Bild 8.7 ist der qualitative Verlauf des Eckmoments eines Rahmens mit Vorverformungen dargestellt, die zu der ersten, zweiten bzw. dritten Eigenform affin sind. Wegen des asymptotischen Verlaufs jeder M_n^a-Kurve bei der Last F_{0n} überwiegt in der Umgebung von F_{0n} jeweils der Anteil, der aus der zugehörigen Vorverformung w_n^a resultiert. Im baupraktisch interessierenden Bereich unterhalb der kritischen Last F_K ist deshalb der Anteil $M_1^a = M^a$ maßgebend, der aus der zur Knickbiegelinie $(n = 1)$ affinen Vorverformung $w_1^a = w^a$ hervorgeht. Die zu den höheren Eigenformen gehörenden Anteile sind hier um so geringer, je größer der entsprechende Eigenwert F_{0n} ist. Diese Aussage ist jedoch nur von der Tendenz her als richtig zu verstehen. Im einzelnen

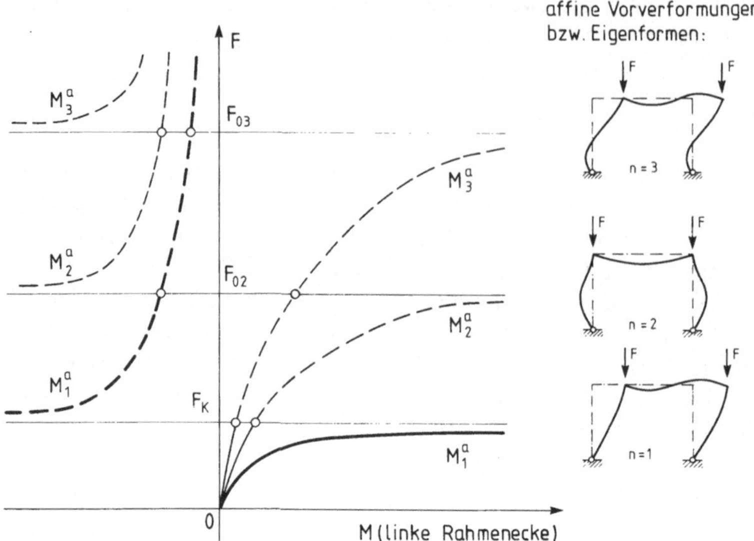

Bild 8.7. Biegemomente infolge eigenformaffiner spannungsloser Vorverformungen in Abhängigkeit von der Belastung

dürfen die drei folgenden Einwände nicht übersehen werden, wenn die oben gewonnenen Ergebnisse in einen hinreichend genauen und einfachen Tragsicherheitsnachweis einfließen sollen.

Der erste Einwand betrifft den Faktor a_n, der die Amplituden der affinen Vorverformungen bestimmt. Geht man z.B. bei der Festlegung von w_1^a und w_3^a von gleich großen horizontalen Verschiebungen der Rahmenecke aus, so werden die Krümmungen $w_3^{a\prime\prime}$ erheblich größer als $w_1^{a\prime\prime}$, so daß auch für kleine Lasten ($F \lesssim 0{,}5\,F_K$, also gerade für den Bereich der Gebrauchs- bzw. Bemessungslasten) das Eckmoment M_3^a größer als M_1^a werden kann. Als Gegenargument kann gelten, daß bei einem Träger mit sehr vielen herstellungsbedingten Wendepunkten in der vorverformten Systemachse („Schlägen") die zugehörigen Amplituden i.allg. erheblich kleiner sind als bei einem Bauglied, das nur einen Krümmungssinn in der Vorverformung aufweist.

Ein weiterer Einwand betrifft die Auswirkungen der Vorverformungen an diskreten Punkten des Systems. Für die Bemessung eines in Feldmitte des Rahmenriegels (Bild 8.7) gelegenen Stoßes liefert die für den globalen Tragsicherheitsnachweis maßgebende Vorverformung w_1^a kein Biegemoment. In diesem Fall sind entweder die symmetrischen Vorverformungen w_2^a bei der Berechnung zusätzlich zu berücksichtigen oder der Stoß muß für einen angemessenen Anteil der durch die zu verbindenden Querschnitte aufnehmbaren Schnittgrößen ausgelegt werden. Entsprechende Überlegungen gelten z.B. auch für nicht oder nur gering beanspruchte Auflager.

Schließlich muß das Vorzeichen jeder Vorverformungslinie w_n^a so festgelegt werden, daß sich in der Summe eine möglichst ungünstige Auswirkung ergibt. Dies wird wieder an dem in Bild 8.7 dargestellten Beispiel erläutert. Bei der Bemessung der linken Rahmenecke addieren sich die Biegemomente M_1^a und M_2^a, wie man am Krümmungssinn der Eigenformen erkennen kann. Die dargestellten Vorverformungen sind deshalb als ungünstig anzusehen. In der rechten Rahmenecke ist gerade das Gegenteil der Fall. Hiermit wird das bereits im Anwendungsbeispiel in Abschn. 4.5.8 gewonnene Ergebnis bestätigt, daß eine bestimmte Vorverformungslinie i.allg. sowohl ungünstige als auch günstige Auswirkungen auf die statischen Größen eines Systems hat.

Alle die Festlegung ungünstiger Vorverformungen betreffenden Probleme werden noch vergrößert, wenn die Knicklast einem mehrfachen Eigenwert entspricht oder wenn die niedrigsten Eigenwerte dicht beeinander liegen.

Im Hinblick auf den Tragsicherheitsnachweis wird (8.2.14) umgeformt. Für M^a gilt

$$M^a = -\frac{\varepsilon^2}{\varepsilon_K^2 - \varepsilon^2} EIw^{a''} = -\frac{S}{S_K - S} EIw^{a''}. \tag{8.2.21}$$

Nach zweimaliger Differentiation von (8.2.10) folgt

$$\ell w^{a''} = -\varepsilon_K^2 \left[a(c_2 \sin \varepsilon_K \xi + c_3 \cos \varepsilon_K \xi)\right].$$

Der Ausdruck in der eckigen Klammer läßt sich mit (8.2.10) durch

$$a(c_2 \sin \varepsilon_K \xi + c_3 \sin \varepsilon_K \xi) = \frac{w^a}{\ell} - a(1 + c_1 \xi) \tag{8.2.22}$$

ersetzen. Die rechte Seite stellt die Abweichung der affinen Vorverformung von der Stabsehne im vorverformten Zustand dar und kann deshalb nach Multiplikation mit ℓ als Hebelarm e^I der eingeprägten Längskräfte im elastisch unverformten Zustand (Th.I.O.) gedeutet werden (Bild 8.8). Hiermit gilt für diesen Hebelarm

$$e^I = w^a - \ell a(1 + c_1 \xi) \tag{8.2.23}$$

und für das Biegemoment nach Th.I.O.

$$M^{aI} = Se^I. \tag{8.2.24}$$

Setzt man diese Beziehungen in (8.2.22) und das Ergebnis in (8.2.21) ein, so folgt

$$M^a = -\frac{S}{S_K - S} S_K e^I = \frac{S_K}{S_K - S} S e^I = \frac{S_K}{S_K - S} M^{aI} = \frac{F_K}{F_K - F} M^{aI}. \tag{8.2.25}$$

Das Resultat ist bemerkenswert und, wie weiter unten noch ausführlich erläutert wird, für eine Abschätzung der Tragsicherheit bzw. für eine überschlägliche Vorbemessung gut geeignet. Gleichung (8.2.25) besagt, daß das nach Th.II.O. ermittelte Biegemoment M^a um den Vergrößerungsfaktor (Dischinger-Faktor, vgl. [8.7, 8.8])

$$D = \frac{S_K}{S_K - S} = \frac{1}{1 - S/S_K} = \frac{1}{1 - \varepsilon^2/\varepsilon_K^2} = \frac{1}{1 - F/F_K} \tag{8.2.26}$$

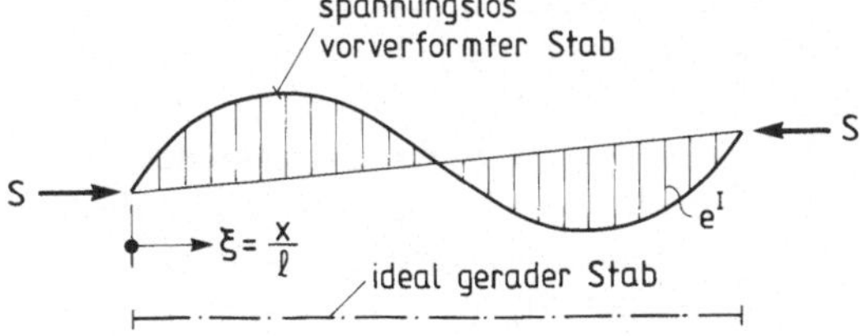

Bild 8.8. Hebelarm der eingeprägten Längskraft am spannungslos vorverformten Stab

größer ist als das Biegemoment M^{aI} nach Th.I.O. Diese Aussage gilt allerdings exakt nur für Biegemomentenfunktionen der Th.I.O., die affin zum Biegemoment der Knickbiegelinie verlaufen bzw. für zur n-ten Eigenform affine Funktionen, wenn D durch

$$D_n = \frac{1}{1 - S/S_{0n}} = \frac{1}{1 - \varepsilon^2/\varepsilon_{0n}^2} = \frac{1}{1 - F/F_{0n}} \tag{8.2.27}$$

ersetzt wird.

Bisher wurde in diesem Abschnitt nur der Fall planmäßig zentrischer Belastung unter Berücksichtigung affiner Vorverformungen betrachtet. Die durchgeführten Untersuchungen lassen sich mit geringem Aufwand auf jeden beliebigen Lastfall (Querlasten, nicht affine Vorverformungen usw.) übertragen. Hierzu wird eine Entwicklung der nach Th.I.O. berechneten Biegelinie w^I nach den Eigenformen $\bar{w}_n$ durchgeführt ([8.7 – 8.10]). Gleichbedeutend hiermit ist eine Entwicklung nach den eigenformaffinen Vorverformungen w_n^a. Analog zur Fourier-Analyse lautet die Reihenentwicklung

$$w^I = \sum_{n=1}^{\infty} b_n w_n^a. \tag{8.2.28}$$

Die Vorfaktoren b_n können nicht mehr wie zuvor die Faktoren a_n willkürlich festgelegt werden. Sie folgen wie bei der Fourier-Analyse zwangsläufig aus der Berechnungsvorschrift.

Die weitere Herleitung entspricht der von (8.2.25), wobei jeweils der Index n zu ergänzen ist. Mit (8.2.23 – 8.2.25) ergibt sich für das n-te Reihenglied als Hebelarm der eingeprägten Längskräfte im elastisch unverformten Zustand

$$e_n^I = b_n [w_n^a - \ell a_n (1 + c_{1,n} \xi)], \tag{8.2.29}$$

für das Biegemoment nach Th.I.O.

$$M_n^{aI} = S\, e_n^I \tag{8.2.30}$$

und für das Biegemoment nach Th.II.O.

$$M_n^a = D_n\, M_n^{aI} \tag{8.2.31}$$

bzw. nach Summation der Reihenglieder für das gesamte Biegemoment nach Th.II.O.

$$M = \sum_{n=1}^{\infty} D_n\, M_n^{aI}. \tag{8.2.32}$$

Die Abhängigkeit der einzelnen Summanden $M_n^a = D_n M_n^{aI}$ von der Laststufe ist für $n = 1$ bis 3 in Bild 8.7 wiedergegeben.

Mit Hilfe der Reihenentwicklung (8.2.32) wird das Biegemoment M nach E.Th.II.O. durch das nach Th.I.O. und die Vergrößerungsfaktoren dargestellt. Hiermit lassen sich weitreichende Schlußfolgerungen für den Tragsicherheitsnachweis und den ungünstigen Ansatz von Vorverformungen ziehen. Es werden zwei Fälle unterschieden:

Enthält das planmäßige Biegemoment M^I nach Th.I.O. infolge von Querlasten keinen dem Verlauf des zur Knickbiegelinie gehörenden Biegemoments $\bar{M}_K$ entsprechenden Anteil, fällt das erste Reihenglied in (8.2.32) fort. Es ergibt sich ein

Kurvenverlauf mit falscher Asymptote. Die gleiche Aussage erhält man aus der Orthogonalitätsbedingung (8.2.7). In diesem Fall kommt der Berücksichtigung von Vorverformungen, die einen Anteil von zur Knickbiegelinie affinen Vorverformungen enthalten müssen, eine entscheidende Bedeutung für den Tragsicherheitsnachweis zu.

Ist dagegen im Biegemoment M^{I} infolge der planmäßigen Belastung bereits ein zum Knickbiegemoment $\bar{M}_{\mathrm{K}}$ affiner Anteil vorhanden, so ergibt sich die richtige Asymptote auch ohne die Berücksichtigung von Vorverformungen. Der zusätzliche Ansatz von Ersatzimperfektionen ist deshalb um so unwichtiger, je größer der affine Anteil (d.h. der erste Summand in (8.2.32)) der planmäßigen Biegemomente ist.

In beiden Fällen muß die Richtung der Vorverformungen so festgelegt werden, daß sich ihre Wirkung zu der der planmäßigen Beanspruchung in ungünstiger Weise addiert. Für den globalen Tragsicherheitsnachweis des gesamten Systems gibt es hierfür nur eine einzige Möglichkeit. Die Bemessung an diskreten Punkten des Systems (Nachweis von Stößen, Lagern, Gelenken usw.) erfordert jedoch in der Regel andere Kombinationen der Elemente der Vorverformungen, da diese, wie bereits mehrfach erwähnt, an der gerade zu untersuchenden Stelle sowohl günstige als auch ungünstige Auswirkungen haben können. Der Lastfall Ersatzimperfektionen ist deshalb als Wechsellastfall zu behandeln.

Die Verwendung von affinen Ersatzimperfektionen hat dabei den Vorteil, daß der Lastfall Vorverformungen für das gesamte System nur einmal durchgerechnet zu werden braucht, da die Form der Knickbiegelinie festliegt (Bild 8.9a–c). Die Ergebnisse sind dann an jeder Stelle des Systems mit dem ungünstigeren Vorzeichen zu berücksichtigen. Alle anderen Ansätze für Vorverformungen (z.B. die Kombination aus einer Verdrehung ψ_0 der Stabachse und aus einer parabolischen Vorkrümmung mit dem Stich w_0) führen i.allg. zu einer Vielzahl von Einzellastfällen, da in jedem Bereich *für sich* zwei Richtungen eines jeden Elements der Vorverformungen möglich sind (Bild 8.9d). Über die bei der Anpassung nicht affiner Vorverformungen an die Knickbiegelinie auftretenden Probleme werden in [8.11] weitere Angaben gemacht.

Die bereits weiter oben besprochenen Besonderheiten bei mehrfachen oder näherungsweise gleich großen Eigenwerten ($F_{\mathrm{K}}=F_{02}=F_{03}=\ldots=F_{0n}$) können dadurch berücksichtigt werden, daß die Auswirkungen der zugehörigen affinen Vorverformungen einzeln berechnet und in ungünstiger Weise der Wirkung der planmäßigen Belastung superponiert werden.

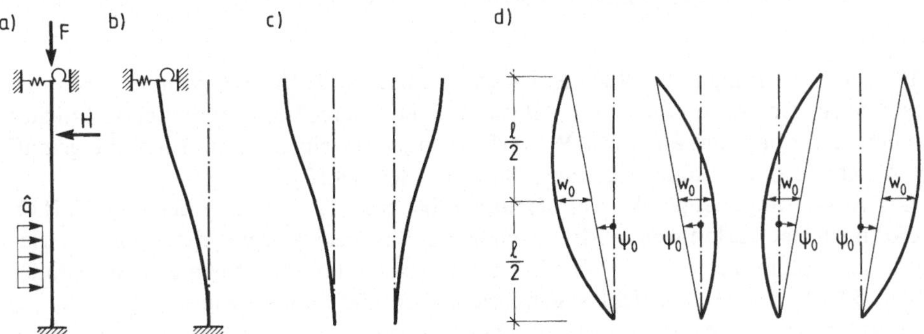

Bild 8.9a–d. Zum Ansatz von spannungslosen Vorverformungen. **a** System und Belastung, **b** Knickbiegelinie, **c** eigenformaffine und **d** parabolische Vorverformungen

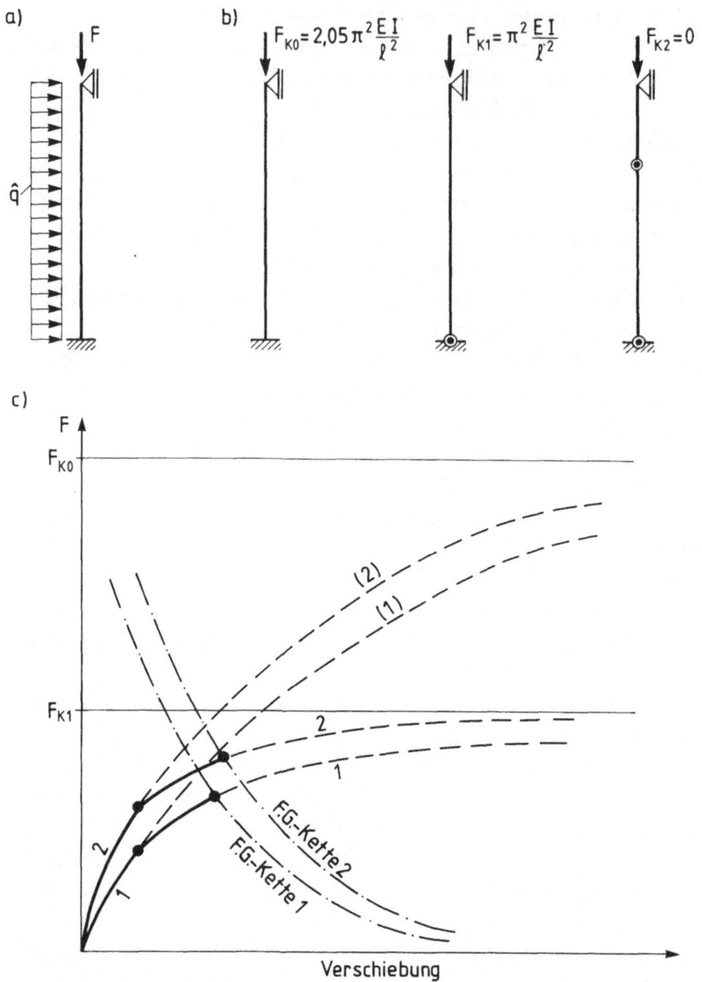

Bild 8.10a–c. Spannungslose Vorverformungen bei F.G.Th.II.O. **a** System und Belastung, **b** Knicklasten des Ausgangssystems und der Systeme mit Fließgelenken, **c** Kraft-Verschiebungs-Kurven bei Berücksichtigung unterschiedlicher Vorverformungen

Bei der Aufstellung eines allgemeinen elektronischen Rechenprogramms gibt es zu dieser Vorgehensweise kaum eine Alternative. Die Berechnung sehr übersichtlicher Systeme kann dagegen auch mit Vorverformungen durchgeführt werden, die gemäß der Anschauung als ungünstig eingeschätzt werden ([8.12]).

Der Ansatz ungünstiger Vorverformungen bei einer Anwendung der F.G.Th.II.O. bedarf noch einer Erläuterung. Mit jedem neuen Fließgelenk ergibt sich ein geändertes statisches System, dessen Knicklast kleiner ist als die des vorherigen Systems (Bilder 7.14 und 8.10.). Zu dieser Knicklast gehört auch eine völlig andere Eigenform, zu der die anfangs angenommenen Vorverformungen nicht mehr affin sind. Streng genommen müßte deshalb untersucht werden, ob die zur Knickbiegelinie des Ausgangssystems affinen Vorverformungen oder ob andere Ersatzimperfektionen, die zusätzlich Elemente der Knickbiegelinien der geänderten Systeme enthalten, den ungünstigeren Einfluß auf die Traglast des Systems haben. Solche Untersuchungen sind bei der praktischen Berechnung kaum durchführbar. Man wird sich deshalb auf den Ansatz von Vorverformungen beschränken, bei denen sich das erste Fließgelenk bei einer möglichst geringen Belastung einstellt (Bild 8.10c, Kurve 1). Die Erklärung hierfür ist Bild 8.10c zu entnehmen: Nach Ausbildung des ersten Fließgelenks werden die Kurven der statischen Größen flacher, da ihre Asymptote bei kleineren Werten von F liegt. Die Schnittpunkte der bei Berücksichtigung unterschiedlicher Vorverformungen berechneten Kurven 1 und 2 mit der zur Fließgelenkkette gehörenden Kurve liegen deshalb nicht weit auseinander, so daß sich i. allg. genauere Untersuchungen erübrigen.

Zusammenfassung:

- Die Berücksichtigung von spannungslosen Vorverformungen ist immer dann erforderlich, wenn die Biegemomente infolge planmäßiger Belastung keine Elemente aufweisen, die zur Knickbiegelinie gehören (d.h. bei Orthogonalität von Grundzustand und ausgeknicktem Zustand).
- Der Ansatz affiner Vorverformungen führt immer zur richtigen Asymptote der Kurve einer statischen Größe. Werden die Vorverformungen als Wechsellastfall behandelt, ergibt sich stets eine ungünstige Zusatzbeanspruchung.
- Der Nachweis an diskreten Punkten des Systems (Stöße, Lager, Gelenke usw.) erfordert in der Regel andere Kombinationen der Vorverformungen als der globale Tragsicherheitsnachweis am Gesamtsystem.
- Die zu höheren Eigenformen affinen Vorverformungen sollten immer dann berücksichtigt werden, wenn die zugehörigen Eigenwerte nicht wesentlich größer sind als die Knicklast.

8.3 Zum Tragsicherheitsnachweis bei physikalischer Linearität

8.3.1 Übersicht

Aus den bisher gewonnenen Erkenntnissen ergeben sich verschiedene Möglichkeiten für die Wahl eines geeigneten Tragsicherheitsnachweises, die sich vor allem hinsichtlich der Genauigkeit und des Berechnungsaufwands unterscheiden.

Bei einem allgemeinen Nachweisverfahren ist die Ermittlung der Knicklast und, um den Fall dicht beieinanderliegender Eigenwerte zu erfassen, die der benachbarten höheren Eigenwerte unumgänglich. Eine Berechnung nach Th.I.O. ohne Kenntnis der Knicklast kommt nur für Systeme infrage, die keine wesentliche Druckbeanspruchung aufweisen; anderenfalls muß zusätzlich ein Knicksicherheitsnachweis (z. B. mit Hilfe des ω-Verfahrens) geführt werden.

Als weitere Möglichkeit bietet sich die Berechnung nach der E.Th.II.O. unter Berücksichtigung spannungsloser Vorverformungen an. Zulässig ist ein solches Vorgehen ohne genaue Kenntnis der Knicklast nur dann, wenn die Systemgeometrie und die Belastung so übersichtlich sind, daß eine Abschätzung ungünstiger Imperfektionen möglich ist und daß von vornherein eine Überschreitung der Knicklast ausgeschlossen werden kann.

Bei Anwendung der E.Th.II.O. kann die Belastung auch über die elastische Grenzlast hinaus gesteigert werden, wenn dabei die Einhaltung der Interaktionsbedingungen in jedem Querschnitt des Systems überprüft wird. Als obere Grenze für die Bemessungslast gilt dann die zum 1. Fließgelenk gehörende Last.

Die genauen Einzelheiten, die beim Tragsicherheitsnachweis zu beachten sind, können je nach Bauart (Stahlbau, Holzbau, Leichtbau usw.), Anwendungsfall (Hochbau, Brückenbau, Industriebau, Fahrzeugbau usw.) und dem Land, in dem das Tragwerk genutzt wird, erheblich voneinander abweichen. Sie sind in den entsprechenden Regelwerken festgelegt.

Für eine Vorbemessung, aber auch für eine unabhängige Kontrolle der Ergebnisse einer elektronischen Berechnung benötigt man einfach zu handhabende Methoden. In den folgenden Abschnitten werden verschiedene Näherungsverfahren unter der Annahme diskutiert, daß die elastische Grenzlast als Traglast anzusehen ist (E.Th.II.O.).

8.3.2 Verhältnis von Bemessungslast und Knicklast

Um mit Hilfe vereinfachter Berechnungsverfahren zu einigermaßen zutreffenden Aussagen zu gelangen, muß zumindest die Knicklast F_K näherungsweise bekannt sein. Im folgenden wird die Größenordnung des Verhältnisses von Bemessungslast und Knicklast untersucht.

Der maximal mögliche Wert dieses Quotienten ergibt sich für ein planmäßig zentrisch belastetes System. Da nur die Größenordnung interessiert, wird das Problem am Beispiel des in Bild 8.11a dargestellten, gelenkig gelagerten Druckglieds (Knicklänge s_K = Systemlänge ℓ) mit eigenformaffinen Vorverformungen untersucht. Für diesen Fall kann das Biegemoment M nach Th.II.O. exakt mit Hilfe des Dischinger-Faktors $D = 1/(1 - F/F_K)$ aus dem nach Th.I.O. berechneten Biegemoment $M^{\mathrm{I}} = F w_0$ ermittelt werden:

$$M = \frac{1}{1 - F/F_K} M^{\mathrm{I}} = D M^{\mathrm{I}}. \tag{8.3.1}$$

Für einen symmetrischen Querschnitt (Höhe h, Flächenmoment 2. Grades I, geometrischer Schlankheitsgrad $\lambda = \sqrt{A/I}\,\ell$, Trägheitsradius $i = \ell/\lambda = \sqrt{I/A}$) lautet der Spannungsnachweis

$$\begin{aligned} \sigma^{\mathrm{II}} &= \frac{F}{A} + \frac{M}{W} = \frac{F}{A} + D\frac{M^{\mathrm{I}}}{I}\frac{h}{2} = \frac{F}{A} + D\frac{F w_0}{I}\frac{h}{2} \\ &= \frac{F}{A} + \frac{F}{A} D \frac{A\ell^2}{I}\frac{w_0}{\ell}\frac{h}{2i\lambda} = \frac{F}{A}\left(1 + D\frac{w_0}{\ell}\frac{h}{2i}\lambda\right). \end{aligned} \tag{8.3.2}$$

Die obere Grenze für die Bemessungslast ist nach der für Abschn. 8.3 getroffenen Voraussetzung die elastische Grenzlast $F_{\mathrm{el,Gr}}$, die mit $\sigma^{\mathrm{II}} = \beta_S$ erreicht wird. Nach Division durch den Elastizitätsmodul E folgt

$$\frac{\sigma^{\mathrm{II}}}{E} = \frac{\beta_S}{E} = \varepsilon_F = \frac{F_{\mathrm{el,Gr}}}{EA}\left(1 + \frac{1}{1 - F_{\mathrm{el,Gr}}/F_K}\frac{w_0}{\ell}\frac{h}{2i}\lambda\right)$$

und nach Erweiterung der rechten Seite mit F_K

$$\varepsilon_F = \frac{F_{el,Gr}}{F_K} \frac{F_K}{EA} \left(1 + \frac{1}{1 - F_{el,Gr}/F_K} \frac{w_0}{\ell} \frac{h}{2i} \lambda\right). \tag{8.3.3}$$

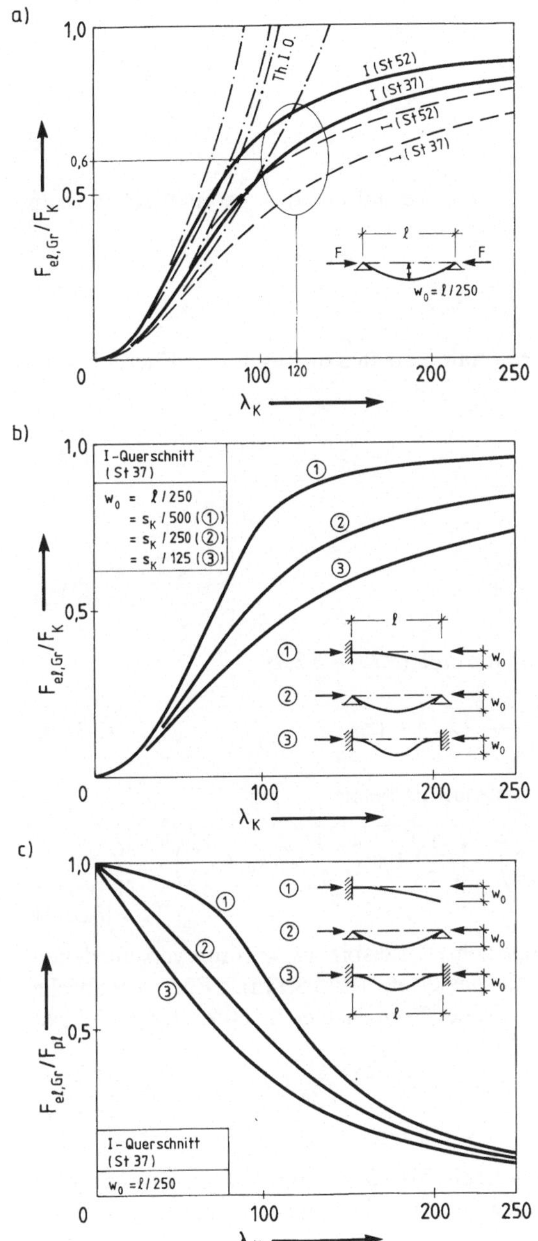

Bild 8.11 a–c. Verhältnis von elastischer Grenzlast zur Knicklast. **a** Am gelenkig gelagerten Einfeldträger, **b** Einfluß der Lagerungsbedingungen, **c** Kurvenverlauf bei Bezug auf die plastische Längskraft

Für die Knicklast gilt unabhängig von den Lagerungsbedingungen

$$F_K = \frac{\pi^2 EI}{s_K^2}, \tag{8.3.4}$$

woraus sich nach Einführung des Knickschlankheitsgrads

$$\lambda_K = \sqrt{\frac{A}{I}}\, s_K \tag{8.3.5}$$

die Knickdehnung

$$\varepsilon_K = \frac{F_K}{EA} = \pi^2 \frac{I}{A\, s_K^2} = \frac{\pi^2}{\lambda_K^2} \tag{8.3.6}$$

(Euler-Hyperbel, vgl. Bild 8.17) ergibt. Das Verhältnis des geometrischen zum Knickschlankheitsgrad lautet

$$\frac{\lambda}{\lambda_K} = \frac{\ell}{s_K}. \tag{8.3.7}$$

Die Dehnung ε_F an der Fließgrenze wird analog zu (8.3.6) durch den Fließschlankheitsgrad

$$\lambda_F = \pi \sqrt{\frac{E}{\beta_S}} = \frac{\pi}{\sqrt{\varepsilon_F}} \tag{8.3.8}$$

ausgedrückt. Man erhält

$$\varepsilon_F = \frac{\pi^2}{\lambda_F^2}. \tag{8.3.9}$$

Aus (8.3.3) wird nach Division durch ε_F und mit (8.3.6–8.3.9)

$$\frac{\lambda_F^2}{\lambda_K^2} \frac{F_{el,Gr}}{F_K} \left(1 + \frac{1}{1 - F_{el,Gr}/F_K} \frac{w_0}{\ell} \frac{h}{2\,i} \frac{\ell}{s_K} \lambda_K\right) = 1. \tag{8.3.10}$$

Die Auflösung nach dem gesuchten Lastverhältnis liefert

$$\frac{F_{el,Gr}}{F_K} = \frac{1}{2}\left(1 + \frac{w_0}{\ell} \frac{h}{2\,i} \frac{\ell}{s_K} \lambda_K + \frac{\lambda_K^2}{\lambda_F^2}\right) - \sqrt{\frac{1}{4}\left(1 + \frac{w_0}{\ell} \frac{h}{2\,i} \frac{\ell}{s_K} \lambda_K + \frac{\lambda_K^2}{\lambda_F^2}\right)^2 - \frac{\lambda_K^2}{\lambda_F^2}}. \tag{8.3.11}$$

Diese Beziehung wird zunächst für das betrachtete Beispiel ($s_K = \ell$) mit verschiedenen Baustählen und Querschnittsformen ausgewertet (Bild 8.11a). Für realistische Schlankheitsgrade $\lambda \lesssim 120$ kann die elastische Grenzlast etwa 60% der Knicklast erreichen:

$$\frac{F_{el,Gr}}{F_K} \lesssim 0{,}6. \tag{8.3.12}$$

Dieser verhältnismäßig große Wert gilt nach Voraussetzung jedoch nur für eine planmäßig zentrische Belastung. Er ist bei planmäßiger Biegung i.allg. wesentlich kleiner.

Bei anderen Lagerungsbedingungen des Stabes sind Knick- und Systemlänge nicht gleich groß ($s_K \neq \ell$). In Bild 8.11b sind die Ergebnisse für den gelenkig gelagerten und den beidseitig eingespannten Stab sowie für den Kragträger einander gegenübergestellt. Die zugehörigen Kurven und damit auch das Verhältnis von elastischer Grenzlast und Knicklast weisen je nach den Lagerungsbedingungen erhebliche Unterschiede auf. Dieser Sachverhalt ist auch für das weiter unten besprochene Ersatzstabverfahren und die Festlegung von Vorverformungen von Bedeutung.

Die Abweichungen kommen dadurch zustande, daß der Stich w_0 der Vorverformung in (8.3.11) auf die Stablänge ℓ bezogen wird, während sich die Schlankheit λ_K aus der Knicklänge s_K ergibt. Die drei Kurven in Bild 8.11b fallen zusammen, wenn w_0 im Verhältnis zu s_K festgelegt wird. Mit der Wahl der Bezugslänge für die Vorverformungsamplitude sind folgende Vor- und Nachteile verbunden:

Wird der Stich w_0 in Abhängigkeit von der Herstellungslänge ℓ, d.h. vom Abstand zweier benachbarter Knotenpunkte der Konstruktion angegeben, was zunächst vernünftig erscheint, so entstehen schon bei der Festlegung der Knotenpunkte einer Stütze mit abgestuftem Verlauf des Flächenmoments 2. Grades oder bei einem geringfügig abgewinkelten Stab (z.B. Hallenrahmen mit polygonaler Systemlinie) Schwierigkeiten. Außerdem erhält man bei der Anwendung des Ersatzstabverfahrens (vgl. Abschn. 8.4) wegen $s_K \neq \ell$ in vielen Fällen erhebliche Unterschiede zu den Ergebnissen einer genauen Berechnung.

Wird w_0 in Abhängigkeit von der Knicklänge s_K festgelegt, so erzielt man mit verschiedenen Berechnungsmethoden vergleichbare Resultate. Es stimmen dann auch die Auswirkungen von affinen und parabolischen Vorverformungen besser überein. Jedoch ist eine Abhängigkeit der herstellungsbedingten Imperfektionen von der Knicklänge kaum zu begründen.

Anhand dieser Ausführungen (vgl. Tabelle 8.5) wird deutlich, daß eine übertriebene Genauigkeit bei der Definition und der Berechnung der Auswirkungen der Imperfektionen auf die Traglast unangebracht ist.

Für die praktische Anwendung sind die in Bild 8.11a,b wiedergegebenen Kurven wenig geeignet, da zur Berechnung von $F_{el,Gr}$ im Bereich kleiner Schlankheitsgrade sehr kleine Ordinatenwerte abgelesen und mit sehr großen Werten für die Knicklast multipliziert werden müssen. Deshalb und im Hinblick auf die in Abschn. 8.4 durchgeführten Untersuchungen im elastoplastischen Bereich wird (8.3.11) auf das Verhältnis

$$\frac{F_{el,Gr}}{F_{pl}} = \frac{\lambda_F^2}{\lambda_K^2} \frac{F_{el,Gr}}{F_K}$$

umgerechnet und das Ergebnis

$$\frac{F_{el,Gr}}{F_{pl}} = \frac{\lambda_F^2}{\lambda_K^2} \left[\frac{1}{2} \left(1 + \frac{w_0}{\ell} \frac{h}{2\,i} \frac{\ell}{s_K} \lambda_K + \frac{\lambda_K^2}{\lambda_F^2} \right) - \sqrt{\frac{1}{4} \left(1 + \frac{w_0}{\ell} \frac{h}{2\,i} \frac{\ell}{s_K} \lambda_K + \frac{\lambda_K^2}{\lambda_F^2} \right)^2 - \frac{\lambda_K^2}{\lambda_F^2}} \right] \tag{8.3.13}$$

als Traglastfunktion oder auch als Knickspannungsfunktion bezeichnet. Die zugehörigen Knickspannungslinien (nach E.Th.II.O.) sind für verschiedene Lagerungsbedingungen in Bild 8.11c dargestellt.

8.3.3 Unterschied der Ergebnisse nach Th.I.O. und E.Th.II.O.

Aus den in Abschn. 8.2.4 durchgeführten Untersuchungen geht hervor, daß sich solche Biegemomente besonders ungünstig auswirken, deren Verlauf affin zu den Biegemomenten der Knickbiegelinie ist. In diesem Fall lassen sich die Biegemomente M nach Th.II.O. wieder gemäß (8.3.1) mit Hilfe des Dischinger-Faktors durch M^{I} ausdrücken. Der angenäherte Spannungsnachweis mit den Schnittgrößen nach Th.I.O. lautet

$$\sigma^{\mathrm{I}}=\frac{F}{A}+\frac{M^{\mathrm{I}}}{W}\leq\beta_{\mathrm{S}}, \tag{8.3.14}$$

während nach Th.II.O.

$$\sigma^{\mathrm{II}}=\frac{F}{A}+\frac{M}{W}=\frac{F}{A}+D\frac{M^{\mathrm{I}}}{W}\leq\beta_{\mathrm{S}} \tag{8.3.15}$$

gilt. Der Dischinger-Faktor darf also nur auf die Spannungen infolge des Biegemoments, nicht aber auf die infolge der Längskraft angewendet werden. Der relative Fehler Δ, der bei der Bemessung mit Hilfe der linearen Theorie gegenüber den Spannungen nach Th.II.O. entsteht, lautet

$$\Delta=\frac{\sigma^{\mathrm{II}}-\sigma^{\mathrm{I}}}{\sigma^{\mathrm{I}}}=\frac{\sigma^{\mathrm{II}}}{\sigma^{\mathrm{I}}}-1 \qquad \text{bzw.} \qquad \frac{\sigma^{\mathrm{II}}}{\sigma^{\mathrm{I}}}=1+\Delta. \tag{8.3.16a,b}$$

Bei Vorgabe einer Fehlergrenze für Δ kann der zu dieser Grenze gehörende maximale Wert des Verhältnisses der Bemessungslast $F_{\mathrm{el,Gr}}$ nach Th.I.O. zur Knicklast F_{K} berechnet werden. Hierzu wird in (8.3.14) $\sigma^{\mathrm{I}}=\beta_{\mathrm{S}}$ gesetzt, d.h. der Querschnitt wird im Hinblick auf die E.Th.I.O. voll ausgenutzt. Wird die Gleichung nach den Biegespannungen M^{I}/W aufgelöst und das Ergebnis $M^{\mathrm{I}}/W=\beta_{\mathrm{S}}-F^{\mathrm{I}}_{\mathrm{el,Gr}}/A$ in (8.3.15) eingesetzt, so erhält man

$$\sigma^{\mathrm{II}}=\frac{F^{\mathrm{I}}_{\mathrm{el,Gr}}}{A}+D\frac{M^{\mathrm{I}}}{W}=\frac{F^{\mathrm{I}}_{\mathrm{el,Gr}}}{A}+D\left(\beta_{\mathrm{S}}-\frac{F^{\mathrm{I}}_{\mathrm{el,Gr}}}{A}\right)$$

oder mit (8.3.16)

$$\frac{\sigma^{\mathrm{II}}}{\sigma^{\mathrm{I}}}=1+\Delta=\frac{F^{\mathrm{I}}_{\mathrm{el,Gr}}}{A\beta_{\mathrm{S}}}+D\left(1-\frac{F^{\mathrm{I}}_{\mathrm{el,Gr}}}{A\beta_{\mathrm{S}}}\right).$$

Die weitere Umformung erfolgt analog zu der von (8.3.2). Das gesuchte Verhältnis der Kräfte ergibt sich zu

$$\frac{F^{\mathrm{I}}_{\mathrm{el,Gr}}}{F_{\mathrm{K}}}=\frac{\lambda_{\mathrm{K}}^2}{\lambda_{\mathrm{F}}^2}\frac{1+\Delta}{2}\pm\sqrt{\left(\frac{\lambda_{\mathrm{K}}^2}{\lambda_{\mathrm{F}}^2}\frac{1+\Delta}{2}\right)^2-\frac{\lambda_{\mathrm{K}}^2}{\lambda_{\mathrm{F}}^2}\Delta}\,. \tag{8.3.17}$$

Der Quotient der Kräfte ist, abgesehen vom Werkstoffkennwert λ_{F}, nur eine Funktion des Schlankheitsgrads λ_{K} und der Fehlergrenze für Δ und im Gegensatz zu (8.3.11) unabhängig von der Querschnittsform. Da nur von Interesse ist, bis zu welchem Verhältnis $F^{\mathrm{I}}_{\mathrm{el,Gr}}/F_{\mathrm{K}}$ man nach Th.I.O. genau genug rechnet, ist eine Untersuchung von (8.3.17) für kleine Werte Δ ausreichend. Hierzu wird die Gleichung partiell nach Δ abgeleitet und anschließend $\Delta=0$ gesetzt. Für die Tangentenneigung im Ursprung erhält man auf diesem Weg das Ergebnis

$$\frac{\partial}{\partial \Delta}\left(\frac{F^{\mathrm{I}}_{\mathrm{el,Gr}}}{F_{\mathrm{K}}}\right)\Bigg|_{\Delta=0} = \left(\frac{1}{2}\frac{\lambda_{\mathrm{K}}^2}{\lambda_{\mathrm{F}}^2} - \frac{\dfrac{\lambda_{\mathrm{K}}^2}{\lambda_{\mathrm{F}}^2}\dfrac{1+\Delta}{2}\dfrac{\lambda_{\mathrm{K}}^2}{\lambda_{\mathrm{F}}^2} - \dfrac{\lambda_{\mathrm{K}}^2}{\lambda_{\mathrm{F}}^2}}{2\sqrt{\left(\dfrac{\lambda_{\mathrm{K}}^2}{\lambda_{\mathrm{F}}^2}\dfrac{1+\Delta}{2}\right)^2 - \dfrac{\lambda_{\mathrm{K}}^2}{\lambda_{\mathrm{F}}^2}\Delta}}\right)\Bigg|_{\Delta=0} = 1,$$

d.h. für kleine relative Fehler Δ gilt unabhängig von Werkstoff, Querschnitt und Schlankheitsgrad die einfache Beziehung

$$\frac{F^{\mathrm{I}}_{\mathrm{el,Gr}}}{F_{\mathrm{K}}} \approx \Delta. \tag{8.3.18}$$

Soll also, wie häufig in statischen Berechnungen üblich, der Fehler unter 3% bleiben, so darf nach Th.I.O. nur dann gerechnet werden, wenn die Bemessungslast F höchstens 3% der Knicklast beträgt. Dieses Ergebnis widerspricht der in Abschn. 4.5.9 gemachten Aussage, daß die Th.II.O. erst dann angewendet zu werden braucht, wenn die Bemessungslast größer als 10% der Knicklast ist. Hierbei werden gemäß (8.3.18) Fehler von ungefähr 10% toleriert. Die Begründung für diese erheblich großzügigere Regelung ist darin zu sehen, daß die elastische Grenzlast als Traglast angesehen wird und deshalb die Querschnitts- und Systemreserven nicht voll ausgenutzt werden. Ferner basiert die Herleitung von (8.3.18) auf dem besonders ungünstigen Fall einer affinen Belastung.

Die Auswertung von (8.3.17) ist in Bild 8.12 für Baustahl St 37 zusammengefaßt. Bemerkenswert ist, daß für Schlankheitsgrade λ_{K}, die kleiner als die Grenzschlankheit $\lambda_{\mathrm{F}} = \pi/\sqrt{\varepsilon_{\mathrm{F}}}$ sind, der Fehler auf Werte kleiner als 100% beschränkt ist, während er bei großen Schlankheiten beliebig groß werden kann. Dieses Ergebnis kann anschaulich damit erklärt werden, daß für kleine Werte von λ_{K} (gedrungene Druckglieder) die Biegespannungen eine untergeordnete Rolle spielen. Da der Unterschied im Spannungsnachweis nach Th.I.O. und Th.II.O. nur aus den Biegespannungen, nicht aber aus den Längskraftspannungen resultiert, fällt er entsprechend gering aus.

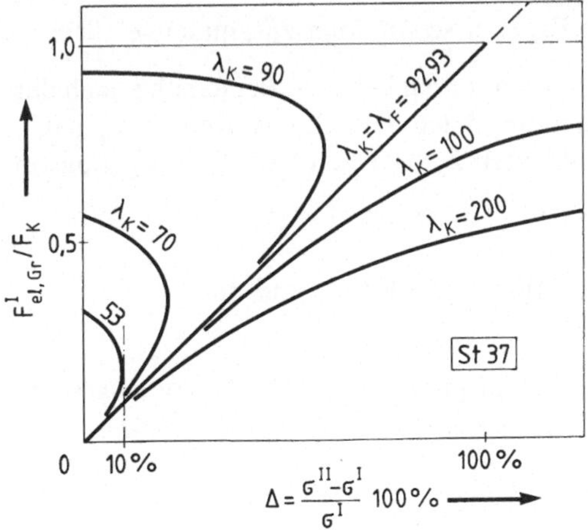

Bild 8.12. Relativer Fehler der nach Th.I.O. berechneten Spannungen gegenüber denen nach E.Th.II.O.

Läßt man für Schlankheitsgrade $\lambda_K < \lambda_F$ ebenfalls einen Fehler von 10% zu, so kann man einen maximalen Schlankheitsgrad λ_{max} berechnen, für den diese Fehlergrenze unabhängig vom Wert des Lastverhältnisses $F^{I}_{el,Gr}/F_K$ stets eingehalten wird. Hierzu wird (8.3.17) nach λ_K aufgelöst. Man erhält λ_K als Funktion des Lastverhältnisses. Die Berechnung des Extremwerts λ_{max} dieser Funktion liefert mit $\Delta = 0{,}1$

$$\lambda_{max} = \frac{2\sqrt{\Delta}}{1+\Delta}\,\lambda_F = 0{,}57\,\lambda_F\,, \qquad (8.3.19)$$

woraus sich für St 37 ($\lambda_F = 92{,}9$) bzw. St 52 ($\lambda_F = 75{,}9$) die Werte

$$\lambda_{max}\,(\text{St } 37) = 53 \qquad \text{bzw.} \qquad \lambda_{max}\,(\text{St } 52) = 44$$

ergeben. Für Schlankheitsgrade $\lambda_K < \lambda_{max}$ darf also stets nach Th.I.O. gerechnet werden, ohne daß die Fehlergrenze von 10% überschritten wird (senkrechte Gerade durch $\Delta = 10\%$ in Bild 8.12).

Die Ergebnisse können durch die Einführung des Bezugsschlankheitsgrads

$$\bar{\lambda} = \frac{\lambda_K}{\lambda_F} \qquad (8.3.20)$$

unabhängig von der Fließgrenze dargestellt werden. Sie gelten dann für alle Werkstoffe mit bis zur Fließgrenze linear elastischem Materialgesetz. Aus (8.3.17) bzw. (8.3.19) wird mit (8.3.20)

$$\frac{F^{I}_{el,Gr}}{F_K} = \bar{\lambda}^2\,\frac{1+\Delta}{2} \pm \sqrt{\left(\bar{\lambda}^2\,\frac{1+\Delta}{2}\right)^2 - \bar{\lambda}^2\,\Delta}\,, \qquad (8.3.21)$$

$$\bar{\lambda}_{max} = \frac{2\sqrt{\Delta}}{1+\Delta} \quad (= 0{,}57 \text{ für } \Delta = 10\%)\,. \qquad (8.3.22)$$

Eine solche Vorgehensweise kann nicht immer gewählt werden, wie z.B. aus (8.3.11) zu erkennen ist. Neben dem Verhältnis $\lambda_K/\lambda_F = \bar{\lambda}$ enthält diese Gleichung zusätzlich λ_K als isolierten Faktor. Ob eine von der Fließgrenze unabhängige Darstellung trotzdem mit ausreichender Näherung möglich ist, wird weiter unten bei der Erläuterung des Ersatzstabverfahrens untersucht.

Für baupraktische Belange werden die Ergebnisse wie folgt zusammengefaßt:

- Wegen der nicht ausgenutzten Querschnittsreserven bei einer Bemessung nach der elastischen Grenzlast reicht eine Berechnung nach Th.I.O. aus, wenn $F/F_K \lesssim 0{,}1$.
- Für gedrungene Druckglieder (Schlankheiten $\lambda_K \lesssim 0{,}6\,\lambda_F$ bzw. $\bar{\lambda} \lesssim 0{,}6$) genügt in jedem Fall der Nachweis mit Hilfe der Th.I.O.

8.3.4 Überschlägliche Bemessung mit Hilfe der Th.I.O. und des Dischinger-Faktors

Es wird die Kenntnis der Knicklast und der Schnittgrößen nach Th.I.O. vorausgesetzt. Die Reihenentwicklung (8.2.32) für das Biegemoment

$$M = \sum_{n=1}^{\infty} D_n\, M_n^{aI}$$

eines beliebigen Systems mit einer beliebigen Belastung ist zur praktischen Anwendung völlig ungeeignet, da eine Darstellung der Biegemomentenfunktion durch die Eigenformen viel umständlicher als eine genaue Berechnung nach Th.II.O. ist. Deshalb wird (8.2.32) für überschlägliche Berechnungen stark vereinfacht. Man verwendet nur das erste Reihenglied $D_1 M_1^{aI}$ und ersetzt außerdem den unbekannten, zum Biegemoment der ersten Eigenform affinen Anteil M_1^{aI} durch das bekannte Biegemoment M^I der Th.I.O. Mit $D_1 = D$ ergibt sich

$$\tilde{M} = D M^I . \tag{8.3.23}$$

Diese sehr grobe Vorgehensweise hat ihre Berechtigung, da die mit ihrer Hilfe ermittelten Biegemomente $\tilde{M}$ zwei besonders wichtige Randbedingungen der E.Th.II.O. erfüllen. Wird (8.3.23) partiell nach F/F_K abgeleitet, wobei zu beachten ist, daß M^I linear von F abhängt, so folgt

$$\frac{\partial}{\partial F}(DM^I) = \frac{\partial}{\partial F}(D)\, M^I + D\frac{\partial}{\partial F}(M^I). \tag{8.3.24}$$

Im Koordinatenursprung ($F=0$) gilt

$$D = \frac{F_K}{F_K - F} = 1, \quad M^I = 0$$

und damit für die Steigung der Biegemomentenkurve

$$\frac{\partial}{\partial F}(\tilde{M}) = \frac{\partial}{\partial F}(DM^I) = \frac{\partial}{\partial F}(M^I). \tag{8.3.25}$$

Die Steigung stimmt mit der nach Th.I.O. berechneten überein. Außerdem hat die Kurve des Biegemoments $\tilde{M}$ die richtige Asymptote F_K.

Diese globalen Übereinstimmungen mit der genauen Kurve dürfen nicht darüber hinwegtäuschen, daß die Näherung ganz beträchtliche Fehler aufweisen kann. Am anschaulichsten können die Vor- und Nachteile am Beispiel des symmetrischen Rahmens mit symmetrischer Belastung (Bild 8.4a) erläutert werden. Die exakte Berechnung nach E.Th.II.O. (ohne Berücksichtigung von Vorverformungen oder mit symmetrischen Vorverformungen) führt zu einem symmetrischen Biegemomentenverlauf mit der falschen Asymptote F_{02} und damit zu einer Überschätzung der Tragsicherheit. Erst bei zusätzlichem Ansatz antimetrischer Vorverformungen geht der symmetrische Biegemomentenverlauf mit Annäherung von F an F_K mehr und mehr in einen antimetrischen Verlauf mit richtiger Asymptote über.

Die Näherung nach (8.2.23) ergibt zwar die richtige Asymptote, vergrößert aber mit steigendem Verhältnis F/F_K nur die Werte des symmetrischen Biegemomentenbilds nach Th.I.O. Sie ist in diesem Fall hinsichtlich des globalen Tragsicherheitsnachweises zutreffender als die oben beschriebene exakte Berechnung nach E.Th.II.O., liefert aber im Vergleich mit dem genauen, antimetrische Imperfektionen einschließenden Verfahren an einzelnen Stellen des Systems völlig andere Werte für die Biegemomente. So erhält man beim hier untersuchten Rahmen nach der Näherung (8.3.23) nur negative Eckmomente, während sich bei Berücksichtigung antimetrischer Vorverformungen auch positive Werte ergeben können. Obgleich durch den Dischinger-Faktor die richtige Asymptote der Kurven gewährleistet wird, sollte der Lastfall Vorverformungen nach derselben Methode, aber gesondert untersucht und dann in ungünstiger Weise superponiert werden. An diesem Beispiel ist zu erkennen, daß eine Bemessung mit Hilfe des Dischinger-Faktors und den Schnittgrößen der Th.I.O. eine grobe Näherung für das Verhalten des gesamten Systems liefert, während Aussagen für einzelne Querschnitte in vielen Fällen nicht gemacht werden können.

Im Hinblick auf das in Abschn. 8.4.2 näher erläuterte Ersatzstabverfahren wird die Möglichkeit einer Verbesserung des Dischinger-Faktors für nicht affine Lastfälle untersucht. Durch die genaue Berechnung des gegebenen Problems nach E.Th.II.O. soll ein möglichst einfacher Näherungswert für den Dischinger-Faktor D gefunden werden, so daß mit hinreichender Genauigkeit

$$M \approx \tilde{D} M^{\mathrm{I}} \qquad \text{bzw.} \qquad \tilde{D} \approx M/M^{\mathrm{I}} \tag{8.3.26}$$

gilt. In [8.7] wird aufgrund einer Reihenentwicklung der genauen Lösung die Beziehung

$$\tilde{D} = \left(1 + \delta \frac{S}{S_{\mathrm{K}}}\right) \Big/ \left(1 - \frac{S}{S_{\mathrm{K}}}\right) \tag{8.3.27}$$

vorgeschlagen. Eine Verbesserung dieser Näherung wird mit

$$\tilde{\tilde{D}} = \left(1 + \left[\delta_0 + (\delta_1 - \delta_0) \frac{S}{S_{\mathrm{K}}}\right] \frac{S}{S_{\mathrm{K}}}\right) \Big/ \left(1 - \frac{S}{S_{\mathrm{K}}}\right) \tag{8.3.28}$$

erreicht. Auf die Korrekturfaktoren δ, δ_0 und δ_1 wird im weiteren ausführlich eingegangen.

Der exakte Quotient $D = M/M^{\mathrm{I}}$ stellt bei nicht affinen Lastfällen eine transzendente Funktion dar und ist abhängig von der Form der Biegemomentenfläche, der Laststufe (also von S/S_{K}) und der betrachteten Koordinate des Systems. Deshalb ist es wenig sinnvoll, für die Korrekturfaktoren δ, δ_0 und δ_1 übertrieben genaue Werte anzugeben. Die weiteren Untersuchungen gehen aus diesem Grunde von Gl. (8.3.27) aus, die, in (8.3.26) eingesetzt und nach δ aufgelöst,

$$\delta = \left[\left(1 - \frac{S}{S_{\mathrm{K}}}\right) \frac{M}{M^{\mathrm{I}}} - 1\right] \frac{S_{\mathrm{K}}}{S} \tag{8.3.29}$$

ergibt. Aus (8.3.29) können für jedes gegebene Problem die Korrekturfaktoren δ an beliebigen Systemkoordinaten und für beliebige Laststufen $0 \leq S/S_{\mathrm{K}} \leq 1$ ermittelt werden. Die Berechnung wird für einen exzentrisch belasteten Stab mit konstantem Biegemoment M^{I} (Tabelle 8.2) für den maximal beanspruchten Querschnitt in Feldmitte durchgeführt.

Tabelle 8.2. Korrekturfaktoren δ für die Feldmitte

S/S_K	0	0,25	0,5	0,75	1
M/M^I	1	1,43	2,25	4,79	∞
δ	0,234	0,243	0,252	0,262	0,273

Das exakte Biegemoment M nach Th.II.O. folgt aus Tabelle 4.7 mit $\xi=\xi'=0{,}5$:

$$M=\frac{2\sin(\varepsilon/2)}{\sin\varepsilon}\,M^{\mathrm{I}}.$$

Setzt man diesen Ausdruck in (8.3.29) ein, so erhält man

$$\delta=\left[\left(1-\frac{S}{S_{\mathrm{K}}}\right)\frac{2\sin(\varepsilon/2)}{\sin\varepsilon}-1\right]\frac{S_{\mathrm{K}}}{S},$$

wobei ε, S und S_{K} durch die Beziehungen

$$\frac{S}{S_{\mathrm{K}}}=\frac{\varepsilon^2}{\varepsilon_{\mathrm{K}}^2}=\frac{\varepsilon^2}{\pi^2},\qquad \varepsilon=\pi\sqrt{\frac{S}{S_{\mathrm{K}}}}$$

verknüpft sind. Aus (8.3.29) und den in Tabelle 8.2 zusammengestellten Ergebnissen der Auswertung erkennt man, daß δ nicht konstant ist. Werden die Korrekturfaktoren mit einem Index gekennzeichnet, der den Wert von S/S_{K} angibt, so gilt beispielsweise

$$\delta(S/S_{\mathrm{K}}=0)=\delta_0=0{,}234\,,\qquad \delta(S/S_{\mathrm{K}}=1)=\delta_1=0{,}273\,.$$

In der Literatur wird i.allg. einer dieser beiden Werte als Korrekturfaktor δ ohne jede weitere Kennzeichnung gewählt (δ_1 in [8.4, 8.13], δ_0 in [8.14]). Da bei baupraktischen Problemen $S/S_{\mathrm{K}}\lesssim 0{,}6$, erscheint die Verwendung eines Zwischenwerts (z.B. $\delta_{0,5}$) sinnvoll, wenn man nicht die genauere Beziehung (8.3.28) benutzt. In Tabelle 8.3 sind Korrekturfaktoren $\delta=\delta_{0,5}$ für einige Fälle angegeben.

Am nachfolgend durchgerechneten Anwendungsbeispiel erkennt man besonders deutlich, daß der Dischinger-Faktor auch von der betrachteten Koordinate des Systems abhängt. Für $x=0$ und $x=\ell$ gilt $M=M^{\mathrm{I}}$; dies entspricht den Werten $D=1$ bzw. $\delta=-1$. Der Fall $\hat{q}=\mathrm{const}$ kann wegen der sehr kleinen δ-Werte mit hinreichender Genauigkeit als affiner Lastfall ($\delta=0$) behandelt werden.

Die Vorgehensweise, mit einem verbesserten Dischinger-Faktor eine genaue Berechnung nach Th.II.O. zu umgehen, ist nur für Einfeldträger praktikabel. Auch bei diesen sehr einfachen Systemen wird die Ermittlung des Korrekturfaktors in solchen Fällen

Tabelle 8.3. Korrekturfaktoren δ_0, $\delta_{0,5}$ und δ_1 für verschiedene Laststufen und unterschiedliche Lastfälle

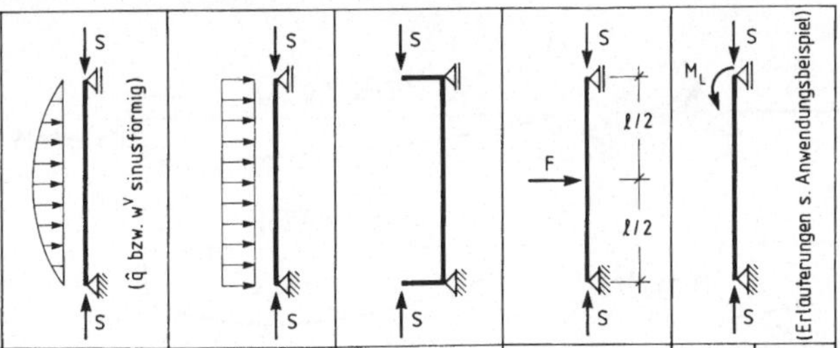

System und Belastung	S, S ($\hat{q}$ bzw. w^{v} sinusförmig)	S, S	S, S	S, F, $\ell/2$, $\ell/2$, S	M_L, S, S	(Erläuterungen s. Anwendungsbeispiel)
δ_0	0	0,028	0,234	-0,178	-1	-1
$\delta_{0,5}$	0	0,030	0,252	-0,182	-0,22	-0,74
δ_1	0	0,032	0,273	-0,189	+0,27	-0,36

schwierig, in denen der Ort der maximalen Beanspruchung nicht von vornherein bekannt ist (z.B. bei veränderlichem Flächenmoment 2. Grades bzw. bei veränderlicher Längskraft oder wie im nachfolgenden Beispiel bei unsymmetrischer Belastung). Eine Anwendung dieser Methode auf Rahmensysteme ist aus den angeführten Gründen i.allg. nur für Überschlagsberechnungen sinnvoll.

Anwendungsbeispiel

Für das in Bild 8.13a dargestellte System soll der verbesserte Dischinger-Faktor an der für die Bemessung maßgeblichen Stabkoordinate ermittelt werden. Das Biegemoment M nach Th.II.O. folgt aus Tabelle 4.7

$$M = \frac{\sin \varepsilon\xi}{\sin \varepsilon} M^{L}.$$

Den Extremalwert erhält man aus der Bedingung

$$\frac{dM}{d\xi} = \frac{\varepsilon \cos \varepsilon\xi}{\sin \varepsilon} M^{L} = 0\,.$$

Hieraus ergibt sich zunächst $\cos \varepsilon\xi = 0$ und damit die gesuchte Koordinate $\xi_M = \pi/(2\varepsilon)$, wobei $\xi_M \leq 1$ zu beachten ist. Aus $\xi_M = 1$ folgt $\varepsilon = \pi/2 = \varepsilon_K/2$. Für kleinere ε-Werte tritt das extremale Biegemoment am rechten Rand ($\xi_M = 1$) auf (Bild 8.13c), für größere Werte verschiebt es sich ins Feld (Bild 8.13d) und erreicht für $\varepsilon = \varepsilon_K$ die Feldmitte. Die Biegemomente lauten für $\varepsilon \leq \pi/2$

$$\text{extr } M = \frac{\sin \varepsilon}{\sin \varepsilon} M^{L} = M^{L} = \text{extr } M^{I}$$

bzw. für $\varepsilon \geq \pi/2$

$$\text{extr } M = \frac{\sin(\pi/2)}{\sin \varepsilon} M^{L} = \frac{M^{L}}{\sin \varepsilon}, \qquad \text{zug } M^{I} = \xi_M M^{L} = \frac{\pi}{2\varepsilon} M^{L}.$$

Aus (8.3.29) werden die Korrekturfaktoren berechnet. Für $\varepsilon \leq \pi/2$ gilt wegen $M = M^{I}$ und $D = 1$ der Wert $\delta = -1 = \text{const}$. Für $\varepsilon \geq \pi/2$ ergibt sich

$$\delta = \left[\left(1 - \frac{S}{S_K}\right) \frac{2\varepsilon}{\pi \sin \varepsilon} - 1\right] \frac{S_K}{S}.$$

Die in Tabelle 8.4, Zeile 4 zusammengestellten Ergebnisse der Auswertung weisen im Gegensatz zu denjenigen in den Tabellen 8.2 und 8.3 stark veränderliche δ-Werte und sogar einen

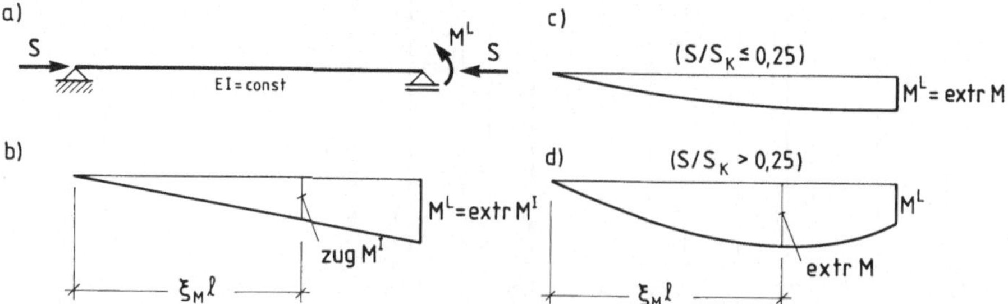

Bild 8.13 a–d. Zur Berechnung der Korrekturfaktoren für den Dischinger-Faktor. **a** System und Belastung. Biegemomentenlinien, **b** nach Th.I.O., **c** nach Th.II.O. für $S/S_K \leq 0{,}25$ und **d** für $S/S_K > 0{,}25$

Tabelle 8.4. Korrekturfaktoren δ an der für die Bemessung maßgeblichen Stelle (Zeile 4: δ für extr M/zug M^{I}; Zeile 6: δ für extr M/extr M^{I}.)

Zeile	S/S_K	0...0,25	0,5	0,75	1
2	ξ_M	1	0,71	0,63	0,5
3	$\frac{\text{extr}\,M}{\text{zug}\,M^{\mathrm{I}}}$	1	1,78	4,24	∞
4	δ	-1	-0,22	+0,08	+0,27
5	$\frac{\text{extr}\,M}{\text{extr}\,M^{\mathrm{I}}}$	1	1,26	2,45	∞
6	δ	-1	-0,74	-0,52	-0,36

S
M^L
S

Vorzeichenwechsel auf. Etwas günstiger werden die Verhältnisse, wenn man extr M auf extr $M^{\mathrm{I}} = M^{\mathrm{L}}$ bezieht. Dann gilt

$$\delta = \left[\left(1 - \frac{S}{S_K}\right)\frac{1}{\sin\varepsilon} - 1\right]\frac{S_K}{S}.$$

Die Werte sind in Tabelle 8.4, Zeile 6 angegeben. Der Vorzeichenwechsel entfällt zwar, aber wie zuvor liefert (8.3.27) mit $\delta = \text{const}$ unzutreffende Ergebnisse, während die nach (8.3.28) gerade noch brauchbar sind. An diesem einfachen Beispiel ist die oben erläuterte Problematik einer Bemessung mit Hilfe des Dischinger-Faktors und der Th.I.O. gut zu erkennen.

8.3.5 Überschlägliche Bemessung mit Hilfe der Th.I.O. und zusätzlicher Ersatzbelastungen anstelle von Vorverformungen

Bei dieser Vorgehensweise wird der Einfluß vorhandener Vorverformungen durch den Ansatz geeigneter Ersatzlasten berücksichtigt. Alle weiteren Untersuchungen werden dann nach Th.I.O. durchgeführt, so daß die Knicklast zunächst nicht bekannt zu sein braucht. Vorteilhaft ist, daß bestehende Berechnungsverfahren und -programme für Th.I.O. ohne Änderung angewendet werden können. Die Ersatzlasten für einen spannungslos vorgekrümmten Stab mit dem Stich w_0 bzw. für einen Bereich mit einer außerplanmäßigen Schrägstellung ψ_0 ergeben sich nach Bild 8.14 aus der Bedingung $M_0^{\mathrm{I}} = M_{\mathrm{E}}^{\mathrm{I}}$ zu

$$\hat{q}_{\mathrm{E}} = \frac{8\,S\,w_0}{\ell^2} \quad \text{bzw.} \quad H_{\mathrm{E}} = S\,\psi_0 . \tag{8.3.30a, b}$$

Wenn die weitere Berechnung nach Th.I.O. erfolgt, gelten hinsichtlich des möglichen Anwendungsbereichs die in Abschn. 8.3.3 zum Unterschied der Ergebnisse nach Th.I.O. und Th.II.O. gemachten Ausführungen (d.h. $F/F_K \lesssim 0{,}1$ oder $\lambda \lesssim 0{,}6\,\lambda_F$).

Selbstverständlich kann das Verfahren der Ersatzlasten auch in die Berechnung nach Th.II.O. eingearbeitet werden, wobei wieder darauf zu achten ist, daß die Ersatzlasten Biegemomente zur Folge haben, die einen zum Biegemoment der ersten Eigenform hinreichend großen affinen Anteil aufweisen. Die Wirkung dieser Lasten ersetzt dann die der Vorverformungen.

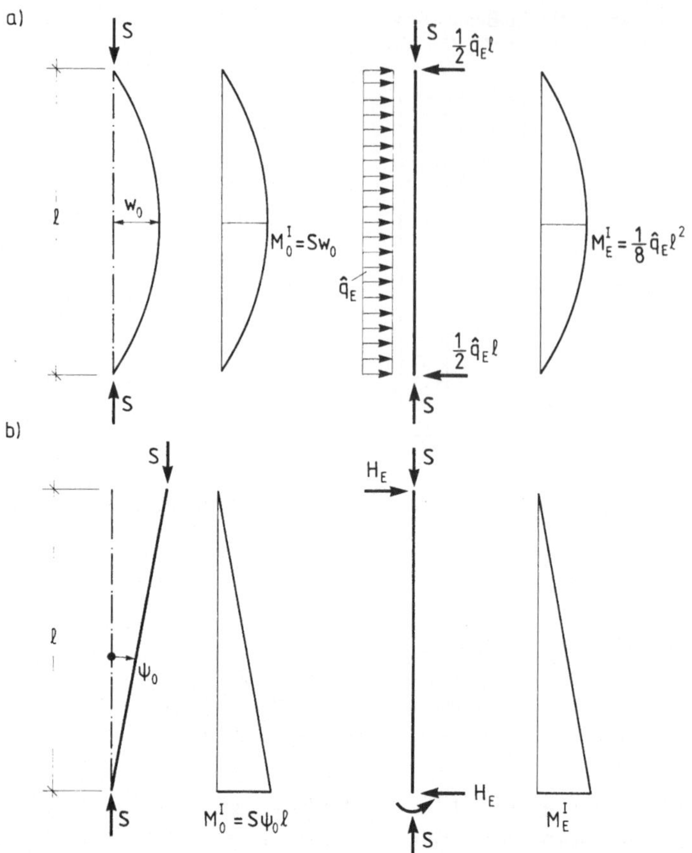

Bild 8.14 a, b. Ersatzlasten anstelle einer **a** spannungslosen Vorkrümmung, **b** außerplanmäßigen Schiefstellung

8.4 Zum Tragsicherheitsnachweis bei geometrischer und physikalischer Nichtlinearität: Ersatzstabverfahren

8.4.1 Vorbemerkungen

Bisher wurde bei der Diskussion von Näherungsverfahren physikalische Linearität vorausgesetzt. Läßt man diese Annahme fallen, so steigt der Schwierigkeitsgrad schon für das bei der F.G.Th.II.O. verwendete linear elastisch – ideal plastische Materialgesetz beträchtlich. Zur Berechnung der nach Ausbildung jedes Fließgelenks geänderten Asymptote der Kraft-Verschiebungs-Kurven (vgl. Bild 7.14) müssen die Lage des neuen Fließgelenks und die Knicklast des zugehörigen Systems ermittelt werden. Der Kurvenverlauf zwischen zwei Fließgelenken könnte vereinfachend durch eine Gerade ersetzt ([8.15]) oder mit Hilfe eines Dischinger-Faktors, der die Zusatzbelastung ΔF_n und die Knicklast F_{Kn} enthält (Bild 8.15), genauer berechnet werden. Beide Methoden erweisen sich für ein Näherungsverfahren als relativ aufwendig.

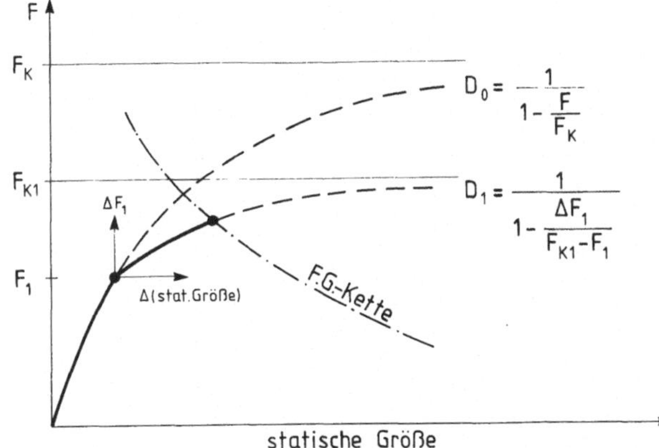

Bild 8.15. Dischinger-Faktor bei F.G.Th.II.O.

Um bei komplizierteren Materialgesetzen, wie z.B. dem Parabel-Rechteck-Diagramm für Stahlbeton oder dem hyperbolischen Spannungs-Dehnungs-Diagramm der DIN 4114 für Baustahl, zu einer praktikablen Berechnungsmethode zu gelangen, müssen einschneidende problemangepaßte Vereinfachungen vorgenommen werden. Als ein ausgewogener Kompromiß zwischen Einfachheit und Genauigkeit haben sich hierbei die Ersatzstabverfahren erwiesen, deren Grundzüge im nächsten Abschnitt genauer erläutert werden.

8.4.2 Grundgedanke der Ersatzstabverfahren

Alle Ersatzstabverfahren haben folgende gemeinsame Merkmale:

- Das zu untersuchende Bauglied, der Ersatzstab, wird aus dem System herausgelöst.
- Der Einfluß des Restsystems auf das Tragverhalten des Stabes wird nur näherungsweise erfaßt (i.allg. durch eine Knickuntersuchung des Gesamtsystems).
- Der Ersatzstab wird mit Hilfe einer geometrisch und physikalisch nichtlinearen Theorie unter Berücksichtigung von Imperfektionen genau berechnet.

Im ersten Schritt wird der Stab aus dem System in zweckmäßiger Weise herausgeschnitten. Geeignete Schnittstellen sind zwei benachbarte (auch gedachte) Wendepunkte der Knickbiegelinie (Bild 8.16), deren Abstand als Knicklänge s_K bezeichnet wird. Zu ihrer Ermittlung muß die Knicklast bekannt sein. Gemäß (5.5.23) gilt mit $F_K = S_K$

$$s_K = \pi \sqrt{EI/S_K}, \tag{8.4.1}$$

wobei S_K die Längskraft des betrachteten Bereichs beim Ausknicken des Systems ist. Da das Biegemoment an den Wendepunkten Null ist, wird der Ersatzstab für die weiteren Untersuchungen als beidseitig gelenkig gelagerter Knickstab angesehen (Euler-Fall 2). Diese Lage der Wendepunkte der Knickbiegelinie bleibt nur bei affinen Belastungen erhalten. Infolge anderer Lasten ist dies i.allg. nicht der Fall; an den Stabenden des Ersatzstabs treten dann Biegemomente auf. Der Einfluß des Restsystems auf das Tragverhalten des Stabes wird nur indirekt über die Ermittlung der Knicklänge erfaßt.

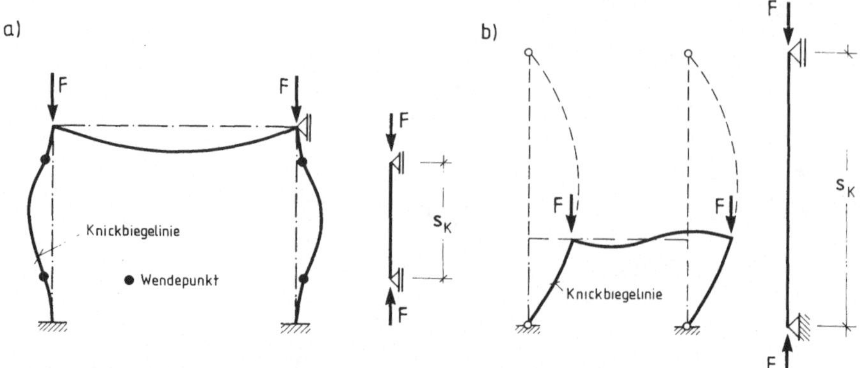

Bild 8.16 a, b. Ersatzstab als Bereich zwischen zwei benachbarten Wendepunkten der Knickbiegelinie. **a** Unverschieblicher Rahmen, **b** elastisch verschieblicher Rahmen

Die Frage, wie der Tragsicherheitsnachweis am Ersatzstab im einzelnen geführt werden muß, ist in Abhängigkeit vom Werkstoff und vom mechanischen Problem (Biegeknicken, Biegedrillknicken, Kippen, ein- oder mehrteilige Stäbe usw.) in den betreffenden Baubestimmungen geregelt. Im Stahlbetonbau wird für Druckglieder mäßiger Schlankheit das extremale planmäßige Biegemoment nach Th.I.O. im mittleren Drittel der Knicklänge um einen Anteil infolge der ungewollten Ausmitte unter Berücksichtigung des Hebelarms der Längskräfte vergrößert. Dann wird mit diesem vergrößerten Biegemoment der Querschnitt bemessen. Im Stahlbau gibt es verschiedene Vorgehensweisen. Die zur Zeit noch gültigen Verfahren der DIN 4114 (z.B. das ω-Verfahren) sind besonders ausführlich in [8.16] beschrieben. Im Zuge der Neubearbeitung der Stahlbauvorschriften werden erweiterte Ersatzstabverfahren diskutiert, deren Güte an der Übereinstimmung der Ergebnisse mit denen der Traglasttheorie, der F.G.Th.II.O. bzw. einer Berechnung unter Verwendung der Europäischen Knickspannungslinien, aber ebenfalls an der praktischen Handhabbarkeit zu messen ist ([8.14, 8.17, 8.18]).

Eine ins einzelne gehende Beschreibung aller mit Ersatzstabverfahren verbundenen Probleme führt hier zu weit. Im folgenden werden deshalb nur einige grundsätzliche Fragen erörtert, wobei das linear elastisch – ideal plastische Materialgesetz vorausgesetzt wird und alle auftretenden Einwirkungen und statischen Größen auf den Bemessungszustand bezogen sind. Da nur Druckstäbe untersucht werden, wird die Längskraft ($N \approx S$) als Druckkraft mit positivem Vorzeichen eingeführt und (im Gegensatz zu der im Stahlbau üblichen Bezeichnungsweise) wie bisher mit S bezeichnet.

8.4.3 Planmäßig zentrische Beanspruchung

Es wird ein ideal gerader, gelenkig gelagerter Stab mit zentrischer Druckbeanspruchung F betrachtet (Bild 8.17). Die Tragsicherheit ist gewährleistet, wenn die Bemessungslast F nicht größer als die Traglast F_T ist. Der Stab kann entweder durch Knicken oder durch Plastizieren unbrauchbar werden. Unter Berücksichtigung dieser beiden Versagensmöglichkeiten lautet der Tragsicherheitsnachweis

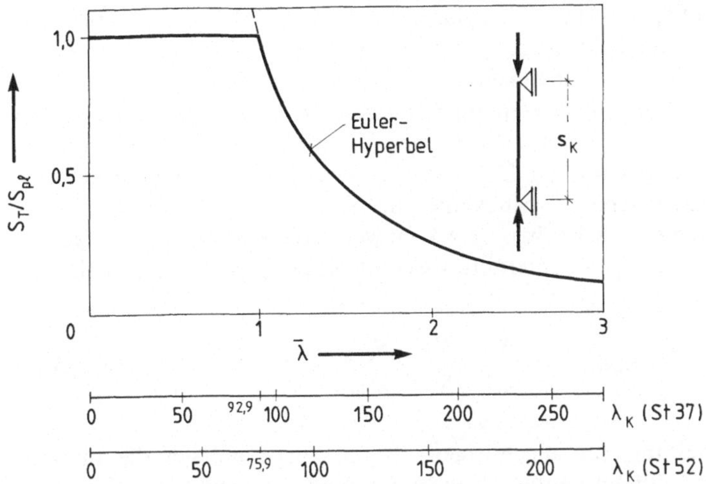

Bild 8.17. Knickspannungslinie des ideal geraden, zentrisch belasteten Druckstabs bei linear elastisch – ideal plastischem Materialgesetz

$$F \le F_T = \begin{cases} F_K & \text{(Stabilitätsversagen durch Knicken maßgebend),} \\ F_{pl} & \text{(Plastizieren maßgebend).} \end{cases} \tag{8.4.2}$$

Da beim Ersatzstab die Längskraft S des aus dem System herausgelösten Stabes als äußere Belastung F aufgefaßt wird, kann F durch S ersetzt werden. Aus (8.4.2) folgt

$$S \le S_T = \begin{cases} S_K\,, \\ S_{pl} \end{cases} \tag{8.4.3}$$

bzw. nach Division durch S_{pl}

$$\frac{S}{S_{pl}} \le \frac{S_T}{S_{pl}} = \begin{cases} S_K/S_{pl} & \text{(Knicken maßgebend),} \\ 1 & \text{(Plastizieren maßgebend).} \end{cases} \tag{8.4.4}$$

Bei der Umformung dieser Beziehung auf den Schlankheitsgrad muß, wie bereits bei der Herleitung von (8.3.11, 8.3.13) und der Diskussion von Bild 8.11b ausführlich erörtert, zwischen der Systemlänge ℓ und der Knicklänge s_K bzw. den zugehörigen Schlankheitsgraden $\lambda = \sqrt{A/I}\,\ell$ und $\lambda_K = \sqrt{A/I}\,s_K$ sorgfältig unterschieden werden. Mit $S_{pl} = A\beta_S$, $S_K = A\sigma_K$ und mit (8.3.6, 8.3.8, 8.3.20) ergibt sich

$$\frac{S_K}{S_{pl}} = \frac{\sigma_K}{\beta_S} = \frac{\varepsilon_K}{\varepsilon_F} = \frac{\lambda_F^2}{\lambda_K^2} = \frac{1}{\bar{\lambda}^2}\,. \tag{8.4.5}$$

Hiermit erhält man die vom Schlankheitsgrad abhängige Beziehung für den Tragsicherheitsnachweis

$$\frac{S}{S_{pl}} \le \frac{S_T}{S_{pl}} = \begin{cases} \dfrac{\lambda_F^2}{\lambda_K^2} = \dfrac{1}{\bar{\lambda}^2} & (\lambda_K \ge \lambda_F, \quad \text{d.h.} \quad \bar{\lambda} \ge 1), \\ 1 & (\lambda_K \le \lambda_F, \quad \text{d.h.} \quad \bar{\lambda} \le 1). \end{cases} \tag{8.4.6}$$

Eine Darstellung der auf S_{pl} bezogenen Traglast S_T erfolgt in Bild 8.17. Die Kurve gilt für das linear elastisch – ideal plastische Werkstoffgesetz unabhängig von den Werten an der Fließgrenze, da sie in Abhängigkeit von $\bar{\lambda}$ ermittelt wurde.

Die hergeleiteten Gleichungen besitzen nur Gültigkeit für einen ideal geraden Stab mit zentrischer Belastung. Bei einem realistischen Tragsicherheitsnachweis müssen Imperfektionen berücksichtigt werden. Dies soll hier wieder in Form von eigenformaffinen Vorverformungen geschehen (Sinuslinie mit dem Stich w_0, Bezugslänge ℓ).

Im Tragsicherheitsnachweis (8.4.3) bzw. (8.4.4) ist wegen der vorhandenen Biegemomente statt $S_T = S_K$ bzw. $S_T = S_{pl}$ die Interaktionsschnittgröße $S_{pl,M}$ einzusetzen. Damit lautet der Nachweis

$$S \leq S_T = S_{pl,M} \qquad \text{bzw.} \qquad \frac{S}{S_{pl}} \leq \frac{S_T}{S_{pl}} = \frac{S_{pl,M}}{S_{pl}}. \tag{8.4.7a, b}$$

Bei der genauen Herleitung der zugehörigen Traglastkurve müssen die für den jeweiligen Querschnitt gültigen Interaktionsbeziehungen beachtet werden (vgl. Abschn. 6.3 und [8.14]). Etwas einfacher und auf der sicheren Seite liegend kann der Einfluß der Querschnittsplastizierung erfaßt werden, wenn die genaue Interaktionsbeziehung durch die Dunkerleysche Gerade (Bild 6.16) und somit das Widerstandsmoment W durch $\alpha W = \alpha 2I/h$ ersetzt wird (vgl. Erläuterung zu (6.3.18b)). Die weitere Berechnung unterscheidet sich in der Herleitung nicht von (8.3.13); statt des Quotienten $h/(2i)$ ist jeweils $h/(2i\alpha)$ einzusetzen. Man erhält

$$\frac{S_{pl,M}}{S_{pl}} = \frac{\lambda_F^2}{\lambda_K^2}\left[\frac{1}{2}\left(1+\frac{w_0}{\ell}\frac{h}{2\,i\alpha}\frac{\ell}{s_K}\lambda_K+\frac{\lambda_K^2}{\lambda_F^2}\right) - \sqrt{\frac{1}{4}\left(1+\frac{w_0}{\ell}\frac{h}{2\,i\alpha}\frac{\ell}{s_K}\lambda_K+\frac{\lambda_K^2}{\lambda_F^2}\right)^2-\frac{\lambda_K^2}{\lambda_F^2}}\,\right]. \tag{8.4.8}$$

Diese Knickspannungsfunktion ist für den gelenkig gelagerten Stab ($s_K = \ell$) aus I- bzw. ⊢⊣-Walzprofilen ($\alpha \approx 1{,}14$ bzw. $1{,}7\,(1{,}25)$) der Stahlsorten St 37 bzw. St 52 ausgewertet. Hierbei ist zu berücksichtigen, daß im Rahmen der F.G.Th.II.O. der Formbeiwert höchstens mit $\alpha = 1{,}25$ in Rechnung gestellt werden soll, da sonst die Annahme konzentrierter Fließgelenke nicht mehr zutrifft. Die Ergebnisse sind in Bild 8.18a dargestellt.

Zunächst fällt im Vergleich mit Bild 8.11c (Kurve 2) auf, daß die Abweichungen zwischen $S_{el,Gr}$ ($= F_{el,Gr}$) und $S_{pl,M}$ gering sind. Sie betragen maximal ca. 3,5% für $\alpha = 1{,}14$ und 9% für $\alpha = 1{,}25$. Dies ist dadurch zu erklären, daß der Unterschied zwischen den Ergebnissen einer Berechnung nach E.Th.II.O. bzw. nach F.G.Th.II.O. bei einem statisch bestimmten System und Querschnitten mit einer geringen plastischen Reserve nicht groß ausfallen kann.

Es ist ferner zu erkennen, daß der Einfluß der Fließgrenze auf den Kurvenverlauf sehr klein ist, so daß man sich für baupraktische Belange auf die für St 37 gültige Kurve beschränken kann, die für St 52 etwas zu ungünstige Werte liefert. Aufgrund dieser Erkenntnis erscheint es sinnvoll, (8.4.8) auf den Bezugsschlankheitsgrad $\bar{\lambda} = \lambda_K/\lambda_F$ umzuformen, obgleich der Schlankheitsgrad λ_K in dieser Beziehung auch als von $1/\lambda_F$

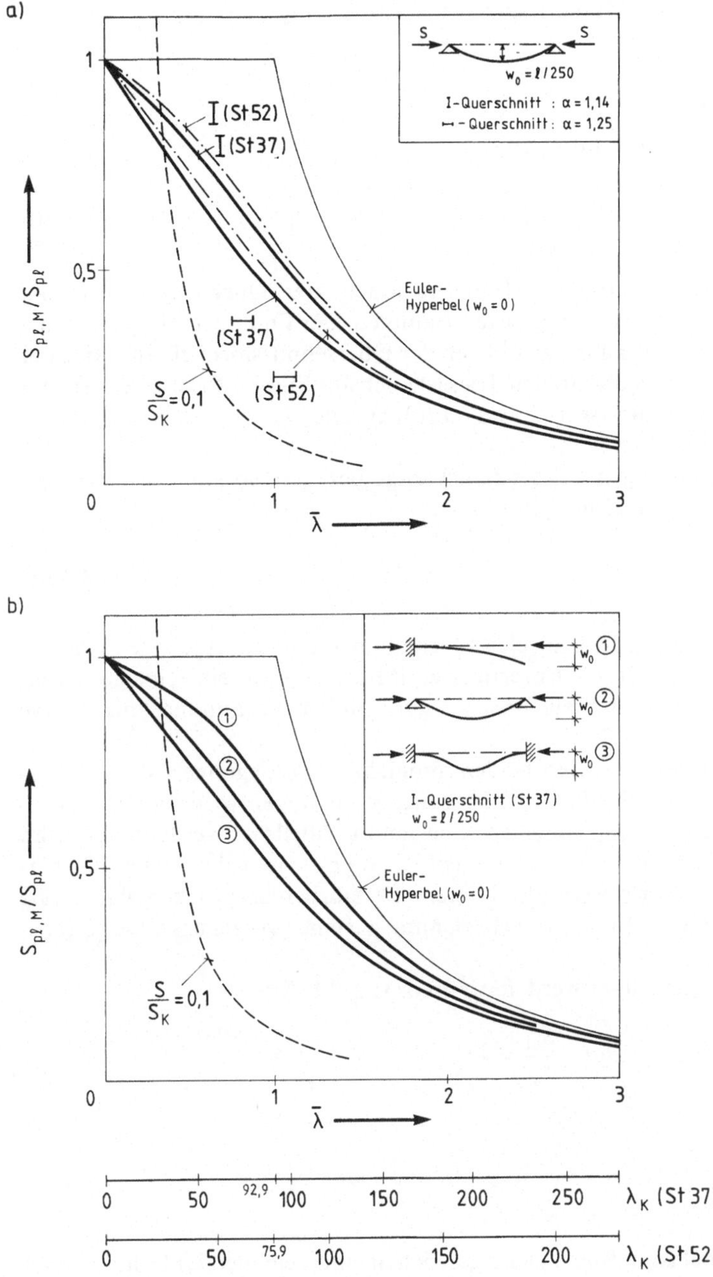

Bild 8.18 a, b. Knickspannungslinien des spannungslos vorverformten Druckstabs. **a** Gelenkig gelagerter Stab, **b** Einfluß der Lagerungsbedingungen

isolierter Faktor vorkommt. Man erhält mit der Abkürzung

$$\beta = \frac{w_0}{\ell} \frac{h}{2\,i\alpha} \frac{\ell}{s_K} \lambda_F \tag{8.4.9}$$

schließlich die Knickspannungsfunktion

$$\frac{S_{pl,M}}{S_{pl}} = \frac{1}{\bar{\lambda}^2} \left(\frac{1+\beta\bar{\lambda}+\bar{\lambda}^2}{2} - \sqrt{\left(\frac{1+\beta\bar{\lambda}+\bar{\lambda}^2}{2}\right)^2 - \bar{\lambda}^2} \right). \tag{8.4.10}$$

Der Faktor β faßt den Einfluß der Imperfektionen, der Querschnittsform, der Lagerungsbedingungen und der Fließgrenze zusammen. Der Einfluß der Lagerungsbedingungen ist beträchtlich. Er kann sowohl den der Querschnittsform als auch den der Vorverformungsamplitude w_0 übertreffen. Dies ist auch aus Bild 8.18b zu erkennen, das die Ergebnisse für konstante Werte w_0/ℓ, $h/(2\,i\alpha)$ und λ_F bei unterschiedlicher Stablagerung wiedergibt.

Werden die Vorverformungen auf die Knicklänge bezogen, so kann in (8.4.9) die Systemlänge gekürzt werden. Dann gilt

$$\beta = \frac{w_0}{s_K} \frac{h}{2\,i\alpha} \lambda_F \,. \tag{8.4.11}$$

Die Knickspannungsfunktion (8.4.10) bleibt formal unverändert, ist jetzt jedoch vom Verhältnis ℓ/s_K unabhängig. Ihre Auswertung ergibt deshalb nur eine einzige Kurve, die mit der in Bild 8.18b dargestellten, für $s_K=\ell$ gültigen Knickspannungslinie (Kurve 2) übereinstimmt.

Die numerische Auswirkung der beiden möglichen Festlegungen der Vorverformungen sowie der unterschiedlichen Lagerungsbedingungen wird an der Gegenüberstellung der Traglasten $S_{pl,M}$ an einem Beispiel in Tabelle 8.5 verdeutlicht. Man erkennt erneut die große Bedeutung einer einheitlichen Festlegung der Bezugslänge für die Vorverformungen, wie in Abschn. 8.3.2 bereits ausführlich besprochen wurde. Die Verwendung einer genaueren Interaktionsbeziehung hat einen vergleichsweise geringeren Einfluß.

Nach E.Th.I.O. darf gerechnet werden, wenn $S/S_K \leq 0{,}1$. Mit

$$\frac{S}{S_K} = \frac{S}{S_{pl}} \frac{S_{pl}}{S_K} = 0{,}1 \quad \text{und} \quad \frac{S_{pl}}{S_K} = \bar{\lambda}^2$$

erhält man

$$\frac{S}{S_{pl}} = \frac{0{,}1}{\bar{\lambda}^2} \,. \tag{8.4.12}$$

Die zugehörige Hyperbel ist in Bild 8.18a,b gestrichelt eingezeichnet. Unterhalb dieser Kurve liefert eine Berechnung nach E.Th.I.O. hinreichend genaue Ergebnisse. Aus der Lage der Schnittpunkte der Knickspannungslinien mit der Hyperbel geht hervor, daß für $\bar{\lambda} \lesssim 0{,}2$ stets nach Th.I.O. gerechnet und deshalb $S/S_{pl}=1$ gesetzt werden darf. Um den bei dieser Vorgehensweise auftretenden Sprung in der Knickspannungslinie zu vermeiden, kann diese Kurve im Bereich $\bar{\lambda} \geq 0{,}2$ etwas angehoben werden, so daß sie für $\bar{\lambda}=0{,}2$ den Wert $S/S_{pl}=1$ ergibt.

Tabelle 8.5. Gegenüberstellung der Traglasten $S_{\mathrm{pl,M}}$ für Vorverformungen $w_0 = l/250$ bzw. $w_0 = s_K/250$

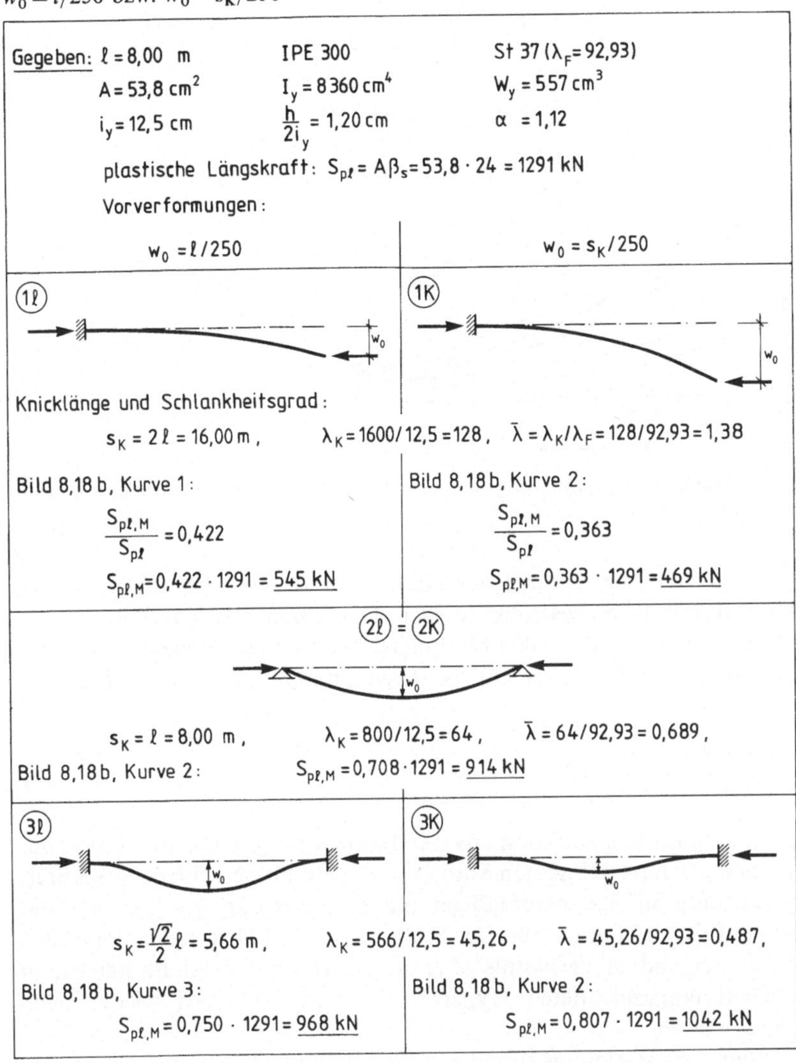

Für die Anwendung des Ersatzstabverfahrens auf planmäßig zentrisch belastete Systeme können für verschiedene Imperfektionsannahmen und Querschnittsformen entsprechend der hier gezeigten Vorgehensweise Knickspannungsfunktionen aufgestellt werden, die dann eine sehr einfache Durchführung des Tragsicherheitsnachweises gestatten. Die Grenzen des Verfahrens werden in Abschn. 8.4.5 besprochen.

8.4.4 Planmäßige Biegemomente

Zunächst wird angenommen, daß die planmäßige Biegemomentenlinie wie auch die Vorverformungen affin zur Knickbiegelinie verlaufen. In diesem Fall kann das

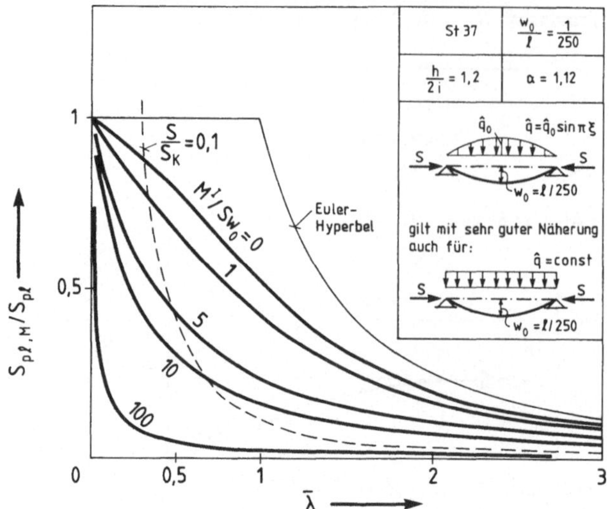

Bild 8.19. Knickspannungslinien des spannungslos vorverformten Druckstabs mit planmäßigen, eigenformaffinen Biegemomenten

Biegemoment M nach Th.II.O. wie bei der Herleitung von (8.4.10) mit Hilfe des Dischinger-Faktors durch M^{I} ausgedrückt werden. Der formale Aufbau von (8.4.10) bleibt erhalten. Der Faktor β muß um den Einfluß des planmäßigen Biegemoments M^{I} erweitert werden, indem das Biegemoment Sw_0 nach Th.I.O. durch $Sw_0 + M^{\mathrm{I}}$ ersetzt wird. Hiermit ergibt sich

$$\beta = \left(1 + \frac{M^{\mathrm{I}}}{Sw_0}\right) \frac{w_0}{\ell} \frac{h}{2\,i\alpha} \frac{\ell}{s_{\mathrm{K}}} \lambda_{\mathrm{F}}, \qquad (8.4.13)$$

während für die Knickspannungsfunktion unverändert (8.4.10) gilt. Die Ergebnisse der Auswertung für einen gelenkig gelagerten Stab ($s_{\mathrm{K}} = \ell$) sind für verschiedene Verhältnisse der Biegemomente infolge planmäßiger affiner Belastung $\hat{q} = \hat{q}_0 \sin \pi\xi$ und Vorverformungen in Bild 8.19 dargestellt. Der Einfluß der Th.II.O. und der Vorverformungen nimmt mit steigendem Verhältnis $M^{\mathrm{I}}/(Sw_0)$ stark ab. Unterhalb der wie in Bild 8.18b gestrichelt eingezeichneten Hyperbel für $S/S_{\mathrm{K}} = 0{,}1$ darf wieder nach E.Th.I.O. gerechnet werden.

Die Kurven gelten voraussetzungsgemäß nur für zur Knickbiegelinie des Ersatzstabs affine Belastungen. Für andere Belastungen des Ersatzstabs können die Berechnungen erheblich umfangreicher sein, da dann der Dischinger-Faktor zur Ermittlung des Biegemoments nach E.Th.II.O. korrigiert werden muß (Abschn. 8.2.4) und außerdem die maximale Beanspruchung i.allg. nicht mehr in Feldmitte liegt. Weitere Untersuchungen zu diesem Problem und Vergleichsberechnungen sind in Abschn. 8.3.4 sowie in [8.14, 8.17, 8.18] durchgeführt.

8.4.5 Vor- und Nachteile der Ersatzstabverfahren

Der Tragsicherheitsnachweis mit Hilfe von Ersatzstabverfahren ist in vielen Fällen einfach und übersichtlich, da er für jeden Bereich getrennt durchgeführt werden kann.

Besonders vorteilhaft gestaltet sich die Berechnung von Einfeldträgern, auch wenn diese einen abgestuften Verlauf der Flächenmomente 2. Grades, einen gegliederten Querschnitt oder veränderliche Längskräfte aufweisen. Der Lastfall einer planmäßig zentrischen Belastung mit affinen Vorverformungen kann besser erfaßt werden als der einer beliebigen Querbelastung. Für Probleme wie das Biegedrillknicken und Kippen, die am Gesamtsystem kaum exakt gelöst werden können, sind Ersatzstabverfahren praktisch unverzichtbar. In jedem Fall müssen geeignete Hilfsmittel, z.B. in Form von Knickspannungsfunktionen oder Interaktionsdiagrammen, zur Verfügung stehen.

Zu beachten ist, daß das Tragverhalten des Gesamtsystems bzw. die gegenseitige Beeinflussung der Bauwerksglieder nur über die Ermittlung der mit den Annahmen der Elastostatik berechneten Knicklast F_K erfaßt wird. Die getrennte Untersuchung der einzelnen Bereiche führt zu Ungenauigkeiten und Schwierigkeiten:

- Bei Systemen mit elastisch verschieblichen Knotenpunkten muß eine mögliche Schiefstellung der Stäbe vorab durch den Ansatz von Abtriebskräften berücksichtigt werden. Dies gilt besonders im Fall angekoppelter Pendelstützen.
- Für Stäbe mit kleinen Druckkräften (z.B Rahmenriegel) folgt aus $S \to 0$: $S_K \to 0$, $s_K \to \infty$, $\lambda \to \infty$, $S_{pl,M} \to 0$. Damit erhält man für $S/S_{pl,M}$ einen unbestimmten Ausdruck in der Form 0/0, und es ergeben sich unzulässig große Schlankheitsgrade. Wegen $S \approx 0$ darf in diesem Fall jedoch nach Th.I.O. gerechnet werden. Dabei ist dann zu beachten, daß aus den an dem betrachteten Bereich biegesteif angeschlossenen Stäben unter Umständen erhebliche Zusatzmomente der Th.II.O. eingeleitet werden, die bei der Bemessung zu berücksichtigen sind (vgl. auch DIN 1045, 17.4.5 und [8.18]).
- Bei Systemen mit elastisch verschieblichen Knoten ist häufig ein erheblicher affiner Biegemomentenanteil vorhanden, so daß eine Berechnung der Biegemomente nach E.Th.II.O. mit Hilfe des Dischinger-Faktors sinnvoll ist. Bei Systemen mit unverschieblichen Knoten können die Verhältnisse völlig anders sein. Es treten dann die gleichen Fehler auf, die bereits bei der Diskussion einer Bemessung mit Hilfe der Th.I.O. und des Dischinger-Faktors besprochen wurden.
- Da der Ersatzstab ein statisch bestimmtes System darstellt, kann nur bis zum ersten Fließgelenk gerechnet werden. Über die Berücksichtigung von Fließgelenken eines an den Stabenden elastisch eingespannten Ersatzstabs liegen noch keine gesicherten Erkenntnisse vor.

Es bleibt festzustellen, daß die Ersatzstabverfahren wie auch andere Näherungsmethoden in vielen Fällen mehr Verständnis vom Anwender verlangen als ein systematisches, genaueres Verfahren. Sie sind deshalb und wegen ihres Näherungscharakters als Grundlage für ein allgemeines EDV-Programm zur Berechnung von Stabwerken nicht so gut geeignet wie die F.G.Th.II.O.

8.5 Zum Tragsicherheitsnachweis bei Durchschlagproblemen

8.5.1 Übersicht

Eine explizite Lösung des Durchschlagproblems unter Berücksichtigung der geometrischen und physikalischen Nichtlinearität sowie der Vorverformungen ist wegen der nichtlinearen Zusammenhänge i. allg. nicht möglich. Im folgenden wird die Problematik am Beispiel des von-Mises-Fachwerks erläutert.

Bei diesem System bietet die Berechnung der vorverformten Einzelstäbe unter der Wirkung einer Druckkraft S gegenüber den in Abschn. 8.4 durchgeführten Untersuchungen nichts Neues. Man erhält die in Bild 8.18a dargestellten Traglastkurven für die Längskraft $S_{\mathrm{pl,M}}$, die jedoch keine Aussage über die Traglast F_{T} des von-Mises-Fachwerks gestatten.

Die Abhängigkeit der Längskraft S von der äußeren Belastung F wird von der Geometrie des verformten Systems bestimmt und durch (7.2.11a) beschrieben. Die Verschiebungsgrößen f und φ ergeben sich hierbei aus der Längenänderung $\Delta\ell$, die bei ideal geraden Stäben allein aus der Stauchung des Stabes resultiert. Infolge der Vorverformungen erhält man Biegemomente und für Längskräfte $S < S_{\mathrm{pl,M}}$ elastische Durchbiegungen, woraus eine zusätzliche Verschiebung in Richtung der Stabachse folgt. Nach der Ausbildung des Fließgelenks ($S = S_{\mathrm{pl,M}}$) wachsen die Verschiebungen stark an, während die aufnehmbare Längskraft geringer wird. Die Tragfähigkeit des Einzelstabs ist erschöpft. Da sich die Durchsenkung des Scheitelgelenks aus der Verschiebung der in diesem Gelenk angeschlossenen Stabenden in Richtung der Stabachsen ergibt, muß vor einer Untersuchung des Gesamtsystems die durch die Krümmung und die gegenseitige Verdrehung am Fließgelenk erzeugte Zusatzverschiebung am Einzelstab berechnet werden. Dies führt auf die Stabkennlinien (Abschn. 8.5.2), die auch für die Berechnung von komplexen Stabwerken mit Vorteil verwendet werden können ([8.19 – 8.21]). Das Zusammenwirken der Stäbe wird anschließend in Abschn. 8.5.3 untersucht. So gewinnt man die Traglastkurven für das von-Mises-Fachwerk.

Das statisch bestimmte System kann nur bis zur Ausbildung des ersten Fließgelenks belastet werden. Eine darüber hinausgehende Laststeigerung ist lediglich bei statisch unbestimmten Tragwerken möglich. Dieser Fall wird in Abschn. 8.5.4 an einem modifizierten von-Mises-Fachwerk behandelt.

8.5.2 Die Stabkennlinie

Stabkennlinie im elastischen Bereich

Für den in Bild 8.20 dargestellten Druckstab mit eigenformaffinen Vorverformungen $w^{\mathrm{a}} = w_0 \sin \pi \frac{x}{\ell}$ wird die Verschiebung u in Richtung der Stabsehne berechnet. Hierbei sollen die Voraussetzungen der F.G.Th.II.O. gelten, so daß bis zur Ausbildung des Fließgelenks die Differentialbeziehungen der E.Th.II.O. anzuwenden sind. Die Teilver-

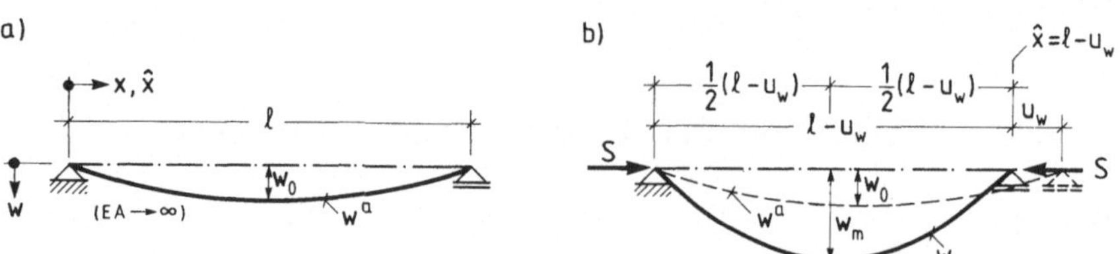

Bild 8.20 a, b. Zur Berechnung der Verschiebung des Lastangriffspunkts eines Druckstabs. **a** Unbelasteter Stab mit spannungslosen Vorverformungen, **b** belasteter Stab

schiebungen u_ε infolge der Stauchung und u_w infolge der elastischen Durchbiegung w^{el} dürfen wegen der im baupraktischen Bereich sehr geringen Dehnung an der Fließgrenze getrennt ermittelt und anschließend addiert werden (vgl. auch (5.4.16)). Zur Bestimmung der Bogenlänge wird deshalb ein dehnstarrer Stab vorausgesetzt.

Die Bogenlänge b wird im kartesischen Koordinatensystem berechnet. Für das unbelastete System gilt

$$b=\int_0^\ell \sqrt{1+(w^{a\prime})^2}\,\mathrm{d}x. \tag{8.5.1}$$

Dieses Integral ist nicht elementar lösbar; deshalb wird der Integrand in eine Reihe entwickelt, die nach dem quadratischen Glied abgebrochen wird. Man erhält mit $\sqrt{1+(w^{a\prime})^2}\approx 1+1/2(w^{a\prime})^2$ aus (8.5.1)

$$b=\int_0^\ell \left[1+\frac{1}{2}(w^{a\prime})^2\right]\mathrm{d}x \tag{8.5.2}$$

und mit $w^{a\prime}=w_0\,\dfrac{\pi}{\ell}\cos\pi\dfrac{x}{\ell}$

$$b=\int_0^\ell \left[1+\frac{1}{2}w_0^2\left(\frac{\pi}{\ell}\right)^2\cos^2\pi\frac{x}{\ell}\right]\mathrm{d}x=\left[x+\frac{1}{2}\left(\frac{\pi}{\ell}w_0\right)^2\left(\frac{1}{2}x+\frac{\ell}{4\pi}\sin 2\pi\frac{x}{\ell}\right)\right]_0^\ell$$

$$=\left[1+\frac{\pi^2}{4}\left(\frac{w_0}{\ell}\right)^2\right]\ell. \tag{8.5.3}$$

Zur Berechnung der Bogenlänge b des elastisch verformten Stabes wird das kartesische $\hat{x}$-w-Koordinatensystem verwendet (Bild 8.20). Mit

$$w=w_m\sin\pi\frac{\hat{x}}{\ell-u_w},\qquad w'=w_m\frac{\pi}{\ell-u_w}\cos\pi\frac{\hat{x}}{\ell-u_w}$$

gilt analog zu (8.5.2)

$$b=\int_0^{\ell-u_w}\left(1+\frac{1}{2}w'^2\right)\mathrm{d}\hat{x}$$

$$=\int_0^{\ell-u_w}\left[1+\frac{1}{2}w_m^2\left(\frac{\pi}{\ell-u_w}\right)^2\cos^2\pi\frac{\hat{x}}{\ell-u_w}\right]\mathrm{d}\hat{x}$$

$$=\left[\hat{x}+\frac{1}{2}\left(\frac{\pi}{\ell-u_w}w_m\right)^2\left(\frac{1}{2}\hat{x}+\frac{\ell-u_w}{4\pi}\sin 2\pi\frac{\hat{x}}{\ell-u_w}\right)\right]_0^{\ell-u_w}$$

$$=\ell-u_w+\frac{1}{4}\left(\frac{\pi}{\ell-u_w}w_m\right)^2(\ell-u_w)=\ell\left[1+\frac{\pi^2}{4}\left(\frac{w_m}{\ell}\right)^2\frac{1}{1-\dfrac{u_w}{\ell}}\right]-u_w.$$

Bei kleinen Verschiebungen kann im Nenner des zweiten Summanden u_w/ℓ gegen 1 vernachlässigt werden; dann erhält man

$$b=\ell\left[1+\frac{\pi^2}{4}\left(\frac{w_m}{\ell}\right)^2\right]-u_w. \tag{8.5.4}$$

Da bei einem dehnstarren Stab die Bogenlängen vor und nach der Verformung gleich sein müssen, ergibt sich die gesuchte Verschiebung u_w durch Gleichsetzen von (8.5.3) und (8.5.4) zu

$$u_w = \ell \frac{\pi^2}{4}\left[\left(\frac{w_m}{\ell}\right)^2 - \left(\frac{w_0}{\ell}\right)^2\right]. \tag{8.5.5}$$

Setzt man in (8.5.5) für die gesamte Durchbiegung w_m in Feldmitte die Summe aus der Vorverformung w_0 und der elastischen Durchbiegung w_m^{el} ein, so erhält man

$$u_w = \ell \frac{\pi^2}{4}\left[\left(\frac{w_m^{el} + w_0}{\ell}\right)^2 - \left(\frac{w_0}{\ell}\right)^2\right] = \ell \frac{\pi^2}{4}\left[\left(\frac{w_m^{el}}{\ell}\right)^2 + 2\frac{w_m^{el} w_0}{\ell^2}\right]. \tag{8.5.6}$$

Wird in dieser Beziehung w_m^{el} analog zu (8.2.13) durch

$$w_m^{el} = \frac{S}{S_K - S} w_0 = V w_0 = (D-1) w_0 \tag{8.5.7}$$

ersetzt, so ergibt sich

$$u_w = \ell \frac{\pi^2}{4}\left(\frac{w_0}{\ell}\right)^2 [(D-1)^2 + 2(D-1)] = \frac{\pi^2}{4}\left(\frac{w_0}{\ell}\right)^2 (D^2-1)\ell. \tag{8.5.8}$$

Die Gesamtverschiebung u in Richtung der Stabkraft S ist

$$u = u_\varepsilon + u_w = \frac{S}{EA}\ell + \frac{\pi^2}{4}\left(\frac{w_0}{\ell}\right)^2 (D^2-1)\ell. \tag{8.5.9}$$

Nach Division durch ℓ und Erweiterung des ersten Summanden mit S_{pl} folgt

$$\frac{u}{\ell} = \frac{S}{S_{pl}}\frac{S_{pl}}{EA} + \frac{\pi^2}{4}\left(\frac{w_0}{\ell}\right)^2 (D^2-1)$$

und mit $S_{pl}/(EA) = \varepsilon_F = \pi^2/\lambda_F^2$ sowie

$$D = \frac{1}{1 - S/S_K} = \frac{1}{1 - \bar{\lambda}^2 S/S_{pl}} \tag{8.5.10}$$

die auf die Stablänge ℓ bezogene Verschiebung u als Funktion von S/S_{pl} in der Form

$$\frac{u}{\ell} = \varepsilon_F \frac{S}{S_{pl}}\left\{1 + \left(\frac{\lambda_F}{2}\frac{w_0}{\ell}\right)^2 \frac{1}{S/S_{pl}}\left[\frac{1}{(1-\bar{\lambda}^2 S/S_{pl})^2} - 1\right]\right\}. \tag{8.5.11}$$

Der zweite Summand wird für die Kraft $S = S_{pl,M}$ abgeschätzt, unter deren Wirkung sich gerade das Fließgelenk bildet. Für einen mäßigen Schlankheitsgrad $\bar{\lambda} = 1$ liest man aus Bild 8.18a für $S_{pl,M}/S_{pl} \approx 0{,}5$ ab. Mit $\lambda_F \approx 100$ erhält man

$$\left(\frac{\lambda_F}{2}\frac{w_0}{\ell}\right)^2 \frac{S_{pl}}{S_{pl,M}}\left[\frac{1}{(1-\bar{\lambda}^2 S_{pl,M}/S_{pl})^2} - 1\right] = \frac{3}{2}10^4\left(\frac{w_0}{\ell}\right)^2$$

und daraus z.B. mit $w_0/\ell = 1/250$ den Wert 0,24, der gegen Eins nicht vernachlässigt werden darf.

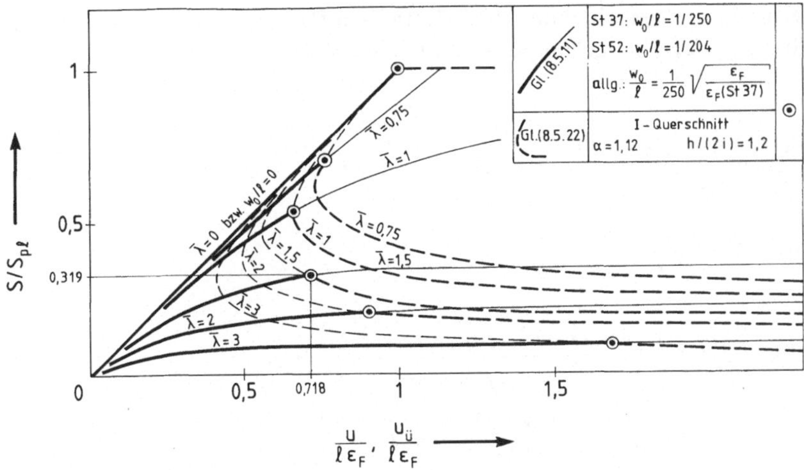

Bild 8.21. Stabkennlinien des gelenkig gelagerten Druckstabs

Zusammenfassend ist anzumerken, daß der Stab bei größeren Schlankheitsgraden und Vorverformungsamplituden gegenüber dem ideal geraden Stab deutlich „weicher" wird. Die Verschiebung u in Richtung der Längskraft S kann ein Mehrfaches der durch die Stauchung der Stabachse hervorgerufenen Verschiebung u_ε betragen.

In Bild 8.21 sind die auf die Stablänge ℓ und die Fließdehnung ε_F bezogenen Verschiebungen gemäß (8.5.11) in Abhängigkeit von S/S_{pl} aufgetragen (Kurven durch den Koordinatenursprung). Es ist zu beachten, daß die Kurven im Ursprung nicht tangential in die Gerade nach Th.I.O. ($w_0/\ell = 0$) einmünden. Der Kurvenverlauf ist nicht von der Querschnittsform (α, $2i/h$), jedoch von der Fließdehnung ($\varepsilon_F = \pi^2/\lambda_F^2$) und der Vorverformungsamplitude abhängig. Der Gültigkeitsbereich der Kurven endet, wenn sich mit $S = S_{pl,M}$ das Fließgelenk gebildet hat.

Ausbildung des Fließgelenks

Bezüglich des Materialgesetzes und der Fließgelenke werden die gleichen Annahmen wie bei der Fließgelenktheorie getroffen. Zur Beschreibung der M-N-Interaktion wird wie in Abschn. 8.4.3 vereinfachend die lineare Beziehung (6.3.19) in der Form

$$\frac{M_{pl,S}}{M_{pl}} + \frac{S_{pl,M}}{S_{pl}} = 1 \tag{8.5.12}$$

mit $M_{pl} = \alpha\, M_{el,Gr}$ verwendet. Dann läßt sich die zur Ausbildung des Fließgelenks in Stabmitte erforderliche Längskraft $S_{pl,M}$ aus (8.4.10) ermitteln. Die zugehörige Verschiebung $u = u_{FG}$ ergibt sich aus (8.5.11) mit $S = S_{pl,M}$ zu

$$\frac{u_{FG}}{\ell} = \varepsilon_F \frac{S_{pl,M}}{S_{pl}} \left\{ 1 + \left(\frac{\lambda_F}{2}\frac{w_0}{\ell}\right)^2 \frac{1}{S_{pl,M}/S_{pl}} \left[\frac{1}{\left(1 - \bar{\lambda}^2 \frac{S_{pl,M}}{S_{pl}}\right)^2} - 1 \right] \right\}. \tag{8.5.13}$$

Während die Kurven der Verschiebung u im elastischen Bereich für alle Querschnitte gelten, hängt die Lage der Fließgelenkpunkte auf diesen Kurven von der Querschnittsform ab.

Die Ermittlung von u_{FG} wird exemplarisch für einen I-Querschnitt ($\alpha = 1{,}12$, $h/(2i) = 1{,}2$) aus Baustahl St 37 ($\lambda_F = 92{,}93$) mit $w_0/\ell = 1/250$ und $\bar{\lambda} = 1{,}5$ durchgeführt. Im einzelnen erhält man (mit $s_K = \ell$) aus

$$\text{Gl. (8.4.9):} \quad \beta = \frac{w_0}{\ell}\frac{h}{2i}\frac{\lambda_F}{\alpha} = \frac{1}{250}\,1{,}2\,\frac{92{,}93}{1{,}12} = 0{,}40,$$

$$\text{Gl. (8.4.10):} \quad \frac{S_{pl,M}}{S_{pl}} = \frac{1}{\bar{\lambda}^2}\left(\frac{1+\beta\bar{\lambda}+\bar{\lambda}^2}{2} - \sqrt{\left(\frac{1+\beta\bar{\lambda}+\bar{\lambda}^2}{2}\right)^2 - \bar{\lambda}^2}\right)$$

$$= \frac{1}{1{,}5^2}\left(\frac{1+0{,}4\cdot 1{,}5+1{,}5^2}{2} - \sqrt{\left(\frac{1+0{,}4\cdot 1{,}5+1{,}5^2}{2}\right)^2 - 1{,}5^2}\right) = 0{,}319,$$

$$\text{Gl. (8.5.13):} \quad \frac{u_{FG}}{\ell} = 1{,}14\cdot 10^{-3}\cdot 0{,}319\left\{1+\frac{92{,}93^2}{4}\,\frac{1}{250^2}\,\frac{1}{0{,}319}\left[\frac{1}{(1-1{,}5^2\cdot 0{,}319)^2} - 1\right]\right\}$$

$$= 0{,}00082,$$

$$\frac{u_{FG}}{\ell\varepsilon_F} = 0{,}00082\,\frac{92{,}93^2}{\pi^2} = 0{,}718\,.$$

Der zugehörige Punkt auf der Kraft-Verschiebungs-Kurve für $\bar{\lambda} = 1{,}5$ und auch die entsprechenden Punkte auf den für andere Bezugsschlankheitsgrade $\bar{\lambda}$ gültigen Kurven sind in Bild 8.21 durch das Fließgelenksymbol gekennzeichnet.

Mit Erreichen von $S_{pl,M}$ ist die Tragfähigkeit des Einzelstabs und damit auch die des statisch bestimmten von-Mises-Fachwerks erschöpft. Bei statisch unbestimmten Konstruktionen findet eine Umlagerung der Kräfte von den Stäben mit Fließgelenk zu den noch tragfähigen Bereichen hin statt. Es ist deshalb sinnvoll, die Stabkennlinie für den überkritischen Bereich (Kennzeichnung: Index ü) mit Verschiebungen $u = u_ü$ zu ermitteln, die größer als die nach (8.5.13) berechnete Verschiebung u_{FG} sind.

Überkritischer Bereich

Die Interaktionsbeziehung (8.5.12) lautet jetzt

$$\frac{M_ü}{M_{pl}} + \frac{S_ü}{S_{pl}} = 1, \tag{8.5.14}$$

wobei mit zunehmenden Verschiebungen die Längskraft $S_ü$ abnimmt und das Biegemoment $M_ü$ größer wird. Da die Lage des Fließgelenks wegen der Symmetrie bekannt ist, läßt sich die Verschiebung $w_{mü}$ des Gelenks mit Hilfe der Gleichgewichtsbedingungen ermitteln (Bild 8.22a; die Verschiebungen sind stark vergrößert dargestellt). Aus der Summe der Momente um das Fließgelenk folgt

$$M_ü = w_{mü} S_ü \qquad \text{bzw.} \qquad w_{mü} = \frac{M_ü}{S_ü}. \tag{8.5.15a, b}$$

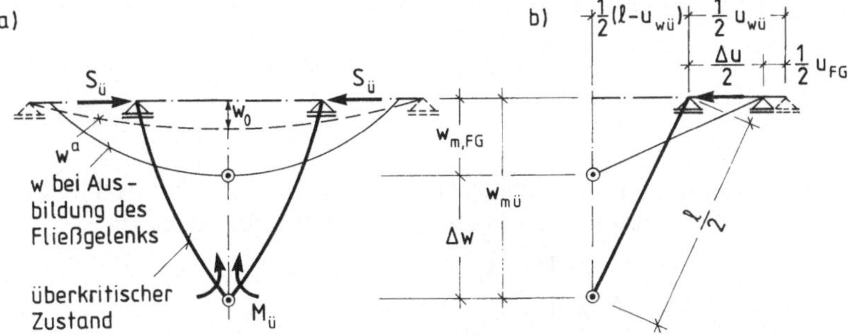

Bild 8.22 a, b. Druckstab mit Fließgelenk. **a** Biegelinien, **b** Gelenkmodell

Das Biegemoment $M_ü$ wird mit (8.5.14) durch

$$M_ü = \left(1 - \frac{S_ü}{S_{pl}}\right) M_{pl} \tag{8.5.16}$$

und M_{pl} wie zuvor durch die Beziehung

$$M_{pl} = \alpha\, M_{pl,Gr} = \alpha\, W_{el}\, \beta_S = \alpha\, 2\frac{I}{h}\, \beta_S = \alpha\, \frac{2\,i}{h}\, \frac{s_K}{\lambda_K}\, S_{pl} \tag{8.5.17}$$

ersetzt. Man erhält

$$\frac{w_{mü}}{\ell} = \left(\frac{S_{pl}}{S_ü} - 1\right) \frac{\alpha}{\lambda_K}\, \frac{2\,i}{h}\, \frac{s_K}{\ell} \tag{8.5.18}$$

bzw. mit $s_K = \ell$ und $\lambda_K = \lambda_F\, \bar{\lambda}$

$$\frac{w_{mü}}{\ell} = \left(\frac{S_{pl}}{S_ü} - 1\right) \frac{\alpha}{\lambda_F\, \bar{\lambda}}\, \frac{2\,i}{h}\,. \tag{8.5.19}$$

Die genaue Ermittlung der gesuchten Verschiebung $u_ü$ in Richtung der Stabachse führt zu komplizierten Beziehungen, da zur Integration der Bogenlänge (vgl. Herleitung von (8.5.5)) zunächst die Differentialgleichung der Biegelinie unter Berücksichtigung des Knickwinkels am Fließgelenk und der Interaktion zu lösen ist. Es wird hier deshalb eine vereinfachte Berechnung der im überkritischen Zustand auftretenden zusätzlichen Verschiebung mit Hilfe eines Gelenkmodells durchgeführt (Bild 8.22b). Die gekrümmte Stabachse wird durch zwei dehnstarre Sehnen ersetzt, und der Einfluß der Stauchung der Stabachse wird wieder additiv berücksichtigt. Aus Bild 8.22b liest man ab

$$\left(\frac{\ell}{2}\right)^2 = w_{mü}^2 + \left(\frac{\ell}{2} - \frac{u_{wü}}{2}\right)^2 = w_{mü}^2 + \left(\frac{\ell}{2}\right)^2 - \frac{1}{2}\,\ell\, u_{wü} + \frac{u_{wü}^2}{4}$$

bzw. nach Division durch ℓ^2

$$\left(\frac{w_{mü}}{\ell}\right)^2 - \frac{1}{2}\,\frac{u_{wü}}{\ell} + \frac{1}{4}\left(\frac{u_{wü}}{\ell}\right)^2 = 0\,. \tag{8.5.20}$$

Das in $u_{wü}$ quadratische Glied kann gegenüber dem linearen vernachlässigt werden, und es ergibt sich

$$\frac{u_{wü}}{\ell}=2\left(\frac{w_{mü}}{\ell}\right)^2. \tag{8.5.21}$$

Ersetzt man die Verschiebung $w_{mü}$ des Fließgelenks nach (8.5.19) und addiert zu $u_{wü}$ die Verschiebung u_ε (erster Summand von (8.5.11)), so erhält man endgültig

$$\begin{aligned}\frac{u_ü}{\ell}&=2\left[\left(\frac{1}{S_ü/S_{pl}}-1\right)\frac{\alpha}{\lambda_F\bar{\lambda}}\frac{2i}{h}\right]^2+\frac{S_ü}{S_{pl}}\varepsilon_F\\&=\varepsilon_F\frac{S_ü}{S_{pl}}\left\{1+2\left[\left(\frac{1}{S_ü/S_{pl}}-1\right)\frac{1}{\sqrt{S_ü/S_{pl}}}\frac{\alpha}{\pi\bar{\lambda}}\frac{2i}{h}\right]^2\right\}.\end{aligned} \tag{8.5.22}$$

Die Ergebnisse der Auswertung dieser Beziehung sind für einen I-Querschnitt in Bild 8.21 gestrichelt dargestellt. Alle Kurven schneiden sich bei $S/S_{pl}=u/(\ell\varepsilon_F)=1$ in einem Punkt und nähern sich für $S/S_{pl}\to 0$ asymptotisch der Abszissenachse. Die Schnittpunkte mit den für den elastischen Bereich gültigen Kurven kennzeichnen das Auftreten des Fließgelenks. Die Stabkennlinien bestehen aus zwei Bereichen. Im elastischen Bereich, d.h. für kleine Längskräfte und kleine Verschiebungen, verläuft die Kennlinie vom Koordinatenursprung bis zum Fließgelenkpunkt (durchgezogene Kurve), dann folgt sie unter zunächst starker Abnahme der Längskräfte der für den überkritischen Bereich gültigen Kurve (dick gestrichelt dargestellt).

Bemerkenswert ist, daß die auf $\ell\varepsilon_F$ bezogenen Verschiebungen $u_ü$ im überkritischen Zustand nur von der Querschnittsform, nicht jedoch vom Werkstoff und von der Vorverformungsamplitude abhängen.

8.5.3 Traglastkurven für das von-Mises-Fachwerk

Mit Hilfe der im vorangegangenen Abschnitt ermittelten Stabkennlinien werden Kraft-Verschiebungs-Kurven und Traglastdiagramme für das symmetrische von-Mises-Fachwerk ermittelt.

Da wegen der vorliegenden Nichtlinearitäten keine geschlossene Lösung existiert, muß iterativ vorgegangen werden. Hierzu gibt es zwei grundsätzlich verschiedene Möglichkeiten. Bei einer allgemeinen Problemlösung empfiehlt es sich, die nichtlinearen Beziehungen mit Hilfe von numerischen Verfahren auszuwerten. Für den hier untersuchten Fall ist es jedoch einfacher und anschaulicher, mit Hilfe von Reihenentwicklungen eine analytische Näherungslösung zu suchen.

Zur Verfügung stehen die Gln. (8.5.11, 8.5.13 und 8.5.22), in denen die Verschiebung in Richtung der Stabsehne mit der Stabkraft verknüpft ist, und ferner die Gleichgewichtsbedingung (7.2.1b) in der für das druckbeanspruchte System gültigen Form

$$F=S\,2\,\sin(\alpha-\varphi) \tag{8.5.23a}$$

bzw.

$$F/S_{pl}=S/S_{pl}\,2\,\sin(\alpha-\varphi), \tag{8.5.23b}$$

die den Zusammenhang zwischen der Einwirkung F und der Längskraft S herstellt.

Aus der geometrischen Beziehung (7.2.4b) ergibt sich mit $\Delta\ell/\ell = u/\ell$ und nach Ersetzen von α durch $-\alpha$

$$\frac{u}{\ell} = \sin\varphi \tan(\alpha - \varphi) + (1 - \cos\varphi). \tag{8.5.24}$$

a)

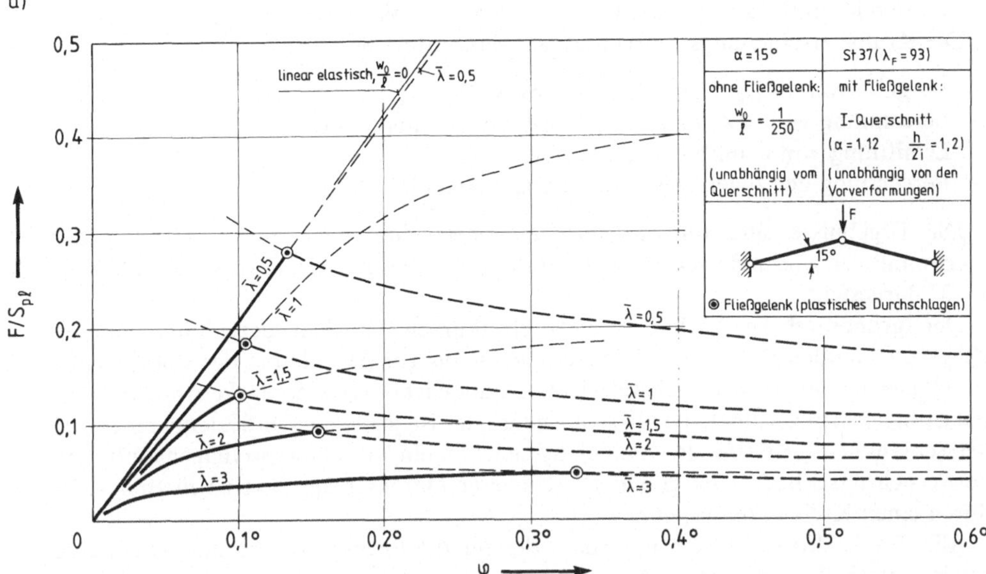

b)

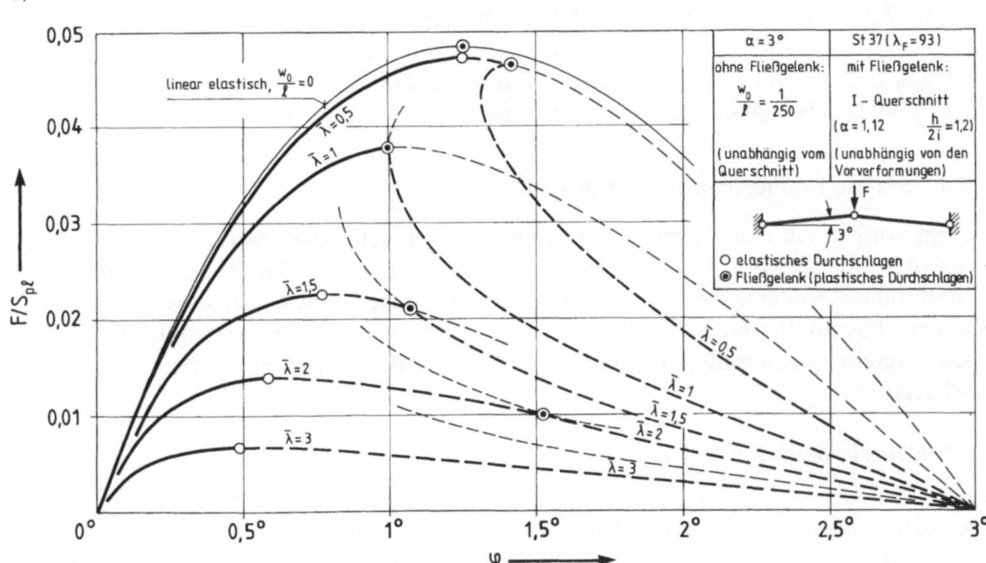

Bild 8.23 a, b. Traglastkurven für das von-Mises-Fachwerk. **a** Systemwinkel $\alpha = 15°$, **b** Systemwinkel $\alpha = 3°$

Eine Reihenentwicklung von (8.5.24) und eine anschließende empirische Verbesserung liefern mit

$$\varphi \approx (1+\sin^3\alpha\cos^3\alpha)\left[\left(1-\frac{u}{\ell}\right)\tan\alpha-\sqrt{\left(1-\frac{u}{\ell}\right)\tan^2\alpha-(1+\cos\alpha)\frac{u}{\ell}}\,\right] \tag{8.5.25}$$

in den Bereichen $0<\alpha\leq 30°$ und $0<\varphi\leq\alpha$ nahezu exakte Werte (Fehler < 3%).

Die Kraft-Verschiebungs-Kurven erhält man durch die

- Vorgabe von S/S_{pl} bzw. $S_{pl,M}/S_{pl}$ bzw. $S_{ü}/S_{pl}$,
- Berechnung von u/ℓ bzw. u_{FG}/ℓ bzw. $u_{ü}/\ell$ aus (8.5.11, 8.5.13 und 8.5.22),
- Ermittlung von φ mittels (8.5.25) und
- Berechnung der zugehörigen Belastung F gemäß (8.5.23).

Die Ergebnisse sind für dieselben Parameter, die auch zur Ermittlung der Stabkennlinien zugrunde gelegt werden, in Bild 8.23 für die Systemwinkel $\alpha=15°$ bzw. $\alpha=3°$ dargestellt.

Der grundsätzliche Verlauf der Traglastkurven ist dem der Stabkennlinien (Bild 8.21) vergleichbar. Das Gleichgewicht ist bis zur Ausbildung des Fließgelenks stabil. Der Bereich labiler Gleichgewichtszustände ist durch eine starke Abnahme der Belastung gekennzeichnet, die um so ausgeprägter ist, je kleiner der Systemwinkel und der Schlankheitsgrad sind. Bei kleinen Systemwinkeln kann Durchschlagen auftreten, bevor sich das Fließgelenk gebildet hat. Dieser Durchschlagpunkt ist in Bild 8.23b durch einen Kreis gekennzeichnet.

Alle Traglastkurven liegen unterhalb der für die lineare Theorie gültigen Kurve sowie unterhalb der beiden Kurvenäste, die im Rahmen einer geometrisch und physikalisch nichtlinearen Theorie ohne Berücksichtigung von Vorverformungen in Abschn. 7.2.2 ermittelt wurden (Bild 7.4). Die Abnahme der Traglast infolge der Vorverformungen (hier: $w_0/\ell=1/250$) ist beträchtlich. Bei $\alpha=15°$ wird sie im Bereich $\lambda\lesssim 0{,}5\,\lambda_F$ ($\bar{\lambda}\lesssim 0{,}5$) auf ca. 50% reduziert. Für $\alpha=3°$ fällt die Abnahme besonders bei kleinen Schlankheitsgraden etwas geringer aus.

8.5.4 Statisch unbestimmtes Tragwerk

Die im vorigen Abschnitt ermittelten Traglastkurven gelten bei statisch bestimmten Systemen nur bis zum Durchschlagpunkt. Zur Berechnung der Traglast statisch unbestimmter Systeme wird auch der für labile Gleichgewichtszustände gültige Kurvenast benötigt, wenn eine Umlagerung von Kräften auf Bereiche möglich ist, die noch Tragreserven aufweisen. Dieser Vorgang wird an dem folgenden Anwendungsbeispiel erläutert.

Anwendungsbeispiel: Sprengwerk

Für das in Bild 8.24a dargestellte Sprengwerk sollen die Kraft-Verschiebungs-Kurve und die Traglast berechnet werden. Neben der Last F im oberen Scheitelgelenk sind in den Stäben 1 und 2 Vorkrümmungen mit dem Stich $w_0/\ell=1/500$ zu berücksichtigen. Die Eigenlast der Stäbe wird zur Vereinfachung näherungsweise durch zusätzliche Vorkrümmungen mit $w_0/\ell=1/500$ erfaßt, so daß insgesamt mit $w_0/\ell=1/250$ gerechnet wird. Eine außerplanmäßige Lage der Scheitelgelenke von 12 cm in vertikaler Richtung führt zu einer Verringerung der Systemwinkel $\bar{\alpha}$ um

a)

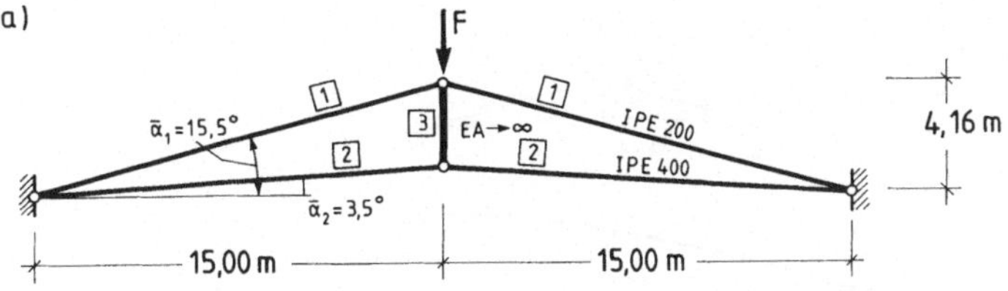

b)

Systemwerte (St 37, λ_F=93, Lastfall H)

s	ℓ (m)	A (cm²)	$S_{p\ell}$ (kN)	i_y (cm)	$\lambda = \frac{\ell}{i_y}$	$\bar\lambda = \frac{\lambda}{\lambda_F}$	$\frac{w_0}{\ell}$	α	$\frac{h}{2i}$
1	15,53	28,5	684	8,26	188	2	$\frac{1}{250}$	1,12	1,2
2	15,02	84,5	2028	16,5	91	0,98 ≈ 1	$\frac{1}{250}$	1,12	1,2

Bild 8.24 a, b. Sprengwerk. **a** System und Belastung, **b** Systemwerte

$\Delta\alpha \approx \arctan(12/1500) = 0{,}5°$; damit wird $\alpha_1 = 15{,}5° - 0{,}5° = 15°$ und $\alpha_2 = 3{,}5° - 0{,}5° = 3°$. Der senkrechte Verbindungsstab wird als dehnstarr angesehen, so daß beide Scheitelgelenke die gleiche Durchsenkung f und die Stabachsen näherungsweise die gleiche Verdrehung φ aufweisen.

Für die beiden von-Mises-Fachwerke mit den Systemwinkeln $\alpha_1 = 15°$ und $\alpha_2 = 3°$ sind die Traglastkurven in Bild 8.23 wiedergegeben. Mit ihrer Hilfe kann das Verhalten des gekoppelten Systems auf einfachste Weise untersucht werden, indem der Winkel φ vorgegeben wird und die zugehörigen, auf die plastische Längskraft bezogenen Lasten F_1/S_{pl1} und F_2/S_{pl2} direkt den Kurven entnommen werden. Durch Multiplikation mit S_{pl1} bzw. S_{pl2} erhält man die Scheitellasten F_1 bzw. F_2 und aus deren Addition dann die gesamte Last F. Die Berechnung ist in Tabelle 8.6 durchgeführt.

Die Kraft-Verschiebungs-Kurve (Bild 8.25) weist einige Besonderheiten auf. Bis zum Auftreten des ersten Fließgelenks infolge $F = 86$ kN ergibt sich der für ein Durchschlagproblem zu erwartende unterlineare Kurvenverlauf. Das Versagen der beiden Obergurtstäbe führt zu einer

Tabelle 8.6. Berechnung der Kraft-Verschiebungs-Kurve

φ (in Grad)	$\frac{F_1}{S_{p\ell 1}}$	$\frac{F_2}{S_{p\ell 2}}$	F_1 (kN)	F_2 (kN)	F (kN)	f≈1500 tanφ (cm)
0,1	0,079	0,007	54	14	68	2,6
0,155 ⊙	0,093 ⊙	0,010	64 ⊙	22	86	4,1
0,2	0,081	0,014	55	28	83	5,2
0,3	0,072	0,020	49	41	90	7,9
0,4	0,066	0,024	45	49	94	10,5
0,6	0,061	0,032	42	65	107	15,7
0,8	0,060	0,036	41	73	114	21,0
1,0 ⊙	0,059	0,038 ⊙	40	77 ⊙	117	26,2
1,1	0,059	0,030	40	61	101	28,8

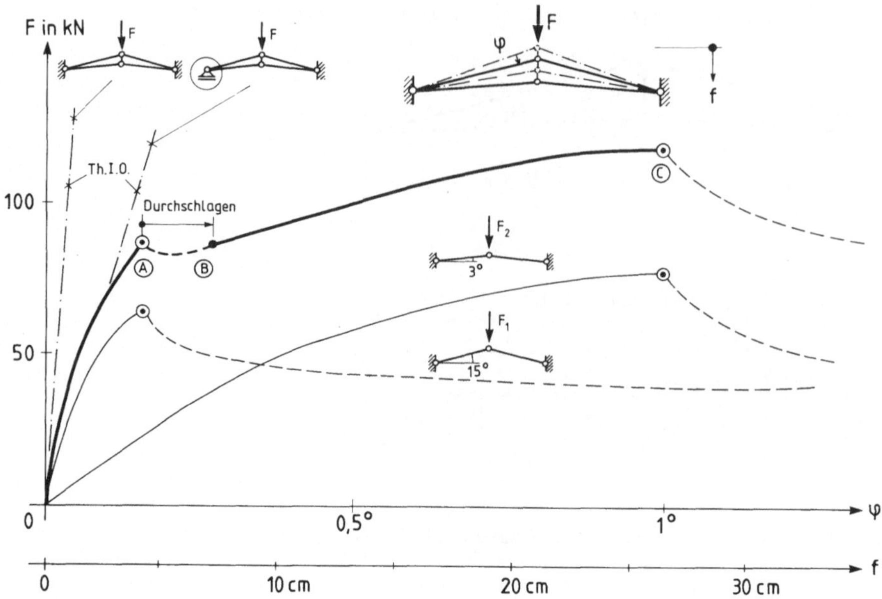

Bild 8.25. Kraft-Verschiebungs-Kurve des Sprengwerks

Umlagerung der Kräfte in die Untergurte. Dieser Vorgang ist zunächst mit einer Instabilität und einem begrenzten Durchschlagen (von A nach B) verbunden, wobei Vertikalverschiebungen von ungefähr 3 cm auftreten. Bei weiterer Laststeigerung nimmt der vom Obergurt getragene Lastanteil nur noch langsam ab. Der Untergurt kann alle Zusatzkräfte aufnehmen, bis sich bei einem Winkel $\varphi = 1°$ und einer Last $F = 117$ kN auch in den Untergurten ein Fließgelenk gebildet hat (Punkt C der Kurve). Die Fließgelenkkette ist erreicht, und damit ist die Tragfähigkeit des Systems erschöpft. Die Kraft-Verschiebungs-Kurve weist außerdem in C eine (im Rahmen der Rechengenauigkeit) horizontale Tangente auf, d.h. die (zweite) Durchschlaglast F_C und die plastische Grenzlast F_{pl} sind hier (zufällig) gleich groß.

Die Festlegung der Traglast ist nicht ohne zusätzliche Überlegungen möglich. Strenggenommen müßte die zum Auftreten der ersten Instabilität in A gehörende Last $F_A = 86$ kN als Traglast bezeichnet werden. Da das Durchschlagen von A nach B aber nur mit geringen Verschiebungen verbunden ist (3 cm $= \ell/500$) und die Kurve von B bis C eine positive Steigung aufweist, wäre es zumindest für Sonderlastfälle gerechtfertigt, die Last $F_C = 117$ kN als Traglast anzusehen. Eine endgültige Entscheidung kann nicht ohne die Untersuchung des Gebrauchszustands erfolgen. Um in jedem Fall ein Durchschlagen unter Gebrauchslasten auszuschließen, muß ein Sicherheitsfaktor $\gamma > 1$ gegen Erreichen der Durchschlagslast $F_A = 86$ kN festgelegt werden, der aber durchaus kleiner als der in der jeweiligen Baubestimmung allgemein festgelegte Faktor γ sein kann, da sich mit F_A im Gegensatz zu F_C nicht das Unbrauchbarwerden bzw. die Zerstörung des Tragwerks einstellen. Unter diesen Voraussetzungen gilt z.B. mit $\gamma_A = 1{,}2$ und $\gamma = 1{,}5$ für die zulässige Gebrauchslast

$$\text{zul } F_G = \text{Min} \begin{Bmatrix} F_A/\gamma_A = \;\; 86/1{,}2 = 72 \text{ kN} \\ F_C/\gamma \;\; = 117/1{,}5 = 78 \text{ kN} \end{Bmatrix} = 72 \text{ kN},$$

während bei einer restriktiven Vorgehensweise der Wert

$$\text{zul } F_G = F_A/\gamma = 86/1{,}5 = 57 \text{ kN}$$

anzusetzen ist.

Aus diesen Überlegungen wird deutlich, wie schwierig die Interpretation der Ergebnisse geometrisch *und* physikalisch nichtlinearer Berechnungen schon bei sehr einfachen Tragwerken sein kann. Außerdem soll nochmals darauf hingewiesen werden, daß eine elektronische Berechnung die Kraft-Verschiebungs-Kurve nur in diskreten Punkten wiedergibt und daß dabei Instabilitäten von begrenztem Ausmaß (wie im Beispiel das erste Durchschlagen) leicht übergangen werden.

Zum Vergleich erfolgt eine Untersuchung nach Th.I.O., wobei von der anfangs erläuterten außerplanmäßigen Lage der Scheitelgelenke ausgegangen wird, aber die Vorkrümmungen wie üblich nicht berücksichtigt werden. Die Längsdruckkräfte ergeben sich aus einer statisch unbestimmten Berechnung zu

$$N_1 = \frac{F}{2\sin\alpha_1}\,\frac{1}{1+\dfrac{A_2}{A_1}\dfrac{\ell_1}{\ell_2}\left(\dfrac{\sin\alpha_2}{\sin\alpha_1}\right)^2} = 1{,}72\,F,$$

$$N_2 = \frac{A_2}{A_1}\frac{\ell_1}{\ell_2}\frac{\sin\alpha_2}{\sin\alpha_1}N_1 = 1{,}06\,F.$$

Die vertikale Verschiebung f der Scheitelgelenke wird mit Hilfe des Arbeitssatzes ermittelt. Man erhält

$$f = 2\left(\frac{1{,}72^2\,F\ell_1}{EA_1} + \frac{1{,}06^2\,F\ell_2}{EA_2}\right) = 0{,}0173\,F$$

(mit F in kN und f in cm). Die zugehörige Gerade ist in Bild 8.25 strich-punktiert dargestellt. Eine Bemessung für den Lastfall H mit zul $\sigma = 14$ kN/cm² ohne Berücksichtigung des Knickens ergibt

– für Stab 1: $\sigma_1 = \dfrac{N_1}{A_1} = \dfrac{1{,}72\,F}{28{,}5} = 14\,\text{kN/cm}^2,$

$$\text{zul}\,F^{\text{I}} = \frac{14\cdot 28{,}5}{1{,}72} = 232\,\text{kN},$$

– für Stab 2: $\sigma_2 = \dfrac{N_2}{A_2} = \dfrac{1{,}06F}{84{,}5} = 14\,\text{kN/cm}^2,$

$$\text{zul}\,F^{\text{I}} = \frac{14\cdot 84{,}5}{1{,}06} = 1112\,\text{kN}.$$

Maßgebend ist

$$\text{zul}\,F^{\text{I}} = 232\,\text{kN},$$

ein Wert, der gegenüber der nach der nichtlinearen Theorie berechneten Gebrauchslast zul $F_G = 72$ kN (bzw. 57 kN) um den Faktor 3,2 (bzw. 4,1) größer ist. Dieses Ergebnis macht deutlich, daß die lineare Theorie bei Durchschlagproblemen völlig versagt.

Wird zusätzlich das Knicken mit Hilfe des ω-Verfahrens erfaßt, so erreicht man eine gewisse Verbesserung des Ergebnisses. Maßgebend ist Stab 1 wegen seines größeren Schlankheitsgrads und der größeren Druckkraft. Mit $\lambda_1 = 188$ (vgl. Bild 8.24b) und $\omega_1 = 5{,}97$ ergibt sich

$$\text{zul}\,F^{\text{I}}_{\omega} = \frac{\text{zul}\,F^{\text{I}}}{\omega} = \frac{232}{5{,}97} = 39\,\text{kN},$$

ein Wert, der sehr viel kleiner ist als der nach der hier verwendeten nichtlinearen Theorie berechnete. Der Unterschied kommt vor allem dadurch zustande, daß die lineare Theorie die Kräfteumlagerung von den Obergurten zu den Untergurten nicht erfassen kann. Die Systemreserven bleiben ungenutzt. Bei anderen als im betrachteten Beispiel vorhandenen Verhältnissen ist es möglich, daß man Ergebnisse erhält, die auf der unsicheren Seite liegen, da mit dem ω-Verfahren nur das Knicken, nicht aber das Durchschlagen berücksichtigt werden kann.

Abschließend soll der Einfluß (elastisch) verschieblicher Auflagerknoten auf das Tragverhalten des Systems untersucht werden. Hierzu wird eine der beiden horizontalen Auflagerbindungen gelöst und der Längskraftzustand nach Th.I.O. berechnet. Man erhält im Obergurt eine Druckkraft von 2,40 F, im Untergurt eine Zugkraft von 2,32 F. Beide Kräfte sind betragsmäßig sehr viel größer als die des horizontal unverschieblich gehaltenen Sprengwerks (1,72 F bzw. 1,06 F), die zugehörige Verschiebung f des Scheitelgelenks wird bereits bei Th.I.O. um den Faktor 4 größer (vgl. Bild 8.25).

Mit Hilfe der Ergebnisse der linearen Theorie kann das tatsächliche Verhalten des Systems mit verschieblichem Auflager abgeschätzt werden. Wegen der größeren Druckkräfte im Obergurt bildet sich das erste Fließgelenk bereits bei einer geringeren Scheitelbelastung F als bei starrer Lagerung aus. Da der Untergurt als Zugband wirkt, ist keine Kräfteumlagerung vom Ober- auf den Untergurt möglich. Das System schlägt bereits mit einem Fließgelenk durch. Man erkennt, daß die Tragfähigkeit durch die horizontale Verschieblichkeit der Auflagerknoten entscheidend abgemindert wird. Auch bei elastisch verschieblichen Knotenpunkten, wie sie z.B. bei Stabkuppeln auftreten, kann dieser Effekt viel größere Auswirkungen haben als die gegenseitige Verschiebung der Endpunkte der Stabachse infolge ihrer Stauchung und Vorkrümmung.

8.6 Zusammenfassung

Ein hinreichend wirtschaftlicher Tragsicherheitsnachweis muß die nichtlinearen Zusammenhänge zwischen den Einwirkungen auf das Bauwerk und den Widerständen des Systems berücksichtigen. Aus diesem Grunde ist es erforderlich, den Nachweis unter Bemessungslasten (γ-fachen Gebrauchslasten) zu führen. Die Wahl eines geeigneten Tragsicherheitsnachweises kann unter den drei folgenden Gesichtspunkten erfolgen.

Erstellung eines allgemeinen EDV-Programms

Hierfür sind die Anwendung einer möglichst genauen Theorie und ihre systematische Aufbereitung erforderlich. Es müssen alle Sonderfälle erfaßt werden (z.B. doppelte Eigenwerte, orthogonale Lastfälle). Lösbar ist diese Aufgabe mit erträglichem Aufwand für Biegeknickprobleme bei Werkstoffen, deren Spannungs-Dehnungs-Linie sich durch das linear elastisch – ideal plastische Werkstoffgesetz genau genug annähern läßt. Geeignete Verfahren sind die E.Th.II.O. und die F.G.Th.II.O. unter Berücksichtigung von Ersatzimperfektionen. Ein merklicher Gewinn an Wirtschaftlichkeit kann häufig erst durch die Ausnutzung der plastischen Reserven der einzelnen Querschnitte und des gesamten Systems erreicht werden. Der Berechnungsaufwand steigt dann allerdings beträchtlich.

Näherungsverfahren

Näherungsverfahren werden sinnvoll angewendet bei kleineren Aufgaben des „Ingenieur-Alltags", die ohne Rechnerunterstützung gelöst werden sollen, und bei schwierigen Problemen, die auch mit Hilfe eines Rechners nur mit großem Aufwand zu bewältigen sind (z.B. bei komplizierten Materialgesetzen wie bei Stahlbeton, bei schwierigen Stabilitätsfällen wie dem Biegedrillknicken, bei besonderen Baugliedern wie mehrteiligen Druckstäben). Ersatzstabverfahren stellen hierfür einen geeigneten Kompromiß dar. Das Erkennen der Sonderfälle und der Gültigkeitsgrenzen erfordert vom Anwender jedoch besondere Erfahrung.

Vorbemessung und überschlägliche Kontrolle

Neben dem Ersatzstabverfahren ist für Überschlagsberechnungen die Methode der Kombination von Dischinger-Faktor und Ergebnissen nach Th.I.O. gut geeignet. Es wird i.allg. jedoch nur das Tragverhalten des Gesamtsystems grob abgeschätzt. Die Ergebnisse sind umso besser, je größer die affinen Anteile des Biegemoments nach Th.I.O. sind. Sind diese Anteile klein, muß der Lastfall Vorverformungen zusätzlich berücksichtigt werden.

Für alle Verfahren ist die Kenntnis der Knicklast von entscheidender Bedeutung. Da andere Stabilitätsfälle als das Knicken wegen ihrer Komplexität in den allgemeinen Berechnungsverfahren häufig nicht berücksichtigt werden können, sind die verschiedenen Möglichkeiten des Stabilitätsversagens stets gesondert zu beurteilen. Dies ist in vielen Fällen schwierig, jedoch wegen der großen Bedeutung für die Standsicherheit unerläßlich.

Literaturverzeichnis

Kapitel 2

2.1 Kappus, R.: Zur Elastizitätstheorie endlicher Verschiebungen. ZAMM 19 (1939) 271–285, 344–361
2.2 Pflüger, A.: Stabilitätsprobleme der Elastostatik, 3. Aufl., Berlin, Heidelberg, New York: Springer 1975
2.3 Frisch-Fay, R.: Flexible Bars, London: Butterworths 1962
2.4 Stern, J.: Der Gelenkstab bei großen elastischen Verformungen. Ing.-Arch. 48 (1979) 173–184
2.5 Stern, J.: Der Gelenkstab mit Vorverformung. Ing.-Arch. 54 (1984) 152–160

Kapitel 3

3.1 Deutscher Beton-Verein (Hrsg.): Sicherheit von Betonbauten, Arbeitstagung Berlin 7. und 8. Mai 1973
3.2 Mayer, M.: Die Sicherheit der Bauwerke und ihre Berechnung nach Grenzkräften anstatt nach zulässigen Spannungen, Berlin: Springer 1926
3.3 Grundlagen zur Festlegung von Sicherheitsanforderungen für bauliche Anlagen, Normenausschuß Bauwesen im DIN, Berlin: Beuth 1981
3.4 König, G.; Heunisch, M.: Zur statistischen Sicherheitstheorie im Stahlbetonbau, Mitt. Inst. Massivbau, T.H. Darmstadt, Heft 16, Berlin: Ernst & Sohn 1972
3.5 Zerna, W. (Hrsg.): Probabilistische Methoden im Konstruktiven Ingenieurbau, Konstruktiver Ingenieurbau-Berichte, Heft 25/26, Essen: Vulkan 1976
3.6 Roik, K.: Vorlesungen über Stahlbau-Grundlagen, Berlin: Ernst & Sohn 1978
3.7 Pottharst, R.: Zur Wahl eines einheitlichen Sicherheitskonzepts für den Konstruktiven Ingenieurbau, Mitt. Inst. Massivbau, T.H. Darmstadt, Heft 22, Berlin: Ernst & Sohn 1977
3.8 König, G.; Hosser, D.; Schobbe, W.: Sicherheitsanforderungen für die Bemessung von baulichen Anlagen nach den Empfehlungen des NABau - eine Erläuterung. Bauingenieur 57 (1982) 69–78
3.9 König, G.; Hosser, D.: Praktische Beispiele und Hinweise zur Festlegung von Sicherheitsanforderungen für bauliche Anlagen nach den Empfehlungen des NABau. Bauingenieur 57 (1982) 459–467
3.10 Schäfer, K.; Schlaich, J.; Weischede, D.: Traglastverfahren im Massivbau, Tagungsbericht 5, Landesvereinigung der Prüfingenieure für Baustatik Baden-Württemberg e.V., Freudenstadt 1980
3.11 DIN 1056 (1984): Freistehende Schornsteine in Massivbauart. Berechnung und Ausführung
3.12 Bachmann, K.: Beitrag zum Bemessungskonzept für freistehende Schornsteine aus Stahlbeton. Mitt. Inst. Massivbau, T.H. Darmstadt, Heft 30, Berlin: Ernst & Sohn 1981
3.13 Euro-Internationales Beton-Komitee (CEB): CEB/FIP-Mustervorschrift für Tragwerke aus Stahlbeton und Spannbeton. Ausgabe 1978
3.14 CICIND, Proposals of CICIND Recommendations for the Design of Chimneys. Comité International des Chiminées Industrielles, October 1979
3.15 Eurocode 2 - Gemeinsame einheitliche Regeln für Beton-, Stahlbeton- und Spannbetonbauten. Bericht Nr. EUR 8848 der Kommission der Europäischen Gemeinschaften in Brüssel, 1984

Kapitel 4

4.1 Mann, L.: Theorie der Rahmenwerke auf neuer Grundlage, Berlin: Springer 1927
4.2 Klöppel, K.; Friemann, H.: Übersicht über Berechnungsverfahren für Theorie II. Ordnung. Der Stahlbau 33 (1964) 270–277
4.3 Chwalla, E.: Hilfstafeln zur Berechnung von Spannungsproblemen der Theorie zweiter Ordnung und von Knickproblemen. Mit der Beilage: Die neuen Hilfstafeln zur Berechnung von Spannungsproblemen der Theorie zweiter Ordnung und von Knickproblemen (Der Bauingenieur 34 (1959) 128–137, 240–245, 299–309), Köln: Stahlbau-Verlags-GmbH 1959
4.4 Resinger, F.: Beitrag zur Lösung von Stabwerksproblemen der Theorie II. Ordnung. Der Stahlbau 28 (1959) 75–78
4.5 Wagenknecht, G.: Ein schematisiertes Verfahren zur manuellen Aufstellung der Systemmatrix für die Berechnung von Stabtragwerken nach Theorie I. und II. Ordnung, Konstruktiver Ingenieurbau - Berichte, Heft 12, Essen: Vulkan 1972
4.6 Ahrens, H.; Duddeck, H.: Statik der Stabtragwerke. Berlin, München, Düsseldorf: Ernst & Sohn, Betonkalender Teil I (1985) 329–559
4.7 Rubin, H.: Berechnung der Maximalwerte von Moment und Querkraft nach Theorie II. Ordnung bei linearer oder konstanter Streckenlast. Bauingenieur 53 (1978) 97-107
4.8 Scheer, J.: Zur Netzgleichung des auf Theorie II. Ordnung erweiterten Formänderungsgrößenverfahrens. Der Stahlbau 35 (1966) 211–216
4.9 Rubin, H.: Das Drehwinkelverfahren zur Berechnung biegesteifer Stabwerke nach Elastizitäts- oder Fließgelenktheorie I. und II. Ordnung unter Berücksichtigung von Vorverformungen. Bauingenieur 55 (1980) 81–92
4.10 Gensichen, V.: Zur Netzgleichung des Weggrößenverfahrens in der Theorie II. Ordnung. Pflüger-Festschrift, Hannover (1977) 51–55
4.11 Rothert, H.; Gensichen, V.: Anschauliche Herleitung der Netzgleichung der Theorie II. Ordnung. Bauingenieur 58 (1983) 415–419
4.12 Rubin, H.; Vogel, U.: Baustatik ebener Stabwerke, Köln: Stahlbau-Verlags-GmbH, Stahlbau Handbuch, Bd. I (1982) 67–206
4.13 Entwurf zur DIN 18 800 Teil 2, Stahlbauten, Stabilitätsfälle, Knicken von Stäben und Stabwerken, Dezember 1980
4.14 Falter, B.: Statikprogramme für Taschen- und Tischrechner, Teil 2, Düsseldorf: Werner 1984

Kapitel 5

5.1 Pflüger, A.: Stabilitätsprobleme der Elastostatik, 3. Aufl., Berlin, Heidelberg, New York: Springer 1975
5.2 Bürgermeister, G.; Steup, H.; Kretzschmer, H.: Stabilitätstheorie, Bd. 1, 3. Aufl., Bd. 2. Berlin: Akademie-Verlag 1966/1963
5.3 Petersen, C.: Statik und Stabilität der Baukonstruktionen, Braunschweig: Vieweg 1980
5.4 Column Research Committee of Japan, Handbook of Structural Stability, Tokio: Corona 1971
5.5 Lehmann, Th.: Elemente der Mechanik II: Elastostatik, Braunschweig: Vieweg 1975
5.6 Sattler, K.: Lehrbuch der Statik, Bd. 2, Teil B: Stabilität und Schwingungen, Berlin, Heidelberg, New York: Springer 1975
5.7 Timoshenko, S.; Gere, J.: Theory of Elastic Stability, 2nd. ed., New York: McGraw-Hill 1961
5.8 Chajes, A.: Principles of Structural Stability Theory, Englewood Cliffs, New Jersey: Prentice-Hall Inc. 1974
5.9 Kollbrunner, C.F.; Meister, M.: Knicken, Biegedrillknicken, Kippen, 2. Aufl., Berlin, Göttingen, Heidelberg: Springer 1961
5.10 Roik, K.; Carl, J.; Lindner, J.: Biegetorsionsprobleme gerader dünnwandiger Stäbe, Berlin: Ernst & Sohn 1972
5.11 Roik, K.: Vorlesungen über Stahlbau, Berlin: Ernst & Sohn 1978
5.12 Vetter, H.: Stabwerksknickung, Berlin: VEB Verlag Technik 1960
5.13 Wlassow, W.S.: Dünnwandige elastische Stäbe, Bde. 1 und 2, Berlin: VEB Verlag für Bauwesen 1964/65

5.14 Prandtl, L.: Kipp-Erscheinungen. Ein Fall von instabilem elastischem Gleichgewicht, Diss. München 1899, Nürnberg: Stich 1899
5.15 Biezeno, C. B.; Grammel, R.: Technische Dynamik Bd. I, 2. Aufl., Berlin, Göttingen, Heidelberg: Springer 1953
5.16 Nemirovskij, B.Ja.: Zur Untersuchung nichtlinearer Probleme der Stabilität von elastischen Systemen bei kombinierter Belastung (russisch). Stroitel'naja mechanika i rasčet sooruženij, 6 (1980) 41–43
5.17 Stern, J.: Der Gelenkstab mit Vorverformung. Ing.-Arch. 54 (1984) 152–160
5.18 Flügge, W.: Stresses in Shells, 2nd Ed., Berlin, Heidelberg, New York: Springer 1973
5.19 Schnepp, H.: Knicken eines durch Innendruck belasteten Rohres. Der Stahlbau 48 (1979) 248–250
5.20 Lumpe, G.: Geometrisch nichtlineare Berechnung von räumlichen Stabwerken. Mitt. Inst. f. Statik Nr. 28, Universität Hannover 1982
5.21 Brendel, B.: Zur geometrisch nichtlinearen Elastostabilität, Diss. Universität Stuttgart 1979
5.22 Beem, H.; Eckstein, U.; Harte, R.; Krätzig, W.B.; Wittek, U.: Nichtlineare Stabilitätsanalyse elastischer Tragwerke im Bauwesen, in: Finite Elemente – Anwendungen in der Baupraxis, Berlin: Ernst & Sohn 1985

Kapitel 6

6.1 Kauderer, H.: Nichtlineare Mechanik, Berlin, Göttingen, Heidelberg: Springer 1958
6.2 Reckling, K.-A.: Plastizitätstheorie und ihre Anwendung auf Festigkeitsprobleme, Berlin, Heidelberg, New York: Springer 1967
6.3 Kaliszky, S.: Plastizitätslehre, Theorie und technische Anwendung, Düsseldorf: VDI-Verlag 1984
6.4 Windels, R.: Traglasten von Balkenquerschnitten bei Angriff von Biegemoment, Längs- und Querkraft. Der Stahlbau 39 (1970) 10–16
6.5 Duddeck, H.: Traglasttheorie der Stabtragwerke. Berlin, München, Düsseldorf: Ernst & Sohn, Betonkalender Teil II (1984), 1007–1095
6.6 Roik, K.; Lindner, J.: Einführung in die Berechnung nach dem Traglastverfahren, Köln: Stahlbau-Verlags-GmbH 1972
6.7 Duddeck, H. (Hrsg.): Seminar Traglastverfahren, Bericht Nr. 73-6 aus dem Institut für Statik der T.U. Braunschweig, 1973
6.8 Neal, B.G.: Die Verfahren der plastischen Berechnung biegesteifer Stahlstabwerke, 2. Aufl. Berlin, Göttingen, Heidelberg: Springer 1963
6.9 Vogel, U.: Die Traglastberechnung stählerner Rahmentragwerke nach der Plastizitätstheorie II. Ordnung, Forschungshefte aus dem Gebiete des Stahlbaus, Heft 15, Köln: Stahlbau-Verlags-GmbH 1965
6.10 Vogel, U.: Über die Anwendung des Traglastverfahrens im Stahlbau. Der Stahlbau 38 (1969) 329–338
6.11 Rubin, H.: Interaktionsbeziehung zwischen Biegemoment, Querkraft und Normalkraft für einfachsymmetrische I- und Kastenquerschnitte bei Biegung um die starke und für doppeltsymmetrische I-Querschnitte bei Biegung um die schwache Achse. Der Stahlbau 47 (1978) 76–85
6.12 Rao, P.S.: Die Grundlagen zur Berechnung der bei statisch unbestimmten Stahlbetonkonstruktionen im plastischen Bereich auftretenden Umlagerungen der Schnittkräfte, DAf Stb, Heft 177, Berlin: Ernst & Sohn 1966
6.13 Dilger, W.: Veränderlichkeit der Biege- und Schubfestigkeit bei Stahlbetontragwerken und ihr Einfluß auf die Schnittkraftverteilung und Traglast, DAf Stb, Heft 179, Berlin: Ernst & Sohn 1966
6.14 Hofbauer, E.: Bemessungstafeln. Konstruktiver Ingenieurbau - Berichte, Heft 8, Essen: Vulkan 1972
6.15 Eibl, J.; Iványi, G.: Studie zum Trag- und Verformungsverhalten von Stahlbeton, Daf Stb, Heft 260, Berlin: Ernst & Sohn 1976
6.16 Grasser, E.; Linse, D.: Bemessungstafeln für Stahlbetonquerschnitte auf der Grundlage der neuen DIN 1045, Düsseldorf: Werner 1972

6.17 Schäfer, K.; Schlaich, J.; Weischede, D.: Traglastverfahren im Massivbau. Tagungsbericht 5, Landesvereinigung der Prüfingenieure für Baustatik Baden-Württemberg e.V., Freudenstadt 1980
6.18 Grasser, E.; Kordina, K.; Quast, U.: Bemessung von Beton- und Stahlbetonbauteilen, DAfStb, Heft 220, Berlin: Ernst & Sohn 1979
6.19 Entwurf zur DIN 18 800 Teil 2, Stahlbauten, Stabilitätsfälle, Knicken von Stäben und Stabwerken, Dezember 1980
6.20 Deutscher Ausschuß für Stahlbau: Richtlinie 008 – Richtlinien zur Anwendung des Traglastverfahrens im Stahlbau, März 1973

Kapitel 7

7.1 Entwurf zur DIN 18 800 Teil 2, Stahlbauten, Stabilitätsfälle, Knicken von Stäben und Stabwerken, Dezember 1980
7.2 Rubin, H.: Das Drehwinkelverfahren zur Berechnung biegesteifer Stabwerke nach Elastizitäts- oder Fließgelenktheorie I. und II. Ordnung unter Berücksichtigung von Vorverformungen. Bauingenieur 55 (1980) 81–92
7.3 Hinkelmann, Th.: Berechnung ebener Rahmentragwerke nach der Fließgelenktheorie II. Ordnung, Diplomarbeit D253c, Institut für Statik, Universität Hannover, 1982
7.4 Osterrieder, P.; Ramm, E.: Berechnung von ebenen Stabtragwerken nach der Fließgelenktheorie I. und II. Ordnung unter Verwendung des Weggrößenverfahrens mit Systemveränderung. Der Stahlbau 50 (1981) 97–104 und Der Stahlbau 51 (1982) 237–240
7.5 Rothert, H.; Gensichen, V.; Lumpe, G.: Nichtlineare Stabstatik, Teil II. Weiterbildendes Studium WBBau, Universität Hannover, Kurs G 08, 1987
7.6 Grasser, E.; Kordina, K.; Quast, U.: Bemessung von Beton- und Stahlbetonbauteilen, DAfStb, Heft 220, Berlin: Ernst & Sohn 1979
7.7 Deutscher Ausschuß für Stahlbau: Richtlinie 008 – Richtlinien zur Anwendung des Traglastverfahrens im Stahlbau, März 1973

Kapitel 8

8.1 Hain, H.; Stern, J.: Zur Knickstabilität des symmetrischen Trapezrahmens mit horizontal elastisch gestütztem Riegel. Der Bauingenieur 39 (1964) 277–279
8.2 Klöppel, K.; Lie, K.: Das hinreichende Kriterium für den Verzweigungspunkt des elastischen Gleichgewichts. Der Stahlbau 16 (1943) 17–21
8.3 Pflüger, A.: Stabilitätsprobleme der Elastostatik, 3. Aufl., Berlin, Heidelberg, New York: Springer 1975
8.4 Petersen, C.: Statik und Stabilität der Baukonstruktionen, Braunschweig: Vieweg 1980
8.5 Gensichen, V.: Probleme bei der praktischen Berechnung von Stabwerken nach der Elastizitätstheorie zweiter Ordnung. Baustatik/Baupraxis I, S. 157–173, Darmstadt 1981
8.6 Gensichen, V.: Zur Einschrankung und zur genauen Berechnung der Knicklasten ebener Rahmentragwerke. Mitt. Inst. Statik Nr. 21, Universität Hannover, Hannover 1974
8.7 Dischinger, F.: Untersuchungen über die Knicksicherheit, die elastische Verformung und das Kriechen des Betons bei Bogenbrücken. Der Bauingenieur 18 (1937) 487–520, 539–552, 595–621
8.8 Dischinger, F.: Elastische und plastische Verformungen der Eisenbetontragwerke und insbesondere der Bogenbrücken. Der Bauingenieur 20 (1939) 53–63, 286–294, 426–437, 563–572
8.9 Collatz, L.: Eigenwertaufgaben mit technischen Anwendungen, 2. Aufl., Leipzig: Geest u. Portig 1963
8.10 Strigl, G.: Die Berücksichtigung der Imperfektionen beim Traglastnachweis gedrückter Konstruktionen. Der Stahlbau 47 (1978) 294–302
8.11 Gensichen, V.: Zum Ansatz ungünstiger Vorverformungen bei der Berechnung ebener Stabwerke nach der Elastizitätstheorie zweiter Ordnung. Bauingenieur 56 (1981) 1–7
8.12 Entwurf zur DIN 18 800 Teil 2, Stahlbauten, Stabilitätsfälle, Knicken von Stäben und Stabwerken, Dezember 1980

8.13 Roik, K.: Vorlesungen über Stahlbau, Berlin: Ernst & Sohn 1978
8.14 Rubin, H.: Europäische Knickspannungsfunktion und ihre Erweiterung auf Stäbe mit planmäßiger Biegung. Stahlbau 54 (1985) 200–204
8.15 Hees, G.: Einführung in die Fließgelenktheorie II. Ordnung, Düsseldorf: Werner 1984
8.16 Klöppel, K.: Zur Einführung der neuen Stabilitätsvorschriften. Abhandlungen aus dem Stahlbau, Heft 12, Köln: Stahlbau-Verlags-GmbH 1952
8.17 Roik, K.; Kindmann, R.: Das Ersatzstabverfahren - Eine Nachweisform für den einfeldrigen Stab bei planmäßig einachsiger Biegung mit Druckkraft. Der Stahlbau 50 (1981) 353–358
8.18 Roik, K.; Kindmann, R.: Tragsicherheitsnachweise für Stabwerke bei einachsiger Biegung und Normalkraft. Der Stahlbau 51 (1982) 137–145
8.19 Rothert, H.; Gebbeken, N.: Zur Berechnung räumlicher Stabwerke mit Imperfektionen unter Berücksichtigung eines wirklichkeitsnahen Werkstoffverhaltens. Baustatik/Baupraxis II, S. 11.1–11.23, Bochum 1984
8.20 Wolf, J.: Elastisch-plastische Berechnung großer Fachwerke im überkritischen Bereich. Schweizerische Bauzeitung 91 (1973) 465–468
8.21 Klimke, H.: Berechnung der Traglast statisch unbestimmter räumlicher Gelenkfachwerke unter Berücksichtigung der überkritischen Reserve der Druckstäbe. Diss. TH Karlsruhe 1976

Sachverzeichnis